VI652.
B2.

# DE

# LA MANŒUVRE

## DES VAISSEAUX,

### OU

## TRAITÉ DE MÉCHANIQUE

### ET DE DYNAMIQUE.

# DE
# LA MANŒUVRE
## DES VAISSEAUX,
### OU
## TRAITÉ DE MÉCHANIQUE
### ET DE DYNAMIQUE;

DANS LEQUEL ON RÉDUIT A DES SOLUTIONS
très-simples les Problêmes de Marine les plus difficiles,
qui ont pour objet le mouvement du Navire.

*Par* M. BOUGUER, *de l'Académie Royale des
Sciences, de la Société Royale de Londres, Honoraire de
l'Académie de Marine, ci-devant Hydrographe du Roi
au Port du Croisic & au Havre-de-Grace.*

### A PARIS,

Chez H. L. GUERIN & L. F. DELATOUR,
rue S. Jacques, à S. Thomas d'Aquin.

M. DCC. LVII.
*Avec Approbation & Privilege du Roi.*

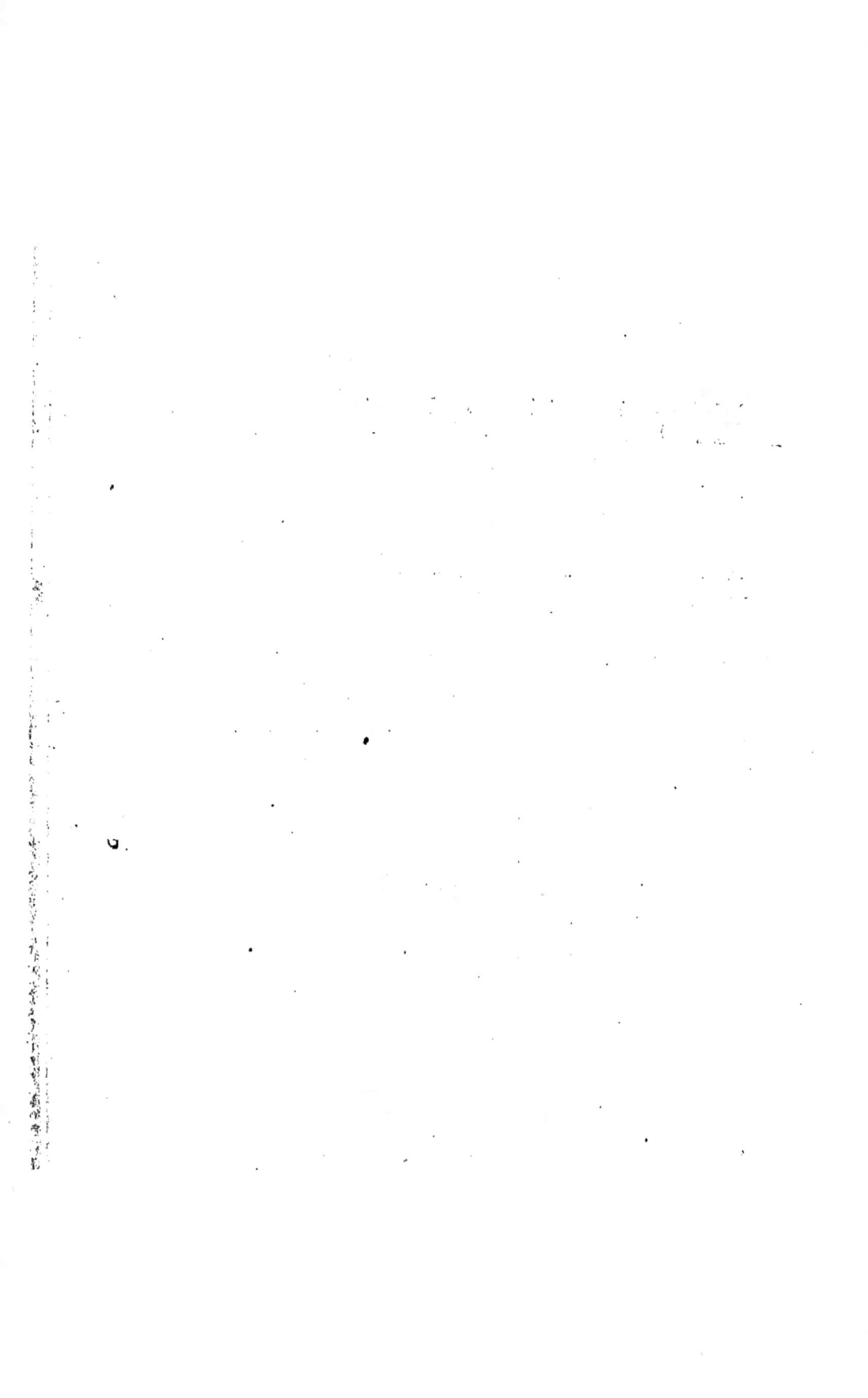

# PRÉFACE.

Aprés que l'on eut fait en mer quelqu'ufage de la Bouffole, on ne tarda pas à reconnoître qu'on pouvoit, par une application affez facile de la Géométrie & de l'Aftronomie, réduire en Art cette partie de la Navigation qui trace fur la Carte la route du Vaiffeau. Le Pilote, en confidérant fa vîteffe & la direction qu'il fuit, examine avec foin tout ce qui peut lui en donner une connoiffance précife ; & au défaut des objets voifins, il confulte le Ciel dont l'obfervation fert à le redreffer lorfqu'il eft tombé dans quelque erreur. Inftruit de ces différents moyens il réuffit à déterminer l'endroit de la Mer où il fe trouve, & fa Carte lui indique la route qu'il doit choifir pour achever heureufement fa navigation. Ces chofes ont été expliquées dans plufieurs Traités qui marquent par leur date les divers degrés de perfection qu'on a, depuis près de trois fiecles, ajouté peu à peu à la Science nautique. Toutes les Nations maritimes ont de ces Livres qui fervent à l'inftitution de leurs Pilotes, & qui font entre les mains de leurs Navigateurs.

Mais il ne fuffit pas d'examiner ou d'obferver le mouvement du Navire, il faut pouvoir le produire malgré la grande maffe du corps fur lequel on agit, & le régler malgré l'agitation de la mer & la violence du vent qui s'y oppofent & qui font fujettes aux plus extrêmes irrégularités. Cette feconde partie de la Marine qu'on connoît fous le nom de *Manœuvre*, n'eft pas moins importante que la premiere : il femble néanmoins qu'on l'ait jufqu'à préfent abandonnée à la feule pratique des Navigateurs qui ne s'y perfectionnent que par un long & pénible travail. Il eft vrai qu'elle confifte principalement dans l'exécution, au lieu que l'autre toute fpéculative, pour ainfi dire, ne s'occupe que de fes obfervations ou des inductions qu'elle en tire par le calcul. Mais la Manœuvre en doit-elle être moins foumife à des regles précifes dans l'emploi des moyens phyfiques dont elle fe fert pour imprimer du mouvement au Vaiffeau, & les Marins ne s'en inftruiroient-ils pas beaucoup plus aifément s'ils en avoient des Traités faits avec méthode ?

ON CHERCHEROIT inutilement des lumieres chez les Anciens : ils connurent auſſi peu cette ſeconde partie de l'art de naviguer, que la premiere. Leur navigation étoit imparfaite à tous égards, & nous aurions tort de la prendre pour modele. Si on en jugeoit néanmoins ſur les deſcriptions trop pompeuſes qu'ils nous ont laiſſées de quelques-uns de leurs Navires, on feroit tenté de croire qu'ils l'emportoient beaucoup ſur nous par leur habileté dans l'Architecture navale, & on ſe perſuaderoit très-fauſſement qu'ils appliquoient à la Marine la Méchanique de la maniere la plus parfaite. Mais on peut s'en rapporter au jugement de Tite-Live & de Plutarque qui ne font pas difficulté d'aſſurer, en parlant de ces Vaiſſeaux extraordinaires dont les dimenſions étoient ſi grandes, qu'on les avoit plutôt conſtruits par oſtentation & pour tenir lieu de Palais d'une eſpece ſinguliere, que pour en tirer quelque ſervice ſur mer [a]. Outre cela nous avons un moyen auſſi ſimple que ſûr de nous faire une idée exacte de l'état où les Anciens porterent leur Marine : jugeons-en par leurs expéditions, & nous ne ſaurions nous tromper.

NOUS ne demanderons pas s'ils affrontoient la violence des flots dans tous les temps de l'année, comme nous ne craignons pas de le faire ; on nous répondroit que n'ayant point de Bouſſole ils ne ſe hazardoient en mer que pendant les plus beaux jours. Mais lorſqu'ils avoient le vent favorable, naviguoient-ils avec autant de promptitude qu'on le fait actuellement ? Imprimoient-ils à leurs Navires, par le moyen des voiles, tous les mouvements qu'ils vouloient ? Savoient-ils ſe ſervir du même vent pour faire des routes directement contraires ? On ſera forcé d'avouer, ſi l'on répond à ces différentes queſtions, que les Anciens donnerent tous leurs ſoins à perfectionner leurs Navires à rames qui étoient les ſeuls dont ils ſe ſerviſſent dans la guerre ; & qu'à l'égard des autres dont l'invention eſt poſtérieure & qu'ils employerent ordinairement pour les tranſports, ils les conſtruiſirent toujours d'une maniere trop groſſiere, en ajoutant à cette faute celle de n'en pas augmenter aſſez les voiles.

ILS SURENT dans la ſuite prendre le vent un peu de côté lorſqu'il n'étoit pas parfaitement favorable ; ils remontoient,

a *Voyez* Tite-Live, *Liv.* 33, & Plutarque, *vie de Démétrius.*

par exemple, le Nil avec les vents Etéfiens qui venoient du Nord, mais qui n'en venoient pas exactement. S'ils ne donnerent pas plufieurs mâts à leurs Vaiffeaux, car il ne paroît pas qu'ils en connuffent l'utilité, ils employerent au moins, dans l'occafion, des voiles plus ou moins étendues. Nous avons tranfporté à celle de la poupe qui eft une de nos plus petites, le nom qu'ils donnoient à leur plus grande, celle dont ils ne fe fervoient fans doute que dans les plus beaux temps. Ils furent enfin s'avancer quelquefois en pleine mer & s'éloigner des terres fans en fuivre les contours, lorfqu'un vent réglé pouvoit les diriger en leur fervant comme de Bouffole : c'eft ce que leur enfeigna Hippalus dans la mer des Indes [a]. Mais il eft certain que leurs Galeres alloient toujours plus vîte que leurs Navires à voiles, fi on excepte les rencontres rares dans lefquelles ils joignoient l'effort des hommes à celui du vent.

Ils ne nous ont pas laiffé ignorer combien ils employoient de jours pour faire certains trajets dont nous connoiffons actuellement la jufte longueur. Hérodote a marqué le temps qu'on mettoit à traverfer le Pont-Euxin en différents fens : de l'Orient à l'Occident il falloit neuf jours & huit nuits, & du Septentrion au midi trois jours & trois nuits. Pline nous apprend [b] qu'on fe rendoit de Carthage à Rome le quatrieme jour ; mais on peut foupçonner que cette courfe ne fe faifoit fi promptement que fur des Galeres, de même que les traverfées du Pont-Euxin. Cependant comme il s'agiffoit pour Pline d'exprimer d'une maniere frappante par la navigation de Carthage aux côtes d'Italie, combien les deux rivages étoient voifins l'un de l'autre, il eft certain qu'on marqueroit actuellement la même chofe en fpécifiant que le trajet s'eft fait en un jour & demi ou tout au plus en deux jours. On paffoit, felon le même Auteur, en quarante jours de la mer Rouge à la côte de Malabar, lorfque la navigation s'étant déja beaucoup perfectionnée, on fuivoit la route tracée en droite ligne la premiere fois par Hippalus qui fe laiffoit emporter par le vent de Sud-Oueft dont il attendoit le retour, & auquel dans la fuite on donna fon nom. Ce n'eft pas ici le lieu de recueillir beaucoup d'exemples femblables. Nous ajouterons fimplement que Lucien [a] fait parvenir un Navire à voiles le feptieme jour, d'un vent qui n'étoit pas

a Plin. Lib. vi. Cap. 23. ═ b Plin. Lib. 15. Cap. 68.

a ij

tout-à-fait fort, d'Alexandrie à la vue d'Acamas dans l'ifle
de Chypre. Il ne faut pas oublier de rectifier la longueur
de tous ces trajets fur les notions plus exactes que nous en
fournit actuellement la Géographie. La diftance de la mer
Rouge à Malabar, qui demandoit quarante jours de navigation, n'eft guere que de 450 de nos lieues marines, ce
qui fait un peu plus de onze lieues par jour; & celle d'Alexandrie au cap d'Acamas eft d'environ quatre-vingts lieues,
ce qui donne un réfultat peu fupérieur à l'autre. Il eft vrai
que notre fillage n'eft pas quelquefois plus prompt; mais
c'eft lorfque nous nous plaignons du calme, ou que le vent
nous eft contraire.

Ainsi il paroît qu'on ne donna jamais dans l'Antiquité
affez de voilure aux Navires, ou qu'on les conftruifit toujours d'une maniere trop informe. On ignora outre cela l'u-
fage que pouvoient avoir des voiles appliquées en différents
endroits de la longueur du Vaiffeau, pour le faire tourner
en divers fens, en fuppléant au gouvernail. Comme on
rendoit la poupe & la proue beaucoup trop hautes, elles
recevoient, de la part du vent, une impulfion d'autant plus
dangereufe, qu'elle n'étoit pas foumife à la volonté du Navigateur, & qu'elle dominoit fur l'effort trop foible des voiles. Applaudiffons donc, fi l'on veut, à l'activité des Anciens lorfqu'ils réuffiffoient quelquefois à bâtir des flottes
entieres en cinquante ou foixante jours; la petiteffe ordinaire de leurs Navires & la proximité des lieux où ils en
trouvoient alors tous les matériaux, diminuoient beaucoup
néanmoins la difficulté de l'entreprife; mais avouons que
leur Marine étoit inférieure, à tous égards, à celle des Mo-
dernes. Nos Navires à voiles, dont nous entendons toujours
parler ici, reçoivent le tiers ou le quart de la vîteffe du vent,
au lieu que ceux des Anciens, dans le temps même qu'ils
n'étoient pas conftruits fi groffiérement, n'en prenoient peut-
être que la fixieme ou feptieme partie.

Il faut donc s'approcher des derniers temps pour voir
la Navigation prendre une forme nouvelle & devenir toute
différente. Ce changement n'eut pas exactement en Europe
l'invention de la Bouffole pour époque; ce qui n'empêche
pas que tous les fuccès de la Marine moderne n'en ayent

* Dialogue intitulé : *le Navire* ou *les Souhaits.*

dépendu. Les découvertes fe font fucceffivement felon un certain ordre , & celle de la Bouffole devoit précéder la perfection de la Manœuvre de même que celle de l'art du Pilote; elle étoit un préalable auffi néceffaire pour l'une que pour l'autre. L'ufage plus commun de cet inftrument fit qu'on s'éloigna des côtes avec plus de hardieffe, & qu'on ofa traverfer dans toutes les faifons les mers orageufes , en faifant de très-longs trajets. Dès-lors il fallut donner plus de folidité aux Navires , augmenter la capacité de leur carene, & en régler la forme avec plus de foin. Il eft très-facile de réuffir dans la conftruction d'un Bâtiment qui ne fort du Port que pendant les plus beaux jours d'été , & dont la partie fubmergée n'enfonce que très-peu dans l'eau; il fuffit que fa proue fe termine en pointe. Mais l'Architecture navale devint un art très-compliqué & très-difficile auffi-tôt qu'on augmenta confidérablement la profondeur des Navires, & qu'on groffit beaucoup leur carene , comme on y fut obligé lorfqu'on entreprit de longs voyages en pleine mer. Pour vaincre le choc irrégulier des vagues contre une furface beaucoup plus grande , il fallut multiplier les voiles , les rendre plus étendues , & mettre entre celles de la proue & de la poupe un équilibre exact, afin non-feulement de tirer du vent une plus grande force , mais de pouvoir en difpofer à fon gré.

Il n'étoit pas poffible qu'on penfât à augmenter le nombre des mâts, fans fe propofer au moins confufément la plupart des grands avantages qu'on en retireroit. Peut-être que c'eft aux Barbares qui infefterent nos côtes dans le neuvieme fiecle, qu'on doit la premiere idée des nouvelles difpofitions dont notre Marine tire un fi grand avantage. Leurs Barques, quoique très-petites , puifqu'on les tranfportoit quelquefois à terre pour les faire glifer fur des rouleaux, avoient deux mâts. Ce fut un exemple dont on put profiter lorfqu'on conftruifit , longtemps après , de plus grands Navires. Ceux que Marco-Paolo vit en divers endroits de la mer des Indes , avoient leur mâture difpofée à peu près comme les nôtres, & ce Voyageur rapporte qu'on fe rendoit en 20 ou 25 jours des côtes de Malabar à l'ifle de Madagafcar. Ce trajet eft d'environ 700 lieues, ce qui montre que la Marine avoit acquis dès-lors [a] , dans l'Orient, une perfection qu'elle n'avoit pas eue dans l'Antiquité. En même temps

[a] Vers la fin du treizieme fiecle.

qu'on rendoit le fillage plus rapide, on avoit le moyen d'affujettir le Navire dans la fituation qu'on vouloit. On s'af-
franchiffoit encore plus de la néceffité de fuivre abfolument
la même route en fe laiffant entraîner par le vent. Le trou-
voit-on contraire? on lui préfentoit obliquement la proue
de même que les voiles, & on réuffiffoit à fe fervir de fon
effort pour aller contre le vent même.

COMBIEN les Anciens, dont on nous vanteroit inutilement les fuccès, ignoroient-ils d'efpeces de prodiges dans
ce genre qui n'excitent pas affez notre admiration, parce
que nous y fommes accoutumés, & qui d'ailleurs n'ont guere
pour témoins que les feuls Navigateurs. Nous voyons réu-
nies dans les Vaiffeaux toutes les merveilles que peuvent
opérer les forces mouvantes. Lorfque le fameux André Doria,
qui fe fit un fi grand nom dans la Marine du temps de Fran-
çois I, fe jouoit, pour ainfi dire, de la violence du vent,
les fpectateurs trop peu verfés dans cet art ne favoient comment expliquer la facilité avec laquelle il tiroit de la même
force les effets les plus contraires ; & il eft rapporté qu'ils
crurent, dans leur embarras, devoir imputer le tout à quelque vertu magique. Ce que Doria faifoit au commencement
du feizieme fiecle, nos Marins l'exécutent tous les jours, &
fans doute encore mieux. Il eft certain que les Tourville,
les Baert, les du Quefne, les Dugué-Trouin dûrent la plus
grande partie de la réputation qu'ils s'acquirent fi légiti-
mement à l'habileté qu'ils avoient dans la Manœuvre, &
nous pouvons dire la même chofe de tous les grands hommes
de mer dont la France jouit actuellement. Qu'on fuive tous
les mouvements par lefquels M. le Marquis de la Galiffoniere
prépara la gloire de l'action mémorable du 20 Mai dernier [a],
on reconnoîtra qu'elle ne fut pas moins le fruit de fes lumieres que de fon extrême valeur.

IL FAUT AVOUER auffi que la partie de la Marine, dont
nous parlons, eft celle que l'Officier doit cultiver le plus, & qui
lui eft abfolument néceffaire. Comme voyageur il peut, en
paffant dans les régions les plus éloignées, fe propofer une
infinité de recherches utiles ; il peut nous enrichir d'obfervations précieufes d'Aftronomie, de Géographie, d'Hiftoi-
re naturelle ; mais rien ne l'intéreffe plus que de poffeder la
Manœuvre, cette partie qui lui fournit les plus fûres ref-

[a] A la hauteur de Minorque le 20 Mai 1756.

fources dans les occafions preffantes , & qui le rend fupérieur dans un combat. Le grand homme de mer pourroit
bien n'être pas excellent Pilote ; il fuffiroit qu'il déférât aux
lumieres de quelques autres perfonnes , & rien ne l'empêche
d'y avoir recours ; mais le Général ou le Capitaine, principalement dans la chaleur de l'action , eft obligé de prendre
fon parti fur le champ, fans pouvoir tirer d'ailleurs que de
fon propre fonds, les réfolutions les plus décifives. Il eft
étonnant avec quelle promptitude un Vaiffeau bien difpofé
obéit , pour ainfi dire, aux ordres du Manœuvrier habile.
Si le Navigateur au contraire ne fait pas toutes les fineffes
de fon art , fon Navire , quoiqu'excellent , n'eft plus qu'une
lourde maffe qui reçoit tout fon mouvement du caprice des
vents ou des flots, qui , malgré le courage & le défefpoir de
l'Officier , devient trop fûrement la proie de l'ennemi, ou
qui termine bientôt fon fort par un naufrage.

Ce n'est cependant que vers la fin du dernier fiecle qu'on
crut pouvoir affujettir cette partie de la Navigation à des regles certaines. Le P. Pardies fe tourna vers cet objet en
1673 ; & quoiqu'il ne fût pas heureux dans l'examen qu'il
en fit, nous lui fommes obligés de ce qu'il ne regarda pas
l'entreprife comme impoffible. Il fit fentir au moins qu'elle
étoit digne de l'attention des Savans, ce qui les détermina
fans doute à s'en occuper. De deux Auteurs très-exercés
dans la pratique de la Marine, qui y travaillerent, M. le
Chevalier Renau [a] & le P. Hofte [b], le fecond nous donna un
Traité d'autant plus eftimable qu'il contient un plus grand
nombre de Problêmes, & qu'il eft moins fondé fur le principe erroné du P. Pardies. Nous devons encore les plus grands
éloges à Meffieurs Hughens [c], Jean Bernoulli [d], Pitot [e],
Mac-Laurin [f] & Euler [g], dont nous avons des Traités faits
exprès fur cette matiere, ou des découvertes qui l'enrichiffent.

Mais, pour connoître l'état auquel on a réellement porté
la théorie de la Manœuvre, il nous fuffit de confidérer ce
que fit M. Bernoulli dans l'Effai qu'il en publia. Ce grand
Géometre compara la carene des Vaiffeaux à des figures qui

---

a Théorie de la Manœuvre des Vaiffeaux, 1689. ═ b Recueil de Traités de Mathématiques, 1692. ═ c Bibl. univ. mois de Septem. 1693, ou
Journal des Savans de 1695. ═ d Effai d'une nouvelle Théorie de la Manœuvre, 1714. ═ e La Théorie de la Manœuvre réduite en pratique ,
1731. ═ f Traité des Fluxions, vers la fin. ═ g Scientia Navalis.

y étoient trop peu conformes ; il fuppofa toujours que la vîteffe du vent étoit infinie par rapport à celle du Navire, ce qui eft fort éloigné d'être vrai, & il fe contenta d'expliquer la conftruction de quelques Tables qu'il regarda comme fuffifantes dans la pratique, quoiqu'elles laiffaffent la folution des principales difficultés de Manœuvre, fujette à un tâtonnement très-peu exact & trop long pour être utile. Eludant enfin tout ce qui rendoit le fujet trop compliqué, il ne confidéra dans les Navires qu'une feule voile, quoiqu'ils en aient ordinairement plufieurs, & que ce foit de cette pluralité, comme nous l'avons vu, que dépende prefque toute la fupériorité de la Marine moderne. Ce que nous avançons ici touchant le travail de M. Bernoulli qui le premier a connu les vrais principes de cet art, on peut le dire, avec quelques reftrictions, des recherches, quoiqu'excellentes, des autres Savans qui ont marché dans la même carriere. Ainfi on voit ce qu'il y avoit à faire ; on voit, qu'en laiffant même à part toutes les remarques fur la diftribution de la charge & fur les mouvements d'évolution ou de rotation du Navire, remarques qui doivent fervir en mer & faire par conféquent partie de la fcience du Navigateur, on ne pouvoit fe difpenfer, pour embraffer la matiere dans toute fon étendue, d'infifter fur diverfes circonftances qu'on en avoit toujours écartées jufqu'à préfent ; on voit auffi qu'il a fallu réfoudre un affez grand nombre de nouveaux Problèmes.

Il ne m'a pas été poffible après cela de prendre pour modeles, dans cet ouvrage, la plupart des Traités faits fur l'autre partie de la fcience du Navigateur, le Livre en particulier que je publiai fur le Pilotage en 1753. Je n'ai pu, dans la rencontre préfente, compofer un Livre purement élémentaire, puifqu'il s'agiffoit pour moi, non-feulement d'éclairer les pratiques de la Manœuvre, mais d'expofer en même temps les moyens que j'avois employés pour découvrir les nouvelles regles que je propofe. Je me fuis donc trouvé dans la néceffité de fondre, pour ainfi dire, deux ouvrages en un feul ; l'un que j'ai tâché de mettre à la portée du commun des Marins, que l'on doit avoir principalement en vue, lorfqu'il s'agit d'inftructions ; l'autre qui demande des Lecteurs fuffifamment verfés dans les difcuffions géométriques. Tout ce que j'ai fait de plus dans cette double compofition en faveur des premiers Lecteurs, ç'a été d'entrer

pour

pour eux dans un grand détail, de leur donner des raisons physiques & palpables, en rejettant à la fin de chaque Section, ou même de chaque Chapitre, les recherchés plus compliquées dans lesquelles ils ne seront point obligés de s'engager. On ne regardera pas sans doute comme un grand mal, qu'ils aient sans cesse sous les yeux & comme malgré eux, des preuves sensibles de l'utilité de la Géométrie dans la Marine. Mais s'ils veulent pourtant se borner aux seules remarques qui font absolument nécessaires, ils n'auront qu'à s'épargner la lecture de tout ce qui leur paroîtra trop difficile, ou de ce qu'ils trouveront accompagné de quelque appareil de calcul Algébrique.

IL N'EST nullement question dans cet Ouvrage de la construction des Vaisseaux, autre partie de la Marine qui en est, à proprement parler, la premiere, mais qui étant exercée à terre par des personnes qui s'en occupent entiérement, n'est pas l'objet des connoissances du Navigateur. Nous avons des Livres sur cet important sujet qui, dans l'ordre des choses, précede le Pilotage & la Manœuvre ; je l'ai examiné expressément dans le *Traité du Navire*, & on ne sauroit trop recommander sur cette même matiere les Ouvrages de M. Euler & de M. Duhamel.

MAIS, pour revenir au Livre que je présente, je ne sai si l'arrangement peu ordinaire que j'ai cru devoir préférer, m'aura permis de satisfaire aux vues sages de M. de Chézac, Capitaine des Vaisseaux du Roi, & Chevalier de l'Ordre Militaire de Saint Louis, qui contribue, plus que personne, à exciter cette louable ardeur avec laquelle on tâche d'allier, dans toutes les parties de l'art de naviguer, la théorie à la pratique. Afin de mieux inspirer à Messieurs les Gardes de la Marine, auxquels il commande à Brest, son goût éclairé pour toutes les connoissances propres à des Officiers, il demandoit des éléments de Méchanique & de Dynamique dont les principes fussent continuellement appliqués à la Navigation. Le premier Livre de ce Traité pourra, ce semble, remplir d'autant mieux ce plan, que j'ai fait tous mes efforts pour que les deux autres, auxquels il sert comme d'introduction, y répondissent. Je suis persuadé outre cela que mon travail ne fera pas inutile pour d'autres Lecteurs à qui il est indifférent qu'on leur parle de Marine ou de tout autre sujet,

pourvu qu'on les exerce dans cette partie des Mathématiques dont un fi grand nombre d'Arts attendent leur perfection. Il étoit abfolument néceffaire de joindre la Dynamique à la Méchanique, puifqu'on ne conftruit ordinairement
les machines que pour qu'elles prennent du mouvement, &
que les Navires font deftinés à recevoir une très-grande vîteffe.

IL ARRIVE fouvent qu'on renverfe entiérement l'ordre des
méthodes dans cette partie de la Méchanique; & il femble,
qu'auffi-tôt qu'on peut employer le mot de *Dynamique* à la
tête d'un Ecrit, on ceffe d'être obligé de fe rendre intelligi-
ble. Le mal vient de ce qu'on fubftitue aux vrais principes
ou aux loix de la Nature, dont la fimplicité & la généralité
ne fauroient être plus grandes, d'autres regles qui n'en font
que des conféquences conditionnelles & très-éloignées. L'illuftre M. Jean Bernoulli, à qui toutes les Mathématiques
ont de fi grandes obligations, a contribué le plus à mettre
en ufage un de ces principes trop obfcurs, connu fous le nom
de *Confervation des Forces vives*, qu'il croyoit abfolument néceffaire pour la folution d'une claffe entiere de Problêmes ᵃ.
Si cette prétention néanmoins avoit eu quelque fondement,
ou s'il avoit été réellement impoffible de réfoudre plufieurs
difficultés fans le nouveau fecours, le Géometre fe fût également trouvé dans l'impoffibilité d'en montrer la bonté ou
d'en lier la certitude avec celle des loix de la communication des mouvements dont elle doit dépendre. Mais ce qui
eft encore plus étrange, M. Bernoulli étoit obligé de fuppofer que les corps qu'il confidéroit, étoient parfaitement
élaftiques, quoique nous n'en connoiffions point de tels.
Ainfi la regle ou le principe de Dynamique qu'employoit
alors cet illuftre Mathématicien, & qu'il regardoit comme
une loi primitive de la Nature, n'étoit applicable qu'à un cas
hypothétique auquel la Nature même a donné l'exclufion.
On peut, malgré cela, dans une infinité d'autres rencontres,
tirer de cette regle trop limitée des inductions très-heureu-
fes. Quelquefois on regarde comme trop difficile, d'agir
avec pleine lumiere ou de fuivre l'enchaînement de toutes les
vérités intermédiaires; on renonce, par pareffe ou par im-
puiffance, à l'avantage de voir parfaitement clair. On ferme

a Voyez le Difcours fur les Loix & la Communication des Mouvemens;
Paris, 1727.

les yeux, pour ainſi dire, en ſe ſervant du prétendu principe, & on s'élance vers le but, autant qu'il eſt poſſible, pour
s'épargner la peine de s'y rendre pas à pas.

Mais, puiſque ce principe eſt obſcur, qu'il n'eſt pas généralement vrai, qu'il a quelquefois induit en erreur les plus
grands Méchaniciens, & qu'il n'eſt, à proprement parler,
qu'une conſéquence géométrique tirée dans quelques circonſtances particulieres, des loix générales du mouvement,
n'eſt-il pas évident qu'on ſe conduit d'une maniere bien plus
naturelle & plus ſatisfaiſante pour l'eſprit, en rapportant tout
immédiatement à ces mêmes loix? Eſt-il rien de plus illu-
ſoire & de plus propre à répandre des ténebres ſur la partie
des Méchaniques la plus utile, que de renoncer à des principes univerſels, ſenſibles & féconds, pour leur en préférer de
ſecondaires qu'on s'eſt encore plu depuis à multiplier, qui
ſont tantôt faux & tantôt vrais, & dont on ne peut apprétier
la juſte valeur qu'en remontant à la ſource ou en les comparant à ces mêmes principes qu'on feint d'abandonner ?

Lorsque pluſieurs corps, en agiſſant les uns ſur les autres, changent mutuellement leur état, tous les mouvements
que les uns ſont forcés de prendre, forment toujours un parfait équilibre avec tous les mouvements que les autres perdent; ces mobiles ayant de l'inertie comme toutes les autres
parties de la matiere, ne prennent du mouvement & n'en perdent qu'avec difficulté, & leurs réſiſtances réciproques ſe
contrebalancent exactement par leur oppoſition. Cette regle ou loi eſt ſi ſimple, qu'il ſuffit de l'expliquer; & le ſavant
M. Bernoulli n'avoit qu'à le vouloir pour en tirer, ainſi qu'il
l'a fait en d'autres rencontres, tous les ſecours dont il avoit
beſoin. Comme elle conduit ſeule à des ſolutions naturelles
& lumineuſes dans une infinité de Problêmes, il m'a paru
que je ne pouvois mieux faire que de continuer à l'employer,
après m'en être déja ſervi dans ceux de mes autres Ouvrages
où il s'eſt préſenté des difficultés de même genre. J'en avois
même fait uſage dès 1728, en réfutant, malgré les égards
dûs au célebre Géometre que je viens de citer, la trop grande
généralité de ſes aſſertions.

Au surplus, puiſque nous conſacrons ce Traité à l'utilité du Public, nous ne devons pas manquer de reconnoître,

que s'il fût jamais néceffaire de joindre la Pratique à la Théorie, c'eft principalement dans la Marine. Outre qu'il faut
examiner fur le Vaiffeau même ce grand nombre de cordages
qui fervent à la Manœuvre, le Navigateur doit favoir une infinité de chofes de fait ou de détail que nous n'avons pas ef-
fayé de décrire, & qu'il n'apprendra jamais bien que dans des
voyages réïtérés. Quelqu'un qui fe confiant trop dans fes
connoiffances fpéculatives, entreprendroit de conduire un
Navire la premiere fois qu'il s'embarque, feroit trop certainement une expérience fatale de fon peu de capacité. Avant
qu'il eût eu le temps de faifir l'état actuel des chofes dans leur
changement continuel, qu'il eût raffemblé toutes fes idées,
& qu'il eût formé une réfolution, il auroit laiffé échapper
l'inftant favorable, & fon Navire fe feroit brifé contre quelqu'écueil. Il faut donc allier néceffairement la pratique à la
fpéculation : nous voulons dire, qu'après que le Navigateur
a pris une connoiffance fuffifante des maximes utiles, il faut
qu'il fe les rende affez familieres par un grand exercice, pour
pouvoir les appliquer comme machinalement & fans le fecours pénible de la réflexion.

Le Vaisseau recevant, par le moyen du gouvernail & des
voiles, tous les mouvements qu'on lui imprime, l'homme de
mer ne fe fera pas encore affez exercé dans fon art, fi un
coup d'œil ne lui fuffit, pour fe rendre préfentes toutes ces
parties mobiles. Il faut qu'il y tienne, pour ainfi dire, comme à fes propres mufcles, ou qu'il regarde fon Navire comme un autre corps qu'il anime en même temps que le fien, &
qui en eft comme une extenfion. Le Navigateur ne parvient,
il eft vrai, à cet état qu'après plufieurs années d'un travail
opiniâtre; mais de combien la difficulté ne fera-t-elle pas
moindre, fi on joint l'étude des Méchaniques à celle de la
Marine? On ne verra rien enfuite à quoi on ne foit préparé
d'avance, & dont on ne puiffe fe donner l'explication à foi-
même. Ainfi, pour faire de grands progrès dans la pratique,
ou pour contracter l'habitude qui la conftitue, il fuffira de
répéter fouvent les mêmes actes, ou de prendre part à toutes
les manœuvres qu'on verra faire. Comme on ne fera plus
obligé de rien exécuter à l'aveugle, on fentira bientôt les
heureux effets qu'un exercice réfléchi doit produire, & la
qualité de bon Praticien coûtera par conféquent beaucoup
moins à acquérir.

On DEVIENDRA non-feulement Manœuvrier beaucoup plus promptement par la route que nous indiquons, on donnera à la pratique, des fondemens plus parfaits & plus folides. Lorfqu'on fait une manœuvre en préfence d'un jeune Marin, il ne fait fouvent ni pourquoi on l'exécute, ni comment agiffent les inftruments dont on fe fert ; & il fe trouve environné de gens trop occupés, pour qu'il puiffe en tirer le moindre éclairciffement. Qu'on juge donc combien il doit perdre de temps pour prendre ces notions même groffieres qui lui tiendront lieu de Théorie, ou qui ferviront de bafe peu sûre à la pratique qu'il regarde comme fon principal objet ? Les connoiffances imparfaites, auxquelles notre jeune Marin parviendra, feront, à la honte de la raifon, le fruit du plus long travail ; & néanmoins comme elles fe reffentiront toujours de leur origine vitieufe, elles ne l'éclaireront jamais affez ; elles le laifferont toujours manquer de regles ou de méthodes exactes fur lefquelles il puiffe abfolument compter. Il donnera, par exemple, une certaine obliquité aux voiles, & il recevra le vent avec une incidence déterminée ; mais faura-t-il s'il n'y auroit pas quelque chofe à changer dans un fens ou dans l'autre, à l'une & l'autre difpofition ? A-t-on jamais fait les expériences néceffaires pour s'en affurer ?

On peut, par des effais même groffiers, trouver dans une machine la difpofition la plus avantageufe d'une certaine partie, lorfqu'elle eft la feule dont la fituation foit variable. On la change de place ; & fi on voit que l'effet qu'elle produit va en diminuant, on fait un changement dans le fens contraire, & après un certain nombre de tentatives on réuffit à trouver une efpece de milieu auquel on s'arrête. Mais combien la difficulté n'augmente-t-elle pas, lorfque le degré de perfection qu'on recherche dépend de divers agents extérieurs & de la difpofition de plufieurs parties qui ont des rapports effentiels les unes avec les autres ? Pour réfoudre un pareil Problême par l'expérience, il faudroit, en laiffant une partie dans un état conftant, examiner les divers degrés d'avantage qui réfultent de tous les divers états des autres ; & après avoir fait ce pénible examen, il faudroit encore en commencer une infinité d'autres, en faifant varier la difpofition de la premiere partie. Quelqu'un a-t-il jamais entrepris en mer toutes ces expériences ? A-t-il pu compter qu'il n'y feroit troublé, ni par l'inconftance du vent, ni par l'irrégularité de quelque caufe accidentelle ? A-t-on même jamais eu la commodité de faire ces longs effais pour un feul Navire ? Car les différentes formes de leur carene & les divers rapports entre leurs voiles doivent rendre les réfultats différents. Auffi le Praticien fe borne-t-il toujours à vous répondre qu'il fe conforme, le plus exactement qu'il peut, à ce qu'il a vu exécuter ; & que s'il n'a point de regle précife, l'autorité que fournit l'exemple des anciens Marins fuffit pour le raffurer.

IL APPARTIENT donc à la Théorie aidée de quelque expérience, de parvenir à des regles certaines dans une femblable matiere, & de perfectionner la pratique, en lui communiquant les lumieres dont elle avoit befoin. Je m'applaudirai beaucoup fi mon Livre peut avoir cet avantage, en contribuant à multiplier les Manœuvriers habiles, & en rendant plus familieres les applications de la Méchanique & de la Dynamique, aux parties de la Navigation qui en font fufceptibles. Je ne pouvois choifir des circonftances plus favorables pour le publier, que lorfque l'activité & les vues fupérieures d'un grand Miniftre donnent à notre Marine comme une création nouvelle. Eloignés que nous fommes de ces fiecles où l'on mettoit fi aifément en mer des flottes nombreufes, parce qu'elles n'étoient formées que de très-petits Navires, pouvions-nous prévoir que nous aurions tout-à-coup en France des Efcadres puiffantes pour oppofer partout à l'ennemi & pour le vaincre ? Il faut que toutes les Provinces du Royaume concourent, par leurs différentes productions, à la conftruction & à l'équippement d'un Vaiffeau de ligne ; il faut même quelquefois aller chercher certaines matieres dans les Pays les plus éloignés. M. le Garde des Sceaux a furmonté tous ces obftacles & tous les autres qui font inféparables des grandes entreprifes. Les Vaiffeaux font comme fortis de terre ; ils fe trouvent commandés par des Officiers intrépides qui exécutent avec courage les ordres dictés avec le plus de fageffe, & notre Pavillon porte la gloire du Roi dans toutes les Mers. Je regarderois mes veilles comme bien employées, je le répete, fi le Livre que j'offre au Public, rempliffoit au moins, dans cette rencontre, une partie de mon objet, en ôtant les épines d'une Science auffi importante que celle de la Manœuvre des Vaiffeaux.

*FIN DE DA PREFACE.*

# TABLE
## *DES CHAPITRES.*

### LIVRE PREMIER.

*Dans lequel on donne les connoissances de Méchanique & de Dynamique utiles ou nécessaires aux Navigateurs , avec la solution de plusieurs Problêmes importants de Marine.*

### *PREMIERE SECTION.*

De l'équilibre entre les corps solides qui agissent les uns contre les autres par leur tendance au mouvement. *Page* 3

*Second*

## SECONDE SECTION.

De l'action des corps ſolides, & de leur équilibre lorſqu'ils ſont en mouvement, 76

*TROISIEME SECTION.*

De l'action des Fluides par leur choc & par leur preſſion ſur les corps ſolides. 181

# LIVRE SECOND.

## *Des mouvements d'évolution ou de rotation du Navire.*

### *PREMIERE SECTION.*

---

## SECONDE SECTION.

### Sur le plus ou le moins de facilité qu'ont les Navires à recevoir le mouvement de rotation ou à bien gouverner.     326

# LIVRE TROISIEME.

*De la diſpoſition la plus avantageuſe des Voiles pour ſuivre une route avec vîteſſe, ou en ſatisfaiſant à quelqu'autre condi-tion,* 362

## PREMIERE SECTION.

Qui contient pluſieurs remarques ou regles géné-rales de Manœuvre, avec la maniere particuliere d'orienter la voile lorſqu'il n'y en a qu'une dans les Navires dont on peut négliger la dérive. 363

Que

SECONDE SECTION.

De la diſpoſition la plus avantageuſe de la Voile
dans les Navires, dont on ne peut pas négliger la dérive, 412

d

## TROISIEME SECTION.

De la disposition la plus avantageuse des voiles dans les Navires qui en ont plusieurs, & qui sont sujets à la dérive,

*Fin de la Table des Chapitres.*

# ERRATA, ou Fautes à corriger.

PREFACE, *page* v, *ligne* 34, Marco-Paolo: *lisez:* Marco-Polo.
TABLE, *page* xxij, *ligne* 25, changez ainsi le Sommaire du Chapitre I, de la seconde Section du Livre II : *Que les temps employez à faire les mêmes évolutions par différents Vaisseaux, sont comme les longueurs de ces Vaisseaux.*

Page 65, *ligne* 7, la poulie: *lisez :* sur la poulie.
Page 72, *ligne* 1, $cF-Ac$ : *lisez :* $cF-Ac$.
Page 72, *ligne* 17, qui résistoit: *lisez :* qui répondoit.
Page 142, *ligne* 23, devienne plus grand: *lisez :* devienne un plus grand.
Page 157, *ligne* 22, le mouvement : *lisez :* le changement.
Page 187, *ligne* 11 : *lisez :* qui se fait.
Page 212, *ligne* 25, $P \times M\Gamma$ : *lisez :* $P \times MG$.
Page 229, *ligne* 12, la distance $AC$ : *lisez :* la distance $QC$.
Page 234, *ligne* 4, pouces. La : *lisez :* pouces, la.
Page 242, *ligne* 27 : *lisez* $y^2$.
Page 243, *ligne* 25, à $\sqrt{p}$ : *lisez :* à $\sqrt{P}$.
Page 264, *ligne* 5, $Q = \dfrac{\int E^2\, dm}{h \cdot P}$ : *lisez :* $z =$
Page 301, *à la marge*, Figure 88 : *lisez :* Figure 83.
Page 324, *ligne* 7, l'angle $POQ$ : *lisez :* $OPQ$.
Page 335, *ligne* 13, nous nommerons a la : *lisez :* nous nommerons a la.
Page 375, *ligne* 13, manqué : *lisez :* manquée.
Paga 403, *ligne* 3, $xa$ : *écrivez :* $\times \frac{1}{3} a$.
Page 409, *ligne* 23, $\sqrt{n^2-q^2}$ : *écrivez :* $\sqrt{n^2-b^2}$ ;
Page 426, *ligne* 9, frappée : *lisez :* frappé.
Page 427, *ligne* 5, proue : *lisez :* carene.
Page 454, *ligne* 5, d'arcs, de cercles ; ôtez la virgule.
Page 459, *ligne* 13, se fonder : *lisez :* se fonder.
Page 463, *ligne* 8, l'arc $AO$ : *lisez :* l'arc $Ao$.
Page 465, *ligne* 23, $P \times Q + P^2 q$ : *lisez :* $P^2 \times Q + p^2 q$.
Page 486, *ligne* 25, & de la voile : *effacez* de.

# DE LA MANŒUVRE
## DES VAISSEAUX,
#### OU
## TRAITÉ DE MÉCHANIQUE
#### ET
## DE DYNAMIQUE;

*DANS LEQUEL on réduit à des solutions très-simples les Problêmes de Marine les plus difficiles , qui ont pour objet le mouvement du Navire.*

ON entreprend dans cet Ouvrage de traiter de la Méchanique & de la Dynamique principalement par rapport à la Marine. La Méchanique considere l'action des forces qui en s'exerçant les unes contre les autres , suspendent réciproquement leur effet , au lieu que la Dynamique considere les corps lorsqu'ils sont en mouvement , & qu'ils ne sont pas encore parvenus à un état permanent par l'équilibre. Ces deux Sciences forment un corps de connoissances qui sont également utiles au Navigateur pour pouvoir se rendre maître de l'agitation de la mer , & se servir avec succès de la force du vent. L'homme de mer n'est que simple observateur lorsqu'il remplit les fon-

A

ctions de Pilote, lorfqu'il obferve la hauteur des aftres, ou qu'il confulte fa bouffole. Mais il faut qu'il paffe néceffairement de ces opérations tranquilles à une très-grande action, & qu'il employe l'ufage de plufieurs machines ou inftruments lorfqu'il veut imprimer à fon Navire tous les mouvements néceffaires.

On donne le nom de *Manœuvre* aux cordages qui foutiennent la mâture & qui fervent à orienter les voiles ; mais le même nom pris dans un autre fens fignifie la Dynamique ou la fcience des forces mouvantes appliquée à la Marine. Une de fes parties enfeigne à diftribuer le poids dont le Navire eft chargé, de maniere qu'il navigue fans péril & qu'il puiffe recevoir plus aifément tous les mouvements qu'on doit lui imprimer. On nomme *Arrimage* cette partie de l'art qui regle la diftribution la plus avantageufe de toutes les parties pefantes de la charge.

La Manœuvre proprement dite apprend à faire tourner le Navire ou le faire changer de fituation dans tous les fens, & à lui procurer la plus grande viteffe, lorfqu'il s'agit de paffer d'un endroit à un autre, ou d'éluder quelquefois en partie l'effort du vent par le vent même. On manque en mer de méthodes exactes ou fûres pour exécuter toutes ces chofes. Nous tâcherons d'y fuppléer & de découvrir des regles affez faciles pour qu'on puiffe les mettre commodément à exécution. Afin même de nous rendre plus clairs dans le traité de Méchanique & de Dynamique qui formera le premier Livre de notre Ouvrage, & qui, à certains égards, fera une introduction à cette partie de l'art de naviguer que nous nous propofons d'enfeigner, nous éviterons toutes les fois que nous le pourrons, le langage des démonftrations géométriques, pour y fubftituer celui des plus fimples explications.

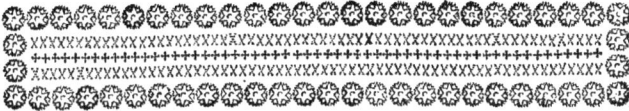

# LIVRE PREMIER.

*Dans lequel on donne les connoiſſances de Méchanique & de Dynamique utiles ou néceſſaires aux Navigateurs, avec la ſolution de pluſieurs Problêmes importants de Marine.*

## PREMIERE SECTION.

De l'équilibre entre les corps ſolides qui agiſſent les uns contre les autres par leur tendance au mouvement.

## CHAPITRE PREMIER.

*De l'uſage des Poulies dans les Méchaniques, & en particulier dans la Marine.*

ON ne veut pas toujours faire enſorte qu'une puiſſance médiocre ſoutienne un grand poids ou réuſſiſſe à le mouvoir ; on veut quelquefois changer ſimplement la direction ou la ligne ſelon laquelle elle agit. Lorſque les poulies qui ſont en très-grand nombre dans les

A ij

Vaisseaux , & dont tous les lecteurs connoissent la
Fig. 1. & 2. forme , sont disposées comme dans nos deux premieres
figures , elles n'ont absolument que ce second usage.
Si le corps $P$ pese 100 livres, il faudra que la puissance qui est appliquée en $M$ , soutienne ces 100 livres , & qu'elle fasse un peu plus d'effort, si on veut
rompre l'équilibre ou faire monter le poids.   Qu'on
mette successivement plusieurs autres poulies qui ne
fassent que détourner la corde ou lui donner une
autre direction , la vîtesse du fardeau $P$ ne changera
pas , & il n'y aura aucune augmentation ni diminution de force. Ce sera précisément la même chose
que si l'on tiroit sur une corde plus courte ; avec cette
seule différence , qu'on se procure souvent par ces poulies *de renvoi* ou *de retour* une plus grande facilité
dans le travail.   Ainsi lorsque la force avec laquelle
on agit est égale au poids , il y a ici un parfait équilibre entre les deux ; c'est-à-dire, que l'un & l'autre
restent dans le même état, ou que l'un ne l'emporte
pas sur l'autre.

Il ne faut pas attribuer à la rondeur exacte de la
poulie la propriété qu'elle a de ne rien changer dans
Figure 3. la grandeur de l'effet. Si une console $ABC$ (*fig.* 3.)
a sa surface supérieure parfaitement polie, & qu'elle
ne forme point d'angle qui oblige la corde $MBP$ de
se plier d'une maniere brusque , il faudra encore employer en $M$ précisément la même force pour empêcher le poids $P$ de tomber.  Toutes les parties de la
corde $MBP$ seront également tendues.  Car si la premiere partie $MB$ l'étoit davantage ; elle agiroit sur
l'autre & lui causeroit un nouveau degré de tension.
Ainsi tout effort en $M$ doit se transmettre en $P$ sans
souffrir le plus leger changement, pourvu que la corde
$MBP$ glisse avec toute la facilité possible sur le
support.  Cependant dans l'usage ordinaire, la poulie
$A$ (*fig.* 1 & 2) est préférable à la console. Sa mobi-

lité & fa forme ronde font caufe que l'action de la puiffance *M* fe tranfmet plus aifément jufqu'au poids.

## *Difpofitions de Poulies qui fervent à augmenter la force.*

Mais la même puiffance foutiendra un poids deux fois plus grand, fi les poulies font difpofées comme dans la figure 4. Le poids *P* eft attaché à la poulie *B* qui defcend en même temps que lui en gliffant fur le cordage ou *funin A B C M.* Alors les deux parties de la corde font également chargées ; chacune porte la moitié du poids, & puifque la puiffance *M* ne tire que fur une des parties, elle ne doit reffentir que la moitié du poids, pendant que le point fixe *A*, auquel eft attachée l'autre extrêmité de la corde, fupportera l'autre moitié. La puiffance ne travaillera pas plus que dans les difpofitions repréfentées dans les trois premieres figures ; & cependant elle foutiendra, comme on le voit, un poids double. Mais il faut remarquer auffi que dans le cas du mouvement, le poids montera deux fois moins vîte que dans les autres difpofitions.

Lorfque dans la premiere figure ou dans la feconde, la puiffance *M* parcourt un pied en tirant de haut en bas ou en tirant horifontalement, le poids *P* monte précifément d'un pied ; au lieu que dans la quatrieme figure il ne montera que d'un demi-pied ; puifqu'il ne monte qu'à mefure que les deux parties de la corde fe racourciffent, & que le racourciffement de chaque partie n'eft que la moitié de celui que fouffre toute la portion *A B C* par le mouvement de la puiffance ou force motrice *M.* Ainfi on apperçoit qu'il y a ici une efpece de compenfation qu'on remarquera également dans l'ufage de toutes les autres machines. On fait monter dans la figure 4 un poids d'une pe-

Figure 4.

fanteur double en employant la même force que dans les figures 1, 2 & 3 ; mais ce plus grand poids monte deux fois moins vîte.

Suppofé que les poulies foient difpofées comme dans la figure 5, la même puiffance appliquée en *M*, foutiendra un poids encore beaucoup plus grand fitué en *P* ; mais auffi ce poids monteroit encore avec beaucoup moins de vîteffe s'il prenoit réellement du mouvement. Toute la pefanteur du poids *P* fe partage entre les deux parties *A B* & *B C* de la corde ou du *funin ;* chacune porte une moitié du poids. La moitié dont eft chargée *B C* fe divife encore par la moitié, en fe diftribuant également aux deux parties *D C* & *C E* de la corde *D C E*. Par conféquent, *C E* ne porte que le quart du poids *P*, & ce quart fe partageant entre les deux parties *F E* & *E G* de la corde *F E G*, chacune n'eft chargée que de la huitieme partie du poids *P*. Enfin il fe fait encore un dernier partage ; parce que toute la partie du poids dont eft chargée *E G* fe diftribue aux deux parties *H G* & *G I*. Ainfi *G I* ne foutient que la feizieme partie du poids ; & comme la poulie *I* ne change rien à cet effort, il fuffira que la puiffance qui s'exerce en *M*, tire fur *I M* avec une force feulement égale à la feizieme partie du poids *P* pour empêcher ce corps de tomber. Suppofé qu'il pefe 160 livres, il fuffira que la main appliquée en *M* agiffe avec une force de 10 livres.

On remarquera qu'il y a encore ici l'efpece de compenfation déja obfervée ci-devant. Si la puiffance *M* parcouroit de haut en bas un efpace d'un pied en tirant fur la corde *A M* de la figure premiere, elle feroit monter le corps fimple *P* d'un pied : au lieu que par la même action elle éleveroit dans la quatrieme figure le poids *P* qui feroit double, & dans la cinquieme figure un poids *P* qui feroit feize fois plus grand. Mais d'un autre côté le poids qu'on éleve dans

Figure 5.

la quatrieme figure ne monte que d'un demi-pied,
& dans la cinquieme il ne monte que d'un feizieme
de pied. Ainſi le produit du poids qu'on éleve multiplié par la vîteſſe qu'on lui donne, eſt toujours le même, & il n'y a que la diſtribution des deux multiplicateurs, le poids & la vîteſſe, qui ſoit changée; l'un
étant augmenté, l'autre diminue dans le même rapport.

## Diſpoſitions ordinaires des Poulies dans la Marine, avec la méthode d'évaluer le changement qu'elles appor-tent à l'effet.

On n'emploie pas dans la Marine de Poulies arrangées de ſuite comme dans la figure 5; mais la diſpoſition ſimple repréſentée dans la figure 4, y eſt d'un
uſage très-fréquent. On veut, par exemple, (fig. 6.)
obliger le point A d'une voile, c'eſt-à-dire, un de ſes
angles d'en bas, de s'approcher du bord B du Navire,
on ſe ſert d'une poulie C arrêtée contre le coin ou le
point de la voile; & alors le cordage BCM augmente
deux fois l'effort de la puiſſance M, en même temps
que le point A de la voile s'approche deux fois moins
vîte du bord du Navire, que la puiſſance M ne fait
de chemin.

Au lieu d'arranger les poulies comme dans la figure 5, on les joint enſemble, en les mettant à côté
les unes des autres, ou les unes au-deſſus des autres,
dans la même boîte ou moufle, comme le repréſente
la figure 7; & leur aſſemblage avec le cordage forme
un palan ou une caliorne dont l'uſage dépend préciſément de la même méchanique. En général pour ſavoir combien de fois la force eſt multipliée, ou combien
de fois la vîteſſe eſt diminuée par un de ces aſſemblages

Figure 7.

Figure 7. de poulies, il n'y a toujours qu'à compter le nombre des branches de la corde qui foutient le fardeau. Il y en a ici quatre ; car il ne faut pas compter la partie *B M* fur laquelle s'exerce la puiffance *M*, laquelle partie n'eft que le prolongement d'une des quatre branches dont chacune foutient le quart du poids. La force eft donc augmentée quatre fois , & il eft facile de l'augmenter davantage en fe fervant d'un plus grand nombre de poulies ; pourvu qu'on confente à perdre de la vîteffe avec laquelle on éleve le poids.

On n'agit pas toujours immédiatement fur la corde *B M* ; on fe fert quelquefois d'un autre affemblage de poulies qu'on difpofe comme dans la figure 8. Le premier affemblage , ou pour s'exprimer en termes de Marine , le premier *palan* ou la *caliorne A B* multiplie quatre fois la force ; un effort fait en *D* eft équivalent à un effort quatre fois plus grand en *P*. Mais l'autre palan *C D* multiplie la force encore cinq fois : ainfi la force eft multipliée en tout vingt fois ; nous voulons dire que 100 livres d'effort en *M* foutiendront en *P* un fardeau de 2000 livres. Le palan *C D* augmente la force cinq fois ; car vers *D* la corde a cinq branches qui font également tendues , & qui fupportent chacune la cinquieme partie de l'effort de la corde *B D*.

Au furplus le lecteur voit affez que dans l'ufage des poulies, de même que dans celui de toutes les autres machines , il faut que les points qu'on fait fervir d'appui foient capables de foutenir un affez grand effort. Dans la figure 7 le point *O* d'en haut auquel eft attaché ou *frappé* le palan , fe trouve chargé non-feulement de la pefanteur du fardeau *P* , mais encore de l'effort que fait la puiffance *M*. Le nombre des branches de la corde qui fe rendent aux poulies de chaque côté marque toujours cette différence. Il n'y a dans le palan *A B* que quatre branches , fi on les compte

du

du côté du fardeau $P$ ; au lieu qu'il y en a cinq si on les compte en haut ; & il est vrai aussi que la puissance $M$ qui est égale au quart de la pesanteur du fardeau, n'est que la cinquieme partie de l'effort total que soutient le point d'appui d'en haut. Une livre en $M$ en soutient quatre en $P$, ou se trouve en équilibre avec ces 4 livres, & le point $O$ se trouve chargé de 5 livres. Si l'on attachoit la partie $B\,M$ de la corde en quelque point $B$ des poulies d'en haut, il n'y auroit rien de changé à l'égard du poids $P$, les quatre branches de la corde seroient également chargées. Mais ce ne seroit pas la même chose à l'égard du point d'appui $O$. Il ne soutiendroit alors que le fardeau ; au lieu que lorsque la puissance $M$ agit, il soutient de plus tout son effort.

Il y a la même distinction à faire dans la figure 8 Figure 8. où la disposition des poulies augmente 20 fois la force. Si le poids $P$ est de 2000 livres, il suffit que la puissance $M$ soit de 100 livres. Le point d'appui $Q$ aura un effort quadruple ou de 400 livres à soutenir. La corde ou le funin $B\,D$ soutiendra un effort encore plus grand ; il sera de 500 livres, & le point d'appui $O$ qui soutient & la pesanteur du poids $P$ & l'effort qui s'exerce le long de $B\,D$, pourra donc se trouver chargé de 2500 livres. Cette différence dans les efforts oblige d'en mettre aussi dans la grosseur des cordes. Celle de la caliorne $A\,B$ doit être plus forte que celle du palan $D\,C$.

Nous parlerons dans la suite du frottement que souffrent les cordes contre les poulies, & les poulies contre leurs essieux ou axes. Ce frottement ne trouble pas l'équilibre ; il fait tout le contraire : il n'empêche pas, par exemple, que 100 livres en $M$ dans la figure 8, ne soutienne 2000 livres en $P$ ; mais il est cause qu'il faut augmenter très-considérablement la puissance pour qu'elle puisse faire monter effectivement le fardeau.

B

S'il n'y avoit aucun frottement, & si les cordages n'a-
voient aucune roideur, pour peu qu'on augmentât
l'effort de la puissance $M$, qui est égal à 100 livres,
son action l'emporteroit sur la résistance que forme le
poids $P$, qui est de 2000 livres. Mais il s'en faut pro-
digieusement dans la pratique, que les choses ne soient
ainsi. Une autre cause de diminution dans l'effet des
palans & des caliornes, c'est que les parties de la corde
ou du *funin* qui vont d'une poulie à l'autre ne sont pas
toujours exactement paralleles, & la force se décompose de la maniere dont nous allons l'expliquer.

# CHAPITRE II.

## De la décomposition des forces ou des mouvements.

**I**L arrive souvent qu'une puissance ne tend à produire un certain effet que par une partie de sa force,
parce que l'autre partie est inutile par rapport à l'effet
dont il s'agit. Une pierre lancée contre un mur ne
fait pas une égale impression lorsqu'elle est jettée obliquement, que lorsqu'elle frappe le mur selon une ligne perpendiculaire avec toute sa force. Si la direction ou le chemin que fait la pierre fait un angle extrêmement aigu avec la muraille, il ne se fera presque
point de choc, & la pierre ne fera que glisser le long
du mur. Cependant la pierre pourra avoir une très-
grande vîtesse ; elle parcourra dans une seconde tout
l'espace $AB$ (*fig.* 9.) qui sera peut-être de 30 ou 40
pieds ; mais malgré ce grand mouvement, elle n'a-
vancera que peu vers le mur $EF$, & elle ne le cho-
quera aussi que très-peu.

Figure 9.

En effet, la vîteſſe de la pierre vers le mur n'eſt repréſentée que par la perpendiculaire *A D* qui·ne ſera
peut-être que d'un ou deux pieds. La pierre parcourt
tout *A B*, mais elle n'a de vîteſſe *relative* ou *reſpective*
par rapport au mur que *A D* ou *C B*, pendant que
preſque tout ſon mouvement la tranſporte parallelement au mur; ce qui eſt abſolument inutile au choc.
On voit donc que le mouvement total ou abſolu *A B*
de la pierre ſe décompoſe dans les deux mouvements
particuliers ou *relatifs A D*, & *A C*, & qu'il n'y a
que le premier qui contribue au choc; parce qu'il
n'y a que le premier qui s'éteigne par le choc. La
pierre produit le même effet en frappant le point *B*,
que ſi elle venoit ſimplement du point *C* avec la vîteſſe
*C B* égale à la perpendiculaire *A D*. Quant à l'autre
partie du mouvement, elle ne ſera pas détruite; le
corps après avoir perdu en *B* tout ſon mouvement
perpendiculaire continuera à avancer vers *F* avec l'autre partie, celle qui ſe fait parallelement à la ſurface.

## De la décompoſition de force qui ſe fait ſouvent dans l'uſage des Poulies.

IL eſt abſolument néceſſaire d'avoir égard à cette
décompoſition dans une infinité de cas. Dans la fig. 10
les deux parties *A B* & *B C* de la corde qui ſoutient Figure 10.
le poids *P* ne ſont point paralleles. Cela n'empêche
pas qu'elles ne ſoient également tendues; mais tout
l'effort qui répond à leur tenſion ne contribue pas à
ſoutenir le poids. Si la force qui s'exerce ſur la partie
*B C* & qui eſt égale à la puiſſance *M*, eſt repréſentée
par *R N*, nous n'avons qu'à tracer le rectangle *RQNS*
par les lignes verticales *N Q* & *R S*, & par les lignes
horiſontales *R Q* & *N S*; & il n'y aura que la partie
de la force repréſentée par *R S* qui en agiſſant de bas
en haut, ſera utile. Comme l'autre portion *B A* de

la corde fera également tendue à caufe de la réfiftance
que fournit le point *A*, cette feconde portion de la
corde contribuera également à foutenir le poids par
l'effort que *RS* repréfente. Les deux efforts *RS* & *RS*
feront égaux ; & ils feront chacun égal à la moitié de
la pefanteur du poids pendant l'équilibre.

On peut encore confidérer les deux autres efforts particuliers *RQ* & *RQ* qui fe font dans le fens de l'horifon ; mais ils fe détruifent par leur égalité & leur oppofition ; & c'eft précifément la même chofe que fi le
poids *P* n'étoit expofé à aucune action dans le fens
horifontal. Les efforts utiles *QS* & *QS* ne fe détruifent pas de même, puifqu'ils agiffent dans le même
fens l'un & l'autre ; ils s'aident au contraire. Tout ce
qu'il y a de mal, c'eft que comme les deux parties
de la corde font inclinées l'une par rapport à l'autre,
& par rapport à la direction naturelle de la pefanteur,
l'effort *RN* eft plus grand que *RS* ; & il faut à caufe
de cette inégalité, que la puiffance *M* faffe un effort
plus grand que la moitié de la pefanteur du poids,
dans le même rapport que *RN* eft plus grande que
*RS*.

On peut faire la même remarque fur la difpofition
repréfentée dans la figure 6, & on doit regarder comme un très-grand inconvénient que les deux parties
*BC* & *CM* du cordage *BCM* ne foient pas paralleles.
Lorfque ces deux parties font un angle très-ouvert,
on peut tirer beaucoup fur *CM*, & que cela ne produife qu'un effet très-médiocre pour approcher du bord
*B* du Navire le point *A* de la voile. Si l'angle *BCM*
eft de 120 degrés, on feroit tout auffi bien de tirer
immédiatement fur le point *A* ; & fi l'angle *MCB*
étoit encore plus ouvert, la difpofition feroit abfolument defavantageufe.

C'eft ce qu'on voit d'une maniere fenfible en jettant
Figure 11. les yeux fur la figure 11. Les deux parties du cordage

*B R R M* font l'une avec l'autre un angle de 120 degrés,
& la puissance *M* agit, par exemple, avec une force
de 100 livres. Alors le point *A* de la voile ne sera
aussi tiré qu'avec une force de 100 livres, & non pas
avec une force de 200, comme dans la fig. 6. Toutes
les parties du cordage *B R M* font tendues avec une
force de 100 livres & travaillent à se contracter avec
une force égale. L'effort absolu ou total de la puissance *M* est représenté par *R N*; mais l'effort relatif
ou particulier qui nous est utile n'est représenté que
par *R S*, qui étant la moitié de *R N*, n'est que de
50 livres; & les deux efforts *R S* joints ensemble ne
font donc que 100 livres. Il y auroit encore plus à
perdre si l'angle que forment les deux parties de la
corde étoit plus grand; & on gagnera au contraire
si on le ferme. Enfin si on rend les deux parties de
la corde exactement paralleles, il suffira de tirer avec
une force de 100 livres, pour que l'effort total qui
tombe sur le point *A* soit de 200 livres.

## Du plan incliné.

L'usage qu'on fait dans la Marine du plan incliné
nous fournit un autre exemple où le mouvement se
décompose d'une maniere très-sensible. Supposons
que *A C* (*fig.* 12.) soit une surface unie ou un plan
qui n'étant pas de niveau, fait un angle fort aigu avec
l'horison, & que le corps *D* qui est posé sur ce plan
& qui est d'une pesanteur connue, puisse glisser vers
le bas avec facilité : on demande quelle force il faut
employer en *M* pour retenir ce corps par le moyen
de la corde *K I L* qui passe sur la poulie *I*?
  Je considere d'abord que le plan incliné *A C* s'oppose ici en partie à la pesanteur, & doit empêcher
une partie de son effet en permettant simplement au
corps *D* de glisser en bas avec l'autre partie de la

Figure 12.

[Figure 11. pefanteur. Pour diftinguer ces deux différentes parties, je fuppofe que la pefanteur totale eft repréfentée par l'efpace *G E* : du point *E* j'abaiffe la perpendiculaire *E H* fur le plan incliné ; je tire la parallele *F E* à ce même plan, & je la fais égale à *G H*. En un mot je forme le rectangle *G F E H*, & je remarque après cela que pendant que la diagonale *G E* repréfente la pefanteur abfolue ou totale du corps *D*, le côté *G F* du rectangle repréfente la partie de la pefanteur à laquelle le plan incliné s'oppofe directement. Cette premiere partie eft donc comme détruite : fon effort s'épuife, en preffant le plan incliné qui lui réfifte.

Mais en même temps que la pefanteur travaille inutilement à faire avancer le corps *D* perpendiculairement au plan incliné avec la force *G F*, elle tend à le faire defcendre le long de ce même plan avec la force *G H* qui s'exerce dans le fens parallele, & qui doit donc faire glifler le corps *D*, à moins que la puiffance appliquée en *M* ne foit affez forte pour s'y oppofer.

Il eft évident que la partie *G H* de la pefanteur qui tend à faire defcendre le corps *D* eft plus ou moins grande par rapport à la pefanteur totale ou abfolue *G E*, felon que le plan eft plus ou moins incliné. Si on éleve le plan en lui faifant faire un plus grand angle avec l'horifon, la pefanteur *relative* ou *refpective G H* deviendra plus grande par rapport à la pefanteur abfolue, ou pour nous expliquer autrement, il faudra que la puiffance *M* foutienne une plus grande partie du poids. Si, au contraire, on diminue l'angle *A C B* que fait le plan avec l'horifon, la puiffance *M* portera une moindre partie du poids : il eft évident que *G H* qui repréfente cette partie deviendra plus petite, quoique la pefanteur totale ou abfolue *G E* foit toujours la même.

On reconnoît par la moindre attention, que le trian-

Figure 12.

gle rectangle *G E H* est semblable au grand triangle rectangle *A C B*, quoiqu'ils ne soient pas situés de la même maniere. Il y a même rapport de *G E* à *G H* que de *A C* à *A B*. Ainsi lorsqu'un corps *D* est appuyé sur un plan incliné, l'effort qui reste à soutenir est d'autant moindre que la hauteur verticale *A B* du plan est plus petite que sa longueur. Si le plan est 10 ou 20 fois plus long que sa hauteur verticale *A B* n'est grande, la ligne *G H* qui représente la pesanteur relative du corps *D* ou la partie qui tend à le faire descendre le long du plan, sera 10 ou 20 fois plus petite que la pesanteur totale ou absolue *G E*. D'où il suit qu'il suffira d'employer en *M* un effort 10 ou 20 fois moindre.

Lorsqu'on lance les Vaisseaux à la mer ou qu'on les tire à terre, on donne souvent aux cales ou aux especes de rampes sur lesquelles on les fait glisser un demi-pouce de hauteur sur un pied de longueur. Dans ce cas, *A C* est 24 fois plus grande que *A B*; & *G E* doit être aussi 24 fois plus grande que *G H*. Il suffit donc, lorsque le lit ou le plan incliné est parfaitement glissant, d'employer en tirant sur le cordage *K I*, une force égale à la 24ᵉ partie du poids total du Vaisseau, pour l'empêcher de descendre. Si le Vaisseau pese 300 tonneaux ou 600000 livres, (car le tonneau pese 2000 livres,) il suffit d'agir selon *K I* parallelement à la cale avec une force de 25000 livres ou de $12\frac{1}{2}$ tonneaux. Cependant il faudra employer une force considérablement plus grande, si au lieu d'arrêter simplement le Navire, on veut réellement le faire monter. Il y aura alors un frottement à vaincre; & ce même frottement sera aussi cause dans les cas actuels, qu'on pourra presque toujours employer une force beaucoup moindre, lorsqu'il s'agira de tenir le Navire en repos.

Si l'angle *A C B* que fait la rampe avec l'horison est donné, on peut trouver par les Tables des Sinus le

Figure 11. rapport qu'il y a entre les deux forces. L'hypothénuse *A C* étant prise pour finus total, la hauteur *A B* eft le finus de l'angle *A C B*. Ainfi il n'y aura qu'une fimple proportion ou regle de trois à faire pour trouver la force qu'il faut employer en *M* pour foutenir le corps *D*. Le finus total eft à la pefanteur abfolue du corps *D*, comme le finus de l'angle d'inclinaifon *A C B* de la cale ou de la rampe eft à la force qu'il faut employer en *M*. La même opération peut s'exécuter par le moyen d'une figure & même du quartier de réduction ; puifqu'il ne s'agit toujours que de réfoudre un triangle rectangle.

La regle que nous avons donnée ci-devant pour juger de l'équilibre par la confidération des vîteffes, trouve encore fon application ici, pourvu qu'on faffe attention à la direction propre de chaque force. Comme les deux corps *D* & *M* font attachés aux deux extrêmités de la même corde, fi le corps *D* parcourt en montant toute la longueur *C A*, le corps *M* parcourra un efpace précifément égal en defcendant. Mais lorfque le corps *D* parcourt en montant toute la longueur *C A*, il ne monte que de la quantité verticale *B A* dans un fens directement contraire à l'action de la pefanteur. Ainfi les deux corps prendroient encore ici, fi l'équilibre s'altéroit, des vîteffes qui feroient en raifon inverfe de leurs poids. Le corps *D* eft beaucoup plus pefant que le corps *M* ; mais en récompenfe il prendroit beaucoup moins de vîteffe dans le fens propre de la pefanteur.

## *Examen de l'effort que doit faire la puif-fance lorfqu'elle ne tire pas paralle-lement au plan incliné.*

Si la puiffance qui foutient le poids *D* fur le plan incliné *A C* agit felon une direction *G I* qui n'eft pas
parallele

Figure 13.

parallele au plan incliné, il s'en fera auffi une décompofition. Il faudra diftinguer entre la partie de l'effort
qui eft utile en s'exerçant parallelement au plan incliné,
& la partie qui agit felon la direction perpendiculaire.
Suppofé que dans le plan incliné il y ait une fente,
par laquelle paffe la corde $GI$ fur laquelle agit la
puiffance ou le contrepoids $M$ (*fig.* 13.) en tirant
avec une force repréfentée par $GL$, nous n'avons qu'à
former autour de $GL$ prife pour diagonale le rectangle
$GKLT$ par les droites $GT$ & $LK$ paralleles au plan
incliné & par les perpendiculaires $GK$ & $LT$; & le
côté $GT$ nous marquera la partie de l'effort qui s'oppofe à la chûte du corps $D$ le long du plan.

Ce corps, dont une partie de la pefanteur eft foutenue, ne tend à defcendre, comme nous l'avons vu,
qu'avec la pefanteur relative $GH$, & il fuffira donc
que la puiffance $M$ tire avec une force $GT$ exactement égale & directement contraire pour que le corps
$D$ refte en repos; & qu'il y ait un équilibre parfait.
Mais il faut pour cela que la puiffance $M$ tire avec
plus de force que fi fa direction $GI$ étoit parallele au
plan incliné. Car de tout l'effort $GL$ que fait cette
puiffance, il n'y a que l'effort partial ou relatif $GT$
qui contribue ici à produire l'effet qu'on demande;
& pour donner affez de force à cet effort relatif, il
faut néceffairement faire felon $GL$ un effort d'autant
plus grand que $GL$ eft plus grande par rapport à $GT$.

L'autre partie $GK$ de l'effort de la puiffance $M$ preffe
le poids $D$ contre le plan incliné. Ainfi dans le cas
préfent le plan $AC$ eft plus preffé que dans la fig. 12;
il faut qu'il foutienne l'effort $GF$ que fait la pefanteur
du corps $D$ dans le fens perpendiculaire au plan, &
l'effort $GK$ qui réfulte de l'action du poids $M$. Suppofé qu'on trace une figure avec foin, en obfervant avec
exactitude tous les rapports, on aura $GF + GK$ pour
la charge du plan incliné ou la preffion à laquelle il

eſt ſujet, pendant que $GE$ exprime la peſanteur abſolue du poids $D$, & $GL$ l'effort total que fait la puiſſance ou le poids $M$. Nous donnerons à la fin du Chapitre ſuivant une méthode plus ſimple de marquer le
rapport qu'il y a entre toutes ces forces.

## De la décompoſition des forces à l'égard d'un bras de levier ou d'un mât, &c. lorſqu'on le tire obliquement.

NOUS prendrons ici pour dernier exemple de la
décompoſition, l'effort que fait une puiſſance $M$ pour
rompre ou pour faire tomber une piece de bois $AB$
(*fig.* 14.) lorſqu'on la tire ſelon une direction oblique
$BM$. Un corps ſolide $AB$ qui ſoutient un ſemblable
effort, ſe nomme en Méchanique *levier* ou *bras de levier*.
Il ne faut pas croire que tout l'effort que fait la puiſſance tende à faire tomber la piece de bois ou à la
rompre. Une partie de l'effort agit ſelon la longueur
de la piece de bois, & ne tend qu'à la preſſer dans
ce ſens, pendant qu'une autre partie de la force qui
s'exerce de côté ou dans le ſens perpendiculaire, travaille réellement à cauſer la rupture ou à faire courber
la piece de bois. Si nous prenons $BC$ pour repréſenter la grandeur de l'effort total de la puiſſance $M$, nous
n'avons du point $C$ qu'à tirer $CD$ parallelement à la
piece de bois, abaiſſer du point $C$ la perpendiculaire
$CE$, & élever du point $B$ la perpendiculaire $BD$, &
le rectangle $DE$ étant formé, le côté $BE$ nous repréſentera la partie de la force qui agit ſelon la piece
de bois, & $BD$ l'autre partie qui agit perpendiculairement & qui tend à produire l'effet dont il s'agit ici.

Si la direction $BM$ faiſoit un plus grand angle avec
la piece de bois ou le levier, il eſt évident qu'il y
auroit alors une plus grande partie de la force abſolue

Figure 14.

Figure 14.

qui tendroit à faire courber la piece de bois ; & que ce feroit tout le contraire fi on rendoit l'angle *M B A* plus petit. L'effort *relatif* qui agit de côté eft toujours à l'effort abfolu *B C*, comme le finus de l'angle *A B M* eft au finus total. Car fi on prend *B C* pour finus total, on a *E C* qui eft égal à *B D*, pour finus de l'angle *C B E*.

La corde *B F* fait un angle beaucoup plus aigu avec la piece de bois *A B*, & cependant on peut tirer auffi fortement de côté en agiffant fur cette direction. Mais il faut alors employer une force abfolue *B F* beaucoup plus grande, parce qu'il y en a une moindre partie qui s'exerce dans le fens *B G* perpendiculaire au levier. Ainfi deux puiffances qui agiront fur deux différentes directions *B M* & *B F* pourront fe trouver en équilibre ou fufpendre l'effet l'une de l'autre, quoiqu'elles ne foient point égales. La force exprimée par *B F* eft beaucoup plus grande que la force exprimée par *B C* ; mais celle-ci tire beaucoup moins obliquement ; ce qui fait une compenfation.

Les mâts font foutenus dans les Vaiffeaux par plufieurs cordages qu'on nomme *haubans, cales-haubans,* &c. ; mais il réfulte de ce que nous venons de dire, que plus ces cordages font un petit angle avec les mâts, plus il faut qu'ils foient tendus avec une grande force pour être capables du même effet, & s'oppofer également à la chûte des mâts.

# CHAPITRE III.

## De la compofition des forces ou des mouvements.

CE que nous venons de dire de la maniere dont agiffent deux puiffances qui s'exercent fur des direc-tions différentes , nous conduit naturellement à ce qu'on nomme la compofition des mouvements ou des forces ; ce qui eft le contraire de la décompofition. Les deux puiffances fe décompofent, les parties qui font contraires fe détruifent, & les autres qui agiffent dans le même fens fe joignent enfemble, & s'accor-dent à produire le même effet fur une direction moyenne.

Figure 15.

Si on imprime, par exemple, en même temps au corps *A* (*fig.* 15.) les deux mouvements *AB* & *AC*, ce mobile ne pourra fuivre aucune des deux lignes *AB* & *AC* en particulier ; mais il prendra une route moyenne *AD* qui fatisfera aux deux mouvements plus qu'il fera poffible. Cette route ou direction fera le diametre ou la diagonale du parallélogramme *ABDC* ou de la figure formée de quatre lignes paralleles de deux en deux, & conftruite fur les lignes *AB* & *AC*, qui repréfentent les quantités & les directions des deux mouvements primitifs. La ligne *AD* marque le mou-vement compofé des deux *AB* & *AC*; & c'eft à ce mouvement compofé que les deux autres fe réduifent, après la deftruction de leurs forces contraires.

En effet, le mouvement felon *AB* tend non-feule-ment à faire parcourir au corps *A* la ligne *AD*, il tend auffi à l'écarter de cette même ligne, de la quantité *AF*; c'eft-à-dire, que le mouvement *AB* fe

divife ou fe décompofe dans les deux mouvements Figure 15.
$AG$ & $AF$. Par la même raifon l'autre mouvement
primitif $AC$ fe décompofe dans les deux mouvements
$AH$ & $AE$. Le corps $A$ eft pouffé felon $AD$, & il
eft auffi jetté en dehors de cette ligne avec une force
$AE$ égale à $AF$, mais en fens directement contraire.
C'eft pourquoi le corps $A$ fuit exactement $AD$ fans
s'écarter de cette diagonale ni d'un côté ni de l'autre ;
& il prend tout le mouvement $AD$ qui eft la fomme
des mouvements partiaux $AH$ & $AG$ qui s'exercent
dans le même fens.

Si les deux mouvements primitifs $AB$ & $AC$ font
égaux, la direction $AD$ du mouvement compofé di-
vifera exactement par la moitié l'angle $BAC$ que forment entre elles les deux premieres directions. Mais
fi un des mouvements eft beaucoup plus fort que l'autre, la direction compofée s'en approchera en diffé-
rant davantage de l'autre direction. On peut même
faire dès ici une remarque importante dont nous ferons un grand ufage dans la fuite : c'eft que fi de
quelque point de la direction compofée $AD$ nous
abaiffons des perpendiculaires fur les directions primi-
tives $AC$ & $AB$, ces perpendiculaires feront toujours
dans le même rapport que les mouvements primitifs
$AC$ & $AB$, mais dans un rapport renverfé. Si nous
abaiffons ces perpendiculaires du point $D$, nous ferons
obligés de prolonger les directions $AB$ & $AC$ : les
perpendiculaires feront $DQ$ & $DR$ ; & on voit bien
que les triangles rectangles $DQB$ & $DRC$ étant femblables, la perpendiculaire $DQ$ eft plus grande que
la perpendiculaire $DR$ dans le même rapport que $BD$
eft plus grande que $CD$, ou que $AC$ l'eft plus que $AB$.

La compofition & décompofition des mouvements
ou des forces eft d'une application continuelle dans
la partie de la Marine que nous avons intention de
traiter. Lorfque pendant le calme on fe fert de cha-

Figure 15. loupes pour faire entrer un Navire dans un Port ou pour l'en faire fortir, & que les chaloupes le tirent en le précédant, ce qui fe nomme le *remorquer*; il fe forme de tous les efforts particuliers des chaloupes un effort compofé, & c'eft par cet effort que le Navire eft déterminé à fe mouvoir. Si le corps *A* (*fig.* 15.) repréfente le Vaiffeau, & que deux chaloupes le précédent en tirant inégalement felon les directions *AB* & *AC*; des deux efforts *A B* & *A C* il en réfultera un troifieme *A D*; & ce fera la même chofe que fi le Navire n'étoit tiré que felon cette feule ligne *A D*, & avec la feule force *A D*. La direction compofée *A D* partageroit exactement l'angle *B A C* par la moitié, fi les deux chaloupes agiffoient avec la même force : mais fi l'une des deux eft mieux équipée, fi elle eft armée de meilleurs rameurs, &c. la direction compofée *A D* s'approchera de la ligne droite tracée par cette chaloupe plus forte.

Une feconde remarque qui n'eft pas moins digne d'attention, c'eft que l'effort compofé ou mutuel *AD* ne feroit égal à la fomme des efforts primitifs *A B* & *A C* que fuppofé que l'angle que forment leurs directions fût infiniment petit. Dans le cas repréfenté par notre figure il s'en faut confidérablement que *A D* ne foit égal à la fomme de *A B* & de *A C*. L'inégalité feroit encore plus grande fi l'angle *B A C* étoit plus ouvert & s'il devenoit obtus. Il eft vifible qu'on doit dans la pratique éviter ces derniers cas, & rendre l'angle *B A C* que forment les directions felon lefquelles tirent les chaloupes, le plus petit qu'il eft poffible, afin qu'il y ait moins de force perdue, & qu'il y en ait au contraire une plus grande partie employée utilement.

On doit avoir la même attention lorfqu'on fe fert de poulies : on ne fauroit être trop exact, comme nous l'avons déja dit & comme nous croyons devoir le répéter, à rendre paralleles toutes les parties d'un

funin ou d'un cordage, qui doivent contribuer à pro- Figure 15.
duire le même effet. L'inconvénient qu'on doit éviter
étoit déja rendu très-fensible dans la figure 10 ; mais
il feroit bien plus grand dans la difpofition repréfentée
par la figure 16 : il faudroit que la puiffance $M$ tra- Figure 16.
vaillât beaucoup davantage, la corde feroit expofée à
fe rompre, & peut-être que le point $A$ ne feroit pas capable de fournir toute la réfiftance néceffaire. On doit,
puifque toute la corde eft également tendue, confidérer la réfiftance du point $A$ comme fi elle étoit fournie par une puiffance qui tirât felon $BA$. Ainfi il y
a comme deux forces qui travaillent à foutenir le poids
$P$ ; mais elles fe nuifent en partie par leur oppofition
dans la mauvaife difpofition de la figure 16, & on voit
que leur effort compofé $BF$ eft moindre que chacun
des efforts primitifs $BD$ & $BE$ de la figure 17.

Ce qu'il y auroit de mieux à faire alors, ce feroit
de changer réciproquement de place le fardeau $P$ &
la puiffance $M$, comme nous l'avons exécuté dans la
figure 17. De l'effort que fait la puiffance $M$ en tirant Figure 17.
de haut en bas avec la force $BF$, il naît les deux efforts $BE$ & $BD$ qui font beaucoup plus grands, & qui
le feroient encore davantage fi l'angle que forme la
corde en $B$ étoit encore plus ouvert. L'un de ces
efforts eft foutenu par le point immobile $A$ ; & l'autre
s'emploie contre le fardeau $P$. Il peut paroître extraordinaire que l'effort $BF$ en fe décompofant, produife
les deux efforts $BE$ & $BD$, qui font beaucoup plus
grands que lui ; mais outre que cette particularité eft
conforme à l'expérience, elle s'accorde parfaitement
avec toutes les autres chofes que nous favons d'ailleurs
fur cette matiere. Il y a, au refte, une façon bien
fimple de s'affurer de la vérité. Pour peu qu'on fup-
pofât plus petits les efforts $BE$ & $BD$, ils ne feroient
plus capables en fe compofant de former l'effort mutuel ou commun $BF$, & de s'oppofer efficacement à
l'effort que fait la puiffance $M$.

Figure 17. *Confirmation de la regle donnée ci-devant pour juger de l'équilibre par les vîteſſes que prendroient les poids ſi l'équilibre s'altéroit.*

La regle que nous avons donnée au ſujet des vîteſſes que prendroient les poids ſi l'équilibre s'altéroit, a encore lieu ici. Le poids *P* eſt très-grand dans la figure 17 par rapport au poids qu'on pourroit ſubſtituer à la puiſſance *M* ; mais ſi on ſuppoſoit du mouvement, le corps *P* monteroit ou deſcendroit très-peu, pendant que le petit poids mis en *M* changeroit beaucoup de place en deſcendant ou en montant. Suppoſons que *B* monte juſques vers *F*, la partie *B C* de la corde ne ſe racourcira que très-peu, de même que l'autre partie *B A*. Ainſi l'on voit que la plus petite vîteſſe accompagne toujours le plus grand poids & la plus grande vîteſſe le plus petit poids. Il ne feroit pas difficile de démontrer que les deux rapports feroient exactement les mêmes, s'il ne s'agiſſoit dans la ſituation des deux poids, que de changements infiniment peu conſidérables.

*Autre méthode pour déterminer le rapport qui doit ſe trouver entre les poids ou les forces qui ſont en équilibre, & application de cette méthode au plan incliné.*

Nous avons ſuppoſé dans les figures 16 & 17 que la puiſſance ou le poids appliqué vers le milieu de la corde *A B C* agiſſoit ſur une poulie *B* qui pouvoit gliſſer le long de la corde ; mais ſi le poids *P* eſt attaché au point *B* fixé ſur la corde, il ſera alors très-poſſible que
les

les deux parties $BA$ & $BC$ ne prennent pas une fituation également inclinée , & qu'elles foutiennent
différentes parties du poids $P$ comme dans la figure 18 ,
il fuffit toujours de former le parallélogramme $BDFE$ ;
& fi $BF$ repréfente la pefanteur du poids $P$ , on aura
$BE$ pour l'effort qui s'exerce le long de $BA$ , & $BD$
pour l'effort que doit foutenir la puiſſance $M$. Les
côtés du parallélogramme & fa diagonale exprimeront
donc toujours le rapport qu'ont entr'eux les trois efforts.

Figure 18.

Mais fi on veut trouver ce rapport, d'une maniere
encore plus fimple , on n'a qu'à élever trois perpendiculaires aux trois directions $BP$ , $BA$ , & $BC$ en les
faifant paſſer par quel point on voudra. Ces trois perpendiculaires $HI$ , $KI$ & $HK$ formeront un triangle,
& chacune repréfentera par fa longueur l'effort à la
direction duquel elle fera perpendiculaire. C'eſt-à-dire
que $HI$ exprimant la grandeur du poids $P$ , les deux
autres côtés $KI$ & $HK$ exprimeront la grandeur des
efforts qu'ont à foutenir les cordes $BA$ & $BC$. Si l'on
rend le triangle $HIK$ plus petit ou plus grand, il y
aura toujours le même rapport entre fes trois côtés ,
fuppofé qu'ils foient exactement perpendiculaires aux
trois directions. Ainfi il n'y aura toujours qu'à les
mefurer , & on aura le rapport que doivent avoir entr'elles les trois forces. La raifon en eft très-évidente.
Le triangle $HIK$ eft femblable à chacun des deux
triangles dont le parallélogramme $BDFE$ eft formé. Il
y a même rapport de $HI$ à $HK$ & à $IK$ que de
$BF$ à $BD$ & à $DF$ ou $BE$.

Cette méthode nous fournit dans une infinité de cas
une expreffion très-élégante des forces qu'on veut comparer , & donne en même temps les conditions de
l'équilibre. Nous avons vu en parlant du plan incliné
de la figure 13 que $GE$ repréfentant la pefanteur du
corps $D$ , le poids ou la puiſſance $M$ devoit agir felon
la direction $GI$ avec la force $GL$ pour foutenir le

Figure 13. poids $D$, & que le plan incliné étoit preſſé avec une force qui étoit la ſomme de $GF$ & de $GK$; mais il faudroit conſtruire une figure avec beaucoup de ſoin pour avoir le rapport exact de ces forces, au lieu que le plan incliné même nous le préſente d'une maniere très-ſimple lorſque la direction $GI$ eſt parallele à l'horiſon.

La peſanteur du poids $D$ agit ſelon $GE$ qui eſt perpendiculaire à l'horiſon; la puiſſance ou le poids $M$ agit par le moyen de la poulie $I$, ſelon $GI$ qui eſt horiſontale & perpendiculaire à la hauteur $AB$ du plan incliné, & le corps $D$ agit contre le plan incliné par le concours de ces efforts ſelon une ligne perpendiculaire $GF$ au plan incliné. Ainſi la baſe $BC$, la hauteur $AB$ & la longueur inclinée $AC$ du plan, ſont perpendiculaires aux directions des trois forces, & elles doivent par conſéquent exprimer ces mêmes forces. Pour nous exprimer autrement, la peſanteur du poids $D$, celle du poids $M$ & l'effort qui réſulte de leur concours pour preſſer le plan, ſont comme les trois côtés du triangle rectangle $CBA$. Si la peſanteur du poids $D$ eſt exprimée par la baſe $BC$ du plan incliné, ſa hauteur $AB$ exprimera la force qui doit agir ſelon $GI$ pour ſoutenir le poids $D$, & $AC$ exprimera l'effort commun avec lequel le plan $AC$ eſt preſſé.

Figure 19. La figure 19 fait voir tout cela de la maniere la plus évidente. Si $GE$ eſt toujours la peſanteur abſolue du corps $D$, & $GL$ l'effort que fait le poids ou la puiſſance $M$, il réſultera de ces deux efforts un effort compoſé $GP$ qui s'exercera ſur la diagonale du rectangle $GEPL$, & il faut que cette direction ſoit exactement perpendiculaire au plan incliné, pour qu'il y ait un équilibre parfait, ou pour que le corps $D$ ne tende ni à monter ni à deſcendre par le concours des deux actions auxquelles il eſt ſujet, celle de ſa propre peſanteur & celle du poids $M$.

Si la pefanteur de ce dernier poids étoit plus grande, Figure 14.
fi elle étoit égale à $Gl$, au lieu d'être égale à $GL$,
la direction compofée des deux efforts auroit la fituation $Gp$, elle feroit inclinée par rapport au plan $AC$,
& l'effort compofé $Gp$ tendroit à faire glifler ou faire
rouler le corps $D$ vers le haut. Si la pefanteur du
corps $M$ étoit au contraire plus petite que $GL$, la
direction de l'effort compofé feroit inclinée dans un
fens oppofé, le poids $M$ feroit trop foible, & le corps
$D$ glifferoit en allant vers le bas. Ce ne fera pas la
même chofe fi la diagonale $GP$ eft perpendiculaire au
plan ; il y aura équilibre, & les actions des deux poids
$D$ & $M$ fe contrebalanceront réciproquement. Mais
on doit obferver qu'il y a même rapport entre les trois
côtés du grand triangle $ABC$, qu'entre les côtés du
rectangle $LE$ & fa diagonale. Ainfi moins le plan incliné a de hauteur $AB$, fa bafe $BC$ reftant la même,
moins il faut employer de force felon $GI$. Si la hauteur du plan incliné eft trente fois plus petite que fa
bafe, il fuffira de tirer felon $GI$ avec une force égale
à la trentieme partie du poids $D$ pour le foutenir fur
le plan incliné.

# CHAPITRE IV.

## De la maniere dont les forces agiffent les unes contre les autres, lorfqu'elles font appliquées à un levier.

Nous avons déja confidéré une piece de bois
$AB$ (*fig.* 14.) tirée par une de fes extrémités ; & nous
avons dit que les Méchaniciens donnoient à un pareil
corps le nom de levier. Le point $A$ eft le point d'ap-

Figure 14. pui fur lequel fe feroit le mouvement de la piece de bois fi elle cédoit à l'effort d'une puiffance. On donne fouvent à ce point le nom d'*hypomoclion ;* & quant à la piece de bois elle fera, comme nous l'avons dit, un levier, ou plutôt un *bras de levier ;* car on confidere ordinairement le levier comme foutenu par un point vers le milieu, de part & d'autre duquel s'étendent les deux bras.

La piece de bois *A B* n'eft pas plus tirée d'un côté que de l'autre, & doit refter ftable, quoique les deux puiffances à l'action defquelles elle eft expofée ne foient point égales. L'une eft beaucoup plus forte ; mais auffi elle tire beaucoup plus obliquement, & les deux efforts relatifs *B D* & *B G* perpendiculaires à la piece de bois ou au levier fe détruifent réciproquement, parce qu'ils font égaux & directement contraires. Ainfi l'effort mutuel ou compofé des deux puiffances, qui fubfifte après la deftruction des efforts contraires, doit s'exercer exactement felon la longueur du bras de levier, ou, ce qui revient au même, la direction compofée des deux directions *B C* & *B F* tombe fur *B A.* C'eft ce qui fournit un fecond moyen encore plus fimple que celui qui eft repréfenté dans la figure 14, pour prévoir l'effet que doivent produire deux puiffances qui agiffent en même temps fur un levier.

Figure 20. Après avoir pris (*figure* 20.) les efpaces *B C* & *B D* pour repréfenter la force des deux puiffances, nous n'avons qu'à achever le parallélogramme *D B C E* pour avoir leur effort commun ou compofé *B E.* Si la direction fur laquelle il s'exerce tombe précifément fur le levier, ou fi elle paffe par le point d'appui ou hypomoclion *A,* il y aura équilibre de part & d'autre entre les deux puiffances, elles ne tendront conjointement qu'à pouffer le levier felon fa propre longueur *B A,* & la réfiftance que fournira le point d'appui ou l'hypomoclion *A,* fufpendra par conféquent tout leur effet.

Si au contraire la direction compofée paffe à côté Figure 20. du point d'appui, ce fera une marque qu'une des deux puiffances eft trop forte par rapport à l'autre. Suppofé, par exemple, que $Bd$ repréfente une des deux puiffances, pendant que l'autre eft toujours repréfentée par $BC$, on n'a qu'à achever le nouveau parallélogramme $dBCe$, & on aura $Be$ pour la direction compofée des deux puiffances. Mais comme elle ceffera de paffer par le point d'appui $A$, il n'y aura plus d'équilibre. Le point d'appui ne pourra plus fervir d'obftacle à tout l'effort des deux puiffances; & il eft évident que $Bd$, comme plus forte, entraînera alors le levier de fon côté.

Ce fera exactement la même chofe fi, pendant qu'un Navire (*fig.* 21.) flotte dans une eau tranquille, on Figure 21. le tire du rivage de différents côtés par des cordages $AL$ & $AK$. Il eft évident que les deux efforts qui tendront à produire des inclinaifons contraires dans la fituation du Vaiffeau, ne fe trouveront exactement en équilibre, ou ne fufpendront l'effet l'un de l'autre, que lorfque leur effort compofé s'exercera de haut en bas felon une ligne exactement verticale. Le cordage $AK$ fait un moindre angle avec le mât, & le cordage $AL$ fait un angle plus grand; mais en récompenfe la puiffance qui s'exerce fur $AK$ eft plus forte. Cette puiffance eft repréfentée par $AC$, pendant que $AD$ marque l'effort qui agit fur $AL$; enfin la diagonale $AE$ du parallélogramme $ACED$ tombe précifément fur le mât, & étant prolongée elle paffe par le point $B$ du milieu du Navire. Dans ce cas les deux efforts $AC$ & $AD$ ne tendent conjointement à faire incliner le Navire ni d'un côté ni de l'autre. Leur effet fe réduira à faire enfoncer un peu davantage la carène dans l'eau : le Navire pouffé de haut en bas avec la force $AE$ deviendra comme plus pefant; & il arrivera précifément la même chofe que fi on avoit appliqué un poids au haut du mât.

Figure 21. Au furplus les deux puiffances agiffent ici l'une contre l'autre par le moyen du mât qui fert de levier ; mais l'action fera toujours précifément la même, fi, fans toucher aux puiffances, on les lie l'une à l'autre par le moyen de quelques autres leviers, en fupprimant le mât. On peut concevoir, par exemple, deux pieces de bois qui partent du Vaiffeau & qui viennent fe rendre vers les points *K* & *L* où les deux cordages feront arrêtés, pendant qu'on continuera à les tirer par leurs extrêmités inférieures. Tant que les puiffances & leurs directions feront exactement les mêmes, la difpofition oblique ou courbe des leviers ne changera abfolument rien à leur maniere d'agir, pourvu que le point d'appui foit auffi toujours le même.

## *Que le levier peut être droit ou courbe, & que l'action des puiffances fera toujours la même tant qu'elles agiront avec la même force & fur les mêmes directions.*

Figure 22. Propofons-nous, pour éclaircir tout ceci, les deux poids *P* & *Q* ( *fig.* 22. ) qui agiffent l'un contre l'autre felon les directions *CE* & *AD* par le moyen du levier *ABC* qui eft foutenu fur le point d'appui ou hypomoclion *B*. Le levier eft droit, & il pourroit être courbe ; il pourroit auffi être formé de deux parties qui fiffent un angle en *B* ou en tout autre point ; il fuffit qu'il foit affez folide pour pouvoir tranfmettre mutuellement l'action d'une puiffance à l'autre. Les deux poids *P* & *Q* n'agiffent pas fur le levier felon leurs directions naturelles, à caufe des poulies *E* & *D* ; & les directions *CE* & *AD* ne fe coupent pas : mais la Nature fait y fuppléer. Les deux forces peuvent être conçues en quel point on veut de leurs directions ;

il n'y a qu'à prolonger les lignes *CE* & *AD* par la Figure 22.
pensée, elles se couperont en *F*; & si les directions
étoient paralleles, il n'y auroit qu'à imaginer le point
d'intersection *F* à une distance infinie. Quoi qu'il en
soit, le point *F* sera exposé aux deux efforts; & puisqu'on veut que le point d'appui *B* arrête tout l'effet
ou le suspende, il faut que ce point se trouve sur la
direction composée des deux efforts. Ainsi prenant *FB*
pour l'effort composé, il n'y a qu'à achever le parallélogramme *FGBH*, & les deux côtés *FH* & *FG* marqueront les forces que doivent avoir les deux puissances
ou les deux poids *P* & *Q*. La pesanteur du premier
poids sera représentée par *FH*, & celle du second par
*FG*.

On voit clairement que la situation particuliere du
levier ne change en rien l'action & le rapport de ces
forces. On donnera au levier toutes les figures imaginables, & l'équilibre sera néanmoins toujours le
même, si on ne change rien dans l'action des forces.
Cela vient de ce que tous ces leviers, quelque contour
qu'on leur donne, se réduisent à un autre dont les
deux bras seroient exactement perpendiculaires aux
directions des forces ou puissances. Ce levier, qu'on
peut toujours concevoir à la place de l'autre, seroit
ici représenté par *KBI*: ses bras *BK* & *BI* seroient
un angle en *B*, & il faudroit imaginer les deux forces
comme appliquées en *K* & en *I*. Ces bras de levier
ne font autre chose que les distances du point d'appui
*B* aux directions *FD* & *FE* des deux forces; & ces
distances sont entr'elles comme les forces mêmes,
mais dans un rapport renversé, comme nous l'avons
dit & fait voir vers le commencement de l'autre Chapitre. Si le poids *P* est deux ou trois fois plus grand
que le poids *Q*, d'un autre côté la distance *BI* de sa
direction *FE* au point d'appui *B* est deux ou trois fois
plus petite que la distance *BK* du même point d'appui
à la direction *FD* de l'autre poids *Q*.

Figure 22. *Que dans l'équilibre les* moments *des forces ou les produits de ces forces par la distance de leurs directions au point d'appui sont toujours exactement égaux.*

IL fuit de-là qu'il y a toujours égalité dans l'équili-bre entre les produits des puissances ou forces absolues par leurs distances perpendiculaires au point d'appui. Cette égalité ne peut pas manquer d'avoir lieu, puis-que les forces plus foibles agissent sur des directions qui font nécessairement plus éloignées du point d'ap-pui dans le même rapport que ces forces font plus foibles. Cette égalité des deux produits est une con-dition nécessaire de l'équilibre, & elle marque que l'une des forces ne l'emportera pas sur l'autre. On nomme ces produits les *moments* des forces; & ces moments ne font à proprement parler que les forces considérées avec toutes leurs circonstances essentielles. Une puis-fance ou une force agit plus ou moins selon qu'elle est plus ou moins grande, mais elle agit aussi plus ou moins selon la maniere plus ou moins avantageuse dont elle est appliquée, ou selon que sa direction est plus ou moins éloignée du point d'appui. Ainsi nous devons joindre aux autres moyens que nous avons de juger si deux forces feront en équilibre, celui que nous fournit encore l'égalité entre les *moments* ou les produits des forces par la distance de leurs directions au point d'appui.

Le poids *P* (*fig.* 22.) est par exemple de 120 livres, & le poids *Q* n'est que de 40; je mesure les deux di-stances perpendiculaires *BI* & *BK* du point d'appui *B* aux directions *CE* & *AD* des deux poids; je trouve que le premier *BI* est de deux pieds, & que le second *BK* est de six pieds. Le moment du premier poids

fera

Figure 22

fera 240 ; & comme le moment du fecond fera le même nombre, produit de 40 livres par 6 pieds ; j'en infere que les deux poids feront en équilibre. Il faut bien remarquer que le moment eft une quantité particuliere dont on ne trouve d'exemple que dans les méchaniques, & qui n'a lieu que lorfqu'une force tend à produire quelque mouvement de tournoyement ou de rotation. Le poids $P$ eft de 120 livres, & fa direction $CE$ paffe à deux pieds de diftance du point d'appui $B$, le moment 240 n'eft ni un poids ni une ligne ; il exprime l'action du poids non pas abfolument, mais relativement au point d'appui ; & il eft ici formé de livres & de pieds comme multiplicateurs. C'eft pourquoi il faut, pour avoir le moment de l'autre poids $Q$, fe fervir des mêmes efpeces de mefures ; exprimer la grandeur du poids $Q$ en livres, & par des pieds la longueur du bras du levier perpendiculaire $BK$. Il fuit de-là qu'il eft très-convenable de fpécifier le moment par la nature des deux nombres qui le forment. Les moments égaux des deux poids $P$ & $Q$ font de 240 *livres-pieds*. Nous aurons occafion dans la fuite de chercher le moment de toute la pefanteur du Navire par rapport à un certain point ; ce moment, fi on exprime la pefanteur du Navire en tonneaux, fera un certain nombre de *tonneaux-pieds* ou de *tonneaux-pouces*.

Pour voir d'une maniere encore plus fenfible que dans l'action d'une force, la longueur du bras de levier tient lieu d'une plus grande force, nous n'avons qu'à jetter les yeux fur la figure 23. Les deux poids $Q$ & $P$ Figure 23 font exactement en équilibre de part & d'autre du point d'appui $B$. L'un ne tend pas plus à faire tourner le levier $AC$ dans un fens que l'autre ne tend à produire quelque mouvement de rotation dans le fens oppofé ; parce que la direction compofée $FR$ de leur effort commun paffe exactement par le point d'appui $B$. La pefanteur du poids $P$ eft égale à $FH$, celle du poids

E

Figure 23. $Q$ eſt égale à $FG$, & ces deux efforts forment enſemble l'effort mutuel $FR$.

Mais ſuppoſons qu'on allonge le levier vers une de ſes extrêmités, & qu'au lieu du poids $P$ on en mette un autre $p$ à quatre ou cinq fois plus de diſtance du point d'appui : ſa peſanteur agira enſuite ſur une direction $ce$, qui étant prolongée, ira rencontrer beaucoup plus haut la direction $AD$ ſur laquelle agit la peſanteur du poids $Q$. Ainſi il faudra tranſporter en $fg$ l'eſpace $FG$ qui repréſente la peſanteur de ce dernier poids. L'eſpace $fh$ repréſentera le poids $p$; & pour qu'il y ait encore équilibre après le changement fait, il faudra que la direction compoſée $fr$ de l'effort commun vienne paſſer également par l'hypomoclion ou point d'appui $B$ qui eſt cenſé avoir aſſez de force pour réſiſter dans tous les ſens. Mais il eſt évident qu'il faudra que la peſanteur $fh$ du poids $p$ ſoit beaucoup plus petite que lorſque le poids étoit en $P$; & il ne ſera pas difficile à ceux qui ſavent les premiers éléments de Géométrie, de démontrer que ſi la perpendiculaire $Bi$ eſt quatre ou cinq fois plus grande que $BI$, il faudra que $fh$ ſoit quatre ou cinq fois plus petite que $FH$. La plus grande diſtance au point d'appui eſt donc équivalente à un plus grand poids, & le moment exprime le tout, puiſqu'il eſt le produit de l'un par l'autre.

Au ſurplus, la regle que nous avons donnée cidevant pour juger de l'équilibre par les vîteſſes que prendroient les poids en cas de mouvement, eſt encore obſervée ici. Si le bras de levier perpendiculaire $BK$ (*fig. 22.*) eſt deux ou trois fois plus long que l'autre bras perpendiculaire $BI$, le poids $Q$ ſera d'un autre côté deux ou trois fois plus petit que $P$. Mais ſi le levier tournoit un peu ſur le point $B$, les vîteſſes ſeroient proportionnelles à la longueur des bras de levier perpendiculaires; ſi le point $K$ paſſoit en $k$, ou ſi le poids *Q* s'élevoit d'une petite quantité égale à *K k*, l'autre poids *P* defcendroit d'une quantité égale à *I i* qui répondroit de même à la longueur du bras de levier *B I*. Ainfi dans l'équilibre les deux poids ne changent point de fituation ; mais s'il étoit poffible qu'ils en changeaffent, le plus petit prendroit une vîteffe d'autant plus grande qu'il feroit lui-même plus petit , & il y auroit donc égalité de part & d'autre entre les produits des poids multipliés par leurs vîteffes , de même qu'il y a égalité entre leurs moments.

Figure 22.

---

# CHAPITRE V.

## *Suite du Chapitre précédent. De l'équilibre entre un grand nombre de puiffances appliquées à un levier.*

SI la diftance *B I* (*fig. 23.*) du point d'appui à la direction *FC* du poids *P* étoit quatre ou cinq fois plus grande , nous venons de voir qu'il faudroit rendre ce poids quatre ou cinq fois plus petit. Mais fi après avoir partagé le poids *P* en deux parties , & en avoir laiffé une en *P* qui agît toujours à la même diftance du point d'appui, on portoit l'autre partie à une plus grande diftance comme en *p*, il eft évident qu'il faudroit diminuer fa pefanteur dans le même rapport que le bras de levier *B i* feroit plus long , afin que l'effet fût toujours le même. Les deux poids *P* & *p* auroient enfuite précifément le même moment que le premier poids qui étoit d'abord en *P*, & l'égalité de moment de part & d'autre de l'hypomoclion ou point d'appui *B* entretiendroit l'équilibre entre les poids *P* & *p* , & le poids *Q*.

Figure 23.

Figure 24.

C'eſt la même choſe dans tous les autres cas. Le levier *A B* (*fig.* 24.) peut tourner ſur le point *A* qui ſert d'appui, & il eſt chargé de trois poids *E*, *G* & *I* qui agiſſent ſelon trois différentes directions. Une ſeule puiſſance *M* s'oppoſe à l'effort de ces trois poids, & il y a équilibre entre leurs actions. Il faut pour cela que le moment de la puiſſance *M* qui agit ſeule de ſon côté, ſoit égal aux moments des trois poids *E*, *G*, & *I* qui tendent à faire tourner le levier *A B* dans l'autre ſens.

Pour avoir l'expreſſion de ces moments, j'abaiſſe du point *A* des perpendiculaires ſur les directions de toutes ces forces. Le poids *E* agit ſelon la direction *C D*, à cauſe du détour cauſé par la poulie *D*. La perpendiculaire *A K* repréſente donc la diſtance du poids *E* au point d'appui, ou repréſente le bras de levier auquel il faut conſidérer que ce poids eſt appliqué. Suppoſé que le poids *E* ſoit de 8 livres, & que la perpendiculaire *A K* ſoit de 6 pouces, nous aurons 48 pour ſon moment ou pour ſon action eu égard à tout, & ce moment ſera exprimé en *livres-pouces*. Si le poids *G* eſt de 20 livres & que ſa diſtance perpendiculaire *A F* au point d'appui ſoit de 15 pouces, nous aurons 300 pour ſon moment, & ſi enfin le poids *I* eſt de 10 livres, & que le bras de levier perpendiculaire *A L* auquel il eſt appliqué ſoit de 16 pouces, nous aurons 160 pour ſon moment. La ſomme de ces trois moments particuliers 48, 300 & 160 eſt 508 livres-pouces, & il faut donc que le moment de la ſeule puiſſance *M* ſoit de cette même quantité, puiſqu'elle doit contrebalancer ſeule les trois poids. Or c'eſt ce qu'on peut exécuter d'une infinité de manieres.

Si la puiſſance *M* eſt très-forte, nous n'avons qu'à l'appliquer à une moindre diſtance du point *A*, & ſi elle eſt au contraire très-foible, nous n'avons qu'à l'appliquer à une plus grande diſtance. Il n'importe où

nous la mettions, pourvu que son moment soit égal Figure 24.
aux moments des trois forces contraires, & il y aura
équilibre. Supposé que la direction *M O* soit donnée,
& que la distance perpendiculaire *A O* soit de 12 pouces, nous n'avons qu'à diviser 508 par 12, & il nous
viendra 42 $\frac{1}{3}$ livres pour la force absolue qu'il faudra
employer en *M*.

Cette méthode de découvrir les conditions de l'é-
quilibre est très-commode; mais elle laisse ignorer la
charge du point d'appui, & il pourroit arriver quelquefois qu'on lui attribuât une force ou une résistance
dont il ne fût pas capable. Il se présente même souvent une difficulté particuliere dans les Problêmes de
Marine, parce qu'il n'y a quelquefois, absolument
parlant, aucun point immobile dans le système ou
l'assemblage de toutes les forces qui agissent les unes
contre les autres & qui se contrebalancent. Ainsi pour
ne pas se tromper, il faut considérer attentivement
chaque force, & au lieu d'en prendre quelqu'une pour
appui, on doit plutôt examiner ce que chacune devient dans le résultat, & voir si elles se détruisent
toutes réciproquement.

La décomposition des forces est alors principalement utile. On n'a qu'à chercher combien chaque
force agit selon la longueur du levier ou selon toute
autre direction; voir aussi combien elle agit dans le
sens perpendiculaire, & examiner ensuite si toutes les
forces relatives qui agissent en sens directement contraires sont égales. L'équilibre ne peut subsister que
par cette égalité. Si elle n'étoit pas parfaite, le surplus de la force seroit capable d'un certain effet qu'on
seroit à portée de connoître.

Pour éclaircir ceci par un exemple, considérons
le levier de la figure 25 qui est sujet en même temps Figure 25.
à l'action de cinq forces; trois le tirent en bas selon
des directions différentes, & deux vers le haut. Je

Figure 25. prends sur *B H* l'espace *B Q* pour représenter la pesanteur du poids *I*, & je forme le rectangle *B R Q S* qui me donne *B R* pour la force avec laquelle le poids *I* tire le levier selon sa longueur & *B S* la force avec laquelle il agit perpendiculairement sur le même point *B*. Je fais la même chose pour toutes les autres forces ou puissances. Le poids *G* n'agit que perpendiculairement au levier, parce que je suppose ce levier situé horisontalement ; & *F U* sera la force perpendiculaire, égale par conséquent à la pesanteur absolue du poids *G*. Le poids *E* tire selon le levier avec la force *C Y*, & selon le sens perpendiculaire avec la force *C X*. Enfin toutes les décompositions étant faites, j'examine si la somme de *B R* & de *N T* est égale à celle de *C Y* & de *A W*. Il faut que ces deux sommes soient égales ; autrement le levier seroit plus tiré selon sa longueur dans un sens que dans l'autre, & il n'y auroit point d'équilibre.

J'examine aussi si les forces relatives perpendiculaires au levier sont égales de part & d'autre. Le levier est tiré en bas par les trois forces *C X*, *F U* & *B S*, & il faudroit même en compter une quatrieme si nous avions égard à sa propre pesanteur. Il est en même temps tiré vers le haut, par les deux forces *N V* & *A Z*. Il faut donc que la somme de ces deux dernieres forces soit égale à la somme des trois premieres pour que les unes ne l'emportent pas sur les autres.

Mais cette simple égalité ne suffit pas ; il faut encore s'assurer si ces forces s'exercent sur la même direction, ou si étant égales elles peuvent se détruire parfaitement. Nous n'avons pour cela qu'à voir si elles forment des moments égaux à l'égard il n'importe de quel point. Si nous prenons le point *F* pour point d'appui, il nous suffira d'examiner si les deux forces qui agissent vers une des extrêmités du levier, ont le même moment que les deux forces qui agissent vers

l'autre extrêmité. Nous nous expliquerons plus parti- Figure 25.
culiérement dans le Chapitre suivant sur le choix d'un
point F pour hypomoclion. Les moments marquent
les forces relatives qui tendent à faire tourner le levier,
& le poids G n'a point de moment par rapport au
point F, il ne tend à faire tourner le levier ni dans un
sens ni dans un autre sur le point F. Son moment
étant nul à cause du choix que nous faisons du point
F pour hypomoclion, il nous suffit par conséquent d'e-
xaminer les moments des quatre autres forces.

Je multiplie donc la force $BS$ par le bras de levier
$FB$; & multipliant de même la force $NV$ par $FN$,
j'ôte de ce second produit le premier, pour avoir le
moment qui tend à élever l'extrêmité $B$ du levier. Je
fais la même chose pour l'autre extrêmité, je multiplie
$AZ$ par $AF$, & j'ôte de ce moment le produit de
la force $CX$ par $CF$, il me vient pour reste le moment
qui travaille à élever l'extrêmité $A$ du levier; & si ces
moments restants de part & d'autre sont égaux, je puis
assurer que l'équilibre sera encore parfait à cet égard.

Si on résume tout ce que nous venons de dire, on
assurera que, vu l'obliquité des directions des forces
les unes par rapport aux autres, l'équilibre dépend ici
de trois conditions essentielles. Il faut 1°. que $BR +
NT = CY + AW$; autrement le levier avanceroit
selon sa longueur d'un côté ou de l'autre. Il faut 2°.
que $BS + FU + CX = NV + AZ$; autrement le
levier monteroit ou descendroit. Il faut enfin 3°. que
$BS \times FB - NV \times FN = AZ \times FA - CX \times FC$;
autrement le levier éleveroit une de ses extrêmités,
pendant que l'autre descendroit.

# CHAPITRE VI.

## Du centre de gravité des corps, avec les moyens de le déterminer.

ON peut par les mêmes moyens trouver le centre de gravité d'un corps ou de plusieurs, lorfqu'ils font liés par un levier ou autrement. On nomme *centre de gravité* le point dans lequel on peut fuppofer que toute la pefanteur du corps eft réunie, & par lequel il fuffit de fufpendre ce corps pour qu'il refte dans un parfait équilibre, ou qu'il conferve indifféremment toutes les fituations. Le centre de gravité d'un folide parfaitement régulier, d'un globe, par exemple, eft exactement dans le centre de fa figure. Si on le fufpend par ce point, il ne tendra point à changer de fituation, parce qu'une de fes moitiés fera parfaitement en équilibre avec l'autre. Dans les autres cas, la recherche du centre de gravité renferme quelques difficultés, & elle en renfermeroit de beaucoup plus grandes, fi nous n'étions pas à une diftance fi confidérable du centre de la terre qui eft le point de tendance de tous les graves ou corps pefants. La grande diftance du centre de la terre fait que nous pouvons regarder comme parallèles les directions de la pefanteur; au lieu qu'il faudroit faire attention à l'obliquité des directions fi nous étions à une moindre diftance du point central.

Figure 26.
Lorfque deux globes *A* & *B* (*fig.* 26.) font liés à une certaine diftance l'un de l'autre par une règle inflexible dont on peut négliger la pefanteur, on trouvera le centre de gravité *G* commun de ces deux corps, en divifant réciproquement à leur pefanteur

ou

ou à leur maſſe la diſtance *A B* d'un corps à l'autre. Figure 26.
Si le premier globe eſt dix fois plus peſant que l'autre,
on fera l'intervalle *A G* dix fois plus petit que l'intervalle *G B*, & le point *G* ſera le centre de gravité requis. Les deux corps ſuſpendus par ce point feront
continuellement en équilibre : car les bras de levier
*G A* & *G B* étant en raiſon réciproque des deux poids,
les deux moments ſeront exactement égaux de part &
d'autre du point *G*. Un des globes eſt dix fois plus
peſant que l'autre ; mais il agit auſſi avec un bras de
levier dix fois moins long. Ainſi les deux poids ſuſpendus par le point *G* conſerveront toutes les différentes ſituations qu'on leur donnera ; & on pourra, en
conſéquence de cette propriété, ſuppoſer que toute
la peſanteur de ces deux corps eſt réunie dans le même
point *G*.

Il eſt bien facile de diviſer l'intervalle *A B* des centres particuliers des deux corps en raiſon réciproque
de leur peſanteur. Il ſuffit de faire l'une ou l'autre de
ces deux analogies ; la ſomme des deux peſanteurs eſt
à *A B*, comme le poids *B* eſt à *A G* ou comme le
poids *A* eſt à *B G*. Nous avons ſuppoſé qu'un des
poids peſoit dix fois plus que l'autre ; nous n'aurons
donc qu'à dire, 11 ſomme des deux poids eſt à *A B*
comme 1 eſt à *A G*, ou comme 10 eſt à *B G*. Si la
diſtance *A B* eſt de 33 pouces, on trouvera que *A G*
eſt de 3 pouces & *B G* de 30.

Si au lieu d'un corps, nous en avons trois *A*, *B* &
*C* (*fig.* 27.) dont il s'agiſſe de trouver le centre de gra- Figure 27.
vité commun, nous chercherons d'abord le centre de
gravité *G* des deux corps *A* & *B* ſur la ligne droite
*A B* qui les joint. Nous les ſuppoſerons raſſemblés
dans ce point en les regardant comme un ſeul corps
& tirant une ligne droite *G C* ; nous chercherons ſur
cette ſeconde ligne le centre de gravité commun *g*
entre *G* & *C*. Si le corps *A* peſe 10 livres, le corps

F

Figure 27. *B* une livre & le corps *C* cinq, nous rendrons *A G* la dixieme partie de *B G* ou la onzieme partie de *A B*, & fuppofé que *A B* foit de 33 pouces, la diftance *A G* fera de trois pouces, comme nous l'avons vu. Nous tirons enfuite la droite *G C* que nous fuppofons de 24 pouces. Il ne reftera donc plus qu'à divifer cette derniere diftance en deux parties *G g* & *g C* qui foient en raifon réciproque de la pefanteur de 11 livres qu'il faut imaginer en *G*, & celle de 5 livres qui appartient au poids *C*. Ces pefanteurs forment 16 livres, & nous ferons cette analogie; 16 livres font à *G C* comme 5 font à *G g*, ou comme 11 font à *C g*. On trouvera de cette forte que le centre de gravité *g* des trois corps eft éloigné de $7\frac{1}{2}$ pouces du point *G* & de $16\frac{1}{2}$ du corps *C*.

Lorfque les poids feront liés par une regle dont on ne pourra pas négliger la pefanteur, il n'y aura qu'à la concevoir comme réunie dans le centre de gravité mê-
Figure 28. me de cette regle. Suppofé que le levier *A B* (*fig.* 28.) foit par-tout de même matiere & de même groffeur, fon centre de gravité fera au milieu de fa longueur; ainfi on pourra fuppofer que toute fa pefanteur eft réunie en *C*. On la combinera avec celle d'un des corps; on cherchera le centre de gravité commun dans lequel on regardera leur pefanteur comme ráffemblée, & on paffera enfuite à la confidération d'un troifieme & quatrieme corps, & ainfi de fuite.

Mais il fera ordinairement plus fimple de confidérer un point *a* comme point d'appui, & de chercher les moments de tous les corps par rapport à ce point. Si la regle pefe 3 livres, & les poids *D*, *E* & *F* 2 livres, 6 livres & 1 livre, & que la diftance *A a* étant de 2 pouces, *a H* foit de 6 pouces, & *a B* de 16 pouces, parce que la verge *A B* a 14 pouces de longueur, le moment du poids *D* fera 4, & il fera 4 *livres-pouces*, conformément à une expreffion que nous avons cru

pouvoir employer. Le moment du poids *E* fera 36 qui Figure 28.
eſt le produit de 6 livres par *Ha* qui eſt de 6 pouces.
Le moment de la regle fera 27, produit de fon poids
3 livres par *Ca* qui eſt de 9 pouces ; & enfin nous aurons 16 pour le moment du poids *F*. La fomme de
ces quatre moments 4, 36, 27 & 16 fera 83 ; & il
faut que le moment de la puiſſance *M* qui foutient
tous ces poids foit exactement de la même quantité.

La puiſſance *M* doit tirer en haut avec une force
de 12 livres , puiſque feule elle fupporte tous ces
poids , & qu'il ne fe fait aucune décompoſition de
force qui diminue le poids total , toutes les directions
étant paralleles. Mais la puiſſance *M* étant de 12 livres , il ne reſte donc qu'à favoir en quel point *G* il
faut l'appliquer pour que fon moment par rapport au
point *a* foit auſſi de 83. Je diviſe ces 83 par 12 livres ,
& il me vient au quotient $6\frac{11}{12}$ pouces ou 6 pouces
11 lignes pour la diſtance du point *G* au point *a*. Ainſi
le centre de gravité commun de la regle & des trois
poids *D* , *E* & *F* eſt à 4 pouces 11 lignes de diſtance
de l'extrêmité *A* , ou , ce qui revient au même , il
faut fufpendre le tout par ce point *G* éloigné de 4 pouces 11 lignes du point *A* , pour qu'il y ait un équilibre
parfait entre tous les poids.

Nous avons pris le point *a* pour point d'appui ou
pour hypomoclion ; mais nous pourrions choiſir tout autre point. Car les peſanteurs de la regle & des trois
poids *D* , *E* & *F* étant parfaitement en équilibre avec
la puiſſance *M* , toutes les forces fe détruiſent par leur
égalité & leur oppoſition , & dans cette deſtruction qui
eſt une fuite de l'équilibre abſolument parfait , l'équilibre a lieu à l'égard de tous les points imaginables. Le
point d'appui *a* n'eſt donc que fictice , & il n'eſt utile
que pendant le calcul ; car il ne fupporte réellement
rien. Si nous prenions le point *A* pour point d'appui ,
nous aurions *zéro* pour le moment du poids *D* , 24

Figure 28.

pour celui du poids $E$ parce qu'il eſt de 6 livres, & que $AH$ eſt de 4 pouces. Nous aurions 21 pour le moment de la regle, & 14 pour celui du poids $F$ qui peſe 1 livre. La ſomme de ces quatre moments 0, 24, 21 & 14, eſt 59; & il faut donc que le moment de la puiſſance que nous imaginons en $M$ ſoit auſſi de 59. D'ailleurs cette puiſſance doit être toujours égale à 12 livres qui eſt la ſomme de tous les poids qu'elle doit ſoutenir. Ainſi il faut diviſer 59 par 12; & il viendra au quotient $4\frac{11}{12}$ pouces ou 4 pouces 11 lignes pour la diſtance du centre de gravité commun ou du point de ſuſpenſion $G$ à l'extrêmité $A$ de la regle, comme nous l'avions déja trouvé.

On voit qu'il y a toujours quelque avantage pour la facilité du calcul, à ſuppoſer le point d'appui dans un des points où ſe trouve un des poids, parce que ſon moment devient nul; ce qui épargne une multiplication. Nous pourrions de même choiſir le point $H$ pour point d'appui fictice; le moment du poids $D$ ſeroit 8, qui eſt le produit de 2 livres par $AH$ qui eſt de 4 pouces. Le moment du poids $E$ ſeroit zéro; celui de la regle $AB$ ſeroit 9, produit de ſon poids 3 livres par $HC$, & le moment du poids $F$ ſeroit 10. Nous aurions donc ces quatre moments 8, 0, 9 & 10: mais il faut remarquer que leur ſomme n'eſt pas 27; elle n'eſt que 11, parce que le premier moment eſt négatif par rapport aux autres. Tous les autres poids tendent à faire tourner la regle dans un ſens autour de $H$; aulieu que le poids $D$ tend à la faire tourner dans un ſens contraire; ce qui donne 8 en déduction des autres moments. Enfin diviſant 11 ſomme des moments par la ſomme 12 des poids, il vient $\frac{11}{12}$ pouce ou 11 lignes pour la diſtance du centre de gravité commun $G$ au point d'appui fictice $H$; ce qui eſt conforme aux déterminations précédentes. La ſomme des poids eſt toujours 12 livres: car nos différentes ſuppoſitions à

l'égard du point d'appui ne changent rien dans la pesanteur, elles changent simplement la longueur des
bras de levier.

## Du centre de gravité de quelques figures géométriques.

LES Méchaniciens ont cherché les centres de gravité de toutes les figures géométriques les plus simples.
Celui d'un cercle, d'un quarré, d'un rectangle, d'un
parallélogramme & de tous les polygones réguliers est
précisément au milieu. Celui d'un triangle est au tiers
de sa hauteur sur la ligne droite tirée de son sommet
au milieu de sa base; il n'est pas difficile d'en appercevoir la raison.

Si on conçoit un triangle $ABC$ (fig. 29.) divisé en
une infinité de tranches par des parallèles à sa base
$AC$, il est évident que le centre de gravité de chaque
tranche sera au milieu de sa longueur. Ainsi il n'y a
qu'à tirer une ligne droite $BD$ qui partant du sommet
$B$ vienne se rendre au milieu $D$ de la base $AC$, elle
passera par les centres de gravité de toutes les tranches,
& elle passera par conséquent aussi par le centre de
gravité du triangle. En effet, on peut regarder la pesanteur de chaque tranche comme réunie dans son milieu ou son centre de gravité particulier; & il suit de-
là qu'on peut considérer la droite $BD$ comme chargée
dans toute sa longueur d'une infinité de petits poids
égaux aux pesanteurs des tranches correspondantes.
Mais dans cette supposition le centre de gravité commun de tous les poids ou celui de tout le triangle
$ABC$ doit être aussi sur la ligne $BD$.

Si de l'angle $A$, on tire une droite $AE$ qui se termine au milieu du côté $BC$, le centre de gravité du
triangle $ABC$ sera par les mêmes raisons sur cette
ligne droite. Ainsi ce point doit être dans l'interse-

Figure 29.

Figure 29. ction *G* des deux lignes *B D* & *A E* ; & il fuit de-là qu'il eft en *G* au tiers de *D B.* Car fi on tire *D E,* elle fera parallele à *A B*, & égale à la moitié de cette ligne. Outre cela les deux triangles *D G E* & *B G A* feront femblables ; ce qui nous donnera cette proportion ; *A B* eft à *D E* comme *B G* eft à *D G* ; & puifque *A B* eft double de *D E*, la ligne *B G* eft auffi double de *D G* , & il fuit de-là que *D G* eft le tiers de *B D.*

On peut s'affurer à peu près de la même maniere que le centre de gravité d'une pyramide eft au quart de fa hauteur, ou, pour nous expliquer plus exactement, qu'il eft au quart d'une ligne droite tirée du fommet au centre de gravité du triangle ou du polygone qui fert de bafe à la pyramide.

Figure 30. Confidérons la pyramide triangulaire *A B C D* (*fig.* 30 ). Nous tirons du point *A* & du point *B*, au milieu du côté *D C*, les droites *A E* & *B E.* Faifant enfuite *E F* le tiers de *E A* , & *E H* le tiers de *E B*, nous aurons les centres de gravité *F* & *H*, des triangles *D A C* & *D B C.* Mais fi nous conduifons enfuite au dedans du folide les droites *B F* & *A H*, elles pafferont par le centre de gravité *G* de la pyramide ; car chacune de ces lignes paffera par le centre de gravité de tous les triangles qui fervent d'élémens à ce corps, & qui font paralleles au triangle *D A C* ou au triangle *D B C.* Mais ces deux lignes droites *B F* & *A H* paffant par le centre de gravité du folide, ce centre fera en *G* ; & il fera au quart de *F B.* Car tirant *F H*, elle fera parallele à *A B* & le tiers de cette ligne : mais de même que *F H* eft le tiers de *A B* , les triangles femblables *A B G* & *H F G* rendront *F G* auffi le tiers de *G B* ; & par conféquent *F G* fera le quart de *F B.*

On a trouvé des regles générales pour déterminer avec la même facilité le centre de gravité de plufieurs autres folides. Celui d'un hémifphere ou de la moitié

d'un globe eſt aux trois huitiemes du rayon perpendiculaires au plan qui a coupé le globe par la moitié.
Ainſi lorſqu'on ſuſpend le corps par ce point il n'affecte
pas plus une ſituation que l'autre, toutes ſes parties ſe
trouvent parfaitement en équilibre.

## Déterminer le centre de gravité d'un corps par l'expérience.

CES dernieres recherches n'entrent pas dans le plan
de cet Ouvrage, il nous ſuffit d'avoir donné une idée
des méthodes dont les Méchaniciens ſe ſervent. Il ne
nous reſte qu'à ajouter qu'on peut ſouvent avoir recours
à l'expérience, au lieu d'employer les méthodes de
calcul. Lorſqu'on ſuſpend un corps & qu'on le laiſſe
prendre ſa ſituation naturelle, ſon centre de gravité ſe
met toujours exactement au deſſous du point de ſuſpenſion. Il n'y a donc qu'à prolonger par la penſée
au dedans du corps la ficelle qui le ſoutient, & on
aura une ligne droite dans laquelle ſera néceſſairement
ſitué le centre de gravité. On n'aura après cela qu'à
ſuſpendre le corps par un autre point, on aura une
autre ligne droite qui paſſera encore par le centre de
gravité; & l'interſection de ces deux lignes déterminera
ce point. Lorſqu'un corps eſt trop grand pour qu'on
puiſſe le ſoumettre à de ſemblables épreuves, on n'a
qu'à en imiter la figure en petit; on le repréſentera
par un morceau de bois, d'argile ou de quelqu'autre
matiere homogène. On cherchera le centre de gravité
de ce petit corps, & on ſaura proportionnellement où
ce point eſt ſitué dans le grand.

# CHAPITRE VII.

*Explication de diverfes machines compo-*
*fées dont la plupart font employées*
*fur les Vaiffeaux.*

LES principes que nous venons d'établir , font
propres à expliquer l'effet de plufieurs machines ou
inftruments de Méchanique dont on fe fert dans la
Marine. Nous n'en confidérerons ici que trois ou
quatre ; mais cet examen , quoique très-court, fuffira
pour mettre les lecteurs en état d'aller plus loin par
leurs propres réflexions.

## Du Cabeftan.

Figure 31.

LE Cabeftan qu'on voit repréfenté dans la figure 31
fe rapporte au levier. Cette machine fert à lever les
ancres ou à élever les autres grands poids qu'on eft
obligé de changer de place dans les Navires. Quelquefois ces cabeftans font fimples , comme celui que repréfente notre figure ; & d'autres fois ils font doubles,
parce qu'ils font deftinés à fervir dans deux différents
entreponts ou étages du Vaiffeau. Le cordage qui
doit foutenir le poids enveloppe la partie *P Q* qui fert
comme de fufeau. Les hommes qui font tourner cette
machine pouffent avec force les extrêmités *K , H, I, G*
des leviers ou barres qu'on introduit dans les trous
faits exprès dans la partie fupérieure du cabeftan. Si
ces barres font quatre à cinq fois plus grandes que le
rayon de la partie du cabeftan qui fert de fufeau, la
force de chaque homme fera appliquée quatre à cinq
fois plus avantageufement pour agir contre le fardeau.

Mais

Mais les matelots qui font obligés de fe mettre plus
près du cabeftan ont moins d'avantage; & fi l'on prend
l'effort moyen, il n'eft guere multiplié que trois ou
quatre fois.

On ne peut évaluer qu'à 25 ou 27 livres la force abfolue de chaque homme qui pouffe en marchant & qui
travaille pendant un temps confidérable. Les hommes,
lorfqu'ils marchent très-vîte, ne peuvent pas appuyer
affez folidement leurs pieds. Outre cela la ligne felon
laquelle ils pouffent eft à peu près dirigée felon leur
hauteur; ainfi il faut décompofer leur effort, & il n'y
en a qu'une partie qui s'exerce dans le fens horifontal,
& qui foit employée utilement contre le cabeftan.
Nous ferons quelques remarques très-importantes fur
ce fujet dans le Chapitre X de la feélion fuivante.
L'effort de 25 livres étant augmenté quatre fois à caufe
de la longueur des barres, chaque matelot pourra foutenir 100 livres en marchant, & fi on tiroit avec le
cabeftan fur un affemblage de poulies qui augmentât
vingt fois la force, comme les palans de la figure 8,
un feul homme foutiendroit un fardeau de 2000 livres,
fans travailler beaucoup. Il eft fort ordinaire fur les
Vaiffeaux de s'aider en même temps du cabeftan & des
caliornes, il fuffit pour cela de donner une direétion
convenable au cordage $M$ par le moyen de quelques
poulies de *renvoi* ou de *retour*.

On fe fert dans les très-petits Navires d'un cabeftan
qui eft couché horifontalement, qu'on nomme *vireveau*.
Les matelots qui travaillent à le faire tourner agiffent
par leur pefanteur, & ils l'employent prefque toute
entiere. Mais le mouvement du vireveau n'eft pas con-
tinu comme celui du cabeftan; parce qu'il faut prefque à chaque inftant changer de place les barres ou
leviers. Un homme fait autant d'effet avec cet inftrument que quatre ou cinq hommes avec l'autre. Un
matelot feul réuffit à faire l'ouvrage; mais il le fait

G

lentement, conformément à ce que nous avons vu
fur l'augmentation de la force.

## Des Rames ou des Avirons.

LORSQU'IL ne fait point de vent, ou qu'il eft
contraire, on fe fert de rames ou d'avirons pour faire
marcher les Navires d'une certaine efpece ; ceux dont
les bords ne font pas élevés. Les avirons ou rames
font de longues pieces de bois dont une des extrêmités
eft plate & propre à frapper l'eau pendant que le rameur agit fur l'autre extrêmité qui fert de manche.
Cette piece de bois eft appuyée fur le bord du Navire,
qu'on peut regarder comme point d'appui ; & par le
moyen de la rame qui fert de levier, il fe fait équilibre à chaque coup de la pale entre l'effort du rameur
& la réfiftance que forme l'eau lorfqu'elle eft frappée.
Plus la partie intérieure eft longue , plus l'effort du
rameur en doit produire un grand fur la pale. Si la
partie intérieure eft de 12 pieds, l'extérieure de 24,
& que le rameur faffe un effort de 40 ou 50 livres, il
faudra que la pale en choquant l'eau reçoive une impulfion équivalente à 20 ou 25 livres. Il femble qu'on
devroit allonger davantage la partie intérieure afin d'appliquer l'action du rameur d'une maniere plus avantageufe. C'eft ce qu'on feroit, fans doute, fi on n'étoit
gêné par le peu de largeur du Navire. Outre cela lorfqu'on augmente trop la partie intérieure , on met le
rameur dans la néceffité de fe donner de trop grands
mouvements : il eft obligé d'agir avec plus de vîteffe,
& il ne peut plus employer la même force.

Suppofé que 260 rameurs travaillent en même temps,
& que l'effort de chacun fe réduife à 20 livres au centre
de la pale , toutes les rames frapperont l'eau avec une
force de 5200 livres, & ce fera la même chofe que fi
la Galere étant en repos, la mer venoit frapper fes

rames en formant une impulſion de 5200 livres de
l'arriere vers l'avant. Or cet effort doit produire ſon
effet. Les pales frappent l'eau en allant de l'avant vers
l'arriere, & elles ſont repouſſées par l'eau dans un ſens
contraire, de l'arriere vers l'avant. Le choc de l'eau
contre les pales doit donc faire avancer la Galere; &
la vîteſſe du ſillage doit s'accélérer juſqu'à ce que la
proue ſoit choquée avec la même force : car tant que
les rames reçoivent plus de choc que la proue ne trouve de réſiſtance à fendre l'eau, l'action des rameurs
doit ajouter de nouveaux degrés de vîteſſe à la marche. Cependant il y a une réduction bien conſidérable à faire. Les rameurs n'agiſſent que par intervalles;
& il y a entre les coups de rames un temps à peu près
double de celui qui eſt employé utilement. C'eſt-à-
dire, qu'il faut prendre à peu près le tiers de 5200 livres, & qu'on a environ 1700 livres pour la force avec
laquelle on peut ſuppoſer que la Galere eſt pouſſée
continuellement vers l'avant; force qui eſt deſtinée à
vaincre la réſiſtance que la proue trouve à fendre l'eau,
& qui fait faire au plus deux lieues marines par heure
à la Galere.

## Du Gouvernail.

Le gouvernail a quelque rapport avec la rame; on
ne s'en ſert cependant pas pour faire marcher le Navire, on ne l'emploie que pour le faire tourner d'un
côté ou d'un autre lorſque le Navire eſt déja en mouvement. Le gouvernail eſt une piece de bois ſituée
preſque verticalement à la poupe. Elle a une certaine
largeur, elle tourne ſur des gonds, & on la fait agir
par le moyen d'une barre ou levier qu'on nomme *timon*
qui entre horiſontalement dans le Navire, un certain
nombre de pieds au-deſſus de la ſurface de l'eau. Si
au lieu de laiſſer le gouvernail exactement ſur la ligne
droite qui fait le prolongement de la quille, cette

longue piece de bois qui eſt au-deſſous de la carene &
qui en fait comme la baſe, on le fait avancer d'un
côté, il ſe trouve enſuite choqué par l'eau qui gliſſe
le long du flanc du Navire, l'eau pouſſe le gouvernail
vers le côté oppoſé ; & pourvu qu'on le retienne aſſez
fortement dans cette ſituation, la poupe doit recevoir
de la part de l'eau le même mouvement que le gouvernail ; & le Navire étant pouſſé de côté, doit tourner.

Figure 32.   La figure 32 repréſente un Navire dont *A* eſt la
proue & *B* la poupe. Le gouvernail *D B* tourne ſur
des gonds ſitués en *B*, & on ſe ſert pour le faire tourner du levier *B O* qui eſt donc le *timon* ou la *barre*. Si
on met la barre dans la direction *B A* de la quille, le
gouvernail ne produit alors aucun effet ; mais ſi on
donne à la barre ou timon la ſituation *B O*, le gouvernail eſt frappé par l'eau qui gliſſe le long du flanc
*S* ; il eſt pouſſé ſelon la direction perpendiculaire *N P*,
parce que le mouvement de l'eau ſe décompoſe ; la
poupe *B* eſt jettée vers le point *b*, & la proue paſſe
en même temps de *A* en *a*.

Nous ferons obligés dans la ſuite d'inſiſter davantage
ſur les uſages du gouvernail ; il nous ſuffit d'expliquer
ici d'une maniere générale ſa méchanique. Comme
l'eau le frappe quelquefois avec une très-grande force,
on a été obligé de donner une longueur conſidérable
au timon *B O*, afin de diminuer l'effort que le timonnier eſt obligé de faire pour tenir le gouvernail dans la
même ſituation. Pour diminuer encore cet effort, on
place dans les grands Navires au-deſſus de la barre
dans l'étage ſupérieur, une roue verticale qui fait le
même effet qu'un cabeſtan. Deux cordages ſont appliqués à l'extrêmité *O*, ils vont ſe rendre à deux poulies
en *E* & en *F* au dedans du Navire, ils reviennent paſſer ſur d'autres poulies placées vers le milieu, & montant verticalement vers la roue, ils enveloppent en
ſens contraires ſon axe. Ainſi lorſqu'on fait tourner la

roue dans un sens ou dans l'autre, l'extrêmité *O* de la Figure 31. barre du gouvernail s'approche d'un des flancs du Navire ou de l'autre.

Supposé que le rayon de la roue qui sert de cabestan soit trois ou quatre fois plus grand que le rayon de l'axe sur lequel s'enveloppe le cordage, le timonnier agira avec trois ou quatre fois plus d'avantage. S'il fait un effort de 30 livres, il en produira un de 100 ou 120 par la seule disposition de la roue. D'un autre côté, toute l'impulsion de l'eau se réunit à peu près comme dans un centre, au milieu de la largeur du gouvernail qui est fort étroit. Ainsi l'impulsion de l'eau est appliquée à très-peu de distance du point d'appui *B*, au lieu que le timon *B O* forme un bras de levier, peut-être, 14 ou 15 fois plus long. La force du timonnier est donc encore augmentée 14 ou 15 fois; elle l'est par conséquent en tout 50 ou 60 fois, & l'effort de 30 livres en deviendra un de 1500 ou 1800 livres sur le gouvernail.

Cet avantage vient de ce que le choc de l'eau sur le gouvernail n'agit contre le timonnier qu'avec un très-petit bras de levier. Mais ce même choc agit très-avantageusement pour faire tourner le Navire; car il est appliqué à une très-grande distance du centre de gravité *G*, de même que du point *C* sur lequel le vaisseau doit tourner. Ainsi il faut bien distinguer entre l'effort de l'eau contre le timonnier & l'effet de cette même impulsion contre le Navire. Par rapport au timonnier le point *B* est le point d'appui propre, & l'eau n'agit qu'avec un bras de levier très-court. Par rapport au Navire, au contraire, l'impulsion de l'eau s'exerce sur une direction *N P* dont la distance perpendiculaire au centre de gravité *G* est très-grande, & c'est par cette raison que le gouvernail agit si puissamment pour faire tourner le Vaisseau.

## De la Vis ou du Verrin.

ON se sert beaucoup plus de la vis ou du verrin dans les Ports de mer que sur les Vaisseaux. Cette machine se rapporte naturellement au plan incliné dont nous avons parlé dans les Chapitres II. & III. mais il faut la mettre au nombre des *machines composées* ; parce qu'on se sert du levier pour la faire agir , ce qui rend son action compliquée. Elle est capable d'un effort prodigieux lorsque les intervalles entre ses cannelures sont extrêmement petits : elle est alors comparable à un plan incliné qui a très-peu de hauteur. Il n'importe que ce soit la vis qu'on fasse tourner , ou l'écrou dans lequel elle entre : nous supposerons ici que c'est l'écrou qui tourne , & que toutes ses parties qui portent sur les cannelures de la vis , sont chargées des parties du poids qu'on veut élever.

Une partie du poids est donc représentée par le corps *Figure 19.* D dans la figure 19 ; *A C* est une petite portion de la vis , ou c'est une de ses arrêtes entiere qu'on a redressée en ligne droite en lui conservant son inclinaison. On pousse le poids D selon la direction *G I* & pour l'empêcher de glisser vers le bas , il suffit de le pousser avec une force beaucoup plus petite que sa pesanteur. La force qu'il faut employer selon *G I* est à la pesanteur absolue *G E* comme la hauteur *A B* est à *B C*. Ainsi supposé que les pas de la vis aient très-peu de hauteur, qu'ils n'aient par exemple qu'un pouce , quoique la vis ait 24 pouces de grosseur ou de circonférence , il suffira d'agir selon *G I* avec une force 24 fois plus petite que le poids qu'on veut soulever.

Mais il y a encore un moyen d'employer moins de force : au lieu d'agir immédiatement sur la partie D de l'écrou, il n'y a qu'à se servir d'un levier pour faire tourner l'écrou. Plus le levier sera long , plus on aura

Figure 19.

d'avantage ; & il eſt évident qu'on ſera obligé d'employer moins de force dans le même rapport que le levier ſera plus long par rapport au demi-diametre de la vis ou du cylindre qu'elle forme. La figure 19 ne repréſente pas ce demi diametre ; mais nous pouvons prendre $BC$ pour la circonférence qui a été étendue en ligne droite ; & comme les circonférences des cercles ſont en même raiſon que leurs rayons, la puiſſance placée à l'extrêmité du levier aura d'autant plus d'avantage que la circonférence qu'elle décrira ſera plus grande que $BC$. Nous avons donc deux rapports à raſſembler pour connoître tout l'avantage de la puiſſance dans l'uſage de la vis. Cet avantage eſt exprimé par le rapport de $AB$ à $BC$, & par celui de $BC$ à la circonférence décrite par l'extrêmité du levier. Mais ces deux rapports étant réunis ou compoſés , pour parler comme les Géometres, on a le rapport de $BA$ à la circonférence décrite par l'extrêmité du levier ; ce qui nous apprend que l'effet de la vis ne dépend point de ſa groſſeur, mais ſeulement de la hauteur de ſes pas comparés à la circonférence du cercle que décrit l'extrêmité du levier dont on ſe ſert.

Si chaque pas de la vis a un pouce de hauteur, & que le levier ait trois pieds de longueur à prendre du milieu de la vis, la main ou la puiſſance parcourra un cercle qui aura près de 19 pieds de circonférence ou environ 226 pouces. Alors la force ſera augmentée 226 fois ; un effort de 10 livres que fera la puiſſance répondra à 2260 livres dont la vis ou l'écrou ſera chargé. Il ſuffiroit par conſéquent d'augmenter un peu l'effort des 10 livres pour vaincre la peſanteur des 2260 livres ou toute autre réſiſtance égale. Mais ce qu'on gagne du côté de la force, on le perd toujours du côté du temps, conformément à ce que nous avons vu dans l'uſage des autres machines : car il faut que la puiſſance parcourre toute la circonférence qui eſt

de 226 pouces pour faire monter le fardeau d'un seul
pouce.

## Du Coin.

LE coin se rapporte aussi au plan incliné. Un Navire étant à terre, on se sert de coins pour le soulever ;
on les rend fort aigus & on les introduit sous la quille
en les frappant à coups de massue pour les faire avancer. Il faut qu'ils fassent beaucoup de chemin pour soulever la quille ou le Navire de très-peu. L'avantage
du coin est exprimé par le rapport qui se trouve entre
ces deux divers espaces.

On se sert de cet instrument dans une infinité d'autres occasions. On veut, par exemple, fendre encore
davantage la piece de bois $MP$ (*fig*. 33.) il faudra que
le coin $ABD$ à cause de sa forme aiguë, avance beaucoup dans la fente pour qu'il en écarte sensiblement
les côtés $F$ & $I$. Ainsi une puissance qui agira sur $AB$
& qui sera équivalente à un petit nombre de livres,
sera en équilibre avec l'effort que fait la piece de bois
pour se refermer.

Si on veut une autre explication du même effet, on
n'a qu'à remarquer que les côtés $F$ & $I$ de la fente
n'agissent sur le coin que perpendiculairement à ses
faces. Si leur action se faisoit selon quelqu'autre ligne,
elle se décomposeroit, & il ne resteroit à considérer
que la force perpendiculaire. La piece de bois en faisant effort pour se fermer pousse donc les côtés du coin
selon les lignes $FCK$ & $ICL$. Mais si on représente
ces deux efforts particuliers par $CK$ & $CL$, on n'a
qu'à achever le parallélogramme $LCKH$, & on aura
dans sa diagonale $CH$, l'effort composé avec lequel
le coin est poussé en dehors. Lorsque le coin est fort
aigu, la diagonale $CH$ est fort courte par rapport à
$CL$ & $CK$. Ainsi quoique la piece de bois fasse un
très-grand effort pour se refermer, il suffit de vaincre

un

Figure 33.

un affez petit effort en pouffant le coin de *H* en *D*,
pour ouvrir davantage la fente.

---

# CHAPITRE VIII.

## De la nature du frottement, & moyen d'en faire entrer la confidération dans l'examen des machines.

### I.

L'EFFET de la plûpart des machines fe trouve fenfiblement diminué par le frottement ou par la réfiftance
que font les parties des corps folides à gliffer les unes
fur les autres. Les furfaces des corps ont toujours quelque afpérité; elles ont de petits creux & de petites éminences qui s'engrainent les unes dans les autres, & il
en naît un obftacle auquel il faut néceffairement avoir
égard fi on ne veut pas fe tromper d'une maniere énorme en évaluant l'effet d'une machine.

Les Méchaniciens ne fe font pas peut-être autant
attachés à connoître les loix du frottement qu'ils l'auroient dû ; ce qui eft caufe que nous ne fommes encore que peu inftruits fur cette matiere, que M. Amontons a examinée le premier. Il a fait voir dans les
Mémoires de 1699 de l'Académie Royale des Sciences, que lorfque deux furfaces font preffées l'une contre
l'autre, leur frottement eft toujours fenfiblement une
certaine partie de leur preffion ou du poids dont elles
font chargées. Cette partie eft fort grande dans les machines conftruites groffiérement ; lorfqu'un traîneau,
par exemple, gliffe fur le pavé, le frottement eft à peu
près égal au tiers du poids du traîneau & de fa charge.

H

Lorſque les ſurfaces ſont polies, qu'elles ſont enduites de quelque matiere onctueuſe, & qu'outre cela on eſt attentif ſur le choix des corps qu'on fait gliſſer les uns ſur les autres, le frottement eſt beaucoup moindre; il n'eſt ſouvent que la ſixieme ou ſeptieme partie de la force qui preſſe les deux ſurfaces.

L'expérience a fait voir qu'il ne faut pas faire frotter l'acier contre l'acier ou le cuivre contre le cuivre. Les petites éminences d'une des ſurfaces s'engagent tròp alors dans les creux de l'autre ſurface. Pour faire diminuer le frottement, il n'y a qu'à faire frotter le cuivre contre l'acier : & la même attention eſt utile, lorſqu'on fait frotter du bois contre du bois ; il faut preſque toujours les choiſir de différentes eſpeces. Toutes choſes d'ailleurs étant égales, ſi la charge eſt trois ou quatre fois plus grande, ou ſi les ſurfaces ſont trois ou quatre fois plus preſſées l'une contre l'autre, le frottement ſera plus grand à peu près dans le même rapport, & il faudra agir avec une force auſſi d'autant plus grande pour le vaincre.

Une autre regle que nous devons également à M. Amontons, mais qui n'eſt que ſenſiblement vraie, comme la premiere, c'eſt que la grandeur des ſurfaces qui gliſſent les unes ſur les autres ne fait preſque rien au frottement. Si un traîneau qui peſe avec ſa charge 1200 liv. a deux fois plus ou deux fois moins de ſurface, le frottement ſera toujours à peu près de 400 livres. La raiſon s'en préſente aſſez naturellement à l'eſprit. Si le traîneau, pendant que le poids eſt exactement le même, a deux ou trois fois plus de ſurface, il eſt vrai qu'il y aura deux ou trois fois plus de parties expoſées au frottement, mais comme le poids ſera diſtribué ſur un plus grand nombre de parties, chacune ſera moins chargée, & par cette ſeconde raiſon le frottement ſera moindre. Eu égard à tout, le frottement total ſera donc toujours à très-peu près le même. Cette ſeconde regle eft comme une fuite néceffaire de la premiere.

Il n'eft pas difficile de déterminer par l'expérience la grandeur du frottement dans certains cas ; ce qui met en état de juger de fa force dans la plupart des autres. Si un corps d'une pefanteur connue eft pofé fur un plan horifontal, on n'a qu'à y attacher une corde qu'on tendra horifontalement & qu'on fera paffer fur une ou deux poulies, & on verra enfuite quel poids il faut mettre au bout de cette corde pour ébranler le folide ou pour le faire gliffer.

On peut encore mettre le folide fur un plan auquel on ait la liberté de donner plus ou moins d'inclinaifon, & il n'y aura qu'à remarquer celle qui permet à peine au folide de ne pas gliffer. Alors le frottement fera exactement égal à l'effort que fait le poids pour defcendre le long du plan incliné, & on aura par conféquent la mefure exacte du frottement. Si le poids $D$ (*fig.* 12.) Figure 12. refte en repos fur le plan $AC$, mais qu'il gliffe pour peu qu'on incline davantage le plan en ôtant le contre-poids $M$, le frottement fera alors égal à la pefanteur relative $GH$ du folide dans le fens parallele au plan. La pefanteur abfolue eft repréfentée par $GE$, & elle fe décompofe en $GH$ & en $GF$. Le folide preffe le plan avec le fecond de ces efforts ; au lieu qu'il ne tend à gliffer que par le fecond. Mais puifqu'il ne defcend pas & qu'il eft néanmoins fur le point de defcendre, c'eft une marque que le frottement eft en équilibre avec l'effort $GH$. Ainfi on peut en favoir l'exacte quantité, & la comparer à la preffion $GF$, en réfolvant le triangle $GEH$ par le calcul ou par le moyen d'une figure.

Nous pouvons propofer un troifieme moyen qui nous paroît très-commode pour découvrir la quantité du frottement. Un corps pefant $DE$ (*fig.* 34.) eft pofé Figure 34. fur un plan horifontal $AB$, & nous voulons favoir quelle eft la grandeur du frottement. Son centre de

Figure 34. gravité est en $G$ ; nous pouvons considérer toute sa pesanteur comme réunie dans ce point, & nous savons que ce centre répond exactement au dessus du point $C$ que nous connoissons. Nous n'avons qu'à tirer ce corps horisontalement par la ficelle $FM$ que nous appliquerons plus ou moins haut jusqu'à ce que le corps soit sur le point, non pas de glisser, mais de tomber en avant ; & nous n'aurons plus qu'à marquer le point $H$ auquel répond la ficelle. Il y aura même rapport du frottement à la pesanteur du solide que de $CE$ à $CH$.

Lorsqu'on appliquera la ficelle trop bas , le solide $DE$ ne sera point sujet à tomber, il glissera en obéissant à l'effort que fera la puissance $M$. Si au contraire on tire le corps $DE$ par un point trop élevé, au lieu de glisser, il tombera en avant. Mais si on choisit le point de séparation de ces deux cas, la puissance $M$ sera égale au frottement, & d'un autre côté, il y aura équilibre entre l'effort que fait cette puissance pour faire trébucher le corps & la pesanteur de ce même corps qui tend à l'empêcher de tomber. La puissance $M$ agit avec le bras de levier $CH$ ou $EF$, au lieu que la pesanteur du corps ne s'oppose à sa chûte qu'avec le bras de levier $CE$ ; car si le corps tomboit, le mouvement se feroit sur le point $E$. Ainsi les deux forces étant en équilibre, elles sont en raison réciproque de leur bras de levier. C'est-à-dire, que la puissance $M$, ou le frottement qu'éprouve le corps $DE$, est à la pesanteur de ce même corps, comme $CE$ est à $FE$. Si $CE$ est le quart ou la cinquieme partie de $EF$, ce sera une marque que le frottement est égal au quart ou à la cinquieme partie du poids qui cause la pression.

## I I.

## Du frottement dans les Machines.

L E frottement étant connu pour les surfaces de chaque efpece, il ne fera jamais fort difficile d'en faire entrer la confidération dans le calcul qu'on fera pour évaluer l'effet d'une machine. Nous avons fuppofé dans le Chapitre I I. qu'un Vaiffeau dont le poids étoit de 300 tonneaux ou de 600000 livres étoit placé fur une cale dont la hauteur étoit d'un demi-pouce fur chaque pied de longueur ; & nous avons vu que l'effort qu'il faifoit pour gliffer le long de la cale, étoit de 12½ tonneaux ou 25000 livres. Cet effort ne doit prefque jamais fuffire pour faire defcendre ce Navire : car la preffion qui eft produite par la force $GF$ (fig. 12.) eft prefque égale à la pefanteur abfolue $GE$ de toute la maffe, à caufe du peu d'inclinaifon du plan. Cette pefanteur relative $GF$ feroit de 287 ou 288 tonneaux, à proportion de la pefanteur abfolue $GE$ qui eft de 300. Mais fi le frottement eft égal à la fixieme partie de la charge ou de la preffion, ce qui n'arrive que lorfque les plans qui gliffent les uns fur les autres font fuffifamment polis, le frottement fera d'environ 48 tonneaux ou 96000 livres, & il fera donc prefque quatre fois plus grand que l'effort avec lequel le Navire tend à defcendre. S'il s'agiffoit au contraire de faire remonter le vaiffeau, il ne fuffiroit pas de le tirer en haut avec affez de force pour vaincre les 12½ tonneaux de fa pefanteur relative $GH$, il faudroit encore tirer avec un effort de 48 tonneaux de plus pour furmonter le frottement : il faudroit employer en tout une force de 60½ tonneaux ou de 121000 livres.

Pour paffer à un fecond exemple, nous examinerons le frottement auquel eft fujet le cabeftan. Lorfqu'on fe

fert de cette machine pour lever l'ancre ou tout autre
fardeau, le cabeftan eft tiré de côté par ce poids contre les pieces de bois qui aident à le foutenir dans une
fituation verticale. Le frottement eft donc égal à une
certaine partie de ce poids, au tiers ou au quart, ou
même à une moindre partie, fi on a été attentif à donner au cabeftan toute la mobilité poffible, & fi on l'a
conftruit avec foin. Mais l'effort des matelots qui agiffent fur les barres ou leviers, n'ajoute-t-il rien à la
charge ou à la preffion, & ne fait-il pas augmenter le
frottement ?

C'eft ce qui ne doit pas arriver lorfque les matelots
font diftribués tout autour du cabeftan, & qu'ils ne le
pouffent pas plus d'un côté que de l'autre. Si les uns
en travaillant fur les barres pouffent le cabeftan vers la
proue, les autres le pouffent également vers la poupe,
& il ne réfulte de tous ces efforts aucune force compofée qui puiffe preffer le cabeftan plus d'un côté que de
l'autre. On voit donc qu'il y a une diftribution plus ou
moins avantageufe dans l'ordre des matelots lorfqu'ils
ne font pas en affez grand nombre pour environner
entiérement la machine. Ici nous fuppofons que l'effort
eft également diftribué; & dans ce cas il ne faut attribuer le frottement qu'à la feule preffion que caufe le
fardeau qu'on travaille à mouvoir. Si on éleve un fardeau qui pefe 10000 livres, la preffion fera égale à ce
poids; & le frottement en fera la quatrieme ou la cinquieme partie, felon la nature des furfaces qui gliffent
l'une fur l'autre.

Mais il faut bien remarquer que les matelots ne doivent pas reffentir tout ce frottement, & qu'il doit leur
paroître d'autant plus foible qu'il fe fait dans des endroits de la furface où le cabeftan eft moins gros, &
où le frottement eft appliqué plus près du centre. Si
les leviers fur lefquels agiffent les matelots font fix à
fept fois plus longs que les femi-diametres du cabeftan

dans les endroits où il frotte, le frottement qui n'eſt
que la quatrieme ou cinquieme partie de la preſſion
ou de la peſanteur du fardeau, aura par la ſeule différence des leviers, un moment ſix à ſept fois moindre,
& les matelots auront ſix à ſept fois plus d'avantage.
Ainſi il ſuffira qu'ils augmentent leur effort total ou
commun de 3 ou 4 cents livres. Ils étoient, par exemple, obligés de faire un effort de 2000 livres pour ſoutenir le fardeau qui peſe 10000 livres; mais pour élever ce poids il faudra qu'ils faſſent un effort de 2300,
ou 2400 livres, à cauſe du frottement.

On peut évaluer le frottement avec auſſi peu de
peine dans l'uſage des poulies. Propoſons-nous d'abord
une poulie ſimple, comme dans la premiere figure. Figure 1.
Cette poulie ſera chargée du poids $P$, & outre cela
de l'effort que fait la puiſſance $M$; ainſi la charge ſera
égale au double du poids $P$. Si ce poids eſt de 120 livres, la poulie ſera chargée de 240, & ſi le frottement
eſt la ſixieme partie de la charge, il ſera de 40 livres.
Mais ce frottement reçoit une très-grande réduction;
parce qu'il exerce ſon action ſur la cheville ou eſſieu
de la poulie; au lieu que la puiſſance agit avec un bras
de levier plus long étant appliquée à la circonférence
du rouet. La puiſſance eſt donc ſituée d'une maniere
plus avantageuſe pour vaincre le frottement, & cela
dans le même rapport que le rayon de la poulie ou du
rouet eſt plus grand que le rayon de la cheville ou de
l'eſſieu. Suppoſé qu'un de ces rayons ſoit cinq fois plus
grand que l'autre, il ſuffira d'ajouter à la puiſſance une
force de 8 livres pour faire équilibre au frottement; &
il ſuit de-là qu'en tirant en $M$ avec une force d'un peu
plus de 128 livres, on vaincra le frottement & on ſou-
levera le poids $P$ qui eſt de 120 livres.

Il ſera cependant néceſſaire d'augmenter encore la
puiſſance $M$, parce que les 8 livres avec leſquelles elle
agit de plus, augmentent la charge de la poulie, &

donnent lieu à un nouveau frottement, quoique petit. On peut dans la pratique négliger cette différence, & néanmoins il eſt très-facile d'y avoir égard. Le frottement eſt ſuppoſé ici la ſixieme partie de la charge en le conſidérant abſolument ; & il oblige d'augmenter la puiſſance d'une trentieme partie de la charge totale à cauſe de la différence des leviers. L'addition ne doit être d'une 30ᵉ partie de la charge totale qu'après l'addition, & elle n'eſt donc que la 29ᵉ partie de la premiere charge. Ainſi nous n'avons qu'à prendre la 29ᵉ partie de 240 livres, & il nous viendra $8\frac{8}{29}$ livres pour l'augmentation totale qu'il faut que nous faſſions à la puiſſance $M$ à cauſe du frottement. Les lecteurs remarquent ſans doute que nous ne ſuppoſons la charge de la poulie de 240 livres ou de la ſomme du poids $P$ & de l'effort que fait la puiſſance $M$, que parce que les deux parties de la corde ſont paralleles. Si la puiſſance, au lieu de tirer de haut en bas, tiroit horiſontalement comme dans la figure 2, il faudroit toujours qu'elle fît un effort de 120 livres pour ſoutenir le poids, mais la poulie auroit un moindre effort $AE$ à ſoutenir, & il s'enſuivroit de-là que le frottement ſeroit moins grand.

Figure 7.   Nous prendrons pour dernier exemple le palan ou la caliorne de la figure 7. Nous ſuppoſerons que le rayon des chevilles ou eſſieux des poulies eſt toujours la cinquieme partie du rayon de chaque rouet ; mais nous ſuppoſerons que le frottement eſt le quart de la preſſion, parce qu'il eſt preſque toujours plus grand lorſque les machines ſont plus compoſées, à cauſe des vices d'exécution qui ſe multiplient. S'il n'y avoit point de frottement, les quatre branches du palan ſoutiendroient également le poids $P$ & ſeroient tendues également. Ainſi les deux qui ſont marquées 1 & 2 en ſoutiendroient enſemble exactement la moitié. Mais ſelon la ſuppoſition que nous avons faite, cette moitié du

poids

poids produit un frottement qui fera le quart de cette Figure 7. moitié ; & comme ce frottement produit une réfiftance cinq fois moindre à caufe de la grandeur du rayon de la poulie , il faut que la branche 2 foit tirée en haut avec une force qui foit la 20ᵉ partie de la charge , pour remédier au feul frottement que fouffre cette branche la poulie d'en bas.

La force ajoutée n'eft la 20ᵉ partie de la charge qu'après que la force a été ajoutée. Ainfi elle eft la 19ᵉ partie de la charge confidérée avant l'addition. Si le poids $P$ pefe donc 400 livres, ce qui donne 200 livres pour la charge des branches 1 & 2 jointes enfemble , nous n'avons qu'à prendre la 19ᵉ partie de 200 livres , & nous aurons $10\frac{10}{19}$ livres pour l'excès de la force avec laquelle la branche doit être tirée en haut. La branche 1 qui n'eft fujette à aucun frottement , n'eft tendue qu'avec une force de 100 livres ; mais comme il faut que la branche 2 foutienne le même poids , & que de plus elle furmonte le frottement fur la poulie d'en bas , il faudra qu'elle foit tirée en haut avec une force de $110\frac{10}{19}$ livres. On doit fe fouvenir que l'augmentation $10\frac{10}{19}$ livres comprend non-feulement le frottement que produit la charge primitive , mais qu'elle comprend celui même que caufe la force ajoutée.

Ce fera la même chofe dans le paffage de la branche 2 à la branche 3 fur une des poulies fupérieures. Il faut à caufe du frottement , comme nous venons de le voir , que la branche 2 foit tendue avec une force de $110\frac{10}{19}$ livres , pendant que la branche 1 ne foutient que 100 livres. La tenfion de la branche 3 doit être plus grande dans le même rapport ; c'eft-à-dire , qu'elle fera d'un peu plus de 122 livres. Il faudra faire une augmentation femblable pour la branche 4 qui fera tendue avec une force de 135 livres & une autre augmentation encore proportionnelle pour la branche 5.

I

Figure 7. qui doit être tirée avec une force à très-peu près de 149 $\frac{4}{19}$ livres. Ainsi la puissance $M$, au lieu d'agir avec une force simplement de 100 livres, sera obligée de tirer avec une force plus grande d'environ une moitié, à cause de l'obstacle que cause le frottement des quatre poulies.

Ces cinq nombres 100, 110 $\frac{10}{19}$, 122, 135 & 149 sont en progression géométrique, & il faudroit passer à un plus grand nombre de termes si le palan contenoit un plus grand nombre de poulies. Mais il est toujours facile de trouver immédiatement le dernier terme d'une progression géométrique dont on connoît les deux premiers. Il suffit, pour avoir les deux premiers, de savoir quelle partie de la charge est le frottement, & de combien son effet est diminué par la grandeur des poulies comparées à la grosseur des chevilles ou essieux. Ce nombre de fois étant connu, il faut le diminuer d'une unité pour savoir dans quel rapport il faut augmenter la charge de la branche 1 pour avoir celle de la branche 2. Ces deux termes étant trouvés, il n'y aura plus qu'à chercher la différence de leurs logarithmes, & la répéter autant de fois qu'il y a de passages de la corde sur les poulies. On ajoutera cette différence totale au premier logarithme, & on aura celui du dernier terme ou de la force que doit employer la puissance $M$.

# CHAPITRE IX.

*De la difficulté que font les cordages à se plier, & de l'effet que produit cette résistance dans les machines.*

LES cordages dont plusieurs machines sont composées introduisent encore un autre genre de résistance qui oblige d'augmenter considérablement l'action de la puissance. Lorsqu'un cordage passe sur une poulie, il ne se plie qu'avec peine, il a une espece de roideur qu'il faut vaincre ; & on y réussit plus difficilement, 1°. si les cordages sont plus gros ; 2°. si ces cordages sont chargés d'un grand poids ; & 3°. si les poulies ou tambours sur lesquels il est nécessaire qu'ils se plient, sont d'un petit diametre.

Pour connoître jusqu'où va cette roideur des cordages, il n'y a qu'à rendre un tambour *A B* (*fig.* 35.) extrêmement mobile sur son essieu *C*. On passera une corde sur ce tambour, & on la chargera par les deux extrémités de deux poids égaux *P* & *Q*. Si les deux poids étoient suspendus par une sangle ou par un ruban, il suffiroit d'augmenter très-peu un des poids pour troubler l'équilibre. Le frottement sur l'essieu seroit égal à la cinquieme ou la sixieme partie de la somme des deux poids ; & comme ce frottement s'exerceroit à peu de distance du centre, on le surmonteroit en faisant un assez petit effort à la circonférence du tambour, ou en ajoutant très-peu de chose à un des poids *P* & *Q*.

Lorsque les poids sont attachés aux bouts d'une corde d'une certaine grosseur, il faut au contraire une

Figure 35.

I ij

Figure 35. addition très-confidérable pour déranger l'équilibre. Suppofé que le tambour *AB* n'ait que trois pouces de diametre, & que la corde qui foutient les poids *P* & *Q* chacun de 60 livres, ait 6 lignes de diametre ou environ 19 lignes de circonférence, on fera peut-être obligé d'augmenter un des poids de plus de 15 livres. Il eft vrai que cet excès de force fera auffi employé à vaincre le frottement, mais une grande partie s'exercera contre la roideur de la corde.

On a fait diverfes expériences fur cette matiere depuis que M. Amontons a montré qu'elle méritoit beaucoup d'attention. Quelques-unes de ces expériences ne font pas décifives, mais toutes s'accordent à établir que les réfiftances que les cordages font à fe plier font proportionnelles à leur diametre, & outre cela aux poids dont ils font chargés. On n'eft pas également d'accord fur la plus grande réfiftance qu'ils font, lorfqu'ils paffent fur des rouleaux ou tambours plus petits; mais en attendant que nous foyons mieux inftruits, on peut fuppofer que cette réfiftance eft en raifon inverfe des diametres des rouleaux ou poulies; ou qu'elle eft précifément plus grande en même raifon que les poulies ont moins de diametre.

## Premier moyen d'éprouver la roideur d'un cordage.

ON peut, pour déterminer par l'expérience la roideur d'un cordage, fuivre le procédé que nous venons d'indiquer. Sufpendre fur un tambour deux poids égaux par le moyen d'un ruban, les fufpendre enfuite par le moyen d'une corde, & voir dans les deux cas combien il faut ajouter à un des poids pour faire tourner le tambour. Si les deux poids *P* & *Q* font attachés aux deux extrêmités d'un ruban très-flexible, il fuffira de furmonter le frottement que fouffre l'effieu *C* fur fes

Figure 35.

couffins, pour faire tourner le tambour. Ainfi il n'y
aura qu'à ajouter d'un côté des poids fucceflivement
plus grands, & remarquer celui qui commence à donner du mouvement au tambour. Ce poids ajouté fera
la mefure du frottement ou de fon effet. Si on fubftitue après cela une corde au ruban, on aura à vaincre
non-feulement le frottement, mais auffi la roideur de
la corde. Suppofons pour exemple qu'on ait fimplement ajouté 7 livres d'un côté pour troubler l'équilibre dans le premier cas, & qu'on ait été obligé de
mettre 8 livres encore de plus dans le fecond cas ; ce
fera une marque que la réfiftance caufée par la corde
qui ne fe plie pas aifément, eft égale à un poids de 8 liv.

## Second moyen d'éprouver la roideur des cordages.

O N peut encore, fi l'on veut, fufpendre fucceffivement les mêmes poids à deux cordes de différentes grof-
feurs, & examiner combien la réfiftance eft plus grande
dans une expérience que dans l'autre. Les grands poids
P & Q étant les mêmes, le frottement fera auffi le
même ; mais la roideur du cordage fera différente, elle
fera proportionnelle aux diametres des cordes. Ainfi il
s'agira de démêler dans les réfultats deux parties différentes, l'une conftante pour le frottement dans les
deux expériences, l'autre variable felon un rapport
connu.

Pour faire ce partage d'une maniere facile, il n'y a
fur une ligne droite $TN$ (*fig.* 36.) qu'à faire les deux
intervalles $TS$ & $TN$ proportionnels aux diametres
des cordes dont on s'eft fervi dans les deux expériences. Si le diametre d'une des cordes eft double ou triple de l'autre, on fera $TN$ double ou triple de $TS$.
On élevera enfuite deux perpendiculaires $SR$ & $NM$,
& on leur donnera des longueurs qui expriment les

Figure 36.

Figure 36. poids qu'il a fallu ajouter dans les deux expériences pour altérer l'équilibre ou pour faire tourner le tambour. Tirant ensuite la droite $MR$ par les extrêmités $M$ & $R$, & la conduisant jusqu'à ce qu'elle rencontre la perpendiculaire $TV$ à $TN$, il n'y aura qu'à tirer du point de rencontre $V$ la parallele $VY$ à $TN$, & elle retranchera sur les droites $SR$ & $NM$, les parties $SX$ & $NY$ qui exprimeront le frottement égal dans les deux épreuves, pendant que les deux autres parties $XR$ & $YM$ marqueront la force qu'il a fallu employer pour surmonter la roideur des cordes.

La figure 36 nous indique aussi la maniere de trouver la même chose par le calcul. La différence $SN$ ou $RZ$ des deux diametres des cordes est à la différence $ZM$ des deux poids qu'il a fallu ajouter dans chaque expérience, comme l'un ou l'autre diametre est à la résistance $XR$ ou $YM$ produite par la roideur de chaque corde. Si le tambour étant chargé de deux poids de 60 livres, il a fallu ajouter 15 livres de plus d'un côté pour altérer l'équilibre lorsque la corde qui soutenoit les deux poids avoit 6 lignes de diametre, & s'il n'a fallu ajouter qu'un poids de 11 livres lorsque la corde qui soutenoit les poids de 60 livres, n'avoit que 3 lignes de diametre, on trouvera que la roideur de la corde causoit 8 livres de résistance dans la premiere expérience, & seulement 4 dans la seconde. Otant ensuite ces quantités $MY$ & $RX$, de $MN$ & de $RS$ qui représentent 15 livres & 11 livres, il viendra 7 livres pour le frottement exprimé par $NY$ & $SX$; & c'est à peu près ce qu'on trouve effectivement, lorsqu'on se sert d'un rouleau de 3 pouces de diametre & de cordes de la grosseur indiquée.

Figure 35. Si on vouloit séparer avec plus d'exactitude la roideur des cordes & le frottement, on y réussiroit par le calcul suivant, que plusieurs lecteurs peuvent passer. Nommant $P$ la somme des deux grands poids égaux

Figure 35.

qui ont été d'abord attachés aux deux extrêmités des cordes dans les deux expériences, nous nommerons $A$ l'augmentation qu'il faut faire à un des poids pour troubler l'équilibre lorsque la corde a la circonférence $C$, & $a$ l'augmentation qu'il faut faire & qui est moindre lorsque la corde n'a que la circonférence $c$. Nous désignerons de plus par $F$ l'effet du frottement, & par $R$ celui de la roideur de la corde dans la première épreuve, & par $f$ & $r$ ces deux résistances dans la feconde expérience. Ces quantités $F$ & $R$ font inconnues, de même que $f$ & $r$ : nous connoissons leur fomme $A$ & $a$; mais il s'agit de féparer dans la fomme $A$, les valeurs de $F$ & de $R$; & de faire la même chofe à l'égard de $a$ qui eft la fomme de $f$ & de $r$.

Les deux frottements $F$ & $f$ font dans les deux épreuves dans le même rapport que les charges totales $P+A$ & $P+a$. Ainfi nous aurons $f = \frac{F \times \overline{P+a}}{P+A}$. D'un autre côté les roideurs des cordes ou les difficultés qu'elles font à se plier, font comme les charges totales & comme les circonférences des cordes. Nous avons donc $C \times \overline{P+A} : c \times \overline{P+a} :: R : r$, & fi nous faifons attention que les frottements & les roideurs des cordes ont caufé l'augmentation qu'il a fallu faire à l'un des poids pour troubler l'équilibre, & que nous avons $F + R = A$ & $f + r = a$ dont nous tirons $R = A - F$ & $r = a - f$, nous aurons, au lieu de la proportion précédente, cette autre analogie, $C \times \overline{P+A} : c \times \overline{P+a} :: A - F : a - f$. Ce qui nous donne $a C \times \overline{P+A} - f C \times \overline{P+A} = A c \times \overline{P+a} - c F \times \overline{P+a}$, dont nous déduifons $f = \frac{a C \times \overline{P+A} + c F - A c \times \overline{P+a}}{C \times \overline{P+A}}$. Combinant enfuite cette valeur de $f$ avec celle $f = \frac{F \times \overline{P+a}}{P+A}$, trouvée plus haut, nous aurons $\frac{F \times \overline{P+a}}{P+A} =$

Figure 35.

$$\frac{aC \times \overline{P+A} + c F - Ac \times \overline{P+a}}{c \times \overline{P+A}}$$, dont nous tirons $F =$

$$\frac{aC \times \overline{P+A} - Ac \times \overline{P+a}}{C - c \times \overline{P+a}}$$, qui nous marque le frottement

$F$ en grandeurs parfaitement connues ; & si nous l'ôtons

de $A$, il nous viendra $R = \dfrac{A \times C \times \overline{P+a} - a \times C \times \overline{P+A}}{C - c \times \overline{P+a}}$

qui nous donne également en termes connus la réfiftance produite par la roideur du gros cordage.

Si nous appliquons ces deux formules à l'exemple
que nous avons pris, nous aurons 120 livres pour $P$,
15 livres & 11 pour $A$ & $a$; les nombres 6 & 3 pour
$C$ & $c$; puisqu'on peut mettre les diametres ou les circonférences les uns pour les autres. Introduifant enfin
ces quantités dans ces deux formules, nous trouverons
que les 15 livres qu'il a fallu ajouter à un des poids
pour faire tourner le tambour lorfque la corde étoit de
6 lignes de diametre, étoient formées par le frottement qui étoit de $7\frac{88}{131}$ livres & par la roideur de la
corde qui réfiftoit à $7\frac{43}{131}$ livres ; au lieu que nous
avions trouvé précédemment 7 livres & 8 livres pour
ces deux quantités.

## Evaluation de l'effet d'un Palan lorfque le frottement & la roideur des cor- dages font confidérables.

IL fuit de tout ce que nous venons de dire que le
calcul expliqué dans le Chapitre précédent n'eft pas
d'une exactitude fuffifante lorfqu'il entre des cordages
dans la conftruction d'une machine. Tâchons donc de

Figure 7.  rectifier le calcul fait au fujet du palan de la figure 7,
qui fert à élever le poids $P$ de 400 livres. Il nous faut
connoître la grandeur abfolue des poulies & la groffeur
du funin qui va des unes aux autres. Nous fuppoferons

les

Figure 7.

les poulies de 4 pouces de diametre, & que le diametre du cordage eſt de 4 lignes. Ces dimenſions étant différentes de celles que nous venons d'employer, la roideur de la corde ſera différente, parce que 1°. ſon diametre n'eſt pas le même, parce que 2°. le diametre de la poulie ou du tambour eſt différent, & parce que 3°. la charge totale n'eſt pas la même. Ainſi il y a trois divers changemens à faire aux 8 livres que nous trouvions pour la roideur d'une corde de 6 lignes de diametre, lorſqu'elle étoit chargée de 120 livres & qu'elle paſſoit ſur un rouleau de trois pouces de diametre.

Au lieu de faire ces trois changemens l'un après l'autre, nous les ferons à la fois par une ſeule analogie. Lorſque la roideur étoit de 8 livres, la charge étoit de 120 livres & la corde étoit de 6 lignes de diametre. Je multiplie ces deux derniers nombres l'un par l'autre, parce qu'ils rendent la roideur plus grande lorſqu'ils ſont eux-mêmes plus grands ; & je diviſe leur produit 720 par la troiſieme quantité 3, le diametre de la poulie, qui étant plus petit, rend toujours la roideur de la corde plus grande. Il me vient 240 au quotient, & c'eſt le premier terme de l'analogie. Je mets pour ſecond terme les 8 livres de roideur des mêmes épreuves, & pour avoir le troiſieme terme, je multiplie les 4 lignes de diametre qu'a la corde du palan de la figure 7 par les 210 $\frac{10}{19}$ livres qui forment la charge des deux branches 1 & 2 jointes enſemble, & je diviſe le produit par le diametre 4 pouces des poulies. Il me vient au quotient 210 $\frac{10}{19}$ qui eſt donc le troiſieme terme de l'analogie, & ſi on l'acheve, on trouve à peu près 7 livres pour l'effet de la roideur du funin.

Nous avons vu dans le Chapitre précédent en examinant le même exemple, que la branche 2 devoit être tirée de bas en haut avec une force de 110 $\frac{10}{19}$ liv. à cauſe du frottement. Il faudroit donc ajouter 7 liv.

K

Figure 7. aux 110 $\frac{10}{19}$, si la poulie sous laquelle passe cette partie de la corde étoit soutenue par son centre. Mais lorsqu'on agit sur la branche 2 pour vaincre sa roideur & celle de la branche 1, le point d'appui est au bas de la branche 1 ; d'où il suit qu'on a pour levier, en agissant contre la roideur du funin, non pas le rayon de la poulie, mais tout son diametre ; il faut donc prendre la moitié de 7 livres pour l'ajouter à 110 $\frac{10}{19}$ livres, & il nous viendra environ 114 livres pour la force avec laquelle il faut tirer en haut la branche 2, pour vaincre le frottement & la roideur de la corde joints ensemble.

Il nous paroît que la réduction que nous faisons aux 7 livres est fondée en raison. Cependant nous souhaiterions pouvoir faire quelques nouvelles expériences sur ce sujet. Peut-être faut-il distinguer entre les roideurs des deux parties de la corde ; & que c'est faute de n'avoir pas fait cette distinction, qu'on ne s'est pas accordé jusqu'à présent sur le rapport selon lequel la roideur de la corde produit des effets différents, lorsqu'on se sert de poulies ou de tambours de différents diametres.

La branche 1 du palan de la figure 7 est tendue avec une force de 100 livres, & la branche 2 est tendue avec une force d'environ 114 livres pour surmonter tant la résistance produite par le frottement que celle que cause la roideur du cordage. Il faudroit même que la branche 2 fût tirée avec une force de 118 $\frac{1}{2}$ livres si nous ne diminuions pas de moitié l'effet produit par la roideur. Il ne faut pas faire une semblable diminution pour le passage de la branche 2 à la branche 3, ni pour celui de la branche 4 à la branche 5, puisque les deux poulies supérieures sont soutenues par leur centre. Mais la réduction paroît nécessaire pour le passage de la branche 3 à la branche 4 ; le frottement & la roideur doivent y produire proportionnellement autant d'effet que dans le passage de la branche 1 à la bran-

che 2. Nous avons donc à trouver le cinquieme terme
d'une progreffion géométrique particuliere dont tous
les termes n'augmentent pas dans le même rapport.
Le premier étant 100 & le fecond 114, le troifieme
doit être plus grand que le fecond dans le rapport de
100 à 118 $\frac{1}{2}$, & ces deux différents rapports font ob-
fervés alternativement.

Chacun de ces rapports, celui de 100 à 114, &
celui de 100 à 118 $\frac{1}{2}$, eft répété deux fois. Ainfi pour
trouver le cinquieme terme immédiatement par les
logarithmes, il faut doubler les différences des logarithmes de 100 à 114, & de 100 à 118 $\frac{1}{2}$. Ces différences étant ajoutées enfemble & multipliées par 2 ;
parce que chaque rapport eft répété deux fois, nous
aurons 0.2612462 qu'on doit ajouter au logarithme
du premier terme 100 ; & il nous viendra 2.2612462
pour le logarithme du cinquieme terme 182. Il faut
donc, eu égard à tout, que la puiffance $M$ faffe un
effort de 182 livres pour élever le poids $P$ qui eft de
400 livres. On voit combien le frottement & la roideur
des cordes font confidérables : en les négligeant, on
trouvoit qu'il ne falloit en $M$ qu'une force de 100 livres, au lieu qu'il faut en employer une prefque double. Qu'on juge donc s'il n'eft pas à propos de bien
examiner le projet d'une machine avant que de s'en
promettre le fuccès & de la mettre en exécution !

Une remarque d'un autre genre qui fe préfente encore ici très-naturellement, c'eft qu'il ne faut pas employer des cordes trop groffes, elles ont trop de roideur, & il vaut mieux, par une infinité de différents
motifs, fe conformer aux préceptes de M. Duhamel
qui réuffit à les rendre beaucoup plus fouples, en même temps qu'il leur donne beaucoup plus de force. Il
faut auffi faciliter la mobilité des poulies, & on doit
augmenter leur diametre, autant qu'on le peut, fans
rendre leur pefanteur nuifible.

✹✹✹✹✹✹✹✹✹✹✹✹✹✹✹✹✹✹✹✹✹✹✹

# SECONDE SECTION.

De l'action des corps folides , & de leur équilibre lorfqu'ils font en mouvement.

## CHAPITRE PREMIER.

### De l'inertie des corps , de leur mouvement , de leur pefanteur , &c.

IL n'y a aucun de nos lecteurs qui n'ait éprouvé plufieurs fois que tous les corps ne prennent du mouvement & ne le perdent qu'avec difficulté. Plus un corps eft pefant ou maffif, plus il faut faire d'effort en le pouffant pour le mouvoir. S'il s'agit de mouvoir une maffe deux ou trois fois plus grande, il faut employer auffi deux ou trois fois plus de force. Les corps fe refufent au mouvement en même temps qu'ils le prennent : ils ont de *l'inertie*, ou, ce qui revient au même, ils réfiftent comme s'ils étoient capables de quelque pareffe. Mais cette même difficulté fe fait reffentir également lorfqu'on veut faire perdre du mouvement à un corps qui fe meut; & plus il a de maffe ou plus il eft pefant , plus on éprouve auffi de difficulté lorfqu'on travaille à détruire fon mouvement ou à lui en faire perdre une certaine partie. Ainfi ce qu'on nomme *inertie* en Méchanique ou en Phyfique, fe fait reffentir toutes les fois qu'il s'agit de changer l'état de quelque corps. Il paroît que chaque partie de matiere a une certaine force pour perfifter dans fon mouvement ou dans fon repos, & qu'elle n'en change qu'avec une difficulté que l'agent ou la caufe qui produit le changement eft obligé de furmonter.

Lorfqu'un boulet eft fur la fin de fon mouvement & qu'il ne va qu'avec la vîteffe d'une boule ordinaire, il eft néanmoins encore capable d'affez grands efforts ; & fi on vouloit l'arrêter, il faudroit employer beaucoup plus de force que pour arrêter la boule. On a dans cette différence une forte preuve que la quantité de matiere mue tient lieu d'une plus grande vîteffe. Le boulet pefe fix à fept fois plus que la boule, il contient fix à fept fois plus de matiere pefante ; c'eft pourquoi il réfifte fix à fept fois davantage à la perte de fon mouvement. Il peut encore alors renverfer ou rompre les obftacles qu'il rencontre, parce que s'il a peu de vîteffe, il a d'un autre côté beaucoup de maffe, il pefe beaucoup plus que la boule de bois. On trouveroit auffi fix à fept fois plus de difficulté à lui donner la même vîteffe qu'à la boule s'ils étoient l'un & l'autre en repos. Ainfi nul corps ne change d'état fans réfifter ; & cette réfiftance dépend de la grandeur du changement qu'on produit. Plus on change la vîteffe en l'augmentant ou en la diminuant, plus on éprouve de difficulté ; & c'eft la même chofe lorfque la maffe fur laquelle on agit eft plus grande. Cette difficulté eft toujours comme le produit de la maffe qu'on meut par la vîteffe qu'on lui communique ; elle eft proportionnelle au mouvement qu'on imprime ou qu'on anéantit.

Il arrive fouvent qu'on confond dans le difcours ordinaire la vîteffe avec le mouvement, quoiqu'ils foient très-différents & que l'un foit comme le réfultat de l'autre. La vîteffe n'eft autre chofe que la longueur du chemin parcouru dans un temps déterminé, fans qu'on ait égard à la maffe mue. Un Navire, par exemple, fait trois lieues de chemin dans une heure, pendant qu'une Galere n'en fait qu'une ; alors le Navire a trois fois plus de vîtefle que la Galere ; il ne s'agit point dans ce rapport de la charge de l'un ou de l'autre ou de la mafle tranfportée. Mais les Méchaniciens entendent par *mouvement*, le produit de la mafle par la vîtefle, c'eft-à-dire, qu'ils ont non-feulement égard à la grandeur de la vîtefle, mais auffi à la quantité de la matiere tranfportée ; & ils multiplient l'une par l'autre. Si le Navire qui fait 3 lieues par heure, pefe en tout quatre cents tonneaux, au lieu que la Galere qui ne fait qu'une lieue par heure ne pefe que cent tonneaux, le Navire aura douze fois plus de mouvement que la Galere ; parce qu'outre qu'il a trois fois plus de vîtefle, il y a quatre fois plus de matiere qui participe à la même vîtefle.

Si nous changeons la fuppofition ; fi le Navire qui pefe 400 tonneaux ne fait qu'une demi-lieue par heure, & que la Galere qui pefe cent tonneaux fafle deux lieues, ils auront enfuite autant de mouvement l'un que l'autre. Le Navire eft, il eft vrai, quatre fois plus pefant ou contient quatre fois plus de matiere que la Galere ; mais d'un autre côté il va quatre fois moins vîte, puifqu'il ne fait qu'une demi-lieue pendant que la Galere fait deux lieues. Alors il y auroit donc égalité de mouvement : la plus grande mafle fuppléroit à ce qui manqueroit du côté de la vîtefle ; de même que la plus grande vîtefle tient lieu d'une plus grande mafle. Le produit de l'une par l'autre feroit le même dans les deux corps ; & s'ils alloient directement à la rencontre l'un de l'autre, ils s'arrêteroient réciproquement ; parce qu'ils auroient une égale force ou une égale quantité de mouvement qui eft, comme nous venons de le dire, le produit de la vîtefle par la mafle tranf-portée.

Il faut bien remarquer que la difficulté que font les corps à recevoir du mouvement ou à le perdre, ne

vient pas immédiatement de leur pefanteur. Lorfque
nous fommes dans un bateau armé d'un grand nombre
de rameurs , notre pefanteur eft comme détruite , elle
ne nous donne pas plus de tendance vers un certain
côté que vers l'autre. La furface d'une eau tranquille
eft parfaitement horifontale , & differe effentiellement
d'un plan incliné. Cependant nous fentons à chaque coup de rames qui fait augmenter la vîteffe de notre marche , que nous ne prenons ce même mouvement qu'avec peine , & que nous tendons à refter de
l'arriere. Ce n'eft pas là l'effet de notre pefanteur ,
puifque cette force , nous le difons de rechef , agit felon
une ligne exactement à plomb , & qu'en la décompofant , on trouveroit que la partie qui s'exerce felon
l'horifon , eft abfolument nulle. Nous prenons enfin
un grand mouvement , mais lorfque nous l'avons une
fois reçu , nous ne le perdons auffi enfuite qu'avec difficulté. Si le bateau ou la chaloupe s'arrête tout-à-coup ,
nous fentons notre propre mouvement qui nous jette
vers l'avant , & avec une très-grande force fi la vîteffe
du bateau eft très-grande. Qu'on juge après cela de la
force du mouvement qu'a un Navire qui fingle à plei-
nes voiles. Il a fallu que l'effort du vent fe répétât une
infinité de fois pour le produire ; mais lorfqu'il a été
une fois donné , les plus forts cables ne feroient pas
capables de l'arrêter , & la force du mouvement eft fi
grande , que le Navire fe mettroit en pieces , fi par
malheur il rencontroit directement quelque écueil.

Les Marins connoiffent le mouvement fous le nom
d'*erre* ; ils difent qu'un Navire a plus d'*erre* lorfqu'il va
plus vîte , & qu'un grand Navire a plus d'*erre* qu'un
petit , lorfque lés autres circonftances font les mêmes.
Ainfi le mot d'*erre* dans la Marine a précifément la
même fignification que celui de *mouvement* dans la
Méchanique ou dans la Phyfique. Mais les Marins ne
fe fervent guere du mot d'*erre* que lorfque le Navire

va très-vîte, & cependant un Navire a encore de l'*erre*, quoique très-petite, dans les moindres vîtesses.

Lorsque deux Vaisseaux sont à côté l'un de l'autre, & que d'un mouvement presque insensible, ils s'approchent réciproquement, il faut encore une très-grande force pour les éloigner. Cette difficulté ne naît d'aucun frottement, ni de ce que l'eau ne se divise pas avec assez de promptitude ; car on sait, par une infinité d'expériences, que les fluides qui résistent beaucoup aux grandes vîtesses, cedent avec la plus extrême facilité lorsqu'on ne travaille à les diviser qu'avec lenteur. On peut évaluer cette résistance ; nous en expliquerons la méthode dans la suite : cette résistance ne va pas à 9 ou 10 livres lorsqu'il s'agit de faire parcourir dans une seconde de temps un tiers de ligne ou une demie ligne aux plus grands Vaisseaux selon une ligne perpendiculaire à leur longueur. Ainsi la grande résistance qu'on éprouve vient d'une autre cause ; c'est qu'une masse énorme comme le Vaisseau, ne reçoit du mouvement qu'avec difficulté, & que lorsqu'on emploie une très-grande force.

Si on veut encore mieux voir la distinction qu'il faut mettre entre la pesanteur & la force de l'*inertie*, on n'a qu'à considérer ce qui arrive à une grosse cloche lorsqu'elle est en mouvement. Si on fait effort pour l'arrêter dans le temps même qu'elle monte, on en est souvent entraîné. Qu'on attende pour la pousser vers le bas, le temps pendant lequel elle décrit le demi-arc par lequel elle descend, on trouve encore de la difficulté & on ne produit guere plus d'effet, quoiqu'on fasse de grands efforts. Or ce n'est pas certainement la pesanteur qui produit alors la grande résistance qu'on éprouve, puisqu'on a au contraire pour soi cette pesanteur ; on en est aidé. Ainsi la force du mouvement, ou la résistance que fait un corps à recevoir du mouvement ou à le perdre, doit nécessairement être attribuée à une autre cause.

**II**

Il est bien vrai que l'inertie & la pesanteur ont des rapports. Le mouvement, lorsque les autres circonstances sont les mêmes, est proportionnel à la quantité de matiere mue, & la pesanteur est aussi proportionnelle à la masse du corps ou à la quantité de matiere qu'il contient. Deux pieds cubiques de plomb pesent deux fois plus qu'un pied cubique, & ils auront aussi deux fois plus de mouvement s'ils se meuvent avec la même vîtesse. Mais l'inertie n'est pas la même chose que la pesanteur, puisque nous avons plusieurs moyens de suspendre l'effet de cette seconde force, & que nous pouvons souvent nous la rendre favorable; au lieu que nous avons toujours la premiere à vaincre, lorsque nous voulons changer l'état d'un corps, lui donner du mouvement ou lui en ôter. Nous ne parlons ici du mouvement & de l'inertie qu'en les considérant absolument & pour ainsi dire par leur côté physique. Nous devons éviter toute discussion métaphysique, & nous pouvons renvoyer à nos *Entretiens sur l'inclinaison des orbites des planètes*, dans lesquels nous avons eu occasion de nous expliquer davantage. Voyez la seconde édition.

Nous terminerons ce Chapitre, en ajoutant une derniere remarque à ce que nous disions touchant la quantité du mouvement qui est le produit de la masse par la vîtesse. Si deux corps ont une égale quantité de mouvement, ils ont une égale force, il y a équilibre ou égalité entre leurs actions lorsqu'ils se rencontrent directement, & on peut donc substituer l'une à l'autre. C'est ce qui s'accorde parfaitement avec tout ce que nous avons vu dans la premiere Section, où nous nous sommes convaincus que si on réussit par diverses machines à mouvoir de plus grands fardeaux, on leur donne toujours en même temps moins de vîtesse dans le même rapport. En effet, toutes ces choses extraordinaires qui paroissent quelquefois si étonnantes, &

L

qu'on regarde comme des efpeces de prodiges produits par les Méchaniques, ne confiftent toujours qu'à échanger un mouvement en un autre qui lui eft équivalent, mais qui eft le produit de maffes & de vîteffes différentes.

Si, en employant une certaine quantité de force, on veut remuer ou tranfporter un corps 10 ou 20 fois plus pefant, on le pourra, comme nous l'avons vu, par la difpofition des poulies, des leviers ou des plans inclinés ; mais on donnera à ce corps dix ou vingt fois moins de vîteffe. Ainfi on ne fera que mettre une diftribution différente entre la maffe & la vîteffe ; & c'eft en cela que confifte tout l'art des forces mouvantes. La quantité de mouvement fera conftamment la même, & répondra toujours également à la force employée par l'agent. On agira contre une plus grande maffe ; mais on lui imprimera auffi moins de vîteffe, ou on produira l'effet plus lentement ; ce qu'on gagnera d'un côté, on le perdra de l'autre. Nous traiterons plus particuliérement de la communication des mouvements dans la fuite. Nous allons d'abord examiner felon quelle loi les graves ou les corps pefants accélérent leur vîteffe dans leur chûte.

# CHAPITRE II.

## De la chûte des corps pefants & de l'accélération de leur vîteffe.

LES vîteffes que la pefanteur communique aux graves peuvent fervir de mefure à toutes celles que prennent les corps : & on peut rapporter les unes aux autres, puifque la chûte des corps nous fournit des vîteffes qui font différentes felon tous les degrés imaginables. Il n'eſt donc pas inutile de jetter les yeux ſur quelques-unes des particularités de la chûte des corps. Ce phéno-mene eſt peut-être le plus général de toute la Nature.

Lorſqu'un corps tombe librement dans l'air, il prend une vîteſſe qui reçoit continuellement une nouvelle augmentation ; & ce qui montre que la rapidité de ſa chûte ne le ſouſtrait pas à l'action de ſa peſanteur, c'eſt que ſa vîteſſe augmente toujours par des degrés égaux en croiſſant en progreſſion arithmétique ſelon l'ordre des nombres naturels. Si la gravité étoit cauſée par quelque fluide inviſible qui eût peu de vîteſſe, & qui en frappant les corps peſants en deſſus, les préci-pitât vers la terre, il y auroit une certaine vîteſſe qui les mettroit à couvert de toute nouvelle impreſſion : les graves deſcendroient enſuite ſans augmenter davan-tage leur mouvement, & en conſervant ſimplement celui qu'ils auroient déja acquis. Mais quelque vîteſſe que prennent les corps qui tombent, on les a toujours vûs l'augmenter, lorſqu'on a pu démêler la réſiſtance que les obſtacles étrangers y mettoient. Ainſi la cauſe de la peſanteur agit avec une vîteſſe comme infinie ; puiſque la vîteſſe du corps qui tombe eſt toujours com-me nulle par rapport à l'autre, & qu'elle n'apporte jamais aucune diminution à ſon effet. Le grave a déja reçu mille degrés de vîteſſe, il en recevra encore dans tous les inſtants ſuivants, d'autres parfaitement égaux aux premiers.

Pour mieux ſe repréſenter les augmentations que reçoivent toutes les vîteſſes d'un grave dans ſa chûte, on n'a qu'à imaginer une infinité de paralleles infini-ment voiſines & également éloignées les unes des autres dans un triangle rectangle $GAH$ (*fig. 37.*) Ces li-gnes exprimeront la ſuite des vîteſſes pendant que les pe-tites parties de $AG$ repréſenteront la durée des inſtants. Les vîteſſes ſeront très-petites vers $A$, parce que le grave en tombant n'a encore que peu *accéléré* ou aug-

Figure 37.

Figure 37. menté fon mouvement ; mais après un certain nombre d'inftants, qui fera exprimé par *A B*, il aura la vîteffe *B C*. Beaucoup plus bas, il aura la vîteffe *l m*, & l'inftant d'après il aura la vîteffe *L M* qui eft plus grande que la précédente de la petite augmentation *O M* qui eft le nouvel effet de la pefanteur. Toutes ces vîteffes, qui croiffent en progreffion arithmétique, font dans la réalité au bout les unes des autres lorfque le grave tombe ; mais au lieu de les arranger ici felon cet ordre, nous les mettons les unes à côté des autres, pour avoir plus aifément leur fomme ou la chûte totale du grave. Ainfi la furface du triangle partial *B A C* ou *I A K*, &c. exprime l'efpace que parcourt un corps en tombant avec liberté ; & les parties correfpondantes *A B*, *A I* de la droite *A G*, à commencer au point *A*, nous repréfentent les temps écoulés depuis le commencement de la chûte.

Il fuit de ce que nous venons de dire, que les vîteffes du grave qui tombe font en chaque point de fa defcente, comme les temps qu'il a déja mis à tomber. Si *A G* eft deux ou trois fois plus grande que *A B*, fi *A G* repréfente 20 ou 30 fecondes de temps, au lieu que *A B* n'en repréfente que 10, la vîteffe *G H* fera exactement double ou triple de la vîteffe *B C*. Plus il y a de temps que le corps tombe, plus la pefanteur a travaillé efficacement à augmenter fa vîteffe. Mais chacune de ces vîteffes n'appartient qu'à un feul inftant, puifque le grave en change continuellement en tombant de plus vîte en plus vîte ; & il eft évident que fi on veut avoir la grandeur des chûtes, il faut prendre la fomme de toutes les vîteffes particulieres, laquelle eft repréfentée par la furface des triangles.

Ainfi dans un temps *A G* double ou triple d'un autre temps repréfenté par *A B*, le grave doit tomber quatre fois ou neuf fois davantage. Car la plus grande de ces chûtes fera exprimée par la furface du trian-

gle *G A H*, & l'autre par la furface du triangle *B A C*; Figure 37.
& comme les deux triangles font femblables , leurs
furfaces ne doivent pas être fimplement comme *A G*
& *A B* , mais comme chacun de ces côtés multiplié
par lui-même , c'eft-à-dire , comme leurs quarrés ou
comme les quarrés des temps.

Nous pouvons expliquer la même chofe d'une autre
maniere qui paroîtra peut-être encore plus fenfible.
La vîteffe moyenne d'un grave ne doit être prife ni
au commencement de fa chûte ni à la fin ; mais exactement au milieu du temps qu'il a employé à defcendre. Ce grave a mis tout le temps *A B* à tomber ; ce
fera *E F* fa vîteffe moyenne, celle qui tiendra le milieu
entre les plus petites qui étoient en deffus & les plus
grandes qui font en deffous. Mais fi le corps, au lieu
de ne tomber que pendant le temps *A B* , tombe pendant un temps *A G* trois fois plus long, fa vîteffe
moyenne *I K* fera auffi trois fois plus grande ; & comme le corps aura employé outre cela trois fois plus
de temps à tomber, il aura donc parcouru en tout un
efpace neuf fois plus grand. Si la chûte fe fait pendant
un temps dix fois plus long, le corps tombera par la
même raifon cent fois davantage ; car outre qu'il fe
fera mû en tombant pendant dix fois plus de temps,
fa vîteffe moyenne fera dix fois plus grande. Or le
produit de 10 par 10 donne 100 pour l'efpace parcouru.

On fait, par plufieurs expériences faites avec foin ,
qu'un grave defcend de 15 pieds 1 pouce dans la premiere feconde de fa chûte. Cela fuppofé, il eft très-
facile de déterminer de combien il doit defcendre dans
tout autre nombre de fecondes. On n'a qu'à multiplier
toujours 15 pieds 1 pouce par le quarré du nombre
des fecondes propofé , ou deux fois par ce même nombre. La petite Table que nous inférons à la fin de ce
Chapitre , a été calculée fur ce principe.

Nous n'y avons pas eu égard à la réfiftançe de l'air,

Figure 37. parce que les ufages auxquels nous deftinons cette Table n'exigent pas cette attention. Nous avons dû encore moins confidérer que la pefanteur des graves n'eft pas abfolument la même par toute la terre, & qu'elle eft un peu moindre vers l'équateur que dans les autres endroits du globe : c'eft-à-dire que les mêmes graves, lorfqu'on les tranfporte vers l'équateur, y tombent avec un peu moins de vîteffe qu'en Europe. La pefanteur fouffre encore une diminution très-réelle; elle eft un peu plus petite à une grande hauteur que proche de la terre ; je l'ai trouvée fur le fommet d'une montagne du Pérou haute de 2434 toifes, moindre d'une 845e partie qu'en bas au bord de la mer. Mais une fi petite différence doit être négligée ici.

Une confidération à laquelle il eft plus important que les lecteurs foient attentifs , c'eft que tous les graves tombent dans le même endroit avec la même vîteffe. Une balle de moufquet tomberoit de 241 pieds en quatre fecondes felon la petite Table , & un boulet de canon ou une bombe ne tomberoit que de la même hauteur dans le même temps ; parce que fi la bombe eft cinq à fix mille fois plus pefante que la balle, fa pefanteur a auffi cinq à fix mille fois plus de matiere à mouvoir. La pefanteur eft proportionnelle à la maffe, & l'inertie y eft auffi proportionnelle ; ainfi la vîteffe doit être la même.

Nous avons joint à la même Table les vîteffes qu'a le grave à la fin de chaque chûte. Il ne parcourt 15 pieds 1 pouce dans la premiere feconde qu'avec une vîteffe moyenne qui eft la moitié de celle qu'il a acquis à la fin de ce temps. Ainfi il parcourroit 30 pieds 2 pouces dans cet intervalle , s'il fe mouvoit d'une vîteffe parfaitement uniforme , égale à celle qu'il a acquife à la fin de la premiere feconde. A la fin de la feconde feconde il a une vîteffe double; une vîteffe triple à la fin de la troifieme feconde , & ainfi de fuite. Ces vîtef-

fes font marquées dans la troifieme colonne & dans Figure 37.
la fixieme. On trouve, par exemple, vis-à-vis de 50
fecondes les nombres 37708 & 1508. Le premier
marque combien le grave parcourt de pieds de Roi en
tombant à plomb pendant 50 fecondes, & l'autre
nombre nous apprend que le grave a acquis à la fin
de ce temps une vîteffe à faire 1508 pieds dans une
feconde. Le premier nombre répond à la furface du
triangle $ABC$ ou $AIK$, &c. & le fecond nous indique la longueur des lignes $BC$ ou $IK$, &c.

## Du mouvement des graves qu'on lance en haut.

L a figure 37. repréfente non-feulement toutes les
vîteffes fucceffives d'un grave qui tombe librement par
fa pefanteur, elle peut repréfenter auffi le mouvement
d'un corps qu'on jette verticalement en haut, pourvu
qu'on confidere les paralleles du triangle dans un ordre
renverfé. On lance, par exemple, un corps verticalement avec la vîteffe $GH$; cette vîteffe ira continuellement en diminuant pendant que le corps s'élevera.
La pefanteur en détruira des degrés toujours égaux à
$OM$ dans chaque inftant. Ainfi les vîteffes feront les
mêmes pendant que le corps montera que lorfqu'il
defcendoit., mais elles feront dans un ordre contraire;
& enfin le grave ceffera de monter lorque fa vîteffe aura
été entiérement détruite degré à degré. Elle étoit d'a-
bord $GH$, & elle deviendra $LM$ au bout d'un temps
exprimé par $GL$; elle fera $lm$ dans l'inftant fuivant;
elle deviendra fucceffivement $IK$, $BC$, &c. & fera
détruite entiérement à la fin du temps $GA$, lorfque le
grave aura monté d'une quantité exprimée par la furface entiere du triangle $GAH$.

Il fuit de-là que les hauteurs auxquelles un corps s'é-
leve lorfqu'on le jette en haut font comme les quarrés

des vîteſſes avec leſquelles on le lance, ou comme les vîteſſes multipliées par elles-mêmes. Si on le jette avec une vîteſſe dix fois plus grande, il faudra dix fois plus de temps à la peſanteur pour la réduire à rien : mais outre cela la premiere vîteſſe étant dix fois plus grande, la vî-teſſe moyenne ſe reſſentira de cette grandeur, & une vîteſſe moyenne dix fois plus grande étant multipliée par un temps dix fois plus long que le grave mettra à monter, ce grave montera néceſſairement cent fois plus haut.

### TABLE des chûtes des corps peſants.

| Durées des chûtes. | Grandeurs des chûtes. | | Vîteſſes à la fin de chaque ſeconde. | | Durées des chûtes. | Grandeurs des chûtes. | Vîteſſes à la fin de chaque ſeconde. |
|---|---|---|---|---|---|---|---|
| Secondes | Pie. | Pou. | Pieds. | | Secondes | Pieds. | Pieds. |
| 0 | 0 | 0 | 0 | 0 | 31 | 14495 | 935 |
| 1 | 15 | 1 | 30 | | 32 | 15445 | 965 |
| 2 | 60 | 4 | 60 | | 33 | 16425 | 995 |
| 3 | 135 | 9 | 90 | | 34 | 17436 | 1026 |
| 4 | 241 | 4 | 121 | | 35 | 18435 | 1056 |
| 5 | 377 | | 151 | | | | |
| 6 | 543 | | 181 | | 36 | 19552 | 1086 |
| 7 | 739 | | 211 | | 37 | 20647 | 1116 |
| 8 | 965 | | 241 | | 38 | 21780 | 1146 |
| 9 | 1222 | | 272 | | 39 | 22941 | 1176 |
| 10 | 1508 | | 302 | | 40 | 24133 | 1207 |
| 11 | 1825 | | 332 | | 41 | 25355 | 1237 |
| 12 | 2172 | | 362 | | 42 | 26604 | 1267 |
| 13 | 2549 | | 392 | | 43 | 27889 | 1297 |
| 14 | 2956 | | 422 | | 44 | 29201 | 1327 |
| 15 | 3394 | | 452 | | 45 | 30544 | 1357 |
| 16 | 3861 | | 483 | | 46 | 31916 | 1388 |
| 17 | 4359 | | 513 | | 47 | 33319 | 1408 |
| 18 | 4888 | | 543 | | 48 | 34752 | 1448 |
| 19 | 5445 | | 573 | | 49 | 36215 | 1478 |
| 20 | 6033 | | 603 | | 50 | 37708 | 1508 |
| 21 | 6651 | | 633 | | 51 | 39232 | 1539 |
| 22 | 7300 | | 664 | | 52 | 40785 | 1569 |
| 23 | 7979 | | 694 | | 53 | 42369 | 1599 |
| 24 | 8688 | | 724 | | 54 | 43983 | 1629 |
| 25 | 9427 | | 754 | | 55 | 45625 | 1659 |
| 26 | 10196 | | 784 | | 56 | 47301 | 1689 |
| 27 | 10996 | | 814 | | 57 | 49006 | 1719 |
| 28 | 11825 | | 845 | | 58 | 50757 | 1749 |
| 29 | 12689 | | 875 | | 59 | 52505 | 1779 |
| 30 | 13575 | | 905 | | 60 | 54300 | 1810 |

CHAPITRE

# CHAPITRE III.

## De la chûte des corps le long des plans inclinés.

LORSQU'UN corps defcend le long d'un plan in-cliné, fa pefanteur eft foutenue en partie par le plan; & la force qui tend à le faire defcendre eft d'autant plus petite, comme nous l'avons vu dans le Chapitre II de la Section précédente, que le plan approche davan-tage d'être horifontal ou de niveau. Mais cette même force travaille continuellement à faire augmenter la vîteffe du grave, ou à le faire tomber de plus vîte en plus vîte; & comme elle agit de la même maniere tout le long du plan, les vîteffes de la chûte doivent encore augmenter felon l'ordre des nombres naturels, comme dans la chûte verticale. On peut donc repré-fenter ces vîteffes par des lignes paralleles EF, BC, &c. Figure 37. tirées au dedans du triangle de la figure 37, mais en les rendant plus courtes ou en rendant le triangle plus étroit. Les efpaces parcourus, quoique plus petits, feront toujours proportionnels aux quarrés des temps ou aux produits des temps multipliés par eux-mêmes.

Si le plan incliné AC (fig. 12.) a fa longueur AC Figure 12. triple ou quadruple de fa hauteur AB, la pefanteur abfolue GE du corps D n'agira pour faire defcendre ce corps qu'avec une pefanteur relative GH qui fera trois ou quatre fois plus petite que la pefanteur abfolue. Ainfi les degrés ajoutés à la vîteffe du grave, fuppofé qu'il ceffe d'être retenu par le contrepoids M, feront trois ou quatre fois plus petits que ceux que la pefan-teur lui imprimeroit, s'il tomboit à plomb ou vertica-lement. Toutes fes vîteffes qui feront formées de ces

M

petites additions, feront donc trois ou quatre fois moindres, de même que tous les efpaces qu'il parcourra;
& il faudra, pour avoir ces efpaces, prendre le tiers ou
le quart de ceux qui font indiqués dans la petite Table
que nous avons donnée dans l'autre Chapitre. En général, il n'y aura qu'à faire cette analogie : La longueur
du plan incliné eft à fa hauteur, comme les efpaces
marqués dans la petite Table feront à ceux que le grave parcourra en defcendant dans le même temps le
long du plan incliné.

C'eft la même chofe des fluides qui coulent librement le long d'un canal. L'inclinaifon de ce canal eft,
par exemple, d'environ 2° 23′, ou fa longueur eft 24
fois plus grande que la quantité verticale dont il eft
plus élevé par une extrêmité que par l'autre, la pefanteur relative avec laquelle les molécules d'eau tendront alors à defcendre, ne fera que la 24ᵉ partie de
leur pefanteur abfolue. Ainfi il faudra prendre dans
la petite Table de l'autre Chapitre les 24ᵉˢ parties des
efpaces qui y font marqués. On veut favoir, par
exemple, combien l'eau fera de chemin depuis le ré-
fervoir pendant une minute ou 60 fecondes, on prendra la 24ᵉ partie de 54300 pieds, & on aura 2262
pieds ou 377 toifes. On prendra auffi la 24ᵉ partie de
la vîteffe 1810, & il viendra un peu plus de 75 pieds
pour la vîteffe à la fin de l'efpace de 377 toifes : l'eau
parcourra en cet endroit 75 pieds en une feconde.

Les rivieres feroient fujettes à la même loi d'accélération, fi les coudes qu'elles forment & les inégalités
de leur fond ne caufoient un frottement capable de
ralentir extrêmement leur mouvement. Elles ne font
même navigables prefque toutes qu'à caufe de ce
frottement. Sans cela leur rapidité feroit extrême;
toutes leurs eaux s'écouleroient trop vîte, & les plus
gros fleuves fe transformeroient en torrents impétueux
ou ne formeroient qu'un filet d'eau. Cependant il eft

toujours vrai à leur égard que plus ils coulent dans un lit qui approche d'être horifontal, moins la pefanteur leur communique de vîteffe. Quelquefois plufieurs rivieres qui partent de la même montagne fe rendent à la mer par des chemins très-différents. Lorfque ce chemin eft beaucoup plus court, la pente eft plus roide, & la rapidité de l'eau ne manque jamais d'être plus grande.

Une propriété très-remarquable qu'a la chûte des graves lorfqu'ils defcendent le long des plans diverfement inclinés, mais de plans parfaitement polis, c'eft que les vîteffes font exactement les mêmes auffitôt que le grave a defcendu de la même quantité verticale ou à plomb. Nous nous expliquerons mieux fur la figure 38. Qu'un grave tombe librement le long *Figure 38.* de la ligne à plomb ou verticale $A B$, ou qu'il tombe le long du plan incliné $A C$ ou $A D$, lorfqu'il fera parvenu en $C$ ou en $D$, il aura exactement la même vîteffe que s'il étoit parvenu en $B$ le long de la verticale par fa pefanteur abfolue; & il aura auffi en $G$ & en $H$ précifément la même vîteffe qu'en $F$, fi les points $G$ & $H$ répondent à la même hauteur que le point $F$.

La caufe phyfique de cet effet n'eft pas difficile à appercevoir. Il eft vrai que lorfque le grave tombe le long de $A C$, fa pefanteur travaille moins à augmenter fa vîteffe en chaque point $g$, qu'elle ne contribue au même effet en chaque point correfpondant $f$ lorfque le grave tombe felon la ligne verticale. Mais fi la pefanteur relative eft plus petite en $g$ qu'en $f$, d'un autre côté le petit efpace $g G$ qui eft le correfpondant de $f F$ eft plus long, le grave met plus de temps à le parcourir, & la pefanteur plus foible agiffant plus long-temps, il fe forme une exacte compenfation, puifque la durée de l'action eft précifément plus grande dans le même rapport que l'action eft plus petite dans cha-

Figure 38.

que inftant de même durée. Ainfi on voit que la vîteffe reçoit toujours les mêmes degrés d'augmentation
lorfque le grave s'approche de la terre de la même
quantité par fa chûte ; & comme on peut faire le
même raifonnement à l'égard de toutes les autres parties de la chûte le long du plan incliné & le long de
la verticale , il s'enfuit que les vîteffes font toujours
égales dans les points correfpondants.

La même propriété a encore lieu à l'égard d'une
furface ou ligne courbe $AIE$ fur laquelle le grave
gliffe en defcendant, pourvu que cette courbe ne forme point d'angle fenfible qui détruife une partie de la
vîteffe du mobile. Si la courbe formoit un angle en $i$,
la vîteffe du grave s'y décompoferoit, & il s'en perdroit
une partie en paffant fur $iI$. Mais fi la courbe n'a
qu'une courbure infenfible dans chaque point de fon
cours $AIE$, le grave ne perdra rien de fa vîteffe en
paffant d'une partie de la courbe à l'autre ; & au contraire, il acquerra par fa pefanteur en parcourant chaque petit efpace $iI$ un nouveau degré de vîteffe égal
à celui qu'il recevroit en parcourant $fF$, s'il tomboit
verticalement.

Les vîteffes du grave étant les mêmes dans tous les
points correfpondants $F$, $G$ & $H$, lorfqu'il tombe verticalement ou qu'il tombe felon des lignes diverfement
inclinées, on doit en conclure que les temps employés
à parvenir également bas , en fuivant les lignes droites
$AB$, $AC$, $AD$ font proportionnels à la longueur
de ces lignes. Si $AD$ eft quatre ou cinq fois plus long
que $AB$ , le grave employera quatre ou cinq fois plus
de temps à tomber le long de $AD$ que le long de $AB$.
De même fi $AH$ eft double de $AG$ , il faudra deux
fois plus de temps au grave pour parcourir $AH$ que
$AG$. Cette égalité de rapport doit avoir lieu néceffairement , puifque les vîteffes font égales dans toutes les
parties correfpondantes des lignes $AB$, $AC$, $AD$, &c.

Mais on ne peut pas tirer la même conséquence à l'é-
gard de la chûte le long de la courbe *AIE*; parce
que si le grave a la même vîtesse dans chaque point
de cette courbe que dans les points correspondants
des droites *AB*, *AC*, *AD*, il n'y a pas un rapport
constant entre les parties de la courbe & les parties
correspondantes des lignes droites.

# CHAPITRE IV.

## Du mouvement d'oscillation ou de balancement.

### I.

ON sait par des expériences qu'il est extrêmement facile de répéter, que les *vibrations* ou balancements d'un corps qui est suspendu par un fil, sont
exactement de même durée lorsque ces balancements
ont peu d'étendue. Si une balle de mousquet est sus-
pendue à un fil qui ait 36 pouces environ 8½ lignes
de longueur depuis le point de suspension jusqu'au centre de la balle, ses vibrations ou balancements seront
exactement d'une seconde de temps ou de la soixan-
tieme partie d'une minute. Dans le commencement
du mouvement, les arcs que décrit la balle sont-beau-
coup plus grands, mais en récompense elle se meut
beaucoup plus vîte. A la fin de son mouvement, elle
parcourt de plus petits arcs, mais elle va aussi plus
lentement ; & il résulte de ces deux circonstances qui
s'accompagnent toujours, une durée égale dans chaque vibration ou oscillation. On donne le nom de
*pendule simple* à ce fil qui soutient un petit poids auquel
on imprime quelque mouvement ; & on dit que ses

balancements font *fimples* , lorfqu'on ne confidere qu'une allée ou un retour pris féparément. Ce font les vibrations ou les balancements fimples qui font d'une feconde de temps lorfque le pendule a 36 pouces 8 ½ lignes de longueur : il s'en fait 60 dans une minute & 3600 dans une heure.

Une infinité de corps font des balancements qui font plus ou moins prompts , mais qui font prefque toujours d'une même durée entr'eux. Ces balancements font *ifochrones* pour parler en termes de Phyfique. Les ondes de la mer qui paroiffent avoir un mouvement fi irrégulier , ont des retours fenfiblement réglés , lorfqu'on les compare entr'eux fur la même plage & dans un temps auquel on ne donne pas trop d'étendue. Les balancements des Vaiffeaux font auffi chacun exactement de la même durée tant qu'il ne furvient pas de caufe étrangere qui en dérange l'*ifochronifme* ou l'égalité. Ces balancements font d'abord plus grands & la vîteffe eft auffi plus grande. Les balancements fe font enfuite dans de moindres arcs , & la vîteffe diminue dans le même rapport ; ce qui eft caufe qu'ils fe font toujours dans un temps égal ou qu'ils font *ifochrones*.

Cette égalité de durée tient à une proportion dans la force accélératrice , qui fe préfente affez fouvent. Tous les corps tendent naturellement à prendre une certaine fituation dans laquelle ils reftent en repos. Mais fi en les écartant plus ou moins de cet état , ils font , pour y retourner , un effort exactement proportionnel à la quantité dont on les en a éloignés , ils feront des ofcillations ou vibrations exactement ifochrones.

## I I.

## *Des vibrations des refforts.*

Nous réuffirons peut-être à rendre ceci plus fenfible par la comparaifon d'un reffort dont l'effort eft plus ou moins grand felon qu'on l'écarte plus ou moins de fon état naturel, foit en le comprimant, foit en l'étendant. L'infpection du reffort fixera notre imagination ; & tout ce qu'il nous donnera occafion de dire, pourrra s'appliquer à prefque tous les corps qui font fujets à faire des ofcillations. Soit donc un reffort $AB$ ( *fig.* 39 & 40 ) dont $AC$ eft l'extenfion naturelle. Les deux figures repréfentent le même reffort ; mais dans deux différents états de compreffion. L'effort qu'il fait pour fe débander eft proportionnel à $BC$ ; & cet effort feroit proportionnel à $EC$ fi le reffort avoit repris une plus grande partie $AE$ de fon étendue naturelle. Lorfque ce même reffort occupe toute la longueur $AC$, il ne fait plus aucun effort, il eft fans action ; mais fi on l'étend depuis $A$ jufqu'en $H$, il fait, pour fe contracter ou fe refferrer, un effort en fens contraire proportionnel à $CH$. Telle eft la propriété qu'ont très-fenfiblement la plupart de nos refforts, lorfqu'on ne change pas extrêmement leur extenfion. Notre reffort $AB$ eft comprimé, & fi on le lâche tout-à-coup, il fe débande en allant avec vîteffe de $B$ vers $C$, & en paffant au-delà de ce dernier point jufqu'en $D$. Si on veut avoir les vîteffes du reffort en chaque point, on n'aura qu'à décrire le demi-cercle $BGD$ fur $BD$ comme diametre, & fi de chaque point $E$, $C$, $H$, &c. on éleve des perpendiculaires jufqu'au cercle, ces lignes repréfenteront les vîteffes qu'a l'extrêmité du reffort lorfqu'elle parvient à chaque point $E$, $C$, $H$, &c. Alors les temps que le reffort mettra à parcourir les efpaces $BE$, $BC$, $BH$, &c. feront, nous ne difons pas, repréfentés par les arcs de cercle $BF$, $BG$, $BI$, &c. mais ils feront proportionnels à ces arcs ; & pour mieux dire, ils feront égaux à ces arcs divifés par le rayon $BC$.

Pour fe convaincre que ces expreffions de la vîteffe

Figures 39. & 40.

& du temps font exactes pendant les ofcillations du reffort, on n'a qu'à fuppofer la demi-circonférence *BGD* divifée en une infinité de parties égales à *fF*, pour repréfenter des inftants égaux entr'eux. Si les arcs de cercle *Bf*, *BF* divifés par le rayon repréfentent les temps que le reffort met à parcourir les efpaces *Be*, *BE*, &c. les petits arcs *fF* divifés auffi par le rayon doivent exprimer les temps infiniment petits que l'extrêmité du reffort met à paffer de *e* en *E* ; mais puifque ces petits temps font fuppofés égaux entr'eux, les petits efpaces parcourus *eE*, *hH*, &c. feront comme les vîteffes *EF*, *HI*, &c. & c'eft effectivement ce qui fe trouve lorfqu'on prend les finus du cercle pour repréfenter les vîteffes. Car les triangles *CEF*, & *FMf* étant femblables, il y a même rapport du rayon *CF*, à *fF* que de *EF* à *fM* ou à *eE* ; & puifque le rapport de *CF* à *fF* eft conftant, celui de *EF* à *fM* ou à *eE* le fera auffi. Ainfi les petits efpaces *eE* feront réellement proportionnels aux finus *EF* ; ce qui montre que ces finus font propres à repréfenter les vîteffes, pendant que les temps font proportionnels aux parties de la circonférence.

Il eft comme fuperflu après cela de montrer que les petits changements que reçoivent les finus font proportionnels aux efforts que fait le reffort pour reprendre fon état naturel. Lorfque l'extrêmité *B* eft parvenue en *e*, fa vîteffe eft *ef*, & lorfque le reffort eft arrivé en *E*, fa vîteffe eft *EF*. Il faut donc que le petit accroiffement *MF* du finus qui marque l'augmentation ou l'accélération de la vîteffe, réponde à l'effort que fait le reffort pour s'étendre lorfqu'il eft parvenu en *e*. Cet effort eft proportionnel à *CE* ; mais il y a auffi un rapport conftant entre *CE* & *MF*, puifque les deux triangles *CEF* & *FMf* font femblables, & qu'il y a un rapport conftant entre les hypothénufes *CF* & *fF*.

Le

Le reſſort étant arrivé en *C* ceſſe d'agir, mais ſon mouvement acquis ne peut pas ſe détruire tout-d'un-coup ; ainſi le reſſort doit continuer à avancer dans le même ſens. En *h* ſa vîteſſe eſt *hi* ; & en *H* elle eſt *HI*, après avoir reçu par l'effort contraire du reſſort la petite diminution *iN* qui eſt effectivement propor-tionnelle à *Ch*. Enfin toute la vîteſſe étant détruite en *D*, le reſſort commence une autre vibration en retournant ſur ſes pas de *D* vers *B*. Mais la durée des vibrations grandes ou petites ſera toujours la même ; car ſi le reſſort a dans la figure 40 un eſpace *BD* deux ou trois fois plus grand à parcourir que dans la fig. 39, toutes les vîteſſes *EF*, *CG*, *HI*, &c. ſeront auſſi plus grandes dans le même rapport : car ce ſeront les ſinus d'un cercle d'un plus grand rayon. Le reſſort de la figure 40 ſera dans chaque point de ſon mouvement deux ou trois fois plus éloigné de ſon état naturel ; il agira donc avec deux ou trois fois plus de force, il accélérera ſa vîteſſe par des degrés *MF* deux ou trois fois plus grands, & ſes vîteſſes *EF*, *CG*, *HI* ſeront auſſi deux ou trois fois plus grandes dans tous les points correſpondants de l'eſpace qu'il parcourt. Mais toutes les vîteſſes étant plus grandes préciſé-ment dans le même rapport que les eſpaces à par-courir dans les deux figures 39 & 40, les temps em-ployés au mouvement doivent être préciſément les mêmes.

Figure 39 & 40.

### III.

## *Des Oſcillations des Pendules.*

LE mouvement du reſſort nous fournit un exemple de ce qui ſe paſſe dans le mouvement de preſque tous les corps qui font des vibrations. Auſſi-tôt qu'on ne peut pas les déplacer ſans éprouver de leur part une réſiſtance proportionnelle à la diſtance à laquelle on les

N

a portés, leurs balancements grands ou petits doivent être ifochrones ou d'une égale durée. Les vîteffes en chaque point feront proportionnelles aux finus ou or-données d'un demi-cercle ; & ces vîteffes feront plus ou moins grandes, exactement dans le même rapport que l'étendue de l'ofcillation.

Figure 41. Lorfqu'un grave *P* (*fig.* 41.) eft fufpendu par un fil & qu'il fait des vibrations en décrivant des arcs de cer-cle, il n'a pas tout à fait exactement la même propriété ; mais il ne s'en faut que très-peu, pourvu que les pre-miers arcs qu'on lui fait décrire n'aient d'étendue que la 9ᵉ ou 10ᵉ partie de la longueur du rayon ou du fil. Le poids *P* étant porté en *B* fait effort pour retourner à fa premiere place : il fe trouve en *B* comme fur un plan incliné *BF* tangent à l'arc de cercle. Si *BE* re-préfente la pefanteur abfolue du poids, & qu'on forme le rectangle *GBFE* en tirant *BG* fur le prolongement de *CB* & en traçant les autres lignes, il eft évident que *BF* fera la pefanteur relative ou l'effort que fait le poids *P* dans le point *B* pour defcendre le long de l'arc. Au lieu de prendre *BE* pour la pefanteur abfolue, nous pourrons l'exprimer par toute autre ligne con-ftante ; par la longueur, fi on veut, du fil *CB*, & alors ce fera *BD* qui repréfentera l'effort que fait le poids pour retourner en *P*, puifqu'il y a même rapport de *CP* ou de *CB* à *BD*, que de *BE* à *BF*. Mais fi nous rendons les arcs *BP* plus grands ou plus petits, l'effort *BD* fera toujours fenfiblement proportionnel à l'arc *BP*, pourvu que ces arcs ne foient pas trop grands. Car dans les très-petits arcs on peut confondre leur longueur avec celle de leur finus. C'eft donc encore ici le cas du reffort dont les ofcillations font ifochro-nes ; parce que les efforts que fait le pendule pour re-tourner à fon état naturel font proportionnels à l'efpa-ce qu'il doit parcourir pour y revenir. Il faut être at-tentif à rendre les balancements du poids *P* affez petits,

& néanmoins il n'y a aucun inconvénient à leur don- Figure 41.
ner 4 ou 5 degrés d'étendue.

Toutes les vibrations du poids $P$ feront très-fenfiblement de même durée fi les arcs qu'on lui fait décrire ne font pas trop grands ; mais quoiqu'elles foient
toujours ifochrones entr'elles , fi on racourcit le fil ou
fi on l'allonge, la durée des ofcillations changera confidérablement. Nous avons dit que les vibrations fimples
d'un pendule fimple de 36 pouces $8\frac{1}{2}$ lignes étoient
chacune d'une feconde de temps. Mais fi on rendoit le
pendule quatre fois plus long , fi on le faifoit de 12
pieds prefque 3 pouces, le pendule employeroit enfuite
deux fecondes à faire chaque ofcillation fimple. Il eft
facile de s'en affurer par l'expérience, & il n'eft pas
difficile non plus d'en découvrir la raifon.

Si $Cp$ & $CP$ (*fig.* 42.) repréfentent les deux pen- Figure 42.
dules fimples, & qu'on les écarte du même angle de la
ligne verticale , toutes les parties de l'arc $bp$ feront
proportionnelles aux parties de l'arc $BP$ ; elles feront
comparables à des plans également inclinés ; d'où il
fuit que la pefanteur relative fera exactement la même
dans le mouvement des deux pendules. Mais les efpaces à parcourir étant quatre fois plus grands pour le
pendule $CP$ , il faudra, conformément à la doctrine
expofée dans les Chapitres précédents , que ce pendule mette deux fois plus de temps à les parcourir ;
& il employera donc deux fecondes , pendant que le
pendule $Cp$ ne mettra qu'une feconde à parcourir les
plus petits arcs.

Par la même raifon, fi le grand pendule eft neuf fois
plus long que l'autre , l'arc $BP$ fera neuf fois plus
grand que $bp$ ; ce fera un efpace neuf fois plus grand
à parcourir avec les mêmes pefanteurs relatives ; & il
faudra donc trois fois plus de temps , ou, ce qui revient
au même , les ofcillations du grand pendule feront de
trois fecondes. En un mot, les longueurs des pendules

Figure 42. font comme les quarrés des durées des ofcillations, ou comme ces durées multipliées par elles-mêmes; & par conféquent ces durées font comme les racines quarrées des longueurs des pendules. Nous ne comparons ici que les vibrations qui forment le même angle avec la ligne verticale; mais nous avons vu fur la figure 41 que les ofcillations plus petites ou plus grandes font exactement de même durée. La petite Table ci-jointe marque toutes les longueurs qu'il faut donner aux pendules pour que leurs ofcillations fimples foient d'un certain nombre de fecondes jufqu'à 16 $\frac{1}{2}$.

## TABLE des longueurs des Pendules.

| Durée des ofcillat. Secondes. | Longueurs des Pendules. Pieds. pouces. lignes. | | | Durées des ofcillat. Secondes. | Longueurs des Pendules. Pieds. Pouces. | |
|---|---|---|---|---|---|---|
| $\frac{1}{2}$ | 0 | 9 | 2 $\frac{1}{8}$ | 9 | 247 | 9 |
| 1 | 3 | 0 | 8 $\frac{1}{2}$ | 9 $\frac{1}{2}$ | 276 | 1 |
| 1 $\frac{1}{2}$ | 6 | 10 | 7 | 10 | 305 | 11 |
| 2 | 12 | 2 | 10 | 10 $\frac{1}{2}$ | 337 | 3 |
| 2 $\frac{1}{2}$ | 19 | 1 | 5 | | | |
| 3 | 27 | 6 | 4 | 11 | 370 | 2 |
| 3 $\frac{1}{2}$ | 37 | 5 | 9 | 11 $\frac{1}{2}$ | 404 | 7 |
| 4 | 48 | 11 | 4 | 12 | 440 | 5 |
| 4 $\frac{1}{2}$ | 61 | 11 | 4 | 12 $\frac{1}{2}$ | 477 | 11 |
| 5 | 76 | 5 | 9 | 13 | 517 | 0 |
| 5 $\frac{1}{2}$ | 92 | 6 | 6 | 13 $\frac{1}{2}$ | 557 | 6 |
| 6 | 110 | 1 | 4 | 14 | 599 | 7 |
| 6 $\frac{1}{2}$ | 129 | 4 | | 14 $\frac{1}{2}$ | 643 | 2 |
| 7 | 149 | 11 | | 15 | 689 | 1 |
| 7 $\frac{1}{2}$ | 172 | 3 | | 15 $\frac{1}{2}$ | 734 | 11 |
| 8 | 195 | 9 | | 16 | 783 | 1 |
| 8 $\frac{1}{2}$ | 221 | 0 | | 16 $\frac{1}{2}$ | 833 | 3 |

Les lecteurs voyent affez qu'il n'importe quelle pefanteur on donne aux poids qui forment les pendules.

Leur mouvement n'eſt pas produit ici par toute leur Figure 42.
peſanteur abſolue, il n'eſt produit que par la partie qui
agit dans le ſens du petit arc décrit actuellement. Mais
ſi on ſe ſert d'un poids trois ou quatre fois plus grand,
la peſanteur relative ſe trouvera auſſi trois ou quatre fois
plus grande ; & comme elle s'occupera à mouvoir un
corps qui aura 3 ou 4 fois plus de matiere, elle ne lui
imprimera toujours que la même vîteſſe ; & les oſcillations feront donc toujours iſochrones ou de la même
durée. Ceci a rapport avec une remarque que nous
faiſions vers la fin du ſecond Chapitre au ſujet des
graves qui, quoique plus peſants, ne tombent pas
pourtant plus vîte.

   Toutes les fois que le reſſort des figures 39 & 40 eſt
ſenſiblement plus roide, il fait un effort plus grand
lorſqu'on l'éloigne de ſon état naturel ; mais on peut
toujours, entre les pendules de différentes longueurs,
en trouver un dont les oſcillations repréſentent, quant
à leur durée, les vibrations du reſſort. Suppoſons,
par exemple, que les vibrations du reſſort $AB$ s'accordent avec celles du pendule $Cp$ de la figure 42, &
qu'ayant un autre reſſort qui ſoit deux ou trois fois
plus foible, on demande quelle longueur il faut donner à un pendule ſimple pour que ſes vibrations ſoient
de même durée que celles de ce ſecond reſſort. Il n'y
aura qu'à rendre le pendule $CP$ deux ou trois fois
plus long que $Cp$ ; car en l'écartant de ſa ſituation
verticale, de la même quantité $Pe$ égale à $pb$, il fera
enſuite deux ou trois fois moins d'effort pour retourner à ſon état naturel. En effet, $Pe$ ſera deux ou trois
fois plus petite par rapport à $PC$ que ſon égale $bp$ par
rapport à $pC$ ; & nous avons vu que ces rapports marquent combien les efforts que font les pendules pour
retourner à leur ſituation verticale, ſont petits à l'é-
gard de leur peſanteur abſolue. Ainſi un pendule ſimple
deux ou trois fois plus long, répond à un reſſort qui

eſt deux ou trois fois plus foible, ou qui fait deux ou trois fois moins d'effort pour retourner à ſa ſituation naturelle ; & il ſuit de-là que les oſcillations d'un reſſort plus foible doivent s'accorder avec celles d'un pendule plus long dans le même rapport.

## *Des Oſcillations d'une liqueur dans un tuyau dont les deux branches ſont recourbées vers le haut.*

N o u s pouvons examiner avec le même ſuccès les oſcillations que fait une liqueur dans un tuyau recourbé tel que le repréſente la figure 43. Ce tuyau eſt partout de la même groſſeur ; & la liqueur en repos ſe met de niveau dans les deux branches en *E* & en *F*. Si on imprime quelque mouvement à cette liqueur, & qu'on la faſſe monter de *E* juſqu'en *H*, elle deſcendra dans l'autre branche de la même quantité de *F* en *I* ; & alors la liqueur ſera plus élevée dans la premiere branche que dans la ſeconde de toute la quantité *HM* qui eſt double de *HE*. Il eſt d'ailleurs évident que ce ſera la peſanteur de la partie *HM* qui fera effort pour obliger toute la liqueur à reprendre ſon niveau ; & que plus la différence *HM* dans les deux hauteurs ſera grande, plus l'effort ſera grand ; en même temps qu'il ſera toujours proportionnel à l'eſpace qu'il faut que la liqueur parcourre pour reprendre ſon état naturel. C'eſt donc encore ici un des cas dont l'examen eſt renfermé dans celui que nous avons fait des balancemens du reſſort, & toutes les oſcillations de la liqueur ſeront iſochrones.

Il s'agit maintenant de rapporter la durée de ces oſcillations à celles d'un pendule d'une longueur déterminée ; & on y réuſſira avec la plus grande facilité. Si nous repréſentons la peſanteur de toute la liqueur

Figure 43.

par la longueur qu'elle occupe dans le tuyau & que Figure 41.
nous donnions au pendule de la figure 41 la même
longueur, les ofcillations de la liqueur doivent être
beaucoup plus promptes que celles du pendule de la
figure 41. Car l'effort que fait le pendule pour retourner au point $P$, n'eft égal qu'à la diftance $BD$ dont
le pendule eft éloigné de fa fituation verticale ou naturelle, pendant que la pefanteur abfolue eft repréfentée par $CP$; au lieu que l'effort que fait la liqueur pour
retourner à fon niveau eft repréfenté par l'efpace $HM$
double de celui qu'elle doit parcourir. Pour former
donc un pendule dont les ofcillations foient de même
durée que celle de la liqueur, il ne faut pas lui donner
une longueur égale à celle $EBCF$ que la liqueur occupe :
on doit le rendre plus court au contraire, puifque les
ofcillations de la liqueur font comparables à celles d'un
reffort plus roide ; & il n'eft pas difficile de s'affurer
qu'il faut donner au pendule une longueur $C\pi$ qui foit
exactement la moitié de $EBCF$.

Le pendule $C\pi$ (*fig.* 41.) étant égal à la moitié de la
longueur $EBCF$ de la figure 43, les efforts que fait le
poids $\pi$ pour retourner à la ligne verticale, lorfqu'on le
porte en $\epsilon$, font précifément les mêmes que ceux qu'il
faifoit lorfque le pendule avoit la longueur $CP$ ou $CB$
& qu'on portoit le poids en $B$. Car $CB$ ou $C\epsilon$ repréfentant la pefanteur abfolue, on a $BD$ ou $\epsilon\delta$ pour
la pefanteur relative ; & cette derniere pefanteur eft
toujours la même partie de la première. Mais après
cela les ofcillations du pendule $C\epsilon$ doivent s'accorder
parfaitement avec celles de la liqueur. Car fi $\epsilon\delta$ ou
$\epsilon\pi$ de la figure 41 eft égale à $HE$ de la figure 43, le
pendule $\epsilon$ aura exactement le même efpace à parcourir
que la liqueur ; & l'effort qu'il fera pour retourner à fa
fituation naturelle fera exactement égal à celui que fait
la liqueur. Cet effort fera repréfenté par $BD$ ou $BP$
qui eft égal à $HM$ de la figure 43, pendant que $CB$

ou la longueur *EBCF* occupée par la liqueur repréfente la pefanteur abfolue.

Les balancements dans un tuyau *ABCD* ont beaucoup d'analogie avec ceux que forme la mer, lorfqu'elle
eft agitée. L'eau s'élevant dans un endroit, s'abaiffe à
côté, & ce mouvement fe communique jufqu'à une
certaine profondeur qui eft repréfentée par le tuyau de
la figure 43. Quelquefois une grande maffe des eaux
forme une feule ondulation qui comprend plufieurs
lieues d'étendue, comme il eft arrivé fur les côtes
occidentales d'Efpagne & de Portugal le 1 Novembre
1755. Si le retour des eaux qui s'étoient retirées ne fe
faifoit d'abord qu'au bout de 5 minutes, chaque ofcillation fimple n'étoit que de $2\frac{1}{2}$ minutes, & elle répondoit à celle d'un pendule qui auroit eu 68828 pieds de
longueur ou 11471 toifes. Ainfi on pourroit juger que
le mouvement des eaux ne s'étendoit alors qu'à 22942
toifes de diftance. Mais lorfque les retours fe faifoient
au bout de 15 ou 20 minutes, qu'ils furent trois ou
quatre fois plus lents, l'étendue de la mer qui eut part
au mouvement dans le fens des ofcillations, dût être
beaucoup plus grande ; elle pût atteindre jufqu'aux
Açores. Il faut compter pour peu la profondeur de la
mer à l'égard d'une étendue fi confidérable. Outre
cela le mouvement horifontal fut toujours infenfible
vers le milieu de l'efpace ; les effets n'en dûrent être
très-grands que fur le rivage, de même que l'agitation d'une liqueur contenue dans un vafe fe manifefte principalement vers fes bords.

CHAPITRE

# CHAPITRE V.

## De la chûte verticale des Graves qui en tombant font monter quelqu'autre corps suspendu de l'autre côté d'une poulie.

Nous considérons derechef le mouvement rectiligne. Si deux poids inégaux $P$ & $Q$ (*fig.* 44) font suspendus aux deux extrêmités d'une corde qui passe sur une poulie, le poids le plus pesant doit l'emporter sur l'autre ; & il est évident que l'excès de sa pesanteur travaillera à les mouvoir tous les deux & à accélérer leur vîtesse. Supposé que le poids $P$ fût parfaitement égal au poids $Q$, ils resteroient en équilibre : mais on ajoute un excès de poids au corps $P$, on le rend plus pesant ; ce surplus de pesanteur doit troubler l'équilibre ; & comme il ne sera jamais oisif, il communiquera une vîtesse qui ne sera pas si grande que si le corps $P$ tomboit par l'action de toute sa pesanteur, mais qui ira néanmoins en augmentant d'instant en instant selon l'ordre des nombres naturels ; puisque la partie de la pesanteur qui agit, ajoutera toujours de nouveaux degrés au mouvement déja produit.

Non-seulement le corps $P$ n'est mû que par l'action d'une partie de sa pesanteur ; ce corps ne peut pas descendre sans faire monter le corps $Q$ avec la même vîtesse. Ainsi il y a deux causes pour que le corps $P$ tombe avec lenteur ; la force accélératrice qui travaille à le faire descendre & qui prend la place de sa pesanteur naturelle, n'est qu'une différence de deux pesanteurs ; de plus elle est obligée de mouvoir une plus grande quantité de matiere, puisqu'il faut qu'elle donne

Figure 44.

O

Figure 44. une égale vîteſſe aux deux corps P & Q.

Si l'un eſt de 21 livres & l'autre de 19, il n'y aura qu'une force de 2 livres qui ne ſera pas contrebalancée ou détruite. Mais cette force de 2 livres ayant à mouvoir une maſſe de 40, ſomme des deux poids, le corps P ne deſcendra qu'avec la vingtieme partie de la vîteſſe qu'il prendroit en tombant librement. Nous n'avons donc qu'à prendre la vingtieme partie des nombres marqués dans la table du ſecond Chapitre, & nous aurons toutes les circonſtances de la chûte du corps P. Au lieu, par exemple, de tomber de 1508 pieds en 10 ſecondes, & d'avoir à la fin de ce temps aſſez de vîteſſe pour faire 302 pieds en une ſeconde, il ne deſcendra que d'un peu plus de 75 pieds, & ſa vîteſſe à la fin de cette chûte ne ſera que d'un peu plus de 15 pieds par ſeconde. En général lorſque la maſſe des corps reſtant la même, on réuſſit par quelque artifice à rendre la peſanteur qui cauſe le mouvement, beaucoup plus petite, il faut faire cette analogie: La maſſe totale eſt à la peſanteur artificielle qui cauſe le mouvement, comme les nombres de la table du Chap. II, ſeront aux eſpaces parcourus pendant le mouvement & aux vîteſſes actuelles pour chaque inſtant.

## De la vîteſſe d'un corps en montant ſur un plan incliné.

Figure 12. IL n'y aura pas plus de difficulté ſi un des corps eſt ſoutenu ſur un plan incliné comme dans la figure 12. Les corps D & M ſont en équilibre lorſque la peſanteur de M eſt égale à la peſanteur relative GH avec laquelle le corps D tend à deſcendre le long du plan. Mais ſi on trouble l'équilibre, ſi on ajoute quelque nouveau poids à M, il eſt évident que ce ſurplus travaillera à communiquer du mouvement aux deux corps, & que par ſon action répétée, il ajoutera ſans ceſſe

de nouveaux degrés à leur vîteſſe. Ainſi toute la diffé-   Figure 11.
rence qu'il y aura entre ce cas & le précédent, c'eſt
que les deux corps ne ſeront pas mus ici par l'excès de
la peſanteur du poids $M$ ſur la peſanteur abſolue du poids
$D$, mais par l'excès de la peſanteur de $M$ ſur la ſeule
peſanteur relative $GH$ du corps $D$.

Suppoſons que la hauteur $AB$ du plan incliné ſoit la
vingt-quatrieme partie de ſa longueur $AC$, & que le
poids $D$ étant de 1200 livres, le poids $M$ ſoit de 60.
La peſanteur relative $GH$ ſera la 24ᵉ. partie de la peſanteur abſolue $GE$; ainſi elle ſera de 50 livres. Mais
puiſque nous ſuppoſons le poids $M$ de 60, il y aura
une force de 10 livres qui travaillera à mouvoir les deux
corps & qui ne pourra leur imprimer que très-peu de
vîteſſe, puiſqu'ils peſent enſemble 1260 livres, & qu'il
faudroit au lieu de 10 livres une force égale à ce poids
pour leur donner les mouvemens indiqués dans la table
du ſecond Chapitre. Nous ferons donc cette analogie :
1260 ſont aux nombres marqués dans cette table comme
10 ſont aux eſpaces parcourus par les corps $M$ & $D$,
l'un en deſcendant & l'autre en montant. Veut-on ſavoir
combien ces corps feront de chemin en une demi-minute ? La petite table nous apprend qu'ils feroient
13575 pieds s'ils étoient livrés à l'action de leur peſanteur naturelle ; mais il faut diminuer ce nombre dans
le rapport de 1260 à 10 ; & il ne viendra que 107 ou
108 pieds pour l'eſpace qu'ils parcourront dans le temps
marqué.

Les Lecteurs s'apperçoivent bien que nous ſuppoſons
que le plan incliné eſt parfaitement poli, & qu'outre
cela la poulie $I$ ne fait aucune réſiſtance non plus que
le cordage. Tout ſera ſujet à changer s'il y a du frottement, & ſi la roideur du cordage eſt capable d'un effet
ſenſible. Le frottement ſera peut-être égal au quart ou
à la cinquieme partie de la peſanteur relative $GF$ avec
laquelle le poids $D$ preſſe le plan. L'eſſieu de la poulie

Figure 12. caufera auffi du frottement dont l'effet, il eft vrai, fera diminué dans le même rapport que le rayon de la poulie fera plus grand que le rayon de fon effieu; mais il y aura encore à joindre à ces obftacles la réfiftance que fait la corde à fe plier. Si nous mettons trois cents livres pour le tout, il y aura toujours la pefanteur relative $GH$ avec laquelle le poids tend à defcendre qu'il faudra vaincre de plus; ainfi un poids en $M$ de 350 livres ne produira aucun mouvement; & fi nous y en mettons un de 360 livres, il n'agira efficacement que par fon excès de 10 livres. Il y a tout lieu de croire que le frottement & la réfiftance des cordages ne changent pas fenfiblement lorfque les vîteffes font très-petites. Ce ne doit pas être la même chofe dans les autres cas; mais nous n'avons pas d'expérience qui nous éclaire fuffifamment fur cette matiere.

Quoi qu'il en foit, les dix livres de force avec lefquelles agit le poids $M$ doivent produire encore moins d'effet que ci-devant, puifqu'elles font actuellement occupées à mouvoir une plus grande maffe, celle du corps $D$, que nous fuppofons toujours de 1200 livres & celle du corps $M$ qui eft de 360 liv. Ces deux corps reçoivent néceffairement la même vîteffe à caufe de la corde qui les joint. Ainfi le corps $M$ au lieu de prendre en defcendant les vîteffes que lui imprimeroit fa pefanteur naturelle s'il tomboit librement, prendra des vîteffes d'autant plus petites que les 10 livres de force qui forment la pefanteur artificielle ont à agir contre une maffe de 1560 livres, fomme des deux poids. Suppofé qu'on demande la chûte du corps $M$ ou le chemin que doit parcourir le corps $D$ en 20 fecondes, nous n'aurons qu'à faire cette analogie: 1560 livres font à 6033 pieds qui eft la chûte d'un grave lorfqu'il tombe librement par l'action de fa pefanteur, comme 10 font à prefque 39 pieds.

Il peut arriver fouvent dans cette difpofition de poids

que le mouvemement cesse de s'accélérer & qu'il devienne parfaitement uniforme au bout de très-peu de
temps. Cette uniformité de mouvement aura bientôt
lieu si le frottement augmente par l'augmentation de la
vîtesse du corps *D*. Nous ne trouvons que 10 livres
pour la force qui fait mouvoir les deux corps ; mais
si le mouvement devenant un peu plus rapide, la résistance produite par le frottement qui étoit de 300 livres,
devient de 310 livres, les deux corps *D* & *M* ne ces-
feront pas de se mouvoir, mais ils cesseront de recevoir
de nouveaux degrés de vîtesse.

Le poids *M* agira toujours, il est vrai, avec une force
de 360 livres ; mais puisqu'il y en aura 310 occupées
à vaincre le frottement, il ne restera plus que 50 livres
qui seront exactement contre-balancées ou détruites par
les 50 livres de pesanteur relative *G H* du poids *D* ; ainsi
les deux poids continueront simplement à se mouvoir
avec le mouvement qu'ils auront acquis. S'ils étoient
en repos ils ne sortiroient pas de cet état ; mais ayant
du mouvement, ils le conserveront sans en recevoir
de nouveau ni sans rien perdre de celui que leur a communiqué l'excès de la pesanteur de *M*. Le frottement sert
de cette sorte de regulateur ou de modérateur dans
beaucoup de machines. Le mouvement s'accélere de
plus en plus jusqu'à un certain point, mais le frottement augmente en même temps ; & lorsqu'il est devenu
assez grand, il met obstacle à l'accélération, & le mouvement devient égal ou uniforme.

# CHAPITRE VI.

*Suite du Chapitre précédent: de la chûte d'un Grave soutenu en partie par un palan.*

### I.

LE s mêmes regles sont à peu près obſervées lorſque les graves ſont ſoutenus par des poulies moufflées ou par des palans. Imaginons dans la figure 4 qu'à la place de la puiſſance *M* il y a un poids *p* plus petit que la moitié du poids *P*. L'équilibre n'aura plus lieu; & il eſt évident que le poids *P* deſcendra en accélérant ſon mouvement dans ſa chûte, de même que le petit poids *p* en montant. Ce dernier ſoutient le double de ſa peſanteur dans le grand poids *P*. C'eſt donc le ſurplus de *P*, qui produira le mouvement. La force accélératrice ou la cauſe du mouvement, étant égale à l'excès du poids *P* ſur le double du petit poids *p*, il n'eſt queſtion que d'examiner la maſſe qui eſt à mouvoir.

Le petit poids *p* que nous mettons à l'extrêmité de la corde *CM*, doit prendre en montant le double de la vîteſſe que prend le corps *P* en deſcendant. Ainſi pour ſupprimer le petit corps & en ajouter un autre au grand qui produiſe la même réſiſtance au mouvement, il faudra ajouter à *P* le double de *p*. Mais ce n'eſt pas encore aſſez. Le mouvement en *M* eſt équivalent à un double en *P*, puiſque tout l'effort que fait le poids *P* ſe diſtribue également ſur les deux cordons qui le ſoutiennent. Le poids *P* ne peut pas, en faiſant monter le petit poids *p*, roidir une des branches de la corde, ſans roidir l'autre également. Ainſi, au lieu d'ajouter le double du

*Figure 4.*

petit poids *p* au poids *P* , il faut ajouter le quadruple de ce petit poids , & nous aurons pour la maſſe totale à mouvoir, *P* augmenté du quadruple de *p*. Plus cette maſſe totale eſt grande par rapport à la force ou peſanteur que nous avons nommé artificielle qui la précipite vers la terre, moins cette maſſe doit prendre de vîteſſe. Nous ferons donc cette analogie : Le poids *P* augmenté du quadruple du petit poids *p* eſt à la chûte des graves qui tombent par l'action libre de leur peſanteur, comme l'excès de la peſanteur de *P* ſur le double de *p* ſera à la chûte effective du poids *P*.

Si nous ſuppoſons que le grand poids eſt de 100 livres en y comprenant , ſi on veut , la poulie *B* , & que le petit poids *p* appliqué à l'extrémité de la corde *CM* ſoit de 45 livres , il ne reſtera que 10 livres qui travailleront à faire deſcendre le grand poids & à faire monter le petit. Mais la maſſe à mouvoir ſera de 100 livres d'une part pour le grand poids & de 180 pour le petit. Ainſi la maſſe totale ſera de 280 livres ; & comme elle ne ſera ſollicitée à deſcendre que par une force de 10 livres, le poids *P* ne parcourra que la 28ᵉ partie des eſpaces marqués dans la table du ſecond Chapitre.

## De la chûte d'un Grave appliqué au bas d'un palan formé de quatre cordons , & de l'élevation du contre-poids.

Supposons maintenant que le poids *P* eſt ſoutenu par quatre cordons ou quatre garands également tendus , comme dans la figure 7 , & qu'un contre-poids *p* appliqué à l'extrêmité du cordon *B M* ne ſoit pas ſuffiſant pour entretenir l'équilibre. Ce contre-poids détruira le quadruple de ſa peſanteur dans le poids *P* , & ce ne ſera donc que le ſurplus du poids *P* ſur ce quadruple qui ſera la cauſe du mouvement.

Figure 4.

Figure 7.

Figure 7.

D'un autre côté le petit poids *p* prendra quatre fois plus de vîteſſe en montant que le poids *P* n'en prendra en deſcendant. Le poids *P* aura donc un plus grand effort à faire, & cet effort ſera d'autant plus grand qu'il faudra tendre ou roidir également les quatre branches 1, 2, 3 & 4. Ainſi le petit poids *p* ſera autant de réſiſtance à être mû, ou pour nous exprimer plus exactement, il fera naître autant de réſiſtance qu'en cauſeroit une maſſe ſeize fois plus grande qu'on ajouteroit au corps *P* ſans augmenter ſa tendance à tomber. La maſſe totale à mouvoir ſera formée ſelon cela, du grand poids *P* & de 16 fois le contre-poids *p*; & quant à la force qui agit pour la faire mouvoir, elle eſt le ſimple excès du grand poids ſur quatre fois le petit.

Ce rapport de la maſſe à la force accélératrice doit régler le ralentiſſement de la chûte. Le corps *P* ne doit pas parcourir les mêmes eſpaces que s'il tomboit librement, & ſes chûtes effectives doivent être plus petites dans le même rapport que la force accélératrice ou peſanteur artificielle qui le pouſſe en bas eſt moindre par rapport à la maſſe. Si nous nous permettons ici l'emploi des expreſſions algébriques, nous aurons cette analogie : $P + 16\,p$ eſt aux chûtes libres cauſées par la peſanteur naturelle, comme $P - 4\,p$ eſt aux chûtes actuelles du poids *P*.

## Du plus grand effet machinal poſſible à l'égard du contre-poids qui s'éleve par le palan.

NOMMANT *h* la hauteur dont un poids tombe verticalement avec une entiere liberté dans un temps déterminé, nous aurons $\frac{P-4p}{P+16p} \times h$ pour la chûte du poids *P*, & ſi on veut avoir la hauteur à laquelle s'éleve le petit poids que nous ſuppoſons en *M*, il ſuffira de multiplier

multiplier cette quantité par 4; ce qui nous donnera Figure 7.
$\frac{4P-16p}{P+16p} \times h$ pour la hauteur à laquelle montera le petit
poids $p$. Quelquefois on n'aura rien autre chofe en vue
que cette élevation dans le jeu de la machine , & on
voudra, non pas procurer abfolument la plus grande élevation , mais faire enforte que la plus grande quantité
de matiere foit portée à la plus grande hauteur poffible
dans un temps déterminé. Dans ce cas , ce ne fera ni $p$
qu'il faudra s'attacher à rendre un *maximum*, ni la hauteur
$\frac{4P-16p}{P+16p} \times h$ , mais le produit de l'une par l'autre , c'eft-
à - dire $\frac{4Pp-16p^2}{P+16p} \times h$.

Lorfqu'on rend $p$ plus grand , il eft vrai qu'on gagne
par la grandeur du poids qu'on porte en haut ; mais on
l'éleve moins vîte & on le porte moins haut. Il arrive
tout le contraire lorfqu'on rend le poids $p$ trop petit ,
on fait augmenter beaucoup la vîteffe , mais on perd
par la petiteffe du poids. Lorfqu'on rendra $\frac{4Pp-16p^2}{P+16p} \times h$
un *maximum*, on aura égard à tout , & on obtiendra
le plus grand effet machinal poffible.

Il s'agit ici fimplement de l'explication des principes
de Méchanique & de Dynamique , & non pas des applications fans nombre qu'on en peut faire par le fecours de la Géométrie : nous nous fommes propofés
des bornes que nous ne pafferons que le moins que nous
pourrons. Nous dirons néanmoins en faveur de quelques
Lecteurs, que fi dans le produit $\frac{4Pp-16p^2}{P+16p} \times h$ , on fait
varier le petit poids $p$ pour avoir la différentielle
$\frac{p^2-8Pp-64p^2}{P+16p^2} \times 4 h dp$, & qu'on l'égale à zéro, on en
déduira $p = P \times \frac{-1+\sqrt{5}}{16}$ ; ce qui nous apprend que le
poids $p$ doit être à peu-près la 13e partie du poids moteur $P$ pour qu'il y ait la plus grande quantité de matiere élevée à la plus grande hauteur poffible par l'effort

P

Figure 7.

de $P$ pendant que ce poids agit par le moyen du palan de la figure 7. Cette folution ne convient qu'au palan qui eft formé de quatre cordons, mais s'il en contient le nombre $n$, il faudra pour que l'effet machinal foit le plus grand qu'il eft poffible, que le poids $p$ qu'il s'agit d'élever, foit égal à $P \times \dfrac{-1 + \sqrt{1+n}}{n^2}$.

# CHAPITRE. VII.

## De la chûte des Graves lorfqu'ils agiffent les uns contre les autres par des leviers.

Figure 45.

Nous paffons à l'examen d'un cas plus compliqué. Le poids $P$ (*fig.* 45.) eft appliqué à l'extrêmité d'une corde qui enveloppe le tambour $AB$, & le contrepoids $Q$ eft foutenu par une corde qui enveloppe le tambour $DE$ ; outre cela ces deux tambours ou cilindres font attachés l'un à l'autre, & ils font mobiles fur le même axe $C$. Si les deux poids $P$ & $Q$ font entr'eux dans le même rapport que les deux rayons $CE$, & $AC$, leurs moments feront égaux & ces deux poids feront en équilibre. Mais nous fuppofons que le poids $P$ eft un peu plus grand que ne demande la proportion indiquée, & nous voulons déterminer les efpaces que le corps $P$ parcourra en defcendant.

Le poids $P$ ne peut pas defcendre fans faire monter le poids $Q$, & il lui donnera, à caufe de la difpofition de la machine, une vîteffe plus grande que la fienne propre. Cette plus grande vîteffe multipliée par le poids $Q$ produira un plus grand mouvement. Ainfi le poids $Q$ eft équivalent à un autre poids mais plus grand, qu'on fufpendroit au point $B$ du petit tambour. Ce poids

plus grand ne monteroit pas enfuite plus vîte que ne Figure 45.
defcend le poids $P$, mais comme il feroit plus pefant
ou qu'il auroit plus de maffe, il faudroit la même force
pour le mettre en mouvement.

Mais de combien faudroit-il augmenter le poids $Q$,
fi on le fufpendoit en $B$, & qu'on voulût qu'il formât
exactement la même réfiftance à la génération du mouvement ? Il ne fuffiroit pas de l'augmenter fimplement
dans le même rapport que le bras de levier $CE$ eft plus
grand que le bras de levier $CB$. Car outre que le mouvement qu'acquiert le corps $Q$ croît dans le même
rapport que la longueur du bras de levier $CE$ eft plus
grande, la réfiftance que fait ce corps à recevoir du
mouvement eft appliquée à un bras de levier plus long.
Le corps $Q$ ne reçoit pas du mouvement fans réfifter ;
il a de l'inertie, mais la réfiftance qu'il fait & qui eft
proportionelle au mouvement qu'il reçoit, agit avec le
bras de levier $CE$ par rapport au point d'appui $C$.

Ainfi fi on veut fubftituer en $B$ un poids qui fourniffe
précifément la même réfiftance au mouvement que le
poids $Q$, il faut non-feulement le rendre plus grand,
parce que la vîteffe que reçoit le corps $Q$ eft néceffairement plus grande, mais auffi parce que ce mouvement produit une réfiftance relative d'autant plus forte,
qu'elle eft aidée par un grand bras de levier. Eû égard
à tout, il faut donc augmenter le poids $Q$ dans le même
rapport que le quarré de $CE$ eft plus grand que celui
de $CB$.

Si le rayon du grand tambour eft trois fois plus grand
que celui du petit, il faudra comme on le voit, fubftituer en $B$ un poids neuf fois plus pefant que le poids
$Q$ pour qu'il produife le même effet. Il faudra d'abord
l'augmenter trois fois, parce qu'il prend néceffairement
trois fois plus de vîteffe que s'il étoit en $B$. Mais il faut
encore l'augmenter trois fois, parce que la même
quantité de mouvement qu'on imprime à un corps qui

Figure 45. répond au point E, réfifte trois fois plus que la même quantité de mouvement qu'on imprimeroit à un corps appliqué en B. La fubftitution étant faite, il eft évident que le problême eft réduit aux mêmes termes que celui que nous avons déja réfolu fur la figure 44.

Mais il ne faut pas oublier que l'expédient auquel nous avons recours en imaginant un nouveau poids en B à la place de celui qui eft fufpendu au point E, ne fert qu'à repréfenter la difficulté que fait le contrepoids Q à fe mouvoir; & qu'à l'égard de la force qui produit le mouvement, elle eft toujours égale à ce que le poids P a de trop pour conferver l'équilibre avec Q.

Pour ne pas abandonner l'exemple que nous nous fommes propofé, nous fuppoferons que le grand tambour ayant toujours fon rayon triple du petit, le poids P pefe 30 livres pendant que le corps Q n'en pefe que 8. Il n'y aura donc pas d'équilibre : car il faudroit, pour que les deux poids fe contre-balançaffent parfaitement, que le poids P ne fût que de 24 livres, & puifqu'il eft de 30, il a 6 livres de force de trop. Ce font ces fix livres qui s'exerceront à faire mouvoir les deux corps; mais celui qui eft en Q ou qui répond au point E, eft équivalent, quant à la réfiftance qu'il fait au mouvement, à un autre corps neuf fois plus grand qu'on appliqueroit en B. Le corps Q prend plus de vîteffe & fon mouvement produit une réfiftance plus forte, parce qu'elle eft appliquée plus loin du point d'appui C.

Le contrepoids Q qui pefe 8 livres réfifte donc autant qu'un autre de 72 livres qu'on mettroit en B; & il fuit de-là que les 6 livres de force que nous fournit le poids P, ont à mouvoir les 30 livres de maffe de ce corps & les 72 que nous devons fuppofer en B à la place de Q. Ainfi nous devons exprimer par 102 livres la maffe totale qui eft à mouvoir, pendant que la force qui imprime le mouvement n'eft que de 6 livres. Or il fuit de-là qu'il doit s'en manquer beaucoup que le corps P

ne parcourre d'auſſi grands eſpaces que s'il tomboit Figure 45.
librement. Ses chûtes doivent être moindres dans le
même rapport que 6 livres ſont moindres que 102.

Nous pouvons exprimer très-aiſément d'une maniere
générale l'opération & les raiſonnemens que nous venons de faire. Nommant $P$ & $Q$ les deux poids, nous
ferons cette analogie; $AC : CE :: Q : Q \times \frac{CE}{AC}$ ; & le
quatrieme terme nous marquera la partie de la peſan-
teur que le contrepoids $Q$ anéantit pour ainſi-dire dans
le poids $P$. Ainſi la force qui fera deſcendre le corps
$P$ & monter $Q$ ou qui ſera mouvoir les deux corps,
ſera $P - Q \times \frac{CE}{AC}$.

Je ſubſtitue après cela par la penſée en $B$ un corps
qui apporte la même réſiſtance au mouvement que le
corps $Q$. Le corps que je ſubſtitue doit être plus grand
dans le même rapport que le quarré de $CE$ eſt plus
grand que celui de $CB$ ou de $AC$. J'ai donc à faire
cette ſeconde proportion $AC^2 : CE^2 :: Q : Q \times \frac{CE^2}{AC^2}$.
Ce quatrieme terme nous indique la maſſe qu'il faudroit
ſubſtituer en $B$ pour n'avoir plus à conſidérer le poids $Q$
appliqué en $E$. Ainſi nous aurons pour maſſe totale à
mouvoir $P + Q \times \frac{CE^2}{AC^2}$, & puiſqu'elle n'eſt mue que
par la force $P - Q \times \frac{CE}{AC}$ trouvée plus haut, il ne nous
reſte plus à faire qu'une derniere proportion pour trouver les eſpaces que parcourra le corps $P$ en tombant.
Ces eſpaces, nous le repetons, ſont d'autant plus petits
que la force $P - Q \times \frac{CE}{AC}$ eſt petite par rapport à la
maſſe totale. Nous diſons donc; $P + Q \times \frac{CE^2}{AC^2}$ eſt aux
nombres de pieds qu'on trouve dans la Table du ſecond
Chapitre, comme $P - Q \times \frac{CE}{AC}$ eſt à la vîteſſe du corps
$P$ ou aux eſpaces qu'il parcourt en tombant. Cette

Figure 45.

opération se réduit toujours, comme on voit, à chercher la vîtesse que la pesanteur communique aux corps qui tombent librement, ou les espaces qu'ils parcourent,

& à les multiplier par $\dfrac{P - Q \times \frac{CE}{AC}}{P + Q \times \frac{CE^2}{AC^2}}$.

# CHAPITRE VIII.

## De la chûte des Graves lorsqu'ils agissent par le moyen de tambours de différents rayons, & que la pesanteur de ces tambours est considérable.

### I.

QUELQUEFOIS les tambours seront d'une pesanteur trop considérable pour qu'on puisse la négliger. Il est vrai que cette pesanteur, quelque grande qu'elle soit, n'apporte aucun changement à la force qui produit le mouvement, puisque toutes les parties des tambours sont exactement en équilibre de part & d'autre du centre C. Ainsi la force qui cause le mouvement, ou la pesanteur, pour ainsi-dire, artificielle qui fait tourner la machine, sera toujours $P - Q \times \frac{CE}{AC}$ ou tout l'excédant du poids P sur la pesanteur qui lui seroit simplement nécessaire pour entretenir l'équilibre avec le poids Q. Mais les tambours sont obligés de tourner, ils prennent du mouvement, & ils ne le prennent qu'avec peine, à cause de leur inertie. La pesanteur que nous nommons artificielle est donc occupée à mouvoir une plus grande masse, & doit lui imprimer moins de vîtesse.

Nous fuppoferons que les tambours font folides, &  Figure 45.
nous les confidérerons comme formés d'une infinité de
circonférences concentriques dont le point C foit le
centre. Ces circonférences ne feront pas fans largeur
ou fans épaiffeur, & elles feront les éléments des deux
tambours pour parler comme les Géometres. Je porte
d'abord mon attention fur le tambour *A B*; & je vais
fubftituer fur fa circonférence par la penfée des quantités de matiere qui faffent précifément la même difficulté à être mues que les diverfes quantités de matiere
étendues le long des circonférences intérieures. 1°. Ces
circonférences font plus petites, elles font comme leurs
rayons : outre cela, 2°. elles prennent d'autant moins
de vîteffe qu'elles font plus voifines du centre *C*, &
3°. ce mouvement produit encore moins de réfiftance
felon ce même rapport, parce qu'il eft fitué moins
avantageufement pour produire un effet confidérable.
Il faut donc, pour chaque circonférence intérieure, fubftituer en *A* des quantités de matiere qui foient plus
petites que celle que contient la circonférence extérieure, dans le même rapport que les cubes de tous
les rayons font plus petits que le cube de *A C*.

Il fuit de-là que les quantités de matiere qu'il faut
fubftituer par la penfée en *A* ou fur la circonférence
extérieure pour tenir lieu de toutes les quantités de
matiere qui font arrangées fur les circonférences intérieures, fuivent l'ordre des cubes des nombres naturels.
Pour la plus petite circonférence intérieure, nous appliquerons en *A* une quantité de matiere infiniment
petite, & nous l'exprimerons par 1. Pour la feconde
circonférence, il faudra que nous mettions en *A* la
quantité de matiere 8 : pour la troifieme circonférence
la quantité de matiere 27 ; & ainfi de fuite. La circonférence extérieure terminera tous ces nombres, &
elle fournira le plus grand. Ainfi, conformément à ce
que nous favons fur la maniere de fommer les quantités

Figure 45.

qui croiſſent ſelon une certaine puiſſance des nombres naturels , il faut que nous multipliïons la plus grande de ces quantités par le quart de leur multitude ; c'eſt-à-dire , qu'il faut que nous multipliïons la circonférence extérieure par le quart du rayon.

Il eſt donc certain que le tambour *A B*, à cauſe de la proximité d'un grand nombre de ſes parties au centre , produit une réſiſtance au mouvement beaucoup moindre que ſi toute la maſſe étoit à la circonférence. Pour avoir la ſolidité du tambour , nous multiplierions ſa circonférence extérieure par la moitié de ſon rayon ; & nous venons de voir que pour avoir ſa réſiſtance au mouvement ou pour déterminer la quantité qui étant appliquée en *A*, produiroit la même réſiſtance , il faut multiplier la circonférence extérieure par le quart du rayon. Il ſuit de-là que nous n'avons qu'à ſuppoſer toute la ſolidité du tambour réduite à la moitié , & qu'en appliquant cette moitié à la diſtance *AC* du centre , elle fournira préciſément la même difficulté au mouvement que le tambour.

Ainſi après que nous aurons trouvé la peſanteur excédente de *P* qui produit le mouvement de la machine , il ne faudra pas regarder la maſſe à mouvoir comme ſimplement formée du poids *P* & du poids que nous ſubſtituons en *B* à la place de *Q* ; il faudra conſidérer de plus que le tambour *A B* réſiſte autant à recevoir du mouvement ou à tourner , que ſi la moitié de la maſſe étoit diſtribuée tout autour de ſa circonférence extérieure ou appliquée en *A*. La ſomme totale de ſa maſſe à mouvoir ſera de cette ſorte formée de trois termes ; mais il y en aura encore un quatrieme à ajouter à cauſe de l'autre tambour *D E*.

Ce ſecond tambour fournit la même réſiſtance que ſi la moitié de ſon poids ou de ſa maſſe étoit appliquée en *E*, ou répandue ſur toute ſa circonférence extérieure. Mais ſi à ce poids nous en ſubſtituons un autre

en

Figure 45.

en B, il faudra, conformément à ce que nous venons de voir, l'augmenter dans le même rapport que le quarré de CE eſt plus grand que celui de CB. Tout fera enſuite à la même diſtance du centre C, & tous nos poids feront fujets à prendre exactement la même vîteſſe ; mais ils en recevront moins préciſément en même raifon, comme il eſt évident, que l'excédant du poids P fera plus petit par rapport à la ſomme de toutes les diverſes maſſes que nous venons de déter-miner.

Nous avons ci-devant pris pour exemple deux poids P & Q qui peſoient le premier 30 livres, & le ſecond 8 ; & nous avons ſuppoſé que le rayon CE du grand tambour étoit triple du rayon AC du petit. Nous fup-poferons ici de plus que ces deux tambours qui font de même épaiſſeur pefent 18 livres & 2 livres. Nous n'avons pas befoin d'autres données.

Le poids Q qui eſt de 8 livres retranche, comme on le fait, 24 livres de la pefanteur de P qui eſt de 30 liv. Ainſi la partie de la pefanteur qui produit tout le mou-vement n'eſt que de 6 livres. C'eſt ce que nous avons déja expliqué.

Nous nous fommes convaincus auſſi que le poids Q fait le même effet quant à la réſiſtance au mouvement qu'un poids de 72 livres qu'on mettroit en B. Le tam-bour AB qui pefe 2 livres fe réduit à une livre qu'il faut fuppofer appliquée fur la circonférence de ce tam-bour. Quant aux 18 livres de l'autre tambour, elles fe réduiſent à 9 livres appliquées en E, mais comme nous voulons fubſtituer en B une maſſe équivalente, il nous faut augmenter neuf fois les neuf livres, ce qui nous donne 81 livres. Ainſi nous avons de maſſe à mouvoir 30 livres pour le poids P, 72 livres pour le poids Q, 1 livre pour le petit tambour & 81 livres pour le grand. Nous avons en tout 184 livres ; & comme la pefanteur partiale ou artificielle qui produit tout le

Q

Figure 45.

mouvement n'eſt que de 6 livres, il s'enſuit que la chûte du poids $P$ doit être moindre que ſi le poids tomboit librement par l'effet de la peſanteur naturelle, dans le même rapport que 6 livres ſont moindres que 184. Nous voulons ſavoir, par exemple, de combien tombera le corps $P$ en 20 ſecondes? Il ne parcourra pas 6033 pieds, comme le marque la petite Table du ſecond Chapitre; mais il deſcendra de preſque 196 pieds, comme on le trouve par cette proportion: 184 ſont à 6033 pieds, comme 6 ſont à 196.

Si nous nommons $t$ & $T$ les peſanteurs des deux tambours, nous aurons $\frac{1}{2} t$ pour la maſſe qu'il faut ſubſtituer à la place du premier, & $\frac{1}{2} T \times \frac{CE^2}{AC^2}$, celle qu'il faut ſubſtituer pour le ſecond, & ſi nous ajoutons ces deux quantités à la ſomme des deux autres maſſes $P +$ $Q \times \frac{CE^2}{AC^2}$, il nous viendra en tout $P + \frac{1}{2} t + (Q + \frac{1}{2} T)$ $\frac{CE^2}{CA^2}$ pour la maſſe à mouvoir, qui n'eſt toujours ſollicitée que par la force $P - Q \times \frac{CE}{AC}$. Ainſi nous aurons cette analogie; $P + \frac{1}{2} t + (Q + \frac{1}{2} T) \frac{CE^2}{AC^2}$ eſt aux nombres fournis par la Table du ſecond Chapitre, comme $P - Q \times \frac{CE}{AC}$ fera à la vîteſſe que prendra le corps $P$, ou aux eſpaces qu'il parcourra. Nous n'avons que faire d'ajouter que lorſqu'on fait les circonſtances du mouvement du corps $P$, tout le reſte eſt connu.

## I I.

## Des Oſcillations d'un Pendule qui eſt chargé d'un poids ſitué autour du point de ſuſpenſion.

LES mêmes principes nous mettent en état de déterminer la durée des balancements d'un pendule qui ne peut ofciller qu'en faifant mouvoir une maffe $DB$ Figure 46. (*fig.* 46.) qui environne fon point de fufpenfion $C$. Nous n'euffions pu entreprendre que difficilement cette recherche dans le Chapitre IV, au lieu que nous la trouverons maintenant très-aifée. Nous n'avons qu'à feindre en $P$ une maffe qui faffe la même difficulté à fe mouvoir que le corps $DB$. Si ce corps eft cylin- drique, il fera autant de réfiftance, comme nous l'a- vons vu, que fi toute la moitié de fa maffe étoit ap- pliquée en $B$ ou diftribuée fur toute la circonférence; mais lorfqu'on tranfporte par la penfée cette même maffe en $P$, il faut la diminuer encore dans le rapport du quarré de $PC$ à celui de $CB$, puifqu'elle recevra en $P$ plus de vîteffe qu'en $B$, & que la réfiftance que fera ce mouvement fera de plus appliquée à un bras de levier plus long. On peut juger après cela que les vibrations du pendule feront beaucoup plus lentes que s'il n'y avoit que le poids $P$: la maffe à mouvoir fera confidérablement augmentée par le corps $DB$; quoi- que la force qui caufe le mouvement foit toujours la même, celle que fournit la pefanteur de $P$.

Mais il eft facile d'introduire dans un pendule fim- ple ou ordinaire ce rapport différent qui fe trouve en- tre la maffe à mouvoir & la force qui l'agite; il fuffit pour cela de rendre le pendule fimple plus long que $CP$ dans le même rapport. Si la maffe de $P$ fe trouve augmentée deux ou trois fois par la maffe qu'il faut y ajouter pour tenir lieu de la maffe $BD$ quant à la réfiftance au mouvement, il n'y aura qu'à rendre le nouveau pendule deux ou trois fois plus long que $CP$.

En effet, fi on écarte ce nouveau pendule de la ligne verticale d'une quantité abfolument égale à $pP$ ou à $pF$, il aura le même efpace à parcourir que le poids $p$ ou $P$, & fa vîteffe s'accélérera par les mêmes degrés; car il y aura continuellement dans les deux pendules le même rapport entre la maffe à mouvoir & la pefanteur rela-

Figure 46.

tive. La maſſe dans le pendule de la figure 46 eſt deux ou trois fois plus grande , à cauſe de l'addition que forme le corps $BD$. L'autre pendule deux ou trois fois plus long ſera ſimple ; mais ce qui reviendra au même pour l'effet, la peſanteur relative avec laquelle il tendra à s'approcher de la ſituation verticale, ſera deux ou trois fois moindre ; puiſqu'elle ſera repréſentée par une ligne égale à $pP$ ou à $pF$, pendant que la peſanteur abſolue ſera repréſentée par la longueur du pendule ou par une ligne deux ou trois fois plus longue que $CP$.

On trouve donc dans les pendules ſimples de différentes longueurs, comme nous l'avions déja vu, tous les divers rapports qu'il peut y avoir entre la maſſe d'un corps qui oſcille & la force qui l'agite. Il faut toujours allonger ou racourcir le pendule dans le même rapport que la maſſe eſt plus grande ou plus petite à l'égard de la force agitante, & par ce changement on conſervera aux oſcillations leur même durée. Elles ſeront exactement de même durée lorſqu'elles ſeront de la même étendue , mais elles le ſeront encore lorſqu'on les rendra plus grandes ou plus petites , à cauſe de la propriété qu'a chaque pendule de rendre toutes ſes oſcillations iſochrones.

Suppoſons pour exemple que le pendule $CP$ ſoit de trois pieds , que le poids $P$ ſoit de $\frac{1}{7}$ livre & que le corps cylindrique $BD$ ſoit de 288 livres & qu'il ait un pied de diametre. Ces 288 livres de peſanteur de $BD$ formeront la même réſiſtance que 144 livres appliquées en $B$ ; mais il faut ſubſtituer en $P$ une maſſe beaucoup plus petite pour qu'elle ne produiſe que le même effet. $CB$ étant ſix fois plus petite que $CP$, nous n'avons qu'à faire cette analogie ; 36 , quarré de $CP$, eſt à 1 , quarré de $CB$, comme 144 livres ſont à 4 , & nous aurons 4 pour l'addition qu'il faut faire par la penſée à la maſſe de $P$. Ainſi ce corps, au lieu d'être de $\frac{1}{7}$ livre, ſera de

4½ liv. & comme cette maſſe totale eſt à mouvoir par Figure 46.
la ſeule ½ livre de peſanteur de *P*, il faudra rendre le
pendule ſimple, neuf fois plus long, pour que ſes oſcillations s'accordent avec celles de *CP* muni de ſa
maſſe *D B*. Le pendule, dont les oſcillations feront de
même durée que celles du pendule de la figure 46, aura
donc 27 pieds de longueur, & ſi on conſulte la table
du Chapitre I V, on verra qu'elles feront preſque de
trois ſecondes.

# CHAPITRE IX.

*Du changement que la peſanteur des cor-*
*dages ou autres parties mobiles qui en-*
*trent dans la compoſition des machines*
*peut apporter au mouvement.*

SI on croit devoir faire attention au poids des cordages dans la ſolution des problêmes précédens, la
difficulté en deviendra plus grande, & on ne pourra
guere la ſurmonter qu'en employant un peu de Géométrie. Cependant comme il s'agit de conſidérations de
Dynamique ou de Méchanique qui peuvent devenir
quelquefois très-importantes, & que nous ne ſommes
pas fâchés de nous occuper d'un exemple dans lequel
la force accéleratrice ſoit variable, nous entrerons ici
dans un certain détail que les Lecteurs qui ne feront
nullement Géometres feront obligés de paſſer.

## I.

LA maſſe à mouvoir dans diverſes machines peut
devenir variable & la force accéleratrice peut changer

Figure 45. aussi ; ce qui doit empêcher les degrés d'accélération d'être égaux entr'eux. La figure 45 nous représente à peu-près ce qui peut arriver dans ce genre, pourvu qu'on ne néglige pas la pesanteur des cordages. La corde qui descend avec le corps $P$ augmente nécessairement la force accélératrice, puisqu'elle contribue à augmenter le mouvement ; & au contraire la partie de la corde qui élève le poids $Q$, se racourcit, & c'est donc une espece de diminution dans la masse à mouvoir. Nous disons que c'est une espece de diminution ; car on doit trouver ici la même difficulté à mouvoir la corde $EQ$ lorsqu'elle enveloppe le tambour $DE$, que lorsqu'elle est dans la situation $EQ$. Mais on peut imaginer d'autres dispositions dans lesquelles il y auroit réellement de la différence.

Si nous nommons $F$ la force accélératrice dans le premier instant, & $s$ les espaces variables que parcourt le poids $P$ en descendant, nous aurons, d'une maniere très-générale, $F + cs$ pour la force qui travaille à augmenter le mouvement, la lettre $c$ désignant une constante qui dépend du poids de la corde & de la maniere dont elle se développe. Si de plus $M$ est la masse à mouvoir dans le commencement du jeu de la machine, nous aurons $M - es$ pour la masse à mouvoir à la fin de chaque espace $s$ que le poids $P$ aura parcouru, la lettre $e$ étant déterminée de même que $c$ par la disposition de la machine. Ainsi le rapport de $F + cs$ à $M - es$ doit régler la grandeur des degrés d'accélération pendant la chûte du poids $P$.

Prenant $t$ pour les temps sensibles & $dt$ pour les instants que nous supposerons égaux entr'eux, nous aurons les petites parties $ds$ des espaces parcourus, proportionnelles aux vîtesses du poids $P$ & $dds$ marquera par conséquent les petits degrés d'augmentation que reçoit la chûte en chaque instant. Ces degrés $dds$ sont constants dans des instants égaux, lorsque la force

Figure 45.

accélératrice est constante, de même que la masse à
mouvoir, comme nous l'avons supposé jusqu'à présent.
La petite différentielle $dds$ seroit encore constante si
la force accélératrice & la masse variable changeoient
dans le même rapport; mais nous aurons ici généra-
lement $dds = \frac{F+cs}{M-es}$ ou plutôt $dds = \frac{F+cs}{M-es} \times dt^2$ en
multipliant le second membre par $dt^2$, afin d'obser-
ver la loi des homogenes, & encore plus afin de faire
entrer dans cette recherche la considération du temps.

Il est bon de remarquer que l'égalité entre $dds$ &
$\frac{F+cs}{M-es} \times dt^2$ subsisteroit encore si les instants $dt$ n'étoient
pas égaux entr'eux. Nous n'avons, pour le voir claire-
ment, qu'à jetter les yeux sur la figure 37, mais en
supposant que la ligne $AH$ qui termine les vîtesses
$EF$, $BC$ &c. est une ligne courbe. Les aires des
triangles curvilignes $ABC$, $AIK$ &c. représentent les
espaces parcourus $s$ dans les temps $t$ qui sont exprimés par $AB$, $AI$ &c. A l'égard des vîtesses ou des
espaces parcourus $ds$ dans les instants $dt$, elles seront
représentées par les ordonnées $BC$, $IK$ &c. si les instants sont égaux entr'eux; mais supposant les $dt$ variables, il faut attribuer une certaine largeur aux ordonnées, une largeur égale à chaque $dt$, & les espaces $ds$
parcourus en chaque instant seront exprimés par les
rectangles infiniment étroits comme $MI$. Enfin en observant la même analogie, les $dds$ ou les augmentations des vîtesses ou des espaces parcourus dans chaque
instant, seront représentées par les petits triangles $mOM$;
& il est évident que toutes les autres circonstances étant
les mêmes, ces petits espaces sont proportionels aux
quarrés de $dt$. Mais ils dépendent en même temps
de la force qui cause le mouvement, laquelle est ici
$F+cs$, & ils dépendent encore de la masse à mouvoir
$M-es$ qui fait diminuer l'espace parcouru dans le
même rapport qu'elle est plus grande. Nous aurons

Figure 45.

donc en général, & eu égard à tout, $dds = \frac{F+cs}{M-es} \times dt^2$.

Cette équation nous donne $Mdds - esdds = Fdt^2 + csdt^2$; & si on la multiplie de part & d'autre par $ds$, & qu'on divise par $\frac{M}{e} - s$, il nous viendra $esdsdds = \frac{Fdsdt^2}{\frac{M}{e}-s} + \frac{csdsdt^2}{\frac{M}{e}-s}$ dont on tire par l'intégration l'équa-

tion $\frac{1}{2}eds^2 = Fdt^2 \times L\frac{M}{M-es} + csdt^2 - \overline{\frac{cM}{e} + cs} \times dt^2 L\frac{M}{M-es}$ ou $\frac{1}{2}eds^2 = csdt^2 + \overline{F - \frac{cM}{e} + cs} \times dt^2 L\frac{M}{M-es}$ dans laquelle $L$ désigne les logarithmes des grandeurs qu'elle précede. Enfin on en déduit $dt\sqrt{2} = \frac{eds}{\sqrt{ces + \overline{eF - cM + ces} \times L\frac{M}{M-es}}}$ qui nous donne d'une

maniere très-générale en premieres différences, mais déja séparées, la relation qu'il y a entre les temps $t$ & les espaces $s$ que le corps $P$ parcourt en tombant.

## I I.

S'il s'agissoit simplement de deux corps attachés, comme dans la figure 44, aux deux extrêmités d'une corde ou d'une chaîne parfaitement fléxible, le poids $P$ descendant d'un espace désigné par $s$, & le poids $Q$ s'élevant exactement de la même quantité, l'excès de la pesanteur de la corde ou chaîne sera égal à $2s$ du côté de $P$. Ainsi au lieu de l'expression générale $F + cs$ de la force accélératrice, nous aurons $F + 2s$. Quant à la masse à mouvoir elle sera constante; car elle sera toujours formée des deux corps $P$ & $Q$, & de la corde ou chaîne aux deux extrêmités de laquelle ces poids sont attachés. Au lieu donc de $M - es$, nous aurons $M$; & le coefficient $e$ devenu égal à zéro, détruira tous les termes qu'il multiplie. Nous reprenons

Figure 44.

nons pour cela notre équation générale $eds\,dds =$ $\dfrac{Fds\,dt^2}{\frac{M}{e}-s} + \dfrac{csds\,dt^2}{\frac{M}{e}-s}$ lorſqu'elle n'avoit pas encore été intégrée. Elle deviendra $eds\,dds = \dfrac{eFds\,dt^2}{M-es} + \dfrac{cesds\,dt^2}{M-es}$ qui ſe réduit à $Mds\,dds = Fds\,dt^2 + 2sds\,dt^2$ à cauſe de $c=2$ & de $e=0$. Paſſant enſuite à l'intégration, il nous vient $\frac{1}{2}Mds^2 = Fsdt^2 + s^2dt^2$, dont nous tirons $dt = \dfrac{ds\sqrt{\frac{M}{2}}}{\sqrt{Fs+s^2}}$ qui dépend de la quadrature de l'hyperbole, & qu'on peut rapporter aiſément aux logarithmes.

Si on prend en effet une nouvelle variable $z$, & qu'on la ſuppoſe telle que $z = \dfrac{\frac{1}{2}F+s+\sqrt{Fs+s^2}}{\sqrt{\frac{1}{2}}}$, ou que $\sqrt{Fs+s^2} = z\sqrt{\frac{1}{2}} - \dfrac{F^2}{8z\sqrt{2}}$, on transformera l'équation précédente en $dt = \dfrac{dz}{z}\sqrt{\frac{1}{2}M}$, & ſi on remet à la place de $z$ ſa valeur $\dfrac{\frac{1}{2}F+s+\sqrt{Fs+s^2}}{\sqrt{\frac{1}{2}}}$, on aura $dt = \dfrac{d\left(\frac{1}{2}F+s+\sqrt{Fs+s^2}\right)}{\frac{1}{2}F+s+\sqrt{Fs+s^2}} \times \sqrt{\frac{1}{2}M}$ & $t = \sqrt{\frac{1}{2}M} \times L\left(\dfrac{\frac{1}{2}F+s+\sqrt{Fs+s^2}}{\frac{1}{2}F}\right)$ qui nous fournit en grandeurs parfaitement connues le temps ($t$) qu'emploie le poids $P$ à deſcendre de toutes les hauteurs données $s$.

Cependant cette formule nous indique moins les temps que le rapport qu'il y a entr'eux; car les temps & les eſpaces parcourus ſont des quantités abſolument hétérogenes. On a voulu qu'il y eût 60 ſecondes dans une minute & 3600 dans une heure; on a donné de même une certaine grandeur au pied-de-roi. Mais outre ce qu'il y a d'arbitraire dans l'inſtitution de ces meſures, la peſanteur des graves pourroit être plus ou

Figure 44. moins grande ou avoir plus ou moins d'intensité, quoi‑
que la masse de chaque corps fût toujours la même.
Ainsi il faut nécessairement consulter l'expérience pour
avoir ces quantités d'une maniere absolue, au moins
dans quelques circonstances particulieres, & on s'en
servira ensuite comme de termes de comparaison pour
juger de ces mêmes quantités dans les autres cas.

C'est la même chose lorsque la force qui précipite
le grave vers la terre n'est pas variable. Si on désigne
cette force par $F$ & la masse à mouvoir par la même
lettre, ce qu'on doit faire lorsqu'un corps tombe libre‑
ment par l'action de sa pesanteur naturelle, on a $ds$
pour les petits espaces parcourus pendant chaque ins‑
tant $dt$. Ces petits espaces sont proportionels aux
vîtesses qu'a le grave en chaque endroit de sa chûte, &
les $dds$ expriment les augmentations de cette vîtesse,
qui sont les effets de la force $F$ appliquée à la masse $F$.
On a donc alors $\frac{F}{F} = dds$ ou plutôt $\frac{F\,dt^2}{F} = dds$; &
si on multiplie de part & d'autre par $ds$, & qu'on in‑
tégre, on aura $s\,dt^2 = \frac{1}{2}\,ds^2$ & $dt = \frac{ds}{\sqrt{2s}}$ dont on
tire $t = \sqrt{2s}$ & $t^2 = 2s$.

Mais ces nouvelles formules ne nous apprennent
encore que des rapports: elles nous confirment ce que
nous savions déja & ce que nous avions vu dans le
second Chapitre, que les espaces parcourus $s$ dans la
chûte libre, font comme les quarrés des temps $t$; mais
elles ne nous apprennent pas de combien sont effec‑
tivement ces temps pour chaque espace parcouru.
C'est pourquoi on ne pourroit pas se dispenser de cher‑
cher au moins une fois ces quantités par l'expérience,
si on n'avoit déja un grand nombre d'observations sur
ce sujet.

La Table qui termine le second chapitre nous mar‑
que le nombre de secondes qu'un grave employe à
tomber d'une hauteur donnée; nous n'avons donc qu'à

chercher le changement qu'il faut faire à $\sqrt{2s}$ pour
avoir le nombre de secondes que le grave employe selon cette table à tomber d'une hauteur $s$, & il n'y aura
plus qu'à faire le même changement sur toutes les
autres valeurs de $\sqrt{2s}$. Il n'y aura aussi qu'à modifier
de la même maniere la valeur de $\sqrt{\frac{1}{2}M \times L}$

$$\frac{\sqrt{Fs + s^2} + \frac{1}{2}F + s}{\frac{1}{2}F}$$ que nous trouvons pour $t$ lorsque
deux poids sont attachés aux deux extrêmités d'une
chaîne qui passe sur une poulie : car tous ces calculs sont relatifs les uns aux autres & dépendent des
mêmes principes.

Selon la Table du second Chapitre, il ne faut que
4 secondes à un grave pour tomber librement de
$241\frac{1}{3}$ pieds. Dans la chûte libre on a $t = \sqrt{2s}$, &
cette petite formule donne 22 pour la valeur de $t$ lorsque $s = 241\frac{1}{3}$. Or il faut diviser le nombre $22 = t$ par
$5\frac{1}{2}$ pour le réduire à 4 qui est le nombre réel de secondes ; & nous en concluons qu'il faut généralement
diviser par $5\frac{1}{2}$ toutes les autres valeurs de $t$ que nous
fournissent nos formules. Nous eussions pu tirer la
même conséquence de tous les autres nombres de la
table, sans même exclure les premiers qui ont été dé-
terminés immédiatement par l'expérience. Si on suppose $s = 15$ pieds 1 pouce, & qu'après avoir doublé
cette quantité on en tire la racine quarrée, on trouvera à très-peu près $5\frac{1}{2}$ pour la valeur de $t$ ; mais pour
faire répondre ce nombre à 1 seconde, il faut le diviser par $5\frac{1}{2}$.

Cela supposé, nous pouvons faire très-aisément
usage de nos autres formules. Proposons-nous pour
exemple une corde qui étant de 300 pieds de longueur,
pese 30 livres, & qui est chargée par les deux extrêmités de deux poids qui pesent ensemble 20 livres :
nous supposerons de plus qu'il s'en manque d'abord
2 livres que les deux poids & les deux parties de la

Figure 44.

Figure 44. corde ne foient en équilibre. Nous demandons combien il faut de temps à la partie la plus pefante pour
defcendre de $241\frac{1}{3}$ pieds ?

La maffe totale dans cet exemple eft de 50 livres ;
& pour réduire toutes nos données à la même déno-
minations , nous devons chercher à quelle longueur
de la corde fe rapportent les 50 livres, à proportion
des 30 livres que pefent les 300 pieds de longueur de
corde. On trouve 500 pieds ; & nous prendrons donc
ce nombre pour la valeur de $M$. Nous aurons par la
même raifon 20 pour la valeur de $F$, parce que $F$ eft
de deux livres, & que ce poids eft égal à celui de 20
pieds de longueur de corde. Ainfi nous avons $M = 500$;
$F = 20$ & $s = 241\frac{1}{3}$, parce que nous voulons favoir
combien il faut de temps pour une chûte de $241\frac{1}{3}$ pieds.
Ce font ces valeurs qu'il faut introduire dans la formule

$$t = V\overline{\tfrac{1}{2}M} \times L \frac{V\overline{Fs+s^{2}} + \tfrac{1}{2}F + s}{\tfrac{1}{2}F}.$$

Nous devons remarquer outre cela que les logarithmes que fourniffent les tables ordinaires font cenfés tirés d'une logarithmique dont la foutangente eft
4342945 ; au lieu que lorfque nous avons paffé plus
haut des différentielles logarithmiques aux logarithmes,
nous avons fuppofé que la foutangente étoit égale à l'u-
nité. Ainfi après avoir pris dans les Tables ordinaires
l'excès du logarithme de $V\overline{Fs+s^{2}} + \tfrac{1}{2}F + s$ fur celui de $\frac{1}{2}F$, nous fommes obligés de faire cette analogie,
4342945 eft à l'excès trouvé, comme l'unité prife pour
foutangente fera à la valeur de $L \frac{V\overline{Fs+s^{2}} + \tfrac{1}{2}F + s}{\tfrac{1}{2}F}$ dont
nous avons befoin. On la trouve d'environ $3.92$; & fi
on la multiplie par $V\overline{\tfrac{1}{2}M}$, il viendra à peu près $60.97$
pour la valeur de $t$. Mais cette valeur a befoin d'être
rectifiée fur les expériences déja faites ; & il faut, conformément à ce que nous avons vu, la divifer par $5\frac{1}{4}$.

Il nous vient 11 fecondes pour la chûte de 241 $\frac{1}{3}$ pieds ; Figure 44.
chûte qui ne demande que 4 fecondes lorfqu'un grave
tombe d'une maniere parfaitement libre.

Si on veut avoir les vîteffes dans l'une & l'autre
chûte, il fuffit de favoir qu'elles font proportionnelles
aux $ds$. Nous avons trouvé pour la chûte libre, $dt = \frac{ds}{\sqrt{2s}}$ ;
ce qui nous donne $ds = dt\sqrt{2s}$. Mais pour la chûte que
produit la difpofition de la figure 44, nous avons trouvé
$dt = \frac{\sqrt{\frac{1}{2}M \times ds}}{\sqrt{Fs+s^2}}$ dont nous tirons $ds = \frac{dt\sqrt{Fs+s^2}}{\sqrt{\frac{1}{2}M}} =$
$\frac{dt\sqrt{2Fs+2s^2}}{\sqrt{M}}$. Ainfi à la fin des chûtes de même hau-
teur $s$, les vîteffes dans la chûte libre font aux vîteffes
dans l'autre chûte, comme $\sqrt{2s}$ eft à $\sqrt{\frac{2Fs+2s^2}{M}}$ ou
comme 1 à $\sqrt{\frac{F+s}{M}}$. Lorfqu'un grave eft tombé librement de 241 $\frac{1}{3}$ pieds, il a acquis une vîteffe à faire
121 pieds par feconde. Nous n'avons donc que cette
feconde analogie à faire ; l'unité eft à 121 pieds comme
$\sqrt{\frac{F+s}{M}}$ eft à environ 87 $\frac{1}{2}$ pieds.

# CHAPITRE X.
## Des Machines mues par l'action des hommes.

ON voit dans les Chapitres précédents de quelle
maniere fe fait la génération du mouvement ; & il fera
très-facile d'appliquer à d'autres problêmes la méthode
que nous avons employée. Mais prefque nulle machine n'eft deftinée à accélérer de plus en plus fa vîteffe.
Le frottement ou la diminution que fouffre la force

qui les fait mouvoir, met des limites à l'accélération ; & leur vîteſſe devient, après très-peu de temps, ſenſiblement uniforme. Nous ne devons pas manquer de les conſidérer en cet état : nous y ſommes d'autant plus obligés qu'elles s'y mettent encore plus promptement, lorſqu'elles ſont mues par l'effort des hommes, qui ne peuvent jamais agir qu'avec une certaine vîteſſe. Nous nous attacherons à deux différents exemples. Nous parlerons d'abord des grandes roues ou tympans, dont on fait un fréquent uſage dans les Ports de mer & ailleurs, pour élever les fardeaux en faiſant marcher des hommes au dedans de ces roues. Nous examinerons en ſecond lieu les cabeſtans pendant qu'on s'en ſert ſur les Vaiſſeaux pour lever l'ancre.

## I.

## *De la vîteſſe que prennent les Roues ou Tympans dans leſquels on fait marcher des hommes.*

SUPPOSONS qu'un ſeul homme marche dans une grande roue qui ſoutient un fardeau de 525 livres, ſuſpendu par une corde qui enveloppe l'axe de la roue, & ſuppoſons que cet axe ait 2 pieds de diametre. Si cet homme peſe 150 livres, & s'il ne s'éloignoit d'abord que de $3\frac{1}{2}$ pieds du bas de la roue, ou plutôt de la verticale qui paſſe par le centre, ſa peſanteur ſeroit en équilibre avec le fardeau ; & par conſéquent le fardeau ſuppoſé d'abord en repos ne s'éleveroit pas. Mais l'homme qui veut faire monter le fardeau, marchera dans la roue en ſe ſervant des eſpeces de marches qu'on y a pratiquées ; il s'éloignera de 4 pieds ou de $4\frac{1}{2}$ pieds de la verticale qui paſſe par le centre, & comme ſa peſanteur agira enſuite avec un plus long bras de levier, elle l'emportera ſur celle du fardeau ;

& la machine commencera à tourner.

Il ne faut pas compter dans cette rencontre toute la pesanteur de l'homme, car il y en a une partie qui est comme détruite. Il faudroit $116\frac{1}{3}$ livres situées à $4\frac{1}{2}$ pieds de distance pour faire équilibre avec le fardeau. C'est ce qu'on trouve par cette analogie ; $4\frac{1}{2}$ pieds, un des bras de levier, est à 525 livres, pesanteur du fardeau, comme 1 pied longueur de l'autre bras de levier est à $116\frac{1}{3}$ livres. Mais puisque l'homme pese 150 livres, il y a $33\frac{1}{3}$ livres d'excès, lesquelles forment la force accélératrice, ou la pesanteur que nous avons nommée artificielle. Il nous reste actuellement à connoître la masse qu'il s'agit de mouvoir.

Le fardeau ne prend que peu de vîtesse en montant, parce que la corde qui le soutient enveloppe l'axe qui n'a qu'un pied de rayon. Mais si au lieu de ce fardeau nous en imaginons un autre dont nous supposions que la direction passe à $4\frac{1}{2}$ pieds du centre, & que nous souhaitions que son inertie ou sa masse produise le même effet que celle du fardeau, il faudra d'abord le rendre $4\frac{1}{2}$ fois plus petit, parce qu'il prendroit $4\frac{1}{2}$ fois plus de vîtesse ; & il faudra le diminuer encore $4\frac{1}{2}$ fois, parce que le même mouvement étant appliqué à $4\frac{1}{2}$ fois plus de distance du centre, résiste $4\frac{1}{2}$ fois davantage. Ainsi au lieu du fardeau qui pese 525 livres, nous n'avons qu'à imaginer une masse de $25\frac{24}{17}$ livres à la distance de $4\frac{1}{2}$ pieds du centre, & elle sera exactement équivalente au fardeau quant à la réception du mouvement ou au moment de la résistance que fera ce mouvement. Nous pouvons aussi imaginer à la distance de $4\frac{1}{2}$ pieds du centre une masse équivalente à toute la roue. Mais comme elle pese beaucoup, & que toutes les parties de sa circonférence sont fort éloignées du centre, qu'elles prennent une très-grande vîtesse, & que le moment de la résistance de ce mouvement est très-grand, il faudra, pour tenir lieu de la roue, imaginer une maſſe d'autant plus grande que le quarré des diſtances au centre eſt plus grand que le quarré de 4 ¼ pieds. Peut-être qu'il faudra feindre une maſſe de plus de 15000 livres, qu'on augmentera de 25 $\frac{11}{27}$ livres auxquelles ſe réduit le fardeau. Nous prenons 15000 livres pour le tout; & ce ſera donc la maſſe qui doit être mue par les 33 ⅓ livres de force accélératrice.

Ainſi la roue doit prendre très-peu de vîteſſe en comparaiſon de la vîteſſe que reçoivent les graves qui tombent librement par l'action de leur peſanteur. La maſſe à mouvoir eſt ici 15000 livres, & la peſanteur artificielle qui lui donne du mouvement n'eſt que 33 ⅓ livres. Nous n'avons après cela qu'à voir combien 33 ⅓ livres ſont contenues de fois dans 15000 livres, & nous ſaurons combien les vîteſſes de la roue doivent être moindres que celles du grave dans ſa chûte libre. La Table du Chapitre II nous apprend qu'à la fin d'une minute, un grave a une vîteſſe à parcourir 1810 pieds dans une ſeconde. Mais ſelon cela la roue de notre machine ne doit avoir que 4 $\frac{1}{45}$ pieds de vîteſſe; ce que nous apprend l'analogie ſuivante : 15000 ſont à 33 ⅓ comme les vîteſſes marquées dans la Table ſont à celles de la roue. Il faut remarquer que cette vîteſſe eſt celle de la roue à 4 ¼ pieds du centre, & qu'à un pied elle ſera plus petite dans le rapport de 4 ¼ à 1. Le fardeau n'aura donc en montant qu'environ 10 pouces 9 lignes de vîteſſe par ſeconde à la fin de la premiere minute.

Ce même fardeau auroit monté en tout pendant ce temps-là d'environ 26 $\frac{16}{27}$ pieds : car les graves qui tombent librement parcourent dans ce même temps 54300 pieds, & outre qu'il faut d'abord diminuer cet eſpace dans le rapport que la force accélératrice 33 ⅓ eſt moindre que la maſſe à mouvoir 15000, ce qui donne 120 ⅔ pieds, il faut encore diminuer l'eſpace

parcouru

parcouru dans le rapport de $4\frac{1}{2}$ à 1 à caufe du peu de groffeur de l'axe de la roue. Il vient donc $26\frac{16}{17}$ pieds pour le chemin que fait le fardeau en montant pendant la premiere minute. On peut trouver de la même maniere la quantité dont il s'éleve en tout autre temps, auffi-tôt qu'on connoît toutes les dimenfions de la machine, & qu'on fait en quel endroit de la roue l'homme fe fixe.

Quant à la circonférence du tympan, elle prend beaucoup plus de vîteffe. Les points de la roue qui font à $4\frac{1}{2}$ pieds du centre, parcourent $4\frac{1}{45}$ pieds par feconde à la fin de la premiere minute, dans les fuppofitions que nous avons faites. Il eft évident que les points plus éloignés doivent fe mouvoir plus vîte. Peut-être que chaque point de la circonférence parcourra 9 ou 10 pieds ou davantage. Mais il faudroit que l'homme marchât avec la même vîteffe pour fe maintenir dans la même place à $4\frac{1}{2}$ pieds de diftance du bas de la roue ou de la verticale qui paffe par le centre ; & comme cette vîteffe eft fort grande, principalement lorfqu'on marche en montant dans un efcalier très-roide, l'homme fera bien-tôt obligé d'aller moins vîte ; il reculera, entraîné par la roue qui tourne dans un fens contraire, & il s'approchera du point le plus bas. S'il reftoit toujours à $4\frac{1}{2}$ pieds de diftance, la vîteffe s'accélérant de plus en plus, il faudroit qu'il précipitât auffi toujours fes pas de plus en plus. Ainfi il ne doit pas tarder à modérer fa marche ou à refter en arriere, fuppofé qu'il ait pu marcher fi vîte d'abord. Mais s'il s'arrête précifément à $3\frac{1}{2}$ pieds de diftance de la verticale qui paffe par le centre de la roue, où fa pefanteur eft exactement en équilibre avec le fardeau, le mouvement ne s'accélérera plus, le fardeau montera déformais d'un mouvement uniforme avec la vîteffe déja acquife, & le manœuvre n'aura plus qu'à marcher d'un pas égal pour entretenir le mouvement

S

ou pour réparer les degrés de perte qu'y cauferoit d'inftant en inftant la pefanteur du fardeau.

On voit donc que la vîteffe que prend la machine que nous fuppofons toujours difpofée de la même maniere & chargée du même poids, dépend, 1°. de la quantité dont les hommes qui marchent dans la roue vont au-delà du point où leur pefanteur fait équilibre avec le fardeau. On voit que cette vîteffe dépend 2°. du temps pendant lequel ces hommes confervent la premiere ardeur de leur travail. S'ils pouvoient, en doublant le pas, fe maintenir encore pendant une autre minute à $4\frac{1}{2}$ pieds du bas de la roue ou de la verticale qui paffe par le centre, la force accélératrice s'exerçant deux fois plus de temps, le mouvement de la machine deviendroit deux fois plus rapide, & le fardeau parcourroit, en montant, un efpace quatre fois plus grand, conformément à ce que nous avons établi dans le Chapitre II ; il fe trouveroit élevé de plus de 106 pieds. Les manœuvres ne pouvant pas marcher affez vîte, ralentiffent leurs pas néceffairement ; ce fera quelquefois au bout de 20 ou 30 fecondes, & d'autres fois à la fin d'une minute ou de deux felon la conftruction de la machine & la difpofition des manœuvres à marcher en montant. Mais auffitôt, nous le répétons, que leur pefanteur fera fimplement en équilibre avec celle du fardeau, le mouvement ceffera de s'accélérer ; la machine tournera avec le mouvement qu'elle aura acquis, & elle le confervera ; parce que fi le fardeau tend à le diminuer, le poids des hommes fera de l'autre côté un effet contraire abfolument égal.

Lorfque nous difons que pendant le mouvement uniforme de la machine, il y a équilibre entre le poids des hommes & celui du fardeau, nous négligeons le frottement dont l'effet eft en déduction par rapport au poids des hommes. Nous devons encore remarquer que le mouvement de la roue n'eft jamais abfolument uni-

forme: car il y a une petite augmentation de vîteſſe,
& enſuite une petite diminution à chaque pas que font
les manœuvres: ce qui vient de ce que leur centre de
gravité ne reſte pas exactement dans la même place,
& de ce qu'il avance & enſuite recule. La même choſe
arrive dans preſque toutes les autres machines: leur
mouvement qu'on regarde comme égal ſouffre de ces
alternatives, mais qui peuvent être extrêmement petites.

## I I.

## De la vîteſſe que peut prendre l'Ancre en montant, lorſqu'on la leve en ſe ſervant du cabeſtan.

Nous nous propoſerons pour ſecond exemple le
cabeſtan, lorſque pluſieurs matelots le font tourner
pour lever l'ancre ou pour élever quelqu'autre poids.
Le premier effort eſt fort grand, parce que les matelots ne font point encore obligés de marcher, &
que reſtant chacun dans la même place, ils ont le temps
de fixer ſolidement leurs pieds & d'exercer toute leur
force contre les barres ou contre les leviers qui entrent
dans la tête du cabeſtan. Chaque matelot pouſſera
peut-être d'abord avec une force de 50 ou de 60 livres;
mais ſi ce grand effort produit ſon effet, ſi l'ancre ſe
dégage du fond de la mer & s'éleve, en prenant une
vîteſſe qui ira en augmentant, il faudra que les matelots marchent de plus vîte en plus vîte; & comme ils
n'auront plus enſuite le temps de s'arcbouter, pour
ainſi dire, contre le tillac ou contre le pont ſur lequel
ils marchent, leur effort deviendra beaucoup moindre.
Il ne faut pas regarder leur propre mouvement, ou le
produit de leur vîteſſe par leur propre maſſe, comme
une force qu'ils puiſſent employer contre les barres:
car ce mouvement ils le conſervent; ils en ont beſoin

pour fuivre le cabeftan qui tourne, & un corps n'agit jamais par fon mouvement que lorfqu'il le perd au moins en partie, comme nous le verrons encore mieux dans les Chapitres fuivants. La vîteffe des matelots doit donc caufer une diminution confidérable à leur effort, puifqu'elle ne leur laiffe pas la liberté de fe roidir contre les barres.

Tant qu'ils poufferont avec plus de force qu'il n'en faudra pour faire équilibre avec la pefanteur de l'ancre & pour vaincre les frottements, la vîteffe s'accélérera, l'excès de l'effort faifant naître fans ceffe un nouveau mouvement. La maffe à mouvoir fera formée de la maffe de l'ancre, de celle du cable & de celle du cabeftan même avec fes barres ; mais rien n'empêche de fubftituer à cette maffe par la penfée une autre maffe qu'on imaginera à la même diftance du cabeftan que les matelots, conformément à la méthode que nous avons déja employée plufieurs fois. La maffe à mouvoir va en diminuant à caufe de la partie du cable, qui rentre continuellement dans le Vaiffeau ; mais la force accélératrice diminue encore plus fubitement, & il n'eft pas permis de négliger cette diminution comme l'autre. L'effort que font les matelots devenant plus foible à mefure qu'ils marchent plus vîte, il fe trouve bientôt fenfiblement en équilibre avec la pefanteur de l'ancre. Alors les matelots n'employent plus leur force qu'à foutenir la pefanteur de l'ancre, ou à empêcher qu'elle ne détruife quelques degrés du mouvement déja acquis. La pefanteur de l'ancre tend continuellement à le ralentir ; & l'action des matelots s'oppofe à ce mauvais effet.

On juge affez qu'il feroit très-important de favoir felon quelle loi la force des hommes diminue à mefure qu'ils agiffent avec plus de promptitude. Nous employerons une fuppofition qui ne s'éloigne peut-être pas beaucoup de la vérité : nous nous imaginerons qu'un matelot allant deux ou trois fois plus vîte, son effort reçoit une diminution deux ou trois fois plus grande. Si on admet cette hypothese que nous ne proposons néanmoins qu'en attendant que nous ayons quelque chose de mieux sur ce sujet, on trouvera que, pour donner le plus grand mouvement uniforme possible au cabestan, il faut que les matelots se servent de barres assez longues pour soutenir, lorsqu'ils ne marchent pas, un poids double de celui qu'ils veulent élever. Un certain nombre de matelots, par exemple, est obligé de se mettre à 5 pieds de distance du cabestan pour soulever l'ancre & vaincre les frottements; il faudra pour rendre la vîtesse uniforme la plus grande qu'il est possible, que ces mêmes matelots agissent sur des leviers encore plus longs de 5 pieds.

Si nous nommons $f$ l'effort dont les hommes sont ordinairement capables lorsqu'ils n'en perdent aucune partie par la promptitude de leur marche, & que désignant par $e$ la vîtesse qui leur fait perdre tout l'exercice de leur force, nous nommions $u$ leur vîtesse actuelle ou le nombre de pieds ou de pouces qu'ils parcourent dans une seconde, nous aurons $f - \dfrac{fu}{e}$ pour l'expression générale de l'effort que nous pouvons faire selon l'hypothese exposée. Cet effort étant multiplié par le bras de levier que nous désignerons par $z$, il nous viendra $fz - \dfrac{fuz}{e}$ pour le moment, qui, comme on vient de le voir, doit être égal au moment de la pesanteur de l'ancre dans l'eau, lorsque le mouvement est déja rendu sensiblement uniforme. Ainsi nommant $P$ le poids de l'ancre dans l'eau & $b$ le rayon du cabestan, nous aurons $Pb = fz - \dfrac{fuz}{e}$.

Mais si les matelots étoient en repos, ils auroient beaucoup plus de force, & il ne seroit pas necessaire qu'ils se servissent de leviers si longs pour soutenir la

pefanteur de l'ancre. Ils feroient un effort exprimé par
$f$; & fi le bras de levier plus court avec lequel ils
agiroient alors étoit $c$, on auroit $bP = cf$. La longueur de ce bras $c$ de levier qui fuffit dans le cas du
repos des matelots, doit être donnée par l'expérience;
mais les moments $cf$ & $fz - \frac{fuz}{e}$ étant l'un & l'autre
égal à $bP$, nous aurons l'équation $cf = fz - \frac{fuz}{e}$
dont nous déduirons $u = e - \frac{ce}{z}$ pour la vîteffe des
matelots, & nous n'aurons donc plus qu'une fimple
analogie à faire pour avoir la vîteffe de l'ancre : le bras
de levier $z$ eft à la vîteffe $u = e - \frac{ce}{z}$ des matelots,
comme le rayon $b$ du cabeftan eft à un quatrieme
terme $\frac{be}{z} - \frac{bce}{z^2}$ qui nous marquera en grandeurs, que
nous pourons regarder comme connues, la vîteffe de
l'ancre lorfqu'elle monte déja d'un mouvement fenfiblement uniforme.

On ne fe borne pas ici à connoître cette vîteffe; on
veut qu'elle foit la plus grande qu'il eft poffible. Il faut
pour cela différentier fon expreffion & l'égaler à zéro.
On aura $-\frac{dz}{z^2} + \frac{2cdz}{z^3} = 0$, dont on tire $z = 2c$
qui fournit la condition effentielle du *maximum*, &
qui prouve en même temps qu'afin que le mouvement
devienne plus grand, il faut que la force qu'on emploie d'abord foit exactement double de celle qui
eft abfolument néceffaire. Enfin fi on introduit $2c$ à
la place de $z$ dans l'équation $u = e - \frac{ce}{z}$ il viendra
$\frac{1}{2}e$ pour la vîteffe uniforme des matelots ; ainfi ils
prennent alors la moitié de celle qui épuiferoit toute
leur force ou qui les priveroit d'action contre les barres,
& il fuit de-là que s'ils faifoient un effort de 50 à 52
livres lorfqu'ils ne marchoient pas, ils n'en font plus
qu'un de 25 à 26 livres, lorfqu'ils portent la vîteffe

du mouvement uniforme du cabeftan à fon plus haut degré. L'expreffion générale $\frac{be}{z} - \frac{bce}{z^2}$ de la vîteffe de l'ancre fe réduira en même temps à $\frac{be}{4c}$, qui eft donc la plus grande vîteffe de toutes celles que peut prendre l'ancre. Suppofé que les matelots s'approchaf- fent davantage du cabeftan, ils pourroient employer, il eft vrai, une plus grande partie de leur force abfo- lue, parce qu'ils marcheroient moins vîte, mais elle feroit fituée moins avantageufement étant appliquée à un bras de levier trop court. Si on plaçoit au contraire les matelots à une diftance du cabeftan plus grande que $2c$, on gagneroit par la longueur des leviers; mais on perdroit davantage du côté de la force, parce que les matelots étant obligés de marcher beaucoup plus vîte, agiroient enfuite plus foiblement.

On formera une autre hypothefe plus fufceptible d'exactitude, en exprimant la force des hommes par $\frac{kf - hu}{k + u}$ pendant que $f$ défignera toujours l'effort de l'homme en repos, & que $k$ & $h$ feront deux conftan- tes qui ne feront pas difficiles à déterminer. On aura toujours $Pb = fc$, & comme on aura auffi $Pb = \frac{kfz - huz}{k + u}$ en comparant les moments du poids $P$ & de l'effort des matelots en mouvement, on en inférera $fc = \frac{kfz - huz}{k + u}$ dont on tirera $u = \frac{kfz - kcf}{cf + hz}$ pour la vîteffe des mate- lots. On aura donc $\frac{bkfz - bchf}{cfz + hz^2}$ pour celle de l'ancre; & fi on en fait un *maximum* il viendra $z = 2c + \frac{cf}{k}$ qui lorfque $k$ fera très-grande par rapport à $f$, ne dif- férera que très-peu de la valeur $2c$ trouvée précé- demment.

Au furplus, on auroit befoin de trois expériences dans cette feconde hypothefe pour fixer les quantités $f$, $k$ & $h$, qui entrent dans l'expreffion générale

$\frac{kf-hu}{k+u}$. L'effort que fait un homme lorfqu'il eft en repos ou lorfque $u = 0$ donneroit immédiatement $f$ qui en eft alors l'expreffion. La vîteffe qui met cet homme au point de ne pouvoir plus agir, étant défignée par $e$, & fubftituée à la place de $u$, on auroit $\frac{kf-he}{k+e} = 0$. Enfin une troifieme expérience faite lorfque le même homme agiroit avec une vîteffe connue $\epsilon$ moindre que la derniere, donneroit une valeur particuliere de $\frac{kf-hu}{k+u}$ & ne laifferoit plus rien d'indéterminé. Suppofé que l'expérience donnât $\varphi$ pour l'effort de l'homme qui agit avec cette vîteffe $\epsilon$, on auroit $\frac{kf-h\epsilon}{k+\epsilon} = \varphi$. On tireroit de la combinaifon des deux équations $\frac{kf-he}{k+e} = 0$ & $\frac{kf-h\epsilon}{k+\epsilon} = \varphi$, les valeurs de $k$ & de $h$ qui feroient $k = \frac{e\varphi\epsilon}{fe - e\varphi - \epsilon f}$ & $h = \frac{f\varphi\epsilon}{fe - e\varphi - f\epsilon}$ ; & les introduifant dans $\frac{kf-hu}{k+u}$, on auroit $\frac{f\varphi\epsilon \times e - u}{e\varphi\epsilon + fe - e\varphi - f\epsilon \times u}$ pour l'expreffion générale de l'effort que fait un homme qui agit avec la vîteffe $u$. Dans cette même expreffion, $f$ marque l'effort dont cet homme eft capable lorfqu'il eft en repos, $e$ la vîteffe qui eft affez grande pour l'empêcher d'exercer aucune partie de fa force, & $\varphi$ l'effort qu'il peut faire en agiffant avec la vîteffe moyenne $\epsilon$.

# CHAPITRE XI.

*Du mouvement que les Corps se commu-*
*niquent par le choc, & premiere-*
*ment ceux qui sont dénués*
*de ressort.*

LES corps inanimés auxquels nous revenons, peuvent agir les uns contre les autres, non-seulement par
leur pesanteur, ils peuvent encore se frapper avec force,
lorsqu'ils ont acquis avant le choc une grande vîtesse.
Ils se communiquent alors du mouvement tout à coup.
Nous les considérerons ici & dans les Chapitres suivants
comme ayant toute leur inertie ; mais ils seront censés
dépouillés de leur pesanteur. Ils seront suspendus à la
maniere des pendules, ou bien ils glisseront sur des
plans horisontaux parfaitement unis qui soutiendront
tout leur poids, ou bien ils flotteront sur une eau tranquille.

## I.

Une regle qui n'est jamais violée, c'est qu'un corps
ne donne du mouvement qu'autant qu'il en perd. Nos
Lecteurs savent que la quantité du mouvement est le
produit de la masse d'un corps par sa vîtesse, & ils
savent aussi qu'un corps qui reçoit du mouvement ne
le prend pas sans résister. Cette résistance se fait res-
sentir à l'autre corps qui communique le mouvement,
& il faut qu'il la vainque. Ce premier corps oppose à
cette résistance, la difficulté qu'il fait lui-même à perdre quelque partie de sa vîtesse, & il se trouve équilibre
ou égalité entre les deux résistances, lorsque les deux

T

mouvements font égaux entr'eux; celui qui eft acquis d'un côté, & celui qui eft perdu de l'autre.

Il fuit de-là que fi deux corps qui ont une égale quantité de mouvement, vont fe frapper en fens directement contraire, ils refteront mutuellement en repos. L'un de ces corps a, par exemple, huit fois plus de maffe que l'autre, mais d'un autre côté, il fe meut huit fois moins vîte, ils auront la même quantité de mouvement ou la même force, & il n'y aura aucune raifon pour que l'un des deux l'emporte fur l'autre. Chacun perdra donc par le choc tout le mouvement qu'il avoit; mais il ne le peut perdre qu'en réfiftant, & cette réfiftance détruira tout le mouvement de l'autre. Ainfi les deux corps refteront immobiles.

Mais fi un des corps qui avance vers l'autre a plus de mouvement, il eft fenfible que les mouvements égaux & contraires de part & d'autre fe détruiront, & que le corps le plus fort n'agira enfuite contre l'autre qu'avec l'excès de fon mouvement. L'un de ces corps a, par exemple, 12 degrés de mouvement, & l'autre n'en a que 7. Le premier corps a 6 degrés de maffe & 2 de vîteffe; au lieu que le fecond n'a qu'un degré de maffe & il a 7 degrés de vîteffe. Le premier de ces corps fera plus fort que le fecond; mais dans le choc, il doit perdre 7 degrés de fon mouvement qui feront détruits par les 7 degrés de mouvement contraire du fecond.

Nous ne devons donc plus compter fur ces 7 degrés qui font anéantis réciproquement de part & d'autre par leur égalité & leur oppofition. Mais il refte après cela 5 degrés de mouvement au premier corps; & ce mouvement le met en état d'agir contre le fecond en le pouffant: ils marcheront de compagnie, en ne formant, pour ainfi dire, qu'une feule maffe qui aura 3 degrés. Cette réunion de deux corps fera donc qu'ils partageront entr'eux les cinq degrés de mouvement proportionellement à leur maffe particuliere; & quant à

leur vîtesse commune, elle sera précisément de 1⅔
degrés ; puisqu'en divisant les 5 degrés de mouvement
par trois degrés de masse, il vient 1⅔ au quotient qui
nous marque la vîtesse commune.

La même regle servira, quoique le cas soit différent,
si les deux corps qui se frappent vont dans le même
sens. Il faut que le postérieur ait plus de vîtesse que
l'antérieur pour pouvoir l'atteindre, & alors il n'y aura
point de destruction de mouvement, il y en aura simplement une nouvelle distribution. Le corps postérieur
agit contre l'autre avec l'excès de sa vîtesse ; il doit le
faire marcher plus vîte, & après le choc ils doivent
aller de compagnie, comme s'ils ne formoient qu'une
seule masse. Ainsi l'excès du mouvement du mobile
postérieur doit se partager entre lui & le corps antérieur
proportionnellement aux masses, ou si on veut trouver
le résultat du choc par une opération plus simple, il n'y
a qu'à distribuer tout le mouvement des deux corps à la
somme de leur masse, & on aura leur vîtesse commune.

Le corps postérieur a, par exemple, 3 degrés de masse
avec 5 degrés de vîtesse, & il atteint un autre corps qui
n'ayant qu'un degré de masse & un degré de vîtesse,
se meut exactement dans le même sens. Il n'y a point
ici de mouvement contraire ; mais le mobile postérieur
a 15 degrés de mouvement, produit de sa masse 3 par
sa vîtesse 5 ; & le mobile antérieur n'a qu'un degré de
mouvement, produit d'un de masse par un de vîtesse.
Ces deux mouvements se joignent ; ils forment ensemble
16 degrés, & ils sont à distribuer aux 4 degrés de la
masse totale des deux corps qui, après le choc, se meuvent de compagnie. Je divise donc 16 par 4 ; & il me
vient 4 pour la vîtesse des deux corps ; vîtesse dont la
direction ne differe pas de la premiere.

*Que la quantité de mouvement dans le même sens est égale avant & après le choc, & que le centre de gravité des deux corps se meut toujours avec la même vîtesse.*

L'ÉGALITÉ de mouvements entre celui que reçoit un des corps & celui que perd l'autre, donne occasion de faire une remarque qui est fort importante. C'est que la quantité de mouvement dans le même sens reste toujours la même. Si les deux corps se meuvent dans le même sens, leur mouvement se joignent ensemble, & si les deux mobiles se meuvent en sens contraires, le plus foible ne peut pas perdre son mouvement sans détruire une quantité de mouvement égale à la sienne ; mais ces deux mouvements contraires étoient déja comme nuls si on les considere ensemble ; ils formoient le zéro de mouvement par rapport à une certaine détermination. Un des corps en avançant, par exemple, vers l'Orient a 12 degrés de mouvement, & l'autre qui alloit vers l'Occident en avoit 7 ; ce n'est réellement que 5 degrés de mouvement vers l'Orient lorsqu'on considere ces deux corps à la fois ; & c'est cette même quantité de mouvement qui subsiste après le choc.

Une autre propriété du mouvement qui est encore extrêmement remarquable, c'est que le centre de gravité des deux mobiles se meut toujours avec la même vîtesse avant & après le choc. Les corps *A* & *B* de la figure 47 sont, par exemple, d'une égale masse, & le premier va choquer avec 2 degrés de vîtesse le second qui est en repos. Le mouvement du premier se partagera entre les deux corps, & se partagera également, puisque les deux corps sont de masses égales. Ainsi ils iront de compagnie chacun avec un degré de vîtesse,

Figure 47.

& ce sera aussi la vitesse de leur centre de gravité com-  Figure 47.
mun. Mais avant le choc, la vîtesse de leur centre de
gravité étoit déja la même. Car lorsque les deux corps
étoient à la distance *A* B l'un de l'autre, le centre de
gravité étoit en *G* au milieu de cet intervalle ; & à
mesure que le corps *A* s'approchoit de *B*, le centre de
gravité *G* avançoit aussi vers *B*, en se trouvant toujours
au milieu de l'intervalle. Ainsi le centre de gravité *G*
des deux corps ne parcourt que *G B* pendant que le
corps *A* parcourt *A B*, & par conséquent ce centre a
la moitié de la vîtesse qu'avoit le corps *A* avant le choc,
c'est-à-dire, qu'il n'a qu'un degré de vîtesse ; & c'est
aussi celle qu'il a encore après le choc, puisque les deux
corps n'ont que la moitié de la vîtesse qu'avoit le corps *A*.

Prenons pour autre exemple deux corps *A* & *B*
( *Fig.* 48 ) qui vont à la rencontre l'un de l'autre avec  Figure 48.
des quantités de mouvement égales. Ils se réduiront
l'un & l'autre au repos. Ainsi leur centre de gravité
n'aura aucune vîtesse après le choc ; mais c'étoit exactement la même chose auparavant. Si le corps *A* a
cinq ou six fois plus de masse que le corps *B*, le centre
de gravité commun *G* de ces deux corps sera cinq ou six
fois plus voisin du premier que du second, c'est-à-dire,
que l'intervalle *B G* sera cinq ou six fois plus grand que
*A G*. Mais puisque les deux mobiles ont la même
quantité de mouvement l'un que l'autre, il faut que
le corps *B* ait sa vîtesse d'autant plus grande que la
masse est plus petite ; c'est-à-dire, que les vîtesses des
deux mobiles seront en même raison que *A G* & *B G*.
Ainsi lorsque le premier mobile sera parvenu au milieu
de *A G*, le mobile *B* sera parvenu au milieu de *B G* ;
lorsque le premier mobile sera arrivé aux trois quarts de
*A G*, le second mobile sera parvenu aussi aux trois
quarts de *B G*. Mais il s'ensuivra de-là que leur centre
de gravité *G* sera toujours dans le même endroit ; & on
voit donc que ce point qui ne se meut point après le

Figure 48. choc, puifque les deux corps reftent en repos, ne fe mouvoit pas non plus avant le choc.

Il eft un peu plus difficile de s'affurer de la même vérité dans tous les autres cas; mais on y réuffira avec quelque petit appareil de Géométrie. On trouvera que la vîteffe du centre de gravité commun de deux ou de plufieurs corps qui fe frappent n'eft fujette à aucun changement. Si ce centre étoit en repos, il y refte; & s'il avoit une certaine vîteffe, il fe meut toujours avec la même & fur la même direction.

## I I.

## Du choc des corps à reffort.

LES mobiles que nous venons de confidérer font dénués de reffort ou font mous. Tels font un très-grand nombre de corps; mais plufieurs autres ont du reffort; ils fe compriment lorfqu'on les frappe, & ils rendent, en fe reftituant avec force dans leur premier état, prefque toute la vîteffe avec laquelle on les avoit frappés. Si on laiffe tomber une boule de verre fur une groffe maffe de même matiere, elle eft repouffée avec une vîteffe qui ne differe toujours que d'environ une feizieme partie de la premiere. Ainfi le reffort du verre n'eft pas abfolument parfait; mais il l'eft beaucoup plus que celui de la plupart des autres corps qui ne rendent qu'une moindre partie de la vîteffe ou du mouvement avec lequel ils ont été frappés.

Le réfultat du choc de ces fortes de corps eft très-différent de celui des corps mous; mais il en eft une fuite. Lorfque deux corps fe frappent & qu'ils font à reffort, ils fe compriment avec force pendant qu'ils fe communiquent du mouvement. Cette communication fe fait conformément aux loix que nous venons d'expliquer. Mais dans l'inftant que les deux corps vont de

compagnie & qu'ils cessent d'agir l'un sur l'autre par
leur premier mouvement, leur ressort qui avoit été
comprimé, commence à se débander , & il produit
un effet qui répond parfaitement à la grandeur de la
compression, à la force du choc, ou au changement
fait dans le mouvement. Ainsi, supposé qu'un corps à
ressort ait perdu ou reçu dix degrés de mouvement ou
de vîtesse par le choc, son ressort aura été comprimé
à proportion de ce mouvement ; & lorsqu'il se déban-
dera, il produira dans le mouvement du corps un changement égal ou proportionnel au premier. Le corps
a-t-il reçu du mouvement, il en recevra encore ; il en
perdra au contraire s'il en a déja perdu, & ce second
changement sera toujours égal ou moindre que le premier, selon que le ressort sera parfait ou imparfait.

Pour éclaircir ceci par un exemple , supposons que
deux corps *A* & *B* sont de masses égales, qu'ils ont un
ressort absolument parfait, & que le premier va rencontrer avec deux degrés de vîtesse le second qui est
en repos. Les deux corps étant de masses égales & le
second étant en repos, le premier lui imprimera la
moitié de son mouvement, & ils iront l'un & l'autre
avec un degré de vîtesse par le premier effet du choc.
Mais pendant la communication du mouvement les
deux corps se compriment réciproquement, ils mettent leur ressort en action, & si ce ressort est absolument parfait, il doit opérer dans le mouvement de
chaque corps un changement précisément égal au premier. Ainsi le corps *A* qui avoit d'abord 2 degrés de
vîtesse, & qui en a perdu un, en perdra encore un &
restera donc ensuite en repos. Le corps *B* au contraire
qui étoit en repos & qui a pris un degré de vîtesse par
le choc, en recevra encore un autre par l'action de
son ressort, de sorte qu'il aura ensuite 2 degrés de vîtesse ; & il se trouvera donc que les deux corps auront
fait un échange parfait de leur premier état.

Nous venons de fuppofer que le reffort étoit parfait, quoiqu'il y ait tout lieu de croire qu'il n'y en a pas de tel dans la nature. Lorfque deux corps fe choquent & qu'ils fe compriment en s'applatiffant dans l'endroit frappé, une partie de l'effort eft employée à déplacer les parties folides du corps frappé, à les rapprocher les unes des autres, & le reffort n'eft comprimé par conféquent que par l'excès de la force. Si la compreffion s'étend fort loin dans le corps, il y aura eu beaucoup de force employée à mouvoir les parties folides les unes vers les autres; ainfi le reffort en fouffrira moins d'effort; & lorfqu'il fe reftituera, au lieu d'agir avec toute fa force contre l'agent extérieur, il en épuifera encore une partie à rétablir les molécules du corps dans leur premiere fituation refpective. Nous appercevons donc dans l'action du reffort deux caufes de diminution. Le reffort n'eft pas ordinairement preffé avec toute la force qui a été employée, & il ne rend pas encore toute la force réelle qui l'a mis en action. Il s'enfuivroit de-là qu'il n'y a point de corps à reffort abfolument parfait dans la nature. Leurs parties changent de fituation les unes par rapport aux autres jufqu'à une certaine profondeur, au lieu qu'il faudroit que le reffort fut d'une roideur infinie & que le dérangement des parties s'étendit infiniment peu, pour que le débandement fe fît exactement avec la même vîteffe que la compreffion.

Selon cette explication, les corps ne doivent pas recevoir par leur reffort dans la communication des mouvements, un changement égal au premier; mais feulement un changement proportionnel & moindre dans un certain rapport. Si nous reprenons un des exemples que nous nous fommes propofés ci-devant, celui dans lequel un des corps a 12 degrés de mouvement & va à la rencontre d'un autre corps qui a 7 degrés de mouvement, & fi nous fuppofons que leur ref-

fort

ſort eſt à moitié parfait ; nous chercherons d'abord la vîteſſe de ces deux corps en les ſuppoſant mous. Nous avons trouvé que le ſecond comme moins fort, retournoit ſur ſes pas, & qu'ils alloient enſemble avec $1\frac{2}{3}$ degrés de vîteſſe. Le premier corps avoit auparavant 2 degrés, & il a perdu dans le choc $\frac{1}{3}$ de degré : ainſi ſon reſſort, en ſe débandant, lui fera perdre encore $\frac{1}{6}$ de degré, & il ne reſtera donc plus à ce mobile que $1\frac{1}{2}$ degrés de vîteſſe. L'autre mobile qui avoit une vîteſſe de 7 degrés vers le premier & qui en rebrouſſant chemin en a pris une de $1\frac{2}{3}$ degrés en ſens contraire, a ſouffert un changement de $8\frac{2}{3}$ degrés, & ſon reſſort à demi-parfait ajoutera donc $4\frac{1}{3}$ degrés au $1\frac{2}{3}$ degrés; ainſi le choc étant entiérement accompli, ce ſecond mobile aura 6 degrés de vîteſſe.

Au ſurplus les remarques que nous avons faites ſur la vîteſſe conſtante du centre de gravité des deux corps & ſur l'égalité de mouvement dans le même ſens, devant & après le choc, ſont encore vraies, lorſque les corps qui ſe choquent ſont à reſſort. Le mouvement dans le même ſens eſt toujours le même ; car ſi le reſſort qui agit enſuite du choc, ajoute quelques nouveaux degrés de mouvemens à un des corps, il pouſſe l'autre dans un ſens contraire, & il diminue autant ſon mouvement qu'il a augmenté celui de l'autre. La vîteſſe du centre de gravité commun ſera auſſi toujours la même ; & elle ſera nulle après le choc ſi le centre de gravité étoit en repos avant le choc. Les corps *A* & *B* de la figure 48 vont ſe frapper avec des vîteſſes qui ſont en raiſon inverſe de leurs maſſes; ils vont ſe rencontrer dans le point *G* où ſe trouve leur centre de gravité commun qui eſt alors en repos. Si ces deux corps ſont mous, ils reſteront en repos après le choc; mais s'ils ont du reſſort, chacun d'eux retournera ſur ſes pas & ſera, renvoyé avec une vîteſſe proportionnelle à celle qu'il avoit d'abord. Ils s'éloigneront donc toujours dans le même rapport du point *G* en rebrouſſant chemin , & leur centre de gravité conſervera toujours exactement ſa même place.

## Que la peſanteur des corps ou leur ten-dance vers le centre de la terre n'altere en rien les loix de la communication des mouvements.

Nous joindrons encore ici une autre remarque qui eſt trop importante pour que nous l'oubliïons. Nous avons ſuppoſé que les corps qui ſe frappoient étoient ſoutenus ſur un plan horiſontal ; mais cette ſuppoſition n'étoit nullement néceſſaire, nous n'avons eu en vue, en la faiſant, que de moins partager notre attention. La peſanteur des corps ne change abſolument rien dans la maniere dont ils agiſſent l'un ſur l'autre avec des vîteſſes réelles ou d'une grandeur finie. La peſan-teur peut changer la vîteſſe des corps avant qu'ils ſe rencontrent , & elle peut altérer auſſi leur vîteſſe après le choc en répétant ſon action, comme nous l'avons expliqué ci-devant. Mais pendant la durée même du choc, la peſanteur doit être incapable d'un effet ſen-ſible, puiſque le choc ſe fait, pour ainſi dire dans un inſtant. Ainſi lorſqu'un corps ſe meut avec une vîteſſe à faire 15 ou 20 pieds dans une ſeconde, il n'importe qu'il vienne frapper en deſſous ou en deſſus un autre corps en le pouſſant vers le haut ou vers le bas , le choc doit produire toujours le même effet, & le ſens de l'im-pulſion , par rapport à la direction de la peſanteur, ne doit y apporter aucune différence. Car il s'agit alors d'une vîteſſe finie qui ſe communique tout à coup & qui eſt comme infiniment grande à l'égard de celle que la peſanteur peut imprimer dans un inſtant ou dans un temps prodigieuſement court.

# CHAPITRE XII.

## Du mouvement des corps qui se frappent obliquement.

### I.

IL arrive souvent que les corps se frappent avec obliquité, & alors il faut décomposer leurs mouvements
pour découvrir quel sera le résultat de leur choc. Le
corps sphérique *A* ( *Fig.* 49.) va, par exemple, frapper  Figure 49.
selon la direction *A a* & avec la vîtesse *A a*, le globe
*B* qui est en repos. Je tire la tangente *E D* au point de
la surface du globe qui sera frappé ; je forme ensuite
par des parallèles *a H* & *A F* à cette tangente & des
perpendiculaires *a F*, & *A H*, le rectangle *A H a F*.
Le mouvement *A a* du corps choquant se trouvera
après cela décomposé dans les deux mouvements *F a* &
*H a ;* & il est évident que le choc ne se fera qu'avec
le mouvement relatif *F a*, sans que l'autre partie du
mouvement, le mouvement relatif *H a* contribue en
rien à l'impulsion. Ainsi il n'y a qu'à considérer le
mobile *A*, comme s'il n'avoit que la vîtesse *F a*. Il
communiquera, conformément aux regles que nous
avons vues, du mouvement au corps *B* selon *B L*,
prolongement de *F a* ; & lui même il prendra une nouvelle direction *a α*, en satisfaisant en même-temps au
mouvement relatif *H a*, ou *a K*, qui n'a pu recevoir
d'altération par le choc, & au mouvement *a I* qui lui
restera selon le prolongement de *F a*.

Le corps *B* étant en repos, il faudra distribuer à la
somme des deux masses tout le mouvement qu'avoit
le corps *A* selon *F a*. Et si le corps *B* est double de

Figure 49.

*A*, la maſſe totale ſera triple de celle de *A*; par conſéquent la vîteſſe deviendra trois fois plus petite; le corps
*A* & le corps *B* n'auront après le choc, ſelon *a L*, que
le tiers de la vîteſſe relative *F a*. Pour avoir donc la
direction *a α* que ſuivra ce premier globe après le choc,
nous n'avons qu'à, en prolongeant *H a*, faire *a K* égale
à *H a*; nous ferons enſuite *a I* égale au tiers de *F a*,
& achevant le rectangle *I K*, ſa diagonale *a α* nous
donnera la nouvelle direction du corps *A* & nous marquera auſſi ſa vîteſſe.

Les choſes ſe paſſeront autrement ſi les corps qui
ſe frappent, ont du reſſort, comme ils en ont ſouvent
un peu. Si leur reſſort eſt à demi-parfait, le corps *B*
après avoir reçu par l'effet immédiat du choc une vîteſſe égale à *a I* ou au tiers de *F a* dans les ſuppoſitions
que nous avons faites, augmentera ſa vîteſſe de la moitié de *a I* par l'action de ſon reſſort. D'un autre côté
le corps *A* qui n'ayant plus que le tiers de la premiere
vîteſſe en a perdu les deux tiers, fera, par la reſtitution
de ſon reſſort qui le pouſſera en arriere, une perte
égale à la moitié de la premiere. Ainſi il perdra tout
ſon mouvement ſelon *a L*; & il ne lui reſtera que le
ſeul mouvement latéral *H a*, ou *a K*. Pendant que le
corps *B* ira donc ſelon *B L* avec une vîteſſe égale au
tiers de *F a* plus à la moitié de ce tiers, le corps *A*,
prendra en *a* la direction & la vîteſſe *a K*.

## I I.

## Du choc d'un corps qui en frappe pluſieurs autres tout à la fois.

S I un corps en choque ſucceſſivement pluſieurs, il
n'y aura qu'à examiner de ſuite les effets de tous ces
chocs; mais ſi un corps en frappe pluſieurs tout à la
fois, il faudra quelque légere attention de plus de la

part du Méchanicien. Cependant la parfaite égalité
entre le mouvement acquis d'un côté & le mouvement
perdu de l'autre, fera toujours exactement obfervée.
L'exemple que nous allons mettre fous les yeux des
lecteurs, quoiqu'il paroîtra peut-être un peu étranger à
notre fujet, fixera encore mieux le vrai fens de cette
regle la plus générale de la Méchanique, ou de cette
partie, la Dynamique qui a pour principal objet l'action des corps les uns contre les autres lorfqu'ils font
en mouvement.

Nous fuppofons que le globe dont $A$ (*fig.* 50.) eft Figure 50.
le centre fe meuve avec la vîteffe $AB$, & nous voulons qu'en rencontrant à la fois en $G$ & en $H$ deux
autres globes qui font en repos, il change fa direction
& fa vîteffe en prenant la direction & la vîteffe $AE$.
La maffe du corps dont $A$ eft le centre eft donnée ;
fes directions & fes vîteffes avant & après le choc font
également données. On a auffi les points $G$ & $H$ où
doit fe faire l'attouchement ou le choc. Mais on demande quelle maffe les deux globes frappés doivent
avoir pour que le mouvement du corps choquant $A$
reçoive le mouvement prefcrit ?

Les lignes droites $AB$, & $AE$ marquent les vîteffes
& les directions du corps $A$ avant & après le choc,
je tire une droite $EB$ ; & ayant conduit $AF$ parallele
& égale à cette ligne $BE$, j'acheve le parallélograme
$BAFE$, & $AF$ me marque la vîteffe que le corps $A$
perd par le choc. Si on multiplie cette vîteffe par la
maffe du corps $A$, on aura le mouvement qu'il a perdu, ou pour nous expliquer autrement, on aura la
différence des deux mouvements felon $AB$ & $AE$,
ou bien encore le changement qu'il a fallu qu'éprou-
vât le premier mouvement pour devenir le fecond.
Car il n'y a que le mouvement $AF$ qui étant com-
biné avec $AB$, puiffe donner pour réfultat le mouvement $AE$. Si nous nommons $A$ la maffe du corps $A$,

Figure 50. nous aurons $AF \times A$ pour le mouvement perdu de ce corps, pendant que $AB \times A$ exprimera le mouvement qu'avoit ce même corps avant le choc, & $AE \times A$ le mouvement qui lui reste après le choc.

Le produit $AF \times A$ de $AF$ par la masse du corps $A$, nous marquant le mouvement que ce corps perd, nous marque aussi celui que doivent acquérir les deux globes frappés. Nous avons déja, pour ainsi dire, la vîtesse de ces corps; car elle est déterminée par la vîtesse avec laquelle le globe $A$ se meut après le choc. Lorsque le centre de ce dernier corps passe de $A$ en $a$, toutes les parties de sa surface avancent de la même quantité parallélement à $AE$. Les petites lignes $Ll$, $Gg$, $Hh$ &c. sont donc toutes égales & paralleles entr'elles. Mais ces lignes que je suppose infiniment petites ne marquent pas les vîtesses avec lesquelles les corps frappés sont poussés. Le corps $K$ n'est poussé qu'avec la vîtesse $HP$ qui a le même rapport à $Hh$ dans le petit triangle rectangle $HPh$ que le sinus de l'angle $h$ au sinus total. Mais puisque $Hh$ est parallele à $AE$, l'angle $h$ est le complément de l'angle $HAE$. Ainsi nous sommes en état de découvrir la vîtesse qu'aura le corps $K$ après le choc. Le sinus total est à la vîtesse $AE$ du corps $A$ après le choc, comme le co-sinus de l'angle $HAE$ est à la vîtesse du corps $K$. Nous trouverons par une semblable analogie la vîtesse du corps $I$, en nous servant pour troisieme terme du co-sinus de l'angle $GAE$. Nous aurons $\frac{co\text{-}sin.\ HAE}{sin.\ tot.} \times AE$ pour la vîtesse du corps $K$, & $\frac{co\text{-}sin.\ GAE}{sin.\ tot.} \times AE$ pour celle du corps $I$.

Les vîtesses de ces corps étant trouvées, il nous sera très-facile de déterminer les masses qu'on doit leur donner, lesquelles forment tout l'objet de notre recherche. Le corps choquant perd le mouvement $AF \times A$ par le choc; & il faut que les deux corps

K & I reçoivent enfemble ce même mouvement. Figure 50.
Ils ne peuvent pas en prendre fans réfifter par leur
inertie, & il faut que cette réfiftance foit égale à
celle que le corps A fait de fon côté en perdant de
fon mouvement. En prolongeant H A & G A vers Q
& vers R, je forme le parallélogramme AQFR autour
de la diagonale A F; & pendant que A F me marque
le mouvement abfolu que perd le corps choquant, les
lignes A Q & A R m'indiquent les deux pertes felon
les directions A G & A H, & ces dernieres lignes
m'indiquent auffi les quantités de mouvement que
doivent recevoir les deux corps K & I.

Rien n'eft plus facile que de trouver la longueur de
toutes ces lignes par la réfolution des triangles qu'elles
forment les unes avec les autres. E B eft donnée de
longueur & de fituation, puifque A B & A E font données. Dans les triangles A F Q & A F R les trois angles feront connus, & on a le côté A F qui eft égal à
B E. Nous pouvons donc regarder les lignes A Q &
A R comme connues. Mais cela fuppofé, nous n'a-
vons qu'à multiplier A Q par la maffe du corps A, &
nous aurons le mouvement que le corps A a perdu
felon A Q. C'eft A Q × A; & puifque ce mouvement
eft égal à celui qu'a acquis le corps K dont nous avons
trouvé ci-deffus la vîteffe, nous n'avons qu'à divifer
A Q × A par cette vîteffe, & le quotient nous marquera la maffe qu'il faut donner à ce corps. Nous aurons
$\frac{\text{fin. tot.} \times A Q \times A}{\text{cofin.} H A E \times A E}$ pour cette maffe. Divifant de même
A R × A par la vîteffe, $\frac{\text{cofin. } G A E}{\text{fin. tot.}} \times A E$, du corps I,
il nous viendra $\frac{\text{fin. tot.} \times A R \times A}{\text{cofin.} G A E \times A E}$ pour fa maffe que nous
voulions auffi découvrir.

Si ces corps étoient à reffort, le changement B E
ou A F fait au mouvement du corps A, ne feroit pas
produit immédiatement par le choc. Il n'y auroit

*

Figure 50. d'abord de changement qu'une certaine partie $Be$ ou $Af$; & quant à l'autre $eE$ ou $fF$ qui feroit moindre que la premiere dans un certain rapport, elle dépendroit de la qualité du reffort qui la produiroit en fe débandant. Mais au lieu de faire fur $BE$, les opérations prefcrites, il n'y auroit qu'à les faire fur $Be$.

La méthode étant générale, fon application n'eft pas bornée à un certain nombre de mobiles. Elle nous fait découvrir ici les maffes que doivent avoir les corps frappés : ces maffes étant connues au contraire, il n'y auroit qu'à les comparer avec les expreffions que nous venons de trouver, & on pourroit, en fuivant un ordre analytique, découvrir tour à tour celles des quantités que nous avons fuppofé données, & qu'on regarderoit alors comme inconnues. Feu M. Jean Bernoulli ayant prétendu * qu'on n'avoit pu jufqu'à lui, réfoudre ce problême, parce qu'on en ignoroit les vrais principes, j'en donnai la folution dans le Journal des Savants du mois d'Avril 1728, laquelle fe rapporte parfaitement à la précédente. Ce fameux Géometre nommoit *force vive* le produit de la maffe de chaque corps par le quarré de fa vîteffe; & il devoit y avoir felon lui une parfaite égalité entre ces produits avant & après le choc. Mais un vrai principe doit être lumineux par lui-même; & cette égalité entre les prétendues forces vives, quoiqu'elle ait effectivement lieu dans une infinité de rencontres, n'eft qu'une conféquence purement géométrique & très-éloignée des loix ordinaires de la communication des mouvements qui admettent, comme on l'a vu, une explication très-naturelle.

* *Voyez la Piece qu'il publia fur le Mouvement en 1727.*

CHAPITRE

# CHAPITRE XIII.

## Du choc des corps qui agissent les uns contre les autres par le moyen d'un levier.

S'IL étoit possible de trouver quelque cas dans lequel le mouvement que reçoit un corps n'est pas égal à la perte que souffre un autre corps, ce seroit lorsque les deux agissent l'un contre l'autre par l'intervention d'un levier qui ne peut tourner que sur un point. Le corps *A*, par exemple, va frapper le levier *HL* ( *fig.* 51 ) au point *E*, & en même temps le corps *B* frappe ce même levier au point *F* dans un sens contraire. Il est certain que le corps *B* peut avoir plus de masse & de vîtesse que le corps *A* ; il peut avoir beaucoup plus de mouvement que le corps *A*, & produire cependant moins d'effet sur le levier, parce que les résistances que font ces deux mouvements à être détruits, sont aidées par des bras de levier de différentes longueurs.

Supposons que le corps *B* ait trois degrés de masse & 4 de vîtesse, il aura 12 degrés de mouvement ; mais tout ce mouvement sera détruit, quoique le corps *A* n'ait qu'un seul degré de mouvement, si cet autre mobile frappe le levier à une distance 12 fois plus grande du point d'appui *H*. Le corps *B* ayant 12 degrés de mouvement, résiste douze fois plus en les perdant que le corps *A* qui n'a qu'un seul degré de mouvement à perdre. Mais cette derniere résistance est située en récompense douze fois plus avantageusement lorsque la distance *E H* est douze fois plus grande que la distance *F H*. Ainsi il y aura équilibre entre les mouvements

Figure 51.

X

des deux corps, ou entre les réſiſtances que font ces deux mouvements à s'anéantir, quoiqu'elles ſoient inégales. Ce n'eſt pas là après tout une exception réelle à la regle : car le point d'appui fournit lui-même une réſiſtance qu'il faudroit compter, & à laquelle on ſe difpenſe ici d'avoir égard, parce qu'on ſuppoſe que ce point eſt capable de conſerver ſon immobilité contre les plus grands efforts.

Propoſons-nous encore un autre exemple où le levier contribue à la communication des mouvements. Le levier *HL* (*fig.* 52) qui eſt en repos & que nous ſuppoſons ſans peſanteur, traverſe le ſolide *B*, & il eſt frappé par ſon extrêmité *L* par le corps *A* qui ſe meut avec une vîteſſe égale à *L I*. Le levier en changeant de place & en paſſant dans la ſituation *H l*, tranſportera le corps *B* en *b*, en lui faiſant prendre la vîteſſe *B b* qu'il faut multiplier par la maſſe du corps *B* pour avoir ſon mouvement. D'un autre côté le corps *A* qui, en frappant le point *L* avoit la vîteſſe *L I*, n'aura plus, après le choc, que la vîteſſe *L l*, ainſi il aura perdu la partie *l I* de la première vîteſſe ; & il n'y aura qu'à multiplier ſa maſſe par *l I* pour avoir le mouvement qu'il aura perdu. Mais de même que le corps *B* réſiſte en prenant du mouvement, le corps *A* réſiſte en perdant une partie du ſien ; & il faut qu'il y ait équilibre par rapport au point *H* entre ces deux réſiſtances ou entre ces deux mouvements acquis & perdu. Ces deux mouvements ne doivent pas être égaux ; car la réſiſtance que fait le corps *A* à perdre de ſon mouvement, eſt appliquée à un bras de levier plus long, & ce corps a de l'avantage à cet égard. Suppoſé que *HL* ſoit deux ou trois fois plus grand que *HB*, il ſuffira donc que le produit du corps *A* par la vîteſſe perdue *l I*, ſoit la moitié ou le tiers du produit du corps *B* par la vîteſſe *B b* pour qu'il y ait équilibre. Le corps *B* aura après cela la vîteſſe *B b*, & le corps *A* la vîteſſe *L l*.

Figure 52.

Figure 52.

Nous pouvons confidérer la chofe fous un autre afpect, qui nous mettra plus à portée de déterminer les
fuites du choc. Je fubftitue par la penfée à la place
du corps B, un autre que j'imagine en L & qui puiffe
produire précifément le même effet quant à la réfiftance à fe mouvoir. Le corps qu'on placeroit en L prendroit plus de vîteffe que le corps B ; ainfi il faut le
fuppofer plus petit. Mais la même quantité de mouvement produite en L fourniroit une réfiftance placée
plus avantageufement pour avoir fon effet que lorfqu'elle eft placée en B. Il faut donc que nous rendions
le corps que nous feindrons en L, plus petit que le
corps B, dans le même rapport que le quarré du bras
de levier HB eft plus petit que le quarré de HL. Ce
dernier levier eft trois fois plus long, par exemple, que
le premier ; il faudra fuppofer en L, à la place du corps
B, un autre corps neuf fois plus petit. Or ce fera après
cela précifément la même chofe, que lorfqu'un corps
va en frapper un autre qui eft en repos & dont la maffe
eft différente. Il faudra fimplement partager le mouvement du corps A entre la maffe même de ce corps
& celle qu'on imagine en L pour tenir lieu du corps B.

Le problême ne deviendroit pas plus difficile fi on
vouloit avoir égard à la maffe du levier. Il n'y auroit
qu'à augmenter par la penfée du tiers de la maffe de
ce levier, le corps qu'on imagine en L pour produire
le même effet que le corps B. Il faut pour chaque petite partie du levier, imaginer en L une partie de matiere encore plus petite ; & toutes ces petites maffes, fi
on fuppofe le levier par-tout également gros & d'une
groffeur infenfible, feront comme les quarrés des nombres naturels. Pour la partie la plus voifine de H, ce
fera 1 ; pour la fuivante, 4 ; pour l'autre, 9, &c. jufqu'à
la derniere L qui ne changera pas de grandeur. Mais
pour avoir la fomme de toutes ces parties ; il faut multiplier la plus grande ou la derniere par le tiers de leur

Figure 52. multitude. Ainſi cette ſomme eſt égale au tiers de la maſſe du levier ; & il ſuit de-là, que pour avoir le réſultat du choc, il faut diſtribuer le mouvement du corps *A* à trois maſſes différentes ; celle même du corps *A*, celle qu'on imagine en *L* à la place de *B*, & enfin le tiers de la maſſe du levier qu'on ſuppoſe auſſi réunie en *L*.

Si nous déſignons la maſſe du corps *B* par la lettre *B*, celle du levier par *C*, le corps qu'il faudra imaginer en *L*, aura $\frac{1}{3}C + B \times \frac{HB^2}{HL^2}$ pour maſſe. Ce corps eſt en repos, & il doit partager avec le corps *A* tout le mouvement qu'a ce mobile, c'eſt-à-dire $A \times LI$ qui eſt le produit de ſa maſſe *A* par ſa vîteſſe *LI*. Nous diviſons donc cette quantité de mouvement par la ſomme $A + \frac{1}{3}C + B \times \frac{HB^2}{HL^2}$ des trois maſſes, & il vient

$$\frac{A \times LI}{A + \frac{1}{3}C + B \times \frac{HB^2}{HL^2}} \quad \text{ou} \quad \frac{A \times LI \times HL^2}{A \times HL^2 + \frac{1}{3}C \times HL^2 + B \times HB^2} \quad \text{pour la}$$

vîteſſe *Ll* qui reſte au corps *A* après le choc. La vîteſſe *Ll* étant trouvée, on aura par une ſimple analogie celle du corps *B*, qui pourra ſe trouver plus ou moins grande ſelon l'endroit du levier où ſera ſitué ce mobile. On peut ſur ce ſujet ſe propoſer pluſieurs problêmes qui ſeroient très-curieux ; mais nous n'avons pour but, comme nous l'avons deja dit pluſieurs fois, que d'expliquer les principes les plus féconds de Méchanique & de Dynamique, & nous ne devons pas ſortir de certaines limites, lorſqu'il s'agit des applications qu'on en peut faire.

# CHAPITRE XIV.

*Du mouvement que prend un corps par-*
*faitement libre lorſqu'il eſt frappé ſelon*
*une direction qui ne paſſe pas par ſon*
*centre de gravité.*

Lorsque le corps frappé, a un point néceſſairement fixe, ce point recelle, pour ainſi dire, une partie
de la force : il abſorbe, par la réſiſtance dont il faut le
ſuppoſer capable, une partie du mouvement. Mais ce
n'eſt pas la même choſe lorſque le corps frappé eſt
parfaitement libre, & qu'il ne réſiſte à prendre du mouvement qu'autant qu'il en reçoit réellement. Le corps
frappant n'agit toujours que par la force ou le mouvement qu'il perd & non pas par le mouvement qu'il
conſerve. Tant qu'il ſe méut avec la même vîteſſe, ſa
force motrice eſt occupée à le tranſporter lui-même;
mais perd-il quelque partie de ſa vîteſſe, il agit en
faiſant uſage de la force qu'il perd; & ce mouvement
perdu doit paſſer tout entier dans l'autre corps.

## I.

Si le corps BD ( *fig.* 53.) qui eſt cenſé en repos étoit     Figure 53.
frappé par ſon centre de gravité, les deux extrêmités
B & D avanceroient également ſelon des lignes paralleles; & ce cas ne différeroit pas de quelques-uns
de ceux que nous avons examinés dans le Chapitre XI.
Mais le corps BD étant frappé par le point F,
une de ſes extrêmités doit prendre plus de mouvement
que l'autre. Les parties de matiere plus voiſines du

Figure 53. point frappé doivent participer davantage à l'impulsion. Toutes décriront des lignes $Bb$, $Ff$, ou $Gg$, &c. parallèles les unes aux autres & perpendiculaires à la longueur du corps $BD$ par le premier effet du choc. Mais toutes les directions étant parallèles, il ne se fait aucune décomposition de mouvement, il ne s'en perd ou détruit rien ; le mouvement total est la somme de tous les particuliers ; & il faut donc absolument que cette somme soit égale au mouvement que perd le corps $A$, pour qu'il y ait équilibre entre la résistance que fait le corps $BD$ à prendre du mouvement, & celle que fait le mobile $A$ à perdre du sien ; équilibre qui met seul des limites aux deux mouvements acquis & perdu.

Supposé qu'avant le choc, la vîtesse du corps $A$ soit égale à $FI$, ce corps n'aura de vîtesse après le choc, que $Ff$, puisqu'il ira en suivant le corps $BD$. Ainsi il aura perdu la vîtesse $fI$, & il n'y a donc qu'à multiplier la masse de ce corps par $fI$ pour avoir la partie du mouvement qu'il a perdu. C'est cette partie qui doit être égale au mouvement qu'a reçu le corps $BD$, en passant de la situation $BD$ à la situation $bd$ & en tournant sur le point $R$. Il est d'ailleurs évident que la direction composée de ce dernier mouvement doit être la ligne $FI$, de même que cette ligne est la direction du mouvement perdu du corps $A$. Car la résistance que fait le corps $BD$ à recevoir son mouvement ne peut se trouver ici en équilibre avec la résistance que fait le corps $A$ à perdre une partie du sien, qu'autant que les deux résistances sont égales & directement contraires, puisqu'il n'y a point d'hypomoclion qui puisse par son immobilité soutenir une partie de l'effort.

La dernière condition étant remplie, il n'y en a point d'essentielle qui ne le soit. Le corps $BD$ étant poussé par le point $F$, il faut qu'il y ait équilibre de part & d'autre de ce point entre le mouvement que prend

la partie *FD* & le mouvement que prend la partie *FB*, Figure 53.
ou entre les réſiſtances qui en naiſſent. Ces réſiſtances
s'exercent en ſens contraires au mouvement : celle de
*FD* s'exerce ſur *Mm* & celle de *FB* ſur une direction
*Nn*. Mais ſi ces deux réſiſtances partiales ſont en équilibre de part & d'autre de *F*, comme on voit bien que
cela eſt abſolument néceſſaire pour que le corps *BD*
tourne ſur le point *R*, plutôt que ſur un autre point,
il faut que les directions *Mm* & *Nn* ſe réuniſſent ſur
*fF*, ou qu'elles ayent cette derniere ligne pour direction compoſée. Enfin la propoſition inverſe eſt également vraie : auſſi-tôt que la réſiſtance que fait tout le
mouvement de *BD* tombe effectivement ſur *fF*, l'équilibre dont nous venons de faire mention eſt exactement
obſervé, & il ne faut rien de plus pour que le point *R*
qui ſert de centre de rotation, ſoit déterminé.

Mais pendant que *Ff* eſt la direction compoſée du
mouvement, ou qu'on peut ſuppoſer que tout le mouvement s'exerce ſur *Ff*, cette ligne n'indique pas la
vîteſſe moyenne, celle qui eſt propre à marquer la
quantité du mouvement. Quelle que ſoit la figure du
corps *BD*, ſa vîteſſe moyenne eſt marquée par celle
*Gg* de ſon centre de gravité *G*. Celle-ci ſeule
tient exactement le milieu entre les plus grandes & les
plus petites, elle les repréſente toutes par ſa médio-
crité, & il faut la multiplier par la maſſe du corps pour
avoir la quantité entiere du mouvement.

On peut, pour en voir diſtinctement la raiſon, comparer le mouvement de chaque grain de matiere au
moment de la peſanteur de ce grain, en le cherchant
par rapport au point *R*. Lorſqu'on multiplie la maſſe
ou la peſanteur de chaque molécule par ſa diſtance au
point *R*, on a ſon moment par rapport à ce point ;
& ſi on fait une ſomme de tous ces momens, il vient
exactement le même réſultat que ſi on multiplioit tout
le corps par la diſtance de ſon centre de gravité *G* au

Figure 55. point $R$. Mais il y aura encore égalité, si au lieu de chercher le moment ou de multiplier la maſſe de chaque grain de matiere par ſa diſtance au point $R$, & la maſſe totale par $GR$, on cherche le mouvement ou qu'on multiplie les maſſes par les vîteſſes qui ſont toutes proportionnelles aux diſtances. Les produits particuliers ſeront plus petits ou plus grands dans un certain rapport, & le produit de toute la maſſe par la vîteſſe du centre $G$ ſera auſſi plus petit ou plus grand dans le même rapport. Ainſi il eſt certain que le produit du corps $BD$ par $Gg$, marque le mouvement total de ce corps ou la ſomme des mouvements de toutes les parties qui ſe meuvent ſelon des lignes paralleles; & il faut donc que ce produit ſoit égal à celui de $A$ par $fI$, qui exprime le mouvement que l'autre mobile a perdu.

Il eſt très-remarquable que l'égalité entre le mouvement perdu du corps $A$, & le mouvement acquis du corps $BD$, ne dépende nullement de la ſituation du point $F$ où ſe fait la percuſſion. Qu'on frappe le corps $BD$ en $B$, en $F$ ou en tout autre point, le mouvement reçu ſera toujours exactement le même, & par conſéquent la vîteſſe $Gg$ du centre de gravité ne ſera ni plus petite ni plus grande, pourvû que la force employée à pouſſer ce mobile ſoit toujours la même. Nous pourrions nous diſpenſer d'ajouter que cette force employée, n'eſt pas tout le mouvement du corps $A$ ni le mouvement que ce corps conſerve après le choc; la force employée, comme nous l'avons dit un ſi grand nombre de fois, eſt au contraire le mouvement que perd ce corps.

## I I.

*Que le centre de Rotation ou le point sur lequel tourne librement un corps est toujours de l'autre côté de son centre de gravité, par rapport au point où se fait la percussion, & que les distances de ces deux points au centre de gravité sont toujours en raison inverse l'une de l'autre.*

On regardera encore comme une autre propriété très-digne d'attention, que le centre de rotation *R* ou le point sur lequel tourne le corps frappé, est toujours plus ou moins éloigné de l'autre côté du centre de gravité *G* selon que le point *F* où se fait la percussion est plus ou moins voisin du même centre de gravité. Si vous rendez la distance *FG* deux ou trois fois plus petite, la distance *GR* du centre de gravité *G* au centre de rotation ou de *conversion R*, se trouvera ensuite deux ou trois fois plus grande. Ainsi le produit d'une de ces distances par l'autre est toujours le même, ou est constant pour chaque corps. Si *BD* est, par exemple, une verge dont on puisse négliger la grosseur, le produit de *FG* par *GR* sera toujours égal à la douzieme partie du quarré de *BD* ou du produit de *BD* par *BD*.

La figure irréguliere du corps qui peut avoir une de ses extrêmités beaucoup plus grosse que l'autre, n'altere en rien la propriété générale dont il s'agit. D'ailleurs, si au lieu de frapper le corps *BD* par le point *F*, vous le frappez de l'autre côté du centre de gravité *G*, mais à une distance égale à *GF*, le centre de rota-

Figure 53.

Y

tion paſſera du côté oppoſé ; mais ſa diſtance au centre de gravité *G* ſera encore la même.

Il doit nous être permis de renvoyer au Traité du Navire ceux des Lecteurs qui demandent la démonſtration de cette propriété remarquable. Nous nous contenterons d'en donner ici une explication ſenſible dans un cas particulier. Deux corps *A* & *B* (*fig.* 54) qui ſont en repos & dont les maſſes ſont égales, ſont liés par une verge *AB* dont on peut négliger la peſanteur de même que celle d'une autre verge *DE* qui coupe la première perpendiculairement au milieu. On veut, par le moyen de cette derniere, imprimer du mouvement aux deux corps *A* & *B*, en les faiſant tourner ſur le point *R*. On veut frapper la verge *DE* en quelque point *F*, & il s'agit de choiſir ce point, afin que le point donné *R* ſoit le centre du mouvement *gyratoire* ou de rotation.

Figure 54.

Les deux corps *A* & *B* tournant ſur le point *R*, le corps *A* décrira dans le commencement de ſon mouvement une ligne droite *AK* perpendiculaire à *RA*, & le corps *B* avancera ſur *BF* qui eſt perpendiculaire à *RB*. Les eſpaces parcourus *Aa* & *Bb* ſeront parfaitement égaux ; & ſi nous voulons réunir les deux mouvements dans un ſeul, nous n'avons qu'à prolonger les deux directions juſqu'en *F* où elles ſe coupent, & prenant les petits eſpaces égaux *FL* & *FH* pour repréſenter le mouvement des deux corps, nous aurons dans la diagonale *FI* du parallélogramme *HFLI* le mouvement compoſé des deux. Ce qu'ils avoient de contraire ſe détruit ; & joints enſemble, ils ſe réuniſſent à former le mouvement total *FI*. Ainſi pour faire tourner les deux corps *A* & *B* ſur le centre de rotation *R*, il ſuffit de frapper en *F*. Si vous frappez plus ou moins fortement, vous donnerez un plus grand ou un moindre mouvement *FI* ; mais le centre de rotation ſera également le point *R*.

Figure 54.

Nous avons vu plus haut que le mouvement d'un corps qui tourne fur un point éloigné eft toujours repréfenté par la vîteffe de fon centre de gravité multipliée par fa maffe totale. Les deux corps $A$ & $B$ font cenfés n'en former ici qu'un feul, puifqu'ils font joints par une verge infléxible : mais l'obliquité des directions qu'ils fuivent en particulier, n'empêche pas non plus que le tranfport $Gg$ de leur centre de gravité commun $G$, ne foit la mefure de leur vîteffe. Il y a en effet même rapport de la vîteffe $Gg$ du centre de gravité commun $G$ aux vîteffes particulieres $Aa$, & $Bb$ ou $FL$ & $FH$ des deux corps, que de $GR$ à $AR$ ou que de $GA$ à $FA$. Mais $FO$ eft auffi à $FL$ ou à $Aa$ comme $GA$ eft à $FA$. Ainfi $Gg$ eft exactement la moitié de la diagonale $FI$. Nous devons encore remarquer que chaque moitié de cette diagonale repréfente le mouvement de chaque corps $A$ & $B$, felon le fens perpendiculaire à $DE$ : c'eft-à-dire, que chacun de ces mouvements eft égal au produit de la moitié $FO$ de la diagonale par la maffe de chaque corps, & le mouvement total dans le fens perpendiculaire à $DE$ eft donc égal à toute la diagonale multipliée par la maffe d'un des corps. Enfin ce produit eft exactement le même que celui de la vîteffe $Gg$ du centre de gravité commun par la fomme des deux maffes, puifque $Gg$ eft la moitié de $FI$. On voit donc, qu'en frappant la verge $DE$ en $F$, la percuffion produit fon effet fur les deux corps $A$ & $B$ en leur communiquant un mouvement oblique; mais que malgré cette obliquité, leur centre de gravité commun $G$ avance perpendiculairement à la verge; & que le produit de $Gg$ par la maffe des deux corps eft égal à la force $FI$ qu'il faut employer en $F$. Cet exemple en vaut feul une infinité d'autres pour jetter du jour fur cette matiere.

Il n'eft pas moins évident que fi le centre $R$ de rotation eft à une plus grande diftance ou une moindre

Figure 54. diſtance du centre de gravité G des deux corps, le
point de percuſſion F en ſera au contraire de l'autre
côté à une diſtance plus petite ou plus grande. Car
F A étant perpendiculaire à A R, & B F à B R, les
deux triangles reſtangles R G A & A G F ſont ſemblables; & il y a même rapport de G R à G A que de
G A à G F, & par conſéquent plus G R eſt grande
plus G F eſt petite. Ces deux lignes ſont en raiſon inverſe l'une de l'autre, & leur produit eſt toujours égal
au quarré de A G; ce qui conſtitue ici l'égalité per-
manente de produits dont nous parlions plus haut. On
voit auſſi que les points F & R ont une propriété réciproque. Le point R eſt le centre de rotation, lorſqu'on frappe la verge D E par le point F, & ſi on la
frappoit par le point R, les deux corps tourneroient
ſur le point F. Le point de percuſſion & le centre de
rotation prennent ainſi tour à tour la fonſtion l'un de
l'autre; & c'eſt la même choſe dans tous les autres
mobiles, & dans tout autre aſſemblage de corps.

Le même exemple nous indique la méthode générale de trouver le point de percuſſion, lorſque le point
ſur lequel on veut que tourne le mobile, eſt donné.
Pendant que les corps A & B tournent ſur le point R,
ils prennent des vîteſſes A a & B b qui ſont proportionnelles à leurs diſtances A R & B R au centre R
de rotation. Ainſi, en multipliant les maſſes de ces
corps par leurs diſtances au point R, on aura des produits qui repréſenteront leurs mouvements abſolus. Car
ces produits ſeront proportionels à ceux des maſſes
par les vîteſſes. Mais ces mouvements abſolus ne s'im-
priment pas ſans qu'on ne reſſente de la réſiſtance;
& comme les effets de cette réſiſtance ſont différents
ſelon la diſtance au point R, il faut en chercher le
moment, & pour cela il faut multiplier les produits
précédents une ſeconde fois par les diſtances des corps
A & B au centre de rotation R. Nous aurons donc

$A \times A R^2$ & $B \times B R^2$ pour les moments des résistan- Figure 54. ces que font à se mouvoir les corps $A$ & $B$. La somme de ces moments sera $A \times A R^2 + B \times B R^2$; & cette somme doit être égale au moment de la force employée dans la percuſſion en $F$.

Cette derniere force eſt, conformément à ce que nous avons vu, égale au mouvement des corps $A$ & $B$ réduits dans leur centre de gravité commun $G$. Une partie du mouvement des corps $A$ & $B$ se détruit; mais eu égard à tout, leur mouvement eſt égal au produit de leur maſſe par la vîteſſe $G g$ de leur centre de gravité commun. Pour avoir donc la force employée en $F$, ou le mouvement que perd le mobile qui frappe en $F$, il faudroit multiplier la maſſe $A + B$ des deux corps, par la vîteſſe $G g$, ſi nous n'avions pris plus haut les diſtances au point $R$ au lieu des vîteſſes qui font dans le même rapport. Multipliant la maſſe totale $A + B$ des corps $A$ & $B$ par $G R$, il nous vient le mouvement $\overline{A + B} \times G R$ que reçoivent les deux corps conjointement, mouvement qui eſt égal à la force employée en $F$; mais pour avoir le moment de cette force, il faut la multiplier par le bras de levier $F R$ auquel elle eſt appliquée. Il vient $\overline{A + B} \times G R \times F R$; & il faut que ce moment ſoit égal à la ſomme $A \times A R^2 + B \times B R^2$ des autres pour qu'il y ait équilibre entre la force employée en $F$ & la réſiſtance que font les corps $A$ & $B$ à prendre du mouvement en tournant autour de $R$. Or il ſuit de-là que pour avoir la diſtance $F R$ du point de percuſſion $F$ au centre de rotation $R$, nous n'avons qu'à diviſer $A \times A R^2 + B \times B R^2$ par $\overline{A + B} \times G R$. Il n'y aura donc toujours en général qu'à multiplier chaque corps ou chacune de ſes parties par le quarré de ſa diſtance abſolue au centre de rotation, faire une ſomme de tous ces moments, & la diviſer par la maſſe de tous ces corps, multipliée par

Figure 54. la diſtance de leur centre de gravité commun au centre de rotation ; & on aura au quotient la diſtance du point de percuſſion au centre de rotation.

---

## CHAPITRE XV.

*Suite du Chapitre précédent. Remarques ſur le mouvement de Rotation : que l'angle que font deux ſituations différentes du mobile en tournant, eſt proportionnel à la force employée dans le choc, multipliée par la diſtance au centre de gravité du mobile.*

### I.

Figure 53. **I**L eſt aſſez facile de juger que le centre de gravité G du corps B D (*fig.* 53.) ayant pris la vîteſſe G*g*, doit continuer à ſe mouvoir uniformément ſur la même ligne droite, & que ce corps ayant commencé à tourner continuera à le faire autour de ſon centre de gravité, en perdant, à meſure qu'il s'éloignera de la premiere ſituation B D, toutes les relations qu'il avoit d'abord avec le point R, pendant la génération du mouvement. Il arrivera la même choſe à l'aſſemblage des deux corps A & B de la figure 54. Le centre de gravité commun de ces deux corps paſſera de G en *g*, pendant que le corps A paſſera de A en *a*, & le corps B de B en *b*. Un mouvement une fois communiqué, ſe continue tant qu'il ne trouve aucun obſtacle qui l'interrompe. Le centre de gravité commun G marchera ſur la même ligne droite, & les deux corps continueront à circuler autour de ce point.

Les corps frappés par une direction qui ne paſſe pas par leur centre de gravité, prennent de cette ſorte toujours deux mouvements, qui deviennent enſuite indépendants l'un de l'autre ; le mouvement direct & le mouvement de rotation. Ces deux mouvements ſe faiſant ſéparément quoiqu'ils ayent été produits par la même cauſe, l'un peut être détruit & que l'autre ſubſiſte & ſoit ſuivi d'effets très-conſidérables. Nous en avons un exemple frappant dans les boulets, qui paroiſſent avoir perdu toute leur vîteſſe. Les inégalités de leur ſurface & la maniere dont ils ſont pouſſés par la poudre ou d'autres cauſes phyſiques, font qu'ils contractent toujours un mouvement de rotation en ſortant du canon. Le mobile tombé à terre à une grande diſtance, s'arrête à la fin après avoir fait pluſieurs bonds ; il perd tout ſon mouvement direct ; mais il peut arriver que le mouvement de rotation ſubſiſte encore fort long-temps, & que l'axe ſur lequel il ſe fait ſe trouve dans une ſituation exactement verticale. Alors le boulet paroîtra dans un parfait repos ; il paroîtra incapable d'agir, & il peut tourner avec une ſi grande rapidité qu'on ne s'en apperçoive pas. Mais ſi pendant ce mouvement peu ſenſible, il trouve en-deſſous quelque pierre qui le faſſe tomber de côté, alors l'axe du mouvement de rotation qui étoit vertical, devenant à peu près parallele à l'horiſon, le mouvement de rotation en produira néceſſairement un direct, en faiſant rouler le mobile. Ainſi on verra le mouvement renaître tout-à-coup, & le boulet prendre une nouvelle force qu'on ne ſaura peut-être à quoi attribuer. Il eſt vrai que cette vîteſſe ne ſera pas énorme ; mais l'expérience fait voir néanmoins qu'elle eſt capable de très-grands effets, à cauſe de la grande maſſe du corps ou de la grande peſanteur de la matiere dont il eſt formé.

## I·I.

Figure 53.

Nous ne pouffons pas cette digreffion plus loin , quoique ce n'en foit peut-être pas une. Nous revenons au mouvement gyratoire du corps $BD$ de la figure 53, pour en évaluer la quantité , ou pour déterminer l'angle que font les différentes fituations de ce corps en tournant. Lorfque le corps $BD$ paffe de $BD$ en $bd$, l'angle de rotation eft $BRb$ , & il nous importe beaucoup de favoir de quelles circonftances dépend la grandeur de cet angle. Tant que le point $F$ de percuffion eft le même , le centre de rotation fera toujours en $R$. Mais fi la force employée à faire tourner le corps , celle qui répond au mouvement que perd le corps $A$ eft plus grande ou plus petite , la vîteffe $Gg$ fera auffi plus grande ou plus petite dans le même rapport; & puifque la diftance $GR$ eft conftante , l'angle dont le corps $BD$ changera de fituation fera proportionnel à $Gg$ ou à la force employée dans le choc. Ainfi toutes les autres circonftances étant abfolument les mêmes , la rapidité du mouvement gyratoire eft toujours proportionnelle à la force employée à le produire.

Suppofons après cela que nous prenions un autre point de percuffion; qu'au lieu de frapper le corps $BD$ en $F$, nous le frappions à une diftance deux ou trois fois plus grande de $G$. Dans le même rapport que nous rendrons la diftance $FG$ plus grande , la diftance $GR$ deviendra plus petite , & les côtés de l'angle $GRg$ devenant plus courts , l'angle augmentera dans le même rapport. Ainfi on voit qu'il y a deux moyens fûrs de faire augmenter l'angle de rotation ou le mouvement gyratoire d'un corps $BD$. Le premier confifte à employer une plus grande force dans la percuffion; l'angle $GRg$ fera d'autant plus grand que la fouf-ten-

dante

dante $Gg$ le fera auffi. Nous n'avons, en fecond lieu, Figure 53.
qu'à appliquer cette force à une plus grande diftance
$FG$ du centre de gravité $G$, du corps qu'on veut faire
tourner. Car en augmentant $FG$, on diminue $GR$;
& plus on fait diminuer les côtés d'un angle dont la
fous-tendante refte la même, plus l'angle devient grand.

Il fuit de-là que l'angle de rotation $GRg$ eft en
raifon compofée de la force employée dans la percuffion, & de fa-diftance au centre de gravité $G$. Cet
angle eft comme le produit de cette force multipliée
par $FG$. Ainfi quoique le mobile foit parfaitement libre
& qu'il prenne un mouvement direct $Gg$, il faut confidérer le centre $G$ comme hypomoclion ou $FG$ comme
bras de levier, & l'angle de rotation $BRb$ eft toujours
proportionnel au moment de la force employée dans
la percuffion.

## I I I.

Enfin le corps $BD$ peut fe trouver expofé à l'action
de plufieurs forces à la fois, ou être choqué en même temps par plufieurs mobiles; & on peut demander
la vîteffe que recevra alors le centre de gravité $G$,
& l'angle de rotation dont le mobile changera de fituation. Il eft d'abord évident que cet angle fera proportionnel à la fomme ou à la différence des momens
felon que ces forces tendront à faire tourner le corps
$BD$ dans le même fens ou dans différents fens. Si ces
forces fe contrarient, il faudra toujours chercher leur
moment par rapport au centre de gravité, & prendre
l'excès des uns fur les autres. L'angle de rotation fera
proportionnel alors à cet excès; au lieu qu'il feroit
proportionnel à la fomme des moments, fi les forces
contribuoient enfemble à le faire augmenter.

Lorfqu'il ne s'agit pas de cet angle, mais fimplement du tranfport $Gg$ du centre de gravité $G$, il n'eft
pas néceffaire de chercher les moments, il ne faut con-

Z

Figure 53. fidérer que les forces ; & $Gg$ fera proportionnel à leur
fomme ou à leur différence, felon qu'elles confpire-
ront à produire le même effet ou qu'elles tendront à
en produire de contraires. Ces forces font égales entr'elles, par exemple, & elles tendent à donner des
mouvements oppofés; le centre de gravité $G$ reftera fixe,
quoique ces forces égales foient appliquées à des diftances très-inégales du centre. Car cette diftance ne
fait rien à la vîteffe que chaque force communique au
point $G$, & fi l'une des forces éloigne ce centre de fa
première place, l'autre force l'y reportera, ou plutôt
les deux fufpendront à cet égard l'effet l'une de l'autre. Mais quoique les forces foient égales, les moments feront inégaux fi les bras de levier font différents.
Ainfi il eft toujours néceffaire de diftinguer les deux
actions, & de les examiner féparément, le mouvement
direct & le mouvement de rotation.

## I V.

Pour répandre plus de jour fur ce fujet, nous pren-
Figure 55. drons pour exemple, le corps $BD$ (*fig.* 55.) qui eft
frappé en même temps de deux différents côtés par
les deux mobiles $A$ & $C$, qui ont, avant le choc, des
vîteffes égales à $FI$ & $HK$. Il n'importe quelle figure
ait le corps $BD$ ; nous fuppofons feulement qu'étant
en repos, il foit parfaitement libre & qu'il ne faffe
d'autre difficulté à fe mouvoir que celle qui vient de
fa maffe ou de fon inertie. Il prend donc tout le
mouvement que perdent, dans le même fens, les corps
qui le frappent. Nous fuppofons outre cela, comme
dans l'autre Chapitre, que le choc fe fait fur des parties de la furface qui ne font point inclinées par rapport à la longueur $BD$. Si la percuffion fe faifoit avec
obliquité, nous décompoferions la force, & nous ne
confidérerions que la feule partie qui s'exerceroit dans

le sens que nous venons de spécifier.

Figure 55.

Le corps $BD$ prendra par le choc la situation $bd$ en tournant sur le point $R$, & les deux corps $A$ & $C$ qui avoient, avant le choc, des vîtesses égales à $FI$ & à $HK$, n'auront plus ensuite que les vîtesses $Ff$ & $Hh$, ayant perdu l'un la partie $fI$, & l'autre la partie $hK$. Le mouvement perdu du premier sera donc le produit de sa masse $A$ par $fI$, & le mouvement perdu de l'autre sera égal à sa masse $C$ multipliée par $hK$. Mais ces deux pertes se faisant en sens contraires, il n'y a que l'excès de l'une sur l'autre, ou la force qui y répond qui soit employée efficacement à transporter le centre de gravité $G$, du corps $BD$. Cet excès est $C \times hK - A \times fI$; c'est le mouvement réellement perdu dans un sens unique par les deux corps choquants; & il suffit donc de le diviser par la masse de $BD$ pour avoir la vîtesse $Gg$ du centre de gravité du corps frappé.

Si le corps $C$ avoit beaucoup moins de masse, le mouvement $C \times hK$ qu'il perdroit dans le choc, pourroit être moindre que le mouvement $A \times fI$ que perd le corps $A$. Alors le centre de gravité $G$ obéiroit à la plus grande force, & au lieu de passer de $G$ en $g$, il prendroit un chemin contraire. Mais si les deux mouvements $C \times hK$ & $A \times fI$ étoient égaux, l'excès de l'un sur l'autre seroit nul, ils se contrebalanceroient exactement l'un & l'autre, & le centre de gravité $G$ resteroit immobile; ce qui doit arriver toutes les fois que les forces employées dans la percussion sont égales, & agissent dans des sens opposés, quoique ce ne soit pas sur la même ligne.

On voit bien que nous distinguons toujours ici entre les mouvements primitifs des mobiles $A$ & $C$, & la force qu'ils employent contre le corps $BD$. La force employée n'est toujours que le mouvement que perdent ces corps, puisqu'ils n'agissent pas par l'autre partie de leur mouvement, celle qu'ils conservent. Mais

Figure 55. ſi ces corps étoient infiniment petits , & s'ils agiſſoient en récompenſe avec une vîteſſe , pour ainſi dire , infi-nie ; ſi on pouvoit comparer leur action , par exemple , à celle de la peſanteur qui communique toujours des degrés égaux de vîteſſe , aux graves dans le temps même que leur chûte a le plus de rapidité , alors la partie $Ff$ & $Hh$ de la vîteſſe que les corps $A$ & $C$ garderoient , ſeroit comme nulle à l'égard de leur vî-teſſe totale ou de celle qu'ils perdroient ; & ils em-ployeroient donc dans ce cas tout leur mouvement ou toute leur force ; & ſi les deux mouvements étoient égaux , le centre de gravité $G$ reſteroit exactement dans la même place , quoique le corps $BD$ tournât.

Quant à l'angle de rotation , il n'eſt pas , dans la diſ-poſition repréſentée par notre figure , proportionnel à l'excès d'un moment ſur l'autre , mais à la ſomme de ces moments ; parce que les deux forces employées dans la percuſſion , travaillent ici à faire tourner le corps $BD$ dans le même ſens. L'angle de rotation eſt exactement le même , que ſi le centre de gravité $G$ reſtoit en repos , pourvu que les mouvements perdus par les corps $A$ & $C$ fuſſent toujours les mêmes. Ces mouvements nous repréſentent les forces abſolues né-ceſſaires pour faire tourner le corps $BD$ , & ſi on les multiplie par les bras de levier $FG$ & $HG$ , la ſomme de ces moments ou produits ſera proportionnelle à l'angle de rotation du corps $BD$ ; puiſqu'elle ſera égale au moment de la réſiſtance que fait ce corps à tourner. Nous ne fixons ici , ni la grandeur préciſe de cet an-gle de rotation , ni les vîteſſes que perdront les corps $A$ & $C$ , & celle $Gg$ que prendra le centre de gravité $G$ ; mais les principes de Méchanique ou de Dyna-mique que nous venons de marquer , ſuffiſent pour les déterminer.

# TROISIEME SECTION.

De l'action des Fluides par leur choc &
par leur preſſion ſur les corps ſolides.

## CHAPITRE PREMIER.

*De l'action des Fluides par leur choc , &*
*principalement de celle de l'eau*
*& du vent.*

LA petiteſſe des molécules dont les fluides ſont
formés, eſt cauſe qu'ils ne communiquent dans chaque
inſtant par leur choc que des degrés de mouvement
imperceptibles , & que la maniere dont ils agiſſent a
beaucoup de rapport à l'action de la peſanteur qui demande auſſi à être répétée pour produire un mouvement ſenſible dans les corps qu'elle meut. Toutes
choſes d'ailleurs égales , l'impulſion d'un fluide eſt
d'autant plus grande qu'il eſt d'une plus grande peſanteur ſpécifique. Le mercure eſt 13 ou 14 fois plus
peſant que l'eau ; auſſi fait-il avec la même vîteſſe une
impulſion 13 ou 14 fois plus forte que l'eau contre la
même ſurface. On fait par diverſes expériences que
l'eau eſt environ 850 fois plus peſante que l'air ; auſſi
l'eau fait-elle , toutes les autres circonſtances étant les
mêmes , une impulſion environ 850 fois plus forte
que l'air en rencontrant une ſurface. Lorſque le vent
parcourt dix pieds-de-roi par ſeconde , il fait ſur un
pied quarré de ſurface qu'il frappe perpendiculairement , une impulſion équivalente à la peſanteur d'environ $2\frac{1}{4}$ onces ; au lieu que l'eau de mer avec une

pareille vîteſſe feroit un effort d'environ 120 livres. L'impulſion eſt différente dans le rapport des maſſes ou des peſanteurs des deux fluides.

En même temps que l'impulſion d'un fluide dépend de la peſanteur ſpécifique, il eſt évident qu'elle doit dépendre auſſi de la grandeur de la ſurface frappée. Plus la ſurface eſt grande, toutes choſes d'ailleurs égales, plus l'impulſion eſt grande, & elle l'eſt ſenſiblement dans le même rapport. Ainſi une ſurface de cent pieds quarrés recevra ſenſiblement cent fois plus d'impulſion qu'une ſurface qui ne feroit que d'un pied quarré. Cependant nous avons ſoin de dire que ce rapport n'eſt obſervé que ſenſiblement. Car les parties du fluide qui frappent les deux ſurfaces, ont plus ou moins de difficulté à ſe retirer après le choc; & cette différence peut en apporter dans l'impulſion que forment à leur tour les molécules ſuivantes. On peut encore conſidérer le choc d'un autre point de vue qui eſt même plus conforme à ce qui ſe paſſe dans la Nature. La ſurface frappée oblige les parties du fluide de ſe détourner, & elle leur fait perdre pour un temps le mouvement qu'elles avoient dans leur premiere direction; mais cette déviation ou cette perte de mouvement dans le ſens direct, n'eſt pas abſolument proportionnelle à la grandeur de la ſurface. Quoi qu'il en ſoit, la différence n'eſt pas grande; il ne s'en faut que très-peu que les impulſions ne ſuivent le rapport des ſurfaces lorſque les autres circonſtances ſont les mêmes; & nous pouvons ici regarder ce rapport comme exact.

La vîteſſe du fluide contribue encore plus à la grandeur de l'impulſion; car elle y contribue doublement. Chaque molécule qui ſe meut avec plus de vîteſſe, agit davantage, puiſqu'elle frappe plus fortement; & outre cela il ſurvient dans le même temps un plus grand nombre de molécules qui ont part à l'action. Plus les molécules ont de vîteſſes, plus elles font de réſiſtance à être détournée de leur première direction ou à perdre leur mouvement; mais si le fluide se meut quatre ou cinq fois plus vîte, outre que chaque molécule produira quatre ou cinq fois plus d'effet, il y aura dans le même temps quatre ou cinq fois plus de molécules qui venant à la suite les unes des autres, réuniront leur action ensemble. Ainsi l'impulsion totale sera seize fois ou vingt-cinq fois plus grande; elle augmentera comme le quarré de la vîtesse, ou comme la vîtesse multipliée par elle-même. Cette regle est mieux confirmée que toutes les autres par l'expérience; & elle sert à expliquer les effets énormes dont les fluides font quelquefois capables.

Lorsque le vent a peu de vîtesse, il agit très-foiblement; mais si sa vîtesse devient très-grande, il peut produire les plus grands effets, il peut déraciner des arbres & renverser des édifices; parce qu'à l'action de chaque particule d'air, qui est plus forte, il faut joindre l'action d'un plus grand nombre de particules qui frappent dans un temps déterminé. C'est la même chose à l'égard de l'eau qui agit presque à la maniere d'un corps solide lorsqu'elle frappe ou qu'on la frappe avec une très-grande vîtesse. Si l'eau de mer n'a qu'une vîtesse à parcourir un pied-de-roi dans une seconde, son effort n'est guere équivalent qu'à 19 onces sur une surface d'un pied quarré, au lieu que si sa vîtesse est de 50 ou 60 pieds, comme on en a quelques exemples, son effort sera 2500 ou 3600 fois plus grand, elle poussera une surface d'un pied quarré avec une force égale à 3000 livres ou 4322 livres; ainsi si elle rencontre directement quelques corps qui lui présentent une grande superficie, il faudra qu'ils aient la plus grande force pour lui résister.

Nous joignons ici deux petites Tables qui marquent pour un certain nombre de vîtesses différentes la force des impulsions du vent & de l'eau, afin d'en épargner le calcul aux Lecteurs. La Table pour les impulsions de l'eau de mer n'est continuée que jusqu'à 25 pieds de vîtesse, au lieu que nous avons étendu celle du vent, jusqu'à cent pieds. Un pareil vent forme une vraie tempête, & la plus grande vîtesse avec laquelle les voiles sont frappées pendant qu'on navigue, n'est jamais guere que la moitié de celle-là. On voit les raisons que nous avons eues de ne calculer que les seules impulsions du vent & de l'eau.

## TABLE des Impulsions du Vent sur une surface d'un pied quarré frappée perpendiculairement.

| Vitesses du vent en une seconde | Impulsions | | Vitesses du vent en une seconde | Impulsions | | Vitesses du vent en une seconde | Impulsions | | Vitesses du vent en une seconde | Impulsions | | Vitesses du vent en une seconde | Impulsions | |
|---|---|---|---|---|---|---|---|---|---|---|---|---|---|---|
| Pieds. | Liv. | Onces. | Pieds. | Liv. | Onces. | Pieds. | Liv. | Onces. | Pieds. | Liv. | Onces. | Pieds. | Liv. | Onces. |
| 1 | 0 | $\frac{1}{40}$ | 21 | 0 | 10 | 41 | 2 | 6 | 61 | 5 | 4 | 81 | 9 | 6 |
| 2 | 0 | $\frac{1}{10}$ | 22 | 0 | 11 | 42 | 2 | 8 | 62 | 5 | 6 | 82 | 9 | 9 |
| 3 | 0 | $\frac{1}{5}$ | 23 | 0 | 12 | 43 | 2 | 9 | 63 | 5 | 9 | 83 | 9 | 12 |
| 4 | 0 | $\frac{1}{3}$ | 24 | 0 | 13 | 44 | 2 | 12 | 64 | 5 | 11 | 84 | 9 | 15 |
| 5 | 0 | $\frac{1}{2}$ | 25 | 0 | 14 | 45 | 2 | 14 | 65 | 5 | 14 | 85 | 10 | 3 |
| 6 | 0 | $\frac{3}{4}$ | 26 | 0 | 15 | 46 | 3 | 0 | 66 | 6 | 2 | 86 | 10 | 6 |
| 7 | 0 | $1\frac{1}{10}$ | 27 | 1 | 1 | 47 | 3 | 2 | 67 | 6 | 5 | 87 | 10 | 10 |
| 8 | 0 | $1\frac{1}{2}$ | 28 | 1 | 2 | 48 | 3 | 4 | 68 | 6 | 9 | 88 | 10 | 13 |
| 9 | 0 | $1\frac{4}{5}$ | 29 | 1 | 3 | 49 | 3 | 6 | 69 | 6 | 12 | 89 | 11 | 2 |
| 10 | 0 | $2\frac{1}{4}$ | 30 | 1 | 4 | 50 | 3 | 8 | 70 | 6 | 15 | 90 | 11 | 7 |
| 11 | 0 | $2\frac{1}{4}$ | 31 | 1 | 5 | 51 | 3 | 11 | 71 | 7 | 2 | 91 | 11 | 11 |
| 12 | 0 | $3\frac{1}{4}$ | 32 | 1 | 7 | 52 | 3 | 14 | 72 | 7 | 5 | 92 | 11 | 15 |
| 13 | 0 | $3\frac{4}{5}$ | 33 | 1 | 9 | 53 | 4 | 1 | 73 | 7 | 8 | 93 | 12 | 3 |
| 14 | 0 | $4\frac{1}{5}$ | 34 | 1 | 10 | 54 | 4 | 3 | 74 | 7 | 12 | 94 | 12 | 7 |
| 15 | 0 | 5 | 35 | 1 | 12 | 55 | 4 | 5 | 75 | 7 | 15 | 95 | 12 | 12 |
| 16 | 0 | $5\frac{3}{4}$ | 36 | 1 | 13 | 56 | 4 | 7 | 76 | 8 | 3 | 96 | 13 | 0 |
| 17 | 0 | $6\frac{1}{2}$ | 37 | 1 | 15 | 57 | 4 | 9 | 77 | 8 | 7 | 97 | 13 | 4 |
| 18 | 0 | $7\frac{1}{3}$ | 38 | 2 | 1 | 58 | 4 | 12 | 78 | 8 | 11 | 98 | 13 | 9 |
| 19 | 0 | $8\frac{1}{7}$ | 39 | 2 | 2 | 59 | 4 | 15 | 79 | 8 | 15 | 99 | 13 | 13 |
| 20 | 0 | 9 | 40 | 2 | 5 | 60 | 5 | 1 | 80 | 9 | 3 | 100 | 14 | 2 |

TABLE

TABLE des Impulsions de l'eau sur une
surface d'un pied quarré frappée
perpendiculairement.

| Vitesses en une seconde. | Impulsions. | Vitesses en une seconde | Impulsions. | Vitesses en une seconde | Impulsions. | Vitesses en une seconde | Impulsions. | Vitesses en une seconde | Impulsions. |
|---|---|---|---|---|---|---|---|---|---|
| Pieds. | Liv. on. | Pieds. | Livres | Pieds. | Livres | Pieds. | Livres | Pieds. | Livres |
| 1 | 1   3 | 6 | 43 | 11 | 145 | 16 | 300 | 21 | 529 |
| 2 | 4   12 | 7 | 59 | 12 | 172 | 17 | 334 | 22 | 580 |
| 3 | 10  12 | 8 | 75 | 13 | 203 | 18 | 389 | 23 | 635 |
| 4 | 19  3 | 9 | 97 | 14 | 235 | 19 | 434 | 24 | 688 |
| 5 | 30  0 | 10 | 120 | 15 | 270 | 20 | 480 | 25 | 750 |

L'action du vent est très-sujette à varier, elle peut
se trouver sensiblement différente, quoique la vîtesse
soit exactement la même. L'air est très-susceptible de
dilatation & de condensation ; il s'étend par la chaleur, & il se contracte par le froid ; il est, outre cela,
quelquefois chargé de beaucoup de particules d'eau
plus ou moins visibles. Toutes ces différences doivent
en apporter dans la pesanteur ou dans la masse de l'air ;
il se trouve une plus grande ou une moindre quantité
de matiere dans le même volume, & son action doit
être différente, puisque les autres conditions étant les
mêmes, l'impulsion des fluides est proportionnelle à
leur pesanteur. C'est beaucoup si la Table précédente
marque à peu-près les efforts moyens ; car cette matiere n'est pas susceptible d'expériences extrêmement
exactes.

## Moyens de mesurer la force actuelle du Vent.

On a imaginé divers instruments pour mesurer d'une
maniere actuelle l'effort du vent. Ces instruments sont

A a

connus fous le nom d'*Anémometres*. J'en ai propofé
un dans le Traité du Navire, qui eft fimple & d'un
ufage affez commode. Il eft formé d'une furface plane

**Figure 56.** *A B* (*fig.* 56) de la grandeur d'un quart de pied
quarré; c'eft-à-dire, que nous avons donné 6 pouces
de longueur à chacun de fes côtés. Cette furface eft
un morceau de carton, ou bien un morceau de toile
de voile renfermé dans un chaffis très-leger, & elle eft
appliquée perpendiculairement à l'extrêmité d'une
verge *C D* qui entre par fon autre extrêmité dans un
tuyau ou canon *E F* qui fert de manche à l'inftrument.
On tient l'anémometre par ce tuyau lorfqu'on préfente
la furface au vent. L'impulfion, felon qu'elle eft plus
ou moins forte, fait entrer plus ou moins la verge
dans le tuyau; elle y preffe un reffort à boudin qui y eft
renfermé; & comme la verge eft graduée, elle marque
par fon enfoncement la force du vent, à peu près de
la même maniere qu'on a fur les pefons d'Allemagne,
la pefanteur des chofes qu'on veut pefer. Il n'y a que
cette feule différence, que dans les pefons d'Allemagne les plus grands poids font fortir du tuyau une
plus grande partie de la verge, au lieu que dans notre
anémometre les plus grandes impulfions du vent le
font entrer davantage; ainfi la graduation doit être dans
un fens contraire.

Je pourrois me difpenfer d'ajouter que, pour graduer
ou divifer la verge *C D*, il faut que l'inftrument foit
prefque entiérement conftruit. On le met dans une fituation verticale, & on place fucceffivement des poids
plus ou moins grands, fur le plan *A B* qui fe trouve
alors fitué horifontalement, & on marque leur pefanteur fur chaque point *D* de la verge. On peut imaginer divers moyens d'exécuter la même chofe avec un
feul poids qu'on fera agir plus ou moins en fe fervant
d'un levier. Une attention qui eft effentielle dans la
conftruction de cet inftrument, c'eft de donner à la

verge qui foutient la furface, le moins de longueur qu'il
eft poffible & de rendre le tout très-leger. On doit
augmenter un peu le poids de la verge vers fon extrêmité intérieure; & pour diminuer le frottement, on
peut faire paffer cette verge fur un petit rouleau à fon
entrée dans le tuyau. Cet inftrument étant conftruit,
lorfqu'on l'expofe au vent, il ne prend pas une fituation conftante, il eft dans un mouvement continuel;
ainfi il faut prendre le milieu des différents nombres
qu'il marque.

## De l'impulfion des Fluides qui fe font obliquement.

ENFIN il n'a été queftion jufques ici que de l'impulfion des fluides qui frappent perpendiculairement une
furface; mais s'ils la frappent obliquement, l'impulfion fera très-différente. Il fe fera une décompofition
de mouvement pour chaque molécule du fluide qui
n'agira que par fon mouvement relatif perpendiculaire.
Ainfi fuppofé que la direction du fluide faffe avec la
furface frappée un angle de 30 degrés, dont le finus
eft la moitié du finus total, chaque molécule n'agira
qu'avec la moitié de fon mouvement qui s'exerce felon
le fens perpendiculaire, & cette partie ne fera que la
moitié du mouvement abfolu. On fe reffouvient de ce
que nous avons dit fur la figure 9, en parlant du mouvement du corps $A$ que nous pouvons regarder ici
comme une molécule du fluide. On nomme *angle d'incidence*, l'angle $ABD$ que fait la direction $AB$ avec
la furface frappée; & il eft certain que la grandeur du
choc ou de l'impulfion eft d'autant moindre que le finus
de l'angle d'incidence $ABD$ eft plus petit.

Mais l'obliquité du cours du fluide à l'égard de la
furface produit encore un autre effet; la furface offre
une moindre largeur au fluide. Ainfi non-feulement,

chaque molécule fait un moindre choc, il y a auſſi un
moindre nombre de molécules qui contribuent au choc;
& comme ces deux cauſes de diminution ſuivent le
même rapport, il en réſulte que les impulſions ſont
comme les quarrés des ſinus des angles d'incidence.
Si l'angle *ABD* que fait la direction du fluide avec
la ſurface, eſt de 17 à 18 degrés, ſon ſinus ſera le tiers
du ſinus total, ou *AD* ſera le tiers de *AB*. Par conſéquent chaque molécule fera trois fois moins d'impulſion en frappant la ſurface; & comme cette même
ſurface offrira au choc une largeur moindre dans le
même rapport, l'impulſion, eu égard à tout, ſera neuf
fois plus petite. Après avoir trouvé l'impulſion pour
le cas dans lequel le fluide frappe la ſurface perpendiculairement, il n'y aura donc en général, qu'à la diminuer dans le rapport du quarré du ſinus total, au
quarré du ſinus d'incidence, & on aura l'effort du choc
pour le cas dans lequel le fluide frappe la ſurface obliquement.

Si le vent ou l'eau frappe une ſurface, qui ait non-
ſeulement une ſituation oblique par rapport à ſa direction, mais que cette ſurface ſoit outre cela inclinée,
l'angle d'incidence ſera alors moindre non-ſeulement
par la premiere obliquité de la ſurface, mais auſſi par
ſon inclinaiſon. Le vent, par exemple, frappe une
voile ſituée verticalement, mais cette voile eſt poſée
obliquement par rapport au cours du vent. L'impulſion que ſouffrira cette voile ſera d'autant plus petite,
que le quarré du ſinus d'incidence ou de l'obliquité
du vent par rapport à la baſe de la voile ſera plus petit. Mais ſi la voile, outre cela, n'eſt pas verticale, ſi
elle eſt inclinée à l'égard de l'horiſon, cette poſition
particuliere fera encore diminuer l'impulſion dans le
même rapport que le quarré du ſinus de l'inclinaiſon
eſt plus petit que le quarré du ſinus total. En un mot
l'angle d'incidence diminue alors par deux endroits,

& fon finus eft moindre en raifon compofée de la raifon du finus total aux deux finus particuliers de l'o-
bliquité de la bafe de la voile, & de l'inclinaifon de
la voile. Il fuit de-là que, pour avoir l'impulfion du fluide
fur la furface, il n'y a toujours qu'à la chercher pour
la furface frappée perpendiculairement, & la diminuer
enfuite pour la fituation doublement oblique de la
furface.

# CHAPITRE II.

*De la maniere dont les Voiles font accélé-*
*rer le mouvement du Navire, avec quel-*
*ques remarques particulieres au fujet de*
*leur courbure.*

## I.

LES voiles exigent une attention particuliere à
caufe de leur furface courbe. Elles ne doivent pas recevoir autant d'impulfion que fi elles étoient parfaitement étendues & parfaitement planes, puifqu'elles
font frappées en divers endroits de leur furface avec
une obliquité différente à caufe de leur courbure. Mais
on peut toujours fubftituer par la penfée à leur place,
une furface plane qui fouffre la même impulfion; &
outre cela, on peut les tendre réellement avec tant de
foin, que la diminution que fouffre le choc qu'elles reçoivent ne foit pas confidérable.

L'impulfion du vent étant continuelle, doit, dans le
commencement du fillage, communiquer d'inftant en
inftant au navire de nouveaux degrés de vîteffe, précifément comme la pefanteur en communique aux graves dans leur chûte. Si l'impulfion du vent étoit équi-

valente à la pefanteur du navire, le fillage recevroit des degrés de vîteffe exactement égaux à ceux que prennent les graves lorfqu'ils tombent librement ; mais comme l'effort du vent eft beaucoup moindre, le navire reçoit auffi des degrés de vîteffe plus petits dans le même rapport.

Un exemple éclaircira ce que nous voulons dire. Suppofons que l'étendue des voiles frappées perpendiculairement eft de 10000 pieds quarrés, que le vaiffeau pefe 1200 tonneaux ou 2400000 livres, & que l'impulfion du vent fur chaque pied quarré des voiles foit de 3 livres. Alors l'effort total du vent fera de 30000 livres, & il eft évident que le Navire ne prendra pas d'auffi grands degrés de vîteffe dans les premiers inftants de fa marche, que les graves dans les premiers inftants de leur chûte. Si l'effort du vent fur les voiles étoit de 2400000 livres, le navire prendroit exactement la même vîteffe, mais il n'eft pouffé que par une force de 30000 livres qui eft 80 fois moindre ; il doit par conféquent prendre une vîteffe 80 fois plus petite, & il parcourra auffi des efpaces plus courts dans le même rapport. Au lieu de parcourir 1508 pieds dans les premieres dix fecondes, il parcourra donc un peu moins de 19 pieds ; & au lieu d'avoir alors une vîteffe à faire 302 pieds dans une feconde comme le marque la table du fecond Chapitre de la fection précédente, il aura une vîteffe 80 fois plus petite, il ne fera qu'environ 3 pieds 9 pouces en une feconde.

On doit même remarquer que prefque dès les commencements du fillage, l'accélération de la vîteffe ne fe fera pas tout-à-fait d'une maniere fi prompte. Nous négligeons la réfiftance de l'eau ou fon impulfion fur la proue : on peut n'avoir point d'égard à cette impulfion dans les premiers inftants du fillage, à caufe du peu de vîteffe avec laquelle le navire va rencontrer l'eau ; mais au bout de très-peu de temps la réfiftance de l'eau devient confidérable, & d'un autre côté l'impulfion du vent fur les voiles va en diminuant, parce qu'à mefure que le navire prend de la vîteffe & qu'il fuit par rapport au vent, il fe fouftrait, pour ainfi dire, à l'impulfion. Ainfi la force accélératrice va fans ceffe en diminuant par deux caufes. Le vent frappe moins les voiles comme s'il avoit moins de force, & d'un autre côté une plus grande partie de cette impulfion eft détruite par la réfiftance de l'eau ou par fon impulfion contre la proue ; car cette impulfion eft en déduction de celle du vent, elle en rend inutile une partie par fon oppofition.

Au bout de deux ou trois minutes de temps le navire aura peut-être acquis une vîteffe à faire 14 ou 15 pieds par feconde ; fon fillage fera cenfé alors très-rapide, puifque le navire fera environ 3 lieües par heure. Mais cette grande vîteffe du vaiffeau fera peut-être caufe que les voiles feront pouffées avec une force deux fois moindre ; l'effort ne fera que de 15000 livres au lieu de 30000, & peut-être que l'impulfion de l'eau fur la proue fera alors égale à un effort de 14990 livres. Dans ce cas le Navire ne fera plus pouffé dans le fens de fa route qu'avec une force de 10 livres, qui eft l'excès d'un effort fur l'autre ; & comme le Vaiffeau pefe 2400000 livres, les nouveaux degrés de vîteffe qu'il recevra encore feront 240000 fois moindres que ceux que la pefanteur communique aux graves dans leur chûte. Ainfi la vîteffe du fillage ne s'accélérera prefque plus, & elle fera parvenue fenfiblement à l'uniformité. C'eft ce qui arrive auffi-tôt que l'impulfion du vent fur les voiles a affez diminué & l'impulfion de l'eau fur la proue affez augmenté pour que les deux foient parfaitement égales. Le vaiffeau doit alors fe mouvoir d'une vîteffe conftante ; il avance comme s'il n'étoit fujet à l'action d'aucune force extérieure ; le vent ne lui communique plus de nouveaux degrés, parce que le choc de l'eau fur la proue y met obftacle , & d'un autre côté le choc de l'eau ne retarde point le fillage , parce que l'impulfion du vent l'en empêche.

Comme le navire n'augmente réellement fa vîteffe que pendant deux ou trois minutes, & que le fillage eft toujours parvenu à l'uniformité, lorfqu'on a achevé d'orienter les voiles, nous n'examinons pas ici felon quelle progreffion fe fait cette accélération. Nous avons examiné dans l'autre feétion les effets d'une force accélératrice dont les changements font proportionnels aux efpaces parcourus. Ici la force accélératrice eft l'excès de l'impulfion du vent fur celle de l'eau, & chacune de ces impulfions eft proportionnelle au quarré de la vîteffe avec laquelle fe fait le choc. Nous avons réfolu ce problême dans le volume de 1745, des Mémoires de l'Académie Royale des Sciences, & nous pouvons y renvoyer. Toutes ces recherches, de même qu'une infinité d'autres, font propres à convaincre les leéteurs que fi on peut s'inftruire très-aifément des vrais principes de Méchanique & de Dynamique, il n'eft pas poffible d'en faire d'application un peu compliquée fans le fecours de la Géométrie.

## I I.

Au furplus nous juftifierons ici ce que nous avons dit au commencement de ce Chapitre, fur l'attention qu'on doit avoir à tendre les voiles le plus qu'il eft poffible. Si *ACB* (*fig.* 57.) eft une voile également large dans toute fa hauteur, & qu'étant fimplement arrêtée par les deux extrêmités en *A* & en *B*, elle forme une grande courbure, une partie de fon étendue fera inutile. Nous fuppofons d'abord que le vent au lieu de la frapper en plein, la frappe fort obliquement en faifant des angles fenfiblement aigus avec fes largeurs; la courbe *ACB* aura pour tangentes en *A* & en *B* les droites

*AD.*

Figure 57.

Figure 57.

$A D$ & $B D$. Mais il eſt facile de démontrer que la voile reçoit alors préciſément la même impulſion qu'une ſurface plane $ab$, qu'on déterminera en faiſant chacun des deux eſpaces $D a$ & $D b$ égal à la moitié du contour $A C B$ que forme la courbure de la voile, c'eſt-à-dire, que la ſurface plane $ab$ équivalente à la voile, eſt égale à $\frac{AE}{AD} \times ACB$. Il ſuit de-là que lorſque la voile eſt très-courbe, ou qu'on a pris peu de ſoin pour la tendre & que $A D$ eſt très-grande par rapport à $AE$, la ſurface plane $ab$, eſt beaucoup plus petite par rapport à la ſurface réelle de la voile, & qu'on perd par conſéquent beaucoup.

Si la voile $ACB$, au lieu d'être frappée obliquement, eſt frappée en plein ou ſi la direction du vent eſt exactement perpendiculaire à ſes largeurs, elle prend alors une courbure toute différente. L'air agit contre le haut & contre le bas de la voile, comme s'il n'avoit pas d'iſſue par les deux côtés. L'air qui frappe en haut fait effort pour ſe réfléchir vers le bas ; & comme celui qui frappe vers le bas, fait en même-temps effort pour ſe réfléchir vers le haut, il réſulte du tout une compreſſion dans la voile ; & quoique l'air puiſſe s'échapper par les deux côtés & qu'il s'échappe effectivement, il ne le fait cependant qu'après avoir agi ſur la voile comme s'il y étoit renfermé. L'air comprimé faiſant effort pour s'étendre, pouſſe tous les points de la voile perpendiculairement avec la même force, & il lui fait prendre la courbure d'un arc de cercle. Alors la voile fera le même effet qu'une ſurface plane de même largeur qui auroit $AB$ de hauteur. Ainſi ſuppoſé que la voile ait environ 11 parties de hauteur en ligne courbe $ACB$, & que ſa hauteur en ligne droite ne ſoit que de 7 parties, elle prendra la courbure d'un demi-cercle, & alors il y aura ſur les 11 parties d'étendue de la voile, 4 qui ſeront abſolument inutiles.

Bb

Nous aurons un troisieme cas si une voile de même largeur par-tout est arrêtée en *A* & en *D* & prend la courbure représentée dans la figure 58. Cette voile est frappée en plein; nous voulons dire que le vent la rencontre perpendiculairement à ses largeurs; mais les points *A* & *D* ne répondent pas exactement l'un au-dessus de l'autre, ou ne font pas dans la même ligne verticale. Tout le vent qui frappe fur la partie *A B* agit comme s'il y étoit renfermé; il fait prendre à cette partie la courbure d'un arc de cercle, & elle fait exactement le même effet qu'un plan *A B* qui seroit exposé au choc du vent. Mais quant à la partie inférieure *B D* l'impulsion qu'elle reçoit est sujette à une autre loi, parce qu'il n'y a rien au-dessus du point *A* qui mette obstacle à la retraite de l'air qui agit fur *B D*. Cet air n'agit pas par son ressort, ou ce qui revient au même, il n'a pas le temps de se comprimer. Si du centre *C* de l'arc *A B*, on abaisse la perpendiculaire *C I* fur la tangente *D F* au point *D*, cette perpendiculaire rencontre le cercle *A B H* prolongé vers *H*; & toute la voile *A B D* sera sujette à la même impulsion que si la corde *A H* étoit frappée perpendiculairement. Nous négligeons la pesanteur des voiles en donnant ces regles, que nous nous dispensons de démontrer. Nous les rapportons afin qu'on fasse tout ce qu'il faut pour se dispenser de s'en servir, en tendant les voiles le plus qu'il est possible.

Figure 58.

# CHAPITRE III.

*Que la pesanteur du Navire ou de tout autre corps flottant est égale à celle du volume d'eau dont il occupe la place, & doit agir dans la même direction.*

### I.

LES liqueurs agissent non-seulement par leur choc, elles agissent encore toutes par leur pression ; & elles ont à ce second égard une propriété semblable à celle de l'air, laquelle caractérise tous les fluides. Lorsque les liqueurs sont pressées dans un certain sens, elles transmettent la pression, non-seulement dans le même sens, mais dans tous les sens imaginables. L'eau qui est à quelques pieds de profondeur, est pressée par tout le poids de l'eau qui est au-dessus : mais cette pression agit même horisontalement sans recevoir aucune altération ; elle s'étend sous le Navire, & elle agit contre lui, en le poussant avec autant de force que toute l'eau qui est à côté entre les mêmes plans horisontaux, est pressée par l'eau supérieure.

Nous avons une infinité d'exemples de cette propriété qu'ont les liqueurs d'agir par leur pression sans diminution de force dans tous les sens possibles. Si on pousse le piston d'une seringue pleine d'eau, & que la seringue soit bouchée, l'effort qu'on fera, s'exercera également contre toutes les parties intérieures de la surface de la seringue, & si on faisoit un trou à côté, l'eau sortiroit par cette ouverture avec la même vîtesse que par l'ouverture ordinaire. Le piston ne paroît néanmoins pousser l'eau que selon sa longueur. Mais l'eau

étant preffée dans ce fens, fait également effort pour
s'échapper dans tous les autres. L'effort fe multiplie,
pour ainfi dire , & il fe fait également de tous les côtés :
l'eau eft difpofée à refluer dans tous les fens. De même,
l'eau de la mer qui fe trouve dans une tranche horifontale renfermée à une certaine profondeur entre deux
plans horifontaux , n'eft preffée immédiatement de
haut en bas que par le poids de l'eau fupérieure ; mais
fes parties ne font pas preffées dans un certain fens ,
fans agir avec une égale force dans tous les autres.
Elles fe preffent donc également dans le fens horifontal , & on reffentiroit tout l'effet de cette preffion
qui a changé de direction , fi on faifoit un trou fous la
carene du Navire. L'eau feroit effort pour y entrer
avec une force égale au poids de l'eau qui eft à côté ,
& correfpondante à la grandeur du trou.

Il n'y a perfonne qui n'ait reffenti cette même force
lorfqu'il a voulu faire entrer un bâton dans l'eau. En
mettant le bâton verticalement , on reffent une réfiftance qui augmente à mefure qu'on rend l'enfoncement
plus grand. Si on plonge le bâton obliquement , on remarque encore que la force qu'on eft obligé de vaincre
agit de bas en haut felon une direction exactement
verticale. On éprouve la même réfiftance lorfqu'on
enfonce la main ou fimplement le doigt dans du vif
argent. Le doigt eft repouffé par-deffous , & il l'eft
fortement , parce que le mercure étant environ 14 fois
plus pefant que l'eau , fes parties font preffées quatorze
fois davantage à la même profondeur. La direction
qu'a toujours cette force fera que nous la défignerons,
comme nous l'avons déja fait ailleurs , fous le nom de
*Pouffée verticale des liqueurs.*

Il fuit de ce que nous venons de dire , qu'un Navire
ou tout autre corps qui flotte librement eft pouffé en
haut avec une force égale à fon poids. L'eau dont il occupe la place , preffoit l'eau inférieure , lorfque le

Navire n'y étoit pas; elle la poussoit, & elle en étoit repoussée. Le Navire remplit précisément la même place : il est poussé par conséquent par-dessous de bas en haut ; & il faut, puisqu'il y a équilibre, que le corps flottant oppose une force égale à cet effort. Sa pesanteur fournit cet effort ; mais il faut qu'elle soit exactement égale au poids de l'eau dont le corps flottant occupe la place, autrement une des deux l'emporteroit sur l'autre. Le corps flottant seroit trop poussé de bas en haut, & il sortiroit de l'eau ; ou bien sa pesanteur seroit trop grande, & alors il se plongeroit davantage. Dans l'état de repos, il doit donc y avoir une égalité parfaite entre la pesanteur du Navire, & celle de l'eau qu'il déplace; il faut que la pesanteur du Navire soit exactement égale à la poussée verticale de l'eau.

Si le Navire pese cent tonneaux ou 200000 livres, il faut qu'il occupe dans l'eau de la mer un volume de presque 2778 pieds cubiques. L'eau de la mer pese un peu plus que l'eau douce; le pied cubique en pese à très-peu près 72 livres, au lieu que le pied cubique d'eau douce ne pese qu'environ 70 livres. Ainsi il faut que la grosseur de la carene ou de la partie qui doit entrer dans l'eau, réponde au poids que doit avoir le Navire. Si la carene étoit moins grosse, si elle n'avoit que 1389 pieds cubiques de solidité, elle n'occuperoit pas assez de place dans l'eau pour en être repoussée avec une force de 200000 livres de bas en haut. La poussée verticale de l'eau ne seroit alors que de 100000 livres. Il n'y auroit donc que la moitié de la pesanteur du Navire qui seroit soutenue, & l'autre partie feroit que le corps se précipiteroit vers le fonds.

On ne peut jamais, sans s'en appercevoir d'avance, tomber dans l'inconvénient de trop charger un Navire, lorsqu'il flotte librement ou qu'il est à flot. On voit jusqu'à quel point il enfonce, & on sait par cet enfoncement s'il est permis d'augmenter encore sa pesanteur.

Mais il y auroit les plus grandes précautions à prendre, & il faudroit être bien inſtruit de la regle que nous
expliquons, pour pouvoir charger un Navire dans un
baſſin où il eſt à ſec, & ſe haſarder enſuite à le mettre
à flot tout d'un coup, comme on l'a fait quelquefois.
De fauſſes meſures auroient alors les ſuites les plus funeſtes, on n'éviteroit le péril que par l'attention qu'on
auroit de ne pas rendre la charge trop grande, & il
faudroit auſſi la diſtribuer de maniere qu'elle ne fût ſituée ni trop vers l'avant ni trop vers l'arriere. Car pour
que le corps flottant agiſſe préciſément de la même
maniere que le volume d'eau dont il tient la place, il
ne ſuffit pas qu'il ait exactement la même peſanteur,
il faut encore que cette peſanteur s'exerce ſur la même
direction.

## I I.

Figure 59.     Suppoſons que le corps flottant $ABD$ ( *fig.* 59.)
plonge dans l'eau toute la partie $EBF$, & que le volume d'eau dont il occupe la place ait ſon centre de
gravité en r ou que ce point ſoit le centre de gravité
de la partie ſubmergée ſuppoſée homogene. Si ce corps
peſe 100 tonneaux ou 200000 livres, il faut que le volume d'eau déplacée $EBF$ peſe 200000 livres. C'eſt
une premiere condition qui eſt abſolument néceſſaire,
ou une premiere loi. Mais il y en a une ſeconde. Il
n'eſt pas moins eſſentiel que le centre de gravité du
corps flottant ſoit préciſément dans la même verticale
que le centre de gravité r de la partie ſubmergée. Il
peut ſe trouver plus bas ou plus haut comme en $G$;
mais pour que le corps flottant puiſſe remplacer à tous
égards l'eau dont il occupe le volume, il faut que ſa
peſanteur qui doit être égale à celle de l'eau, ait encore
ſa direction ſur la même ligne. La pouſſée de l'eau
agit comme ſi elle ſe réuniſſoit en r, & elle exerce ſon
action ſelon la verticale r $H$. Mais la peſanteur du corps

flottant agiffant felon $GB$ avec une force égale & une Figure 59.
oppofition parfaite, il naît de cette égalité & de cette
oppofition un équilibre exact, & le corps flottant conferve fa même fituation.

Si le centre de gravité commun du corps $ABD$,
au lieu d'être en $G$, étoit fitué à côté, s'il étoit en $g$
par exemple, foit parce qu'il manquât à ce corps d'ê-
tre homogene ou qu'on eût diftribué fa charge d'une
maniere irréguliere, il eft évident qu'il ne pourroit pas
refter un feul inftant dans le même état. Il feroit comparable à une colonne ou à un édifice dont le centre de gravité répondroit au dehors de fa bafe. L'eau
le poufferoit en haut felon la verticale $rH$, & fa propre pefanteur travailleroit à le faire defcendre felon la
ligne $gb$. Il ne ferviroit de rien alors que les deux forces fuffent égales, elles ne feroient pas directement
oppofées, & elles travailleroient de concert à faire
tomber le corps fur le côté. Concluons donc, en affu-
rant qu'un corps ne flotte librement fur une liqueur,
que lorfque les deux conditions fuivantes font exactement remplies. Il faut 1°. que la pefanteur du corps
flottant foit parfaitement égale au poids du volume
$EBF$ de la liqueur dont il occupe le vuide. Il faut
2°. que le centre de gravité du corps flottant foit dans
la verticale $rH$ fur laquelle s'exerce la pouffée de la
liqueur, ou il faut que le centre de gravité du corps
flottant foit exactement dans la même verticale que le
centre de gravité de fa partie fubmergée fuppofée homogene.

# CHAPITRE IV.

*Que le centre de gravité du corps qui flotte librement ne doit point être au-dessus d'une certaine hauteur : moyens de déterminer cette hauteur.*

### I.

CES deux conditions font abfolument néceffaires ; mais elles ne fuffifent pas encore. Le centre de gravité $G$ du corps flottant peut fe trouver placé en deffus ou en deffous de celui $r$ de la carene ou de l'efpace que l'eau a été obligée d'abandonner ; mais il ne doit pas être trop haut. Si le corps flottant a, par exemple, une forme parfaitement ronde ou fphérique $ABD$ (*fig. 60.*) fon centre de gravité $G$ ne doit pas être au-deffus du centre $C$ de l'arc de cercle $ABD$ ; autrement le corps ne pourroit pas fe foutenir droit un feul inftant. Il y a toujours en effet dans l'air, de même que dans l'eau & dans tous les autres fluides, quelque agitation qui feroit capable, en fe communiquant au corps flottant, de l'éloigner un peu de fon premier état, ou de le faire incliner au moins d'une quantité infiniment petite. Mais fuppofé que le centre de gravité de ce corps ou du Navire fût en $g$, la pefanteur du corps flottant tendroit à augmenter l'inclinaifon, & rien ne s'y oppofant, le corps ne manqueroit pas de verfer : au lieu que ce ne fera pas la même chofe fi fon centre de gravité eft au-deffous du point $C$, s'il eft en $G$, par exemple.

Lorfque le Navire ou le corps flottant $ABD$, s'incline d'une très-petite quantité, qu'il prend, fi l'on veut

la

Figure 60.

la situation représentée dans la figure 60, la partie sub- Figure 60.
mergée est alors *eBf*, cette partie sert de carene, &
la poussée verticale de l'eau, au lieu de se réunir dans
le centre r, se réunit dans le centre de gravité *γ*; &
elle agit selon la verticale *γ C*. Mais les effets doivent
être ensuite absolument différents selon que le centre
de gravité du corps flottant est en dessus ou en dessous
du point *C*. S'il est au dessus comme en *g*, le corps
flottant doit s'incliner encore davantage, & il ne faut
jamais compter dans ce cas sur sa stabilité; il faudra
au contraire s'attendre à le voir verser sur le champ,
parce qu'il ne se trouve toujours que trop de causes
extérieures capables de commencer l'inclinaison qui
sera ensuite portée à l'excès par le concours de la pesanteur du corps & de la poussée verticale de l'eau.
Mais si le centre de gravité est au dessous du point *C*,
s'il est en *G*, le corps flottant doit maintenir constamment son niveau; puisqu'il y a une force toujours
prête à le redresser, supposé que quelque agent extérieur lui cause quelque légere inclinaison; cette force
est la poussée verticale de l'eau.

Le centre *C* de l'arc *E B F* serviroit également de
limite à la hauteur du centre de gravité du corps flottant, quand même ce corps seroit beaucoup plus lé-
ger & qu'il ne plongeât dans l'eau qu'une partie beaucoup plus petite que le demi-cercle, comme dans la
figure 61. Tous les segments de cercle ont cette pro- Figure 61.
priété exclusivement à toutes les autres figures. Le
centre *C* est toujours le terme au dessous duquel il
faut que le centre de gravité *G* du corps flottant soit
situé, si on veut que ce corps se soutienne sans verser.
Toutes les directions r *H*, *γ h*, &c. de la poussée de
l'eau passant par le centre *C*, supposé que le centre de
gravité se trouvât dans le point *C*, le corps n'affecte-
roit ensuite aucune situation particuliere. Placé de niveau, il y resteroit; & mis dans une situation inclinée,

C c

il la conferveroit de même. Il faut donc éviter le point *C*, & ne pas y placer le centre de gravité du Navire; il faut toujours au contraire fituer ce centre confidérablement au deffous.

Nous avons donné dans notre Traité du Navire le nom de *métacentre* à ce point remarquable au-deffous duquel la fûreté de la Navigation demande qu'on mette le centre de gravité du vaiffeau. Nous employerons ici le même nom; & comme les Navires n'ont quelquefois la forme ronde dans nul fens, nous expliquerons les moyens de déterminer le métacentre dans les folides de toutes les figures.

## I I.

## *Méthode de déterminer le* Métacentre *ou le point qui fert de limite à la plus grande hauteur du centre de gravité du Navire.*

ON voit que le problême fe réduit à confidérer le corps flottant dans la fitüation horifontale & dans une fituation inclinée très-peu différente, & à chercher en quel point fe coupent les deux direâions de la pouffée verticale pour les deux fituations. Lorfque le Navire de la figure 60 conferve fon niveau, la pouffée verticale de l'eau fe réunit dans le centre de gravité г de l'efpace que la carene proprement dite occupe dans la mer; mais pour peu que le Navire s'incline d'un côté ou de l'autre, une partie triangulaire *F C f* de fa carene fort de l'eau, & une autre partie triangulaire *E C e* fe fubmerge du côté oppofe. Ce font ces deux parties triangulaires qui apportent du changement à toute la partie fubmergée du Navire & à fon centre de gravité, & qui font caufe que la pouffée verticale de l'eau, au lieu de fe réunir en г, fe réunit en γ.

Figure 60. & 61.

Mais ſi on laiſſe au Navire ſes mêmes largeurs, qu'on ne touche point à la grandeur ni à la figure de ſa flot- taiſon ou de ſa coupe horiſontale faite à fleur d'eau, & qu'on ne faſſe qu'augmenter ou diminuer l'étendue de la carene ou la partie inférieure du vaiſſeau ; il eſt évident que les petits triangles $ECe$, & $FCf$, quoique toujours exactement les mêmes, feront plus ou moins grands par rapport à la carene & qu'ils produiront un plus grand ou un moindre changement ſur la ſituation des centres de gravité r & $\gamma$. Ces points étant enſuite plus ou moins éloignés l'un de l'autre, les lignes r $H$ & $\gamma h$ ſelon leſquelles s'exercent la pouſſée de l'eau dans les deux cas, iront ſe rencontrer plus ou moins haut ; ce qui donnera plus ou moins de hauteur au métacentre $C$ au deſſus du centre de gravité $G$ de la carene.

Figure 60 & 61.

Lorſqu'on diminuera la ſolidité de la carene ſans tou- cher à ſes largeurs par en haut, les triangles $ECe$ & $FCf$ deviendront relativement plus grands. Ils ne ſeront réellement ni plus grands ni plus petits, puiſque leurs dimenſions dépendent des largeurs du Navire & de la quantité de l'inclinaiſon qu'on ſuppoſe toujours égale & comme infiniment petite; mais ils ſeront relativement plus grands, étant comparés à la carene entiere qu'on aura rendu plus petite. L'intervalle entre les centres de gravité r & $\gamma$ deviendra donc plus grand, & le métacentre s'élevera dans le même rapport. Ce ſera tout le contraire, ſi on augmente la ſolidité de la carene, les centres r & $\gamma$ ſe rapprocheront, & le méta- centre s'abaiſſera. Ainſi c'eſt une regle générale, lorſ- que la flottaiſon ou la coupe horiſontale du Navire faite à la ſurface de l'eau eſt donnée, *que le métacentre eſt plus ou moins élevé au deſſus du centre de gravité de la carene, préciſément dans le même rapport que la carene eſt plus petite ou plus grande ;* & puiſqu'on connoît la ſi- tuation de ce point pour le cercle ou pour la ſphere, on le trouvera pour les autres figures par une ſimple

C c ij

analogie, auſſi-tôt qu'on aura déterminé leur centre de gravité.

Si toutes les coupes de la carene du Navire faites perpendiculairement à ſa longueur, ou, pour emprunter le langage des Marins, ſi tous les *gabaris* étoient des demi-cercles, la carene ſeroit un demi-ſphéroïde formé par la révolution de la courbe $PEQ$ autour de l'axe $PQ$ (*fig. 62*). Le métacentre ſeroit alors en $C$ dans l'axe même $PQ$ & à fleur d'eau, à cauſe de la propriété de tous les demi-cercles. Ainſi il n'y auroit qu'à chercher le centre de gravité $\Gamma$ du ſolide pour avoir $\Gamma C$; & ſuppoſé enſuite que la partie inférieure de la carene eût toute autre figure, il n'y auroit, conformément à ce que nous venons de voir, qu'à augmenter ou diminuer $\Gamma C$ dans le même rapport que la carene $PEQB$ ſeroit plus petite ou plus grande que le demi-ſphéroïde, & on auroit l'exacte hauteur du métacentre $M$ au deſſus du centre de gravité de la carene.

Figure 62.

## III.

## *Application de la Méthode précédente à un corps flottant qui auroit la figure d'un Ellipſoïde.*

QUOIQUE la flottaiſon des vaiſſeaux ne ſoit pas terminée par la ligne courbe que les Géometres nomment ellipſe, & qu'elle ſoit ordinairement plus grande, on peut ici prendre ces deux figures l'une pour l'autre. Dans cette ſuppoſition le centre de gravité $\Gamma$ du demi-ſphéroïde $EPBQ$ eſt exactement au deſſous de la flottaiſon $EPFQ$ ou de la ſurface de l'eau, des trois huitiemes de $CB$; & comme $CB$ ſeroit égale à $CE$, on auroit donc $\frac{3}{8}CE$ pour la hauteur $C\Gamma$ du métacentre au deſſus du centre de gravité du demi-ſphéroïde.

Mais ſi les gabaris ou les coupes de la carene faites

Figure 62.

perpendiculairement à fa longueur, au lieu d'être des
demi-cercles, font auſſi des demi-ellipſes ; ſi en particulier la profondeur $CB$ de la carene eſt conſidérablement plus petite que la moitié de la plus grande
largeur $EF$, le nouveau centre de gravité r de la carene ſera toujours exactement aux trois huitiemes de ſa
profondeur. Il ſera donc moins au deſſous de la ſurface de l'eau qu'auparavant. Mais outre cela la hauteur
du métacentre au-deſſus de ce centre de gravité augmentera encore dans le même rapport qu'on aura
rendu la carene plus petite, en la faiſant moins profonde.

On diminue la ſolidité de la carene exactement dans
le même rapport qu'on fait $CB$ plus petite que $CE$
ou que $CF$ ; ce qui nous donne cette analogie pour
trouver la nouvelle hauteur du métacentre. La profondeur actuelle & diminuée $CB$ eſt à $CE$ comme $\frac{3}{8} CE$
eſt à la hauteur $\frac{3}{8} \times \frac{CE^2}{CB}$ ; & ſi de cette hauteur qui eſt
celle de r$M$, nous en ôtons $\frac{3}{8} CB$ pour la quantité
dont le centre de gravité actuel r de la carene eſt au
deſſous de la ſurface de l'eau, nous aurons $\frac{3}{8} \times \frac{CE^2}{CB}$ —
$\frac{3}{8} CB$ pour la hauteur $MC$ du métacentre au deſſus
de la ſurface de l'eau. Comme il ne s'en faut pas beaucoup que la profondeur de la carene ne ſoit égale à la
moitié de ſa largeur dans la plupart des Navires, il
s'enſuit que les deux termes de l'expreſſion $\frac{3}{8} \times \frac{CE^2}{CB}$ —
$\frac{3}{8} CB$ de la hauteur du métacentre au deſſus de l'eau,
approchent beaucoup d'être égaux, & qu'ainſi le métacentre n'eſt jamais guere élevé au deſſus du plan de
la flottaiſon.

Propoſons pour exemple un Vaiſſeau, dont la plus
grande largeur $EF$ ſoit de 32 pieds & dont la profondeur $CB$ de la carene ſoit de 14 pieds ; le centre
de gravité r ſeroit au-deſſous de la ſurface de l'eau de

Figure 61.

6 pieds, en fuppofant que la carene eût la figure d'un demi-fphéroïde elliptique, formé par la révolution de l'ellipfe $QEP$ autour de l'axe $QP$. Mais les coupes verticales de la carene faites perpendiculairement à la longueur ne font pas des cercles, elles font des ellipfes dont le demi-axe vertical $CB$ eft plus petit que le demi-axe horifontal $CE$ dans le rapport de 14 à 16. Ce changement eft caufe que le centre de gravité г de la carene n'eft au deffous de la furface de l'eau, que de $5\frac{1}{4}$ pieds. En fecond lieu la carene étant plus petite, la hauteur du métacentre au deffus du centre de gravité eft plus grande dans le même rapport; c'eft-à-dire, qu'au lieu de n'être que de 6 pieds elle fera de $6\frac{6}{7}$ pieds. Or fi on ôte de cette hauteur г $M$, les $5\frac{1}{4}$ pieds dont le centre г eft réellement enfoncé fous l'eau, on aura $1\frac{17}{28}$ pieds pour la quantité $MC$ dont le métacentre $M$ eft élevé au deffus de la furface de l'eau. C'eft ce qu'on trouvera auffi par la *formule* $MC = \frac{1}{8} \times \frac{CE^2}{BC} - \frac{1}{2}CB$.

## IV.

### De la hauteur du Métacentre lorfqu'il s'agit des inclinaifons qui fe font felon la longueur.

La méthode que nous venons d'employer pour déterminer la place du métacentre, peut fervir auffi à déterminer ce point pour les inclinaifons du Navire vers l'avant & vers l'arriere. Comme la carene eft beaucoup plus longue que large, le métacentre eft dans ce fecond cas beaucoup plus élevé que dans le premier. De forte qu'on pourroit porter le centre de gravité de tout le Vaiffeau à une hauteur beaucoup plus grande, fi le péril le plus preffant n'étoit attaché aux inclinaifons dans le fens de la largeur.

Figure 62.

Lorfqu'il s'agit uniquement des inclinaifons dans l'autre fens, ou felon la longueur, il faut confidérer cette longueur comme la largeur ; ainfi, au lieu de la formule que nous avons trouvée, nous aurons $MC =$ $\frac{1}{8} \times \frac{CP^2}{CB} - \frac{1}{8} CB$; & pour $M\Gamma$, nous aurons $\frac{1}{8} \times \frac{CP^2}{CB}$, ce qui nous montre que la hauteur du métacentre au deffus du centre de gravité de la carene eft plus grande dans ce cas que dans l'autre, dans le même rapport que le quarré de la longueur du Navire eft plus grand que le quarré de fa largeur. Si le Navire eft fimplement trois fois plus long que large, le métacentre fera neuf fois plus haut pour les inclinaifons dans le fens de la longueur que pour celles qui fe font felon la largeur. Si la longueur eft quatre fois plus grande que la largeur, le métacentre fera feize fois plus haut, &c. Il eft facile d'en appercevoir la raifon phyfique, indépendamment de ce que nous venons de trouver par le calcul.

# CHAPITRE V.

## De la ſtabilité du Navire, ou de la force avec laquelle il conſerve ſa ſituation horiſontale : différents moyens de la trouver.

### I.

POUR peu que le Navire s'incline, le centre de gravité de la partie fubmergée avance vers le même côté, & la pouffée verticale de l'eau agiffant fur une direction qui paffe à quelque diftance du centre de gravité du Navire, cette diftance lui fert de bras de levier, pour travailler à rétablir la fituation horifontale.

Figure 63. Si dans la figure 63 le point г est le centre de gravité du Navire & en même temps le centre de gravité de la carene suppofée homogene, ou de fa partie fubmergée lorfque le Navire eft dans fa fituation naturelle, & que lorfqu'il eft incliné il ait γ pour centre de gravité de fa partie alors fubmergée, la pouffée verticale de l'eau fe réunira dans ce centre γ & s'exercera felon γ M. Le bras de levier fera γ г, dont dépendra la hauteur du métacentre M au deffus du centre de gravité г de la carene. M г fera d'autant plus grande que le bras de levier γ г fera long ; & plus ce bras de levier aura de longueur, plus la pouffée de l'eau, quoique la même, s'oppofera efficacement à l'inclinaifon. Ainfi, lorfque toutes les autres circonftances font les mêmes, la ftabilité du Navire ou fa force relative pour retourner à la fituation horifontale eft plus ou moins grande dans le même rapport, que le métacentre M eft plus ou moins élevé au deffus du centre de gravité г de la carene, & on peut prendre, pour l'exprimer, le produit de toute la pefanteur du Navire par cette hauteur M г ; puifque le bras de levier г γ eft toujours une certaine partie de la hauteur г M tant que l'inclinaifon du Navire eft d'une quantité déterminée.

Nous tirons de-là une remarque de la plus grande importance. C'eft que la ftabilité d'un Navire ne dépend que de la grandeur & de la figure de fa flottaifon, ou de fa coupe faite à fleur d'eau. En effet, fi le plan de la flottaifon reftant le même, on rend la carene par deffous plus petite ou plus grande, & qu'on diminue ou qu'on augmente exactement dans le même rapport la pefanteur du navire, afin qu'elle réponde toujours parfaitement, comme cela eft néceffaire, au volume de la carene, la hauteur du métacentre M au deffus du centre de gravité г changera proportionnellement, mais dans un rapport inverfe, comme nous l'avons vu dans le Chapitre précédent. Ainfi le produit de la

pefanteur

Figure 61.

pefanteur du Navire par la hauteur $M$ r de fon métacentre $M$ au-deſſus de fon centre de gravité r fera
toujours conſtant : car ce qu'on gagnera en augmentant le poids du Navire, on le perdra par la hauteur du métacentre qui diminuera ; & ce qu'on perdra
au contraire ſi on diminue la pefanteur du corps flottant, on le gagnera par la hauteur du métacentre qui
deviendra plus grande. C'eſt pourquoi la ſtabilité qui
eſt le produit de l'une par l'autre, ou qui eſt proportionelle à ce produit, fera toujours exactement la même;
auſſi-tôt que le plan de flottaiſon ou la coupe de la carene faite à fleur d'eau ne changera pas.

Figure 62.

Cette remarque ou ce théorême nous met en état
de trouver fort aiſément la ſtabilité du Navire ou de
tout autre corps flottant. La flottaiſon $QEPF$ (*fig.* 62)
d'un Navire étant donnée, nous n'avons qu'à faire tourner par la penſée une de ſes moitiés autour de l'axe
$QP$, & en former un demi-ſphéroïde. Le métacentre
de ce corps dont toutes les coupes faites perpendiculairement à ſa longueur feront des demi-cercles,
ſe trouvera exactement en $C$ ſur ſon axe $QP$. On cherchera la ſolidité de ce corps, pour avoir le poids de
l'eau qu'il déplaceroit; on cherchera auſſi combien ſon
centre de gravité r feroit au-deſſous de l'axe $QP$, &
multipliant $C$ r par la ſolidité du demi-ſphéroïde ou
par la pefanteur de l'eau dont il occuperoit la place,
on aura ſa ſtabilité, & en même temps celle de tout
autre corps $QEPFB$ qui aura la même flottaiſon. Si
cet autre corps eſt plus petit ou plus grand que le
demi-ſphéroïde que nous avons imaginé, la hauteur
$M$ r de ſon métacentre ſera d'un autre côté plus grande
ou plus petite dans le même rapport, & par conſéquent
le produit de la pefanteur du corps réel $QEPFB$ par
la hauteur $M$ r de ſon métacentre au-deſſus du centre
de gravité r de ſa carene, fera préciſément égal à
celui que nous aurons trouvé.

D d

Figure 63.

Il faut néanmoins faire attention que cette méthode ne fournit la stabilité que lorfque le centre de gravité commun du Navire fe trouve exactement dans le même point que le centre de gravité de fa carene fuppofée homogene. La pefanteur du vaiffeau eft formée de celle d'un grand nombre de parties héterogenes. Certains Bâtiments font beaucoup plus chargés par en bas, & d'autres, favoir tous les Vaiffeaux proprement dits, font beaucoup plus péfants à proportion par en haut à caufe de leur artillerie. Cette différente diftribution du poids met néceffairement beaucoup de différence dans la fituation du centre de gravité commun $G$ de tout le Navire; & il eft évident que le métacentre étant enfuite diverfement élevé au deffus de ce dernier centre, le bras de levier fe trouve plus long ou plus court, & la ftabilité plus ou moins grande dans le même rapport.

Si nous nommons $P$ la pefanteur totale du vaiffeau, nous aurons $P \times M\Gamma$ pour fa ftabilité en fuppofant que fon centre de gravité commun concourt avec celui $\Gamma$ de fa carene ou de fa partie fubmergée, fuppofée homogene. Mais fi le centre de gravité $G$ eft fitué plus haut ou plus bas, la force relative de l'eau pour relever le Navire fera plus petite ou plus grande de tout le produit de la pefanteur $P$ par $G\Gamma$. Ainfi la ftabilité eft en général $P \times M\Gamma \pm P \times G\Gamma$; & la méthode géométrique que nous venons d'expliquer ne nous la donne par conféquent pas toute entiere. Elle ne nous donne que le premier terme $P \times M\Gamma$, celui qui dépend uniquement de la figure de la flottaifon; mais il faut enfuite y ajouter $P \times G\Gamma$ fi le centre de gravité $G$ du Navire eft au deffous de celui $\Gamma$ de fa carene, comme nous l'avons marqué dans la figure 63; & il faut au contraire fouftraire $P \times G\Gamma$, fi le centre de gravité $G$ eft au deffus du centre de gravité de la carene comme dans les figures 60 & 61.

## I I.

# *Trouver la stabilité du Navire par l'expérience.*

NOUS découvrirons immédiatement la stabilité actuelle du Navire en mettant un poids assez considérable sur son côté, & en observant avec précision l'inclinaison qu'il produit. Nous mettrons pour cela sur le bord du Vaisseau perpendiculairement à sa longueur une piece de bois $CR$ (*fig.* 63), & nous suspendrons à son extrêmité un poids $Q$ qui sera nécessairement Figure 63. pencher le Navire. L'inclinaison ira plus ou moins loin; mais les choses ne se trouveront dans un état permanent que lorsqu'il y aura parfaitement équilibre de part & d'autre de la poussée verticale de l'eau, entre le poids $Q$ & la pesanteur du Navire. La poussée verticale de l'eau servira d'hypomoclion, elle soutiendra la pesanteur du Vaisseau & celle du poids $Q$, & il faudra que les moments de ces deux poids soient égaux entr'eux; c'est-à-dire, que le produit du poids $Q$ par sa distance horisontale $RC$ au milieu du pont ou du tillac, soit égal au produit de tout le poids du vaisseau par la distance $GK$ de son centre de gravité $G$ à la verticale $vM$ sur laquelle s'exerce la poussée de l'eau. La pesanteur $P$ du Navire sera ordinairement très-grande par rapport au poids $Q$, mais le bras de levier $RC$ sera plus grand que $GK$ dans le même rapport.

Il est à propos que la piece de bois $CR$ ait une longueur assez considérable, afin qu'on soit moins sujet à se tromper en la mesurant; car dans la rigueur on ne connoît pas le point où commence le bras de levier que représente cette piece de bois. Nous prenons le milieu $H$ de la largeur du Navire, faute de connoître précisément le point $C$ qui répond exactement au dessus

Figure 63.
du centre de gravité ϒ de la partie submergée de la carene ; & il est évident qu'on ne peut négliger le petit
intervalle $HC$ compris entre les deux points $H$ & $C$
que lorsque cet intervalle est comme nul par rapport à
$RC$ ; ce qui arrive lorsque la piece de bois est très-
longue, ou lorsque l'inclinaison du Navire est extrêmement petite.

Si le corps $Q$ est de 1000 livres ou d'un demi-ton-
neau, & que le bras de levier $RC$ mesuré horisontalement soit de 30 pieds, nous aurons 30000 *livres-pieds*
ou 15 *tonneaux-pieds* pour le moment du poids $Q$, &
ce sera aussi le moment du Navire, ou sa stabilité actuelle. Nous disons sa stabilité actuelle ; car ce sera le
produit de sa pesanteur par la distance de son centre
de gravité $G$ à la verticale ϒ$M$, produit dont la grandeur dépend de l'inclinaison actuelle ; au lieu que nous
avons exprimé ci-devant la stabilité en employant un
produit constant, celui de la pesanteur du Navire par
la hauteur $MG$ de son métacentre au dessus du centre
de gravité $G$. Ainsi, après avoir trouvé le moment
que nous donne immédiatement l'expérience, il faut
l'augmenter dans le même rapport que $MG$ est plus
grande que $GK$ ou dans le même rapport que le sinus
total est plus grand que le sinus de l'inclinaison pour
avoir le produit $P \times M$ϒ.

On peut, pour avoir ce dernier rapport d'une maniere fort aisée, suspendre une bale de plomb ou quelqu'autre petit poids à un long fil qui soit arrêté vers
le haut du mât. On remarquera à quel point répond
en bas le fil à plomb, avant & après l'inclinaison du
Navire, & la différence sera l'effet de l'inclinaison,
par rapport à toute la longueur du fil. On se sert, par
exemple, d'un fil à plomb de 50 pieds de longueur,
& il s'éloigne du mât par en bas, d'un pied de plus
après que le Navire s'est incliné. Il y aura le même
rapport de $GK$ à $GM$ que d'un pied à 50 ; & il n'y

aura donc qu'à augmenter dans le même rapport le Figure 63.
moment trouvé par l'expérience. Le moment du poids
$Q$ qui fait incliner le Navire est de 15 *tonneaux-pieds*,
& c'est aussi le moment actuel du Navire. Mais comme
nous voulons avoir une expression générale de la stabilité, qui ne soit dépendante d'aucune inclinaison particuliere, nous devons augmenter dans le rapport de
1 à 50, le moment trouvé; ce qui nous donnera 750
*tonneaux-pieds* ou 150000 *livres-pieds* pour la stabilité
requise ou pour le produit du poids total du Navire
par $MG$.

Si on connoissoit la pesanteur du Vaisseau, & qu'on
s'en servît pour diviser la stabilité, il viendroit au quotient la hauteur $MG$ du métacentre au dessus du centre de gravité $G$. Supposé, par exemple, que le Navire pese 200 tonneaux; en divisant les 750 *tonneaux-*
*pieds* de stabilité par 200 tonneaux, on aura $3\frac{1}{4}$ pieds
pour la hauteur $MG$. Mais c'est presque toujours assez
pour nous de connoître la stabilité. On saura d'avance
par son moyen si le Navire portera bien la voile, & on
en tirera d'autres inductions très-utiles.

Supposons, afin de ne pas laisser ceci sans application, que la surface des voiles soit de 5000 pieds quarrés lorsqu'elles sont frappées par le vent dans les routes
obliques, & que leur centre d'effort soit élevé de 55
pieds au dessus du centre de gravité du Navire. On
ne doit guere mettre qu'à 2 livres, l'impulsion que
fait le vent le plus fort sur chaque pied quarré de surface des voiles, vu l'obliquité du choc & les autres
causes de diminution. L'impulsion totale seroit donc
de 10000 livres ou équivalente à la pesanteur de 5
tonneaux; & si on la multiplie par 55 pièds, il viendra
275 *tonneaux-pieds* pour le moment de l'effort que fait
la voile pour renverser le Navire. Le levier auquel
l'effort du vent est appliqué lorsqu'il produit cet effet,
est un peu plus court; car ce n'est pas le centre de

Figure 63.

* Voyez les pag. 523 & 524.

gravité du Navire qui fert alors d'hypomoclion , mais un autre point que nous avons déterminé dans le Traité du Navire *. Nous négligeons ici cette différence , parce qu'elle n'eft jamais fort grande.

Mais ce moment 275 *tonneaux-pieds* de l'effort du vent feroit beaucoup trop grand par rapport au moment 750 *tonneaux-pieds* de l'effort que fait la pouffée verticale de l'eau pour relever le Navire. L'inclinaifon d'un Navire eft déja beaucoup trop grande , lorfqu'elle eft de 18 à 20 degrés ; & néanmoins G K ne feroit guere alors que le tiers de G M. Il fuit de-là que le plus grand moment actuel de la pouffée verticale de l'eau pour rétablir la fituation horifontale , eft tout au plus le tiers du produit de la pefanteur du Navire par G M , produit que nous prenons pour la ftabilité. Le moment actuel de l'effort de l'eau ne feroit donc que de 250 *tonneaux-pieds* , & il ne feroit pas fuffifant pour s'oppofer à l'effort de la voile qui feroit de 275 *tonneaux-pieds*; il s'en manqueroit même beaucoup. Ainfi il faudroit placer plus bas dans la carene les parties pefantes de la charge pour augmenter la ftabilité du Navire ; ou bien il faudroit diminuer l'étendue des voiles , ou diminuer leur hauteur, pour éviter l'extrême péril auquel on feroit expofé toutes les fois que le vent commenceroit à fouffler avec quelque force.

Nous revenons au moyen de déterminer avec exactitude dans l'expérience que nous avons indiquée , le degré de l'inclinaifon. Lorfque nous mettrons un poids fur le côté du Navire pour le faire incliner , nous choifirons le temps où la mer fera parfaitement tranquille , & qu'il régnera dans l'air un calme parfait. Il y aura néanmoins toujours quelque difficulté à favoir de combien le Navire fe fera incliné , & plus l'inclinaifon fera petite , comme il faut qu'elle le foit , afin qu'on puiffe confondre les points H & C dans la fig. 63, plus on aura de peine à en marquer la quantité précife.

Figure 63.

Au lieu de fufpendre un fil à plomb vers le haut du mât, je crois qu'on pourroit fe fervir avec fuccès de la fitua-tion que paroît prendre, par rapport au bord du Na-vire qui s'incline, quelque point très-éloigné comme l'horifon de la mer ou quelque autre objet; & il n'y auroit qu'à mefurer l'angle du changement en fe fervant de quelqu'un de ces inftruments qui font en ufage en mer pour mefurer la hauteur des aftres.

Lorfqu'on a une de ces lunettes, dont on fe fert en 'Aftronomie ou dans les grandes opérations de Géo-metrie - pratique, on pourroit l'attacher en quelque en-droit du Vaiffeau, & voir à quel objet éloigné elle répond fucceffivement. Mais lorfqu'on n'a point de pareille lunette, il n'y a qu'à élever verticalement fur un des bords du Navire, une regle fur laquelle on puiffe faire gliffer une mire. L'Obfervateur fe mettra enfuite fur l'autre bord du Vaiffeau, il pourra fe placer aifé-ment en dehors; & il n'aura qu'à remarquer, en po-fant toujours fon œil dans le même endroit, par quel point de la regle il voit un objet éloigné de 1000 ou 1500 toifes. On pofera enfuite fur le flanc du Navire le poids $Q$ qui produira une certaine inclinaifon: mais fi l'Obfervateur retourne à fon premier pofte, & s'il pofe fon œil dans le même point, l'objet éloigné ne lui paroîtra plus par le même point de la regle, il faudra changer la mire de fituation; & il y aura enfuite même rapport de la quantité verticale dont on aura changé la mire de place, à fa diftance à l'Obferva-teur que de $G K$ à $G M$. Ainfi, ayant trouvé par l'ex-périence du poids, le moment du Vaiffeau ou le pro-duit de fa pefanteur par $G K$, on faura de combien il faudra augmenter ce produit pour avoir celui de la même pefanteur $P$ du Vaiffeau par $G M$.

# CHAPITRE VI.

## Remarques sur l'arrangement des parties les plus pesantes de la charge.

### I.

LE Navigateur ne néglige jamais de savoir combien son Navire *tire d'eau* pardevant & parderriere, c'est-à-dire, de combien il plonge : il veut aussi en savoir le *port* ou connoître la pesanteur de la charge ; mais je crois qu'on seroit aussi très-intéressé à en connoître la stabilité, & qu'on ne devroit pas oublier de la spécifier lorsqu'il s'agit de donner quelques notions des principales qualités du Navire. La quantité dont le Navire doit plonger dans l'eau, regle la grandeur de sa charge ; on ne peut augmenter cette charge, sans qu'on s'en apperçoive sensiblement par la quantité dont le Navire plonge dans la mer, ou par le *tirant d'eau*, pour s'exprimer comme les Marins. Cette augmentation a même des limites qu'il seroit très-dangereux de passer ; & dont il est avantageux au contraire de rester considérablement éloigné.

### II.

MAIS la même charge pourroit être placée plus haut ou plus bas ; elle feroit enfoncer la carene exactement de la même quantité dans l'eau, pendant que le Navire en recevroit des propriétés très-différentes, par rapport à la Navigation. Si le Navire toujours également chargé avoit son centre de gravité trop haut, sa stabilité seroit moindre ; le second terme de son

expression

expreſſion $P \times M\mathrm{r} \pm P \times G\mathrm{r}$, ſeroit plus petit s'il étoit
poſitif, ou plus grand s'il étoit négatif. Ainſi le Navire
porteroit moins bien la voile, & il ſeroit peut-être
ſujet outre cela à d'autres inconveniens très-dignes d'attention, quoique beaucoup moins grands que le premier. Il eſt donc à propos de conſtater de temps en
temps par l'expérience la ſtabilité du Navire. Lorſqu'on
trouvera qu'elle eſt toujours la même, & que la partie
ſubmergée de la carene ne ſera ni plus grande ni plus
petite, on ſera ſûr que le centre de gravité eſt toujours
dans la même place, qu'il n'a été porté ni plus haut
ni plus bas.

Figure 63.

I I I.

Il y a encore la durée des balancements alternatifs
du Navire pendant ſa navigation, qu'il ſeroit très-à-
propos d'obſerver & de déterminer. Le Navire ſe
jette d'un côté ſur l'autre lorſqu'il va vent en poupe :
ces balancements ſe nomment *roulis* ; ils ſe font ordinairement avec aſſez de lenteur. L'effort du vent n'y
a aucune part, au moins d'une maniere immédiate :
c'eſt au contraire, parce que les voiles ne pouſſent pas
plus le Navire vers un flanc que vers l'autre, vers la
droite que vers la gauche, ou qu'elles ne le font pas incliner, qu'il ſe laiſſe aller à toute l'agitation de la mer.
Lorſqu'on ceſſe d'aller vent en poupe, & qu'on ſuit
une route très-oblique, les voiles pouſſent le Navire
de côté, elles lui interdiſent toute oſcillation dans le
ſens latéral, & le Navire ſeulement libre de faire des
balancements ſelon ſa longueur, en fait de très-vifs,
qu'on nomme *tangage*.

I V.

Au reſte, tous ces mouvements ſont ſenſiblement
iſochrones entr'eux ; les grands roulis avec les roulis

E e

foibles , & les différents balancements du tangage auffi
entr'eux. Ainfi on peut les comparer aux ofcillations
d'un pendule , dont tous les balancements grands &
petits font fenfiblement de même durée. Il feroit cependant difficile , ou pour mieux dire , impoffible de
faire en mer des pendules fimples dont les ofcillations
marquaffent la durée de ces balancements. Celle de
chaque mouvement du roulis eft dans les petits Navires de 4 fecondes ou de 4½ fecondes; dans d'autres plus
grands , de 5 , de 6 ou de 8 fecondes. Mais on peut
compter combien il y a de ces mouvements dans une
minute ou dans une demi-minute ; on faura de cette
forte leur exacte durée , & on verra enfuite dans la
petite Table du Chapitre IV. de la Section précédente,
la longueur qu'il faudroit donner au pendule *fynchrone* ; ·
c'eft-à-dire , au pendule dont chaque ofcillation fût
exactement de même durée que celles du Navire. On
fe fert de ce mot *fynchrone* tiré du Grec, pour marquer cette égalité de durée entre plufieurs pendules ,
de même qu'on fe fert du mot *ifochrone* pour marquer
l'égalité de durée des ofcillations du même pendule.

## V.

La durée de chaque balancement du Navire eft
relative à la diftribution de fa charge ou des parties pefantes dont fon poids total eft formé. Plus les parties
les plus pefantes du Navire font éloignées de fon milieu ou de fon centre de gravité , plus elles fe refufent
au mouvement par leur inertie , & moins les balancements du roulis & du tangage font rudes. Cette difpofition de la charge eft à rechercher , & on ne peut
conftater fon état qu'en examinant la durée des ofcillations , ou en cherchant la longueur du pendule fynchrone. Nous avons vu qu'il étoit à propos de placer
les parties pefantes de la charge le plus bas qu'il étoit

possible, afin d'augmenter la ſtabilité du Navire, &
de lui donner plus de force pour ſoutenir la voile ;
mais les mouvements du roulis deviennent ordinairement plus bruſques par cette tranſpoſition ; le pendule
ſynchrone dévient plus court. Si on met au contraire
plus haut les parties peſantes de la charge, la ſtabilité
diminue, le Navire n'a plus la même force pour conſerver ſa ſituation horiſontale ; il peut s'incliner beaucoup davantage & ſe trouver ſujet à faire de grands
balancements, quoiqu'avec lenteur ; outre cela, l'inconvenient de ne pas bien ſoutenir la voile, peut avoir
les ſuites les plus funeſtes.

Ce n'eſt pas la même choſe lorſqu'on change moins
la ſituation des parties peſantes de la charge pour les
mettre plus haut ou plus bas, que pour les éloigner
du milieu du Navire vers l'une & l'autre extrêmité ou
vers l'un & l'autre flanc. La ſtabilité reſte alors la même,
parce que le centre de gravité ne change pas de place,
& les mouvements d'oſcillation du Navire ſont moins
vifs, parce que les parties peſantes, portées plus loin
du centre de gravité, décrivent de plus grands arcs
dans les oſcillations, & qu'elles reçoivent ce grand
mouvement avec plus de difficuté, en s'y refuſant.
Nous allons, dans les Chapitres ſuivants, traiter cette
matiere avec plus de ſoin : mais nous avons été bien
aiſes d'indiquer ici d'avance les principaux réſultats de
nos recherches, afin d'épargner à quelques-uns de nos
Lecteurs la peine de ſe livrer à des examens plus
compliqués.

# CHAPITRE VII.

## Des Oscillations auxquelles les Navires & tous les autres Corps flottants font sujets.

### I.

### Que les Oscillations se font autour du centre de gravité du Corps.

NOUS avons vu dans la Section précédente, que le centre de conversion ou de rotation d'un corps est toujours situé de l'autre côté du centre de gravité par rapport au point de percussion. Lorsqu'un corps flottant est obligé de perdre sa situation horisontale par l'action d'une cause extérieure, il tend donc à tourner sur un point différent de son centre de gravité, selon l'endroit où est appliqué l'agent extérieur. Mais le corps flottant est bientôt laissé à lui-même, & après quelques mouvements irréguliers, il fera ses balancements autour de son centre de gravité. Si $ABC$ Figure 64. ( *fig.* 64.) repréfente ce corps qui plonge dans l'eau jusqu'en $DE$ en occupant la place d'une volume d'une pefanteur égale à la sienne, & si $G$ est son centre de gravité, & $Q$ celui dans lequel se réunit la pouffée de l'eau qui agit selon la verticale $QM$, il est certain que pendant que la pefanteur du corps flottant & la pouffée verticale de l'eau tendront à lui faire reprendre son niveau, ces deux forces suspendront leur effet par leur égalité & leur opposition, quant au mouvement du centre de gravité, & qu'elles rendront ce point senfiblement immobile.

La pesanteur des corps est proportionnelle à leur Figure 64.
masse de même que leur inertie ; & néanmoins on doit
bien distinguer la pesanteur & l'inertie l'une de l'autre,
ainsi que nous l'avons vu. Nous y sommes absolument
obligés dans cette rencontre, parce que la pesanteur
doit être considérée ici comme une force extérieure.
Il faut aussi faire attention que le centre $G$ peut être
regardé sous deux aspects absolument différents. Il est
le centre de l'inertie du corps $ABC$; & nous devons
ajouter que tout ce que nous avons dit dans les derniers Chapitres de la Section précédente touchant le
centre de gravité, ne convenoit proprement à ce point
que comme centre dans lequel l'inertie se réunissoit.
Le point $G$ en second lieu est centre de gravité, mais
ce point n'est le même que le premier que par une
espece d'accident, & parce que la pesanteur est distri-
buée précisément de la même maniere & dans la même
proportion que l'inertie ou que la masse. Nous pouvons donc comparer le corps flottant de la figure 64
aux corps dont nous parlions vers la fin de la Section
précédente, lesquels étoient poussés en deux différents
points par deux forces égales & contraires.

La pesanteur tire le point $G$ vers le bas & de côté,
par rapport à la ligne $BF$, & en même temps la
poussée verticale de l'eau, qui agit également tout le
long de la direction $QX$, tire en haut le métacentre
ou le point $M$, & tend à l'écarter de la ligne droite $BF$
du côté opposé à la direction de la pesanteur. Si l'une de
ces deux forces communiquoit donc du mouvement
dans un certain sens au centre $G$ dans lequel il faut
considérer toute l'inertie comme rassemblée, l'autre
force détruiroit cet effet sur le champ, en donnant un
mouvement égal & contraire. Ainsi le corps flottant,
en reprenant sa situation horisontale par l'action de sa
pesanteur & de la poussée verticale de l'eau, doit tourner sur son centre de gravité ou d'inertie $G$.

Figure 64. Quelques perfonnes qui n'avoient pas affez examiné cette matiere, ont prétendu que le corps flottant devoit plutôt tourner ou faire fes ofcillations fur le point *M* que nous avons nommé métacentre. Elles ne faifoient pas attention que ce point pouvoit être extrêmement élevé pour les corps d'une certaine figure, & que fi les ofcillations fe faifoient fur un pareil centre, on s'en appercevroit de la maniere la plus fenfible. Une piece de bois, qui eft taillée en deffous felon la cour-bure d'un arc de cercle d'un très-grand rayon, peut

Figure 65. avoir fon centre *M* (*fig. 65*) élevé de plus de 60 à 80 pieds. Mais fi le fentiment que nous rejettons étoit fondé, il fuffiroit de pefer un peu fur l'extrêmité *A* ou l'extrêmité *C*; & lorfqu'on cefferoit d'agir, la piece de bois fortiroit de fa place en avançant & en reculant alternativement, peut-être, de plufieurs pieds vers *L* & vers *N*. Nos Bateaux ou nos Chaloupes nous don-neroient auffi quelquefois cet étonnant fpectacle; au lieu que dans leurs ofcillations, on voit toujours leur proue & leur poupe s'élever & s'abaiffer fimplement, fans jamais avancer horifontalement vers un certain côté, pour rebrouffer enfuite chemin tout-à-coup vers l'autre.

Nous n'avons pas eu befoin de confidérer jufques ici la force centrifuge des corps ou l'effort qu'ils font pour s'éloigner du centre, autour duquel on les force de circuler. On reffent cette force lorfqu'on fait tour-ner une pierre dans une fronde; & on en voit quel-quefois de terribles effets, lorfque les parties d'une meule qu'on fait tourner trop vîte, fe détachent avec impétuofité. Cette force n'altere en rien la pefanteur d'un corps qui tourne autour de fon centre de gravité. Elle n'augmente la pefanteur ni la diminue, au lieu que le corps flottant changeroit, pour ainfi dire, de pe-fanteur, & feroit obligé d'enfoncer plus ou moins dans l'eau, s'il faifoit fes balancements ou s'il tournoit fur

Figure 65.

tout autre point ; parce que la force centrifuge qui augmenteroit ou qui diminueroit se combineroit dif-féremment avec la pesanteur. C'est ce qui n'arrive pas lorsque le centre de gravité reste toujours sensiblement dans le même endroit. Il est vrai que le corps, en s'in-clinant d'un côté, occupe de ce même côté un peu plus de place dans l'eau ; mais il en occupe en même temps moins du côté opposé, & de cette sorte la poussée verticale de l'eau qu'il éprouve est toujours sensiblement égale à sa pesanteur, qui ne reçoit non plus aucune altération.

## I I.

## *Que les Oscillations sont isochrones.*

Aussi-tôt qu'on s'est assuré que le corps flot-tant fait ses oscillations autour de son centre de gravité, il est facile de voir qu'elles sont de même durée ou qu'elles sont isochrones. Car lorsque le corps flottant est dans sa situation naturelle, la direction de la poussée de l'eau passe exactement par le centre de gravité $G$ (*fig.* 64) & cette force ne fait absolument aucun effort pour changer le niveau du corps ; mais si le solide s'in-cline de quelques degrés ou de quelques minutes, la poussée de l'eau fera d'autant plus d'effort pour le re-dresser que l'inclinaison sera plus grande. La poussée de l'eau aura pour bras de levier, comme nous l'avons vu, la distance de la verticale $Q M$ au centre de gravité $G$, & ce levier sera plus ou moins grand précisément dans le même rapport que l'inclinaison, puisque la di-rection $Q M$ ira toujours rencontrer sensiblement la ligne $B F$ dans le même point $M$. Ainsi le corps flot-tant est du nombre de ceux qui ayant été éloignés de leur situation naturelle, font d'autant plus d'effort pour y retourner qu'on les en a écartés davantage ; & il suit

Figure 64.

Figure 64. 224 DE LA MANOEUVRE DES VAISSEAUX.

de-là que ſes vibrations doivent être de même duréé entr'elles, comme celles du reſſort des figures 39 & 40, ou comme celles d'un pendule, &c.

## III.

## Comparaiſon des Oſcillations du corps flottant, avec celles du pendule de la figure 46.

Nous pouvons pouſſer encore plus loin la comparaiſon des balancements du corps flottant avec ceux du pendule. Les oſcillations du pendule de la figure 46 dont nous avons fait mention à la fin du Chapitre VIII de la Section précédente, repréſentent parfaitement les balancements du corps flottant de la figure 64 : il ſuffit ſeulement de faire attention que les forces agiſſent dans un ſens abſolument contraire. Le corps flottant tourne ſur ſon centre de gravité $G$, & la pouſſée verticale de l'eau, en agiſſant de bas en haut, s'exerce ſur la verticale $QX$ qui paſſe toujours par le métacentre $M$. Nous pouvons donc regarder le corps flottant comme formant un pendule renverſé dont $G$ ſeroit le point de ſuſpenſion, dont $GM$ ſeroit la verge, & dont le poids moteur qui eſt en $M$ agiroit préciſément comme la peſanteur, mais dans une direction oppoſée.

Le pendule de la figure 46 a ſon point de ſuſpenſion $C$ entouré d'une maſſe $BD$ qui ſans contribuer au mouvement d'une maniere active, y a part en ne recevant ce mouvement qu'avec peine. On peut auſſi dire la même choſe de toute la maſſe du corps flottant qui environne le centre de gravité $G$; car toutes les parties de cette maſſe étant en équilibre autour de $G$, elles n'ont d'autre part au mouvement, que de ne le prendre qu'avec difficulté. Enfin la pouſſée de l'eau agiſſant ſelon $QX$, on peut l'imaginer en $M$,

& elle

& elle eſt l'unique cauſe de tout le mouvement; de
même que c'eſt le poids $P$ qui donne tout le mouvement au pendule de la figure 46.

Figure 64

Ainſi nous n'avons qu'à ſubſtituer à la place du
corps flottant une maſſe en $M$, ( *fig.* 64) qui faſſe au
mouvement la même difficulté que ce corps ; & nous
conformant enſuite aux réflexions faites dans le Chap.
VIII. de l'autre ſection, nous ſaurons le changement
qu'il faudra faire à la longueur $G\,M$ pour avoir un
pendule ordinaire ou ſimple, dont les oſcillations ſoient
préciſément de même durée que celles du corps flottant. Si nous nommons $dm$, les petites parties de la
maſſe de ce corps, $E$ leur diſtance au centre de gravité $G$, & $h$ la hauteur $MG$ du métacentre au deſſus
du centre de gravité, nous n'aurons qu'à faire cette
analogie $h^2 : E^2 : : dm : \frac{E^2\,dm}{h^2}$, & nous aurons $\frac{E^2\,dm}{h^2}$
pour les petites maſſes qu'il faudra imaginer en $M$ pour
produire la même difficulté à ſe mouvoir que les petites
maſſes $dm$.

Les maſſes ſubſtituées doivent être plus grandes ou
plus petites ſelon que les maſſes réelles $dm$ prennent
plus ou moins de mouvement, & ſelon encore, comme on le fait, que la réſiſtance qu'elles font à être
mues eſt appliquée à un bras de levier plus ou moins
long. Il faut, en un mot, à la place de chaque partie
de matiere $dm$ dont le corps flottant eſt formé, concevoir en $M$, la petite maſſe $\frac{E^2\,dm}{h^2}$ ; & ſi on integre,
on aura $\frac{\int E^2\,dm}{h^2}$ pour la maſſe totale qui feroit en $M$ la
même réſiſtance au mouvement que tout le ſolide.
D'un autre côté la pouſſée de l'eau eſt toujours connue,
elle eſt égale à la peſanteur du corps flottant que nous
nommerons $P$. Cette lettre $P$ déſignera la peſanteur
de ce corps, ſi nous déſignons par $dm$ la peſanteur
de ſes petites parties ; mais ſi nous prenons $P$ pour le

Figure 64.
volume d'eau dont le corps flottant occupe la place, nous réduirons également les petites masses $dm$ à des volumes d'eau équivalents. Après cela tout sera connu dans le pendule que forme le corps flottant. Sa longueur $GM$ est la hauteur du métacentre $M$ au dessus du centre de gravité $G$, & nous l'avons désignée par $h$; la masse totale à mouvoir est $\frac{\int E^2 dm}{h^2}$, & la force qui agite cette masse est $P$. Il n'est plus question que de réduire ce pendule à un autre qui soit simple & dont les oscillations soient de même durée.

S'il se trouvoit par hasard que $\int \frac{E^2 dm}{h^2}$ fût égale à la pesanteur $P$, comme cela peut arriver quelquefois, il est bien évident que les oscillations du corps flottant s'accorderoient parfaitement avec celles d'un pendule simple de même longueur que la hauteur $h$ du métacentre au dessus du centre de gravité. Car il y auroit alors exactement le même rapport pour le corps flottant que pour le pendule simple entre la masse à mouvoir & la force qui produit le mouvement. Mais si la masse à mouvoir est beaucoup plus grande ou plus petite, nous trouverons cette différence de rapport dans un pendule plus long ou plus court dont nous augmenterons ou racourcirons la longueur $z$, en même raison que $\int \frac{E^2 dm}{h^2}$ sera plus grande ou plus petite que $P$. Ainsi nous ferons cette analogie $P$ : $\int \frac{E^2 dm}{h^2} :: h : z = \frac{\int E^2 dm}{h P}$; & nous aurons en termes parfaitement connus, $\frac{\int E^2 dm}{h P}$ pour la longueur $z$ du pendule simple dont les oscillations s'accordent avec celles du corps flottant.

On voit que, pour trouver cette longueur, il faut multiplier la pesanteur $dm$ de chaque partie du corps flottant par le quarré de sa distance $E$ au centre de gravité commun $G$, ou plutôt à l'axe horisontal qu'on

concevra paſſer par ce centre : faiſant enſuite une
ſomme de ces produits, on la diviſera par la peſanteur
totale $P$, multipliée par la hauteur $h$ du métacentre
au deſſus du centre de gravité actuel du ſolide ; & il
viendra au quotient la longueur du pendule qu'on vouloit découvrir.

Figure 64.

# CHAPITRE VIII.

Remarques générales ſur la méthode précédente, avec l'application de cette
méthode à un Navire qui auroit
la forme d'un Ellipſoïde.

### I.

SI le corps eſt hétérogene & formé de parties de
peſanteur très-différentes, comme cela ſe trouve dans
tous les Navires, il faudra entrer dans un grand détail
pour faire le calcul que nous venons d'indiquer. Il ſera
ſur-tout penible de trouver la valeur de $\int E^2 dm$, quoiqu'il ſuffiſe de faire l'opération pour une des moitiés
du Navire, & de doubler le réſultat, lorſqu'il s'agit
des balancements qui ſe font dans le ſens de la largeur.

Si le corps flottant peut ſe conſidérer comme homogene, le Calcul Intégral donnera beaucoup plus
aiſément la valeur de $\int E^2 dm$, & pour faciliter l'opération, on peut imaginer que ce corps n'a pas
d'abord pour centre de rotation ſon centre de gravité,
mais qu'il tourne ſur une de ſes extrêmités ou ſur un
axe horiſontal qui y paſſe. On trouvera alors pour
$\int E^2 dm$ une valeur trop grande, car le moment du
mouvement & le mouvement même ne ſont jamais
moindres que lorſque le corps tourne ſur ſon centre

de gravité. Il fera donc queſtion enſuite de déterminer l'excès du moment & de le retrancher. Cet excès
eſt,comme nous l'avons démontré dans le ſecond livre
du Traité du Navire, égal au produit de la maſſe totale du corps multipliée par le quarré de la diſtance
du centre de gravité au point ou plutôt à l'axe autour
duquel ſe fait le mouvement. *

* Voyez pag.
340 du Traité
du Navire.

Ainſi, après qu'on aura conçu un axe horiſontal qui
paſſe à une certaine diſtance du centre de gravité du
corps flottant, & qu'on aura multiplié chaque partie
élementaire $dm$ de ſa maſſe par le quarré de la diſtance à cet axe, on employera le Calcul Intégral pour
trouver tout d'un coup la ſomme de tous ces produits
ou moments élementaires. Cette ſomme ou intégrale
ſera trop grande, parce que le corps ne tourne pas
effectivement ſur cet axe éloigné. Mais il n'y aura
conformément au théorème que nous venons de rapporter, qu'à retrancher de ce moment le produit de la
maſſe totale $M$ ou de la peſanteur $P$ par le quarré de
la diſtance de ſon centre de gravité à l'axe qu'on a imaginé; & on aura le moment exact du mouvement ou
de la difficulté que fait le corps à tourner autour de
ſon centre de gravité.

Il eſt ſouvent avantageux de rapprocher nos connoiſſances les unes des autres. Si on ſe rapelle la méthode
que nous avons indiquée vers la fin de la ſeconde
Section, pour avoir le point de percuſſion lorſque le
centre de rotation d'un corps eſt donné, on verra que
le produit de toutes les parties d'un corps $PEQB$
Figure 62. ($fig.$ 62) par les quarrés de leurs diſtances particulieres
au point $Q$ pris pour centre de rotation eſt égal au produit de toute la maſſe du corps multipliée par la diſtance $CQ$ de ſon centre de gravité $C$ au centre de
rotation $Q$ & par la diſtance $OQ$ du point de percuſſion $O$ au même centre de rotation. Nous aurons donc
$P \times QC \times QO$ pour la valeur de $\int E^2 dm$ lorſque le

mouvement se fait autour du point $Q$. Mais comme nous voulons avoir cette valeur, pour le mouvement qui se fait autour du centre de gravité $C$, il faut du produit précédent, ôter $P \times QC^2$, ce qui nous donne $P \times QC \times QO - P \times QC^2$ ou $P \times QC \times \overline{QO - QC} = P \times QC \times CO$ pour la valeur de $\int E^2 dm$, lorsque le corps tourne réellement autour de son centre de gravité $C$.

. Nous avons donc ce théorême nouveau qui peut se trouver très-utile : *Le moment du mouvement ou de la difficulté que fait un corps à tourner sur son centre de gravité* $C$, *est toujours égal au produit de sa masse* $P$ *multipliée par la distance* $AC$ *de son centre de gravité* $C$ *à un point extérieur considéré comme centre de rotation, & par la distance* $CO$ *de son centre de gravité au point de percussion* $O$ *correspondant du centre feint de rotation.* Les Méchaniciens connoissent les centres de rotation & les points de percussion sous divers noms, & en marquent différentes particularités : nous n'avons qu'à profiter de toutes ces diverses connoissances. Nous avons vu aussi que ces deux points ont des propriétés réciproques, & qu'en quelque endroit qu'on supose le centre de rotation, le point de percussion, ou le point par lequel il faut que le corps soit frappé est toujours situé de l'autre côté du centre de gravité, & que ces deux distances multipliées l'une par l'autre forment un produit constant. C'est ce produit qu'il faut, conformément au théorême que nous venons d'établir, multiplier par la masse du corps ou par sa pesanteur $P$ pour avoir le moment $\int E^2 dm$ de son mouvement autour de son centre de gravité.

## I I.

PRENONS pour exemple un corps qui soit, non pas un simple sphéroïde elliptique, mais un ellipsoïde dont les trois axes soient inégaux. Nous désignerons par $a$ sa demi-longueur $QC$, par $b$ sa demi-largeur

Figure 62. $CE$ ou $CF$, & par $c$ le demi-axe vertical $CB$. Si on prend le point $Q$ pour centre de rotation, ou si on imagine une ligne horizontale parallele à $EF$ & qui paſſe par $Q$, & qu'on veuille que le corps tourne ſur cette ligne, il faut le frapper ou le pouſſer par le point $O$ qui eſt éloigné de l'autre côté du centre de gravité $C$ de la diſtance $CO = \frac{1}{5}a + \frac{c^2}{5a}$. Nous multiplierons, conformément au ſecond théorême cette diſtance $CO$ par $CQ$, & il nous viendra le produit $\frac{1}{5}a^2 + \frac{1}{5}c^2$ qu'il ne reſte qu'à multiplier par la maſſe du ſolide pour avoir le moment de ſon mouvement lorſqu'il ſe meut réellement autour de ſon centre de gravité $C$.

Le produit $\frac{1}{5}a^2 + \frac{1}{5}c^2$ aura la même forme généralement pour tous les corps imaginables : il n'y aura que les deux fractions ou les deux coéficients qui ſeront différents. Au reſte, en multipliant ce produit par la ſolidité de tout l'ellipſoïde, nous aurons le moment du mouvement de tout le corps; mais ſi nous multiplions ce produit par la ſeule ſolidité $P$ du demi-ellipſoïde, nous aurons le moment du mouvement de ce demi-ellipſoïde, mais toujours autour de $C$ qui ne ſera pas ſon centre de gravité. Le moment $P \times \overline{\frac{1}{5}a^2 + \frac{1}{5}c^2}$ ſera donc trop grand, & pour avoir la quantité dont il faut le diminuer, nous n'avons, ſelon le premier théorême, qu'à multiplier la maſſe du demi-ellipſoïde par le quarré de la diſtance du point $C$ à ſon centre de gravité particulier r. La quantité $C$r eſt de $\frac{3}{8}c$ ou les trois huitiemes de $CB$, lorſque le corps eſt un demi-ellipſoïde. Ainſi nous aurons $P \times \overline{\frac{1}{5}a^2 + \frac{1}{5}c^2 - \frac{9}{64}c^2}$ $= P \times \overline{\frac{1}{5}a^2 + \frac{19}{320}c^2}$ pour la valeur exacte de $\int E^2 dm$ ou pour le moment du mouvement lorſque le corps tourne autour d'un axe qui paſſe par le centre de gravité r & qui eſt parallele à $EF$.

Nous avons de même $P \times \frac{1}{5} b^2 + \frac{19}{320} c^2$ pour le   Figure 62.
moment du mouvement, lorsque le corps tourne dans
le sens de la largeur, ou autour d'un axe qui passant
par le centre r est parallele à $QP$. Ce moment est
beaucoup plus petit que l'autre, & la raison en est bien
sensible. Dans le premier cas ou lorsque le solide tourne
sur un axe parallele à $EF$, les extrêmités du corps
prennent beaucoup de mouvement ; elles résistent
beaucoup à le prendre, & cette résistance se trouve
appliquée à un bras de levier très-long.

Tous les lecteurs voyent bien par quels motifs nous
cherchons ces diverses valeurs de $\int E^2 dm$ par rapport
à deux axes différents. Lorsque les balancements se
font d'un flanc à l'autre, ce qui n'arrive guere que
lorsqu'on a le vent en poupe, on a $P \times \frac{1}{5} b^2 + \frac{19}{320} c^2$
pour la valeur de $\int E^2 dm$. Mais lorsque le vent n'est
pas favorable, & qu'il pousse les vagues contre la proue
qui s'éleve & qui retombe ensuite avec force, les balancements qui prennent alors le nom de *tangage* se
font dans le sens de la longueur du Vaisseau, & on a
dans ce cas $P \times \frac{1}{5} a^2 + \frac{19}{320} c^2$ pour le moment du
mouvement, qui est d'autant plus grand par rapport
à l'autre que le Navire est beaucoup plus long que
large.

Enfin, conformément à la formule $z = \int \frac{E^2 dm}{hP}$, il
faut diviser les valeurs précédentes par celle de $hP$ qui
n'est pas la même dans le roulis que dans le tangage,
à cause de la diverse hauteur $h$ du métacentre ; ce point
étant beaucoup plus élevé lorsqu'il s'agit des inclinaisons qui se font dans le sens de la longueur, que dans
les inclinaisons qui se font selon la largeur. Dans le
roulis le métacentre seroit en $C$ si la carene étoit un
demi-sphéroïde, ou si toutes les coupes verticales faites
perpendiculairement à sa longueur étoient des demi-
cercles ; mais comme elles sont ici des ellipses, le

Figure 62. métacentre eſt élevé de la hauteur $\frac{3 b^2}{8 c}$ au deſſus du centre de gravité r de la carene ; au lieu que pour les inclinaiſons qui ſe font ſelon la longueur du Navire la hauteur du métacentre eſt $\frac{3 a^2}{8 c}$ .

Ces recherches étant achevées , nous pouvons ſatis-faire à tout ce qu'exige notre formule générale. $z = \frac{\int E^2\, dm}{h\, P}$ . Nous aurons $z = \frac{\frac{1}{5} b^2 + \frac{19}{320} c^2 \times P}{\frac{3 b^2}{8 c} \times P}$ ou $z = \frac{8}{15} c + \frac{19 c^3}{120 b^2}$ pour la longueur du pendule ſinchrone dans le roulis ou dans les balancements qui ſe font d'un flanc à l'autre ; & $z = \frac{8}{15} c + \frac{19 c^3}{120 a^2}$ pour ceux du tangage ou pour les balancements qui ſe font de la proue à la poupe & de la poupe à la proue. On voit que cette ſeconde longueur eſt toujours beaucoup plus petite que l'autre ; qu'ainſi les balancements ſelon la longueur ſont toujours plus vifs que ceux qui ſe font d'un flanc à l'autre ; & la même choſe eſt confirmée par une expérience continuelle. S'il étoit même poſ-ſible de rendre le ſolide $QBEFP$ infiniment long , le pendule ſimple dont les oſcillations s'accorderoient avec celles du corps flottant dans le tangage, ſe rédui-roit à $z = \frac{8}{15} c$ : on n'auroit preſque pour ſa lon-gueur que la moitié de la profondeur $CF$ de la carene. Le pendule ſinchrone , au contraire , pour les balan-cements d'un flanc à l'autre ou pour le mouvement du roulis conſerveroit alors ſa même longueur $z = \frac{8}{15} c + \frac{19 c^3}{120 b^2}$ .

Le demi-ſphéroïde repréſentera un très-grand nom-bre de Navires , ſi en rendant $b$ le tiers ou le quart de $a$ , on fait $c$ à peu près égale à $b$ . Nous ſuppoſerons $c = b = \frac{1}{4} a$ ; c'eſt-à-dire , que nous prendrons un ſphéroïde elliptique à la place de l'ellipſoïde , & nous

le rendrons

le rendrons quatre fois plus long que large. Nous Figure 61. aurons enſuite $z = \frac{83}{120} c$ pour le pendule ſimple dont les oſcillations marquent par leur durée les balance-ments du roulis, & $z = \frac{1043}{1920} c$ ſera le pendule ſimple dont les oſcillations s'accorderont avec les balance-ments du tangage. Si nous ajoutons aux ſuppoſitions que nous venons de faire, que le Navire a 80 pieds de longueur, les balancements du roulis ſeront égaux en temps aux oſcillations d'un pendule de $6 \frac{11}{12}$ pieds de longueur. Ainſi le Navire mettra un peu moins d'une ſeconde & demie à tomber d'un côté ſur l'autre. Mais les balancements du tangage ſeront encore un peu plus vifs, ils répondront à ceux d'un pendule qui n'aura que $5 \frac{83}{192}$ pieds de longueur.

Il ne faut pas omettre de remarquer que la maniere dont nos Navires ſont équipés, apporte beaucoup d'aug-mentation à la longueur de ces deux pendules. La mâture, quoiqu'elle ne peſe pas extraordinairement, prend beaucoup de mouvement dans les balancements du Navire, elle réſiſte beaucoup en le prenant, & elle fait augmenter très-conſidérablement le moment $\int E^2 dm$. Les Vaiſſeaux ont outre cela de l'artillerie, ils ont pluſieurs ponts, beaucoup d'œuvres qu'on nomme *mortes*; tous ces poids contribuent à augmenter le même effet, ou à diminuer la promptitude des oſcilla-tions.

Au ſurplus, la plupart des cauſes qui rendent les balancements du roulis plus lents, moderent beaucoup plus ces balancements que ceux du tangage. Si le Na-vire plus chargé par les parties ſupérieures a ſon centre de gravité à la hauteur $f$ au deſſus du centre de gra-vité de ſa carene ſuppoſée homogene, la hauteur du métacentre au deſſus du centre de gravité du Navire ou au deſſus du centre autour duquel le Navire fait ſes balancements ne ſera plus $\frac{3 b^2}{8 c}$ mais $\frac{3 b^2}{8 c} - f$. Ainſi

Figure 62.

le pendule finchrone fera $z = \dfrac{\frac{1}{5}b^2 + \frac{19}{320}c^2}{\frac{3b^2}{8c} - f}$ ,& pour

peu que $f$ foit confidérable, la longueur du pendule $z$ en fera extrêmement augmentée. En fuppofant le Navire un demi-fphéroïde & $f$ de 3 pieds 3 ⅛ pouces. La hauteur du métacentre au deffus du centre de gravité, au lieu d'être de 3 pieds 9 pouces, ne fera plus que de 5 ⅛ pouces; elle fera huit fois plus petite. Ainfi en fuppofant que la valeur de $\int E^2\, dm$ ne fouffre aucun changement, le pendule finchrone fera huit fois plus long, il fera de 55 ⅓ pieds & les balancements du roulis feront enfuite de prefque 4 ½ fecondes.

Quant aux balancements du tangage la même caufe ne changera pas fenfiblement leur durée, parce que l'élévation du métacentre au deffus du centre de gravité du Navire qui eft fort grande refte toujours à peu près la même. Ce point eft élevé de 60 pieds au deffus du centre de gravité de la partie fubmergée, & fi on en retranche 3 pieds 3 ⅛ pouces, il refte encore plus de 56 pieds pour la valeur de $h$. On voit donc que le pendule

finchrone $z = \dfrac{\frac{1}{5}a^2 + \frac{19}{320}c^2}{\frac{3a^2}{8c} - f}$ pour les balancements

qui fe font de la proue à la poupe & de la poupe à la proue, n'augmente prefque pas de longueur.

# CHAPITRE IX.

*Des moyens de rendre plus lents les ba-*
*lancements du Navire dans le roulis*
*& dans le tangage.*

### I.

L A formule générale que nous avons trouvée dans
le Chapitre VII. pour la longueur des pendules dont
les oscillations s'accordent avec celles du Navire, nous
donne lieu de faire un grand nombre d'autres remarques & nous fournit divers moyens de modérer la
vivacité des balancements du Navire. Nous n'insiste-
rons guere ici sur ceux qui dépendent de la figure de
la carene, parce qu'ils sont en quelque maniere étrangers à notre sujet, & qu'ils ne sont pas en la disposition
du navigateur ; cependant nous en dirons ici quelque
chose.

La figure ronde de la carene, dans le sens perpendiculaire à sa longueur, lui donne la liberté de faire de
grands balancements dans le roulis sans déplacer beaucoup d'eau. Les oscillations peuvent se perpétuer plus
long-temps ; elles sont plus grandes, & par la même
raison qu'elles sont plus grandes, elles sont plus vives, puisqu'elles s'exécutent dans le même temps,
quoiqu'elles soient d'une plus grande étendue.

Il suit de-là qu'outre les autres raisons qu'on a de
ne pas faire les Navires trop ronds, on doit y être
encore attentif, afin que le Navire soit sujet à de moindres oscillations dans le roulis. La résistance que la
quille trouve de la part de l'eau, doit contribuer
beaucoup à modérer ce mouvement ; & cette résis-

tance utile eſt augmentée encore par celle qu'éprouvent ces parties de la carene qui n'augmentent en rien
ſa capacité vers l'avant & vers l'arriere, mais qui frappent l'eau en la déplaçant lorſque le Navire s'incline
alternativement vers l'un & vers l'autre flanc.

Le Navire ne peut pas tanguer ſans mouvoir auſſi
beaucoup d'eau, & on peut conſidérer cette eau comme ſi elle augmentoit la maſſe de la carene ou qu'elle
y fût jointe. Lorſque le Navire $AB$ (*fig. 66.*) s'incline
vers la proue, une quantité conſidérable d'eau qui eſt
ſous ſa carene doit ſe retirer de la proue vers la poupe,
& c'eſt tout le contraire lorſqu'il ſe fait un balancement dans l'autre ſens. Il ſuit de-là que le numéra-
teur & le dénominateur de l'expreſſion $z = \dfrac{\int E^2\, dm}{h\,P}$
ſont réellement plus grands que ſi le Navire ſeul recevoit du mouvement. Il faut dans le moment total
$\int E^2\, dm$ introduire celui du mouvement que reçoit
l'eau $EFH$, laquelle forme comme une même maſſe
avec le Navire. En ſecond lieu la maſſe ou peſanteur $P$
eſt un peu plus grande, & le Navire doit tourner ſur
un point qui ſera ſitué un peu au deſſous de ſon centre
de gravité particulier.

Mais comme ces changements ſont peu conſidérables, ſur-tout le dernier qui tombe ſur la hauteur $h$ du
métacentre, le numérateur $\int E^2\, dm$ augmentera ordinairement dans un plus grand rapport que le dénominateur $h\,P$. Ainſi la longueur $z$ du pendule ſinchrone ſera preſque toujours réellement augmentée
& les oſcillations du tangage ſeront par conſéquent
un peu moins vives par la réſiſtance que fait l'eau à
recevoir du mouvement. Au reſte, il n'y a que l'expérience qui puiſſe nous apprendre juſqu'à quelle profondeur les balancements du Navire ſe communiquent
dans l'eau, & on juge aſſez que cette profondeur doit
être différente, non-ſeulement ſelon la grandeur des

Figure 66.

Vaiſſeaux, mais encore ſelon leurs diverſes figures. Figure 66.
Lorſqu'ils ont une forme tranchante par leurs deux
extrêmités & en deſſous de leur carene, l'eau eſt moins
frappée, & elle peut ſe ſouſtraire aux coups avec plus
de facilité ; ce qui eſt cauſe qu'elle met moins d'obſtacle à la promptitude des oſcillations du tangage.

## I I.

## *De la diſtribution des parties legeres &*
## *peſantes de la charge par rapport aux*
## *mouvements du tangage & du roulis.*

Nous croyons devoir nous occuper ici davantage
des moyens qu'a preſque toujours le navigateur de
tempérer la vivacité des balancements de ſon Vaiſſeau. Il peut tranſporter vers le milieu de la carene
les parties les plus legeres de la charge & éloigner de
ce même milieu toutes les parties peſantes. Cette tranſpoſition ſera cauſe que ces dernieres parties prendront
beaucoup plus de mouvement dans les balancements
du Navire ; elles réſiſteront beaucoup davantage par
leur inertie, & plus le moment de cette réſiſtance ſera
grand, plus le pendule, dont les oſcillations s'accordent
avec les mouvements du Navire, acquerra de longueur, & plus le Navire employera de temps dans
chaque balancement.

La tranſpoſition dont nous parlons, peut ſe faire
ſans apporter aucun changement au centre de gravité
du Navire ni à ſa ſtabilité. Le pendule ſinchrone
$z = \frac{\int E^2 \, dm}{hP}$, ne deviendra plus long, ſi on veut, que par
la ſeule augmentation du numérateur $\int E^2 dm$. Cer-
taines parties très-peſantes de la charge étoient, par
exemple, placées dans la carene à très-peu de diſtance
du centre de gravité commun ; elles étoient en $R\mathbf{1}$ &

Figure 66. $R \, \imath$ (*fig.* 66); on les éloigne de part & d'autre fur la
même ligne horifontale, & on les met en $R \, 2$ & $R \, 2$,
à trois ou quatre fois plus de diftance de ce centre; elles
contribueront enfuite neuf fois ou feize fois plus à
augmenter le moment $\int E^2 \, dm$ du mouvement que
prend le Navire dans fes balancements. Ainfi fuppofé
que la maffe tranfpofée foit un peu confidérable &
qu'on la porte affez loin du centre $G$, on produira un
changement très-fenfible dans les balancements du
roulis ou du tangage quant à leur promptitude.

Nous pouvons encore produire le même effet d'une
autre maniere. Au lieu de travailler à augmenter la
longueur du pendule finchrone par l'augmentation du
numérateur de fon expreffion $\dfrac{\int E^2 \, dm}{h \, P}$, nous pouvons
l'augmenter principalement par la diminution du dénominateur $h \, P$. Nous n'avons pour cela qu'à porter
dans la cale les parties les plus pefantes de la charge
un peu plus haut; ce changement peut fe faire fans
rifque jufqu'à un certain point; la ftabilité $h \, P$ du Navire fera un peu moindre; la pouffée verticale de l'eau
fera moins d'effort pour faire revenir à fa fituation
horifontale le Navire incliné, & les balancements fe
feront par conféquent avec plus de lenteur. Ce fecond
expédient a fon degré de bonté; mais il ne vaut pas
le premier. Lorfqu'on diminue la ftabilité du Navire,
on perd dans le même rapport de la force avec laquelle
on foutenoit la voile. Outre cela la longueur du pendule finchrone n'augmente pas dans le même rapport
qu'on fait diminuer la ftabilité; car il fe fait néceffairement un changement dans le centre de gravité du
Navire, ce qui apporte quelque altération au moment
même $\int E^2 \, dm$.

### III.

*Trouver le changement qu'apporte à la durée des oscillations du Navire la transposition de quelques-unes de ses parties.*

Il eft très-facile d'évaluer tous ces changements & d'en prévoir les effets. Je fuppofe qu'on a déja ob-fervé le temps qu'un Navire employe à faire chacun de fes balancements de roulis ou de tangage. Nous nous fixerons ici aux feconds ; mais c'eft la même chofe pour les uns que pour les autres. On fait donc la longueur du pendule finchrone $z$ ; on connoît auffi la ftabilité du Navire, on l'a trouvée par l'expérience ou par quelqu'autre moyen. Ainfi dans l'équation $z = \frac{\int E^2 \, dm}{hP}$, tout eft connu ; nous aurons $zhP$ pour le moment $\int E^2 \, dm$ du mouvement du Navire. Cela fup-pofé nous demandons l'effet que produira la tranfpo-fition d'un poids $p$ qui étoit en $R1$ & $R1$ (*fig. 66.*) & que nous nous propofons de porter plus haut de la quantité $f$, en le mettant en $R3$ & $R3$.

Figure 66.

La ftabilité du Navire fera enfuite moindre ; au lieu d'être $hP$, elle fera $hP - fp$ ; & il faut donc fubftituer cette derniere quantité à la place de $hP$ dans notre formule $z = \frac{\int E^2 \, dm}{hP}$, pour avoir la nouvelle longueur du pendule finchrone qui s'accordera avec les balancements du Navire. Mais le numérateur $\int E^2 \, dm$, recevra auffi du changement : le poids $p$ a été tranfporté à une plus grande diftance du centre de gravité $G$ ; & pour avoir l'augmentation que pro-duit ce tranfport, il faut multiplier ce poids $p$ par l'excès du quarré de la nouvelle diftance $R3G$ fur

Figure 66.

240 *DE LA MANOEUVRE DES VAISSEAUX.*

celui de la premiere diſtance $R$ I $G$. Nous aurions par conſéquent $\int E^2 dm + \overline{(R 3 G)^2 - (R 1 G)^2} \times p$ pour la nouvelle valeur du moment total du mouvement, ſi le Navire tournoit toujours ſur le point $G$. Mais le tranſport du poids $p$ à la nouvelle hauteur $f$, fait monter néceſſairement le centre de gravité du Navire, de $G$ en $G$ I, & il faut examiner à part ce changement.

Le moment total de la peſanteur du Navire, par rapport à ſon métacentre ou par rapport à tout autre point ſuffiſamment élevé, diminue de $fp$; & ſi on diviſe cette différence de moment par la peſanteur totale $P$ du Vaiſſeau qui eſt ici toujours la même, puiſqu'il ne s'agit que de la tranſpoſition de quelques poids & non pas de leur addition, il viendra $\frac{fp}{P}$ pour la petite quantité $G G$ I dont le centre de gravité $G$ s'eſt élevé ou approché du métacentre. Ainſi le moment du mouvement ne doit plus être exprimé par $\int E^2 dm + \overline{(R 3 G)^2 - (R 1 G)^2} \times p$. Cette expreſſion ſeroit exacte ſi le mouvement ſe faiſoit autour du premier centre de gravité $G$; mais comme il ſe fait autour du ſecond $G$ I, il doit être moindre du produit de la peſanteur totale $P$ par le quarré de $G G$ I $= \frac{fp}{P}$.

Nous aurons donc $\int E^2 dm + \overline{(R 3 G)^2 - (R 1 G)^2}$ $\times p - \frac{f^2 p^2}{P}$ pour le moment du mouvement tout réduit ou $z h P + \overline{(R 3 G)^2 - (R 1 G)^2} \times p - \frac{f^2 p^2}{P}$, en mettant $z h P$ à la place de $\int E^2 dm$; & il nous viendra $\dfrac{z h P + \overline{(R 3 G)^2 - (R 1 G)^2} \times p - \frac{f^2 p^2}{P}}{h P - fp}$ pour la longueur du nouveau pendule ſinchrone, celui dont les oſcillations s'accorderont avec les balancements du Navire après la tranſpoſition faite du poids $p$. Cette expreſſion

expreſſion ne contient que des grandeurs connues.
D'ailleurs il ſuffira, quand on le voudra, de faire, ſur
les grandeurs particulieres & données, les opérations
que nous venons de faire d'une maniere générale.

## I V.

*Trouver tous les points du Navire où*
*on peut tranſpoſer un poids ſans chan-*
*ger la promptitude des balancements*
*du roulis ou du tangage.*

Il ſe préſente, au ſujet des recherches précédentes,
un problême aſſez curieux à reſoudre, qui doit avoir
ſon utilité. On peut demander en quels endroits du
Navire on doit mettre un poids pour qu'il produiſe
toujours le même effet par rapport aux mouvements
du roulis ou du tangage. On prend un poids $p$ en $R$
(*fig.* 67.) & on veut déterminer tous les points $R_1$ & Figure 67.
$R_1$, ou $R_2$ & $R_2$, &c. où on peut mettre chaque
moitié de ce poids, en conſervant au pendule ſynchrone préciſément ſa même longueur. Nous nous
ſervirons toujours de $P$ pour marquer la peſanteur totale du Navire ou ſa maſſe, parce qu'on peut exprimer l'une & l'autre par le volume d'eau dont la carene occupe la place. Nous continuerons auſſi à nommer $h$ la hauteur du métacentre $M$ au deſſus du centre de gravité $G$, nous déſignerons $GR$ par $b$, c'eſt
la premiere hauteur du poids $p$ au deſſus du centre
de gravité. Nous tranſportons, comme nous l'avons
dit, les deux moitiés de ce poids en $R_1$ & $R_1$ ou en
$R_2$ & $R_2$, & nous nommons $x$ la quantité variable
$RL$ dont on porte ces deux moitiés plus bas, & $y$
marquera leur diſtance $LR_1$, $LR_1$ à la verticale $BM$.

Le poids $p$ étant tranſporté plus bas de la quantité

Figure 67.

$x$ , la ftabilité du Navire en eft augmentée, elle n'eft plus fimplement $hP$, mais $hP + px$. Tel eft le nouveau dénominateur qu'il faut introduire dans l'expreffion générale de $z = \frac{\int E^2 \, dm}{hP}$. Outre cela lorfque le poids $p$ étoit en $R$, à la hauteur $GR = b$ au deffus du centre de gravité, il contribuoit de tout le produit $b^2 p$ dans le moment total $\int E^2 \, dm$, & puifque nous retirons ce poids du point $R$; ce premier changement nous donneroit $\int E^2 \, dm - b^2 p$ pour le moment total du mouvement, fi nous n'ajoutions fur le champ les deux moitiés de ce poids en $R_1$ & $R_1$. Placées en ces nouveaux endroits, elles font éloignées du centre $G$ de la diftance $GR_1 = \sqrt{b^2 - 2bx + x^2 + y^2}$; ainfi elles ajoutent au moment total le moment particulier $\overline{b^2 - 2bx + x^2 + y^2} \times p$, & nous aurions $\int E^2 \, dm - b^2 p + b^2 p - 2bpx + px^2 + py^2$ pour la valeur exacte du moment du mouvement, s'il n'y avoit encore un autre changement à confidérer, celui que fouffre le centre de gravité $G$.

La defcente du poids $p$ mis plus bas de la quantité $x$ fait defcendre le centre de gravité $G$ de la quantité $\frac{px}{P}$. Or ce dernier changement produit une diminution $\frac{p^2 x^2}{P}$ dans l'expreffion du moment total; & après avoir eu égard à tout, nous aurons donc $\int E^2 \, dm - 2bpx + px^2 + py^2 - \frac{p^2 x^2}{P}$ pour ce moment total; & fi on le divife par la ftabilité $hP + px$, il nous viendra

$$\frac{\int E^2 \, dm - 2bpx + px^2 + py - \frac{p^2 x^2}{P}}{hP + px}$$

pour la nouvelle longueur du pendule fynchrone.

Cette expreffion pourra nous fervir dans une infinité de rencontres. Un poids $p$ étoit à une certaine hauteur $b$ au-deffus du centre de gravité $G$ du vaiffeau, & en le partageant en deux parties égales, nous les mettons

plus bas de la quantité $x$, en les portant chacune vers
les deux flancs du Navire ou vers la proue & la poupe de Figure 67.

la quantité $y$ ; la formule $\dfrac{\int E^2 dm - 2 b p x + p x^2 + p y^2 - \frac{p^2 x^2}{P}}{h P + p x}$,

nous donnera la longueur qu'aura le pendule synchrone
après le changement fait. Tout est donné dans cette
formule ; car, comme nous l'avons vu ci-devant,
$\int E^2 dm = z h P$, & $z$ marque la longueur connue
qu'avoit le pendule synchrone avant le changement.

Mais nous voulons actuellement que le pendule synchrone ait toujours la même longueur, nous voulons
que la transposition du poids $p$ n'y apporte aucune
altération. Il faut donc que nous rendions $z = \dfrac{\int E^2 dm}{h P}$

égale à $\dfrac{\int E^2 dm - 2 b p x + p x^2 + p y^2 - \frac{p^2 x^2}{P}}{h P + p x}$. Nous

tirerons de cette équation, cette autre, $h P \int E^2 dm$
$- 2 b h P p x + h P p x^2 + h P p y^2 - h p^2 x^2 = h P \int E^2 dm$
$+ p x \int E^2 dm$ qu'on réduit, en mettant $z h P$ à la place
de $\int E^2 dm$, & en effaçant les termes qui se détruisent, à $\overline{P - p} \times x^2 - 2 b P x + P y^2 = z P x$, & à
$\dfrac{P}{P - p} y^2 = \dfrac{P}{P - p} \times \overline{2 b + z} \times x - x^2$.

Cette derniere équation appartient à l'ellipse ;
comme le voient tous les Lecteurs qui ont quelque
connoissance des lieux Géometriques. L'axe vertical
de cette ligne courbe est égal à $\dfrac{P}{P - p} \times \overline{2 b + z}$, & l'axe
horisontal qui est le petit, est à l'autre comme $\sqrt{P - p}$
à $\sqrt{p}$ ou comme $\sqrt{P^2 - P p}$ à $P$. Pour en avoir le centre, nous n'avons toujours qu'à porter au dessous du
centre de gravité $G$ la moitié $G F$ de la longueur $z$
qu'avoit, avant la transposition, le pendule synchrone,
& augmenter $R F$ dans le même rapport que $P$ est plus
grand que $P - p$, & l'extrêmité inferieure de cette
ligne sera le centre requis de l'ellipse.

Figure 67. La ligne $R\,R\,{\scriptstyle 1}\,R\,{\scriptstyle 2}$ eft une ellipfe lorfque le poids $p$ qu'on tranfpofe eft confidérable ; mais fi ce poids eft extrêmement petit par rapport à la pefanteur $P$ de tout le Navire, notre équation fe réduira à $y^2 = \overline{2\,b + z} \times x - x^2$, & dans ce cas particulier le lieu de tous les points $R$, $R\,{\scriptstyle 1}$, $R\,{\scriptstyle 2}$, &c. deviendra un cercle dont $b + \frac{1}{2}z$ fera le rayon. Ainfi il n'y aura alors qu'à rendre au deffous du centre de gravité $G$ la ligne $G\,F$ égale à la moitié du pendule fynchrone, & prenant le point $F$ pour centre de tous les cercles concentriques $R\,R\,{\scriptstyle 1}\,R\,{\scriptstyle 2}, r\,r\,{\scriptstyle 1}\,r\,{\scriptstyle 2}$, &c. il fera indifférent, après avoir ôté le poids $p$ du point fupérieur $R$ ou $r$, de le mettre fur tous les autres points du même cercle, ou même de le diftribuer en une infinité de parties fur toute la circonférence. En $R\,{\scriptstyle 1}$ & $R\,{\scriptstyle 1}$, il produira le même effet qu'en $R$, & ce fera encore la même chofe en $R\,{\scriptstyle 2}$ & $R\,{\scriptstyle 2}$. Mais il ne faut pas le faire paffer fur un cercle intérieur. Si on portoit en $R\,{\scriptstyle 2}$ le poids $p$ qui étoit en $r\,{\scriptstyle 1}$, on rendroit les balancements du Navire plus vifs, car le pendule fynchrone deviendroit plus court.

Il fuit de-là, qu'il ne faut pas, dans l'intention de rendre les ofcillations du roulis plus lentes, tranfporter dans la cale, des poids ou des canons, par exemple, qui feroient en $r\,{\scriptstyle 1}$ : on produiroit un effet tout contraire. Car le point $F$ étant au deffous de la carene dans tous les Navires ordinaires, on ne pourroit, en ôtant les poids qui font en $r\,{\scriptstyle 1}$, les mettre en bas que fur la circonférence de quelque cercle intérieur, & les ofcillations feroient enfuite plus promptes. C'eft ce qu'on a fouvent expérimenté, & nous en apercevons actuellement la raifon d'une maniere diftincte.

# CHAPITRE X.

*De l'étendue des balancements du Na-*
*vire, comparée avec leur promptitude.*

E N parlant de la promptitude des ofcillations,
nous avons toujours entendu la durée plus ou moins
courte des ofcillations, & jamais la vîteffe abfolue
avec laquelle elles fe faifoient. Cependant une ofcillation lente quant à la durée, produira une très-grande
vîteffe au moins vers le milieu de l'efpace parcouru,
fi cet efpace eft fort grand. On ne gagnera rien, par
exemple, à rendre les ofcillations deux ou trois fois plus
lentes, fi les arcs parcourus deviennent cinq ou fix
fois plus grands. Cela n'empêchera pas que la vîteffe
ne foit enfuite double ou triple, & cette augmentation de rapidité doit avoir fes inconvenients. Le Navigateur attentif fent ce qui le gêne davantage ; il remarque ce qu'il y a de trop nuifible dans les mouvements de fon vaiffeau. Mais l'art nautique ne fera
parfait que lorfqu'il fournira des moyens auffi fûrs
qu'il eft poffible d'en trouver, de remédier à chaque
défaut.

### I.

Il s'agit ici de confidérer principalement l'étendue
des ofcillations, puifque nous fommes déja en état de
déterminer la longueur du pendule fynchrone dont les
balancements s'accordent avec ceux du Vaiffeau. Nous
aurons pour cela recours à un théorême fort fimple
qui nous fervira de lemme ou de principe, & dont l'application fe fera dans le cas préfent avec la plus grande
facilité. Si un fluide, dont la vîteffe eft extrême, frappe

tout à coup un pendule avec une force capable de le foutenir en repos à une certaine diftance de la ligne verticale, le mouvement que le fluide communiquera au poids ira en accélérant jufqu'à ce point où le pendule pourroit être foutenu en repos. Le corps continuera à fe mouvoir en perdant de fa vîteffe, jufqu'à ce que le pendule foit parvenu à une diftance double de la premiere, il reviendra enfuite fur fes pas jufqu'à la ligne verticale, où il recommencera une nouvelle ofcillation; & chacun de ces balancements fera de la même durée que fi le pendule n'étoit mû que par fon unique pefanteur, & qu'il ofcillât de part & d'autre de la ligne verticale.

Figure 41. *CP* (*fig.* 41) eft un pendule dont *C* eft le point de fufpenfion, & *P* eft le globe fufpendu qui eft expofé à l'action d'un fluide dont la vîteffe eft comme infinie. Cette action feroit capable de foutenir le pendule à la diftance *P B* de la ligne verticale, fi on plaçoit ce pendule dans la fituation *CB* en l'y tenant quelque temps en repos. Cela fuppofé, le fluide fera parcourir au pendule l'arc *P K* double de *P B*. Le pendule étant arrivé en *K* retournera en *P* pour y reprendre un mouvement dans le premier fens; & toutes ces ofcillations feront de même durée que fi le pendule ofcilloit librement. Il n'importe que le fluide ait plus ou moins de force, lorfque fa force fera plus grande; il donnera aux ofcillations une plus grande étendue *P K*; mais il imprimera en même temps au pendule *P* plus de vîteffe dans le même rapport; & de cette forte il n'y aura rien de changé dans la durée des ofcillations.

Ce théorême n'eft vrai qu'en fuppofant que le fluide pouffe toujours également le mobile *P* felon l'arc que décrit ce corps. Alors l'action du fluide & celle de la pefanteur étant réunie, la ligne *CB* eft la direction compofée des deux forces; cette ligne marque donc enfuite, pour ainfi dire, la fituation naturelle du pendule ; elle devient la ligne verticale, & le point Figure 41. B devient le point le plus bas de l'arc. Ainsi le pendule doit osciller de part & d'autre de ce point & de la ligne $CB$ ; mais l'action du fluide se faisant toujours perpendiculairement au fil $CP$ ou $CK$, la force de la pesanteur naturelle n'est ni augmentée ni diminuée, il n'y a que sa direction qui soit altérée. C'est pourquoi la durée des oscillations est toujours la même, pourvu qu'on prenne l'arc parcouru $PK$ pour une oscillation simple entiere & non pas pour une demi-oscillation.

Si le pendule, lorsqu'il est frappé par le fluide, se trouve en $p$ sans avoir encore pris de mouvement, il ira vers $B$ en augmentant sa vîtesse jusqu'à ce point. Sa vîtesse ira ensuite en diminuant jusqu'en $k$ qui sera autant éloigné du point $B$ qu'en étoit éloigné le point $p$ de l'autre côté, & les oscillations de $p$ en $k$, & de $k$ en $p$ seront encore isochrones & de même durée que les précédentes. En effet, ce pendule est exactement dans le même cas qu'un pendule ordinaire de même longueur, avec cette seule différence que la direction de la force qui tient lieu de pesanteur & qui cause les vibrations, tombe sur $CB$ & sur les paralleles à cette ligne.

## I I.

Nous pouvons maintenant appliquer d'une maniere très-naturelle ce lemme au mouvement du Navire qui est frappé par une vague. Le Vaisseau de la figure 68 Figure 68. est frappé aux environs de la flottaison ou précisément au point $D$. Comme le choc se fait au dessus du centre de gravité $G$, & que sa direction $DZ$ passe au dessus de ce point, le Navire, en s'inclinant, tournera sur un centre de rotation qui sera situé plus bas. Le centre de gravité $G$ cédera un peu en même temps au choc de la vague ; mais comme nous n'avons besoin de considérer ici que la seule inclinaison du Navire, nous ne sommes

Figure 68. point obligés d'avoir égard à la vîteſſe que prend horiſontalement le centre de gravité G, vîteſſe au ſurplus qui doit être très-petite, & qui ne peut diminuer
que très-peu celle avec laquelle la vague continue à
agir contre le flanc du Navire.

Nous regardons donc le mouvement de rotation,
comme s'il ſe faiſoit uniquement autour du centre de
gravité G. Or ſi la vague a aſſez de force pour entretenir le Navire dans une inclinaiſon de quatre ou cinq
degrés, en le ſuppoſant retenu par ſon centre de gravité, l'action de cette vague par ſa continuité produira
une inclinaiſon de 8 ou 10 degrés; mais il n'y aura
que la grandeur de cette inclinaiſon qui dépendra de
la force de la vague: car quant à la durée de l'oſcillation elle ſera la même que dans les cas où le Navire
eſt ſujet à un roulis parfaitement libre.

Figure 66. La même choſe doit arriver à un Navire dans le
tangage. Le Navire de la figure 66 fait, par exemple,
ſes balancements ordinaires ſelon ſa longueur en 2
ſecondes, & ſa proue eſt frappée avec force par une
vague qui ſeroit capable, dans le repos du Navire, de
la ſoutenir à trois ou quatre pieds de hauteur. Il faut
regarder cette ſituation inclinée du Navire vers la
poupe, comme la ſituation naturelle, pendant l'action
de la vague que nous ſuppoſons agir avec une force
conſtante. Ainſi la proue au lieu de ne s'élever que de
3 ou 4 pieds, s'élevera de 6 ou de 8, mais il ne faudra
toujours que 2 ſecondes pour ce mouvement. La vîteſſe que prend chaque point du Navire eſt par con-
ſequent proportionnelle à tout l'eſpace parcouru, &
pourvu que toutes les autres circonſtances reſtent les
mêmes, ces vîteſſes ſeront proportionnelles à la force
de la vague.

Il eſt vrai que la vague ceſſe bien-tôt d'agir, & qu'elle
ne frappe que par repriſes. Si cette ceſſation arrive
lorſque la proue étoit parvenue à ſa plus grande hauteur,
la proue

la proue ne mettra qu'une feule feconde à parcourir en defcendant tout le chemin qu'elle avoit fait en montant: car le retour à la fituation horifontale ne fera alors qu'une demi ofcillation. Ainfi la vîteffe de la chûte fera précifément double de celle du premier mouvement ; & on voit bien qu'il doit s'introduire beaucoup d'irregularités entre ces vîteffes felon que les intervalles entre les vagues s'accordent ou ne s'accordent pas avec la durée naturelle des ofcillations du Navire, ou felon que la proue eft frappée au commencement ou au milieu d'un balancement.

Il n'y a pas ordinairement un accord parfait entre les chocs des vagues & les balancements du Navire ; cela eft caufe que les vagues qui fuccédent aux premieres troublent les balancements que celles-ci avoient excités, & que les ofcillations deviennent irrégulieres & moins grandes. Mais le Navire peut paffer dans d'autres mers ou naviguer dans des temps où l'intervalle entre le choc des vagues fera différent. Si cet intervalle fe trouve un multiple exaêt de la durée des balancements naturels du tangage, les ofcillations deviendront alors les plus grandes qu'il fera poffible, & elles feront parfaitement régulieres. Il arrivera encore quelque chofe de femblable fi les intervalles entre les chocs, fans être des multiples exaêts de la durée des ofcillations du Navire, ont avec elle un rapport qui puiffe être exprimé par de très-petits nombres ou qui marque quelque efpece de confonnance.

# CHAPITRE XI.

## Du changement que cause à l'étendue des balancements du Navire, la transposition de quelques parties de sa charge.

### I.

IL n'est pas difficile de marquer l'effet que doit produire la transposition de quelques parties de la charge, à l'égard de l'étendue des oscillations du Navire. S'il s'agit du tangage, le Navire tendra toujours à reprendre son niveau sensiblement avec la même force; c'est une remarque que nous avons déja eu occasion de faire. Qu'on transporte dans la figure 66 les parties $R_1$, $R_1$, en $R_2$, $R_2$ ou en $R_3$, $R_3$, le métacentre qui est fort élevé par rapport aux balancements qui se font selon la longueur du Navire, aura toujours sensiblement la même hauteur au-dessus du centre de gravité $G$. La poussée de l'eau sera la même, puisque la pesanteur du Navire ne reçoit aucun changement, & que la diverse distribution de la charge n'empêche pas que la carene n'ait toujours la même partie submergée.

Le choc des vagues sur la proue agira aussi toujours de la même maniere: il ne produira toujours d'effet sensible que par la partie qui s'exerce dans le sens vertical, & cet effort relatif aura toujours pour bras de levier la moitié de la longueur du Vaisseau. Ainsi de quelque maniere qu'on arrange la charge, pourvu que la poupe & la proue n'enfoncent dans l'eau que de la quantité ordinaire, les mêmes vagues doivent produire les mêmes inclinaisons ou donner aux balancements du Navire senſiblement la même étendue; puiſque Figure 66. l'inclinaiſon entiere, dans le plus grand balancement, eſt à peu près double de celle qu'il faudroit que le Navire conſervât en repos, pour qu'il y eût continuellement équilibre entre les deux efforts.

Mais ſi le divers arrangement des parties peſantes de la charge ne fait rien à l'égard de l'étendue des balancements dans le tangage ou des vibrations ſelon la longueur, il fait toujours beaucoup à l'égard de la promptitude des oſcillations, comme nous l'avons vu dans le Chapitre IX. En éloignant les parties peſantes vers les extrêmités du Navire, on les met dans la néceſſité de prendre un grand mouvement; & la réſiſtance qu'elles font à le recevoir, eſt appliquée à un long bras de levier. Le moment de leur réſiſtance augmente comme le quarré de leur diſtance au centre de gravité, & le pendule ſynchrone devient plus long. Ainſi il y a de l'avantage à éloigner du milieu du Navire, les parties peſantes de ſa charge. On ne change rien dans l'étendue des balancements ; mais comme ils ſe font enſuite avec plus de lenteur, la proue & la poupe s'élevent & s'abaiſſent moins vîte.

## I I.

Les vagues agiſſent d'une maniere très-différentes dans le roulis. Les directions de leur effort approchent plus d'être horiſontales, parce que les flancs de la carene ſont preſque verticaux dans l'endroit le plus large, & outre cela le métacentre eſt très-peu élevé, lorſqu'il s'agit de la ſtabilité du Navire dans le ſens de la largeur. Cependant ſi on ſe contente de mettre les parties les plus peſantes de la charge à une plus grande diſtance du milieu, mais en les laiſſant toujours ſur la même ligne horiſontale, il arrivera préciſément la même choſe qu'à l'égard du tangage. Qu'on mette en $R1, R1$

Figure 67.

(*fig.* 67) des poids qui étoient en $L$, le centre de gravité sera toujours dans la même place & la stabilité du Navire n'aura souffert aucun changement. La vague qui viendra frapper le Navire en $D$ produira donc toujours la même inclinaison, & les balancements qui en feront une suite seront de même étendue. Mais malgré cela on aura gagné à éloigner du centre de gravité $G$ les parties pesantes de la charge ; car le pendule synchrone sera plus long, le Navire prendra avec plus de lenteur l'inclinaison causée par le choc de la vague, & tous les mouvements subsequents du roulis seront moins vifs.

### I I I.

Mais supposons qu'on transporte un poids, en le prenant dans quelque point $R$, & en le plaçant en $R_1$ & $R_1$, ou en $R_2$ & $R_2$, sur la circonférence de la même ellipse ou du même cercle qui a la propriété de conserver au pendule synchrone sa même longueur, alors il faut distinguer trois divers cas selon que la direction du choc de l'eau sur le flanc du Navire passe au dessus ou au dessous du métacentre $M$, ou passe exactement par ce point.

1°. Si le métacentre est à une hauteur considérable où si toutes les parties de la surface de la carene aux environs de la flottaison font assez verticales pour que la direction du choc de l'eau soit presque horifontale comme $DZ$, & qu'elle passe au dessous de $M$ comme dans la figure 67, nous aurons le premier cas dans lequel il y a du désavantage à placer un poids plus bas fur les points de la courbe $R_2 R R_2$. Il est vrai que lorsqu'on met plus bas le poids qu'on prend en $R$, on fait nécessairement descendre le centre de gravité $G$, & qu'on fait augmenter la stabilité du Navire. Le métacentre se trouve ensuite plus élevé par rapport au

centre de gravité $G$ defcendu en $g$, & la pouffée
verticale de l'eau travaille donc avec un plus grand
bras de levier à relever ou redreffer le Navire lorfqu'il
s'eft incliné.    Figure 67.

Mais fi la ftabilité du Navire augmente dans le rapport de $MG$ à $Mg$, le moment du choc de l'eau augmente dans un plus grand rapport. Ce choc qui
s'exerce fur la direction $DZ$ & qui agiffoit auparavant
avec le bras de levier $ZG$, agit enfuite avec le levier $Zg$, & il eft évident que ce levier eft plus augmenté à proportion que celui de la pouffée de l'eau,
puifque la même quantité $Gg$ ajoutée à $GZ$ & à $GM$
produit plus de changement par rapport à la premiere
de ces lignes que par rapport à la feconde. Or il fuit
de-là que la même vague produira une plus grande
inclinaifon au Navire, lorfque fon centre de gravité
fera en $g$ que lorfqu'il fera en $G$, & il faut donc que
la vîteffe du balancement foit plus grande, puifque la
durée de l'ofcillation fera toujours la même. Ce feroit
encore pis fi, le poids pris en $R$, on le tranfportoit fur
quelque ellipfe intérieure. Car outre que les ofcillations
feroient plus grandes, elles fe feroient encore dans
un temps plus court.

2°. Nous confidérerons comme fecond cas celui dans
lequel la direction $DZ$ de l'impulfion que fait la vague
paffe exactement par le métacentre $M$ comme dans
la figure 68. Quelque tranfpofition qu'on faffe alors à
la charge, l'étendue de chaque ofcillation fera la même;
parce que fi en faifant paffer le centre de gravité du
Navire de $G$ en $g$ on fait augmenter la ftabilité, on
fait augmenter auffi précifément dans le même rapport
le bras de levier avec lequel agit le choc de l'eau pour
faire incliner le Navire. Ainfi, il n'y a jamais d'autre
variété dans ce fecond cas, que celle qui vient de la
longueur du pendule fynchrone felon qu'on tranfporte
les poids fur des circonférences extérieures ou inté-    Figure 68.

Figure 68. rieures d'ellipfes ou de cercles. Mais qu'on tranfporte un poids $R$ en $R_1$ & $R_1$ fur la même ligne courbe, les balancements du Navire feront exactement de la même étendue & de la même durée: d'où il fuit que leur vîteffe ne recevra aucun changement.

3°. Enfin nous avons pour troifieme cas le paffage de la direction $DZ$ de l'impulfion de la vague au def-Figure 69. fus du métacentre $M$ comme dans la figure 69. Il fera avantageux dans cette troifieme difpofition de porter les parties les plus pefantes de la charge le plus bas qu'on pourra fur la même ellipfe ou fur le même cercle. Le paffage de la direction $DZ$ au deffus du métacentre peut venir de ce que ce point eft fitué très-bas ou de ce que les parties de la furface de la carene vers la flottaifon font fort inclinées en dehors. Les flancs vers le milieu peuvent être prefque à plomb, mais que la fituation inclinée de la furface vers l'avant & vers l'arriere, donne à la direction $DZ$ qui refulte de toutes les impulfions faites fur tout un côté, la fituation que marque la figure. Mais enfin fi la direction $DZ$ paffe en deffus du métacentre $M$, & que nous prenions un poids en $R$ pour le mettre en $R_1$ & $R_1$, ou que nous le prenions dans ces derniers points pour le porter plus bas fur la même ligne courbe, nous ferons augmenter la ftabilité du Navire dans un plus grand rapport que n'augmentera le moment du choc des vagues : car le centre de gravité du Vaiffeau defcendant de $G$ en $g$, le bras de levier $MG$ augmentera plus en devenant $Mg$ que le bras de levier $ZG$ en devenant $Zg$. Ainfi les vagues auront relativement moins de force, & elles produiront de moindres inclinaifons.

Mais l'avantage cefferoit encore dans ce troifieme cas fi l'on portoit fur quelque cercle trop intérieur le poids qu'on déplace. Il eft vrai, qu'en faifant defcendre le centre de gravité, on feroit toujours plus augmenter à proportion la force relative de la pouffée de

l'eau, que celle de la vague qui frappe en $D$ ; & il eſt  Figure 69.
vrai encore que la premiere inclinaiſon cauſée par le
choc immédiat étant moindre, le Navire décriroit de
moindres arcs dans les balancements ſuivants. Mais
d'un autre côté il les parcourroit en moins de temps,
puiſque les poids portés ſur des ellipſes intérieures rendent le pendule ſynchrone plus court ; & ſi le temps
reçoit plus de diminution que l'eſpace parcouru, la
vîteſſe doit néceſſairement ſe trouver plus grande.
Ceci montre qu'il faut toujours éviter dans la tranſpoſition des parties peſantes de la charge, de les placer
ſur des lignes courbes intérieures, & qu'il faut au contraire les porter ſur les courbes extérieures le plus qu'il
eſt poſſible, ou les éloigner du milieu de la carene
vers les extrêmités des lignes droites horiſontales $R_2 R_2$.

Au ſurplus, nous croyons qu'il n'eſt pas néceſſaire
de pouſſer plus loin ces remarques. On a maintenant
l'explication de divers effets ſinguliers qu'on avoit
quelquefois obſervés avec étonnement, parce qu'on les
voyoit varier d'un Navire à l'autre, ſans en appercevoir
la cauſe. Une choſe nous paroît néanmoins manquer
encore à ces recherches. Les parties de l'arriere & de
l'avant ne ſont point égales entr'elles dans nos vaiſſeaux ; & il eſt bon d'examiner combien cette inégalité
peut influer ſur le tangage.

# CHAPITRE XII.

## *Des ofcillations auxquelles les corps flot-tants font fujets lorfqu'ils font d'une figure irréguliere.*

Figure 70.

IL n'y a rien à changer dans les folutions précé-dentes lorfque les deux moitiés du corps flottant font parfaitement égales dans le fens qu'il fe balance ; mais ces problêmes deviennent beaucoup plus difficiles , lorfque le centre de gravité de ce corps ne fe trouve pas dans la verticale du centre de gravité de fa flot-taifon ou de fa coupe faite horifontalement à fleur d'eau ; ce qui doit arriver très-fouvent lorfque le corps n'eft pas fimmétrique par fes deux extrêmités. La figure 70 nous en repréfente un avec cette efpece d'ir-régularité : lorfque ce corps flotte librement en repos, fon centre de gravité $G$ eft néceffairement au deffous ou au deffus du centre de gravité de fa partie fubmergée $DBE$ ; mais le centre $G$ & le centre $F$ de la flottaifon $DE$ ne font pas dans la même verticale , à caufe de l'irrégularité de la figure.

Lorfqu'un pareil folide fait des ofcillations, il fe trouve de l'incompatibilité entre les différentes loix auxquelles nous avions regardé comme affujetis , tous les corps qui flottent. Si le centre $G$ eft immobile les diverfes fituations que prendra le plan $DE$ de flot-taifon ne fe couperont point dans fon centre de gravité $F$, & fi ce plan fe coupe dans tout autre point , le corps flottant ceffera d'occuper une égale place dans la liqueur, & il fera pouffé de bas en haut avec des forces différentes. Le centre de gravité d'une furface plane a effectivement cette propriété , qui lui appar-tient.

Figure 70.

tient d'une maniere exclufive, qu'il faut que le plan tourne fur ce point ou plutôt fur un diametre qui y paffe, pour que les deux folides ou efpeces d'onglets que forment les deux parties de la furface par leur mouvement foient égaux entr'eux. Le plan $DE$ tournant fur fon centre de gravité $F$, l'onglet ou folide $DFd$ 1 fera égal à l'onglet ou folide $EFe$ 1, & ce ne fera pas la même chofe fi le plan tourne fur tout autre point.

Il eft vrai que cette propriété n'a exactement lieu que lorfque la groffeur du corps flottant eft la même au deffus & au deffous de fa flottaifon; mais comme il ne s'agit ici que d'inclinaifons très-petites, la propofition eft fenfiblement vraie. Ainfi pour que le corps flottant, en s'inclinant, occupât toujours la place d'un égal volume d'eau, il faudroit que les différentes fituations que prend le plan de flottaifon $DE$ fe coupaffent en $F$; mais on voit bien que dans cette hypothefe le centre de gravité $G$ du corps flottant monteroit ou defcendroit : il s'approcheroit ou s'éloigneroit de la furface de l'eau de la quantité $i$ 1 $i$ 2, fi après que $d$ 1 $e$ 1 s'eft trouvée dans la furface de l'eau, $d$ 2 $e$ 2 s'y trouvoit à fon tour. Le corps $ABC$ auroit donc un mouvement réel vers le haut & vers le bas, & ce qui eft impoffible en Phyfique, ce mouvement ne feroit produit par aucune caufe, puifque la folidité de la partie fubmergée étant la même, il n'y auroit de la part de l'eau aucun excès ou diminution de force qui fût capable d'un pareil effet.

Il fe trouveroit un femblable inconvenient, fi les plans de flottaifons fe coupoient dans le point $I$, précifément au deffus du centre de gravité $G$. Car dans cette fuppofition le centre de gravité $G$ feroit immobile, il ne monteroit ni ne defcendroit, quoiqu'il y eût pourtant une force réelle qui travaillât à le faire defcendre & à le faire monter dans chaque balan-

K k

Figure 70.

cement ; l'onglet qui entreroit dans l'eau d'un côté ne
feroit jamais égal à celui qui fortiroit du côté oppofé.
D'où il s'enfuivroit que l'efpace occupé par le corps
flottant dans la liqueur deviendroit alternativement
plus grand & plus petit ; ce qui produiroit néceffairement un mouvement dans le fens vertical, en troublant
le repos du centre de gravité $G$. On peut de la même
maniere donner l'exclufion aux balancements qui fe
feroient autour de tous les autres points comme $H$
compris entre $F$ & $I$.

Suppofé que les balancements fe fiffent fur le
point intermédiaire $H$, le centre de gravité $G$ defcendroit en $G_2$ lorfque le corps flottant s'inclineroit
vers $E$ ; & il s'éleveroit au contraire en $G_2$, lorfque
l'inclinaifon fe feroit vers l'autre extrêmité. Mais comment ces mouvements feroient-ils poffibles, pendant
que les onglets $DHD_2$ & $DHD_1$ qui entreroient
dans l'eau & qui en fortiroient vers l'extrêmité $D$ feroient beaucoup plus grands que les onglets oppofés
$EHE_2$ & $EHE_1$ ? Le folide commenceroit à defcendre de $G_1$ en $G_2$, pendant qu'il feroit pouffé en
haut avec le plus de force, & au contraire, il commenceroit à monter de $G_2$ en $G_1$ lorfque la pouffée
verticale de l'eau auroit fouffert le plus de diminution.

On ne remarquera pas les mêmes inconveniens, fi
le point $H$ dans lequel les plans de flottaifon fe coupent, fe trouve en dehors de l'intervalle $FI$. Toutes
les fois que le point $H$ fera au-delà de la verticale $GM$
vers l'extrêmité $E$, l'inclinaifon vers cette même extrêmité fera toujours que le corps flottant occupera
moins de place dans la liqueur, mais en même temps
le centre de gravité $G$ s'élevera. Ainfi à la fin d'une
ofcillation dans ce fens, le corps flottant doit retourner, pour ainfi dire, fur fes pas & doit defcendre,
puifqu'il n'eft plus foutenu avec affez de force de la
part de la liqueur. Que le centre de gravité $G$ foit au

Figure 70.

contraire defcendu, autant qu'il eft poffible, pendant que l'interfection H des plans de flottaifon eft toujours en dehors de la verticale GI vers le point E, le corps flottant fe fera incliné vers D, il occupera un plus grand efpace dans la liqueur, & fe trouvant pouffé en en-haut avec plus de force, la defcente de fon centre de gravité fera immédiatement fuivie d'un mouvement dans l'autre fens. On peut voir avec la même facilité que le point d'interfection H peut fe trouver auffi en dehors de l'intervalle FI vers l'extrêmité D. Mais il s'agit maintenant de déterminer l'exacte fituation de ce point.

Nous devons confidérer pour cela, non feulement les deux différents mouvements du folide, mais auffi les forces qui caufent ces mouvements. Il faut principalement qu'ils fe faffent dans le même temps: car s'ils n'étoient pas exactement fimultanés, ils fe troubleroient l'un l'autre, & ne fe perpétueroient pas. Il faut qu'ils s'accordent pour ne pas fe détruire; & la néceffité de cet accord fait que les plans de flottaifons fe coupent en quelque point H qui doit être en dehors de l'intervalle FI, comme nous l'avons vû.

Pour refoudre donc le problême, nous n'avons qu'à faire enforte que les deux mouvements s'accordent parfaitement. Je nomme P la pefanteur du corps flottant; S l'étendue de fa coupe de flottaifon DE, a la diftance FE du centre F à l'extrêmité E; f la diftance de la verticale GM au même point E; dm chacune des petites parties de la maffe du corps flottant & E leur diftance au centre de gravité G. Enfin je nomme h la hauteur MG du métacentre au deffus du centre de gravité G; x la diftance du point H au point E; i la petite hauteur verticale E2E1, & z la longueur du pendule fimple dont les ofcillations s'accordent avec celles du corps flottant.

S'il s'agiffoit d'une recherche purement géométri-

Figure 70.

que, nous pourrions regarder d'abord $EH = x$ comme abſolument indéterminée, & nous nous repoſerions ſur la généralité du calcul algébrique, du ſoin d'en fixer la grandeur. Mais nous avons vu que le point $H$ devoit être en dehors de $FI$ ou que $EH$ devoit être moindre que $EI$, lorſque ces deux points ſont du même côté par rapport à $F$, pour qu'il n'y eût pas d'incompatibilité phyſique entre les deux mouvements du ſolide. C'eſt à quoi il faut avoir égard dans un problême de Méchanique ou de Dynamique. Car il eſt encore plus dangereux d'y violer les loix du mouvement, que d'introduire des contradictions entre les données d'un problême de Géométrie. Dans ce ſecond cas on s'apperçoit du mécompte par le calcul, en parvenant à des valeurs imaginaires; au lieu qu'en Méchanique, le calcul fondé ſur quelque ſuppoſition fauſſe, reſteroit preſque toujours défectueux & rien n'aideroit à le corriger. Il ſuit de cette remarque, dont les applications ſont très-étendues, que comme nous ſuppoſons le point $H$ vers $E$ par rapport au centre de gravité $F$ du plan de flottaiſon, nous devons déſigner $HI$ par $f - x$. Nous trouverons enſuite l'eſpace $G_2 G_1$ décrit par le centre de gravité du corps, en faiſant cette analogie; $HE = x : E_2 E_1 = i : : HI = f - x :$ $I_2 I_1 = \frac{if - ix}{x}$ qui eſt auſſi l'expreſſion de $G_2 G_1$; & ſi nous en prenons la moitié, nous aurons $\frac{if - ix}{2x}$ pour le petit eſpace que parcourt le centre de gravité $G$ en montant ou en deſcendant pendant une demi-oſcillation. Nous trouverons auſſi $H h_2$ par cette autre analogie; $HE = x : EE_2 = \frac{1}{2} i : : FH = a - x :$ $H h_2 = \frac{ai - ix}{2x}$.

Multipliant après cela cette petite ligne par la ſurface connue $S$ du plan de flottaiſon, il nous viendra $\frac{aiS - ixS}{2x}$ pour la quantité dont le corps flottant plonge

Figure 70.

trop ou trop peu dans l'eau à la fin de chaque inclinaifon; & nous pourrons prendre cette quantité pour
l'expreſſion de la force qui fait monter ou defcendre le
centre de gravité $G$, ſi nous prenons en même temps
toute la partie ſubmergée $DBE$ pour l'expreſſion de
la peſanteur $P$, ou pour la maſſe à mouvoir. Ainſi
nous aurons la force $\frac{aiS - ixS}{2x}$ qui meut la maſſe $P$,
& qui pendant un demi-balancement lui fait parcourir
le petit eſpace vertical $\frac{if - ix}{2x}$. Cette force $\frac{aiS - ixS}{2x}$
eſt variable; mais nous avons ici ſa plus grande va-
leur qui eſt à l'extrêmité de chaque balancement dans
un ſens ou dans l'autre.

Il nous faut maintenant paſſer au mouvement de
rotation. Toutes les petites parties $dm$ de matiere dont
le corps flottant eſt formé prennent un mouvement
qui eſt proportionel au produit de leur maſſe multipliée
par leur diſtance $E$ au centre de gravité & le moment
de leur réſiſtance au mouvement eſt $E^2 dm$. Le moment total eſt $\int E^2 dm$ auquel doit être égal celui de
la maſſe que nous ſubſtituerons en $M$ pour nous conformer à la maniere dont nous avons déja conſidéré ce
problême dans un cas plus particulier. Cette maſſe
prend un mouvement qu'on trouve en la multipliant
par $h$, & le moment eſt la même maſſe multipliée par
$h^2$. Ainſi la maſſe que nous ſubſtituons par la penſée
en $M$ pour faire la même réſiſtance relative au mou-
vement que le corps flottant, doit être égale à $\frac{\int E^2 dm}{h^2}$.

D'un autre côté nous pouvons toujours conſidérer,
comme dans le chapitre VII. la pouſſée qui produit
le mouvement d'oſcillation comme réunie en $M$.
Ainſi en recourant à la comparaiſon d'un pendule,
nous avons la force $P$ qui travaille à mouvoir la maſſe
$\frac{\int E^2 dm}{h^2}$. La force & la maſſe ſont appliquées à l'extrêmité du pendule $GM$ qui eſt renverſé, dont $h$ eſt

Figure 70. 262 *DE LA MANOEUVRE DES VAISSEAUX.*

la longueur & dont nous regardons le point $G$ comme
le point de fufpenfion. Mais comme la force & la
maffe n'ont pas ici peut-être le même rapport que
dans un pendule fimple dont $h$ feroit la longueur, &
qui feroit animé naturellement par la pefanteur, il faut
faire une réduction à la longueur $h$ pour avoir celle
du pendule fynchrone naturel. Nous la trouverons
comme dans le Chapitre cité par cette analogie; $P$,
eft à $\frac{\int E^2 dm}{h^2}$ comme $h$ eft à $z = \frac{\int E^2 dm}{h P}$. On voit bien
que l'irrégularité du corps flottant n'apporte aucune
différence dans la forme de cette expreffion, & que
pourvu que nous connoiffions les quantités qui compofent le fecond membre, nous aurons le premier ou
la longueur du pendule fimple dont les ofcillations
s'accordent avec celles du corps flottant.

Mais nous devons examiner ici quelque chofe de
plus. Nous avons cherché la force qui, à la fin de
chaque petit mouvement vertical du centre de gravité
$G$, fait renaître un mouvement vertical en fens contraire,
& nous voulons que ces mouvements foient parfaitement fimultanés avec ceux de rotation ou de vibration
autour du centre de gravité. Ainfi après avoir cherché
la maffe $\frac{\int E^2 dm}{h^2}$ qui étant fubftituée en $M$ fait la même
difficulté à recevoir ce mouvement, il faut que nous
trouvions la quantité précife de la force qui agit contre cette maffe à la fin de chaque petit arc horifontal parcouru par le point $M$. Nous chercherons d'a-
bord la moitié de ce petit arc en faifant cette analogie,
$HE = x$ eft à $EE_1 = \frac{1}{2}i$ comme $GM = h$ eft à $\frac{h i}{2 x}$;
& nous remarquerons que ce même petit arc parcouru,
pour ainfi dire, horifontalement, par le point $M$ dans
le temps d'une demi-ofcillation, exprime auffi par
rapport à toute la hauteur $GM = h$, la force relative
avec laquelle agit la pouffée verticale de l'eau pour

produire ce mouvement ou pour rétablir la situation
horifontale du corps flottant. Nous aurons donc cette
analogie ; $GM = h$ eſt à la moitié du petit arc horifontal $\frac{h\,i}{2\,x}$ parcouru par le point $M$, comme $P$ eſt à la
petite force $\frac{i\,P}{2\,x}$ qui s'exerce efficacement contre la
maſſe $\frac{\int E^2 dm}{h^2}$. Ainſi nous avons $\frac{i\,P}{2\,x}$ pour la petite force:
la maſſe qu'elle meut eſt $\frac{\int E^2 dm}{h\,2}$ & le petit eſpace parcouru eſt $\frac{h\,i}{2\,x}$.

Figure 70.

Il ne nous faut plus que comparer les deux mouvements qui doivent s'accorder ou qui doivent être ſi-
multanés pour ne pas ſe détruire, celui qui ſe fait en
arc de cercle, & celui que nous avions examiné le
premier, qui ſe fait dans le ſens vertical. Il ſuffit pour
qu'ils s'accordent parfaitement, qu'il y ait une proportion exacte entre les deux forces & les deux mouvements communiqués. Mais au lieu de prendre les
produits des maſſes par les vîteſſes pour avoir les quantités de mouvement, nous pouvons multiplier les maſſes par les petits eſpaces parcourus, puiſqu'ils ſont en
même rapport que les vîteſſes à cauſe de l'iſochroniſ-
me. Nous aurons donc $\frac{P\,i\,f - P\,i\,x}{2\,x}$ produit de $P$ par le
petit eſpace vertical $G\,2\,G = \frac{i\,f - i\,x}{2\,x}$ pour l'effet de la
force $\frac{a\,i\,S - i\,x\,S}{2\,x}$ ; & nous aurons en même temps
$\frac{h\,i}{2\,x} \int \frac{E^2 dm}{h^2}$ produit de la maſſe ſubſtituée par la penſée
en $M$ multipliée par le petit arc $\frac{h\,i}{2\,x}$ pour l'effet de la
force $\frac{i\,P}{2\,x}$ ; & il s'enſuivra de l'accord de ces mouve-
ments, cette proportion ; $\frac{a\,i\,S - i\,x\,S}{2\,x} : \frac{P\,i\,f - P\,i\,x}{2\,x} :: \frac{i\,P}{2\,x} :$
$\frac{h\,i}{2\,x} \int \frac{E^2 dm}{h^2}$ qui nous donne l'équation $\frac{a\,S - x\,S}{h} = \frac{P^2 f - P^2 x}{\int E^2 dm}$
laquelle nous marque la relation qu'il y a entre $x$ ou
$HE$ & les autres quantités $S, P, f$, &c. il ne nous reſteroit

Figure 70. donc rien à trouver pour connoître absolument $x$, si la hauteur $h$ du métacentre au-deffus du centre de gravité $G$ étoit connue, au lieu qu'elle ne l'eft pas. C'eft ce qui nous manque auffi pour pouvoir faire ufage de la formule $Q = \frac{\int E^2 d m}{h\, l'}$ trouvée ci-devant pour la longueur du pendule fynchrone.

# CHAPITRE XIII.

## Suite du Chapitre précédent. Déterminer le métacentre lorfqu'un corps flottant irrégulier fait des ofcillations.

EN effet, lorfque nous avons déterminé le méta-centre, nous avons fuppofé que la partie fubmergée du corps flottant étoit toujours la même, ou que la partie qui entroit dans l'eau d'un côté, étoit égale à celle qui fortoit de l'eau de l'autre côté dans les in-clinaifons. Ainfi notre folution étoit bonne pour le cas particulier auquel nous nous bornions, mais on ne peut pas l'appliquer dans la rencontre préfente. Si Figure 71. pendant que le corps $ABC$ (*fig.* 71.) s'incline, fes plans de flottaifons fe coupent en quelque point $H$, le centre de gravité de la partie fubmergée $DBE$ ne changera pas de place de la même quantité que fi ces plans fe coupoient en $F$, & les verticales $G_2 M$ & $G_1 M$ dans lefquelles s'exerce la pouffée de l'eau, porteront par conféquent le métacentre $M$ à une autre hauteur par leur interfection.

Figure 72. Je repréfente par la figure 72 la coupe du corps flottant faite à fleur d'eau lorfque le corps eft dans fa fituation horifontale. Le point $F$ eft le centre de gra-vité de cette furface, & $FE$ eft la ligne que nous

avons

avons nommée *a*. Nous avons indiqué la diſtance *HE*
par *x*; ainſi *FH* ſera *a* — *x*; & ſi nommant *r* les parties variables *FR*, de *FL* en commençant au centre
*F*, nous nommons *y* les ordonnées *TR* & *u* les ordonnées *RS*; nous aurons en prenant *QQ* pour nouvel axe, *a* + *y* — *x* pour les ordonnées *TV*, & *u* +
*x* — *a* pour les ordonnées *VS*; & ſi nous ſuppoſons
un ſecond plan qui coupe le premier dans l'axe *QQ*
en faiſant un angle infiniment petit *EHE*1 dont
la ſoutendente *EE*1 ſoit égale à *i*, nous aurons
$\frac{i}{2x} \times \overline{u + x - a}^2$ pour l'aire des petits triangles rectangles *VSS*1 & $\int \frac{i\,dr}{2x} \times \overline{u + x - a}^2$ pour la ſolidité de
l'eſpece d'onglet *QEE*1*Q* formé de tous ces triangles
élémentaires. Nous aurons de même $\int \frac{i\,dr}{2x} \times \overline{a + y - x}^2$
pour la ſolidité de l'onglet oppoſé *QDD*1*Q*.

Mais nous n'avons pas ſimplement beſoin de connoître la ſolidité de ces corps qui repréſentent les
parties de la carene qui entrent dans l'eau & qui en
ſortent par les balancements alternatifs; il faut que
nous ayons leur centre de gravité. Ce centre étant

cherché par les regles ordinaires, on a $\dfrac{\int \frac{dr}{3x} \times \overline{u + x - a}^3}{\int \frac{dr}{2x} \times \overline{u + x - a}^2}$

pour la diſtance du centre de gravité *γ*2 au point *H*;
& ſi nous y ajoutons *HI* = *f* — *x*, il nous viendra

$$\frac{\int \frac{dr}{3x} \times \overline{u + x - a}^3}{\int \frac{dr}{2x} \times \overline{u + x - a}^2} + f - x$$ pour la diſtance *I γ*2. Nous

ajoutons *HI*; parce que, comme nous l'avons vu, le point
*H* n'eſt pas placé par rapport au point *I*, comme il l'eſt
dans notre figure : il eſt réellement plus voiſin du point
*E* que le point *I*. Les mêmes regles nous donneront

$$\frac{\int \frac{dr}{3x} \times \overline{a + y - x}^3}{\int \frac{dr}{2x} \times \overline{a + y - x}^2}$$ pour la diſtance de l'autre centre

Figure 72.

L l

Figure 72. de gravité $\gamma$ 1 au point $H$, & fi nous en ôtons $HI$,

nous aurons $\dfrac{\int \frac{dr}{3x} \times \overline{a+y-x}^3}{\int \frac{dr}{2x} \times \overline{a+y-x}^2} + x - f$ pour la dif-

tance du centre de gravité $\gamma$ 1 au point $I$.

Ces préliminaires étant fuppofés, nous jettons de-
Figure 71. rechef les yeux fur la figure 71. Nous venons de
trouver l'expreffion générale de la fituation des centres
de gravité $\gamma$ 1 & $\gamma$ 2, & nous avons trouvé outre cela
la folidité des deux parties qui font fujettes à fortir de
l'eau & à y rentrer. Le point $O$ eft le centre de gravité de la partie de la carene qui eft continuellement
fubmergée; & il eft évident que pour trouver combien
le centre de gravité $G$ 1 eft plus avancé vers $E$ que
le centre $O$ à mefurer dans le fens horifontal, nous n'aurons qu'à faire cette analogie; la folidité $P$ de toute
la partie fubmergée eft à la folidité $\int \frac{idr}{2x} \times \overline{u+x-a}^2$

de l'onglet $E$ 1 $HE$ 2 comme $I\gamma^2 = \dfrac{\int \frac{dr}{2x} \times \overline{u+x-a}^3}{\int \frac{dr}{2x} \times \overline{u+x-a}^2}$

$+ f - x$ eft à la diftance de $G$ 1 au point $O$ réduite à

l'horifon; on trouve $\dfrac{\int \frac{idr}{3x} \times \overline{u+x-a}^3 + \overline{f-x} \times \int \frac{idr}{2x} \times \overline{u+x-a}^2}{P}$

pour cette diftance, & on aura de même

$\dfrac{\int \frac{idr}{3x} \times \overline{a+y-x}^3 + \overline{x-f} \times \int \frac{idr}{2x} \times \overline{a+y-x}^2}{P}$ pour la diftance

du centre $G$ 2 au point $O$, auffi réduite à l'horifon.
Ainfi la diftance horifontale d'un centre à l'autre fera

$\dfrac{\int \frac{idr}{3x} \times \overline{u+x-a}^3 + \int \frac{idr}{3x} \times \overline{a+y-x}^3 + \overline{f-x} \times \overline{\int \frac{idr}{2x} \times \overline{u+x-a}^2 - \int \frac{idr}{2x} \times \overline{a+y-x}^2}}{P}$;

& il ne nous refte plus pour avoir $G$ 1 $M = h$ qu'à
faire cette analogie: $E$ 1 $E$ 2 $= i$ eft à $HE$ 2 $= x$.

comme la diſtance $G_1G_2$ que nous venons de
trouver eſt à $G_1M$. Il vient $G_1M$ ($=h$)$=$

Figure 71.

$$\frac{\int\frac{dr}{3}\times\overline{u+x-a}^3+\int\frac{dr}{3}\times\overline{a+y-x}^3+\overline{f-x}\times\int\frac{1}{2}dr\times\overline{u+x-a}^2-\int\frac{1}{2}dr\times\overline{a+y-x}^2}{P}$$

équation qui nous marque abſolument la relation de
$h$ à $x$, puiſque nous ſommes cenſés connoître la nature
du plan de flottaiſon & avoir les valeurs de $u$ & de $y$ en $r$.

Cette valeur de $h$ ſe réduit aiſément à une expreſſion
beaucoup plus ſimple par l'affirmation & la négation
des mêmes quantités, lorſqu'on éleve chaque terme à
la puiſſance indiquée par ſon expoſant. On aura $h=$

$$\frac{\frac{1}{3}\int dr(u^3+y^3)+\overline{\frac{1}{2}f+\frac{1}{2}x-a}\int dr(u^2-y^2)}{P}+\frac{\overline{a-x}\times\overline{a-f}\int dr(u+y)}{P};$$

expreſſion de $h$ dont le ſecond terme s'évanouit,
parce que les deux intégrales $\int dr\times u^2$ & $\int dr\times y^2$ ſont
égales entr'elles, l'une & l'autre étant proportionnelle
aux onglets $d_1Fd_2$ & $e_1Fe_2$ qui ſeroient ſeparés par
le centre de gravité $F$ du plan de flottaiſon. De plus
l'intégrale $\int dr(u+y)$ exprime la ſurface connue $S$ de ce
même plan. Ainſi nous aurons $\dfrac{\frac{1}{3}\int dr(u^3+y^3)+\overline{a-x}\times\overline{a-f}\times S}{P}$

pour la hauteur du métacentre au deſſus du centre de
gravité de la carene; & ſi le centre de gravité de ce
corps conſidéré comme hétérogene eſt au deſſous de
l'autre centre de la quantité $k$ qu'il eſt toujours poſſible
de connoître, nous aurons $h=\dfrac{\frac{1}{3}\int dr(u^3+y^3)+\overline{a-x}\times\overline{a-f}\times S+kP}{P}$

pour la hauteur du métacentre au deſſus du centre de
gravité actuel du corps flottant.

Si la ligne $LL$ (*fig.* 72) coupe la ſurface en deux
parties parfaitement égales, les $u$ & les $y$ ſeront égales,
& notre valeur de $h$ deviendra encore un peu plus ſim-

Figure 72.

ple. On aura $h=\dfrac{2\int y^3dr}{3P}+\dfrac{\overline{a-f}\times\overline{a-x}\times S}{P}+k$ qui ſe
réduit à $h=\dfrac{2\int y^3dr}{3P}+k$ lorſque la coupe de flottaiſon
étant parfaitement ſymmétrique, le centre de gravité

du corps flottant se trouve exactement au dessous du point $F$. C'est ce qui s'accorde avec les résultats que donne la méthode expliquée dans le Chap. IV.

Mais maintenant que nous connoissons la relation qu'il y a entre $h$ & $x$, & que nous voyons même que l'équation qui l'exprime généralement est toujours simple, quelle que soit la figure du plan de flottaison, nous n'aurons plus qu'à combiner cette équation avec celle $\frac{aS - Sx}{h} = \frac{P^2 f - P^2 x}{\int E^2 dm}$, à laquelle nous nous sommes arrêtés à la fin du Chapitre précédent. Nous ne cherchons ici que les deux inconnues $h$ & $x$; & nous avons deux équations qui en marquent la relation; nous n'avons besoin de rien de plus. Il ne nous viendra qu'une équation du second degré à résoudre pour avoir en termes absolument connus la valeur de $x$ ou la distance de l'extrêmité $E$ au point $H$ dans lequel les plans de flottaison se coupent pendant les oscillations du solide. Cette équation est

Figure 70, & 71.

$$x^2 \begin{cases} + \dfrac{\int E^2 dm}{a - f \times P} \\ + \dfrac{\int dr (u^3 + y^3)}{3a - 3f \times S} \\ - a - f \\ - \dfrac{kP}{a - f \times S} \end{cases} \quad x = \begin{array}{l} + \dfrac{a \int E^2 dm}{a - f \times P} \\ - \dfrac{f \int dr (u^3 + y^3)}{3a - 3f \times S} \\ - af \\ - \dfrac{kPf}{a - f \times S} \end{array}.$$

Si on en tire les deux valeurs de $E H$ ou de $x$, l'une qui doit être plus grande que $E F$ & l'autre plus petite que $E I$ ou négative, nous n'aurons qu'à en rétrogradant, les introduire dans l'équation $h =$

$$\frac{\frac{1}{3}\int dr (u^3 + y^3) + \overline{a - f} \times \overline{a - x} \times S + kP}{P}$$ pour avoir la hauteur du métacentre $M$ au dessus du centre de gravité du corps flottant ; & cette hauteur étant trouvée, rien ne nous empêchera de faire usage de la petite

formule $z = \frac{\int E^2 dm}{hP}$ qui marque la longueur du pendule synchrone.

Quoique le corps flottant ait une forme irréguliere, son centre de gravité $G$ peut se trouver quelquefois exactement dans la même verticale que le centre de gravité $F$ de sa coupe faite à fleur d'eau. Alors $EI = f$ feroit égale à $EF = a$, on auroit $a - f = 0$; & les termes de notre équation générale du second degré, qui font divifés par $a - f$, devenant infinis par rapport aux autres, le tout fe réduiroit à $\left(+ \frac{\int E^2 dm}{P} - \frac{\int dr(u^3 + y^3)}{3S} - \frac{kP}{S}\right) x = \frac{-\int\int dr(u^3 + y^3)}{3S} + \frac{a\int E^2 dm}{P} - \frac{kfP}{S}$. Mettant enfuite $a$ à la place de $f$ dans le fecond membre & dégageant $x$, on trouveroit $x = a$; ce qui nous apprend que l'irrégularité du folide n'empêche pas que fes plans de flottaifon ne fe coupent dans leur centre de gravité $F$ pendant les balancements, pourvu que le centre de gravité du corps foit exactement dans la même verticale que le point $F$.

## CHAPITRE XIV.

*Applications de la méthode précédente à quelques corps particuliers lorfqu'ils fe balancent felon leur longueur.*

J'A I eu la curiofité de faire entiérement pour quelques figures très-irrégulieres, les calculs dont nous venons de parler; & afin de ne pas manquer de terme de comparaifon, j'ai confidéré d'abord un corps flottant homogene formé en parallélipipede rectangle. Si nous nommons $2a$ fa longueur, $b$ fa largeur & $c$ fa profondeur, nous aurons $2\,a\,b\,c$ pour fa folidité ou fa pefanteur $P$, la furface $S$ fera $2\,a\,b$, la hauteur $h$ du métacentre au deffus du centre de gravité de la carene dans lequel nous fuppofons que fe trouve le centre de gravité actuel du folide, fera $\frac{a^2}{3\,c}$. L'intégrale $\int E^2 \times dm$ fera $\frac{1}{3}a^3\,b\,c + \frac{1}{6}a\,b\,c^3$, & la longueur du pendule fynchrone $z = \frac{\int E^2 \times dm}{h\,P}$ fera $\frac{c^3}{4\,a^2} + c$.

Pour fixer encore davantage nos idées, nous fuppoferons que le parallélipipede rectangle dont il s'agit, a 80 pieds de longueur & 10 de profondeur; le métacentre fe trouvera élevé de $53\frac{1}{3}$ pieds au deffus du centre de gravité du folide, & le pendule fynchrone aura $10\frac{1}{12}$ pieds de longueur. Nous avons déja eu occafion de remarquer que le pendule fynchrone pour les corps flottants fort longs qui fe balancent d'une extrêmité vers l'autre, étoit toujours très-court.

Ce pendule deviendroit à la fin égal à la profondeur de la carene fi on allongeoit de plus en plus le parallélipipede rectangle; c'eft-à-dire, qu'il ne feroit que de 10 pieds. Chaque balancement fera donc toujours très-vif; il fe fera en moins de 2 fecondes, malgré les grands efpaces que parcourront quelquefois les deux extrêmités du corps en montant & en defcendant. Mais ces mouvements deviendront encore bien plus rudes, fi on diminue la folidité des deux extrêmités du corps par deffous, ou fi, pour parler en termes de Marine, on leur donne de grandes *façons*. En effet la folidité ou la maffe qu'on retranchera, fera celle en partie qui prenoit le plus de mouvement dans les ofcillations, & qui en réfiftant le plus par fon inertie, étoit la plus propre à modérer la vîteffe des balancements. C'eft par cette raifon que le tangage, quoique très-vif dans le parallélipipede rectangle, l'eft pourtant beaucoup moins que dans l'ellipfoïde, dont les principales dimenfions font les mêmes. Voyez l'Article II. du Chapitre VIII.

Si le deſſous de la carene eſt terminé par deux plans inclinés qui forment un angle obtus en ſe rencontrant en bas vers le milieu de la longueur, & que continuant à nommer $2a$ la baſe de ce triangle iſoſcéle renverſé ou la longueur du bâtiment, nous déſignions toujours ſa profondeur ou hauteur par $c$, le corps flottant aura deux fois moins de ſolidité ou de maſſe qu'auparavant; ainſi le métacentre ſera deux fois plus élevé, nous aurons $\frac{2a^2}{3c}$ pour ſa hauteur. L'intégrale $\int E^2 \times dm$, en ſuppoſant que le mouvement ſe fît ſur la pointe de l'angle qui eſt en bas, ſeroit $\frac{1}{6}a^3 bc + \frac{9}{18}abc^3$; mais le mouvement ſe faiſant autour du centre de gravité, l'intégrale $\int E^2 \times dm$ eſt moindre, & il faut, pour en avoir la vraie valeur, retrancher le produit de la ſolidité $abc$ du corps par le quarré $\frac{4}{9}c^2$ de la diſtance du ſommet du triangle à ſon centre de gravité. Nous aurons donc $\frac{1}{6}a^3 bc + \frac{1}{18}abc^3$ pour la valeur de $\int E^2 \times dm$, & nous trouverons enſuite $\frac{c^3}{12a^2} + \frac{1}{4}c$ pour celle $z$ du pendule ſynchrone. Suppoſé que le corps ait 80 pieds de longueur & 10 de profondeur, ce pendule ſera de $2\frac{53}{96}$ pieds ou preſque de 2 pieds 7 pouces. Ainſi les balancements d'un pareil bâtiment ſe feroient en moins d'une ſeconde, & leur rapidité ſeroit extrême; ce qui viendroit, comme nous l'avons dit, des diminutions faites aux deux extrêmités du ſolide par deſſous, puiſque le pendule ſynchrone pour le parallélipipede rectangle eſt preſque quatre fois plus long.

Si nous voulons maintenant prendre quelque notion du changement qu'apporte à la vîteſſe des oſcillations l'irrégularité du corps, nous n'avons qu'à lui laiſſer toujours la figure triangulaire, mais en faire un triangle rectangle en $E$ (*fig.* 70); & il faudra enſuite avoir recours à notre ſolution générale. Nommant toujours $2a$ la longueur $DE$, $b$ la largeur du ſolide & $c$ ſa profondeur ou la longueur du côté vertical du triangle

Figure 70.

on aura $\frac{2}{3}a^3bc + \frac{1}{2}abc^3$ pour la valeur de $\int E^2 \times dm$, en fuppofant que le mouvement fe faffe fur l'angle ou fur l'arrête d'en bas de la carene ; mais il faut en retrancher le produit $\frac{4}{9}a^3bc + \frac{4}{9}abc^3$ pour avoir la vraie valeur, celle qu'a l'intégrale, lorfque le mouvement fe fait autour du centre de gravité ; c'eft-à-dire, qu'on aura $\int E^2 \times dm = \frac{2}{9}a^3bc + \frac{1}{18}abc^3$. Enfin fi on cherche $x$ en réfolvant l'équation du fecond degré à laquelle nous fommes parvenus à la fin du Chapitre précédent, on aura $x = a - \frac{c}{12a} \pm \sqrt{\frac{1}{3}a^2 + \frac{c^4}{144a^2}}$, & fi on introduit cette valeur dans l'expreffion générale de la hauteur $h = \frac{\frac{1}{2}\int dr(u^3+y^3) + \overline{a-f} \times \overline{a-x} \times S + kP}{P}$, en faifant les autres fubftitutions, on aura $h = \frac{2a^2}{3c} + $

$\frac{1}{18}c \mp \frac{2a}{3c}\sqrt{\frac{1}{3}a^2 + \frac{c^4}{144a^2}}$ ; & enfin $z = \left(\frac{\int E^2 \times dm}{hP}\right)$

$= \frac{4a^2c + c^4}{12a^2 + c^4 \mp 12a\sqrt{\frac{1}{3}a^2 + \frac{c^4}{144a^2}}}$.

Ces formules étant appliquées au bâtiment dont la longueur eft de 80 pieds & la profondeur de 10, on trouveroit que les deux valeurs de $x$ font d'environ $16\frac{7}{10}$ pieds & de $62\frac{2}{10}$ pieds. Ainfi ce bâtiment eft fujet à fe balancer fur deux divers points qui font à deux différentes diftances du milieu de fa longueur. Un de ces points eft éloigné du milieu d'environ $23\frac{3}{10}$ pieds, vers l'extrêmité la plus groffe ; & l'autre qui eft vers l'autre extrêmité eft à $22\frac{9}{10}$ pieds du milieu. Le bâtiment adoptera dans fes ofcillations l'un ou l'autre de ces points felon la maniere dont fa fituation naturelle aura été altérée par la caufe extérieure du dérangement. Le métacentre aura auffi deux différentes hauteurs felon que le corps fe balancera fur le point le plus voifin de fa groffe extrêmité ou fur l'autre. Dans le premier cas, le métacentre fera élevé d'environ $168\frac{4}{5}$ pieds,

168 $\frac{4}{7}$ pieds, & dans l'autre, il ne fera élevé que
d'environ 45 $\frac{64}{100}$ pieds. Enfin le pendule fynchrone
fera pour le premier cas d'environ 2 $\frac{14}{100}$ pieds & les
balancements feront donc extrêmement vifs. Ce ne
fera pas tout-à-fait la même chofe, fi les plans de flottaifon fe coupent dans l'autre point ou vers l'extrêmité
la moins groffe : le pendule fynchrone aura alors 7 $\frac{9}{10}$
pieds de longueur.

Non-feulement les ofcillations deviennent très-
promptes lorfqu'on diminue la folidité du corps flottant en-deffous par fes deux extrêmités, ces ofcillations acquierent prefque toujours outre cela plus d'étendue; ce qui en augmente encore la vîteffe. Les vagues
ou les ondes qui frappent l'extrêmité du corps, s'engagent en-deffous & pouffent en haut avec une plus
grande partie de leur force; ce qui fait que la premiere
ofcillation eft plus grande, & que les autres s'enfui-
vent. Nous devons encore ajoûter que lorfque l'extrêmité du corps après s'être élevée, retombe avec violence
pour reprendre un niveau dans lequel elle ne refte pas,
l'eau ne forme pas fi-tôt un obftacle à fon mouvement,
& cette extrêmité doit donc fe plonger davantage. Le
cas eft tout différent, fi on diminue les extrêmités du
corps flottant par les côtés, ou fi on fe contente fimplement de les retrécir, en leur laiffant les mêmes largeurs par en bas que par en haut. On diminue, il eft
vrai, le numérateur de la fraction $\frac{\int E' \, dm}{h \, P}$ qui exprime
la longueur z du pendule fynchrone, mais on diminue
auffi fenfiblement le dénominateur $h\,P$ dans le même
rapport; ainfi le pendule fynchrone refte à peu près
de même longueur, & outre cela les balancements ne
font pas fi grands.

Enfin il ne paroît pas que l'inégalité entre les deux
extrêmités du folide apporte de différence confidérable à la vivacité des ofcillations, pourvu néanmoins,

nous le répétons, que l'inégalité ne vienne pas de ce qu'une des extrêmités a souffert des diminutions par deſſous. Il ſuffit toujours pour que les oſcillations ſoient ſenſiblement de même durée que les deux extrêmités du ſolide ſoient également profondes, ou que chacune ſoit également large par en bas que par en haut , & il n'importe pas que l'une ſoit plus étroite que l'autre. On ne peut guere imaginer de figure plus irréguliere, quant à l'égalité entre les deux extrêmités , qu'un corps dont toutes les tranches horiſontales ſeroient des triangles iſoſcelles égaux. L'angle du ſommet de ces triangles qui ſera très-aigu, ſi l'on veut, tiendra lieu de proue; le côté oppoſé ſera la poupe, & la carene entiere ſera un corps priſmatique triangulaire terminé par trois plans verticaux. Si nous nommons $a$ la longueur de ce corps triangulaire ou la longueur de ſa quille, $b$ ſa plus grande largeur ou celle de ſa poupe, & $c$ ſa profondeur qui ſera donc égale par tout, on aura $\frac{1}{2}abc$ pour ſa ſolidité ou pour ſa peſanteur $P$. Son métacentre ſera élevé au deſſus de ſon centre de gravité de la hauteur $h = \frac{a^2}{18c}$ ; la valeur de $\int E^2 dm$ ſera $\frac{1}{36}a^3 bc + \frac{1}{24}abc^3$, & la longueur du pendule qui repréſentera par ſes oſcillations celles du corps flottant dans le ſens de ſa longueur ſera $z = c + \frac{3c^2}{2a^2}$. Si ce bâtiment ſingulier eſt long de 80 pieds & a 10 pieds de profondeur, le pendule ſynchrone ſera de 10 pieds preſque 3 pouces; ce qui ne differe pas ſenſiblement de la longueur du pendule ſynchrone que nous avons déja trouvée pour le corps flottant formé en parallélipipede rectangle, qui, avec 80 pieds de longueur, en avoit 10 de profondeur.

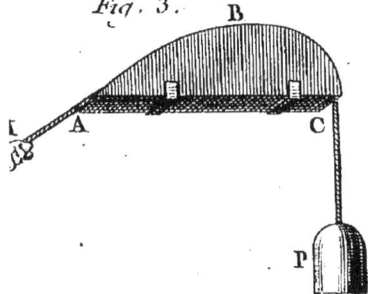

Fig. 3.

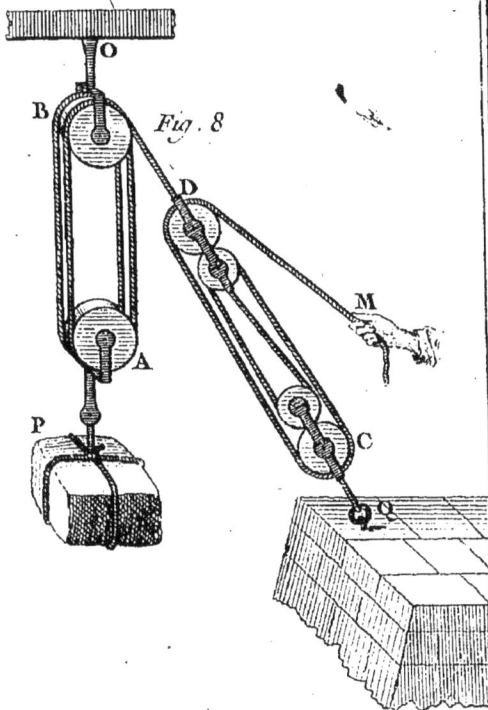

Fig. 8.

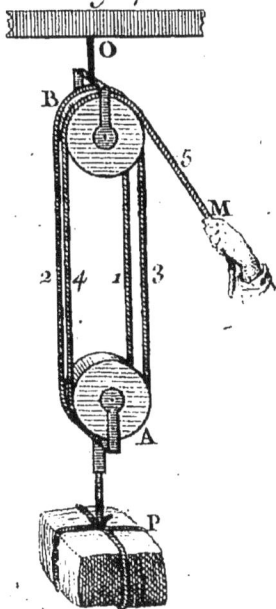

Fig. 7.

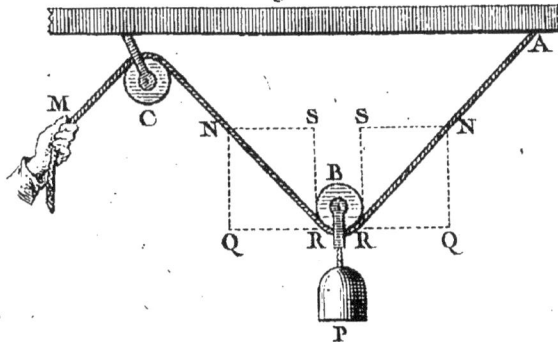

Fig. 10.

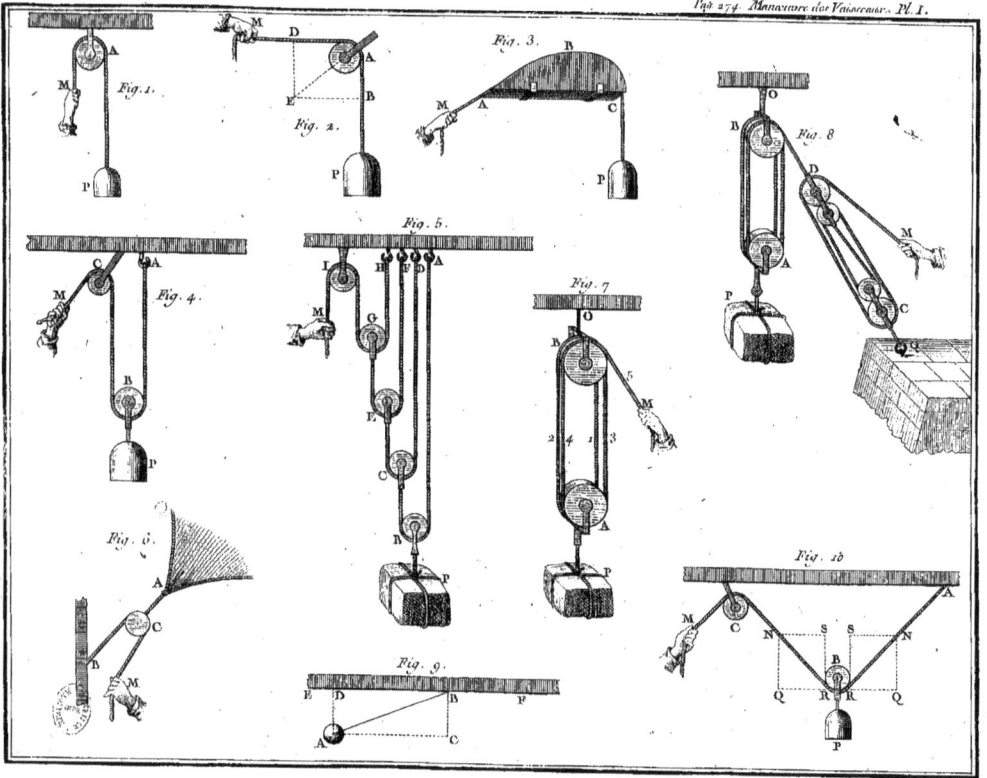

Fig. 1.

Fig. 2.

Fig. 3.

Fig. 4.

Fig. 5.

Fig. 6.

Fig. 7.

Fig. 8.

Fig. 9.

Fig. 10.

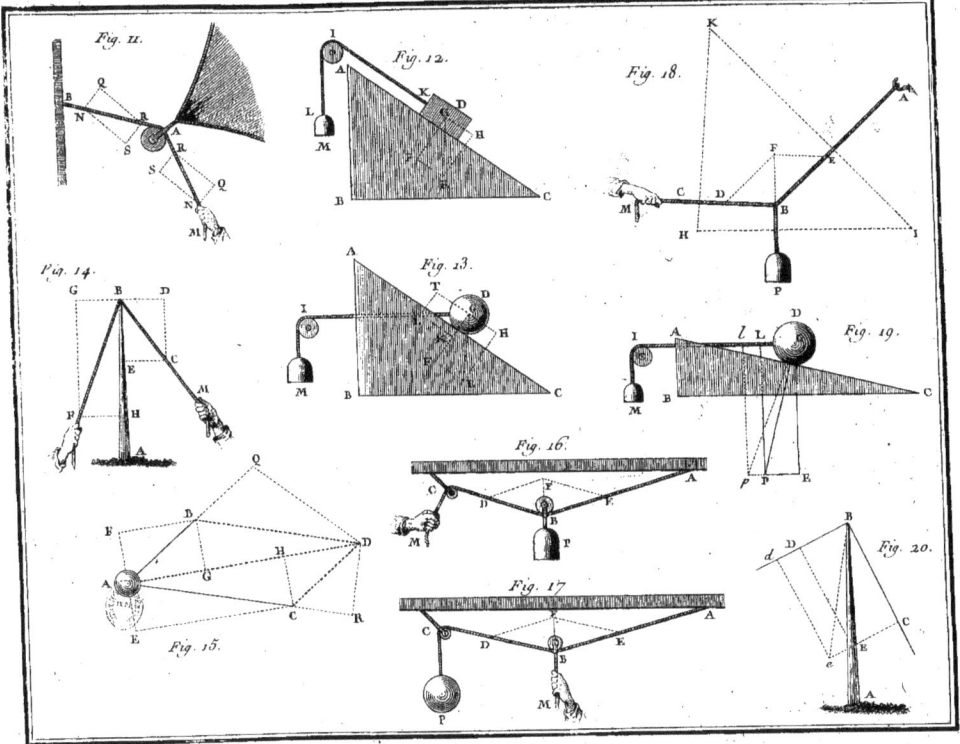

Fig. 11.

Fig. 12.

Fig. 18.

Fig. 14.

Fig. 13.

Fig. 19.

Fig. 16.

Fig. 15.

Fig. 20.

Fig. 17.

Fig. 21.

Fig. 22.

Fig. 24.

Fig. 23.

Fig. 25.

Fig. 26.

Fig. 28.

Fig. 29.

Fig. 27.

Fig. 30.

Fig. 31.

Fig. 32.

Fig. 33.

Fig. 34.

Fig. 35.

Fig. 36.

Fig. 37.

Fig. 38.

Fig. 39.

Fig. 40.

Fig. 41.

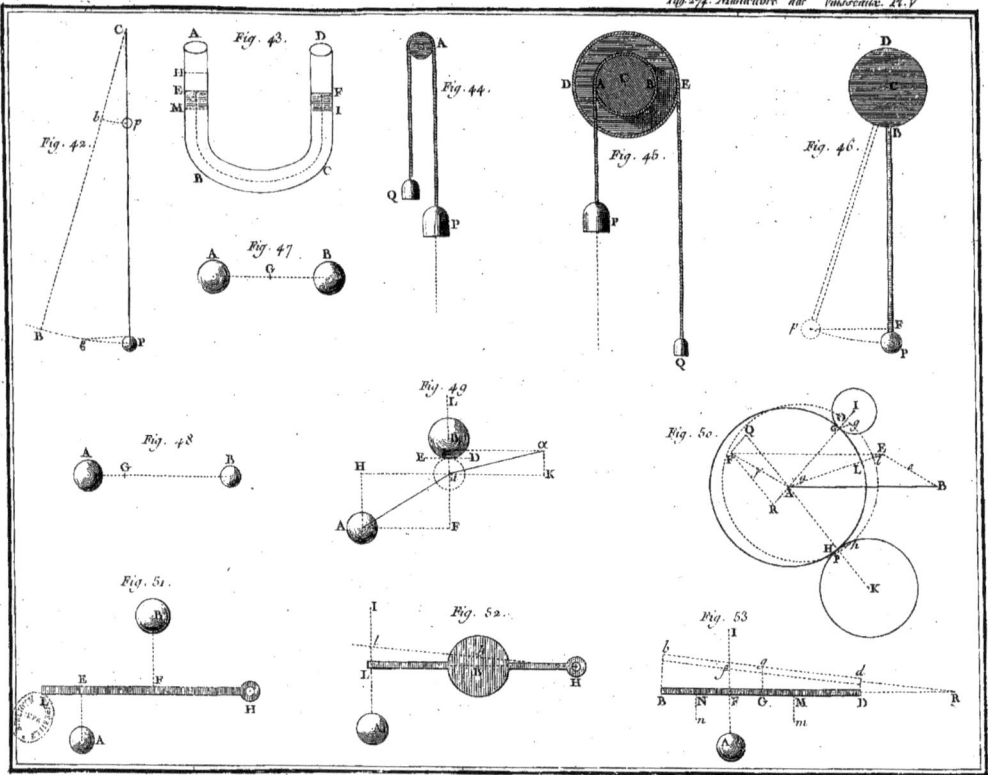

Fig. 42.

Fig. 43.

Fig. 44.

Fig. 45.

Fig. 46.

Fig. 47.

Fig. 48.

Fig. 49.

Fig. 50.

Fig. 51.

Fig. 52.

Fig. 53.

Fig. 54.

Fig. 55.

Fig. 56.

Fig. 57.

Fig. 58.

Fig. 59.

Fig. 60.

Fig. 61.

Fig. 62.

Fig. 63.

Fig. 64.

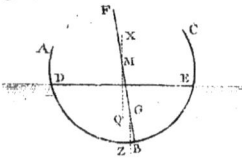

Fig. 65.

Fig. 66.

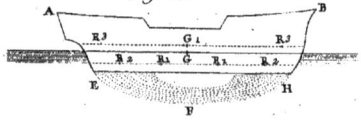

Fig. 67.

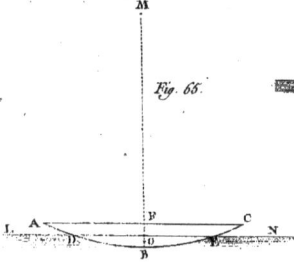

Fig. 68.

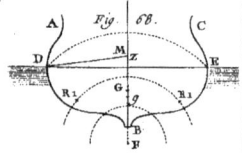

Fig. 72.

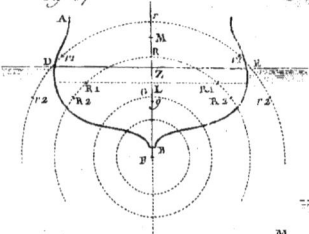

Fig. 69.

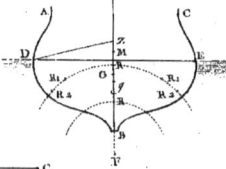

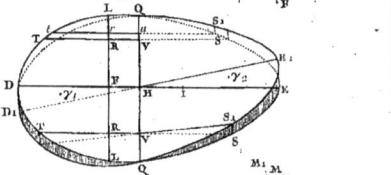

Fig. 71.

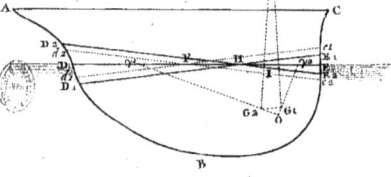

Fig. 70.

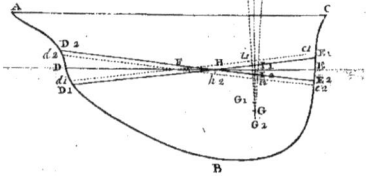

# LIVRE SECOND.

*Des mouvements d'évolution ou de rotation du Navire.*

## PREMIERE SECTION.

Faire tourner le Navire en toutes fortes de fens par le moyen de fon Gouvernail & de fes Voiles.

NOUS nous occuperons dans ce Livre des moyens de donner au Vaiffeau les mouvements d'évolution ou de tournoyement néceffaires, lorfqu'on veut changer de route ou qu'on a quelques autres raifons de faire prendre au Navire une autre direction. On fe fert pour cela par préférence du gouvernail, à caufe de la promptitude avec laquelle il agit. C'eft pourquoi nous commencerons nos explications par l'ufage de cet inftrument, dont nous avons déja décrit la fituation dans le Chap. VII. de la premiere Section de l'autre livre. On éprouvera continuellement dans la fuite l'utilité des regles de Méchanique & de Dynamique, que nous avons données : elles nous dirigeront dans toutes les recherches que nous entreprendrons.

# CHAPITRE PREMIER.

## De l'ufage du Gouvernail pour faire tourner le Navire.

LE Navigateur eft toujours cenfé regarder vers la proue pendant qu'il eft fitué lui-même vers la poupe, & c'eft par rapport à cette fituation qu'on défigne le fens des différents mouvements, particuliérement de ceux d'é-volution. Ainfi faire tourner un Vaiffeau vers un certain côté, c'eft préfenter ou faire avancer la proue ou l'avant du Navire vers ce même côté. Il faut fe reffouvenir auffi qu'on nomme *ftribord* en termes de Marine le côté droit, & *bas-bord* le côté gauche. Ces deux expreffions font généralement adoptées, & nous ne pouvons mieux faire que de nous en fervir. Au lieu de dire que le Navire tourne vers la droite ou vers la gauche, on dit donc qu'il tourne vers *ftribord* ou vers *bas-bord*. Lorfqu'on employe pour cela le gouvernail, il faut, par le moyen de cet inftrument, faire tourner la poupe vers le côté oppofé ; ce qui ne manque pas de produire le mouvement de tournoyement ou de rotation qu'on vouloit imprimer.

Figure 73. Suppofons que *A B* (*fig.* 73.) foit la quille du Vaiffeau ou cette longue piece de bois qui eft au deffous de la carene, & que *B D* foit la largeur du gouvernail. Si le Navire fe meut avec vîteffe dans la direction de la quille en allant de *B* vers *A*, l'eau rencontrera le gouvernail comme fi elle avoit un mouvement contraire, ou fi elle alloit de *A* vers *B* felon des directions paralleles à la quille. Mais on fçait qu'elle ne pouffera pas le gouvernail felon les mêmes lignes : un fluide ou tout autre corps qui frappe obliquement une furface ne la pouffe, comme nous l'a-vons vu, que par la partie de fon mouvement qui s'exerce felon la perpendiculaire.

Ainfi le gouvernail fera pouffé felon *NP* avec une force Figure 73. qui dépendra de la vîteffe du fillage , & qui fera comme cette vîteffe multipliée par elle-même. Si le Navire va deux ou trois fois plus vîte , l'impulfion fera quatre fois ou neuf fois plus forte. Nous parlons de l'impulfion abfolue qui eft néanmoins toujours très-foible , fi on la compare à toute la pefanteur du Vaiffeau. Mais cette force agit avec un très-grand bras de levier ; fi on prolonge fa direction *NP*, elle paffera en *R* à une très-grande diftance du centre de gravité *G*. Ainfi le moment de l'impulfion de l'eau fur le gouvernail eft très-fort , & il n'eft pas étonnant qu'il communique un mouvement confidérable de rotation au Navire. Cet effort jettera l'extrêmité *B* de la poupe vers le point *b* , la proue paffera en même temps de *A* en *a* , & l'angle de rotation ou de *converfion* fera *BCb* ou *ACa*.

Il eft évident que , toutes chofes étant d'ailleurs égales, le gouvernail doit avoir une certaine fituation pour produire le plus grand effet poffible. Si on l'écartoit davantage du prolongement de la quille, ou fi on fermoit un peu l'angle obtus *DBA* , il eft certain que le gouvernail feroit enfuite frappé par l'eau avec plus de force , puifqu'il recevroit le choc de l'eau plus perpendiculairement. Mais dans ce cas, la direction *NP* de l'impulfion ou de l'effort pafferoit enfuite à une moindre diftance du centre de gravité *G*, l'effort feroit appliqué à un bras de levier moins long *GR* , & il pourroit arriver que le moment de l'impulfion ou la force relative qu'a le choc de l'eau pour faire tourner le Navire , reçût plus de diminution par l'accourciffement du bras de levier , que d'augmentation par le plus grand choc de l'eau.

Si d'un autre côté on augmentoit trop la diftance *GR* de la direction du choc de l'eau au centre de gravité du Navire , ou fi on vouloit que cette force fût fituée encore plus avantageufement pour faire tourner le Navire , on y réuffiroit en ouvrant davantage l'angle obtus *DBA*. Alors la diftance *GR* deviendroit plus grande ; mais le

Figure 73. gouvernail frappé trop obliquement, & ne préfentant que peu fa largeur au choc de l'eau, ne recevroit que peu d'impulfion abfolue, ce qui diminueroit également l'effet. On gagneroit, il eft vrai, par la plus grande longueur du bras de levier ; mais on perdroit davantage d'un autre côté par la diminution du choc même.

Il eft bon de remarquer qu'on n'eft pas aftreint à confidérer l'action du gouvernail de la maniere que nous venons de le faire. Au lieu d'avoir égard à la direction $RNP$ felon laquelle elle s'exerce, nous pouvons décompofer cette force, examiner la direction de chaque effort particulier, & voir de quelle action il eft capable. Le gouvernail recevant une impulfion qui s'exerce felon la perpendiculaire $NP$, il eft pouffé, non-feulement dans le fens de la longueur du Navire, mais auffi dans le fens latéral perpendiculaire à la quille. Suppofé que $NP$ repréfente toujours la grandeur de l'impulfion abfolue, & qu'on forme autour de $NP$ prife pour diagonale, le rectangle $IL$ dont les côtés foient paralleles & perpendiculaires à la quille, nous aurons dans $NI$ la partie de la force qui agit dans le fens contraire à la route, ou qui pouffe en arriere. Il eft facile de voir que cette partie ne contribue que très-peu à faire tourner le Navire; car fi on prolonge $IN$, pour avoir la diftance de fa direction au centre de gravité $G$, on reconnoîtra que le bras de levier $GV$ auquel la force eft comme appliquée eft à peu-près ' égal à la moitié de la largeur du gouvernail, & eft toujours un peu moindre. Ainfi la force $NI$ eft située trop peu avantageufement pour produire un mouvement de rotation fenfible; fon moment eft trop foible.

Mais ce ne fera pas la même chofe de l'autre force relative $NL$ qui agit dans le fens perpendiculaire à la longueur du Navire. Si la premiere partie $NI$ eft comme inutile, la feconde $NL$ doit être capable d'un grand effet, parce qu'elle eft appliquée à une grande diftance du centre de gravité $G$, ou qu'elle agit avec un bras de levier très-long qui eft $GQ$. Cette longueur du levier fupplée au

Figure 73.

peu de force de l'impulsion relative $NL$. Au reste cette
maniere de considérer l'action du gouvernail doit revenir
parfaitement à la premiere dans laquelle on examine l'impulsion absolue $NP$ de l'eau sans la décomposer.

Tous les Auteurs qui ont traité ce sujet, ont négligé
l'effort partial $NI$, de même que le petit changement que
souffre le bras de levier $GQ$ auquel l'effort latéral $NL$
est appliqué; & ils ont trouvé que le gouvernail devoit
faire, avec le prolongement de la quille, un angle d'environ
$54^d. 44^m$. ou que l'angle obtus $DBA$ devoit être d'environ
$125^d. 16^m$. Lorsqu'on fait attention à tout, on trouve
encore à très-peu près la même chose; de sorte que les
omissions dans lesquelles on étoit tombé, n'empêchent
pas que la détermination précédente n'ait à cet égard
l'exactitude nécessaire pour la pratique.

## Que l'angle le plus avantageux du Gouvernail & de la Quille n'est pas de $54^d. 44^m$. & qu'il est sensiblement moindre.

Mais une autre considération est peut-être plus importante, & nous donne lieu de croire que l'angle du gouvernail & du prolongement de la quille, doit être sensiblement diminué. L'eau, pendant le mouvement du sillage,
doit venir frapper le bas du gouvernail avec la direction
qu'elle a prise en bas, en glissant contre la quille. Mais
le Navire ayant en haut de grandes largeurs, l'eau ne doit
pas y avoir la même direction qu'en bas, elle doit s'as-
sujetir à suivre le contour de la carene; & si sa direction
avoit une obliquité de 30 degrés par rapport à la quille,
il faudroit, comme nous le ferons voir dans la suite, réduire à 38 ou 39 degrés l'angle du gouvernail & du prolongement de la quille. Il est vrai que chaque point inférieur demanderoit une autre situation de la part du gouvernail, parce que la direction du fluide y seroit différente. Mais, en prenant une espece de milieu, il faudroit
toujours diminuer au moins de 7 à 8 degrés l'angle qu'on

Figure 73. avoit regardé comme le plus avantageux, ou augmenter de la même quantité l'angle obtus $DBA$.

Il eſt très-digne de remarque qu'une difficulté que les Marins ont trouvée dans l'exécution, les ait empêchés de ſe conformer à la détermination dont il s'agit, & leur ait fait éviter une faute, mais en tombant un peu dans un incon-vénient contraire. On fait tourner le gouvernail par le moyen de la barre ou du timon, qui eſt attaché au haut & qui s'introduit dans le Navire par la poupe. Mais com-me on a voulu que les Matelots ſoutinſſent avec moins de peine l'effort que fait l'eau ſur cet inſtrument, on a donné beaucoup de longueur à la barre, & ſi on ne la rendoit pas réellement trop longue, il en réſulteroit un deſavantage conſidérable auquel on ne penſoit pas. Le timon ou la barre a moins de jeu, parce que ſon extrêmité ſe trouve arrêtée par l'un ou l'autre flanc du Navire, & on ne donne guere jamais au gouvernail qu'une obliquité de 30 degrés par rapport à la quille.

Il eſt très-facile de s'aſſurer que cet angle eſt trop petit; mais qu'il ne faudroit pas non plus l'augmenter juſqu'à $54^d. 44^m$. Si on diminuoit la longueur de la barre ſeule-ment d'une cinquieme ou ſixieme partie, il faudroit en-ſuite, il eſt vrai, employer plus de force pour faire tour-ner le gouvernail, puiſqu'on agiroit avec un levier moins long. Mais dans les occaſions critiques, en portant la barre juſqu'à toucher le bord du Navire, on rendroit l'angle du gouvernail avec le prolongement de la quille d'environ 45 degrés, & la force de cet inſtrument, pour faire tourner le Vaiſſeau, augmenteroit à peu-près dans le rapport de 216 à 353 ou de 3 à 5; ce qui ſeroit quelque-fois de la plus grande importance, principalement pour les grands Vaiſſeaux, dont tous les mouvements ſe font avec lenteur.

La figure 73 marque la ſituation que doit avoir le gou-vernail pour faire tourner le Vaiſſeau vers la droite ou vers ſtribord. On a pouſſé comme dans la figure 32 la barre vers la gauche ou vers bas-bord; le gouvernail s'eſt
tourné

tourné du côté oppofé; l'eau par fon choc a pouffé en même temps la poupe vers la gauche ou vers bas-bord, & le Navire tournant fur le point $C$, qui eft un peu en avant du centre de gravité $G$, la proue a avancé vers la droite comme on le fouhaitoit. Si on vouloit au contraire que le Navire tournât vers la gauche, ou prît une fituation oppofée à celle que repréfente la figure, il n'y auroit qu'à mouvoir la barre dans un autre fens. En un mot, pour faire tourner la proue du Navire vers un côté, il faut toujours pouffer le gouvernail vers le même côté ou porter la barre vers l'autre.

Figure 73.

On doit cependant faire attention que ce feroit tout le contraire fi le Navire reculoit, comme cela arrive quelquefois. Le gouvernail n'agit en aucune maniere lorfque le Vaiffeau & la mer font dans un parfait repos. Quelquefois un courant tranfporte un Navire qui n'a aucun autre mouvement. Alors le gouvernail ceffe encore d'être frappé; & il eft donc également incapable d'action dans ce cas. Car il eft trop pefant, & il n'a pas affez de largeur pour qu'on puiffe en attendre le même effet que d'une rame qui par fon agitation particuliere dans la mer, reçoit un choc confidérable. Plus le Navire a de mouvement par rapport à la mer, plus l'action du gouvernail eft grande. Mais fi le Navire recule, & s'il a un mouvement réel par rapport à l'eau, le gouvernail fera frappé par fa face oppofée. Au lieu d'être pouffé de $N$ vers $P$ comme dans la figure 73, il fera pouffé de $N$ vers $R$; & la poupe étant tranfportée dans le même fens, la proue fe détournera dans un fens contraire, & vers le côté où on aura mis la barre.

## De la partie de l'effort du Gouvernail qui nuit au fillage.

Il nous refte une remarque à faire fur l'ufage ordinaire du gouvernail: c'eft qu'une partie de l'effort que fait cet inftrument eft nuifible au fillage, & peut caufer une diminution fenfible dans la vîteffe de la navigation. Lorfque

Figure 73. le gouvernail fait un angle de 45 degrés avec le prolongement de la quille, il ne reçoit que la moitié de l'impulsion qu'il recevroit s'il étoit frappé perpendiculairement. D'où il suit que sa surface se réduit à une étendue deux fois moindre. Mais il se fait encore une autre réduction ; puisque tout l'effort $NP$ n'est pas contraire au sillage, & qu'il n'y a que la partie $NI$ qui y soit opposée, & qui est plus petite que $NP$ dans le même rapport que le sinus de 45 degrés est plus petit que le sinus total. Tout considéré, si la surface du gouvernail est d'environ 80 pieds quarrés comme dans les plus grands Vaisseaux, elle se réduira d'abord à 40 pieds & ensuite à 28 ou 29 , c'est-à-dire, que le gouvernail sera exposé dans le sens de la quille à un effort $NI$ qui sera équivalent à l'impulsion que recevroit une surface plane de 28 à 29 pieds quarrés exposés perpendiculairement au choc.

Un pareil effort est très-digne d'attention lorsqu'il s'agit du sillage. La forme tranchante de la proue fait que sa surface n'est peut-être pas équivalente dans nos plus grands Vaisseaux en fait d'impulsion, à un plan vertical de 150 pieds quarrés. On voit donc que la difficulté que la proue éprouve à fendre l'eau, peut se trouver augmentée d'une cinquieme ou sixieme partie, par les 28 ou 29 pieds quarrés auxquels se réduit la surface du gouvernail. L'inconvenient seroit encore plus grand si on éloignoit davantage la barre de la direction de la quille, & si on portoit l'angle jusqu'à 54$^d$ 44$^m$ ; il suit de-là qu'on ne doit se servir du gouvernail que le moins qu'on peut, quoiqu'on soit obligé dans la Marine d'en faire un usage continuel & non-interrompu.

Figure 73.

# CHAPITRE II.

## Dénombrement des Voiles & des principaux cordages qui servent à les orienter.

ON peut faire tourner le Vaiffeau également par le moyen des voiles, & même on y réuffit dans les rencontres où le gouvernail eft abfolument inutile. Si le Navire eft en repos, ou s'il eft emporté par un courant qui lui communique toute fa vîteffe, le gouvernail, ainfi que nous l'avons déja vu, ceffe de fervir, au lieu que les voiles peuvent alors agir avec force. C'eft dans cette vue qu'on a multiplié les mâts, & qu'on a eu foin d'en mettre vers les deux extrêmités du Navire. Il y en a ordinairement quatre principaux. Le *grand-mât* fitué vers le milieu de la longueur du Vaiffeau; le mât de *Mifaine* placé vers l'extrémité de la quille en avant; le mât de *Beaupré*, qui, au lieu d'être vertical comme les autres, eft incliné fur la proue & fort du Navire. Enfin le mât *d'Artimon*, qui eft moins haut & moins gros que les autres, & qui eft fitué vers la poupe.

Comme la pluralité des mâts & des voiles eft extrêmement utile à la navigation, il faut que nous y faffions une expreffe attention. La figure 74. nous repréfente un Vaiffeau que nous rapportons à fa flottaifon ou à la coupe de fa carene faite à fleur-d'eau : *E F* nous marque fa *Grand-voile* qui répond à peu près au milieu du Vaiffeau. La feconde voile qui eft également du nombre des inférieures eft en *G H* vers la proue; & c'eft la *Mifaine*, autrement nommée le *Bourcet* par quelques Auteurs. Cette voile & la grande fe nomment les deux *Pacfis* ou les deux baffes-voiles. Une troifieme inférieure eft foutenue en *I K* au deffus de la furface de la mer, & on la nomme *Civadiere*; elle appartient à ce mât incliné fur la proue qu'on nomme

Figure 74.

N n ij

Figure 74. le beaupré. Enfin la quatrieme des voiles inférieures, mais qui ne se trouve pas dans tous les Navires, est appliquée en *LM* vers l'arriere, & on la nomme *l'Artimon*. Elle a presque toujours une forme triangulaire; & en général les voiles qui ont cette figure se nomment *Latines*, parce-que les Italiens en ont introduit l'usage.

Au dessus de ces quatre voiles inférieures, l'*Artimon LM*, la *Grand-voile EF*, la *Misaine* ou le *Bourcet GH* & la *Civadiere IK*, il y en a d'autres dont il nous importe également de savoir les noms. La grand-voile est sur-montée par deux autres voiles moins grandes, l'une se nomme le *grand hunier* & l'autre le *grand perroquet*. Elles sont soutenues par des mâts élevés au dessus du grand. C'est la même chose à l'égard du second mât qui est situé vers l'avant: il soutient la misaine; & au dessus se trouvent deux autres voiles, le *petit hunier* & le *petit perroquet*. Au dessus de la civadiere, il y a aussi très-souvent une autre voile; mais on ne manque jamais d'en mettre une au dessus de l'artimon *LM*, & on la nomme le *perroquet de fougue*.

Toutes ces voiles sont accompagnées d'un grand nom-bre de cordages: les uns servent à soutenir les mâts ou les différentes parties de la mâture; les autres sont destinées à orienter les voiles, les manier ou leur donner diffé-rentes situations. L'explication de tous ces cordages n'en-tre pas également dans le plan que nous nous sommes pro-posé; il nous suffit de dire un mot de ceux qui servent à la manœuvre des voiles.

On plie les voiles très-promptement par le moyen des *Cargues* qui font des cordages sur lesquels il suffit de peser, pour obliger toutes les parties inférieures de la voile à s'é-lever vers la vergue, cette piece de bois qui est en travers du mât & qui soutient la voile par en haut. Ces cordages qu'on nomme cargues sont appliqués au bas de la voile & à ses bords, & ils vont passer en haut sur des poulies qui tiennent à la vergue, pour retomber en bas dans le Vaisseau. Cette disposition rend l'usage des cargues très-

facile. On cargue la voile en l'obligeant de se plier. Mais   Figure 74.
si on lâche au contraire les cargues, la pesanteur des parties
inférieures de la voile la fait tomber, la voile se développe.

Les angles inférieurs des voiles se nomment leurs *points*,
& on y applique dans les voiles inférieures deux cordages
qui servent à tirer chaque angle ou chaque point vers l'a-
vant ou vers l'arriere. Le cordage qui se rend vers l'arriere
se nomme *l'écoute*; & lorsqu'on s'en sert pour tirer réellement un des angles de la voile vers l'arriere, on dit qu'on
la *borde*. Ainsi dans la figure 74, la grand-voile *E F* &
la misaine *G H* sont bordées du côté de bas-bord; c'est-à-
dire, qu'en les disposant obliquement par rapport à la longueur du Navire, on les a tirées du côté gauche vers l'arriere. Il a fallu pour cela lâcher l'autre cordage qui est
arrêté au même angle de la voile & qui se rend vers l'a-
vant du Navire. Ce second cordage se nomme *l'écouet* ou
*l'amure*. Toutes les fois qu'on tire sur l'un, il faut nécessairement lâcher l'autre ou lui permettre de s'allonger. Du
côté droit du Navire ou du côté de stribord, on a tiré
les angles inférieurs des voiles vers l'avant; on s'est servi
pour cela de l'écouet ou de l'amure, & cette opération se
nomme *amurer la voile*.

Ainsi les voiles de notre Navire sont amurées du côté
de stribord ou du côté droit, & elles sont bordées du côté
de bas-bord ou du côté gauche. Ce n'est toujours que tendre les voiles; mais les Marins ont distingué l'une de l'autre, ces deux manieres d'étendre les voiles, en les tirant
vers l'avant ou vers l'arriere, & ils ont donné deux différents noms à ces deux opérations, de même qu'aux deux
différents cordages dont ils se servent alors. *Border* la voile,
c'est tirer un de ses angles vers l'arriere du Vaisseau, & on
se sert pour cela de l'écoute : *amurer* la voile, c'est tirer
l'autre angle inférieur vers l'avant.

Il ne suffit pas, pour orienter une voile, de tirer sur ces
cordages & de porter un de ses angles inférieurs vers l'arriere & l'autre vers l'avant, il faut encore donner dans le

. Figure 74.

même temps à la vergue ou à cette piece de bois qui foutient la voile par en haut une fituation convenable. Il part de chaque extrêmité des vergues, des cordages qui vont vers l'arriere du Navire & qui font deftinés à mouvoir les vergues horifontalement. Ces cordages fe nomment *bras* ; & lorfqu'on s'en fert pour tranfporter les extrêmités *E* & *G* des vergues vers l'arriere du Navire, on dit qu'on les *braffe*. Les voiles ou les vergues du Navire de la figure 74, font donc *braffées* du côté de bas-bord ou du côté gauche. C'eft de ce côté du Navire qu'on a, par le moyen des bras, fait mouvoir les vergues en allant vers la poupe.

Nos lecteurs jugent affez qu'on ne donne aux voiles, par rapport à la longueur du Navire, la difpofition oblique que repréfente la figure, qu'afin qu'elles reçoivent le vent qui vient de côté. Le vent eft cenfé venir ici du côté droit ou du côté de ftribord. C'eft pourquoi les voiles font amurées du même côté & bordées de l'autre. Si on étoit affez mal-à-droit pour faire autrement, les voiles ne recevroient pas l'impulfion du vent, ou bien elles feroient frappées par leur furface antérieure, & elles produiroient un effet tout contraire au fillage en faifant tourner le Vaiffeau. Mais pour donner encore plus au vent la facilité d'agir, on fe fert des *boulines*. Ces manœuvres font appliquées à chaque côté des voiles, & on les tire vers la proue du côté expofé au vent ; ce qui empêche les voiles de fe courber ou de s'intercepter elles-mêmes une partie du choc qu'elles doivent recevoir. On n'eft pas continuellement obligé d'avoir recours aux boulines, mais il faut néceffairement s'en fervir lorfqu'on veut dans fa navigation préfenter la proue vers le vent, *pincer* le vent, le *ferrer* ou fingler au *plus près*. On dit auffi alors qu'on va à *la bouline*, parce qu'on ne peut pas fe difpenfer de faire ufage de ces cordages lorfqu'on veut dans une route aller en quelque maniere contre le vent ou en approcher beaucoup la proue.

Pour mieux fixer l'imagination de quelques lecteurs, nous mettrons ici fous leurs yeux la repréfentation d'une baffe voile, lorfqu'elle eft difpofée pour recevoir le vent de côté,

Le mât dans la figure 75 eſt repréſenté par *A B*, la vergue Figure 75.
eſt *CD* qui ſoutient la voile par en haut. Ce ſont les angles *E* & *F* qui ſe nomment les points, à chacun deſquels
ſont appliqués l'écoute & l'écouet. Le point *F* a été porté
vers l'avant du Navire par le moyen de l'écouet ou de l'a-
mure *FI*; la voile eſt amurée en cet endroit, & elle a été
amurée du côté droit ou de ſtribord. Quant à l'autre angle
*E*, il a été tiré par le moyen de l'écoute *GE* vers l'arriere
du Navire; ainſi la voile eſt bordée du côté gauche ou de
bas-bord. On a braſſé en même temps du côté de bas-
bord : c'eſt-à-dire, qu'on a tiré vers l'arriere l'extrêmité *C*
de la vergue par le moyen du cordage *CK* qui eſt le bras.
Enfin pour empêcher la voile de ſe courber du côté que
vient le vent, ce qui ſeroit cauſe qu'une de ſes parties
ôteroit l'utilité de l'autre en l'empêchant d'être frappée,
la bouline *LMN* ſert à tirer vers l'avant du Navire un
des côtés de la voile. L'autre côté a auſſi ſa bouline,
mais elle ne ſert pas dans cette rencontre. Nous n'avons
pas repréſenté les cargues dans cette figure : il eſt aſſez facile
d'imaginer comment elles ſervent à faire remonter les parties inférieures de la voile promptement en haut vers la
vergue. La voile pliée enſuite & qui n'offre plus ſa ſurface
au vent eſt dite *carguée*.

# CHAPITRE III.

*De l'équilibre qu'il faut mettre entre les
Voiles de la proue & de la poupe pour
que le Navire ne tourne pas.*

Nous paſſons derechef à la conſidération de la figure
74. Suppoſé que toutes les voiles ſoient diſpoſées ou orientées comme elles ſont repréſentées ici, le Navire marche
néceſſairement de côté en avançant plus vers la gauche que
vers la droite à cauſe de la maniere dont il eſt pouſſé par

Figure 74. le vent. L'un des côtés de la carene étant plus expofé au choc de l'eau, la réfiftance que fait le fluide s'exerce felon une direction $OP$. Le Navire va frapper l'eau ; c'eft précifément la même chofe que fi l'eau venoit le frapper ; & elle le frapperoit obliquement, puifque le mouvement du fillage ne fe fait pas exactement felon la quille. Mais pendant que le Navire eft repouffé par l'eau felon $OP$, il faut que les voiles de la proue & de la poupe fe contrebalancent réciproquement & foient dans un parfait équilibre de part & d'autre de la direction $OP$. Si cet équilibre ne fubfiftoit pas, ou fi les voiles de la proue étoient relativement plus fortes ou plus foibles que celles de la poupe, le Navire tourneroit & ne fuivroit pas conftamment la même route.

Notre Vaiffeau marche felon la route $CR$, quoiqu'il foit pouffé par le vent felon une direction exactement contraire à $OP$. En marchant fur $CR$ il n'eft pas repouffé par l'eau felon cette ligne. Nous avons vu ci-devant qu'il falloit mettre une grande diftinction entre la direction d'un fluide & la ligne felon laquelle la furface qu'il frappe eft pouffée. Les marins nomment angle de *la dérive* l'angle $ACR$ que fait la quille ou axe de la carene avec la route $CR$ que fuit le Navire qui fe meut obliquement. Le mouvement fe faifant felon $CR$, la proue eft repouffée par l'eau felon $OP$. Cette derniere ligne ou direction réfulte de toutes les perpendiculaires felon lefquelles chaque partie de la proue eft pouffée. Mais cela fuppofé, il faut que les voiles foient en équilibre de part & d'autre de $OP$, ou pour mieux dire, il faut que l'effort total des voiles foit exactement égal à l'effort abfolu de l'eau fur la proue felon $OP$, & que ces deux forces agiffent précifément fur la même ligne, mais en fens contraire. En effet, fi ces forces contraires n'étoient pas exactement égales, le Navire perdroit l'uniformité de fon mouvement ; il recevroit quelques nouveaux degrés de mouvement, ou il en perdroit, par l'action de l'une ou de l'autre de ces deux forces.

Il n'importe lorfque les efforts du vent & de l'eau font Figure 74 exactement égaux & contraires, que leur direction $OP$ paffe à une grande diftance du centre de gravité $C$ du Navire. Tout effort dont la direction ne paffe pas le centre de gravité d'un corps, tend à le faire tourner : mais ici les deux efforts fufpendent l'effet l'un de l'autre ; ils s'anéantiffent réciproquement & leurs moments font égaux. Ainfi il ne doit y avoir aucun mouvement de rotation auffi-tôt que l'équilibre fubfifte entre les voiles de proue & de la poupe, ou que la direction de leur effort commun tombe exactement fur la direction $OP$ du choc de l'eau, & qu'il y a égalité entre les deux impulfions totales.

Lorfque le Navire a exactement vent en poupe, ou qu'il fingle vent arriere, la plus grande partie de fes voiles lui devient inutile ; mais s'il n'y a plus alors d'équilibre entre les unes & les autres, il y en a au moins toujours entre les deux moitiés de chaque voile. On ne fe fert pas ordinairement alors des voiles de la poupe, parce qu'elles couvriroient celles de la proue qui font préférables ; par la même raifon, qu'on réuffit plus aifément à mouvoir d'un mouvement uniforme un corps d'une certaine longueur, en le tirant par fon extrêmité antérieure qu'en le pouffant par fon extrêmité poftérieure. On cargue donc la grand-voile $EF$ ( *fig.* 76 ) afin de laiffer le vent agir fur Figure 76 la mizaine $GH$ ; mais on fe fert du grand hunier & du grand perroquet qui font au deffus de la grand-voile. On fe fert outre cela très-fouvent de la civadiere $IK$, afin qu'elle reçoive le vent qui paffe fous la mifaine & qui fe perdroit.

Le Navire ne tend pas plus alors à avancer d'un côté que de l'autre, du côté de ftribord que de bas-bord, il fuit la direction de fa quille ; il avance felon $CR$ fans être fujet à aucune dérive ; l'angle $ACR$ difparoît. La figure réguliere de la proue eft caufe auffi qu'elle eft repouffée felon la même ligne, & que l'effort de l'eau eft directement contraire à l'effort du vent. Mais il faut toujours, pour que le Navire fingle d'un mouvement uniforme, que les deux

Figure 76. efforts foient parfaitement égaux ; autrement ils ne fuf-
pendroient pas réciproquement l'effet l'un de l'autre.

Cependant il ne faut pas prendre dans la derniere rigueur ce que nous difons de l'équilibre entre les efforts
du vent & de l'eau. Tout le monde fait combien le vent
eft variable, les girouettes font dans un mouvement prefque
continuel ; & il ne faut pas imaginer qu'on puiffe trouver
plus de régularité dans l'agitation des flots qui frappent le
Navire. Ainfi l'équilibre dont nous parlons n'eft exact que
pendant des inftants très-courts, qui font fans ceffe inter-
rompus. En effet, les timoniers ou les matelots qui font à
la barre du gouvernail font dans un travail continuel pour
trouver un état dans lequel ils ne fauroient fixer leur Vaiffeau. Suppofé qu'on fe foit écarté de la vraie route vers
ftribord; on fe fert du gouvernail pour faire revenir le
Navire vers bas-bord, & on y réuffit. Mais le mouvement
qu'on imprime, porte toujours le Navire trop loin; & il
faut fe fervir encore du gouvernail pour produire un *élan*
dans l'autre fens. C'eft continuellement la même chofe.
Le Navire, au lieu de tracer par fon fillage une ligne
droite, décrit un affemblage de petites lignes qui, en fe
fuivant, font toujours des angles les unes avec les autres.

Lorfque le défaut d'équilibre entre les voiles de l'avant
& de l'arriere fe fait fentir continuellement dans le même
fens, ou que le Vaiffeau tend toujours à fe jetter vers un
certain côté, on juge affez qu'il faut expofer alors au vent
quelque nouvelle voile, ou qu'il faut en changer la diftribution. On pourroit avoir recours au gouvernail; mais
l'ufage de cet inftrument feroit alors tout à fait nuifible :
il retarderoit la marche par la partie de l'effort qui agit
dans le fens de la quille. L'inconvenient eft incomparablement moindre lorfque la difpofition des voiles eft parfaite, & que l'équilibre n'eft troublé que par l'inconftance
du vent & des vagues. Il faut néceffairement alors avoir
recours au remede prompt que fournit le gouvernail.
Mais en faifant paffer fans ceffe cet inftrument d'un côté
à l'autre, il eft fans action une partie du temps. Dailleurs

il n'eſt pas néceſſaire de lui faire faire un ſi grand angle
avec la quille.

---

# CHAPITRE IV.

## De la maniere de faire tourner le Vaiſſeau par le moyen de ſes voiles.

PUISQUE l'équilibre entre l'effort du vent ſur les voiles
& l'impulſion de l'eau ſur la proue entretient ſeul l'uniformité du ſillage ſur la même ligne, il eſt évident qu'on
fera tourner le Navire de quel côté on voudra, en troublant ſimplement cet équilibre. S'il s'agit de faire enſorte
que le Vaiſſeau de la figure 74 préſente davantage ſa     Figure 74.
proue au vent, ou qu'il *vienne au vent* ou *au lof*, comme
s'expliquent les Marins, on peut produire ce mouvement,
comme nous l'avons vû, par le moyen du gouvernail, en
pouſſant la barre du côté oppoſé à celui vers lequel on
veut que le Navire tourne. Mais ſuppoſé que le Navire
n'obéïſſe pas à ſon gouvernail, il n'y aura qu'à carguer ou
ferrer quelques-unes des voiles de la proue ; & alors, s'il
n'y a aucun obſtacle, celles de la poupe agiſſant comme
les poids d'une balance dont on a déchargé un des baſ-
ſins, elles pouſſeront la poupe ſous le vent ; c'eſt ici vers
bas-bord ; & par conſéquent la proue ne manquera pas
de ſe tourner davantage vers le vent ou vers ſtribord.

Si on veut au contraire que le Navire préſente moins
ſa proue au vent, ou qu'il *arrive*, pour parler en termes de
Manœuvre, il n'y aura qu'à mettre la barre du gouvernail du côté d'où vient le vent ; c'eſt-à-dire, qu'il faudra
la mettre ici du côté de ſtribord ou du côté droit. La
poupe ſera pouſſée par le gouvernail vers le même côté ;
& par conſéquent la proue ſe tournera vers la gauche ou
vers bas-bord. Pour produire ce même mouvement avec
plus de force, il n'y aura qu'à carguer les voiles de la

O o ij

Figure 74.
poupe, l'effort total du vent ne tombera plus enfuite fur la direction *P O*, mais fur une autre direction plus voifine de la proue, & les voiles de l'avant prévalant dans cet effort, poufferont cette partie du Vaiffeau fous le vent ou le feront tourner vers la gauche ou vers bas-bord.

Ainfi on voit en général que les voiles de la poupe fervent à faire *venir* le Navire *au vent* ou *au lof ;* au lieu que les voiles de l'avant produifent un effet contraire en jettant la proue fous le vent, & en faifant *arriver* le Navire, dont la route forme enfuite un plus grand angle avec la direction du vent. Cependant le fuccès de ces deux différentes manœuvres ou évolutions n'eft pas également prompt ni infaillible. On eft ordinairement bien plus fûr de réuffir à faire venir le Navire au vent qu'on n'eft fûr de le faire tourner dans l'autre fens ou de le faire *arriver*. Lorfqu'on cargue les voiles de la proue tout-à-coup, les autres voiles jettent la poupe fous le vent, & elles font aidées par la hauteur de l'arriere du Vaiffeau, qui fait auffi la fonction de voile. Outre cela le choc de l'eau fur la carene, contribue puiffamment à produire le même effet, en agiffant felon *O P* & en pouffant la proue vers le vent. Le moment de cet effort eft d'autant plus grand que la direction *O P* paffe à une diftance confidérable du centre de gravité *C* du Navire. Ainfi le Navire doit venir au vent ou au lof avec une extrême facilité. On peut le comparer alors à un levier ou une verge inflexible qu'on pouffe de différents côtés par fes deux extrêmités. Le vent jette la poupe d'un côté & l'effort de l'eau pouffe la proue de l'autre, en contribuant au même mouvement.

Mais ce n'eft pas la même chofe lorfqu'on veut faire tourner le Navire dans un fens contraire ou qu'on veut le faire *arriver*. On cargue les voiles de l'arriere, afin que les voiles de l'avant devenues comme plus fortes, procurent le mouvement de rotation en faifant *abattre* la proue ou en la jettant fous le vent. Mais l'effort de l'eau felon *O P* s'y oppofe ; l'eau pouffe la proue vers le vent avec une très-grande force abfolue, puifque l'impulfion de l'eau

fur la proue eft feule égale à l'impulfion du vent fur toutes Figure 74.
les voiles lorfque le Navire fingle d'un mouvement uniforme. Il fuit de-là que le mouvement de rotation, dont
il s'agit, doit s'opérer ordinairement avec lenteur, puifque
ce n'eft pas ici le cas où deux forces travaillent à produire
le même effet, mais celui où il faut que l'une furmonte
l'obftacle que forme l'autre. Quoi qu'il en foit, la fuppref-
fion des voiles de la poupe eft caufe que le Navire ne fingle
plus fi vîte ; & l'effort de l'eau contre la proue felon $OP$,
diminuant, par cette même raifon les voiles de la proue
dont l'effort ne diminue pas, doivent à la fin l'emporter.

On voit affez que la facilité qu'a le Navire à venir au
vent, & la difficulté qu'on éprouve à le faire tourner dans
un fens contraire ou à le faire arriver lorfqu'on fuit une
route oblique, dépend entiérement de la figure de la carene & principalement de ce que la direction $OP$ du choc
de l'eau fur la proue paffe toujours en avant du centre de
gravité $C$. Comme cette confidération eft de la plus grande
importance, nous croyons devoir nous en occuper ici un
peu davantage.

Suppofons qu'on cargue ou qu'on *amene* à la fois &
très-promptement toutes les voiles du Navire que nous
avons fous les yeux, celui de la figure 74, on fera ceffer
prefque fur le champ toute l'impulfion du vent, mais on
n'éteindra pas pour cela toute la vîteffe du fillage. Le
Navire continuera à fuivre la route $CR$ pendant les premiers inftants, & fa carene fera toujours repouffée par le
choc de l'eau felon la direction $OP$. Mais cet effort, qui
eft très-grand, doit néceffairement faire tourner le Navire,
puifque fa direction ne paffe point par le centre de gravité
$C$, & que rien ne s'oppofe à fon action. Le Vaiffeau, en
tournant, préfentera donc fa proue au vent ; c'eft-à-dire,
qu'il fe tournera du côté oppofé à celui vers lequel il
dérivoit.

Il n'y auroit qu'un moyen d'éviter cet effet ou d'empêcher le Navire de venir au vent en carguant toutes fes
voiles à la fois. Il n'y auroit qu'à employer beaucoup de

Figure 74.

temps à cette opération. Car à mesure qu'on diminueroit
de leur étendue à toutes proportionnellement, le Navire
perdroit de la vîtesse de son sillage , quoiqu'il suivît toujours la même route *CR*. L'impulsion de l'eau selon *OP*,
contre la proue deviendroit donc continuellement moindre , & les efforts du vent & de l'eau seroient toujours
sensiblement égaux ; ce qui les rendroit l'un & l'autre in-
capables d'action pour imprimer quelque mouvement de
rotation au Navire. Enfin lorsqu'au bout d'un certain
temps , le vent ne pousseroit plus le Vaisseau, parce que
toutes ses voiles seroient serrées , le choc de l'eau sur la
proue seroit aussi devenu nul ; & le Navire resteroit par
conséquent en repos sans avoir tourné.

Ceci montre qu'il faut mettre de la distinction dans la
promptitude avec laquelle on exécute différentes manœuvres. Toutes les fois qu'on n'a pas à combattre l'effort de
l'eau contre la proue selon la ligne oblique *OP* , on ne
sauroit agir avec trop de célérité. Si on a au contraire
contre soi cet effort de l'eau , on gagne presque toujours
à opérer moins vîte , parce qu'on donne à cet effort le
temps de souffrir une diminution considérable. Mais il y
a une infinité de rencontres dans lesquelles il faut que les
évolutions se fassent avec promptitude. Il arrive une infinité d'accidents lorsqu'un Navire n'obéit pas assez vîte &
qu'on veut le faire tourner en éloignant sa proue du vent.
On a donc été obligé de multiplier les voiles de la proue,
afin de pouvoir les opposer dans l'occasion à cet effort de
l'eau qu'on a trop souvent à contrarier.

On est peut-être disposé à penser que c'est la direction
*OP* du choc de l'eau qui fait la séparation des voiles de la
proue & de la poupe ; au lieu que c'est réellement le
centre de gravité *C* du Vaisseau. En effet, une force quelconque ne tend à faire tourner un corps que lorsque sa
direction ne passe pas par le centre de gravité de ce corps;
& on sait aussi que le sens , selon lequel se fait le mouvement de rotation, est toujours déterminé par le côté vers
lequel est située la direction de la force mouvante. Il

n'importe qu'une voile foit fituée d'un côté ou de l'autre Figure 74.
de la direction $OP$, elle travaillera toujours à faire arriver
le Navire ou à pouffer la proue fous le vent , pourvu
qu'elle foit fituée en avant du centre de gravité $C$ ; &
elle produira réellement cet effet fi fon effort relatif ou
fon moment, par rapport au centre $C$, eft plus grand que
le moment de l'impulfion de l'eau felon $OP$. Suppofons
pour un inftant qu'une voile eft fituée en $Z$ à quatre fois
moins de diftance du centre de gravité $C$ que la voile $GH$,
& que d'un autre côté cette même voile qui eft fituée en
$Z$, & qui agit felon $ZY$, foit cinq fois plus grande que
la voile $GH$ qui agit felon $TX$. Dans ce cas la première
voile auroit plus de force relative que la feconde pour
faire tourner le Navire ; mais pour favoir fi le Navire
obéiroit à l'effort de cette voile ou à l'effort de l'eau qui
s'exerce felon $OP$, & qui tend à produire un mouvement
de rotation contraire, il faudroit voir lequel des deux efforts a plus de moment ou de force relative ; il faudroit
multiplier chaque effort par la diftance de fa direction au
centre $C$.

Le grand mât eft toujours arboré fort près du centre
de gravité du Navire ; & comme la charge fe diftribue
quelquefois dans la cale d'une maniere fort irréguliere,
on ne fait pas fouvent fi la grand-voile fait la fonction
de voile de proue ou de poupe, & il eft même très-poffi-
ble qu'elle en change. C'eft ce qui peut arriver lorfqu'un
Navire qui eft très-chargé vers l'arriere, fe trouve enfuite
chargé beaucoup plus vers l'avant. Ces deux différentes
diftributions de la charge font paffer le centre de gravité
de l'arriere à l'avant; & ce point peut prendre une fituation différente par rapport au grand mât. Ce changement
n'eft pas fubit; au lieu que nous en avons d'autres qui le
font. La grand-voile $EH$ appartient à la poupe dans
notre figure; mais fi on larguoit l'écoute ou le cordage
qui retient l'angle d'en bas de la voile fous le vent , la
partie de la voile qui eft du côté droit ou à ftribord feroit
enfuite moins expofée au vent, en fe courbant davantage,

Figure 74. ou en devenant parallele au vent ; & l'autre partie, celle qui eſt ſous le vent, pourroit recevoir au contraire une plus forte impulſion, parce qu'elle ſeroit frappée plus perpendiculairement ; mais il pourroit arriver encore que ſa direction paſſât enſuite en avant du centre de gravité *C* : ainſi elle ceſſeroit alors de faire la fonction de voile de poupe, & elle contribueroit à pouſſer la proue ſous le vent, ou à faire arriver le Navire.

## *Que les voiles de la Proue & de la Poupe peuvent avoir auſſi des uſages tout contraires à ceux qu'on vient de leur attribuer.*

Nous avons encore quelques remarques aſſez importantes à joindre aux précédentes. Les voiles de la proue & de la poupe ne ſont pas aſtreintes aux uſages que nous leur avons aſſignés juſques ici, & on peut dans une infinité de cas, quand on le veut, produire par leur moyen Figure 77. des effets tout contraires. Le Navire de la figure 77 reçoit le vent qui vient du côté droit ou de ſtribord, & qui vient auſſi de l'arriere, & on veut que la miſaine *G H* ſerve à faire venir ce Navire au vent. Il n'y a qu'à la diſpoſer comme le marque la figure, & il n'y aura pour cela qu'à la border & la braſſer, non pas ſous le vent comme à l'ordinaire, mais du côté du vent : c'eſt-à-dire, que par le moyen de l'écoute & du bras, il faudra tirer d'une certaine quantité le bas & le haut de la voile *G H* vers l'arriere du côté du vent, qui eſt ici ſtribord. Cette voile agira en partie enſuite ſelon le ſens de la quille & ſelon le ſens perpendiculaire à la longueur du Vaiſſeau, mais cette derniere force, qui eſt repréſentée par *M L* travaillera à produire l'effet ſouhaité. Il eſt très-aiſé d'évaluer cette force. Si on connoît l'étendue de la voile avec la vîteſſe du vent, on aura l'effort abſolu *M P* ; & il ne reſtera plus qu'à le décompoſer pour avoir *M L* qu'on multipliera par le bras de levier *CM*.

Lorſque le vent vient du côté de la proue, on peut également
lement

lement se servir de la misaine pour faire venir davantage
le Navire au vent ou pour l'obliger à diriger encore plus
sa proue vers le vent. La figure 78 nous met sous les
yeux cette disposition. La voile au lieu d'être frappée par Figure 78.
sa surface postérieure, comme elle l'est ordinairement, est
frappée par sa surface antérieure. Le vent *n'est pas dans
la voile*, si nous adoptons la maniere de parler des marins, mais la *voile est sur le mât ;* au lieu de s'éloigner du
mât en s'enflant par l'action du vent, elle s'appuie ou
s'applique sur le mât. Elle est poussée selon *MP* ; & de
cet effort absolu, il y a la partie *ML* qui agissant perpendiculairement à la quille avec le bras de levier *MC,*
travaille à faire tourner le Navire & à l'obliger de présenter encore sa proue plus au vent.

La misaine est également sur le mât dans la figure 79 ;
mais elle travaille par son effort relatif *ML* à faire arriver
le Navire ou à jetter sa proue sous le vent. L'artimon
dans la figure 80, tend aussi à produire le même mou- Figure 80.
vement de rotation pendant qu'il est frappé par le vent
*VM*. Il agit selon la perpendiculaire *MP*, & il y a la
partie *ML* de son effort qui tend à faire venir la poupe
au vent, & à faire tomber par conséquent la proue sous
le vent. Cette voile, si elle étoit seule, feroit aussi aller
le Navire un peu en arriere, & dans ce cas le gouvernail
*BD* situé comme il est, favoriseroit le mouvement de rotation produit par la voile,

## Regles pour orienter une voile de maniere qu'elle produise le plus grand effet pos-sible en faisant tourner un Vaisseau.

ENFIN il est bien facile de juger qu'il y a une situation
précise à donner à chaque voile, pour qu'elle produise
le plus grand effet possible. En attendant que nous en
donnions dans la suite la démonstration, nous indiquerons
ici une regle sûre dont on pourra se servir. Nous voulons

qu'une voile (*fig.* 77, 78, 80) faſſe le plus grand effort
pour faire tourner le Navire *A B*. L'effort relatif qu'il
s'agit de rendre le plus grand, doit s'exercer ſelon la perpendiculaire *M L* à la longueur du Navire. Les pavillons
& les girouettes nous indiquent la direction *V M* du vent;
ainſi nous connoiſſons toujours l'angle *V M L* que fait le
vent avec la perpendiculaire *M L* à la longueur du Navire,
& il ne s'agit que de diviſer cet angle de la maniere la
plus avantageuſe par la voile. C'eſt ce que nous exécuterons en rendant la tangente de l'angle d'incidence apparent *V M H* ou *V M F* du vent ſur la voile, double de
la tangente de l'angle *H M L* ou *F M L*; ou bien nous
prendrons le tiers du ſinus de l'angle total *V M L* & nous
aurons le ſinus de l'excès de l'angle d'incidence ſur l'angle
*H M L* ou *F M L* que doit faire la voile avec la perpendiculaire *M L* à la longueur du Navire.

On pourra décider preſque à vue d'œil, ſi on ſe conforme aſſez à l'une ou l'autre de ces deux regles. On
meſurera les deux angles *V M H* & *H M L* (*fig.* 77, 78,)
ou *V M F* & *F M L* (*fig.* 80) & on verra ſi la tangente
du premier eſt double de celle du ſecond, ou ſi l'excès de
l'un ſur l'autre, a pour ſinus le tiers du ſinus de l'angle
total *V M L*. Suppoſé que le premier ſoit de 50 degrés, il
faut que l'autre ſoit d'environ 30¼ degrés. Si l'angle d'incidence eſt de 45 degrés, il faut que la voile ſoit éloignée
de la perpendiculaire à la quille d'environ 26½ degrés; &
pour tous les angles plus petits, il ſuffira que l'angle d'incidence apparent du vent, ſoit à peu-près double de l'autre
angle : c'eſt-à-dire, que l'angle d'incidence ſera à peu-près
les deux tiers de l'angle *V M L*. A meſure que le Navire
tournera, l'angle *V M L* changera; mais lorſqu'on s'apper-
cevra du changement, il n'y aura, par le moyen des écoutes
& des bras, qu'à changer auſſi un peu la ſituation de la
voile. Nous joignons ici deux petites tables qu'on pourra
conſulter. La premiere ſe rapporte aux diſpoſitions repréſentées dans les figures 74 & 79, & la ſeconde répond aux
diſpoſitions des figures 77, 78 & 80.

## TABLE des dispositions les plus avantageuses d'une voile pour pousser sous le vent.

| Angles du vent & de la quille. Degrés. | Angles de la voile & de la quille. Degrés. | Minutes. | Angles d'incidence du vent sur la voile. Degrés. | Minutes. |
|---|---|---|---|---|
| 0 | 54 | 44 | 54 | 44 |
| 2½ | 53 | 7 | 55 | 37 |
| 5 | 52 | 10 | 57 | 10 |
| 7½ | 50 | 53 | 58 | 23 |
| 10 | 49 | 36 | 59 | 36 |
| 12½ | 48 | 14 | 60 | 44 |
| 15 | 46 | 53 | 61 | 53 |
| 17½ | 45 | 32 | 63 | 2 |
| 20 | 44 | 8 | 64 | 8 |
| 22½ | 42 | 43 | 65 | 13 |
| 25 | 41 | 18 | 66 | 18 |
| 27½ | 39 | 51 | 67 | 21 |
| 30 | 38 | 23 | 68 | 23 |
| 32½ | 36 | 53 | 69 | 23 |
| 35 | 35 | 25 | 70 | 25 |
| 37½ | 33 | 55 | 71 | 25 |
| 40 | 32 | 22 | 72 | 22 |
| 42½ | 30 | 51 | 73 | 21 |
| 45 | 29 | 18 | 74 | 18 |
| 47½ | 27 | 45 | 75 | 15 |
| 50 | 26 | 11 | 76 | 11 |
| 52½ | 24 | 55 | 77 | 5 |
| 55 | 23 | 0 | 78 | 0 |
| 57½ | 21 | 24 | 78 | 54 |
| 60 | 19 | 48 | 79 | 48 |
| 62½ | 18 | 21 | 80 | 41 |
| 65 | 16 | 32 | 81 | 32 |
| 67½ | 14 | 55 | 82 | 25 |
| 70 | 13 | 16 | 83 | 16 |
| 72½ | 11 | 37 | 84 | 7 |
| 75 | 9 | 59 | 84 | 59 |
| 77½ | 8 | 20 | 85 | 50 |
| 80 | 6 | 40 | 86 | 40 |
| 82½ | 5 | 0 | 87 | 30 |
| 85 | 3 | 20 | 88 | 20 |
| 87½ | 1 | 40 | 89 | 10 |
| 90 | 0 | 0 | 90 | 0 |

## TABLE des dispositions les plus avantageuses d'une voile pour porter au vent.

| Angles du vent & de la quille. Degrés. | Angles de la voile & de la quille. Degrés. | Minutes. | Angles d'incidence du vent sur la voile. Degrés. | Minutes. |
|---|---|---|---|---|
| 0 | 54 | 44 | 54 | 44 |
| 2½ | 55 | 57 | 53 | 27 |
| 5 | 57 | 10 | 52 | 10 |
| 7½ | 58 | 23 | 50 | 53 |
| 10 | 59 | 35 | 49 | 35 |
| 12½ | 60 | 45 | 48 | 15 |
| 15 | 61 | 54 | 46 | 54 |
| 17½ | 63 | 1 | 45 | 31 |
| 20 | 64 | 7 | 44 | 7 |
| 22½ | 65 | 13 | 42 | 43 |
| 25 | 66 | 17 | 41 | 17 |
| 27½ | 67 | 22 | 39 | 52 |
| 30 | 68 | 23 | 38 | 23 |
| 32½ | 69 | 25 | 36 | 55 |
| 35 | 70 | 25 | 35 | 25 |
| 37½ | 71 | 25 | 33 | 55 |
| 40 | 72 | 24 | 32 | 24 |
| 42½ | 73 | 22 | 30 | 52 |
| 45 | 74 | 19 | 29 | 19 |
| 47½ | 75 | 15 | 27 | 45 |
| 50 | 76 | 11 | 26 | 11 |
| 52½ | 77 | 6 | 24 | 36 |
| 55 | 78 | 0 | 23 | 0 |
| 57½ | 78 | 54 | 21 | 24 |
| 60 | 79 | 48 | 19 | 48 |
| 62½ | 80 | 40 | 18 | 10 |
| 65 | 81 | 33 | 16 | 33 |
| 67½ | 82 | 25 | 14 | 55 |
| 70 | 83 | 16 | 13 | 16 |
| 72½ | 84 | 7 | 11 | 37 |
| 75 | 84 | 58 | 9 | 58 |
| 77½ | 85 | 49 | 8 | 19 |
| 80 | 86 | 39 | 6 | 39 |
| 82½ | 87 | 30 | 5 | 0 |
| 85 | 88 | 20 | 3 | 20 |
| 87½ | 89 | 10 | 1 | 40 |
| 90 | 90 | 0 | 0 | 0 |

# CHAPITRE V.

*Faire revirer un Navire, ou le faire passer d'une route du plus près à l'autre route du plus près.*

LA manœuvre qui paroît la plus difficile à exécuter & qu'on répete néanmoins très-souvent, c'est lorsqu'ayant le vent en partie contraire & d'un certain côté, on veut suivre une autre route en présentant au vent l'autre flanc du Vaisseau. La figure 81 nous donne l'idée d'un Navire qui va *au plus près*, dont les voiles sont amurées à stribord ou du côté droit, & bordées du côté gauche ou de basbord. On se souvient que les voiles sont amurées par celui de leurs angles inférieurs qu'on fait avancer vers la proue, & qu'elles sont au contraire bordées par celui de leurs angles, qu'on fait approcher de la poupe, en tirant sur l'écoute. Le Navire représenté par notre figure single *au plus près*. Car si on diminuoit davantage l'angle *VSA* que fait sa quille avec la direction du vent, il marcheroit moins vîte & ne feroit point tant de progrès vers le vent, & même le vent pourroit prendre sur les voiles ou frapper leur surface antérieure.

Nous avons déja vu que le Navire ne suit pas dans cet état la direction de son axe ou de sa longueur, & que sa route *CR* fait avec sa quille un angle *ACR* que les Marins nomment angle de la dérive. On a souvent des raisons particulieres d'embrasser cette route; mais on la suit aussi le plus souvent, parce qu'on ne peut pas singler directement contre le vent. Il faudroit faire quelquefois la route *SV* pour se rendre à l'endroit où on veut aborder; & dans l'impossibilité où l'on est de suivre cette route, on marche selon *CR*; mais après avoir tenu cette direction un certain temps, on en change, on présente au vent le côté

Figure 81.

Figure 82. 83.

de bas-bord ou le flanc gauche du Navire comme dans la figure 83. On fuit une route également oblique par rapport à la direction du vent, mais d'un côté différent : & il eft évident que ces deux routes à la fuite l'une de l'autre, font équivalentes à une feule qu'on auroit faite felon *SV* dans un fens tout à fait contraire au vent.

Lorfqu'on veut changer la difpofition de la figure 81, en celle de la figure 83, ou celle-ci en l'autre, on peut le faire, ou *revirer* de bord de deux manieres différentes. On peut paffer par l'état moyen repréfenté dans la figure 82, en tournant la proue vers le vent, ou bien paffer par l'état moyen repréfenté dans la figure 84, en tournant la poupe vers le vent. La voie la plus courte eft la premiere, & elle fe nomme *revirer vent devant*. L'autre manœuvre n'eft pas moins utile dans certaines rencontres : on revire *vent arriere* en paffant par l'état moyen de la figure 84. Il faudra que nous l'expliquions avec autant de foin que la premiere.

## Revirer vent devant.

ON porte d'abord la barre du gouvernail du côté du vent afin de faire *arriver* un peu le Navire (*fig.* 81) on cargue même quelquefois l'artimon pour faciliter ce premier mouvement ; mais le plus fouvent on s'en difpenfe parce qu'on réuffit à rendre cette voile inutile pour quelques inftants en la mettant dans la direction du vent. Le Navire en éloignant fa proue du vent, accélere beaucoup la vîteffe de fon fillage, ou prend plus *d'erre* pour parler comme les Marins. Cette augmentation de mouvement devient de la plus grande utilité, dans l'inftant critique de l'évolution, ou lorfqu'on *pare à virer*, en commandant aux Matelots de fe tenir prêts. On porte tout à coup la barre fous le vent, afin que le gouvernail faffe venir de rechef le Navire au vent, on fait fervir l'artimon, on borde la grand-voile, & afin de diminuer la force qu'a la mifaine pour faire arriver le Navire ou pour l'empêcher de venir au vent, on lâche ou largue ordinairement fes boulines, ou ces

Figure 81.

Figure 81. cordages qui tirent fon bord vers la proue du côté du vent. En larguant ces cordages la voile fe courbe davantage & eft frappée avec moins de force.

Le Vaiffeau reprend donc d'une maniere accélérée la fituation repréfentée dans la figure 81; mais il n'y refte pas. Son mouvement de rotation le porte plus loin, & tout contribue à augmenter ce mouvement. Comme le Navire a acquis une grande vîteffe felon fa quille, fon gouvernail fitué comme dans la figure 82, agit très-puif-famment. L'effort oblique de l'eau fur la proue & le flanc du Navire felon $OP$ eft auffi très-grand. Ainfi le mouvement de rotation doit s'accélérer, & le Navire doit préfenter fa proue de plus en plus au vent.

Bien-tôt les voiles reçoivent le vent par leur furface antérieure; elles *fafient*, c'eft-à-dire, que le vent les frappe un peu par devant, & c'eft ce qui fe fait d'autant plutôt qu'on a eu foin, comme nous l'avons dit, de larguer les boulines du côté du vent. Mais l'impulfion du vent fur la furface antérieure des voiles augmente encore le mouvement de rotation. Le vaiffeau prend donc la fituation que nous voyons dans la figure 82; il préfente fa proue tout à fait au vent, & il s'écarte enfuite de cette direction en continuant à tourner dans le même fens. Alors il eft temps de penfer à donner aux voiles la nouvelle difpofition qu'elles doivent avoir, & il s'agit auffi de ralentir la force qui fait tourner le Navire.

Si l'évolution fe fait lentement, les voiles difpofées comme dans la figure 82, feront reculer le Navire, & il aura fallu donner une fituation contraire au gouvernail pour aider au mouvement de rotation. Mais dans ce cas, le Navire étant parvenu à la fituation repréfentée dans la figure 82, & l'ayant paffée, il faudra remettre le gouvernail dans la fituation $BD$ afin qu'il modére la force avec laquelle le Navire tourne. Ce fera tout le contraire, fi l'évolution s'eft faite affez promptement pour que le Navire ait confervé quelque vîteffe vers l'avant, il aura fallu laiffer au gouvernail fa premiere fituation, & il faudra après cela la changer pour ralentir le mouvement de rotation. Mais ce qui eſt toujours néceſſaire, lorſque le Navire a tourné un peu plus que ne le repréſente la figure 82, c'eſt de décharger promptement les voiles ou de faire enſorte que le vent ceſſe de les pouſſer vers leur mât.

On commence par orienter les voiles de l'arriere ; on diſpoſe l'artimon, & on largue l'écoute de la grand-voile pendant qu'on tire ſur l'écouet pour amurer cette voile ſur le côté même du Navire où elle étoit auparavant bordée. Le point E de cette voile étoit vers la poupe, comme on le voit dans les figures 81 & 82, & on le porte vers la proue, comme il eſt repréſenté dans la figure 83. En même temps qu'on oriente la grand-voile, on oriente le grand-hunier ; & on diſpoſe de même la miſaine & le petit-hunier. On a ordinairement beſoin de toutes ces voiles pour *revirer vent devant*, principalement ſi la mer eſt agitée. Il faut remarquer auſſi que la célérité eſt indiſpenſable dans cette rencontre, parce que l'évolution dont il s'agit ne réuſſit que par le grand mouvement de rotation qu'on imprime au Vaiſſeau & dont il faut profiter.

## Revirer vent arriere.

LORSQUE l'équipage eſt trop foible, ou lorſqu'on eſt gêné par quelqu'autre circonſtance, au lieu de *revirer vent devant*, on *revire vent arriere* ; dans le paſſage d'un état à l'autre, on ne préſente pas au vent l'avant de ſon vaiſſeau, mais l'arriere. L'état moyen n'eſt plus repréſenté par la figure 82, mais par la figure 84 ; & il s'agit de donner au Navire de la figure 83 la diſpoſition de la figure 81.

Figures 83, 84 & 81.

On met pour cela la barre à arriver ; on la met du côté du vent, & on cargue l'artimon. Si le Navire n'obéiſſoit pas, on mettroit la miſaine ſur le mât à peu-près comme dans la figure 79, & on la rétabliroit dans ſa premiere ſituation, auſſi-tôt que le Navire arriveroit. La proue s'éloignant du vent, on donnera aux voiles du grand mât & du mât de miſaine une ſituation plus perpendiculaire à la quille. On larguera donc les écoutes, & on braffera du côté du vent, c'eft-à-dire, que par le moyen des bras, on tirera vers la poupe les extrêmités E & G des vergues. Enfin lorfque le Navire aura fait la moitié de fon évolution, fa longueur fe trouvera fituée felon la direction du vent, & fes voiles feront tout-à-fait perpendiculaires à la quille comme dans la figure 84. Mais le mouvement de rotation qu'il aura acquis fera paffer fa proue de l'autre côté de la direction du vent ; & ce mouvement qui a une vraie force pour fe conferver, fera entretenu par le gouvernail dont on n'aura pas changé la fituation par rapport au Vaiffeau.

Auffi-tôt que le Navire ceffera d'être dirigé comme dans la figure 84, & qu'il commencera à fe trouver plus proche de la fituation de la figure 81 qu'on veut qu'il prenne, que de celle de la figure 83 qu'il vient de quitter, on fe fervira de l'artimon pour pouffer encore plus la poupe fous le vent & la proue vers le vent. On continuera à braffer les voiles fous le vent, en leur donnant peu à peu la difpofition repréfentée dans la figure 81. Mais bien-tôt après, il faudra penfer à détruire le mouvement de rotation, ou empêcher le Navire de venir trop au vent. C'eft pourquoi on carguera l'artimon, & on mettra la barre du gouvernail à arriver.

Cette précaution eft fi effentielle, qu'il ne faut jamais manquer de la prendre de bonne heure, en faifant enforte, s'il eft poffible, que tout le mouvement de rotation fe trouve éteint lorfque le Navire prend la fituation de la figure 81. Si le Navire en y parvenant continuoit encore à tourner ou à venir au vent, la mifaine G H fe trouvant fur le mât & frappée par fa partie antérieure, le mouvement de rotation augmenteroit, puifque la voile produiroit le même effet que dans la figure 78, & que le choc de l'eau fur la proue ne s'y oppoferoit pas, ou s'y oppoferoit très-peu. Ce ne feroit pas ici le cas en effet où l'effort de la mifaine eft contrarié fortement par le choc de l'eau fur la proue & fur la carene, parce que le fillage eft très-rapide : le

mouvement

mouvement de rotation ne s'accélere pas assez pour exciter Figures 83, 84 & 81. une résistance extrême de la part de l'eau. Les Marins disent que leur Vaisseau *fait chapelle* lorsqu'ils sont exposés à l'accident dont nous parlons, & ils ont bien raison de le craindre. On peut faire plus d'un demi-tour au-delà de la disposition à laquelle on vouloit s'arrêter ; & outre la perte de temps, outre qu'il faut recommencer l'évolution une seconde fois, on n'est pas exempt de péril, si on est dans le voisinage de quelque écueil ou même de quelque vaisseau sur lequel on peut tomber.

Pour éviter ces accidents, ou pour ne pas *faire chapelle*, il faut aussi-tôt qu'on s'apperçoit que le vent va frapper les voiles par devant ou par leur surface antérieure, pousser la barre au vent, afin que le gouvernail étant porté sous le vent, fasse arriver le Navire. On carguera en même temps l'artimon *LM* (*fig.* 81), & enfin on brassera du côté du vent les voiles de la proue : on ne se contentera pas de les rendre perpendiculaires à la quille, mais on tirera encore davantage vers la poupe l'extrêmité *H* de leurs vergues. Elles seront ensuite disposées comme dans la figure 79 ; leur effort jettera la proue sous le vent ; & pour rendre l'effet plus prompt & plus infaillible, on pourra se conformer aux regles dont nous avons parlé à la fin du Chapitre précédent.

# CHAPITRE VI.

## *Se mettre en panne ou côté à travers, & se mettre à la cape.*

QUELQUEFOIS les Marins donnent à leurs voiles un usage tout contraire à ceux dont nous venons de nous occuper. Au lieu de s'en servir pour faire quelque évolution, ils s'en servent pour rester, pour ainsi dire, dans la même place, lorsqu'ils veulent attendre quelqu'autre Navire, ou qu'ils ont quelque raison particuliere de ne pas s'éloigner de l'endroit où ils font. Ils mettent alors leur Navire *en panne* ou *côté à travers*. Ils en préfentent au vent un des flancs ; & en même temps ils font en forte, par la contrariété qu'ils mettent entre les efforts des voiles, que le Navire refte comme en repos.

Figures 85 & 86. Les figures 85 & 86 nous mettent fous les yeux deux de ces différentes difpofitions. Le flanc du Navire eft tourné directement vers le vent, ou bien il reçoit le vent un peu plus du côté de la proue, afin de rendre un peu plus grand l'effort des voiles de mifaine qui font frappées par leur furface antérieure, ou qui font *fur le mât*, felon l'expreffion des Marins. Dans la figure 85 le Navire recule ordinairement un peu, parce que les voiles *EF* & *GH* pouffent plus fortement vers l'arriere que l'artimon *LM* ne pouffe vers l'avant. On eft néanmoins toujours maître, en augmentant ou en diminuant un peu l'obliquité de quelqu'une des voiles, de rendre la compenfation plus parfaite entre leurs efforts ; mais comme il n'importe pas que le Navire ne change pas abfolument de place, pourvu qu'il n'en change que peu, on doit être beaucoup plus attentif à introduire l'équilibre entre les voiles, en tant qu'elles travaillent à faire tourner le Navire ; & pour entretenir cet équilibre ou pour le réparer, on fe fert du gouvernail.

Nous avons fuppofé dans la figure 85 que le Navire reculoit un peu, & que l'effort des voiles de la proue étant plus grand, le Navire avoit auffi de la difpofition à arriver ou à écarter fa proue du vent. L'eau, en frappant le gouvernail *BD*, travaille dans ce cas à jetter la poupe fous le vent, & à imprimer un mouvement en fens contraire à la proue ; ce qui eft capable de tenir le Vaiffeau fenfiblement dans la même fituation.

Il eft plus ordinaire que les voiles difpofées comme dans la figure 86, faffent avancer un peu le Navire. Elles font outre cela un grand effort pour le faire arriver, ou pour jetter la proue fous le vent. Ainfi il faudra prefque toujours porter la barre du même côté, afin que le gou-

vernail *BD* aide l'artimon *LM* à détruire le mouvement
de rotation que produiroient les autres voiles. On ne fe
fert ordinairement que du hunier dans ces occafions ; &
quelquefois, au lieu de mettre le vent dans le grand hunier, on met cette voile fur le mât : on fait enforte que
le vent frappe fur fa furface antérieure, & on donne en
même temps une difpofition toute contraire au petit hunier *GH*, en le faifant fervir. Enfin le Navigateur trouve
toujours aifément dans la multitude de fes voiles & dans
l'ufage de fon gouvernail, des moyens fûrs de remplir les
deux objets qu'il doit avoir en vue, lorfqu'il fe met en
panne. Il faut qu'il faffe en forte que les efforts relatifs
des voiles fe détruifent à peu près dans la direction de la
quille, & qu'à l'égard des autres efforts relatifs qui font
perpendiculaires à la quille & qui ne peuvent pas s'anéantir, ils foient en équilibre, & hors d'état par cette raifon
de faire tourner le Navire.

## *Se mettre à la cape.*

On ne peut pas toujours fe mettre en panne quand on
a des motifs pour refter fenfiblement dans la même place.
Si le vent étoit tout-à-fait impétueux on expoferoit les
mâts à fe rompre, & on auroit encore de plus grands
rifques à courir, puifque l'effort relatif des voiles qui eft
perpendiculaire à la quille, pourroit faire verfer le Navire.
Suppofé cependant qu'on foit proche de terre, ou qu'on
veuille abfolument refter dans le parage où l'on fe trouve,
il faut pouvoir rendre le fillage comme nul. On fe met
alors à la cape.

On ferre toutes les voiles excepté les baffes, & on ferre
même quelquefois la grand-voile : on met enfuite la
mifaine très-obliquement par rapport à la quille, & on
reçoit auffi le vent très-obliquement. Le Navire difpofé
de cette maniere, précifément comme fi on vouloit
courir au plus près, n'avance que très-peu ; la foibleffe de
l'effort du vent fur la voile y contribue ; la dérive eft outre

cela très-grande, car l'impulsion du vent sur le flanc du Navire devient alors très-considérable par rapport à celle qui se fait sur la misaine, & cette impulsion sur le flanc du Vaisseau, agit à peu-près selon une direction perpendiculaire à la quille. Ainsi le Navire présente une des moitiés de sa carene au choc de l'eau, au lieu de présenter sa proue ; & il ne peut faire alors que très-peu de chemin. C'est ce qui arrive lorsqu'on est à la cape.

# CHAPITRE VII.

*Trouver la situation qu'il faut donner à une voile &. à toute autre surface frappée par un fluide, pour qu'elle pousse le plus qu'il est possible selon une certaine direction.*

Nous avons donné une regle pour orienter une voile de maniere qu'elle produise le plus grand effet possible : il nous reste à en justifier la bonté. Dans les figures 77, 78, 79, &c. la direction du vent est $VM$, celle avec laquelle le Navire est frappé malgré son mouvement, & nous voulons que la voile pousse le plus qu'il est possible selon $ML$ qui est perpendiculaire à la longueur du Navire. C'est encore le même problême lorsqu'on se sert du gouvernail. La direction de l'eau est donnée, puisqu'elle est parallele ou à la quille ou à la partie du flanc de la carene qui se termine à la poupe ; & il s'agit de faire ensorte que l'impulsion relative perpendiculaire à la quille, soit la plus grande qu'il est possible ou forme un *maximum*, si nous empruntons le langage des Géometres.

Figures 77, 78, &c.

L'effort absolu d'un fluide sur une surface est proportionnel au quarré du sinus de l'angle d'incidence : mais ce n'est pas cet effort absolu que nous voulons rendre le plus

grand qu'il eſt poſſible, c'eſt ſimplement ſa partie qui agit
perpendiculairement à la longueur du Navire. Ainſi il
faut décompoſer l'effort abſolu, & nous n'avons pour
cela qu'à faire une ſimple analogie. L'effort abſolu $MP$
(*fig.* 77, 78 &c.) eſt comme le quarré du ſinus d'inci-    Figures 77,
dence $VMH$ du vent ſur la voile; & nous dirons: Le ſinus    78, &c.
total eſt à $MP$ ou au quarré du ſinus de l'angle d'incidence du fluide, comme le ſinus de l'angle $MPL$ ou de
l'angle $LMH$ eſt à $ML$. Plus le quarré du ſinus de l'angle
d'incidence $VMH$ ſera grand, plus l'impulſion abſolue
$MP$ ſera forte; mais plus le ſinus de l'angle $MPL$ ou de
l'angle $HML$ ſera grand auſſi, plus l'effort relatif ou
partial $ML$ ſera grand par rapport à $MP$. Ainſi nous
aurons $ML$ égal ou proportionel au produit du quarré
du ſinus de l'angle d'incidence $VMH$ par le ſinus de
l'angle $HML$ formé par la ſurface frappée & par la direction $ML$ ſelon laquelle il faut que l'action ſoit la plus
grande.

L'effort deviendroit abſolument nul ſi, au lieu de donner à la voile une ſituation moyenne, on la plaçoit exactement ſur $MV$ (*fig.* 77) ou ſur $ML$. Si on mettoit la
voile ſur $MV$, elle ceſſeroit d'être frappée par le vent, &
ſi on lui donnoit la ſituation $ML$, tout ſon effort ſe faiſant
perpendiculairement, il n'y en auroit aucune partie qui
s'exerçât ſelon $ML$. Il s'agit donc de découvrir ſelon quel
rapport nous devons partager l'angle $VML$ par la voile.

Suppoſons pour cela que $VM$ (*fig.* 87) ſoit la direction    Figure 87.
du fluide, que $ML$ ſoit la ligne ſur laquelle tombe l'effort relatif qui doit être un *maximum*, & que $MH$ marque
la ſituation de la ſurface frappée, nous tracerons l'arc de
cercle $LHV$ du point $M$ comme centre, & abaiſſant
du point $H$ les perpendiculaires $HR$, $HS$ ſur les lignes
$VM$ & $ML$, nous aurons $HR^2 \times HS$ pour l'effort relatif
ſelon $ML$ que nous voulons rendre un plus grand. Si
nous donnons enſuite à la ſurface $MH$ la poſition $Mh$ qui
diffère infiniment peu de la premiere, le ſinus d'incidence
$RH$ deviendra $rh$ & augmentera de la petite quantité $Oh$,

Figure 87. ce qui fera augmenter fon quarré de deux rectangles de $RH$ par $Oh$; car nous pouvons négliger le petit quarré de $Oh$.

D'un autre côté le finus $HS$ diminuera de la petite partie $HI$ en devenant $hs$. Mais les deux finus $HR$ & $HS$ changeant en fens contraires, nous ne pouvons juger du changement de l'effort $HR^2 \times HS$ qu'en examinant fi le quarré de $HR$ augmente plus ou moins à proportion que $HS$ ne diminue. Suppofé que le quarré augmente plus à proportion, ce fera une marque qu'il eft encore avantageux d'augmenter l'angle d'incidence $VMH$. Si au contraire le quarré $HR^2$ fouffre moins de changement à proportion en excès que $HS$ en défaut, on gagnera à diminuer l'angle d'incidence. Enfin, il n'y aura rien à changer & on aura trouvé la difpofition la plus avantageufe de la furface $MH$, fi le quarré $RH^2$ augmente précifément dans le même rapport que diminue le finus $HS$ de l'autre angle: car les deux difpofitions feront enfuite abfolument équivalentes, & on ne gagneroit rien à changer la fituation de la voile dans un fens ou dans l'autre.

Ainfi le problême fera réfolu, fi on fait enforte que $HS$ foit à $IH$ comme $HR^2$ eft à $2Oh \times HR$, ou comme $HR$ eft à $2Oh$ ou comme $\frac{1}{2}HR$ eft à $Oh$. Mais, fi à la place du rapport de $HS$ à $IH$, on met celui qui lui eft égal de $HY$ à $Hh$, & qu'à la place du rapport de $\frac{1}{2}HR$ à $Oh$, on mette celui de $\frac{1}{2}HT$ à $Hh$, il s'enfuivra que $HY$ & $\frac{1}{2}HT$ ont le même rapport à $Hh$, & que par conféquent $HY$ & $\frac{1}{2}HT$ font égales. La regle que nous avons donnée ci-devant eft donc démontrée. La tangente $HT$ de l'angle d'incidence du fluide fur la furface $MH$ eft double de la tangente $HY$ de l'angle que fait la même furface avec la direction $ML$, lorfque l'effort relatif du fluide felon cette direction, eft le plus grand qu'il eft poffible. Sachant cette regle, nous pouvons attribuer fucceffivement différentes grandeurs à un de ces angles; & fi nous cherchons l'autre en mettant le rapport de 2 à 1 entre les deux tangentes, nous pourrons en former une

Table conforme à celles qu'on a vues à la fin du Chap. IV. Figure 87.

Au surplus, il n'est pas difficile de résoudre le problême d'une maniere absolument directe, & de partager un angle donné $VML$ en deux parties, qui soient telles qu'il y ait un certain rapport entre les tangentes de ses deux angles partiaux. Nous voulons que la tangente $HT$ soit deux fois plus grande que la tangente $HY$, ou en général qu'elle soit plus grande le nombre de fois $n$. Nous supposerons l'angle $HMZ$ égal à l'angle $HML$, & nous aurons l'angle $TMZ$ pour la différence des deux angles partiaux $LMH$ & $HMV$. D'un autre côté, si nous prenons $HY$ pour l'unité, nous aurons $n$ pour $HT$; $n+1$ pour $TY$, & $n-1$ pour $TZ$. Enfin dans le triangle $TMY$, il y a même rapport de $TY$ que nous représentons par $n+1$ au sinus de l'angle entier $TMY$, que de $MT$ au sinus de l'angle $Y$; mais il y a aussi même rapport dans le triangle $TMZ$, de $TZ$ que nous désignons par $n-1$ au sinus de l'angle $TMZ$, que de $MT$ au sinus de l'angle $Z$ qui est égal à l'angle $Y$. Ainsi il y a même rapport de $TY$ à $TZ$ ou de $n+1$ à $n-1$, que du sinus de l'angle entier $TMY$ au sinus de la différence $TMZ$ des deux angles partiaux $TMH$ & $HMY$. Pour trouver donc le sinus de l'angle $TMZ$, il n'y a toujours qu'à prendre la partie $\frac{n-1}{n+1}$ du sinus de l'angle donné $TMY$.

Dans le cas particulier que nous examinons, les trois parties de $TY$ sont égales entr'elles, & $TY$ est 3 si $TZ$ est 1. D'où il suit qu'il n'y a qu'à prendre le tiers du sinus de l'angle $VML$ pour avoir le sinus de l'angle $TMZ$. Supposé que l'angle total fût droit comme cela arrive pour le gouvernail lorsque le fluide se meut parallélement à la quille, on trouvera que l'angle $TMZ$ est d'environ 19$^d$. 28$^m$. d'où on conclud que l'angle d'incidence ou que l'angle que fait le gouvernail avec le prolongement de la quille doit être de 54$^d$. 44$^m$. Le calcul n'a pas été plus difficile pour toutes les autres directions du fluide; & c'est de cette sorte que nous avons construit les deux petites tables que nous avons données.

# CHAPITRE VIII.

*Suite du Chapitre précédent. Déterminer la situation la plus avantageuse d'une voile pour faire tourner le Navire, lorsque le centre d'effort de cette voile est sujet à changer de place.*

LE problême devient un peu plus difficile lorsque le centre d'effort de la surface est sujet à changer de place, comme cela arrive à l'égard du gouvernail en considérant les choses à la rigueur. La figure 88 nous représente aussi une voile dont le centre d'effort qui est en $D$ se meut lorsqu'on change la voile de situation. L'impulsion s'exerce selon le prolongement de la perpendiculaire $FD$, & la droite $QK$ répond exactement au dessous dans le plan horisontal qui coupe la carene à fleur d'eau. $AB$ est une partie de la longueur du Navire, & $C$ est son centre de gravité. De ce centre nous abaissons une perpendiculaire $CP$ sur la droite $QK$ selon laquelle agit la voile : cette perpendiculaire, lorsqu'il s'agit du mouvement de rotation du Navire, est le bras du levier auquel nous devons considérer comme appliqué l'effort absolu de la voile ; & il est évident que ce bras de levier $CP$ change de longueur lorsqu'on rend plus grand ou plus petit l'angle $BME$ que fait la voile avec la quille.

Nous pourrions décomposer l'effort absolu qui s'exerce selon $QK$ pour avoir la partie qui agissant selon la perpendiculaire à la quille travaille seule à faire tourner le Navire, & dans ce cas il faudroit avoir égard au bras de levier particulier auquel cet effort relatif seroit appliqué. Mais, ce qui revient absolument au même, nous ne décomposons point l'effort absolu, & nous le considérons

comme

comme agiſſant avec le bras de levier $CP$ : la différence Figure 88.
des leviers compenſe parfaitement la différence qui ſe
trouve entre l'effort abſolu & les efforts relatifs dont il eſt
compoſé.

Cela ſuppoſé, ſi nous changeons l'obliquité de la baſe
$ME$ de la voile par rapport à la quille $AB$, le bras de
levier $CP$ deviendra plus ou moins long. Il eſt ici formé
de $CN$, & de $NP$ qui eſt d'une longueur conſtante &
qui eſt égale à la demi-largeur $MK$ de la voile ; au lieu
que $CN$ dans le triangle $CNM$ reċtangle en $N$, eſt
proportionnelle au co-ſinus de l'angle $C$ égal à l'angle que
fait la voile avec la quille. Si le centre de gravité du Navire étoit en $c$, le bras de levier ſeroit $cp$, & il ſeroit
alors égal à l'excès de $np = MK$ ſur $nc$. Dans ce ſecond
cas, il diminueroit à meſure qu'on rendroit plus aigu
l'angle de la voile & de la quille, puiſque $cn$ qui ſeroit
alors à retrancher de $pn$ croîtroit. C'eſt ce changement
de longueurs auquel le levier eſt ici toujours ſujet, qui
eſt cauſe que la ſolution expliquée dans le Chapitre précédent, ne peut pas s'appliquer à la voile de la figure 88.

Nous nous bornerons, afin de moins partager notre
attention, à examiner le ſeul cas dans lequel le centre de
gravité du Navire eſt en $C$, de l'autre côté du mât par
rapport à la voile. Lorſque nous diminuons l'angle $BME$,
nous faiſons donc augmenter la longueur du bras de levier
$CP$ : car $CN$ qui eſt alors à ajouter à $NP$ approche davantage d'être égale à la diſtance $CM$ du mât au centre
de gravité $C$ du Vaiſſeau, diſtance que nous prenons pour
ſinus total. Mais ſuppoſé que la voile ſoit déja dans la diſpoſition la plus avantageuſe pour faire tourner le Navire,
& que nous la changions infiniment peu d'état en diminuant l'angle $BME$, il faut néceſſairement que le quarré
du ſinus de l'angle d'incidence $VME$ du vent ſur la voile
diminue préciſément dans le même rapport que le bras de
levier $CP$ augmente de longueur. En effet ſi le bras de
levier augmentoit dans un plus grand rapport, il y auroit
un avantage réel à le faire croître, puiſqu'on perdroit moins

Figure 88. fur le quarré du finus de l'angle d'incidence. Si au contraire le bras de levier augmentoit dans un moindre rapport, il n'y auroit qu'à le faire diminuer, & on gagneroit davantage de la part du quarré du finus d'incidence. Mais que les deux changemens fur le bras de levier & fur le quarré du finus de l'angle d'incidence fe faffent exactement dans le même rapport & en fens contraire, il n'y aura rien à gagner lorfqu'on changera l'angle $BME$; ainfi la voile aura la difpofition la plus avantageufe.

Figure 89. Après avoir tiré la droite $AB$ dans la figure 89 pour repréfenter la quille, du point $M$ pris pour centre & avec un rayon égal à la diftance du mât au centre de gravité du Navire, nous décrivons l'arc de cercle $LHQ$: c'eft-à-dire que $MH$ de la figure 89 fera égale à $MC$ de la figure 88. La ligne $ML$ ( $fig.$ 89.) eft perpendiculaire à la quille, & la droite $EM$ prolongée jufqu'en $H$ nous marque la fituation de la voile. Ainfi la droite $RH$ qui eft le co-finus de l'angle que fait la voile avec la quille fera égale à $CN$ de la figure 88, & fi nous tirons $ZT$ dont la diftance $MZ$ ou $RK$ à $ML$ foit égale à $MK$ de la première de ces deux figures, nous aurons $KH$ pour la longueur du bras de levier, & $kh$ fera celle du levier pour une difpofition $Me$ de voile infiniment voifine de la première. La différence de ces longueurs eft $Oh$; & c'eft donc fur ce petit changement qu'il faut régler celui du quarré du finus d'incidence du vent; puifque ces deux changemens doivent être exactement proportionnels & fe faire en fens contraires.

Si $VM$ ( $fig.$ 89.) eft la direction du vent & $VME$ l'angle d'incidence, nous aurons $HS$ pour fon finus, & $hs$ fera le finus de l'autre angle d'incidence infiniment peu différent. La petite partie dont different ces deux finus eft $IH$; & les deux quarrés different entr'eux de $2IH \times SH$. Mais au lieu du rapport de $SH^2$ à fa diminution $2IH \times SH$, nous pouvons prendre le rapport de $SH$ à $2IH$ ou celui de $\frac{1}{2}SH$ à $IH$; & puifque ce rapport doit être le même que celui de $KH$ à $Oh$ qui exprime le petit chan-

gement de longueur du levier, nous aurons cette propor- Figure 89.
tion, $KH : Oh :: \frac{1}{2} SH : IH$. Nous pouvons d'ailleurs
mettre à la place du premier rapport, celui de $TH$ à $Hh$
qui lui eſt égal ; & à la place du ſecond rapport $\frac{1}{2} SH$ à $IH$,
nous pouvons ſubſtituer celui de $\frac{1}{2} HY$ à $Hh$. On aura
donc $TH : Hh :: \frac{1}{2} HY : Hh$. D'où il faut conclure que
$TH$ eſt égale à $\frac{1}{2} HY$, & que $HY$ eſt double de $TH$.

Ainſi, il eſt extrêmement facile, toutes les fois que la
diſpoſition de la voile $EM$ eſt donnée par rapport à la
quille, de déterminer pour quelle direction $VM$ du vent,
cette diſpoſition eſt la plus avantageuſe, lorſqu'il s'agit
de faire tourner le Navire. Ayant décrit ( *fig.* 89 ) un
cercle d'un rayon $MH$ égal à l'intervalle compris entre
le mât & le centre de gravité du Navire, on n'a qu'à tirer
au point $H$ la tangente $HT$ qu'on prolongera juſqu'à ce
qu'elle rencontre la droite $ZK$ qui eſt perpendiculaire à
la quille, & qui eſt éloignée du point $M$ de la diſtance $MZ$
égale à la demi-largeur de la voile ou plutôt à $MK$ de
la figure 88. Il ne reſtera plus enſuite qu'à faire $HY$
double de $HT$, & tirer $VMY$ : on aura l'angle d'incidence convenable $VME$, & on connoîtra la direction
$VM$ qu'il faut que ſuive le vent pour que le moment
de ſon effort ſoit un *maximum*. Rien n'empêche après
cela de faire la même opération pour un grand nombre de
différentes diſpoſitions de la voile, & de former une table
de tous les réſultats. Au reſte, nous laiſſons aux lecteurs à
diſcuter les autres cas dans leſquels il s'agit ſimplement de
tranſporter $MZ$ dans un ſens contraire, & de donner auſſi
quelquefois à la direction $UD$ dans la figure 88 une ſituation
différente par rapport à la perpendiculaire $FD$ à la voile.

## Trouver la diſpoſition la plus avantageuſe d'une voile pour faire tourner le Vaiſ-ſeau, lorſque cette voile eſt inclinée.

Le problême le plus compliqué qui ſe préſente ſur ce
ſujet, c'eſt lorſque la voile qu'il s'agit d'orienter eſt mobile

fur un axe incliné. On a dans la Marine plufieurs de ces voiles : l'artimon eft foutenu par une vergue inclinée, & plufieurs autres voiles, au lieu d'être fufpendues à des vergues, le font à de gros cordages qu'on nomme étais, lefquels partant du haut des mâts, & venant fe fixer vers la proue, font, avec l'horifon, un angle de 40 ou 45 degrés. Toutes ces voiles font triangulaires & difpofées à peu-près comme dans la figure 90.

Figure 90. $AB$ eft la quille ou une ligne exactement horifontale qui répond au-deffus ; & $AH$ eft un de ces cordages qu'on nomme étais & auxquels on applique quelquefois des voiles triangulaires comme $HAI$. Si on portoit le point $I$ en $E$ & qu'on l'y arrêtât, cette voile fe trouveroit parfaitement parallele à la quille, & elle feroit dans la fituation la plus avantageufe pour pouffer le Navire de côté & pour le faire tourner, fuppofé que le vent eût une direction perpendiculaire à la quille. Mais fi le vent foufle du côté de la poupe, on pourra, en donnant de l'obliquité à la voile & en la bordant en $I$, gagner par la grandeur de l'impulfion & avec excès, ce qu'on perd du côté de l'obliquité de l'effort par rapport à la quille.

Nous prenons le point $F$ pour le centre d'effort ; l'impulfion s'exercera fur le prolongement de $MF$ qui eft perpendiculaire à la furface de la voile, & elle fe décompofera en divers fens. Si $MF$ repréfente l'effort abfolu, nous aurons $KF$ pour l'effort relatif dans le fens vertical qui tend à foulever la proue. Pendant ce même temps-là la voile agira dans le fens horifontal avec toute la force repréfentée par $MK$ ; & c'eft cette derniere force qui travaillera à faire tourner le Navire avec un bras de levier qu'on formera en abaiffant du centre de gravité $C$ du Vaiffeau, une perpendiculaire $CQ$ fur $MK$. Ainfi le problême fe réduit à faire un *maximum* du produit de la force qui s'exerce felon $MK$, multipliée par $CQ$.

Nous pouvons encore, fi nous le voulons, faire une nouvelle décompofition de la force qui agit felon $MK$. Nous n'avons, au point $R$, où $KM$ coupe la quille, qu'à diſtinguer deux forces relatives horiſontales ; l'une qui agit ſelon $ER$ & qui ne tend qu'à faire avancer le Navire, l'autre qui s'exerce perpendiculairement à la quille ſelon $NR$ & qui travaille à le faire tourner. Mais cette derniere agit avec le bras de levier $CR$, & elle a exactement le même moment que toute la force horiſontale qui agit avec le bras de levier $CQ$.

Il ſera au reſte très-facile, en regardant comme donné l'angle $IAB$ que fait la baſe de la voile avec la quille, de trouver les valeurs de toutes les lignes que nous venons de ſpécifier. Lorſque nous diſons que $IA$ eſt la baſe de notre voile, nous n'entendons pas que ſon côté inférieur vienne juſqu'en $IA$, nous voulons ſimplement dire que la ſurface de cette voile ſuppoſée plane, étant prolongée, coupe le plan horiſontal $IAMB$ dans la ligne $IA$. Le triangle $IEA$ eſt rectangle en $E$ ; & ſi nommant $a$ la ligne $AE$ que nous prenons pour ſinus total, nous déſignons par $q$ le ſinus de l'angle $IAC$, nous aurons $\frac{aq}{\sqrt{a^2-q^2}}$ pour l'expreſſion de $EI$ qui eſt la tangente du même angle. Suppoſé, après cela, qu'on porte le point $I$ plus loin ſur la ligne $EI$, la droite $DI$ pourra toujours être conçue perpendiculaire au cordage $AH$ & paſſer par le centre d'effort $F$. Cette même ligne ſera l'hypothénuſe du triangle rectangle $DEI$ dont le côté $DE$ eſt conſtant, & l'autre côté $EI$ a pour valeur $\frac{aq}{\sqrt{a^2-q^2}}$. De $ID$, on ôtera $DF$ qui eſt invariable, on aura $IF$ qui ſervira à trouver $FL$ & $FK$.

On conſidérera auſſi que le triangle $IFM$ eſt rectangle en $F$, & qu'il eſt ſemblable au triangle $DEI$ rectangle en $E$. Ainſi on trouvera aiſément $FM$ & $IM$ dont les valeurs ſerviront à chercher celles de $ML$ & enſuite de $MK$. On cherchera après cela $ER$ qui étant ajoutée à $CE$ donnera $CR$ ; & faiſant attention que le triangle $CQR$ rectangle en $Q$ eſt ſemblable au triangle $MER$ ou au triangle $MLK$, on trouvera $CQ$ qui eſt la longueur du bras de levier.

Figure 90.

On voit évidemment que dans toutes ces valeurs il n'y aura d'autre variable que $q$ finus de l'angle que fait la bafe de la voile avec la quille. Il n'y aura non plus que cette feule variable dans le finus de l'angle que la voile fait avec l'horifon. Comme cette voile eft perpendiculaire à $FM$ & que $FK$ eft verticale, l'inclinaifon de la voile ou l'angle qu'elle fait avec l'horifon, eft égal à l'angle $KFM$; & continuant à prendre $a$ pour finus total, nous aurons donc $a \times \frac{MK}{MF}$ pour le finus de cet angle, & $a^2 \times \frac{MK^2}{MF^2}$ pour fon quarré. La grandeur de l'impulfion eft proportionelle à ce quarré; mais ce n'eft pas toute cette force qui tend à faire tourner le Navire, c'eft fimplement fa partie qui s'exerce dans $MK$. Pour trouver cette partie nous ferons cette proportion, $MF : MK :: a^2 \times \frac{MK^2}{MF^2} : a^2 \times \frac{MK^3}{MF^3}$; & multipliant ce dernier terme par le bras de levier $CQ$, il nous viendra $\frac{a^2 \times MK^3 \times CQ}{MF^3}$ pour le moment avec lequel la voile travaille à faire tourner le Navire, en tant que fon effort ne dépend que de fa fituation, & non pas de la direction du vent.

Toutes ces chofes étant fuppofées, fi nous nommons $z$ le finus de l'angle $VAI$ que fait le vent avec la bafe de la voile, il faudra que nous multipliïons le moment que nous venons de trouver par le quarré $z^2$ du finus de l'angle $VAI$. Car l'impulfion d'un fluide fur une furface inclinée eft proportionnelle au quarré du finus de l'inclinaifon multiplié par le quarré du finus de l'obliquité du fluide par rapport à la bafe de la même furface. * Voyez Liv. I. Section III. Chap. I. C'eft donc $\frac{a^2 \times MK^3 \times CQ \times z^2}{MF^3}$ qu'il faut rendre un *maximum*; mais pour cela il faut qu'il y ait même rapport de la première partie $\frac{a^2 \times MK^3 \times CQ}{MF^3}$ à fa différentielle $d\left(\frac{a^2 \times MK^3 \times CQ}{MF^3}\right)$, que de la feconde partie ou du fecond facteur $z^2$ à fa différentielle $2z\,dz$. C'eft-à-dire qu'il faut que

$$\frac{d\left(\frac{a^2 \times MK^3 \times CQ}{MF^3}\right)}{\frac{a^2 \times MK^3 \times CQ}{MF^3}} = -\frac{2z\,dz}{z^2} = -\frac{2\,dz}{z}.$$

Nous avons déja remarqué que la valeur de $\dfrac{a^2 \times M K^2 \times C Q}{M F^2}$ Figure 90. n'eſt formée que de conſtantes mêlées avec la variable $q$; elle eſt une fonction de $q$; & nous pouvons par conſéquent exprimer le premier membre de notre équation différentielle d'une maniere générale, par $\dfrac{dq}{Q}$, ce qui nous donnera $\dfrac{dq}{Q} = \dfrac{z\,dz}{z}$.

Mais nous avons encore une condition à énoncer. Lorſqu'on fait croître le ſinus $q$, l'angle $BAI$ formé par la baſe de la voile & par la quille augmente du petit angle $\dfrac{dq}{\sqrt{a^2-q^2}}$ qui eſt meſuré par le petit arc $\dfrac{a\,dq}{\sqrt{a^2-q^2}}$ qui correſpond à la petite variation $dq$ du ſinus $q$. Dans ce même temps l'angle $VAI$ de la direction du vent & de la baſe de la voile doit augmenter de la même quantité, puiſque la direction $VA$ eſt conſtante, ou que l'angle $VAB$ eſt invariable, & que l'angle $VAI$ dont $z$ eſt le ſinus ne change que par l'augmentation de l'angle $BAI$. Nous aurons donc $\dfrac{dq}{\sqrt{a^2-q^2}} = \dfrac{dz}{\sqrt{a^2-z^2}}$, & ſi nous diviſons cette ſeconde équation par la premiere, il nous viendra $\dfrac{Q}{\sqrt{a^2-q^2}} = \dfrac{z}{z\sqrt{a^2-z^2}}$ ou $\dfrac{az}{\sqrt{a^2-z^2}} = \dfrac{2aQ}{\sqrt{a^2-q^2}}$ qui ne contient plus de différentielle, & qui nous marquant en grandeurs connues la valeur de $\dfrac{az}{\sqrt{a^2-z^2}}$, réſoud parfaitement le problême.

On voit ſans doute que $z$ étant le ſinus de l'angle $VAI$, l'expreſſion $\dfrac{az}{\sqrt{a^2-z^2}}$ indique la tangente de cet angle, & qu'ainſi nous trouverons par la formule $\dfrac{az}{\sqrt{a^2-z^2}} = \dfrac{2aQ}{\sqrt{a^2-q^2}}$, autant de différents angles $VAI$ que nous attribuerons de différentes grandeurs à l'angle $BAI$. Pour chaque valeur de $q$ ou de l'angle $BAI$, nous trouverons une valeur correſpondante de l'angle d'incidence, & il n'y aura qu'à raſſembler dans une table tous ces angles correſpondants.

J'ai, pour abréger le calcul, négligé le changement de

Figure 90. 320 *DE LA MANOEUVRE DES VAISSEAUX.*

place du centre d'effort $F$; & nommant $b$ la tangente de l'inclinaifon de l'etai $AH$, par rapport à l'horifon, j'ai eu $\dfrac{b}{\sqrt{a^2+q^2}}$ pour la valeur de $\dfrac{MK}{MF}$ & $\dfrac{3a^2q\,dq+b^2q\,dq-2q^3dq}{b^2+q^2\times a^2-q^2}$ pour celle de $\dfrac{dq}{Q}=\dfrac{2\,dz}{z}$; & divifant cette équation par l'autre $\dfrac{dq}{\sqrt{a^2-q^2}}=\dfrac{dz}{\sqrt{a^2-z^2}}$, il m'eft venu $\dfrac{az}{\sqrt{a^2-z^2}}=\dfrac{2b^2+2aq^2\times\sqrt{a^2-q^2}}{3a^2q+b^2q-2q^3}$ qui marque d'une maniere très-fimple, la relation du finus $q$ de l'angle $BAI$ de la voile & de la quille, & de la tangente de l'angle d'incidence $VAI$ du vent par rapport à la bafe de la voile.

Cette folution, quoique particuliere, eft encore très-générale. Si on rend infinie la tangente $b$ de l'angle $BAH$ ou fi on rend exactement vertical l'axe $AH$, on doit retomber dans la premiere des folutions du Chapitre précédent. Il vient en effet, $\dfrac{az}{\sqrt{a^2-z^2}}=\dfrac{2ab^2\sqrt{a^2-q}}{b^2q}=\dfrac{2a\sqrt{a^2-q^2}}{q}$; ce qui nous apprendroit, fi nous ne le favions déja, qu'une voile fituée verticalement, ne pouffe le plus qu'il eft poffible felon une direction perpendiculaire à la quille ou felon toute autre ligne donnée, que lorfqu'elle partage l'angle formé par la direction du vent & par cette ligne en deux angles partiaux, dont le premier ait fa tangente double de celle du fecond.

*TABLE des difpofitions les plus avantageufes des voiles d'étais & des focs pour faire tourner le Navire.*

| Angles du vent & de la quille. | | Angles de la bafe de la voile & de la quille | | Angles d'incidence du vent fur la voile. | | Angles du vent & de la quille. | | Angles de la bafe de la voile & de la quille | | Angles d'incidence du vent fur la voile. | |
|---|---|---|---|---|---|---|---|---|---|---|---|
| Deg. | Min. | Deg. | Min. | Deg. | Min. | Deg. | Min. | Deg. | Min. | Deg. | Min. |
| 90 | 0 | 0 | 0 | 90 | 0 | 33 | 41 | 22 | 30 | 56 | 11 |
| 82 | 29 | 2 | 30 | 85 | 1 | 29 | 14 | 25 | 0 | 54 | 14 |
| 75 | 11 | 5 | 0 | 80 | 11 | 25 | 1 | 27 | 30 | 52 | 31 |
| 68 | 6 | 7 | 30 | 75 | 36 | 21 | 3 | 30 | 0 | 51 | 3 |
| 61 | 22 | 10 | 0 | 71 | 22 | 17 | 15 | 32 | 30 | 49 | 45 |
| 55 | 2 | 12 | 30 | 67 | 32 | 13 | 38 | 35 | 0 | 48 | 38 |
| 49 | 7 | 15 | 0 | 64 | 7 | 10 | 8 | 37 | 30 | 47 | 38 |
| 43 | 36 | 17 | 30 | 61 | 6 | 6 | 42 | 40 | 0 | 46 | 42 |
| 38 | 28 | 20 | 0 | 58 | 28 | 3 | 20 | 42 | 30 | 45 | 50 |
|  |  |  |  |  |  | 0 | 0 | 45 | 0 | 45 | 0 |

Lorfque

Lorfque le vent vient de la poupe, la voile doit être Figure 90.
*bordée* comme dans la figure 90; mais fi le vent venoit de
la proue, il faudroit que la voile fût bordée dans un fens
contraire : nous voulons dire, qu'il faudroit porter le point
*I* fur le flanc du Navire qui eft expofé au vent, & ce feroit donc alors la furface antérieure de la voile qui feroit
fujette à l'impulfion. Nous avons fuppofé l'inclinaifon de
l'étai *A H* de 45 degrés.

---

# CHAPITRE IX.

*De la fituation la plus avantageufe du
Gouvernail, lorfque fes diverfes parties
font frappées par l'eau felon différentes
directions.*

Nous nous fommes engagés ci-devant à examiner
avec plus de foin l'action du gouvernail, en confidérant
les diverfes directions que l'eau peut tenir en le venant
frapper. Nous avons vu que ce fluide s'affujettiffoit à fuivre
les contours de la poupe, & qu'ainfi il n'avoit pas pour
directions des parallèles à la quille, lorfqu'il rencontroit
le gouvernail. La vîteffe pourroit auffi être inégale en
haut & en bas, puifqu'elle dépend de la rapidité du fillage,
& outre cela de l'effort que fait le fluide pour remplir l'efpece de vuide que le Navire laifferoit derriere lui, fi le
fluide n'alloit l'occuper fur le champ. Le phyfique dont
cette matiere eft compliquée demanderoit à être éclairci
par des expériences auxquelles j'ai penfé plufieurs fois,
mais que je n'ai pas eu occafion de faire. En attendant,
il fe préfente ici un nouveau problême à réfoudre.

Nous fuppofons donc que la figure 91 repréfente l'ex- Figure 91.
trêmité de la poupe & que *A B H G* eft le gouvernail.
L'eau frappe en bas fa furface, en fuivant des directions

S s

Figure 91. paralleles à la quille *D A*, au lieu qu'en haut le fluide a
pour directions des paralleles à *E B*. Si nous nous imaginons que *E D F* est une coupe verticale de la carene faite
perpendiculairement à la quille, très-près de l'extrêmité
de la poupe, les lignes *D E* & *D F* feront fenfiblement
droites; mais l'angle *E D F* fera plus ou moins ouvert à
diverfes diftances de l'étambot *A B*, & il fe réduira à rien,
ou ce qui revient au même, il deviendra infiniment petit
en *A B*. Ces fuppofitions n'empêchent pas que toutes les
lignes horifontales, comme *I L* tracées fur la furface de la
poupe dans la petite portion de l'arriere que nous confidérons, ne foient exactement droites. La furface fera
courbe, & néanmoins comme les Géometres peuvent le
démontrer aifément, elle fera formée de lignes droites
dans deux divers fens; dans le fens horifontal, lorfqu'on
la coupera par des plans paralleles à l'horifon, & dans le
fens vertical lorfqu'on la coupera dans le fens perpendiculaire à la quille.

Il fuit encore de-là que les tangentes des angles *L I K*
qui marquent l'obliquité du fluide par rapport à la quille,
croiffent en progreffion arithmétique, à mefure qu'on confidere des points plus élevés du gouvernail. En effet, fi
on prend pour finus total la ligne *I K* qui répond exactement au-deffus de la quille *A D*, on aura la demi-largeur
*K L* de la carene au point *K* pour tangente de l'angle *L I K*;
& il eft évident que *K L* eft continuellement proportionnelle à *D K* ou à *A I*. En bas, la demi-largeur de la carene eft nulle dans la coupe *E D F*, & en haut elle devient
*C E*. Nous défignons cette plus grande demi-largeur par *e*;
nous nommerons *a* le finus total & *z* les demi-largeurs
intermédiaires *K L* qui font les tangentes des angles *L I K*;
ou nous prendrons plutôt *z* pour les finus de ces angles,
afin de rendre nos calculs plus fimples, & de mettre en
même temps plus de conformité entre notre figure, &
celle de la poupe des Navires. Les lignes *D E* deviendront un peu courbes, & elles tourneront leur concavité
endehors. Ce changement ne fera aucun mal; la lettre *z*

Figure 91.

désignera auffi toujours les hauteurs $AI$ qui font proportionnelles aux $KL$ : car nous pouvons confondre ici diverfes quantités qui font dans le même rapport les unes que les autres. Nous nommerons enfin $s$ le finus de l'angle $GAX$, que le gouvernail fait avec le prolongement de la quille.

L'angle d'incidence du fluide fur le gouvernail eft formé en chaque endroit de l'angle que le gouvernail fait avec la quille, & de celui que la quille fait avec la direction du fluide. Si la figure 92 eft une coupe de la carene, faite

Figure 92.

parallélement à l'horifon à une certaine hauteur audeffus de la quille, l'angle d'incidence fera $NOI$ qui eft la fomme de l'angle $NOS$ égal à l'angle $LIK$ dont $z$ eft le finus, & de l'angle $SOI$ égal à l'angle $GAX$ dont le finus eft $s$. Ainfi, nous aurons felon les éléments de la Trigonométrie,

$$\frac{s\sqrt{a^2-z^2}+z\sqrt{a^2-s^2}}{a}$$

pour le finus de l'angle d'incidence ; & fi nous l'élevons au quarré, il nous viendra

$$a^2 s^2 - 2z^2 s^2 + a^2 z^2 + 2zs\sqrt{a^2-z^2}\sqrt{a^2-s^2}$$ pour l'expreffion du choc abfolu $OP$ de l'eau fait au point $O$. Nous fuppofons que les vîteffes du fluide font par-tout égales ; & outre cela nous négligeons de divifer par $a^2$, de même que nous pouvons négliger toutes les autres quantités conftantes qui ne changent point le rapport entre les impulfions que nous voulons comparer. Le choc fe fait avec la même incidence fur tout le petit rectangle élémentaire $Mi$ de la furface du gouvernail ; & fi nous fuppofons que toutes les largeurs $MI$ font égales, il nous fuffira de multiplier le quarré du finus d'incidence par la petite hauteur $Ii$ qui eft proportionnelle à $dz$ & que nous pouvons exprimer par conféquent par cette différentielle. Nous aurons donc $a^2 s^2 dz - 2z^2 s^2 dz + $ $a^2 z^2 dz + 2szdz\sqrt{a^2-z^2}\sqrt{a^2-s^2}$ pour l'impulfion abfolue de l'eau fur la petite portion élémentaire $Mi$ du gouvernail. Cette impulfion eft indiquée par $OP$ (*fig.* 92) & il ne nous refte qu'à la décompofer en $OR$ & en $OQ$ pour connoître la force relative qui travaille à faire tourner le Navire.

Figure 91.
& 92.

Nous favons déja que nous pouvons négliger la partie $QR$, de même que nous pouvons nous difpenfer d'avoir égard au changement de bras de levier auquel l'effort $OQ$ eft appliqué. Nous trouverons ce dernier effort par cette analogie ; le finus total $a$ eft à $OP = a^2 s^2 dz - 2 s^2 z^2 dz + a^2 z^2 dz + 2 s z dz \sqrt{a^2 - z^2} \sqrt{a^2 - s^2}$, comme le finus $\sqrt{a^2 - s^2}$ de l'angle $OPQ$ eft à $a^2 s^2 dz \sqrt{a^2 - s^2} - 2 s^2 z^2 dz \sqrt{a^2 - s^2} + a^2 z^2 dz \sqrt{a^2 - s^2} + 2 a^2 s z dz \sqrt{a^2 - z^2} - 2 s^3 z dz \sqrt{a^2 - z^2}$ pour l'expreffion de $OQ$. Mais cette expreffion n'eft que pour la petite furface $Mi$, & il faut l'intégrer pour avoir l'impulfion fur toute la furface du gouvernail.

Il n'y a actuellement ici de variable que $z$ qui augmente à mefure qu'on examine des points plus hauts de la carene. L'intégrale eft $a^2 s^2 z \sqrt{a^2 - s^2} - \frac{2}{3} s^2 z^3 \sqrt{a^2 - s^2} + \frac{1}{3} a^2 z^3 \sqrt{a^2 - s^2} - \frac{2}{3} a^2 s \times \overline{a^2 - z^2}^{\frac{3}{2}} + \frac{2}{3} s^3 \times \overline{a^2 - z^2}^{\frac{3}{2}}$ ; mais en faifant $z = o$, on reconnoît que cette expreffion n'eft pas complete, & qu'il faut y ajouter $+ \frac{2}{3} a^5 s - \frac{2}{3} a^3 s^3$ ; ce qui nous donne $a^2 s^2 z \sqrt{a^2 - s^2} - \frac{2}{3} s^2 z^3 \sqrt{a^2 - s^2} + \frac{1}{3} a^2 z^3 \sqrt{a^2 - s^2} - \frac{2}{3} a^2 s \times \overline{a^2 - z^2}^{\frac{3}{2}} + \frac{2}{3} s^3 \times \overline{a^2 - z^2}^{\frac{3}{2}} + \frac{2}{3} a^5 s - \frac{2}{3} a^3 s^3$ pour l'impulfion relative felon $OQ$ que reçoit chaque partie fenfible du gouvernail à commencer d'en bas. Nous n'avons qu'à faire $z = e = CE$ ; & nous aurons pour tout le gouvernail l'impulfion relative,

$a^2 e s^2 \sqrt{a^2 - s^2} - \frac{2}{3} e^3 s^2 \sqrt{a^2 - s^2} + \frac{1}{3} a^2 e^3 \sqrt{a^2 - s^2} - \frac{2}{3} a^2 s \times \overline{a^2 - e^2}^{\frac{3}{2}} + \frac{2}{3} s^3 \times \overline{a^2 - e^2}^{\frac{3}{2}} + \frac{2}{3} a^5 s - \frac{2}{3} a^3 s^3$ qui produit feule le mouvement de rotation du Navire.

Il s'agit maintenant de faire de cette impulfion un *maximum* en rendant $s$ variable ou en faifant augmenter ou diminuer l'angle que le gouvernail fait avec la quille. Nous prenons pour cela la différentielle de cette impulfion, & nous l'égalons à zéro. La différentielle eft

$2 a^2 e s ds \sqrt{a^2 - s^2} - \dfrac{a^2 e s^3 ds}{\sqrt{a^2 - s^2}} - \frac{4}{3} e^3 s ds \sqrt{a^2 - s^2} +$

$$\frac{2e^5 s^3 ds}{3\sqrt{a^2-s^2}} - \frac{1}{3}a^2 ds \times \overline{a^2 - e^2}^{\frac{3}{2}} + 2s^2 ds \times \overline{a^2 - e^2}^{\frac{3}{2}} +$$

$\frac{2}{3}a^5 ds - 2a^3 s^2 ds$ ; & fi_ après y avoir fait quelques légeres réductions, on l'égale à zéro, on aura $\frac{2e^3 - 3a^2 e}{\sqrt{a^2-s^2}}$

$$\times s^3 + \frac{2a^4 e - \frac{5}{4}a^2 e^3}{\sqrt{a^2-s^2}} \times s + \overline{a^2 - 3s^2} \times \frac{1}{3}a^2 - \frac{1}{3} \times \overline{a^2 - e^2}^{\frac{1}{2}} = 0$$

qui contient la folution du Problême.

Tout eft connu dans cette équation, en exceptant $s$ que nous voulons découvrir. On aura la grandeur de $CE$ en examinant l'angle $EBF$ ( *fig. 91.*) par lequel fe termine la poupe à fleur d'eau ou dans le plan de fa flottaifon. Si on fuppofe que cet angle eft de 60 degrés, comme il l'eft effectivement dans plufieurs Navires, on aura $e = \frac{1}{2}a$, & introduifant cette valeur dans notre équation, elle deviendra à très-peu près $\frac{\frac{19}{24}a^2 s - \frac{5}{4}s^3}{\sqrt{a^2-s^2}} + \frac{7}{30}a^2 - \frac{7}{10}s^2 = 0.$

Nous difons à très-peu près ; parce que nous nous fommes permis quelques négligences dans la réduction des fractions. On jugera peut-être qu'il vaut autant laiffer cette équation fous cette forme pour la réfoudre par approximation. On trouvera enfin que l'angle du gouvernail avec le prolongement de la quille doit être d'environ $46\frac{1}{3}$ degrés pour produire le plus grand effet poffible. Ainfi nous n'avions pas tort d'affurer dans le premier Chapitre de cette fection, qu'il falloit diminuer de la grandeur affignée à cet angle par les Géometres ; mais qu'il ne falloit pas pour cela le rendre auffi petit qu'on le fait toujours actuellement dans la Marine.

## SECONDE SECTION.

### Sur le plus ou le moins de facilité qu'ont les Navires à recevoir le mouvement de rotation ou à bien gouverner.

APRÉS avoir traité des moyens qu'on employe en mer pour faire tourner les Vaiſſeaux, il eſt naturel que nous examinions les circonſtances de ce mouvement, & que nous voyions s'il eſt poſſible d'augmenter la facilité ou la promptitude avec laquelle le Navire doit le recevoir.

## CHAPITRE PREMIER.

### *Que les temps employés à faire les mêmes évolutions par différents Vaiſſeaux, ſont comme les longueurs de ces Vaiſſeaux.*

LES inſtruments ou les moyens dont on ſe ſert pour faire tourner les grands Vaiſſeaux ont plus de force que ceux qu'on employe pour faire tourner les petits ; mais la difficulté que les grands Vaiſſeaux font à recevoir le mouvement de rotation, eſt encore plus grande dans un plus grand rapport. On regle ordinairement la largeur du gouvernail ſur la largeur du Navire. Si un Vaiſſeau eſt deux fois plus long, deux fois plus large, deux fois plus profond, on donne deux fois plus de largeur à ſon gouvernail. Cet inſtrument enfonce auſſi deux fois plus dans l'eau, & il eſt appliqué à un bras de levier deux fois plus long. Ainſi il a un moment huit fois plus grand pour faire tourner le Vaisseau dont les dimensions simples sont deux fois plus grandes. Mais la difficulté que la grande masse apporte à se mouvoir seroit 32 fois plus grande dans le grand Vaisseau que dans le petit, s'ils tournoient du même nombre de degrés ; & il suit de là que le grand Vaisseau, lorsqu'il obéit à son gouvernail, ne doit changer de situation que d'un angle quatre fois moindre dans le même temps.

On n'a, pour s'en convaincre, qu'à concevoir les deux Navires divisés en un égal nombre de tranches verticales perpendiculaires à leur longueur. Ces tranches, puisque la carene est deux fois plus large & deux fois plus profonde dans le grand Navire, auront quatre fois plus de surface, & elles seront outre cela deux fois plus épaisses. Ainsi elles auront huit fois plus de solidité ; ce qui répond déja au moment ou à l'effort relatif huit fois plus grand du gouvernail. Mais ce n'est pas là tout ce qu'il faut compter pour avoir la résistance que le grand Vaisseau oppose au mouvement qu'on veut lui imprimer. Ses tranches sont deux fois plus éloignées de son centre de gravité, puisque ces distances sont proportionnelles aux autres dimensions simples des Navires. En supposant donc que l'évolution est du même nombre de degrés ou de minutes, les parties du grand Vaisseau auront à parcourir des arcs deux fois plus grands ; & cette plus grande vîtesse multipliée par la masse de chaque tranche qui est huit fois plus grande, donnera 16 fois plus de mouvement. L'inertie s'exerceroit par conséquent 16 fois davantage ; & comme elle est appliquée à un bras de levier deux fois plus long, ou qu'elle est placée deux fois plus avantageusement pour résister, le moment de la résistance seroit 32 fois plus grand ; & il seroit donc quatre fois plus fort à proportion que l'agent consideré avec son levier particulier. Or la nature n'a ici qu'un seul moyen de mettre l'équilibre ou l'égalité entre les deux moments. Il faut que le grand Vaisseau, au lieu de faire dans le même temps un angle de rotation aussi grand que le petit Navire, fasse un angle de rotation quatre fois moindre.

Nous devons dire la même chose des voiles : car leurs

largeurs & leurs hauteurs font à peu près proportionnelles dans tous nos Navires ; & si on multiplie la grandeur de leurs surfaces par le bras de levier, qui est aussi plus long à peu près dans le même rapport, on verra que l'effort relatif que font les voiles pour faire tourner le Navire, ou que leur moment par rapport au centre de gravité commun, est comme le cube de la longueur du Navire, ou comme cette longueur élevée à la troisieme puissance. Ce moment seroit 27 fois plus grand dans un Navire trois fois plus long & trois fois plus large ; & il seroit 64 fois plus grand dans un Navire dont les dimensions simples seroient quatre fois plus grandes. Mais si l'effort des voiles pour faire tourner le Navire, augmente dans un si grand rapport, le moment de la résistance que fait le Vaisseau seroit encore bien plus grand, supposé que l'évolution fût du même nombre de degrés, puisqu'outre que la quantité de la masse à mouvoir suit le rapport des cubes, cette plus grande masse auroit de plus grands arcs à décrire, & que sa résistance est appliquée à un bras de levier plus long. Tout compté, le moment seroit comme la cinquieme puissance de la longueur du Navire, ou trop grand dans le rapport du quarré de la longueur. Or l'équilibre ne peut naître entre les deux moments que par la diminution de l'angle de rotation, qui, en donnant moins de vîtesse aux parties de la masse, excitera moins leur inertie ou leur résistance. Ainsi cet angle doit suivre la raison inverse du quarré de la longueur du Vaisseau.

Si le grand Navire est 3 ou 4 fois plus long, il ne fera dans un temps donné qu'un angle de rotation 9 fois ou 16 fois plus petit ; mais cet angle observera les loix de l'accélération, puisque la vîtesse acquise dans les premiers instants ne se perd pas, & qu'elle va toujours en augmentant. Ainsi pour que le grand Vaisseau parvienne à un angle de rotation aussi grand que l'autre Navire, il lui faudra simplement 3 fois ou 4 fois plus de temps ; & ce sera toujours sensiblement la même chose : les temps que les Vaisseaux de différentes grandeurs, mais semblables, employeront à faire la même évolution, seront comme les longueurs de ces Navires.                                    Cette

Cette différence est justifiée par une expérience journaliere, on voit fréquemment qu'un petit Navire circule autour d'un grand, pendant que celui-ci reste comme immobile malgré l'action de toutes les forces qu'on employe pour le faire tourner. S'il ne faut que 4 ou 5 minutes à une corvette d'environ 60 pieds de longueur pour faire une certaine évolution, il faudra 10 ou 15 minutes pour faire la même évolution, dans nos plus grands Vaisseaux qui font deux ou trois fois plus longs. Cet inconvenient contribue beaucoup à augmenter le péril auquel les plus grands Vaisseaux font exposés proche des côtes. Ils trouvent peu de Ports propres à les recevoir; souvent il n'y a pas assez d'eau pour eux à une certaine distance de terre; & ce qui n'est pas quelquefois un moindre mal, ils ne changent pas assez vîte de direction, ils ne tournent pas assez promptement, lorsqu'il s'agit d'éviter quelque danger. Si on consentoit à rendre la barre du gouvernail plus courte d'une cinquieme ou sixieme partie dans les plus grands Vaisseaux, le mal cesseroit en partie : car on seroit maître ensuite de donner au gouvernail dans les rencontres pressantes une situation plus avantageuse, & on y gagneroit environ le quart du temps qu'on perd actuellement à imprimer le mouvement de rotation.

Au reste ce désavantage des gros Vaisseaux tient à d'autres propriétés qui font réellement avantageuses. D'un gros temps, un grand Vaisseau n'est que peu agité par le choc des vagues, & il est tranquille pendant qu'un petit Navire reçoit toute l'agitation de la mer. Un grand Vaisseau est moins sujet, comme on l'a vu, au roulis & au tangage, ces balancements dont nous avons parlé, qui se font dans le sens de la largeur & dans le sens de la longueur. Cela vient de ce qu'une grande masse prend toujours plus difficilement de la vîtesse, & de ce que le volume du corps contribue encore souvent à augmenter cette difficulté par l'augmentation qu'il apporte à ses bras de leviers. C'est aussi par les mêmes raisons que les grands Vaisseaux obéissent difficilement au gouvernail & aux voi-

les lorfqu'il s'agit de changer de directions. Mais puifqu'ils
ont l'avantage de rouler & de tanguer peu, & qu'ils portent cette propriété à un très-haut degré, on eft autorifé
à en facrifier une petite partie, lorfqu'on les conftruit ou
même lorfqu'on arrange leur charge ; & le Navigateur peut
mettre toute fon attention à faire enforte qu'ils gouvernent
moins lentement.

# CHAPITRE II.

## *Moyen de calculer le temps employé par un Vaiffeau à tourner d'une certaine quantité.*

LES principes que nous avons établis dans la feconde
Section du Livre précédent nous mettent en état de faire
aifément ce calcul. Nous avons vu qu'un Navire, ou que
tout autre corps pouffé par un point différent de fon centre de gravité, prenoit néanmoins tout le mouvement
employé réellement à le pouffer. Il faut confidérer le
Vaiffeau comme parfaitement libre ; car l'eau ne fait de
réfiftance fenfible qu'à une grande vîteffe, & elle ne réfifte pas à un mouvement qui ne fait que commencer.
D'ailleurs le mouvement n'eft ici altéré par l'intervention
d'aucun levier, & il eft exprimé par la vîteffe que prend
le centre de gravité. Ainfi, s'il étoit poffible de pouffer le
Navire de côté avec une force équivalente à toute fa pefanteur, fon centre de gravité prendroit la même vîteffe,
qu'un corps qui tombe librement vers la terre par l'action
de fa pefanteur ; mais comme la force employée à pouffer
le Navire eft toujours très-petite en comparaifon de fa
pefanteur, fon centre de gravité doit faire auffi moins de
chemin dans le même rapport.

Repréfentons-nous un des plus grands Vaiffeaux qui
pefe 3600 tonneaux ou 7200000 livres, & confidérons-le

lorſqu'il fait plus de deux lieues par heure, & lorſque ſon gouvernail ſitué obliquement avec un angle de 45 degrés, pouſſe la poupe de côté avec une force d'environ 3000 liv. Cette force, au lieu d'être égale à la peſanteur totale du Vaiſſeau, n'en eſt qu'environ la 2400ᵉ partie; & il ſuit de-là que le centre de gravité du Vaiſſeau, au lieu de prendre cette grande vîteſſe avec laquelle nous voyons les corps ſe précipiter vers la terre, n'en prendra que la 2400ᵉ partie. Si on veut connoître la grandeur de l'effet dans une demi-minute ou 30 ſecondes, on trouvera dans la petite Table inſérée dans le ſecond Chapitre de la ſeconde Section du Livre précédent, qu'un corps qui tombe librement deſcend de 13575 pieds dans les 30 premieres ſecondes; mais puiſque le Vaiſſeau eſt expoſé à une force 2400 fois plus foible à proportion de ſa maſſe, il ne doit, en cédant à l'effort de ſon gouvernail, avancer de côté que de la 2400ᵉ partie de 13575 pieds; & par conſéquent ſon centre de gravité ne fera qu'environ 5 $\frac{1}{8}$ pieds. C'eſt-là un des effets de l'action du gouvernail.

Si la figure 73 repréſente le Vaiſſeau dont il s'agit, & que l'effort latéral $NL$ que fait le gouvernail en pouſſant de côté ſoit 2400 fois plus foible que la peſanteur du Navire, le centre de gravité $G$ paſſera en $g$ & parcourra donc en une demi-minute le petit eſpace $Gg$ qui ne ſera que de 5 $\frac{5}{8}$ pieds. Nous n'aurons toujours, pour découvrir la grandeur de cet eſpace, qu'à faire cette ſimple analogie, la peſanteur totale du Navire eſt à l'eſpace parcouru par un corps qui tombe librement par l'effet de ſa peſanteur, comme la force qui pouſſe le Navire de côté ſera à $Gg$.

Mais nous avons après cela le mouvement de rotation ou le mouvement gyratoire à conſidérer. Ce mouvement dépend du point $C$ qui reſte immobile ou qui ſert de centre de converſion; & nous avons vu dans le premier Livre * que ce point eſt toujours ſitué de l'autre côté du centre de gravité $G$, par rapport à l'agent qui travaille à produire le mouvement. Si toute la maſſe du Navire ſe réduiſoit à la groſſeur de ſa quille, le point $C$ ſur lequel ſe feroit le

* Voyez le Chap. XIII. de la ſeconde Section.

Figure 73.

mouvement de rotation par l'action du gouvernail, feroit éloigné du centre de gravité $G$ de la fixieme partie de toute la longueur $AB$. Suppofé que le Vaiffeau eût la figure d'un parallélipipede rectangle quatre fois plus long que large, le centre de converfion $C$ feroit un peu plus loin du centre de gravité $G$, il feroit à la diftance $CG$ qui auroit le même rapport à toute la longueur $AB$ que 17 à 96.

Mais ce n'eft pas la même chofe lorfqu'on fait fouffrir quelque diminution à la groffeur du Navire par fes deux extrêmités. Si on lui donne la figure d'un fphéroïde ellip-tique quatre fois plus long que large, l'intervalle $CG$ en-tre les deux centres ne fera plus que la $9\frac{7}{17}^e$ partie de toute la longueur $AB$; c'eft-à-dire, que lorfqu'il s'agit de l'effet du gouvernail, l'efpace $CG$ eft à la longueur du Navire comme 17 à 160. Si on pouvoit diminuer encore plus la groffeur du Navire par l'avant & par l'arriere, qu'on pût les réduire, par exemple, à des angles rectilignes d'en-viron 28 degrés 58 minutes, ou qu'on pût donner à tout le corps du Navire la forme d'un rhombe dont une diago-nale fût quadruple de l'autre, l'intervalle $CG$ feroit en-core moindre, il ne feroit plus enfuite à $AB$ que comme 7 à 128, ou il n'en feroit qu'une $18\frac{2}{7}^e$ partie.

Il eft évident que, toutes chofes d'ailleurs égales, on ne fauroit rendre l'intervalle $GC$ trop petit, pour que le Navire gouverne mieux ou qu'il obéiffe plus promptement au gouvernail. Car $GC$ étant plus petit, l'angle de rota-tion $GCg$ qui eft foutenu par l'efpace $Gg$ parcouru par le centre de gravité $G$, fera d'autant plus grand que $GC$ fera moindre. C'eft ce que nous avons montré dans le premier Livre, & ce que nous fommes obligés de remet-tre fous les yeux des lecteurs. Il eft d'ailleurs de la plus grande importance de favoir que le centre $C$ de converfion des corps dépend extrêmement de leur figure, & que ce centre peut changer beaucoup de place par la diverfe for-me du folide, quoique le centre de gravité refte exacte-ment dans le même point.

Figure 75.

Si en conféquence de la forme du Vaiffeau, l'intervalle
GC eſt la 9ᵉ partie de toute la longueur AB, il fera
d'environ 20 pieds dans l'exemple que nous nous fommes
propoſé. Nous connoîtrons après cela les deux côtés Gg
& GC du triangle rectangle gGC, autant qu'il eſt néceſſaire. Le premier Gg eſt de 5⅛ pieds, & le fecond
GC fera de 20 pieds. Il n'y aura donc qu'à réfoudre le
triangle par le moyen d'une figure ou par le calcul pour
avoir l'angle de rotation BCb. On le trouvera de 15 degrés
51 minutes, & ce fera la quantité dont le Vaiffeau tourne
ou change de direction en 30 fecondes par l'action de fon
gouvernail.

Le Vaiffeau parcourra cet angle d'un mouvement accéléré, à cauſe de l'accélération du centre de gravité G le
long de Gg. Dans un temps plus long ou plus court, il
parcourra des angles qui feront comme les quarrés des
temps. Ainſi dans le quart de la demi-minute ou en 7½
fecondes, il changera feize fois moins de direction, &
il ne parcourra par conféquent qu'environ un degré dans
les premieres 7½ fecondes. Si le temps eſt au contraire
deux ou trois fois plus long que celui pour lequel nous
avons fait notre premier calcul, le Navire changera quatre
fois ou neuf fois plus de fituation. Il tournera donc d'environ 64 degrés en une minute entiere. Mais cette détermination eſt beaucoup moins exacte que les premieres par
plufieurs cauſes. Le gouvernail, dans les grandes évolutions, ceſſe d'être frappé avec la même force : de plus,
les degrés de mouvement ajoutés à ceux qu'a déja reçu le
Navire, ne forment plus une fomme dans laquelle rien
ne fe perde. Le centre de converſion C change de place ;
& enfin lorfque le mouvement de rotation eſt grand, les
extrêmités du Navire éprouvent une affez grande réfiſtance
de la part de l'eau en la choquant. Ainſi le mouvement
gyratoire du Navire ne doit fuivre la loi affignée, que
lorfqu'il s'agit de petits angles. Alors dans un temps double, le Navire change affez exactement quatre fois plus
de direction ; dans un temps triple, il en change neuf fois
plus, &c.

Figure 73. . Nous pouvons nous fervir de la même méthode pour découvrir l'effet d'une voile par rapport au mouvement de rotation. Cette voile fera parcourir de côté au centre de gravité $G$ du Navire un efpace $Gg$ qui fera également proportionnel à l'effort qu'elle fera dans le fens perpendiculaire à la quille. Mais il y aura de la différence à l'égard du centre de converfion ou de rotation. Comme la voile fera à une moindre diftance du centre de gravité $G$ que le gouvernail, le centre de rotation fera plus loin dans le même rapport, & toujours du côté oppofé à la voile à l'égard du centre de gravité. Ainfi, fuppofé qu'on fe ferve de l'artimon, le centre de converfion $C$ ou le point qui refte immobile pendant le mouvement de rotation, fera fimplement plus éloigné du centre de gravité $G$. Mais fi on fe fert de la mifaine ou de fon hunier, le centre de converfion fera vers la poupe; & il fera d'autant plus éloigné du centre de gravité $G$ que le mât de mifaine fera plus près de ce dernier centre.

Suppofons qu'on fe ferve effectivement des voiles du mât de mifaine $M$, & qu'elles ne foient éloignées du centre de gravité $G$ que de 60 pieds, au lieu que le gouvernail en étoit éloigné de 90; le centre de converfion $c$ fera en arriere du centre de gravité $G$, & l'intervalle $Gc$ fera d'autant plus grand que les voiles de mifaine font plus proche du centre de gravité $G$. L'intervalle $GC$ étoit de 20 pieds lorfqu'il s'agiffoit du gouvernail; & il fera donc de 30 pieds dans le fens contraire pour les voiles de mifaine. Mais il ne fuffit pas de connoître $Gc$, il faut que nous fachions la quantité $Gg$ dont le centre de gravité $G$ du Vaiffeau eft tranfporté de côté.

Les voiles du mât de mifaine ont à peu-près 7000 pieds quarrés de furface, & fi le vent fait un effort de 2 livres fur chaque pied quarré felon le fens perpendiculaire à la quille, l'effort total fera d'environ 14000 livres ou égal à environ une 590$^{me}$ partie de la pefanteur du Vaiffeau. Dans une demi-minute de temps le centre de gravité $G$ fera donc mû de prefque 23 pieds qui eft la 590$^{me}$ partie de

Figure 73.

la chûte naturelle ( 13575 pieds ) d'un grave en une demi-minute. Or cette grandeur de $Gg$ apportera plus d'augmentation à l'angle de rotation ou au changement de direction du Navire, que le plus grand intervalle $Gc$ n'y apportera de diminution. Nous ferons cette analogie : les 30 pieds de $Gc$ font au sinus total, comme les 23 pieds de $Gg$ seront à la tangente de l'angle de rotation $Gcg$ qui se trouvera de cette sorte d'environ $37\frac{1}{2}$ degrés.

## Expreſſion Algébrique de l'angle de rotation du Navire.

Avant de terminer ce Chapitre, nous donnerons une formule générale de l'angle de rotation, laquelle pourra servir dans quelques rencontres. Nous nommerons a la diſtance $BG$ du centre de gravité du Navire à l'extrêmité $B$ de ſa poupe, $c$ l'intervalle $GC$ entre le centre de gravité & le centre de converſion, lorſque le Navire eſt pouſſé par l'extrêmité de l'arriere, $b$ la diſtance $BM$ de cette même extrêmité au point $M$, où eſt appliqué l'agent qui cauſe le mouvement de rotation, $f$ la force abſolue de cet agent, $P$ la peſanteur du Vaiſſeau, & $t$ le nombre de ſecondes pour lequel on veut avoir l'angle de converſion. Nous aurons d'abord $15\frac{1}{12}t^{2}$ pour la chûte libre d'un grave exprimée en pieds-de-roi pendant le temps $t$. Mais l'eſpace $Gg$ parcouru par le centre de gravité du Navire doit être plus petit que $15\frac{1}{12}t^{2}$, dans le même rapport que $f$ eſt moindre que $P$. Nous aurons donc $\frac{15\frac{1}{12}t^{2}f}{P}$ pour l'expreſſion générale de $Gg$.

Nous avons déſigné par $c$ l'intervalle $GC$ entre les centres de gravité & de converſion pour le cas où le Navire eſt pouſſé par le point $B$ qui eſt éloigné du centre de gravité $G$ de la diſtance $a$; Mais lorſque le Navire eſt pouſſé par le point $M$, qui eſt éloigné du centre de gravité de la diſtance $MG = b - a$, l'intervalle entre les centres de gravité & de converſion doit être plus petit ou plus grand

Figure 73. en raison inverse de $BG$ & de $MG$. Nous aurons donc $\frac{ac}{b-a}$ pour la distance actuelle du centre de conversion $c$ au centre de gravité $G$; & il ne nous reste plus pour avoir la grandeur de l'angle de conversion $Gcg$ qu'à prendre $\frac{ac}{b-a}$ pour rayon, & chercher l'angle auquel répond $Gg = \frac{15\frac{1}{12}t^2 f}{P}$ pris pour tangente.

On peut faire encore mieux, on peut prendre $Gg$ pour un arc de cercle, & le chercher à proportion du rayon qui est égal à très-peu-près à 3438 minutes. La génération du mouvement étant une fois faite, nous pouvons faire abstraction du mouvement de $G$, & le point $c$ décrira ensuite autour de $G$ un arc de cercle exactement égal à $Gg$. Nous sommes par conséquent autorisés à faire cette analogie; l'intervalle $\frac{ac}{b-a}$ entre les centres de gravité & de conversion est à 3438 minutes, valeur du rayon ou du sinus total, comme $\frac{15\frac{1}{12}t^2 f}{P}$ valeur de $Gg$ sera à l'angle $Gcg$ qu'on trouve égal à $\frac{51856 \times t^2 f \times \overline{b-a}}{acP}$.

Nous aurons donc la *formule* $\frac{51856 \times t^2 f \times \overline{b-a}}{acP}$ pour la valeur de l'angle de rotation exprimée en minutes pour le nombre de secondes de temps $t$. Il suffira d'y introduire les valeurs de $f$ & de $P$, indiquées en livres ou en tonneaux, & les valeurs de $BG = a$, de $GC = c$ & de $BM = b$, énoncées en pieds-de-roi. Si on cherche l'effet que peut produire une des voiles de la proue située en $M$, $b$ sera plus grande que $a$ & l'angle de conversion se trouvera positif, quoiqu'il se fasse dans un sens contraire à celui que représente la figure 73. Si l'agent exerçoit sa force sur le Navire en le poussant par son centre de gravité, l'angle de rotation deviendroit nul. Les Lecteurs en savent la raison; le centre de conversion se trouveroit à une distance infinie, & le Navire en changeant de place resteroit toujours parallele à lui-même; il ne tourneroit pas. Enfin, si on vouloit avoir l'effet d'une voile de la poupe

poupe ou l'effet du gouvernail, l'angle fe trouveroit négatif ; c'eft-à-dire, qu'il feroit tel que l'exprime la fig. 73.
Nous pourrions nous difpenfer d'ajouter qu'il faut faire $b = 0$
pour le gouvernail. Mais nous ne faurions trop avertir que
notre formule n'eft d'une exactitude fuffifante que pour
les angles très-petits.

Figure 73.

# C H A P I T R E   III.

*Déterminer par l'expérience le centre de
gravité du Navire, & le point fur lequel
fe fait le mouvement de rotation.*

U NE chofe nous feroit très-avantageufe ; ce feroit
d'avoir quelque moyen commode de déterminer les
points de la longueur du Navire où fe trouvent le centre
de gravité & le centre de converfion. Nous avons donné
dans la premiere & feconde fection du livre précédent
des moyens de calculer la fituation de ces centres. Mais
outre que ces calculs font très-longs & très-rebutants, on
feroit fujet à tomber dans des erreurs confidérables par le
grand nombre d'omiffions qu'on pourroit commettre. Il
vaudroit donc bien mieux pouvoir parvenir aux mêmes déterminations par le moyen de quelques expériences affez
directes. Si on en faifoit l'application fur différents Navires pendant qu'ils font encore dans le port, on jugeroit
de leurs bonnes ou mauvaifes qualités, par rapport à leur
maniere de gouverner lorfqu'ils feroient en mer. On en
tireroit des lumieres qui éclaireroient les Conftructeurs, &
on en tireroit auffi quelquefois une utilité plus prochaine,
en apprenant les changements qu'il feroit à propos de
faire à la diftribution de la charge, & des autres parties
qu'on a la liberté de changer de place dans le Vaiffeau.

Nous avons fouhaité qu'on conftatât en mer pour chaque Navire l'état dans lequel on remarque qu'il navigue

le mieux. On examineroit avant cela à terre de combien de tonneaux ce Navire est chargé ; le volume d'eau qu'occupe toute sa carene ; la quantité dont il plonge par la proue & par la poupe ; la hauteur de son centre de gravité ; l'inclinaison que lui cause un certain poids placé à une certaine distance de son milieu vers un côté ; le nombre de secondes qu'il met à faire chacune des oscillations du roulis lorsqu'elles sont parfaitement libres. Toutes ces recherches contribueroient à perfectionner la partie méchanique de l'Art Nautique. Mais il faudroit joindre à toutes les recherches précédentes l'examen de la propriété que doit avoir le Navire de tourner avec facilité ou de bien gouverner par le moyen du gouvernail & des voiles. C'est ce qui m'a fait penser qu'on pourroit employer avec succès les pratiques suivantes.

### Premier moyen de déterminer le point sur lequel le Navire tourne lorsqu'il est poussé par son gouvernail , & de trouver le centre de gravité du Navire , &c.

Il faudroit choisir dans un port quelque endroit où la mer fût parfaitement tranquille & où il ne fît point de vent. Lorsqu'il y a un bassin , on le préféreroit ; & on attendroit quelqu'un de ces beaux jours dans lesquels il regne un calme parfait. On laisseroit le Vaisseau *A B* ( *fig.* 93.) parfaitement libre , ou s'il étoit toujours retenu par quelques cordages, on les rendroit assez lâches pour qu'ils ne missent point d'obstacles au mouvement qu'on veut lui imprimer. Un autre cordage *B L Q* seroit appliqué à l'extrêmité *B* de la poupe , il passeroit sur la poulie *L* , qui seroit soutenue d'une maniere parfaitement fixe sur le bord du quai ou de quelque ponton qu'on auroit rendu stable , & ce cordage soutiendroit un poids *Q* d'une pesanteur connue & assez considérable. Le Navire est en repos , & le poids *Q* qui est soutenu par quelque cordage n'agit point

Figure 93.

encore ; mais on l'abandonne tout-à-coup à sa pesanteur , Figure 93.
il tire la poupe vers le quai , & il fait tourner le Navire.
Si on faisoit durer l'expérience trop de temps , ce mouvement de rotation deviendroit trop grand , & le cordage
*B L* cesseroit d'être assez exactement perpendiculaire à la
longueur du Navire. Il suffiroit apparemment de donner
une minute ou une demi-minute au Navire pour tourner
& au corps *Q* pour descendre ; & il n'y auroit qu'à observer à la fin de ce temps le changement de situation de l'un
& l'autre corps.

On pourroit dans un bassin mesurer la distance de la
poupe & de la proue à certains points qu'on prendroit pour
termes ; mais il seroit plus simple de voir par le moyen du
cordage même *B L Q* ou d'un fil placé à côté, de combien
la poupe s'approche de la poulie *L*, pendant la demi-minute
ou les 30 secondes qu'on donne de durée à l'expérience.
En même temps que la poupe *B* s'approcheroit du quai,
la proue *A* s'en éloigneroit , & il suffiroit, pour mesurer ce
mouvement, d'une simple ficelle *A F* qui étant arrêtée à quelque point *A* de la proue, s'étendroit sur le quai jusqu'en
*F*, & il y auroit à cette extrêmité quelque pierre peu grosse
qui feroit autant de chemin que la proue, mais qui ayant
peu de grosseur ne formeroit pas un obstacle sensible au
mouvement de rotation du Navire.

Le tout pourroit s'exécuter de mille manieres différentes que nous laissons à imaginer aux lecteurs. Connoissant
la quantité dont le Navire s'est approché de terre par sa
poupe & éloigné par sa proue pendant le temps de la demi-
minute , on les ajoutera ensemble , & comparant leur
somme à la longueur du Vaisseau , on aura l'angle de rotation. La figure 94 nous représente ce mouvement. Le Figure 94.
Navire avoit d'abord la situation *A B* ; mais pendant que
sa poupe a passé de *B* en 2 *B*, sa proue a parcouru l'espace
*A* 2 *A*. Nous ajoutons donc *B* 2 *B* & *A* 2 *A* que nous
ont données nos changements de longueurs de nos ficelles
appliquées à la proue & à la poupe. Cette somme est
*F* 2 *A* ; & il ne nous reste plus qu'à faire cette analogie :

Figure 94. la ligne $2BF$ qui eſt parallele & égale à la longueur du Navire eſt au ſinus total comme $F2A$ eſt à la tangente de l'angle $F2B2A$ dont le Navire a changé de directions en paſſant de la ſituation $AB$ à la ſituation $2A2B$.

On pourra quelquefois découvrir cet angle par un autre moyen qui ſera ſuſceptible d'une plus grande préciſion. Si on met des mires ou pinnules dans le Vaiſſeau à une aſſez grande diſtance les unes des autres, ſi on en met une, par exemple, vers la poupe & l'autre vers la proue, & que viſant par ces pinnules on remarque quelque point très-éloigné à terre qui réponde dans leur direction, il n'y aura qu'à voir à la fin de l'expérience, c'eſt-à-dire à la fin d'une minute ou d'une demi-minute, ſur quel autre point ſont dirigées les mires ou pinnules; & on meſurera en- ſuite avec les inſtruments qui ſont en uſage dans le Pilotage, l'angle que comprennent les deux points éloignés, en les obſervant du Vaiſſeau & du centre de converſion qu'on connoît toujours à peu près d'avance. Au lieu de pinnu- les, on pourra ſe ſervir d'une lunette: mais encore une fois nous laiſſons à l'obſervateur à choiſir les moyens qu'il employera, & à entrer par lui-même dans un certain détail de réflexions qui ſoient capables de lui ſuggérer plu- ſieurs expédients.

Figure 93. L'expérience étant faite, on la répétera en faiſant agir le poids $Q$ (*fig. 93.*) ſur quelqu'autre point $D$ du Navire aſſez conſidérablement éloigné du premier point $B$. La puiſſance étant dans ce ſecond cas appliquée à une diſtance beaucoup moindre du centre de gravité $G$ du Navire, le centre de converſion en ſera plus éloigné de l'autre côté dans le même rapport, & ſi le poids $Q$ eſt toujours le même & qu'on ne faſſe toujours durer l'expérience que le même temps, l'angle de rotation ſera beaucoup plus petit. On déterminera cet angle avec le même ſoin dans cette ſe- conde expérience que dans la première; & il n'y aura plus qu'une ſimple analogie à faire pour découvrir le centre de gravité $G$ du Navire. La différence des deux angles de rotation trouvés par les deux expériences, ſera à $BD$,

comme le plus grand des deux angles de rotation sera à Figure 53.
$BG$ ou comme le plus petit sera à $DG$.

L'analogie précédente est fondée sur ce que nous avons fait voir dans la seconde Section du premier Livre * que * Chap. XIV. la grandeur de l'angle de rotation est proportionnelle au moment de l'agent qui produit le mouvement gyratoire. L'espace $Gg$ que parcourt le centre de gravité du Navire (fig. 94.) est proportionnel à l'action absolue de l'agent, & cet espace est le même dans nos deux expériences, puisque nous avons employé le même poids $Q$, & que nous avons donné aux deux expériences la même durée. L'angle de rotation est donc ici plus ou moins grand par la seule raison que le point $C$ ou $c$ sur lequel le Navire tourne est plus ou moins éloigné du centre de gravité $G$. Si l'intervalle $Gc$ est deux ou trois fois plus grand que $GC$, l'angle de rotation sera sensiblement deux ou trois fois plus petit. Mais puisque $GC$ & $Gc$ sont en même raison que $GD$ & $GB$, les deux angles de rotation qui sont en raison inverse de $GC$ & de $Gc$, sont en raison directe des deux distances $BG$ & $DG$ de l'agent au centre de gravité $G$. Ainsi on peut comparer les angles de rotation à ces distances, pendant qu'on compare la différence des angles à la différence $BD$ des distances.

Quant au centre de conversion, une seule des expériences suffit pour le déterminer. $B2B$ (fig. 94.) est l'espace qu'a parcouru la poupe dans la premiere expérience, & $F2A$ est la somme des espaces parcourus par la proue & par la poupe. Nous pouvons donc faire cette analogie: la somme $F2A$ des deux mouvements est à toute la longueur $2BF$ du Navire, comme l'espace $B2B$ parcouru par la poupe sera à $BC$, distance de la poupe au point $C$ sur lequel le Navire a tourné.

Le mouvement de rotation se fait sur le point $C$, parceque la force qui le produit agit en $B$ à l'extrêmité de la poupe. Mais c'est la même chose que si on avoit le centre de rotation pour tous les autres points auxquels l'agent peut se trouver appliqué; puisque $GC$ & $Gc$ sont nécef-

Figure 94.

fairement en raifon réciproque de $GB$ & de $GD$, & que le produit $DG \times Gc$ eft conftant pour chaque Navire. Nous le répétons, parce qu'il faut y faire une attention continuelle lorfqu'il s'agit des mouvements d'évolution. Si prenant pour diametre l'intervalle compris entre les points $B$ ou $D$ où eft appliqué chaque agent & le centre de converfion correfpondant $C$ ou $c$, on décrit des demi-cercles $BEC$, $DEc$; tous ces demi-cercles fe couperont dans le point $E$ qui eft à l'extrêmité de la perpendiculaire $GE$ élevée au centre de gravité $G$. Tous les produits dont nous parlions feront égaux entr'eux & au quarré de $GE$.

Mais pour revenir à nos expériences, elles nous feront connoître auffi la pefanteur du Navire, mais d'une maniere, il eft vrai, qui ne doit pas être extrêmement exacte, parce qu'on déduit cette pefanteur de celle du poids $Q$, & que les erreurs d'une détermination font toujours d'autant plus confidérables, qu'on fe fert d'une petite quantité pour en découvrir une plus grande. Quoi qu'il en foit, on trouvera l'efpace $Gg$ par cette fimple analogie; le finus total eft à la tangente de l'angle de rotation, ou la longueur $2BF$ du Navire eft à $2AF$, comme $GC$ eft à $Gg$. Après cela il n'y aura plus qu'à voir combien cet efpace parcouru par le centre de gravité du Navire eft de fois moindre que l'efpace parcouru par un grave, lorfqu'il tombe librement par l'action de fa pefanteur dans le même temps, & on faura combien la pefanteur du Navire eft de fois plus grande que celle du poids $Q$.

L'efpace $Gg$ s'eft, par exemple, trouvé de 5 pieds pendant une demi-minute, & il eft par conféquent la $2715^{\text{me}}$. partie de la chûte libre d'un corps qui tombe de 13575 pieds dans le même temps. C'eft une marque que les deux corps actuellement mûs, le Vaiffeau & le poids $Q$ pefent 2715 fois plus enfemble que le poids $Q$ qui produit ici tout le mouvement. L'efpace $Gg$ n'eft fi petit que parce que les deux corps à mouvoir forment une très-grande maſſe ; mais il ſuit de-là que le Vaiſſeau peſe ſeul 2714 fois plus que le corps Q; & ſi ce corps peſe 500 livres ou un quart de tonneau, la peſanteur du Vaiſſeau ſera d'un peu plus de 678 tonneaux. En un mot , nous faiſons cette analogie ; l'eſpace Gg eſt à 13575 pieds moins Gg, comme la peſanteur du poids Q eſt à celle du Vaiſſeau.

## Second moyen de déterminer par l'expérience le centre de rotation & le centre de gravité du Navire.

Le ſecond moyen que nous avons à propoſer a beaucoup de rapport avec le premier, mais nous le croyons plus ſûr & plus facile à mettre en exécution, quoiqu'il demande enſuite dans le cabinet un peu plus de calculs. Au lieu de laiſſer le Navire parfaitement libre, nous le fixons par un point M (fig. 95). Nous tendons, par exemple, du bas M du mât de miſaine trois différents cordages qui vont ſe rendre audehors du Navire à trois points qui réſiſtent aſſez. Le Navire dont AB eſt la longueur, ne pourra enſuite tourner que ſur le point M, & pour produire ce mouvement, nous ferons agir un poids Q ſelon une direction BL perpendiculaire à la longueur du Navire. Nous nommerons p la peſanteur connue du poids Q, & b la diſtance BM qui ſert de bras de levier à ce poids. Nous déſignerons par x la diſtance inconnue GM du centre de gravité G au point M; & nous nous rappellerons l'expreſſion $\int E^2 dm$ qui marque le produit de chaque partie dm de la maſſe du Navire, multipliée par le quarré de ſa diſtance E au centre de gravité G.

Figure 95.

Nous ſuppoſerons, pour un moment, que le centre de gravité G eſt déja connu, & que le Navire étant arrêté par ce point, il s'agit d'évaluer le mouvement que lui donnera le poids Q. Chaque partie de la maſſe du Navire s'oppoſe moins par ſon inertie à ce mouvement, que ſi elle étoit en B. Ces parties de matiere ſituées dans

Figure 95.

tous les autres points prennent moins de vîteffe, elles ont de moindres arcs à décrire, & outre cela la réfistance que fait ce mouvement est appliquée à un bras de levier moins long. Ainfi pour favoir la maffe qu'il faut fubftituer en *B* pour qu'elle faffe précifément la même réfistance au mouvement que tout le corps du Navire lorfqu'il tourne autour de *G*, il faut pour chaque grain *dm* de matiere en fubftituer en *B* un autre qui foit d'autant plus petit que le quarré *E*² de fa diftance au centre *G* eft plus petit que le quarré de *BG*. C'eft-à-dire, que pour chaque grain *dm* de matiere, il faut en mettre un autre qui ne foit que $\frac{E^2 dm}{BG^2}$ ; & pour la maffe entiere du Vaiffeau, il faut par conféquent placer en *B* une maffe $\frac{\int E^2 dm}{BG^2}$. Cette maffe fera beaucoup plus petite que celle du Vaiffeau, & en même temps beaucoup plus grande que celle du poids *Q*. Au refte, il nous fera très-facile de la connoître, dans la fuppofition que nous faifons que le Navire tourne autour de *G*.

Nous n'aurions, en effet, qu'à obferver le mouvement du Vaiffeau pendant une minute ou plutôt une demi-minute. Le point *B* pafferoit en *b*, nous mefurerions *Bb*, & examinant combien cet efpace eft plus court que ceux que les graves parcourent en tombant par l'action libre de leur pefanteur, nous faurions combien la maffe qu'il faut imaginer en *B* pour tenir lieu de celle du Navire, eft plus grande que celle du poids *Q*. Si l'efpace *Bb* eft deux ou trois mille fois moindre que l'efpace parcouru librement par les graves, ce fera une marque que la maffe $\frac{\int E^2 dm}{BG^2}$ eft deux ou trois mille fois plus pefante que *Q*, ou, pour parler plus exactement, qu'elle eft plus pefante 1999 ou 2999 fois. La pefanteur *p* du poids *Q* eft connue ; nous aurons donc la maffe $\frac{\int E^2 dm}{BG^2}$ ; & fi nous la multiplions par *BG*², il nous viendra le moment $\int E^2 dm$ de la réfistance que fait le Navire à tourner autour de fon centre de gravité. Moment qui, eft comme nous l'avons vu

dans

dans la troisieme Section du premier livre * égal au produit   * Chap. VIII.
de la pesanteur ou de la masse entiere du Navire multipliée
par les distances du point de percussion & du centre de
conversion au centre de gravité. Ce moment $\int E^2\,dm$, si   Figure 95.
on nomme $P$ la pesanteur du Navire de la figure 93 ou
94, est égal à $P \times BG \times GC$ ou à $P \times DG \times Gc$. Voyez
sur cela le Chapitre cité.

Mais le centre de gravité $G$ du Navire n'est pas connu;
& sa détermination fait ici un des objets de nos recherches. Je fixe le Navire par des cordages qui se rendent
vers le bas $M$ de son mât de misaine ou à quelqu'autre
point; & je fais tourner ce Navire par le moyen d'un
poids $Q$ dont $p$ exprime la pesanteur; j'observe la grandeur de l'espace $Bb$ parcouru par le point $B$ dans un
certain temps, & comparant cet espace à celui que parcourt un grave en tombant librement, je vois combien
la masse qu'il faut imaginer en $B$ est plus grande que le
poids $Q$. Je nomme $h+1$ l'exposant de ce rapport; je
veux dire que $h+1$ marque combien de fois l'espace $Bb$
est plus petit que l'espace que parcourt un grave en descendant librement; & multipliant par $h$ la pesanteur $p$
nous aurons $hp$ pour la masse qu'il faut imaginer en $B$ pour
tenir lieu de celle du Navire. Cette masse prendroit en $B$
d'autant plus de vîtesse que le rayon $b$ ou $BM$ de l'arc
qu'elle décriroit seroit plus grand, & il faut encore
multiplier par $b$ ou par $BM$, parce que cette longueur
sert de bras de levier auquel est appliquée la résistance que
fait le mouvement $bhp$. Nous avons donc $b^2hp$ pour le
moment du mouvement ou pour le moment de la résistance, lequel doit être égal au moment de la résistance
que le Navire fait à tourner sur le point $M$. Mais ce
dernier moment n'est plus simplement $\int E^2 dm$, il est
$\int E^2 dm + P x^2$, puisque le Navire au lieu de tourner
sur son centre de gravité $G$ tourne sur un point $M$ qui en
est éloigné de la distance $x$. Le moment du mouvement
ou de la résistance en est augmenté, du produit de toute
la masse $P$ par le quarré de $x^2$ selon ce que nous avons

X x

* *Voyez vers le commencement du Chap. VIII de la troisieme Sect. du prem. Livre.*

dit ci-devant *. Nous aurons donc l'équation $b^2 h p =$ $\int E^2 dm + P x^2$, dans laquelle il y a deux inconnues $\int E^2 dm$ & $x$. Ainsi nous avons besoin d'une autre équation pour pouvoir résoudre le problême.

Figure 95.

Nous l'obtiendrons cette autre équation, en rendant le Navire fixe sur quelque autre point $m$ au tour duquel nous le ferons tourner. Si nous prenons ce second point $m$ plus loin du centre de gravité que le point $M$, de la distance $M m = e$, le Navire sera plus de difficulté à tourner, & le moment de sa résistance sera $\int E^2 dm + P x^2 + 2 P e x + P e^2$. Mais notre seconde expérience doit nous donner ce moment. Le Navire résistant davantage à tourner, l'extrêmité $B$ parcourra un espace $B b$ qui sera moindre, & il n'y aura qu'à voir combien cet espace est contenu de fois dans celui que parcourroit le poids $Q$ s'il tomboit librement. Nous chercherons ce dernier espace dans la Table du Chapitre II. de la seconde Section de l'autre Livre, & nous marquerons par $H + 1$ le nombre de fois qu'il contiendra $B b$. Nous aurons donc, si le poids $Q$ est toujours le même & appliqué dans le même point $B$, la quantité $H p$ pour la masse qu'il faut imaginer en $B$ & qui feroit la même résistance au mouvement que le Navire. Cette même masse, nous la multiplions par le quarré $b^2 + 2 b e + e^2$ de $B m = b + e$, pour avoir non-seulement son mouvement, mais le moment de son mouvement ou de sa résistance. Il nous viendra $\overline{b^2 + 2 b e + e^2}$ $\times H p$ qui est égal au moment $\int E^2 dm + P x^2 + 2 P e x + P e^2$ de la résistance que fait le Navire à se mouvoir sur le point $m$. Ainsi nous aurons l'équation $\overline{b^2 + 2 b e + e^2}$ $\times H p = \int E^2 dm + P x^2 + 2 P e x + P e^2$; & comme nous avons maintenant autant d'équations que d'inconnues, le problême ne présente plus aucune difficulté.

La première équation est $b^2 h p = \int E^2 dm + P x^2$; & si on se sert du premier membre pour le substituer dans la seconde équation à la place de $\int E^2 dm + P x^2$, on aura $b^2 H p + 2 b e H p + e^2 H p = b^2 h p + 2 P e x + e^2 P$ dont

on tire $x = \dfrac{b^2 p \times \overline{H-h} + 2bcHp + e^2 \times \overline{Hp-P}}{2eP}$, *formule* qui Figure 95.
nous donne en grandeurs entiérement connues la diſtance
$G M = x$ du centre de gravité $G$ au point $M$ ſur lequel
on a d'abord fait tourner le Navire.

La valeur de $x$ étant trouvée, nous l'introduirons dans
notre première équation $b^2 h p = \int E^2 dm + P x^2$ ou
$\int E^2 dm = P x^2 - b^2 h p$; & nous aurons $\int E^2 dm =$
$\dfrac{(b^2 p \times \overline{H-h} + 2bcHp + e^2 \times \overline{Hp-P})^2}{4e^2 P} - b^2 h p$ pour le moment de la réſiſtance que fait le Navire à tourner autour
de ſon centre de gravité. Il nous eſt de la plus grande importance de connoître ce moment, parce que, comme
nous l'avons déja dit pluſieurs fois, il eſt égal à la peſanteur $P$ du Vaiſſeau multipliée par la diſtance de ſon centre de gravité à ces points réciproques ſur l'un deſquels
le Navire tourne toujours lorſqu'on le pouſſe par l'autre.

Ainſi, diviſant ce moment par la peſanteur $P$ du
Vaiſſeau, nous aurons d'une maniere connue,
$\left(\dfrac{b^2 p \times \overline{H-h} + 2bcHp + e^2 \times \overline{Hp-P}}{2eP}\right)^2 - \dfrac{b^2 h p}{P}$ pour le produit de ces deux diſtances l'une par l'autre, pour le pro-
duit de $BG$ par $GC$ ou de $DG$ par $Gc$ dans les figures
93 & 94.

Il faut bien remarquer que $\int E^2 dm$ a différentes valeurs ſelon le ſens dans lequel ſe fait le mouvement. Lorſqu'il s'agit du roulis, le moment $\int E^2 dm$ eſt bien moindre que lorſqu'il s'agit du tangage. Mais nous croyons que
ce moment eſt à peu-près le même dans le tangage &
dans le mouvement de rotation dont nous nous occu-
pons actuellement; car la longueur du Navire qui contribue le plus à leur augmentation, a également part dans
les deux.

# CHAPITRE IV.

*Trouver le changement qu'apporte à la fa-*
*cilité qu'a le Navire de tourner ou de*
*gouverner, l'addition d'un nou-*
*veau poids.*

Figures 93
& 94.
Q UOIQU'ON puisse faire sur des Navires tout armés
les expériences que nous venons de proposer, on aura
cependant beaucoup plus d'occasion de les employer sur
des Navires qui ne seront équipés qu'en partie. Les nouveaux poids qu'on ajoutera à la charge apporteront du
changement au centre de gravité G & au centre de conversion C, mais ce sera toujours beaucoup que d'avoir
trouvé immédiatement ces deux centres pour un certain
état du Navire, on se sera épargné un détail immense,
& il coûtera ensuite beaucoup moins à appliquer les regles générales que nous avons indiquées dans la premiere
& la seconde Section du Livre précédent, pour trouver
l'un & l'autre centre.

Le point C étant le centre de conversion ou de rotation
lorsque le Navire est poussé par l'extrêmité B de sa poupe,
nous pourrions chercher tous les moments par rapport au
premier de ces points, & il semble que le calcul en seroit
plus naturel. Mais comme les centres de conversion &
les points par lesquels le Navire est poussé jouissent d'une
propriété réciproque, que le point C est le centre de
conversion lorsqu'on pousse le Navire par le point B, &
que le point B est à son tour le centre de conversion
lorsqu'on pousse le Navire par le point C, on peut feindre,
pendant le calcul, que le Navire est poussé par le point C
& qu'il tourne par conséquent sur le point B. En conséquence de cette supposition tous les moments qu'on cal-
culera seront positifs, & on sera dispensé de partager son

attention pour les diſtinguer. On prendra donc le point *B* Figures 93 & 94. pour terme, & ayant trouvé par l'expérience *BG* & *BC*, on multipliera la premiere de ces diſtances par la peſanteur qu'avoit d'abord le Navire, & on aura immédiatement ſon moment, auquel il n'y aura plus qu'à joindre chaque poids particulier ajouté depuis à la charge, multiplié par ſa diſtance au point *B*, meſurée parallélement à la quille ; & diviſant cette ſomme par la peſanteur du Navire augmentée de tous ſes poids, on aura au quotient la diſtance du point *B* au nouveau centre de gravité commun *G*.

Les parties peſantes ajoutées au Vaiſſeau feront auſſi changer le point *C*. Pour déterminer ſa nouvelle place, on multipliera d'abord la premiere peſanteur *P* du Navire par *BG* & par *BC*, & on ajoutera à ce produit celui de chaque nouveau poids par le quarré de ſa diſtance abſolue au point *B*. Nous diſons la diſtance abſolue, parce que les poids pouvant être mis vers les flancs du Vaiſſeau, leur diſtance au point *B* ou à la ligne verticale de ce point, ſera un peu plus grande que ſi on la meſuroit dans le ſens parallele à la quille. Enfin la ſomme de tous ces produits ou moments étant trouvée, on la diviſera par le moment de la peſanteur totale ou par le produit de la peſanteur du Navire avec ſon augmentation multipliée par la diſtance de ſon centre de gravité au point *B* ; & la diviſion donnera la diſtance *BC* du point *B* au nouveau point *C*. Ainſi on aura le centre de converſion pour le cas dans lequel le Navire eſt pouſſé par l'extrêmité de ſa poupe ; & c'eſt, conformément à ce qu'on fait, avoir ce centre pour tous les autres cas.

Le calcul précédent ſera d'uſage lorſqu'on ajoutera à la charge un grand nombre de différents poids ; mais ſi on n'en ajoute qu'un ſeul, il ſera encore plus facile d'en prévoir l'effet. Une choſe d'abord bonne à ſavoir, c'eſt que tout nouveau poids placé dans le centre de converſion, ne change en rien la facilité avec laquelle le Navire gouverne ou eſt diſpoſé à tourner.

Suppoſé qu'on introduiſe en *C* un poids égal à la cen-

Figure 94.

tieme partie de la pesanteur du Navire, ce nouveau poids ayant lui-même son centre de gravité & son centre de conversion en $C$, ne modifiera aucunement le centre de conversion $C$ du Navire, & le mouvement de rotation se fera toujours sur le point $C$. Il est vrai que le Navire que nous supposons toujours exposé à l'action de la même puissance, étant devenu plus pesant d'une centieme partie, son centre de gravité parcourra de côté un espace $Gg$ moindre d'une centieme partie : mais l'angle de rotation $GCg$ restera toujours de la même grandeur, parce que si $Gg$ diminue d'une centieme partie, le centre de gravité $G$ commun s'approche aussi précisément d'une centieme partie du point $C$ à cause du nouveau poids qu'on y a ajouté. Ainsi le rapport entre les deux côtés $Gg$ & $GC$ reste toujours le même, & par conséquent l'angle $GCg$ ne doit pas changer.

Il n'est pas difficile de s'assurer que c'est la même chose si on ajoute le nouveau poids dans le centre de gravité $G$ du Navire. Ce centre restera toujours dans le même endroit de la longueur $BA$ ; mais le centre de conversion changera de place ; & il se rapprochera du centre de gravité précisément dans le même rapport que l'espace $Gg$ parcouru de côté par le centre $G$ pendant le mouvement de rotation, sera plus petit. Ainsi l'angle de conversion sera encore le même. Pour favoriser l'action du gouvernail ou d'une voile, il ne faut donc mettre le nouveau poids ni dans le centre de gravité ni dans le centre de conversion. Mais il n'y a qu'à placer ce poids entre ces deux points ; & si on veut qu'il produise le plus grand effet possible, il n'y a qu'à le mettre précisément au milieu de l'intervalle. Nous allons en donner la démonstration, en résolvant le Problême suivant.

*Déterminer l'endroit où il faut placer un poids qu'on ajoute à la charge pour qu'il favorise, le plus qu'il est possible, l'action d'une certaine voile dans le mouvement de rotation du Navire.*

Proposons-nous le Navire dont $BA$ (*fig. 96.*) est la longueur ou la quille, dont $G$ est le centre de gravité, & qui tourne sur le point $C$ lorsqu'il est poussé de côté par la voile située en $M$. Nous avons un nouveau poids à introduire dans ce Vaisseau, & nous voulons savoir en quel point $R$ il faut le mettre pour qu'il favorise le plus qu'il est possible l'action de la puissance $M$ lorsqu'il s'agit de faire tourner le Navire. Il est évident que le point $R$ où nous devons placer le poids est celui qui en faisant changer de place les centres $C$ & $G$, rend l'intervalle $GC$ le plus petit. Car toutes choses étant d'ailleurs égales, l'angle de rotation $GCg$ sera d'autant plus grand que $GC$ sera moindre ; & si nous réussissons à rendre cet intervalle un *minimum*, nous rendrons l'avantage de bien gouverner un *maximum* lorsqu'on se servira de la voile $M$.

Nous nommerons $P$ la pesanteur particuliere du Navire, $a$ la distance $GM$ de la voile au centre de gravité $G$ du Navire avant l'addition du nouveau poids, $c$ l'intervalle $GC$ entre les deux centres de gravité & de rotation, $p$ le nouveau poids que nous avons à ajouter à la charge, & $z$ la distance inconnue $RM$ à laquelle il faut le placer du point $M$. L'addition du nouveau poids fera changer le moment de la pesanteur du Navire par rapport au point $M$ ; & au lieu d'avoir $aP$, nous aurons $aP + pz$ qui étant divisée par la somme $P + p$ des poids, nous donnera $\frac{aP + pz}{P + p}$ pour la nouvelle valeur de $MG$.

Le moment du mouvement par rapport au point $M$ cessera aussi d'être, $a \times \overline{a + c} \times P$ ou $MG \times MC \times P$ ; il

Figure 96.

Figure 96. fera $\overline{a^2 + ac} \times \overline{P + p z^2}$ , puifqu'il faut ajouter le produit de $p$ par le quarré $z^2$ de fa diftance au point $M$ ; & fi nous divifons la fomme par le moment $a P + p z$ des poids,

il nous viendra $\dfrac{\overline{a^2 + ac} \times \overline{P + p z^2}}{a P + p z}$ pour la nouvelle valeur de 'MC. Mais pour que l'intervalle $CG$ qui eft l'excès de $MC$ fur $MG$, foit un *minimum*, il faut que la différentielle de la nouvelle valeur de $MG$ foit égale à celle de $MC$ & dans le même fens, lorfqu'on rend $z$ variable ou qu'on fait changer le poids $p$ de place : car alors la différentielle de $CG$ fera nulle ; ce qui rendra $CG$ un *minimum* ou un *maximum*. Ainfi nous n'avons qu'à différentier $\dfrac{a P + p z}{P + p}$ &

$\dfrac{\overline{a^2 + ac} \times \overline{P + p z^2}}{a P + p z}$ , & égaler les deux différentielles.

La premiere eft $\dfrac{p \, dz}{P + p}$ , & la feconde

$$\dfrac{2 a P p z d z + p^2 z^2 d z - \overline{a^2 - ac} \times P p d z}{\overline{a P + p z}^2} \; ; \text{ce qui nous donne } \dfrac{p \, dz}{P + p}$$

$$= \dfrac{2 a P p z d z + p^2 z^2 d z - \overline{a^2 - ac} \times P p d z}{\overline{a P + p z}^2} \text{, dont on déduit } z^2 +$$

$\dfrac{2 a P}{p} z = \dfrac{2 P + p}{p} \times a^2 + \dfrac{P + p}{p} \times a c$ & $z = - \dfrac{a P}{p} \pm$

$\sqrt{\dfrac{P^2 + 2 P p + p^2}{p^2} \times a^2 + \dfrac{P + p}{p} \times a c}$ qui s'abrege très-

aifément en ufant d'une certaine approximation très-connue des Calculateurs ; & il eft permis de s'en fervir, parce que le premier terme qui eft fous le figne radical eft très-grand en comparaifon du fecond. Après avoir pris la racine quarrée $\dfrac{P + p}{p} \times a$ de ce premier terme, on peut donc divifer le fecond par le double de $\dfrac{P + p}{p} \times a$, & on aura $z = - \dfrac{a P}{p} + \dfrac{P + p}{p} \times a + \frac{1}{2} c$. Mais il faut remarquer que fi les deux valeurs de $z$ fatisfont en quelque façon au problême, on ne peut cependant guere employer la ra-cine négative, parce qu'elle indique prefque toujours un point trop éloigné de $M$ au-delà de $A$. Quant à l'autre racine, elle eft $z = a + \frac{1}{2} c$, & il eft facile de s'affurer qu'elle qu'elle fait de $GC$ non pas un *maximum*, mais un *minimum*.

Ainſi, pour placer le plus avantageuſement qu'il eſt poſſible un poids $p$, afin qu'il réſiſte moins au mouvement de
rotation ou qu'il favoriſe davantage l'action d'une puiſſance
qui pouſſe en $M$ le Navire de côté, il ne faut mettre ce
poids ni vers l'extrêmité de la proue ni vers l'extrêmité
de la poupe, mais en $R$ au milieu de l'intervalle $GC$ qui
ſe trouve entre les centres de gravité & de rotation, avant
qu'on ait introduit le nouveau poids. En rempliſſant cette
condition, l'intervalle $GC$ recevra un changement qui le
rendra un *minimum* ; ce qui doit néceſſairement faire un
*maximum* de l'angle de rotation $GCg$. Mais ce qui eſt
très-digne d'attention, il y a pour chaque voile $M$ un
point unique $R$ où il faut placer le nouveau poids ; &
lorſqu'on voudra donc corriger par l'expédient qu'indique
notre calcul le défaut d'un Navire qui ne gouverne pas
bien, il faudra examiner quel eſt le mouvement auquel le
Navire obéit plus difficilement. Si ce ſont les voiles de la
proue qui manquent de force, on s'attachera à augmenter
la peſanteur du Navire en arriere de ſon centre de gravité ;
& on fera tout le contraire s'il s'agit d'aider à l'action des
voiles de la poupe. On ſe ſouviendra outre cela que l'eſpace dans lequel il faut mettre le nouveau poids, a des
limites fort étroites : car il faut ſituer ce poids entre le
centre de gravité & le centre de converſion, & au milieu
de ces deux centres s'il eſt poſſible.

Si au lieu d'augmenter la peſanteur du Vaiſſeau, on la
diminuoit en retranchant un poids $p$, notre ſolution auroit encore ſon application, mais dans un ſens abſolument
oppoſé. Le point $R$ eſt le plus avantageux pour placer un
nouveau poids, & c'eſt par la même raiſon le point dont il
faut le moins l'ôter. Notre formule $z = -\frac{aP}{p} + \frac{P+p}{p} a$
$+ \frac{1}{2} c$ y eſt entiérement conforme ; lorſqu'on y rend $p$
négatif, on a $z = a + \frac{1}{2} c$ & $z = \frac{2P-p}{p} a - \frac{1}{2} c$. On
peut ſe diſpenſer d'avoir égard à la ſeconde racine, parce
qu'elle porte le poids $p$ trop loin ; mais la premiere $z =$

Y y

Figure 96. $a + \frac{1}{2}c$ rend $GC$ un *maximum*, lorsqu'on retranche quelque poids ; & elle rend donc en même temps l'angle de rotation un *minimum*.

Ainsi il faut se ressouvenir de ne point diminuer la pesanteur du Navire aux environs de $R$ si on ne veut pas préjudicier à la maniere dont le Vaisseau obéit à l'action de la voile $M$. Mais ce sera tout le contraire si on souftrait le poids $p$ de dehors l'espace $GC$, & on ne sauroit même aller le prendre trop loin du point $R$. Plus on ira le chercher loin vers les extrêmités du Navire, plus on apportera de diminution à la résistance que produit le mouvement de rotation, puisque le poids $p$ avoit un grand arc à décrire & que la difficulté qu'il faisoit à prendre ce mouvement étoit appliquée à un très-grand bras de levier ou à une très-grande distance du centre de gravité $G$.

## CHAPITRE V.

*Augmenter, le plus qu'il est possible, par la transposition de quelques-unes des parties pesantes du Navire, la facilité avec laquelle il gouverne.*

Nous avons comme résolu d'avance cet autre problême qui concerne la transposition la plus avantageuse des parties pesantes qu'on peut changer de place dans le Vaisseau. Transposer un poids, c'est l'ôter d'un certain endroit pour le mettre dans un autre. Nous savons le point précis où il peut produire le meilleur effet, & nous savons aussi de quels endroits il est à propos de l'ôter. Nous sommes donc en état de favoriser l'action de quelle voile nous voudrons. S'il s'agit d'aider l'action des voiles de la proue, il faut principalement diminuer la pesanteur de la proue, de même que pour favoriser l'action de l'artimon, il faut principalement aller chercher des poids vers la poupe. Cette seule souſtraction des poids qu'on prendra le plus loin qu'on pourra du point *R* , produira un bon effet; mais ſi ces mêmes poids qu'on retire de l'une ou l'autre extrêmité du Navire , ſont enſuite portés au milieu du centre de gravité & du centre de converſion depuis que ces points ont reçu le premier changement , l'effet ſera encore plus avantageux ; parce que la tranſpoſition ſera comme l'addition d'un nouveau poids ; & nous avons vu qu'il falloit toujours ſituer ce nouveau poids au milieu de l'intervalle des deux centres.

Mais ſi on excepte ce point *R* qui jouit d'une propriété unique à l'égard de chaque voile , on peut tranſpoſer dans une infinité de points les parties peſantes , ſans rien changer à la facilité avec laquelle le Navire obéit au mouvement de rotation qu'on veut lui imprimer. Il nous eſt utile de connoître le *lieu* *E L ℓ L* de tous ces points qui ſont capables du même effet : la ligne courbe qu'ils formeront ſervira de limite , & ſéparera les diſpoſitions avantageuſes de celles qui ne le ſeront pas ; ainſi il eſt de notre intérêt d'en chercher la nature. Suppoſons qu'on a ajouté au Navire de la figure 96 un poids *p* en *E* , & que cette addition ayant produit quelque changement ſur le centre de gravité & ſur le centre de converſion , le premier de ces points eſt en *G* & le ſecond en *C* lorſqu'on ſe ſert de la voile *M* pour faire tourner le Navire. Nous nommerons *P* la peſanteur totale , y compris le poids *p*; nous continuerons à déſigner *MG* par *a* ; *GC* par *c* , & nous nommerons *e* la diſtance *EM*, pendant que nous indiquerons les co-ordonnées *EH* & *HL* de la courbe *E F ℓ F* que nous voulons découvrir , par *x* & *y*.

Figure 96.

Prenant le point *M* pour hypomoclion fictice , le moment du mouvement ou de ſa réſiſtance ſera $MG \times MC$ $\times P = \overline{a^2 + ac} \times P$ ; mais ſi nous partageons le poids *p* en deux parties égales , & que nous les tranſportions en *L* & en *L* , le moment de leur mouvement qui étoit $pe^2$

Figure 96. lorfque le poids étoit en $E$, fera $p \times \overline{ML^2} = p \times \overline{AH^2 + HL^2}$
ou fera égal à $p \times \overline{e^2 - 2ex + x^2 + y^2}$. Ainfi la tranfpo-
fition des deux moitiés de $p$ apportera au moment total,
le changement $- 2epx + px^2 + py^2$; & ce moment
fera enfuite $\overline{a^2 + ac} \times P - 2epx + px^2 + py^2$. Il faut,
comme on fait, le divifer par le moment de la pefanteur
totale ou plutôt par la quantité du mouvement qui ne
fera plus $aP$ mais $aP - px$, parce que le petit corps $p$
a été rapproché du centre de gravité $G$, à mefurer le
long de la quille, de la quantité $EH = x$. Nous aurons
donc $\frac{\overline{a^2 + ac} \times P - 2epx + px^2 + py^2}{aP - px}$ pour la diftance $MC$
après le changement produit par la tranfpofition.

Il eft encore plus facile de trouver la nouvelle valeur
de $MG$. Le moment de la pefanteur étoit $aP$; mais il a
diminué de $px$ par le tranfport du poids $p$ de $E$ en $L$ &
en $L$. Ainfi après le changement, il eft $aP - px$, &
comme la pefanteur $P$ n'a pas changé, nous aurons $\frac{aP - px}{P}$
pour la nouvelle valeur de $GM$.

Les changements que reçoivent ces lignes $CM$, & $GM$
font inévitables lorfqu'on change de place le poids $p$. Cette
tranfpofition fait néceffairement augmenter ou diminuer
les deux diftances $CM$ & $GM$. Mais nous aurons rempli notre objet, & le mouvement de rotation fera abfolument le même, fi les deux changements font exactement égaux, ou fi en ôtant $GM = \frac{aP - px}{P}$, de $CM =$
$\frac{\overline{a^2 + ac} \times P - 2epx + px^2 + py^2}{aP - px}$, il nous refte toujours la
même quantité $c$ pour l'intervalle $GC$. Car il n'importe
que les centres $G$ & $C$ changent de place pourvu que
l'intervalle qu'il y a entr'eux foit toujours le même; l'angle
de rotation $GCg$ ne recevra aucune altération. Nous
aurons donc $\frac{\overline{a^2 + ac} \times P - 2epx + px^2 + py^2}{aP - px} - \frac{aP + px}{P} = c$;
pour l'équation qui exprime la nature de la courbe $EF_{\xi}F_{\xi}$

Il n'eft pas difficile de voir que cette équation fe réduit à

$$\frac{P}{P-p} y^2 = \frac{P}{P-p} \times \overline{2e - c - 2a - x} \times x$$ qui appartient Figure 96.
en général à une ellipse, & qui se réduit au cercle aussitôt que le poids $p$ est extrêmement petit, par rapport au poids total $P$ du Vaisseau. Dans ce dernier cas qui doit avoir lieu très-souvent, l'équation de la courbe $EF_{\varepsilon}F$ devient $y^2 = \overline{2e - 2a - c - x} \times x$, & il est évident qu'elle appartient alors à un cercle dont le diametre $E_{\varepsilon}$ est $2e - 2a - c$, double de $ER = (EM - MR) = e - a - \frac{1}{2}c$. Ainsi ce cercle a pour centre le point $R$ milieu de $CG$; & il suit de-là que lorsque les poids qu'on veut transporter sont très-petits & qu'on les prend en $E$, il n'importe en quels endroits on les mette, pourvu qu'on les place de part & d'autre de la quille en $L$ & en $L$, ou en $F$ & en $F$, &c. toujours à une égale distance du point $R$ où ils favoriseroient, le plus qu'il seroit possible, l'action de la voile $M$. Lorsque le poids $p$ qu'on enleve du point $E$ est d'une grandeur comparable à $P$, la courbe $EF_{\varepsilon}F$ n'est plus un cercle mais une ellipse. Son grand axe $E_{\varepsilon}$ est à $ER$, comme $2P$ est à $P - p$; & à l'égard du petit axe $FF$ il est au grand, comme $\sqrt{P^2 - Pp}$ est à $P$.

Il résulte de tout ce que nous venons de voir que c'est toujours au-dedans de l'ellipse ou du cercle dont la circonférence passe par les centres $C$ & $G$ qu'il faut ajouter les nouveaux poids, pour que le Navire reçoive plus aisément le mouvement de rotation qu'une puissance appliquée en $M$ travaille à lui communiquer. Sur la circonférence du cercle qui a $CG$ pour diametre, l'addition des nouveaux poids est absolument indifférente, & en dehors elle est nuisible. Si au lieu d'ajouter de nouveaux poids, on les retranche, ce sera tout le contraire. La soustraction des poids faite en dehors du cercle qui passe par les points $C$ & $G$ sera avantageuse, & elle sera nuisible si on les ôte de l'intérieur du cercle dont $CG$ est le diametre. Nous parlons de cercle ou d'ellipse; mais les Lecteurs voyent assez qu'il faut concevoir, au lieu de

Figure 96. ces lignes courbes, des furfaces cilindriques qui s'étendent verticalement jufqu'au fond du Navire. Il faut imaginer aulli une ligne verticale ou une efpece d'axe , qui en paffant par le point $R$, jouit dans toute fa longueur de la même propriété que ce point $R$ dans lequel réfident le *maximum* & le *minimum.*

## De l'effet que produit la tranfpofition des parties pefantes de la charge à l'égard du Gouvernail.

IL nous refte à examiner l'effet de la tranfpofition à l'égard du gouvernail. Plufieurs des remarques que nous venons de faire y font applicables ; mais il y a une attention qu'il faut avoir ici de plus , qui change totalement les réfultats. Il eft toujours vrai que pour favorifer l'action du gouvernail , on peut prendre vers la proue les parties pefantes qu'on veut tranfpofer, mais, au lieu de les mettre vers le milieu de l'efpace $GC$ (*Fig.* 93 & 94), il faut les porter jufques vers la poupe. Cette grande tranfpofition ne produit prefque point de changement dans la fituation refpective des centres de gravité & de converfion, parce que ces poids fe trouvent à peu-près fur une de ces ellipfes ou circonférences de cercles dont nous venons de marquer les propriétés. Le mouvement de rotation feroit donc toujours le même s'il n'arrivoit aucun autre changement ; mais le Navire s'incline beaucoup plus vers la poupe dont on a fait augmenter la pefanteur par la tranfpofition des poids , & le gouvernail offrant enfuite beaucoup plus de furface au choc de l'eau, il agit avec une force abfolue fenfiblement plus grande.

Afin de prendre une connoiffance plus parfaite de toutes ces chofes , nous confidérerons un Navire de 600 Figure 93. tonneaux de poids total, dont $BA$ (*fig.* 93) eft la longueur ; & nous fuppoferons que fon centre, de gravité $G$ eft éloigné de l'extrêmité $B$ de fa poupe de 50 pieds, pendant que l'intervalle $GC$ entre le centre de gravité $G$

& le centre de rotation $C$ eſt de 10 pieds. Nous ſuppo-
ferons de plus qu'on prenne 20 tonneaux vers la proue à
40 pieds de diſtance du centre de gravité , & qu'on les
porte de l'autre côté à la même diſtance vers la poupe.

Figure 93.

Il eſt très-facile de s'aſſurer par les moyens de calcul
déja expliqués que cette tranſpoſition , au lieu de faire
diminuer l'intervalle $GC$, le fera augmenter. Il eſt vrai
qu'elle le feroit réellement diminuer ſi on plaçoit au milieu de $G$ & de $C$ les 20 tonneaux pris vers l'avant ; car
le centre de converſion ſe trouveroit enſuite à $57\frac{264}{293}$ pieds
de l'extrêmité $B$ de la poupe, & s'en feroit approché
de $2\frac{29}{293}$ pieds ; au lieu que le centre de gravité ne ſe feroit approché du même point $B$ que de $1\frac{1}{6}$ pieds, ſe
trouvant enſuite à $48\frac{1}{6}$ pieds de diſtance de $B$. Mais lorſqu'on fait paſſer les 20 tonneaux pris vers l'avant juſqu'à 40
pieds vers l'arriere, le centre de gravité $G$ s'approche de la
poupe de $2\frac{1}{3}$ pieds & le centre de converſion $C$ s'en approche de moins , il ne s'en approche que de $2\frac{18}{71}$ pieds. Ainſi
$GC$ devient un peu plus grand ; au lieu de n'être que de
10 pieds, il ſera enſuite de $10\frac{88}{213}$ pieds ; & le Navire par
cette cauſe deviendra moins obéiſſant à ſon gouvernail,
à peu-près dans le rapport de 24 à 23 ; c'eſt-à-dire, que
ſi toutes les autres circonſtances étoient exactement les
mêmes , les angles de rotation feroient enſuite plus petits d'environ une 24.me partie.

Les 20 tonneaux tranſpoſés font augmenter l'intervalle
$GC$, parce qu'on les porte trop loin vers la poupe , ou
qu'on les éloigne trop du milieu de l'intervalle $GC$. On
les prend à 35 pieds de ce point, & conformément à ce
que nous avons vu à la fin de l'article précédent, il ne
faudroit les changer de place que de $72\frac{11}{29}$ pieds, pour
que $GC$ reſtât toujours de la même grandeur ; c'eſt ce
que nous trouvons par cette analogie indiquée plus haut ;
580 tonneaux $= P - p$ eſt à 1200 tonn. $= 2P$, comme
35 pieds, premiere diſtance du poids $p$ au point $R$ eſt à
$72\frac{11}{29}$ pieds qui eſt le grand axe $E\epsilon$ de l'ellipſe $EF\epsilon$ l'
(*fig.* 96) ſur la circonférence de laquelle on peut diſtri-

Figure 93. buer le poids $p$ fans qu'il produife de changement à l'intervalle $GC$. Mais comme nous tranfpofons ce poids à 80 pieds de fa premiere place, nous le mettons confidérablement au dehors de l'ellipfe, & il fait augmenter $GC$ d'environ une $24^{me}$ partie.

Cependant la tranfpofition fe trouve avantageufe; parce qu'elle produit un autre effet qui corrige avec excès les mauvaifes fuites du premier. Elle fait que le Navire étant plus chargé par l'arriere, prend une autre flottaifon en s'inclinant vers la poupe; ce qui augmente l'impulfion de l'eau fur le gouvernail, dans le même rapport que la furface qu'il expofe au choc fe trouve plus grande. Le tranfport des 20 tonneaux fait autant plonger la poupe que le feroit un nouveau poids de 40 tonneaux qu'on mettroit à 40 pieds de diftance du centre de gravité; car 20 tonneaux ôtés d'un côté & mis enfuite de l'autre font 40 tonneaux de différence, & le moment de ce poids eft 1600.

Il faut néceffairement fe rappeller après cela ce que nous avons dit dans le livre précédent touchant les propriétés du métacentre & les inclinaifons du Navire produites par le changement du centre de gravité. Le moment 1600 doit être égal à celui de la pouffée verticale de l'eau, qui travaille à rétablir la fituation horifontale du Navire. La pouffée verticale de l'eau eft ici de 600 tonneaux, & fi nous fuppofons que fon bras de levier foit $x$, favoir le petit intervalle compris entre la verticale fur laquelle s'exerce la pouffée de l'eau & le centre de gravité du navire pendant l'inclinaifon, nous aurons $1600 = P \times x$ dans le cas de l'équilibre, & $x = 2\frac{2}{3}$ pieds. Ainfi prenant la hauteur du métacentre au deffus du centre de gravité pour finus total, nous aurons $2\frac{2}{3}$ pieds pour le finus de l'inclinaifon du Navire, & nous faurons donc de combien la poupe fe plonge par la tranfpofition des 20 tonneaux, en faifant cette analogie : la hauteur du métacentre eft à $2\frac{2}{3}$ pieds, comme $BG$ ou la demi-longueur du Navire eft à un quatrieme terme qui fera

l'excès

*Fig. 74.*

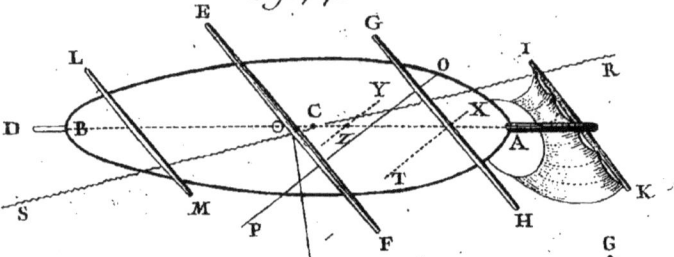

*Fig. 78.*

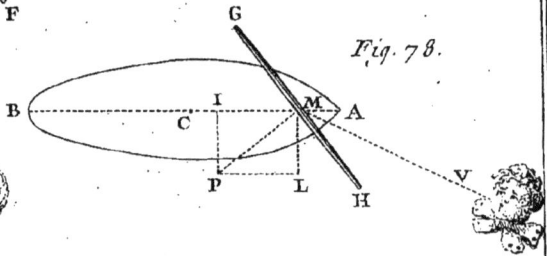

*Fig. 76*

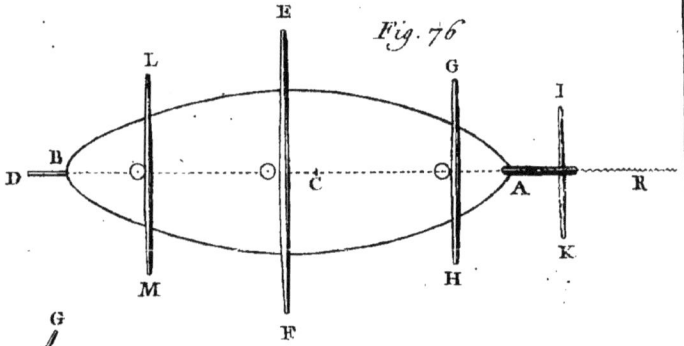

*Fig. 79*

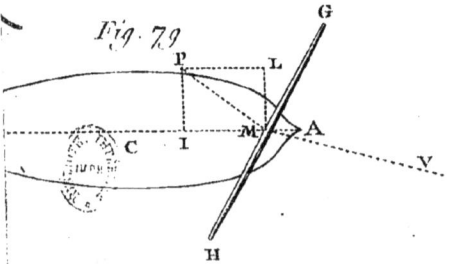

*Fig. 80.*

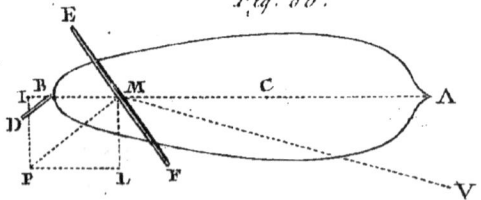

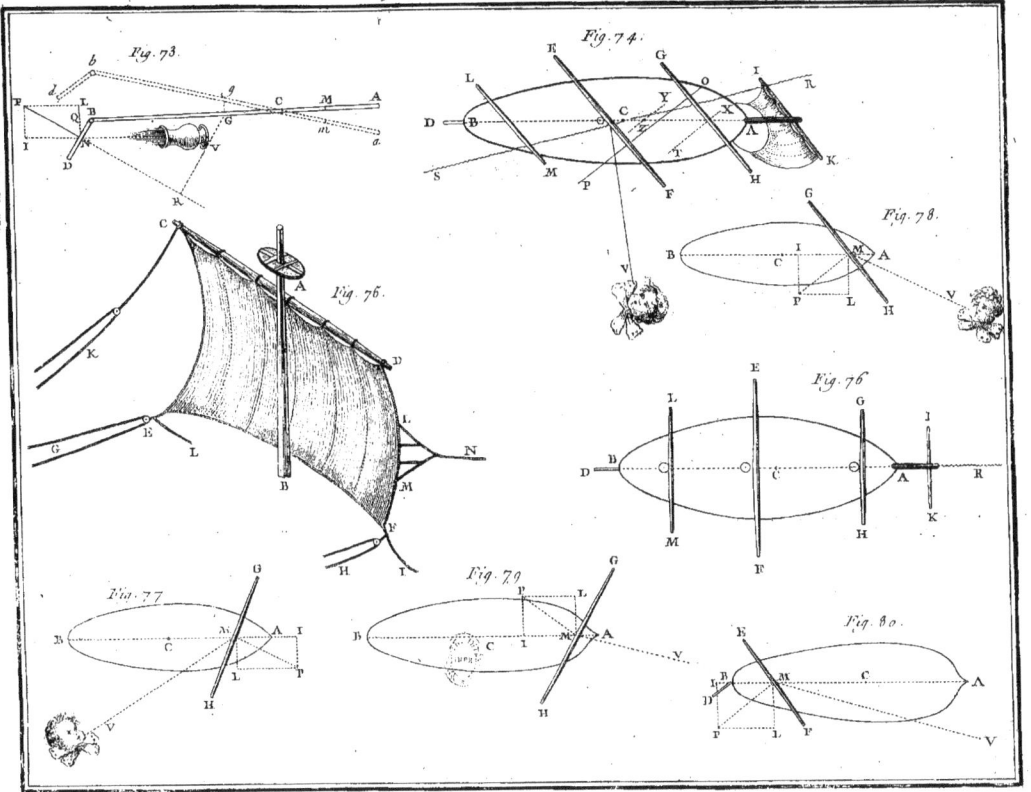

Fig. 73.

Fig. 74.

Fig. 75.

Fig. 78.

Fig. 76.

Fig. 77.

Fig. 79.

Fig. 80.

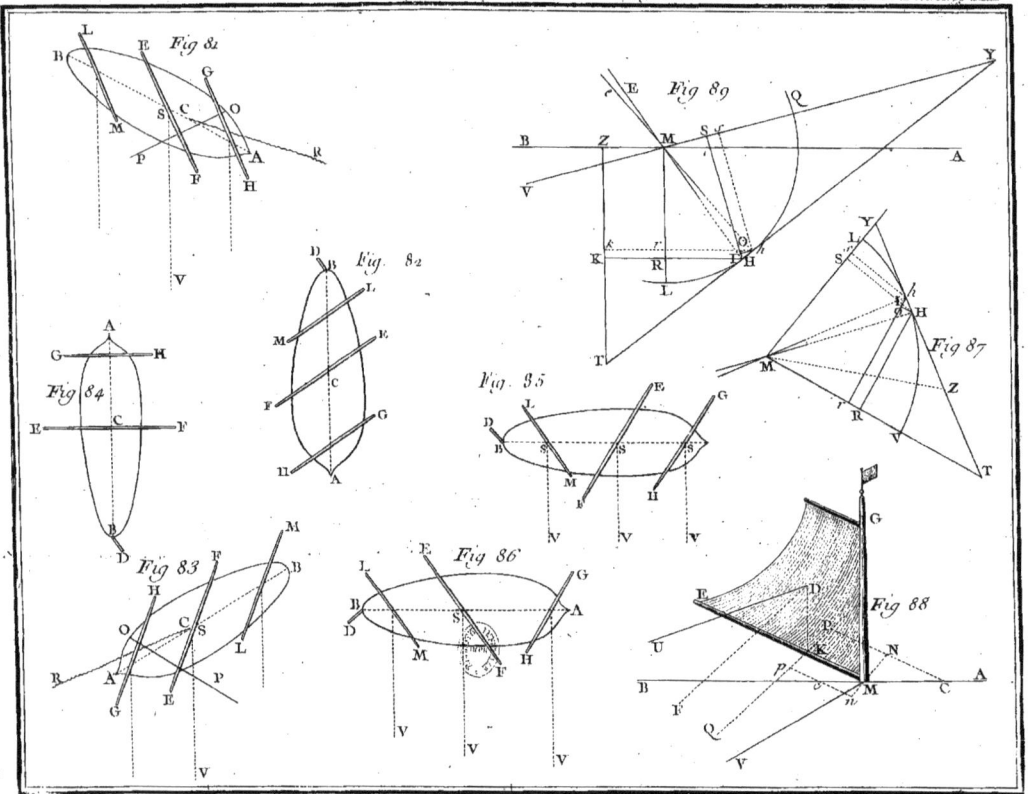

*Fig 81*

*Fig 82*

*Fig 84*

*Fig 83*

*Fig 85*

*Fig 86*

*Fig 87*

*Fig 88*

*Fig 89*

Fig. 90.

Fig. 91.

Fig. 92.

Fig. 94.

Fig. 93.

Fig. 95.

Fig. 96.

l'excès de l'enfoncement de la poupe.

On se souvient combien le métacentre est élevé lors-qu'il s'agit des inclinaisons vers la proue & vers la poupe. Ce point sera peut-être élevé de 100 pieds. Nous avons donné dans le Livre précédent des moyens assez simples pour déterminer sa hauteur au-dessus du centre de gravité de la carene, & nous avons aussi indiqué des expériences qui sont propres à la découvrir. Si on la suppose donc de 100 pieds, nous aurons cette proportion : 100 pieds sont à 2$\frac{1}{3}$ pieds comme la demi-longueur du Navire 50 ou 55 pieds sont à environ 1$\frac{1}{3}$ pied pour la quantité dont la poupe se plonge de plus dans la mer. Il suit de-là que le gouvernail, qui n'entroit dans l'eau que de 7 à 8 pieds y entrera après le nouvel enfoncement de la poupe, d'environ 1$\frac{1}{3}$ pied de plus ; ce qui doit apporter une augmentation sensible dans l'impulsion ou l'action du gouvernail. L'augmentation de l'intervalle entre les centres de gravité & de rotation doit retarder d'environ une 24$^{me}$ partie, comme nous l'avons vu, les mouvements d'évolution produits par cet instrument. Mais le gouvernail agit avec une force augmentée d'une 6$^{me}$ ou 7$^{me}$ partie & eu égard à tout, le mouvement de rotation sera accéléré d'une huitieme ou neuvieme partie. Nous devons ajouter que cette augmentation est très-considérable, & qu'elle est capable de faire réussir diverses manœuvres qui eussent manqué. On apperçoit dans l'action du gouvernail des différences qui doivent être encore plus petites, de même que dans l'action des voiles, lorsqu'il s'agit des mouvements d'évolution. On est quelquefois en doute, si le Navire en tournant, atteindra un certain terme. Il suffit alors très-souvent que le mouvement soit porté un peu plus loin par la premiere force, pour que le Navire soit ensuite sujet à l'action d'une autre puissance, qui, en agissant à son tour, rend l'effet infaillible.

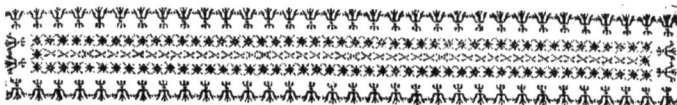

# LIVRE TROISIEME.

*De la diſpoſition la plus avantageuſe des voiles pour ſuivre une route avec vîteſſe , ou en ſatisfaiſant à quelqu'autre condition.*

Lorsqu'on veut paſſer d'un endroit à un autre , ou qu'on veut ſuivre une route propoſée , il arrive qu'on a le vent contraire auſſi ſouvent qu'on l'a favorable. Il faut ſavoir s'en ſervir dans toutes les rencontres & tirer de ſon effort l'effet le plus avantageux. Mais quelquefois la route n'eſt pas donnée : au lieu de vouloir ſe rendre à un point déterminé , il s'agit de choiſir entre toutes les directions celle qui fait qu'on s'éloigne le plus d'une certaine ligne , &c. Nous allons expliquer toutes ces choſes dans ce troiſieme Livre , & comme cette matiere eſt très-étendue , nous la partagerons en pluſieurs Sections.

XXXXXXXXXXXXXXXXXXXXXXXXXXXXXXXXXXXXXX

# PREMIERE SECTION,

Qui contient plufieurs remarques ou regles générales de Manœuvre, avec la maniere particuliere d'orienter la voile lorfqu'il n'y en a qu'une dans les Navires dont on peut négliger la dérive.

## CHAPITRE PREMIER.

*De la diftinction entre les deux directions du vent, la réelle & l'apparente, avec la maniere de diftinguer en mer les objets qu'on a au vent, & ceux qu'on a fous le vent.*

IL nous a fuffi jufqu'à préfent d'avoir égard à la feule direction du vent indiquée en mer par les girouettes & les pavillons du Navire qui eft en mouvement; mais il nous faudra très-fouvent dans la fuite avoir égard à la différence qu'il y a prefque toujours entre cette direction & la réelle. La premiere eft toujours connue, au lieu que rien ne manifefte la feconde, & on ne peut réuffir à la découvrir que par un circuit affez long.

Si *VC* (*fig.* 97.) eft la direction réelle du vent qui fait fuivre au Navire *AB* la route *CI*, & que pendant que ce Navire parcourt l'efpace *CI* les molécules d'air, dont le vent eft compofé, parcourent l'efpace *CM*, ces particules d'air s'éloigneront du Vaiffeau de la quantité *IM* & felon la direction *IM*. Ces particules d'air environnoient

Figure 97.

Z z ij

Figure 97. le Vaiſſeau lorſqu'il étoit en $C$; mais elles parviendront en $M$ lorſque le Navire parviendra en $I$. Ainſi $IM$ ſera leur mouvement relatif. Elles n'auront que ce mouvement par rapport au Navire; & les girouettes en prenant une ſituation qui les mette à couvert de toute impulſion, ſe dirigeront ſelon cette ligne, & l'indiqueront comme ſi elle étoit la vraie direction du vent. L'air ſe meut réellement ſelon $VC$; mais ſon action eſt la même que ſi le Navire étoit en repos & que le vent eût $IM$ pour direction & pour vîteſſe. Le Pilote trompé ne voit que $IM$ & ſes paralleles $uC$; il commet donc ſur la direction du vent une erreur égale à l'angle $VCu$. Il ſe tromperoit auſſi beaucoup s'il croyoit que la fuite du Navire par rapport au vent ne cauſe aucune diminution à l'impulſion, & qu'il en reſſent toute la force.

L'angle $VCu$ formé par les deux directions du vent, la réelle & l'apparente, eſt quelquefois très-conſidérable: car la vîteſſe $CI$ du Navire eſt une partie ſenſible de celle $CM$ du vent. Souvent un Navire fait deux ou trois lieues par heure, & on eſt ſûr que ce ſillage ſe fait preſque toujours avec un vent qui parcourroit au plus 9 ou 10 lieues dans une heure. On en reſſent toute la force lorſqu'on réuſſit à arrêter le Navire. On ſait outre cela par pluſieurs expériences, qu'un vent qui parcourt 50 pieds par ſeconde eſt très-fort, & cependant il ne fait guere que 10 lieues marines dans une heure. Nous avons donc tout lieu de croire que la vîteſſe $CI$ du Navire eſt à peu près le quart de la vîteſſe $CM$ du vent, & qu'elle en eſt quelquefois le tiers dans les bons voiliers, lorſqu'ils ne prennent pas le vent trop de côté. L'angle $CMI$, ou $VCu$ dont on ſe trompe ou dont les deux directions du vent, la réelle & l'apparente, différent l'une de l'autre, eſt alors de 18 ou 20 degrés.

Figures 97 & 98. Le Navire de la figure 97 préſente le flanc gauche ou de bas-bord au vent; mais ſi en changeant de bord, il préſentoit au vent le flanc droit ou de ſtribord, comme dans la figure 98, en courant une route dont l'obliquité

fût la même, quoique dans un sens contraire, le mouve- Figures 97 & 98.
ment du fillage jetteroit le Marin à l'égard de la direction
du vent, dans une illufion auffi grande, mais dans le fens
oppofé. Les girouettes donneroient *I M* ou *u C* pour la
direction du vent, quoiqu'elle fût réellement *V M*. On
fe tromperoit par conféquent toujours de 18 ou 20 degrés; mais comme ce feroit d'un autre côté, on feroit
tenté de croire qu'il feroit arrivé un changement de 36
ou 40 degrés dans la direction du vent, quoiqu'elle fût
réellement toujours la même.

Ce n'eft pas fimplement le changement de route qui
contribue à faire paroître au Marin le vent encore plus
variable qu'il n'eft effectivement, c'eft l'augmentation ou
la diminution de la vîteffe du fillage. Si on force de voiles, fi on en déploye un plus grand nombre ou qu'on les
étende davantage, on parcourra un plus grand efpace
*C I* dans le même temps, & il eft évident que l'angle *M*
qui eft la différence des deux directions du vent deviendra
plus grand. Cet angle au contraire diminuera, fi le Navire fingle moins vîte, & il fe réduira même à rien,
comme nous l'avons déja infinué, fi le Navire ne fait aucun chemin. Car on fera alors précifément dans le même
cas, que lorfqu'on eft à terre où les girouettes indiquent
toujours la vraie direction du vent auffi-tôt qu'elles font
parfaitement mobiles.

Nous devons ajouter que la direction réelle eft plus
proche de la poupe que la direction apparente : car l'erreur caufée par le fillage eft toujours dans le même fens,
& elle fait paroître la direction du vent plus voifine de la
proue. Lorfqu'on fingle au plus près, on gagne donc au
vent toujours un peu moins réellement qu'en apparence,
à caufe de la fituation de la direction apparente du vent;
& par la même raifon, lorfqu'on croit avoir le vent
prefque en poupe, on l'a toujours encore plus en poupe
qu'on ne penfe.

## Diſtinguer lorſqu'on eſt en mer & qu'on fait route, les objets qu'on a au vent & ceux qui ſont ſous le vent.

N O U S donnerons divers moyens dans le Chapitre ſuivant, de découvrir la direction réelle du vent. Il ſera
enſuite facile de diſtinguer entre les objets ceux qui *ſont
au vent*, de ceux qui *ſont ſous le vent*; & on y réuſſira avec
une exactitude à laquelle on n'a pas dû prétendre ordinairement dans la Marine. La comparaiſon du vent avec
un large fleuve eſt ſi naturelle, qu'elle ſe préſente d'elle-
même. Pluſieurs Bateaux montent ou deſcendent une
riviere; on dit qu'ils ſont au-deſſus ou au-deſſous, les uns
par rapport aux autres, lorſqu'ils ſont plus ou moins
avancés ſelon le ſens dans lequel le fleuve coule. On tire
alors par la penſée une perpendiculaire au fil de l'eau ou
au courant, & c'eſt cette perpendiculaire qui ſépare le
*deſſus* & le *deſſous*, ou qui ſert de limite entre l'*amont* &
l'*aval*, pour parler comme les Mariniers qui navigent ſur
les rivieres. On doit faire la même choſe à l'égard du
vent; mais il eſt évident, qu'au lieu de tirer la perpendiculaire à la direction apparente, il faut la tirer à la direction réelle ou abſolue.

Figure 99. Ainſi le Navire *A B* de la figure 99 qui eſt pouſſé par
le vent *V C* eſt *au vent* par rapport au Navire *E*; & il
n'eſt ni *au vent*, ni *ſous le vent* par rapport aux Navires
*G* & *F*, mais il eſt *ſous le vent* par rapport au Navire *H*.
On ne conſidere point ici la route que ſuit chaque Navire; on n'a égard qu'à la quantité dont il eſt plus ou
moins proche de l'origine du vent. Le vent, conformément à ce que nous diſions, eſt comme un fleuve dont
*V C M* & une infinité de paralleles ſont les directions:
nous tirons par le centre *C* du Vaiſſeau *A B* une perpendiculaire *G F* à ces lignes, & cette perpendiculaire fait à
l'égard du Vaiſſeau *A B* la ſéparation de tous les points
de la ſurface de la mer qui ſont *au deſſus du vent* & *au*

Figure 99.

*deſſous.* Ces expreſſions ont un ſens exact dans la penſée des Marins. Tout ce qui eſt du côté de l'origine du vent par rapport à *G F* eſt au vent, & tout ce qui eſt de l'autre côté, eſt cenſé plus bas & ſous le vent. Si on excepte le Navire *E* tous les autres de la figure 99 ſont au vent par rapport au cap ou pointe de terre *P*; mais le Navire *E* eſt ſous le vent par rapport à ce même cap.

Cette diſtinction indique une poſition avantageuſe ou déſavantageuſe dont les conſéquences ſont infinies dans la pratique de la Navigation. S'il s'agit d'éviter un Navire ennemi ou de l'attaquer, le deſſus & le deſſous du vent décident ſouvent du ſuccès de l'entrepriſe. De même lorſqu'on navigue proche d'une côte vers laquelle on eſt jetté par le vent, le ſort du Navigateur dépend quelquefois totalement de la ſituation d'un cap qu'il découvre au loin devant lui. Si ce cap eſt ſous le vent, on l'évitera avec facilité; au lieu qu'on a tout à craindre ſi ce cap eſt au vent & qu'on n'ait point de port au deſſous pour ſe retirer. Le Navire *E* ſe trouve dans cette fâcheuſe circonſtance; il ſuit la route *E i:* mais le cap *P* étant trop au vent, le naufrage eſt preſque certain, & il vaudroit ſouvent mieux aller rencontrer la côte par une route perpendiculaire, en choiſiſſant quelque ance ou crique où on allât s'échouer, que de continuer à courir ſelon la direction *E i.*

Nous ne devons pas manquer de conſidérer ici combien nos Marins ſe trompent lorſqu'ils tirent par la penſée la perpendiculaire *g f* au vent apparent *u C* pour juger des objets qu'ils ont au vent & ſous le vent. La direction *u C* eſt variable, dans le temps même que le vent ne ſouffre abſolument aucun changement. Cette direction *u C* ſera différente ſi le Navire ſingle plus ou moins vîte, & elle changera encore davantage, lorſque le Navire changera de bord, ou lorſqu'au lieu de porter l'amure à ſtribord, il la portera à bas-bord. Dans tous ces cas, ſi on ſe regle mal à propos ſur la perpendiculaire *g f* à la direction apparente *u C* ou *I M*, on s'imaginera dans le

Figure 99. Vaiſſeau *AB* que le Navire *G* eſt ſous le vent quoiqu'il n'y ſoit pas ; & on croira de même , en ſe trompant, que le Navire *F* eſt au vent.

Par une erreur également groſſiere, le Vaiſſeau *F* qui fait la route *FK* & qui regarde *KN* ou *u* 2 *F* comme la direction réelle du vent, croira qu'il eſt ſous le vent par rapport au Navire *C*. Car en tirant du point *F* une perpendiculaire à *KN*, elle paſſera au-deſſous de *C*. Ainſi dans chacun des deux Navires *C* & *F*, ſi on n'y diſtingue pas la direction apparente du vent, de la direction réelle, on ſe croira réciproquement ſous le vent par rapport à l'autre, quoique la choſe ſoit abſolument impoſſible , puiſqu'un Navire ne peut pas être au vent d'un autre , à moins que celui-ci ne ſoit ſous le vent du premier. Il faut donc toujours ſe reſſouvenir que les girouettes ne donnent en mer que la direction reſpective du vent, la direction ſelon laquelle les particules d'air s'éloignent du Navire qui ſe meut lui-même ; & qu'il eſt à propos de rectifier cette direction apparente du vent, pour avoir la direction réelle.

## CHAPITRE II.

### *Moyens de découvrir la direction réelle du Vent lorſqu'on eſt en mer.*

Nous tirons de quelques - unes des remarques que nous venons de faire, différents moyens de déterminer la grandeur de l'angle *M* que forment l'une avec l'autre les deux directions du vent, la réelle & l'apparente ; ce qui nous mettra ſouvent à portée de juger de la grandeur de ce même angle par eſtimation.

### *Premier Moyen.*

Si après avoir couru une certaine route pendant que les voiles ſont amurées d'un certain côté, on les amure

tout-à-coup

tout-à-coup de l'autre, en leur donnant précisément la même obliquité par rapport à la quille, & en recevant aussi le vent avec le même angle d'incidence ; on n'aura qu'à examiner avec soin la direction des girouettes, & on remarquera sûrement qu'elle a changé. Le Vaisseau, en se transportant vers deux différents côtés par rapport à la direction réelle du vent, altérera par son mouvement cette direction en deux divers sens, & les girouettes indiqueront des directions différentes. Les erreurs seront en sens contraires ; ainsi la différence totale sera double de chaque altération particuliere, & il n'y aura donc qu'à prendre la moitié de cette différence pour savoir combien la direction réelle differe de chacune des directions apparentes. Dans la premiere route, le vent paroissoit, par exemple, venir du S S O, & dans la seconde du S S E ; la différence de ces deux directions apparentes indiquées par les girouettes, est de 45 degrés. Il faut en conclure que l'erreur a été chaque fois de $22\frac{1}{2}$ degrés, & que le vent venoit réellement du Sud.

## Second moyen de déterminer en mer la direction réelle du Vent.

UN autre moyen, mais moins exact que le précédent, de découvrir l'angle que font entr'elles les deux directions du vent, la réelle & l'apparente, c'est de laisser les voiles orientées de la même maniere, mais d'en augmenter ou d'en diminuer le nombre. Si on serre une partie des voiles, & qu'après avoir singlé avec la vîtesse $CI$ qui a donné au vent la direction apparente $IM$ ou $u 1 C$ (*fig.* 100.) on Figure 100. ne marche plus qu'avec la vîtesse $Ci$ qui est beaucoup plus petite, la direction apparente sera ensuite $iM$ ou $u 2 C$, & elle fera un angle beaucoup plus petit avec la direction réelle ou absolue $VM$. Cela supposé, on observera les deux directions apparentes, & on mesurera avec le loch ou par quelqu'autre des moyens que fournit le Pilotage, les vîtesses $CI$ & $Ci$ du sillage. La lieue ma-

Figure 100.
rine étant de 2850 toifes ou de 17100 pieds, on faura
combien le Navire fait à proportion dans une minute &
dans une feconde ; la différence des deux vîteffes donnera
$iI$ ; & fi on trace en petit fur un carton ou fur quelqu'autre plan un triangle femblable à celui que forment
fur la mer les deux directions apparentes $iM$ & $IM$ du
vent, avec la différence $iI$ des vîteffes du Navire ; qu'on
tire enfuite la droite $CM$, la figure apprendra le rapport
qu'il y a entre la vîteffe abfolue du vent & celle du Navire, & fera auffi voir de combien eft l'écart des deux
directions apparentes $IM$ & $iM$ par rapport à la réelle
$CM$.

Comme il ne s'agit ordinairement que d'une détermination approchée ou groffiere dans toutes ces recherches,
& que les angles en $M$ ne font pas extrêmement grands,
on pourra prefque toûjours, en les confondant avec leur
finus, fuppofer qu'ils font proportionnels aux vîteffes $CI$
& $Ci$ du fillage qui leur fervent de foutendantes. Ainfi
il n'y aura qu'à faire cette analogie : la différence $Ii$ des
deux vîteffes du fillage eft à l'angle obfervé $IMi$ ou
$u$ 1 $Cu$ 2 entre les deux directions apparentes du vent,
comme une des vîteffes du Navire, la plus grande $CI$ ou
la moindre $Ci$, eft à l'angle $CMI$ ou $CMi$ formé par
la direction apparente du vent & par la direction réelle.

Le Vaiffeau faifoit, par exemple, $2\frac{1}{2}$ lieues par heure,
& le vent apparent étoit le SSE : on ferre prefque toutes
les voiles, on ne fait plus que trois quarts de lieues par
heure fur la même route, & le vent fe trouve approché
en apparence de 15 degrés du Sud. Nous dirons : $Ii$ ou
7 quarts de lieue, différence des deux fillages, eft à l'angle
$IMi$ qui eft de 15 degrés, comme $2\frac{1}{2}$ lieues ou 10 quarts
de lieues valeur de $CI$, font à un peu moins de $21\frac{1}{2}$ degrés
pour l'angle $CMI$ ou pour l'écart de la premiere direction
apparente de vent, par rapport à la direction réelle $VM$.
Il fera très-facile de rendre ce calcul plus exact quand on
le voudra ; mais on pourra s'en difpenfer fouvent. Une
précaution qu'il eft bon de prendre, c'eft de répéter plu-

Figure 100.

fieurs fois les mêmes expériences, afin de reconnoître fi
le vent n'a point changé réellement de direction pendant
le cours de l'opération : ce qui arrivera quelquefois, &
ce qui pourroit tromper l'obfervateur.

## Troifieme moyen de connoître la direction réelle du Vent.

NOUS avons encore à propofer un moyen de découvrir la différence entre les deux directions du vent, & il
nous paroît qu'on peut y avoir recours dans tous les cas
ordinaires, pourvu qu'on foit muni d'un anémometre ou
de cet inftrument que nous avons décrit dans le premier
Livre *, pour mefurer la force du vent. * Voyez le premier Chap. de la troifieme Section.
Il n'y aura qu'à fe placer avec cet inftrument fur la
poupe ou en quelqu'autre endroit du Navire qui foit très-
expofé au vent; on verra en y préfentant perpendiculairement la petite voile ou furface qui eft d'un quart de pied
quarré, de combien de livres, ou plutôt d'onces, eft l'impulfion; & fi on en prend le quatruple, afin d'avoir l'effort
fur un pied quarré entier, la petite Table qui eft inférée
dans le Chapitre cité, donnera la vîteffe du vent. Suppofé
que l'impulfion fût d'une livre & un quart, elle feroit de
5 livres fur un pied quarré, & le vent, felon la petite Table,
parcourroit environ $59\frac{1}{2}$ pieds par feconde.
Si on faifoit cette expérience à terre, on obtiendroit la
vîteffe abfolue du vent; mais lorfqu'on eft fur un Navire,
au lieu de découvrir la vîteffe réelle, on ne trouve que la
vîteffe apparente ou relative, puifque le vent, au lieu de
frapper l'anémometre avec toute fa force, ne le frappe
qu'avec le furplus de fa vîteffe fur celle du Navire, ou pour
parler plus exactement, il ne frappe l'inftrument qu'avec
la vîteffe relative ou apparente $IM$. Mais dans le triangle
$CIM$ (fig. 97 & 98.) on connoîtra enfuite les deux côtés Figures 97 & 98.
$CI$ & $IM$ avec l'angle compris $I$, & il n'y aura qu'à
réfoudre le triangle. La vîteffe du fillage donnera $CI$; on
aura $IM$ par l'ufage de l'anémometre, & quant à l'angle

on le connoîtra en comparant la route avec la direction qu'indiquent les girouettes. Ainsi il n'y aura qu'à appliquer le calcul trigonométrique au triangle *CIM*, ou le réfoudre par le moyen d'une figure en le traçant en petit, & on aura non-feulement la vraie vîteffe du vent, mais auffi fa direction réelle ou abfolue.

Propofons-nous pour exemple un Navire qui faffe 2 lieues $= 2 \times 17100$ pieds par heure, ou $9\frac{1}{2}$ pieds par feconde, & fuppofons que notre anémometre nous donne 8 onces pour l'impulfion du vent fur chaque quart de pied quarré de furface expofé perpendiculairement, cette impulfion répond à environ $37\frac{1}{7}$ pieds de vîteffe. Ainfi *CI* fera de $9\frac{1}{2}$ pieds & *IM* de $37\frac{1}{7}$ pieds. Si outre cela l'angle que fait la route avec la direction apparente du vent, eft de 50 degrés, fupplément de l'angle *CIM*, on trouvera, en réfolvant le triangle *CIM*, que l'angle *M* que font entr'elles les deux directions du vent, la réelle & l'apparente, eft d'environ $9\frac{1}{2}$ degrés, & que le côté *CM* qui repréfente la vîteffe réelle du vent eft de 44 pieds.

# CHAPITRE III.

*Lemme important & général pour la folution des Problêmes de Manœuvre, & moyen d'orienter la voile dans les Navires exempts de dérive, lorfqu'on fait une route donnée avec une feule voile.*

NOUS avons vu que la route & les deux directions du vent, la réelle & l'apparente, formoient un triangle dont les trois côtés repréfentoient le rapport des trois vîteffes, la vîteffe abfolue du vent, celle du fillage & la vîteffe apparente du vent. Cette remarque nous conduit à

Figure 97.

une autre qui fera extrêmement importante dans la fuite. Toutes les fois qu'il s'agit de rendre la vîteffe du fillage la plus grande qu'il eft poffible & que la route eft donnée, on peut regarder comme conftante la vîteffe apparente du vent.

Pour nous convaincre de cette vérité qui eft très-digne d'attention, nous n'avons qu'à fuppofer qu'en fuivant toujours dans la figure 97 la route $CI$ qui eft donnée, on change un peu la difpofition des voiles en les orientant plus ou moins obliquement. Si la vîteffe $CI$ augmente, c'eft une marque qu'on n'avoit pas faifi la difpofition la plus avantageufe. Si au contraire $CI$ diminue, il faudra préférer la premiere difpofition, mais on pourra encore en préférer une troifieme en faifant un changement contraire à celui qu'on a fait. Il eft donc clair qu'on n'eft fûr d'avoir rencontré la difpofition la plus parfaite des voiles que lorfqu'en la changeant infiniment peu on ne produit aucun changement fur $CI$. Alors $CI$ fera un *maximum*, comme le favent les Géometres ; c'eft-à-dire, que cette ligne fera la plus grande qu'il fera poffible. Mais fi la vîteffe $CI$ du fillage ne reçoit aucun changement, la vîteffe & la direction apparente $IM$ du vent ne changeront pas non plus, puifque la route $CI$ fait un angle donné avec la direction réelle $CM$ du vent.

## Reconnoître dans un Navire exempt de dérive fi la voile eft bien difpofée pour faire une route donnée.

Il fuit de ce principe que le Problême dont nous comptons nous occuper, fe rapporte à celui que nous avons réfolu dans le Chapitre VI. de la premiere Section du Livre qui précede. Il faudra feulement faire attention que la ligne felon laquelle nous voulons que la voile pouffe davantage le Navire, n'eft pas, dans le Problême préfent, une perpendiculaire à la quille, mais qu'elle tombe fur la quille même, puifque nous ne voulons pas imprimer un mouvement de rotation, mais pouffer felon la direction de

Figure 97.
& 98. fon axe le Navire qui eſt exempt de dérive.

Nous n'avons donc qu'à faire enſorte que l'angle d'incidence apparent ait ſa tangente double de la tangente de
l'angle formé par la voile & par la quille ſelon laquelle
il eſt néceſſaire que l'action ſoit la plus grande qu'il eſt
poſſible. La vîteſſe du Vaiſſeau ne rend pas ici variables la
direction & la vîteſſe apparentes du vent; puiſque l'une &
l'autre perdent leur variabilité lorſque la vîteſſe du ſillage
eſt un *maximum* ou la plus grande qu'il eſt poſſible. Il eſt
vrai que la vîteſſe du vent n'eſt toujours qu'apparente ou
relative, mais il n'en eſt pas moins certain que c'eſt avec
cette vîteſſe & avec cette direction que le vent frappe
la voile. Cette vîteſſe & cette direction ſont comme actuelles; ce qui nous autoriſe à appliquer au cas préſent
les recherches contenues dans le Chapitre que nous avons
cité.

Ainſi lorſque nous ſommes en mer & que nous faiſons
une route $CI$ dans un Navire dont nous pouvons négliger
la dérive, nous avons un moyen très-facile de reconnoître ſi notre voile eſt bien orientée. La voile partage
l'angle $uCI$ en deux parties; la premiere partie eſt l'angle
d'incidence apparent du vent ſur la voile, & la ſeconde
eſt l'angle formé par la voile & par la route ou par la
quille. Nous n'avons qu'à voir ſi la tangente du premier
angle eſt double de celle du ſecond.

Nous pourrons, après avoir meſuré ces deux angles,
chercher leur tangente dans les tables, ou les tracer ſur
une figure; on pourra auſſi très-ſouvent comparer ces
tangentes à vue d'œil; ſi on imagine une perpendiculaire
$AH$ abaiſſée de l'extrêmité $A$ de la proue ſur la voile
Figure 101. $FE$ (*fig.* 101) & qu'on la prolonge par la penſée juſqu'à
la rencontre $L$ de la direction apparente $uC$ du vent, il
faudra que la partie $LH$ de cette perpendiculaire ſoit
double de l'autre $HA$. Quand même on ne ſe conformeroit
à cette pratique que groſſiérement, on en retireroit de l'u-
tilité: on ſera maître de l'obſerver plus ou moins rigou-
reuſement, & on aura toujours une regle, au lieu qu'on
n'en avoit pas.

Figure 101.

Mais il faut bien remarquer que cette regle qui nous fait connoître si nous avons bien difpofé la voile après que nous avons achevé de l'orienter, n'eft pas propre à nous apprendre d'avance la difpofition à laquelle nous devons nous arrêter. En effet, on fe tromperoit quelquefois très-confidérablement si fur la mefure de l'angle *uCA* on vouloit régler la grandeur précife des deux autres angles ; car fi la voile étoit d'abord fort éloignée de la difpofition parfaite, la vîteffe *CI* du fillage augmenteroit, ce qui feroit changer la vîteffe & la direction apparente *IM* du vent: ainfi l'angle *uCA* ne feroit plus le même, & la détermination fondée fur la premiere grandeur de cet angle feroit manqué.

## Calcul & ufages de la premiere Table qui eft à la fin de ce Traité, avec différentes remarques.

La limitation de notre regle vient de ce qu'elle n'a d'application immédiate qu'à l'égard de la direction apparente du vent ; mais nous pouvons par le moyen d'une Table très-facile à conftruire, en étendre l'utilité. Si nous fuppofons donné l'angle *uCA* de la route & de la direction apparente du vent, nous venons de voir quelles font les conditions qui rendent parfaite la difpofition de la voile. Nous chercherons fur ce fondement l'angle d'incidence apparent ; attribuant enfuite une certaine vîteffe apparente au vent, nous calculerons l'impulfion que recevra la voile, & nous en conclurons la vîteffe *CI* du fillage. La vîteffe apparente attribuée au vent ne fera autre chofe que *IM* ; & fi en réfolvant le triangle *CIM* nous cherchons *CM* & l'angle *ICM*, nous aurons la direction abfolue & la vîteffe abfolue du vent, qui conviendront aux fuppofitions que nous aurons faites. La premiere Table qu'on trouvera à la fin de ce Livre a été calculée de cette forte.

Nous avons marqué dans les premieres colonnes les

Figure 101. 376 DE LA MANOEUVRE DES VAISSEAUX.

angles de la voile & de la quille & les angles d'incidence, parce que nous penfons qu'on fe bornera fouvent à la fimple comparaifon de ces angles. Ce font en effet ceux qui fe correfpondent généralement dans tous les Navires dont on peut négliger la dérive, au lieu que les autres angles de même que les autres conditions de la difpofition parfaite, varient felon que le Navire eft bon ou mauvais voilier. Pour rendre néanmoins la Table plus complette, & donner quelque idée de la progreffion que fuivent les vîteffes du Navire & les angles *M* que les deux directions du vent forment l'une avec l'autre, nous avons cru devoir faire entiérement les calculs pour deux Navires de qualités très-différentes quant à la marche.

Lorfqu'on attribue au vent une certaine vîteffe relative ou apparente fur *u C*, cette vîteffe, quoique la même, peut produire plus ou moins d'effet fur le fillage, le rendre plus ou moins rapide, à caufe des divers rapports qu'il y a entre la furface des voiles & celle de la proue. Nous avons donc voulu que notre Table fervît pour deux différents Navires : nous avons toujours réduit à 400 la vîteffe réelle ou abfolue du vent ; mais nous avons fuppofé qu'un des Navires ne prenoit que la huitieme partie de cette vîteffe dans la route directe, au lieu que l'autre en prenoit le quart. Ces différentes fuppofitions ont introduit divers rapports entre *C I* & *I M* & ont fait changer l'angle *M*. Notre Table étant calculée, fi on nous propofe de fuivre une certaine route, on nous donnera l'angle qu'elle doit faire avec la direction réelle du vent ; nous chercherons cet angle dans la cinquieme colomne ou dans la neuvieme, & nous trouverons dans les autres toutes les quantités que nous avons intérêt de connoître.

Si on jette les yeux fur la fuite des nombres que contiennent la feptieme & la derniere colonne, on verra que la vîteffe du fillage diminue extrêmement dans les routes très-obliques. Toutes les fois que la proue eft tournée vers le vent, il faut rendre l'angle de la voile & de la quille beaucoup plus petit, l'angle d'incidence doit être

auffi

aussi moindre. Ainsi l'impulsion du vent est beaucoup plus foible ; mais outre cela il y a une moindre partie de cette force qui pousse dans le sens de la quille & qui est utile au sillage, puisque la plus grande partie de l'effort se fait presque perpendiculairement à la longueur du Navire. Le concours de toutes ces circonstances est cause que, lorsque le Navire single *au plus près*, il prend à peine les quatre dixiemes de la vîtesse qu'il reçoit dans la route directe. Les dernieres dispositions de notre Table marquent ces routes du plus près ; & si on rendoit encore plus petit l'angle que fait la route avec la direction du vent, la vîtesse diminueroit encore par des degrés plus subits.

La Table, de même que les principes sur lesquels elle est fondée, a également son application lorsque le Navire a plusieurs voiles, pourvu qu'elles ne s'embarrassent point les unes les autres, ou que celles de la poupe ne couvrent point en partie celles de la proue. Dans toutes les routes d'une certaine obliquité le vent frappe sur toutes les voiles : mais dans ce cas c'est la même chose, quant à l'impulsion, que si le Navire n'avoit qu'une voile, mais beaucoup plus grande. Ainsi on peut alors avoir recours à notre Table, ou se servir de la comparaison des deux tangentes sur laquelle nous avons insisté. Ce ne sera plus la même chose, si les voiles de la proue sont en partie couvertes par les voiles de la poupe : les recherches de manœuvre deviennent alors plus difficiles, & elles demanderont un nouvel examen de notre part.

Au surplus, quoiqu'à parler dans la rigueur, il n'y ait point de Vaisseau dont on puisse négliger la dérive, parce qu'il n'y en a point d'infiniment étroit, nous croyons néanmoins qu'on peut dans certaines rencontres considérer plusieurs Navires comme s'ils suivoient exactement dans leurs routes la direction de leur quille. Nos Vaisseaux sont environ quatre fois plus longs que larges ; mais outre cela la saillie de leur proue en diminue la surface cinq ou six fois & même davantage, quant à la résistance

B b b

qu'elle éprouve de la part de l'eau. Ainſi c'eſt à peu-près
la même choſe que ſi la carene étoit 24 ou 25 fois plus
longue que large, & dans cet état nos Navires doivent
acquérir ſenſiblement pluſieurs des propriétés du Navire
qui feroit abſolument exempt de dérive. Cependant nous
devons avertir que la dérive ſe manifeſtera toujours dans
les routes très-obliques, ou lorſque les voiles feront un
angle très-aigu avec la quille; le vent pouſſera alors conſidérablement de côté, & le Vaiſſeau cédant à cet effort
latéral, ne ſuivra plus la direction de ſa quille ou de ſon
axe, mais s'en écartera ſenſiblement. La premiere de
nos Tables ne ſera pas d'uſage alors, mais on pourra s'en
ſervir dans toutes les routes qui ne feront point extrêmement éloignées de la directe, comme nous le verrons
encore mieux dans la ſuite.

# C H A P I T R E    IV.

## *De la diſpoſition la plus avantageuſe de la voile pour gagner au vent & pour s'é- loigner d'une Côte.*

NOUS avons un problême pour le moins auſſi important à réſoudre que le précédent, quoiqu'il ne ſoit pas
d'un uſage ſi fréquent en mer. Quelquefois on veut s'é-
loigner le plus qu'il eſt poſſible d'une certaine ligne: il ne
s'agit pas préciſément de faire beaucoup de chemin,
mais il importe qu'on en faſſe beaucoup relativement à
une certaine direction.

Figure 102. Le Navire, par exemple, de la figure 102 fait la route
*C I* pendant que *V C* eſt la direction réelle ou abſolue du
vent, & il s'agit de s'éloigner le plus qu'il eſt poſſible
de la ligne droite *M L*. Si ce Navire préſentoit la proue
un peu moins au vent; s'il *arrivoit* un peu, il marcheroit
beaucoup plus vîte, mais la quantité *I L* dont il s'éloigne

Figure 102.

de la droite *M L* pourroit malgré cela être moins grande.
Si au contraire le Navire *ferroit* davantage le vent, le
progrès *LI* deviendroit plus grand par rapport au fillage
*CI*, mais le fillage deviendroit beaucoup plus lent & *LI*
fouffriroit peut-être plus de diminution par ce chef, qu'il
ne recevroit d'augmentation par l'autre. La droite *M L*
eft une perpendiculaire à la direction abfolue du vent
lorfqu'on veut aller au plus près ou gagner au vent le plus
qu'il eft poffible. Ce n'eft alors qu'un cas particulier du
problême général que nous nous propofons.

Le Navire *F* de la figure 99 fingle au *plus près* en fuivant la route *FK* & en avançant vers l'origine même du
vent ; il travaille à s'éloigner de la perpendiculaire *FC*.
Mais quelquefois la ligne droite dont on veut s'éloigner
a une fituation oblique par rapport à la direction du vent ;
cette droite fera, par exemple, une parallele à une côte
dont on a des raifons néceffaires de s'écarter. Ainfi le
problême général que nous avons à réfoudre n'eft point affu-
jetti à une grandeur particuliere de l'angle *VCL* (*fig.* 102 ).

On verra dans la fuite qu'on ne peut fe difpenfer dans
cette rencontre de chercher la direction réelle du vent
ou de juger au moins à peu-près de fa fituation par quelqu'un des moyens que nous avons donnés ; on y eft obligé,
parce que la maxime très-fimple que nous avons à propofer dépend entiérement de la connoiffance de la direction réelle du vent.

Auffi-tôt qu'on aura découvert la direction *VC*, on
faura fi la route qu'on fuit eft la plus avantageufe, en examinant fi l'angle *ICL* qu'elle fait avec la ligne droite *ML*
dont on veut s'éloigner, eft égal à celui *VCE* que fait la
direction réelle du vent avec la voile ; ce qui ne difpenfe
pas de bien difpofer la voile par rapport au Navire.

Ainfi on fera obligé de fatisfaire alors à deux conditions. Lorfque le Navire eft exempt de dérive, il faut
que la tangente de l'angle d'incidence apparent du vent
foit double de celle de l'angle que la voile fait avec la
quille. Cette premiere condition étant remplie, la vîteffe

Figure 102. $CI$ du fillage fera un *maximum*. Mais il faut en fecond lieu que l'angle $VCE$ que fait la direction abfolue du vent avec la voile foit égal à celui $ICL$ que fait la route $CI$ avec la ligne droite $ML$ dont on veut s'écarter. L'obfervation de cette feconde regle qui convient abfolument à tous les Vaiffeaux, & qui par cette raifon eft plus générale que l'autre, achevera de rendre la difpofition entiérement parfaite pour rendre le progrès $LI$ le plus grand qu'il eft poffible.

On reconnoîtra aifément, lorfque les deux conditions ne feront pas remplies, dans quel fens il faudra changer la difpofition de la voile & celle du Vaiffeau. Mais il fera bon de faire toujours attention aux deux regles en même temps; car fi on y penfoit féparément, on courroit rifque d'en violer une, pendant qu'on feroit tout occupé du foin d'obferver l'autre.

Ce fera la même chofe fi on veut fingler au plus près ou gagner au vent le plus qu'il eft poffible, pourvu qu'on fe fouvienne que la ligne droite $ML$ dont il s'agit alors de s'éloigner en remontant vers l'origine du vent, n'eft pas perpendiculaire à la direction apparente $uC$ du vent, mais à la direction réelle. L'opération fera même pour l'ordinaire beaucoup plus courte, parce qu'on n'aura pas la liberté de diminuer affez l'angle $ACE$ que forme la voile avec la quille, & qu'il fera comme donné.

Il faudroit pouvoir diminuer affez cet angle, pour qu'il n'eût que 17 à 18 degrés; mais on fera prefque toujours obligé dans la pratique de le laiffer beaucoup trop grand, à caufe de divers cordages qui gênent le mouvement des vergues ou des voiles en empêchant de les rendre plus obliques par rapport à la quille. Cet angle $ACE$ étant comme donné, il faut opter entre l'obfervation de la regle expliquée dans le Chapitre précédent, ou de la regle que nous venons d'indiquer; mais celle-ci eft préférable à tous égards à la premiere, comme les lecteurs s'en convaincront dans la fuite. On ôtera donc l'angle $ECI$ de 90 degrés, & prenant la moitié du refte, on aura

chacun des angles *ICL* & *VCE*. Si l'obliquité *ECA* Figure 102.
ou *ECI* de la voile à l'égard de la quille, ou plutôt de
la route, eſt, par exemple, de 25 degrés, on aura 65
degrés pour la ſomme des deux autres. Ainſi il faudra que
la voile faſſe avec la direction réelle du vent un angle de
$32\frac{1}{2}$ degrés ; & que l'angle de la route avec la ligne droite
*ML* ſoit du même nombre de degrés.

## Conſtruction & uſage de la ſeconde Table qui eſt à la fin de ce Traité.

CE que nous venons de dire nous paroît très-ſuffiſant
pour la pratique ; mais après tout, ſi on veut avoir une
Table qui indique les diſpoſitions les plus avantageuſes
du Navire & de ſa voile, pour s'éloigner d'une ligne
droite donnée de poſition, il ſera très-facile de la dé-
duire de la première Table.

Si nous ſuppoſons, par exemple, que l'angle *ACE* de
la voile & de la quille eſt de 30 degrés, notre première
Table nous apprend que l'angle d'incidence apparent *uCE*
doit être de 49 $^d$ 6 $^m$, & ſi le Navire dont il s'agit, prend
le quart de la vîteſſe du vent dans la route directe, l'angle
*VCu* formé par les deux directions du vent ſera de 10 $^d$
18 $^m$, ce qui rendra l'angle *VCE* de 59 $^d$ 24 $^m$. Nous joignons le double de cet angle à l'angle *ECA*, & nous
avons 148 $^d$ 48 $^m$ pour l'angle *VCL* ; c'eſt-à-dire que la
diſpoſition de la voile & du Vaiſſeau que nous avons ſuppoſée, eſt la plus avantageuſe pour s'éloigner d'une ligne
droite *ML* qui fait avec la direction réelle du vent un
angle *VCL* de 148 $^d$ 48 $^m$.

La grandeur de cet angle qui ne paſſe pas 180 degrés
nous marque que ſi la ligne *ML* dont il eſt queſtion de
s'éloigner eſt une parallèle à une côte, le vent vient du
côté de la mer & non pas du côté de terre. Dans d'autres
ſuppoſitions l'angle *VCL* ſe trouvera de plus de 180 $^d$, &
ce ſera une marque que le vent vient de terre. J'ai conſtruit, par de ſemblables calculs, la ſeconde Table qu'on

Figure 102. verra à la fin de ce Traité, & j'y ai joint auffi les quantités $IL$ dont on s'éloigne de la ligne droite donnée $ML$. Je les ai trouvées en réfolvant le triangle rectangle $ICL$, & j'ai toujours fuppofé que la vîteffe abfolue du vent étoit repréfentée par 400.

Si le Navire dans lequel on navigue eft du nombre de ceux qui prennent dans la route directe le quart de la vîteffe abfolue du vent, notre Table apprendra que, pour s'éloigner le plus promptement qu'il eft poffible d'une côte par rapport à laquelle le vent qui vient de la mer eft perpendiculaire, il faut que la voile faffe avec la quille un angle de $17^d 18^m$, & que la route faffe avec la direction réelle du vent un angle de $53^d 39^m$. On trouvera auffi qu'on s'éloigne de la côte de 24 de ces mêmes parties, dont 400 expriment la vîteffe abfolue du vent. On fe conformera à la même détermination fi on veut fingler au *plus près*, ou gagner au vent le plus qu'il eft poffible : le cas eft précifément le même, & le progrès vers l'origine du vent fera également exprimé par 24, ce qui eft marqué dans la derniere colonne.

## Evaluation de ce qu'on perd en orientant mal la voile lorfqu'on fingle au plus près.

MAIS, comme nous l'avons dit, on perd à cet égard quelqu'avantage dans la Marine par la raifon qu'on ne peut pas diminuer affez l'angle que les voiles font avec la quille. Nous avons fuppofé dans notre feconde Table qu'on étoit libre de ne donner que $17^d 18^m$ à cet angle ; ainfi puifqu'on ne peut pas dans la pratique rendre cet angle fi petit, notre Table indique un degré de perfection dont on approche, mais qu'il n'eft pas poffible d'obtenir.

Lorfque l'angle $ECA$ eft de 25 degrés, & que l'angle $VCE$ formé par la direction réelle du vent & la voile eft de $51^d 15^m$ fomme de l'angle d'incidence apparent $43^d$ & de l'angle $VCu$ de $8^d 15^m$, notre premiere Table nous apprend que la vîteffe du Navire eft de 62 parties. Cette

Figure 102.

vîteffe eft celle du fillage lorfqu'on obferve la premiere
regle ; mais comme on eft obligé d'y renoncer lorfqu'on
fingle au plus près, parce qu'on ne peut pas affez diminuer
l'angle *ACE*, l'angle *VCE* n'eft plus que de $32\frac{1}{2}$ degrés,
de même que l'angle *ACL*, & cette diminution que fouffre l'angle *VCE* fait diminuer extrêmement la vîteffe du
Navire.

En effet toutes les fois que les voiles confervent la même
fituation par rapport au Navire, les vîteffes du fillage, conformément à un principe ou théorême dont nous démontrerons la certitude dans la fuite, font exactement proportionnelles aux finus des angles, non pas d'incidence
apparens *uCE*, mais aux finus des angles *VCE* formés
par la direction réelle du vent & par la voile. Ainfi l'angle
*VCE* étant plus petit, la vîteffe *CI* fera moindre dans
le même rapport que le finus de $32\frac{1}{2}$ eft plus petit que le
finus de $51^d 15^m$ ; au lieu qu'elle étoit de 62 parties,
comme le marque notre premiere Table, elle ne fera
donc plus que d'environ $42\frac{1}{4}$. Mais fi on cherche après
cela le progrès *LI* fait vers l'origine du vent, en fe fouve-
nant que dans le triangle rectangle *CLI*, l'angle en *C* eft
de $32\frac{1}{2}^d$, on trouvera que ce progrès n'eft pas tout-à-fait
de 23. Ce qui montre qu'on perd un peu plus d'une $24^{me}$
partie de gain vers le vent à caufe de la grandeur qu'on
eft obligé de laiffer à l'angle que font les voiles avec la
quille.

Mais on voit qu'il arrive ici la même chofe qu'à l'égard
de prefque tous les autres *maximum* ou quantités qu'on fe
propofe de rendre les plus grandes qu'il eft poffible. Pour
peu qu'on foit attentif à ne pas trop s'écarter des regles,
& qu'on obferve au moins avec quelque foin les plus importantes, on retire fenfiblement tout le fruit qu'on avoit
en vue ; parce que les quantités qui deviennent des *maximum* par une certaine difpofition, font fenfiblement de la
même grandeur dans les environs du point précis où réfide
le plus grand avantage. On rend l'angle de la voile & de
la quille trop grand de prefque une moitié, & malgré cela

Figure 102. comme on met une égalité parfaite entre les deux angles *ICL* & *VCE*, le progrès *LI* vers le vent se trouve presque le même, on ne perd qu'une assez petite partie. Nous ne devons pas manquer d'ajouter que tout ce que nous venons de dire sur la maniere d'aller au plus près, convient également aux Navires qui n'ont qu'une voile & à ceux qui en ont plusieurs, parce que, comme nous l'avons déja fait remarquer, les voiles ne se couvrent point les unes les autres dans les routes extrêmement obliques.

# CHAPITRE V.

## *De la maniere de donner chasse à un Navire en lui coupant le chemin le plus promptement qu'il est possible.*

L A pratique qu'on doit employer lorsqu'on veut s'éloigner d'une côte servira aussi lorsqu'on voudra couper le chemin à un autre Vaisseau. Quelquefois de mauvais Manœuvriers, sans mettre de distinction entre les différents cas, dirigent toujours leur proue sur le Navire auquel ils veulent *donner chasse* ou qu'ils veulent atteindre. Comme le Navire qui fuit change de situation par rapport à l'autre, ces Manœuvriers changent aussi leur route, & ils décrivent de cette sorte une ligne courbe qui leur fait perdre beaucoup de temps, & qui se termine très-souvent d'une maniere fâcheuse, en les plaçant derriere le Navire à côté duquel ils vouloient se mettre. Cette faute, qui est inexcusable lorsqu'on n'a pas su tirer parti des bonnes qualités de son propre Vaisseau, n'est que trop ordinaire.

Au lieu de perdre son temps à décrire une ligne courbe qui fait qu'on manque presque toujours sa proie, il faut lui couper le chemin, en prenant néanmoins certaines Figure 103. précautions qui sont essentielles. Si le Navire *B* (*fig.* 103) fait la route *BI* & que le Navire *A* qui est au vent fasse

la

Figure 103.

la route *A I* en parcourant les efpaces *A C, C D, D E*, &c. dans le même temps que l'autre Navire parcourt les efpaces *B F, F G* & *G H* beaucoup plus petits, ces deux Navires ne fe rencontreront pas, & le Navire *A* perdra tout fon avantage. Lorfqu'ils étoient en *A* & en *B*, la ligne *A B* marquoit la direction ou l'aire de vent de l'un à l'autre; mais lorfqu'ils font parvenus en *C* & en *F*, leur direction refpective n'eft plus la même. Elle eft encore plus différente lorfque les Navires font en *D* & en *G*, & encore davantage en *E* & en *H*.

Les chofes étant dans ce dernier état, on s'apperçoit bien dans le Vaiffeau *A* arrivé en *E*, qu'on a manqué fon coup, & qu'on parviendra au point *I* lorfqu'il n'en fera plus temps; mais on pouvoit prévoir cet accident beaucoup plutôt. Lorfqu'on étoit en *C* & que l'autre Navire étoit en *F*, on n'avoit qu'à examiner avec une bouffole fi la direction *C F* étoit parallele à la premiere *A B*, on eût reconnu dès-lors qu'on commençoit déja à perdre fur l'autre Navire. En un mot, pour que les deux Navires fe rencontrent lorfqu'ils fe meuvent d'un mouvement uniforme, il faut qu'ils confervent dans tous les points de leur route la même direction ou air de vent l'un par rapport à l'autre.

Il eft très-facile de voir avec la bouffole fi cette condition néceffaire eft remplie; mais il eft bien des rencontres où l'on peut fe fervir utilement de la même regle quoiqu'on n'ait point de bouffole. J'ai quelquefois traverfé dans une chaloupe à la voile, des rades où plufieurs Navires paffoient d'un endroit à l'autre étant pouffés d'un bon vent. On ne favoit quelquefois dans la chaloupe s'il y avoit du péril ou s'il n'y en avoit pas, & on étoit indécis fur le parti qu'on avoit à prendre. Dans une pareille incertitude on pourroit faire une manœuvre, lorfqu'il en faudroit faire une autre toute contraire, & on iroit fe mettre fous la proue d'un Navire par lequel on feroit brifé ou coulé à fond. Nous n'avions point de bouffole; mais je cherchois au loin quelqu'objet auquel je puffe

Figure 103. rapporter le Navire que nous voulions éviter : lorfqu'il y avoit des nuages dans le ciel proche de l'horifon , je m'en fervois par préférence à caufe de leur grand éloignement ; & comme je n'avois à les obferver que pendant très-peu de temps leur mouvement ne pouvoit me jetter dans aucune erreur. Si donc le Navire que nous voulions éviter me répondoit toujours au même objet ou au même nuage, j'étois fûr que nous le rencontrerions , & que fi nous ne changions promptement de route , nous allions faire naufrage. Lorfque la direction à laquelle le Navire me paroiffoit , changeoit au contraire continuellement , j'étois certain qu'il n'y avoit rien à craindre & que nous ne le rencontrerions pas.

Le cas eft ici tout différent ; un Navire veut en rencontrer un autre : celui $A$ de la fig. 103 a l'avantage du vent fur le Navire $B$ , & il parcourt par fon fillage de très-grands efpaces $AC, CD$ &c. pendant que le fecond en parcourt de moindres $BF, FG$ &c. S'il n'atteint pas ce fecond Navire ce fera fouvent par fa faute , ce fera parce qu'il ne fera pas tout ce qui étoit néceffaire pour s'éloigner le plus promptement qu'il étoit poffible de la ligne droite $AB$. Pour nous , nous n'aurons toujours qu'à confulter notre feconde table. Si l'angle $VAB$ eft par exemple de 150 degrés , nous n'aurons qu'à chercher les difpofitions les plus avantageufes pour s'écarter d'une ligne droite donnée de pofition $AB$ qui fait un angle de 150 degrés avec la direction réelle du vent, & fuppofé que notre Navire, dont on peut négliger la dérive , prenne le quart de la vîteffe du vent dans la route directe , nous trouverons qu'il faut que la voile faffe avec la quille un angle de 30$^d$ 19$^m$ , & que l'angle d'incidence apparent foit de 49$^d$ 28$^m$.

Figure 104. On difpofera donc le Navire comme dans la fig. 104. La route $AI$ fera alors avec la direction réelle du vent un angle $VAI$ de 90$^d$ 10$^m$ , & comme cet angle fera plus petit que dans la fig. 103 , on ira moins vîte ; mais les efpaces $AC, CD$ que nous parcourrons , quoique plus

Figure 104.

petits, nous éloignerons le plus qu'il fera poffible de la
droite *A B* & nous donnerons par conféquent le plus
grand avantage poffible fur le Vaiffeau *B* que nous pour-
fuivons. Nous faifions une mauvaife manœuvre en nous
conformant à la fig. 103 , parce que nous prétendions
couper le chemin au Navire *B* dans un point *I* trop peu
éloigné ; mais en nous reglant fur notre feconde Table
nous tirons le plus grand avantage poffible des bonnes
qualités de notre Vaiffeau ; il fe pourroit même faire que
nous en tiraffions trop , & que nous arrivaffions au point
*I* lorfque l'autre Navire en feroit encore fort éloigné. On
s'en apercevroit en obfervant de temps en temps avec la
bouffole les directions *C F*, *D G*, *E H* qui doivent être
continuellement paralleles ; fi on remarquoit qu'on gagnât
trop , il n'y auroit qu'à forcer moins de voile.

La difpofition qui eft indiquée par la feconde Table fa-
tisfait à l'obfervation de deux regles, ou remplit les conditions de deux différents *maximum*. La tangente de l'angle d'incidence apparent eft double de la tangente de
l'angle formé par la voile & par la quille, ce qui fait que
le Navire fingle le plus promptement qu'il eft poffible fur
la route *A I*. En fecond lieu l'angle que fait la direction
réelle du vent avec la voile, eft égal à l'angle *I A B* formé
par la route & par la ligne *A B*. Mais fi notre Table rendoit l'angle de la voile & de la quille trop petit, & qu'on
ne pût pas le faire réellement affez aigu, il faudroit alors,
nous le répétons, fe contenter d'obferver la feconde regle.
Ainfi connoiffant le moindre angle que la voile peut faire
avec la route , on le retrancheroit de l'angle *V A B* que
fait la direction réelle du vent avec la droite *A B* ; &
prenant la moitié du refte , on auroit en même temps
l'angle que la direction réelle du vent doit former avec la
voile, & celui que la route *A I* doit faire avec la droite *A B*.

## Donner chaffe à un Vaiffeau qui eft au vent.

LORSQU'ON pourfuit un Navire qui eft au vent, on ne
peut jamais l'atteindre à moins qu'on ne marche plus vîte

que lui, & il faut prefque toujours encore faire fucceſſi-
vement pluſieurs bordées, c'eſt-à-dire, qu'on eſt obligé
de virer de bord pour faire diverſes routes. Le Navire *B*,
par exemple, de la figure 105 qui eſt au vent du Navire
*A* court au plus près en ſuivant la route *B I*. Si nous
ſommes dans le Vaiſſeau *A*, & que courant auſſi au plus
près du même côté, nous marchions aſſez vîte pour arriver au point *C* en même temps que le Navire *B* au point
*F*, la ligne *F C* étant perpendiculaire à la direction réelle
du vent, l'autre Navire n'aura plus aucun avantage ſur
nous de la part du vent. Nous aurons au contraire ſur lui
l'avantage du ſillage que nous devons toujours conſerver.
Ainſi virant de bord en *C* en préſentant au vent le flanc
de ſtribord au lieu de celui de bas-bord, nous ferons la
route *C I* pendant que l'autre Navire auquel nous donnons
chaſſe fera la partie *F I* de ſa route, & nous le rencon-
trerons en *I*. Il ne ſera pas néceſſaire que nous forcions
de voile en faiſant la bordée ou route *C I* puiſque nous
marchons plus vîte que l'autre Navire; ou plutôt nous
ferons bien de continuer à forcer de voile, mais il ne ſera
pas néceſſaire que nous courrions tout-à-fait au plus près.

Au lieu de virer de bord en *C* où nous nous trouvons
également au vent que l'autre Navire qui eſt parvenu en *F*,
nous euſſions pu virer de bord un peu plutôt comme en
*c*, & nous fuſſions allé rencontrer l'autre Navire en *i* en
tenant également le plus près dans notre ſeconde bordée
*c i* que dans notre premiere *A c*. Mais deux choſes nous
empêchent de connoître le point *c* où il faut changer de
route ; nous ne ſavons pas aſſez parfaitement dans un des
Vaiſſeaux combien nous ſommes éloignés de l'autre; &
outre cela, quoique nous nous appercevions très-diſtinc-
tement dans le Vaiſſeau *A* que nous marchons plus vîte
que le Vaiſſeau *B*, nous ignorons quel eſt le rapport précis entre les deux vîteſſes. On perd beaucoup de temps
en évolution lorſqu'on vire de bord pluſieurs fois ; mais
d'un autre côté lorſqu'on fait des bordées fort longues,
on s'éloigne quelquefois trop du Navire qu'on pourſuit ;

Figure 105.

& la nuit qui furvient le fait perdre de vue.

Figure 105.

Le Navire *A*, au lieu de faire les routes *A C* & *C I* dans l'ordre que les marque la figure, gagnera quelquefois à les faire dans un ordre contraire; c'eft-à-dire, qu'il fera mieux dans certains cas, de mettre d'abord l'amure à ftribord ou à droite, & de préfenter ce côté au vent en courant au plus près. Il iroit paffer derriere le Navire *B*, & il feroit à portée de l'atteindre vers *i* ou *I* par une feconde bordée fans être obligé de courir au plus près. On peut tracer une figure dans laquelle on marque la fituation refpeɛtive des deux Vaiffeaux par rapport au vent, autant qu'on la connoît; & on appréciera enfuite avec plus de facilité la bonté des différents partis qu'on pourra prendre.

# CHAPITRE VI.

*Remarques au fujet du Navire qui fuit. Moyens de déterminer la route qui donne la plus grande de toutes les vîteffes.*

### I.

SI le navire *B* (*fig.* 104) continue à fuivre la route *B I*, Figure 104. il ne peut pas échapper au Navire *A* à moins qu'il n'y ait une très-grande différence entre les diverfes qualités de leur marche. En ferrant le vent, ou en recevant le vent avec encore plus d'obliquité, le Navire *B* doit naturellement fingler moins vîte que le Vaiffeau *A* qui reçoit le vent moins obliquement. Le premier n'a qu'un feul moyen d'empêcher le Navire *A* de tirer parti de fa fituation; c'eft de lui préfenter la poupe & de courir fur le prolongement de *A B*. Le Vaiffeau *A* feroit enfuite obligé de faire la même route, & ils refteroient toujours également éloignés l'un de l'autre de l'intervale *A B* s'ils marchoient également vîte; la feule différence du fillage

Figure 104. mettroit enfuite de la diftinction entr'eux.

Ainfi, généralement parlant, le Vaiffeau B lorfqu'il fuit ne peut rien faire de mieux que d'arriver en courant fur le prolongement de A B, de même qu'il faudroit que le Vaiffeau A courut au plus près, s'il vouloit éviter la pourfuite du Vaiffeau B. Mais lorfque le Vaiffeau A s'enfuit, il peut courir au plus près de deux différents côtés, comme le favent tous nos Lecteurs. Il peut préfenter fa proue plus au vent en offrant toujours le flanc gauche ou de bas-bord au vent; ou bien il peut revirer de bord & courir au plus près de l'autre côté en préfentant fon flanc droit ou de ftribord au vent. Il eft bien clair que cette feconde route feroit ici beaucoup plus propre à l'éloigner du Vaiffeau B.

## I I.

LE Navire qui fuit doit faire ufage de toutes les connoiffances qu'il a des propriétés de fa marche. Si les deux Vaiffeaux font très-peu éloignés l'un de l'autre, l'intervalle A B ne donne guere d'avance au Navire B lorfqu'en fuyant il fuit le prolongement de A B. Il pourroit choifir celle de toutes les routes dans laquelle il fingle le mieux, & le Navigateur feroit en état de faifir tout d'un coup cette difpofition s'il avoit eu foin de la chercher par des expériences faites à loifir fur fon Vaiffeau dans des circonftances moins preffantes. Cette plus grande de toutes les vîteffes ou ce *maximum maximorum* dépend de la combinaifon d'une troifieme regle avec la premiere dont nous avons déja fait un fi grand ufage. Il faut d'abord, conformément à la premiere, fi le Navire n'eft fujet à aucune dérive & n'a qu'une voile, comme nous le fuppofons toujours dans cette premiere Section, que la tangente de l'angle d'incidence apparent du vent fur la voile, foit double de la tangente de l'angle que fait la voile avec la quille ; il faut outre cela, comme nous le démontrerons dans la fuite, que la direction réelle du vent foit perpendiculaire à la voile.

Suppofons que l'angle *ACE* que fait la voile avec la Figure 101. quille dans la figure 101 foit fort grand, & que néanmoins la tangente de l'angle d'incidence apparent *uCE*, foit double de la tangente de l'angle *ECA*; nous chercherons la direction réelle *VCM* du vent, & fi nous trouvons qu'elle eft perpendiculaire à la voile, tout fera difpofé pour courir avec la plus grande de toutes les vîteffes. Mais fi l'angle *VCE* fe trouve aigu, la voile ne fera pas orientée, ni le Navire difpofé pour courir avec la plus grande de toutes les vîteffes. Car, en rendant l'angle *VCE* plus grand, on fera, comme nous avons eu occafion de le dire, augmenter la vîteffe du fillage dans le même rapport qu'on fera croître le finus de l'angle *VCE* que fait la direction réelle du vent avec la voile. Cela eft vrai pour tous les Navires qui n'ont qu'une voile.

Ainfi dans la derniere fuppofition que nous venons de faire, il faut travailler à rendre cet angle plus grand; mais il faut en même temps obferver toujours la premiere regle qui porte que *HL* foit double de *HA*. On ouvrira un peu plus l'angle *ACE* formé par la voile & la quille, & on portera un peu plus la proue fous le vent. Si après cela *HL* étant double de *AH*, la direction réelle *VC* du vent fait un angle droit avec la voile, il n'y aura plus rien à changer, & on aura trouvé la difpofition qui procure la plus grande de toutes les vîteffes ou qui en donne le *maximum maximorum*.

Les tentatives que nous prefcrivons demanderont fi peu de temps, qu'on peut les faire en tenant, pour ainfi dire, les manœuvres à la main; mais il fuffit de les avoir faites une feule fois, & de fe reffouvenir de la fituation qu'on a été obligé de donner à la voile, de même que de la grandeur de l'angle d'incidence apparent, pour pouvoir retrouver avec la plus grande facilité la même difpofition dans les circonftances critiques. On éprouvera pour prefque tous les Navires lorfqu'ils n'ont qu'une voile, qu'il faut la fituer perpendiculairement à la quille, & qu'on doit prendre le vent tout-à-fait en poupe pour leur procurer la

Figure 101. plus grande des vîteſſes; mais on trouvera auſſi pour d'au‍tres Navires, principalement pour les Frégates qui ſinglent le mieux, que la voile doit être ſituée un peu obliquement quoiqu'il ſoit toujours à propos de la mettre perpendicu‍lairement à l'égard de la direction abſolue du vent.

Au ſurplus, il faut bien obſerver qu'il n'y a de l'avantage à rendre la voile perpendiculaire à la direction abſolue du vent, que lorſque la route n'eſt pas donnée & qu'on a une liberté entiere d'embraſſer la direction qu'on veut. On ne peut pas généralement, lorſque la route *CI* (*fig.* 101.) eſt donnée, mettre la voile dans une ſituation perpendiculaire au vent. Car on ſeroit obligé preſque toujours de diminuer l'angle *ACE* de la voile & de la quille, & on perdroit plus par la petiteſſe de ce dernier angle, qu'on ne gagne‍roit par la grandeur de l'autre. Mais lorſque la route n'eſt pas preſcrite, & qu'on ne demande qu'une grande rapidité de ſillage, les deux regles, la premiere & la troiſieme, ne s'excluent point l'une l'autre. On peut rendre *HL* double de *HA*, & faire enſorte que la direction abſolue du vent ſoit perpendiculaire à la voile.

# CHAPITRE VII.

*Que notre troiſieme & notre ſeconde regle, pour choiſir la route qui nous procure la plus grande de toutes les vîteſſes ou qui nous éloigne le plus vîte qu'il eſt poſſible d'une ligne droite donnée de poſition, ſont applicables à tous les Navires : avec quel‍ques autres remarques.*

Tout ce qui appartient à la Géométrie dans les Cha‍pitres précédents recevra un plus grand jour pour pluſieurs
lecteurs

lecteurs par l'examen exact que nous allons en faire. Notre Figure 106. premiere regle , celle qui apprend à mettre la relation convenable entre l'angle d'incidence du vent & la situation de la voile par rapport à la quille , lorsqu'on fait une route dont la direction est prescrite , tire sa démonstration des explications qu'on a vues dans l'autre livre. Mais nous avons indiqué d'autres regles , dont il est nécessaire que nous justifiions la bonté. Nous commencerons par établir un Théorême de Manœuvre dont les conséquences sont extrêmement étendues , & qui est vrai généralement pour tous les Navires aussi-tôt qu'ils n'ont qu'une voile.

$CM$ dans la fig. 106 est la vîtesse & la direction réelle du vent : le Navire $AB$ d'une fig. quelconque, dont $EF$ est la voile, fait la route $CI$ dans le même temps que les particules d'air parcourent $CM$. *Si du point $I$ on tire $IK$ parallélement à la voile $EF$, ou ce qui revient au même, si le Navire étant arrivé en $I$ on prolonge le plan de la voile jusqu'à ce qu'il coupe en $K$ la direction réelle du vent , on n'a qu'à tracer un cercle qui passe par les trois points $C, I$ & $K$, la circonférence de ce cercle sera le lieu de tous les points comme $I, i$ où le Navire parviendra. , en suivant une route quelconque $CI, Ci$ ; pourvu que sa voile soit toujours orientée de la même maniere par rapport à la quille.*

La vîtesse apparente ou relative du vent est représentée par $IM$ lorsque la route est $CI$ ; & comme $IK$ est parallele à la voile dans la situation $EF$ , l'angle $MIK$ est égal à l'angle d'incidence apparent. Pour mieux nous expliquer , le vent ne frappant pas la voile avec sa vîtesse absolue à cause du mouvement du Navire, il ne la frappe qu'avec sa vîtesse apparente ou respective $IM$ & avec l'angle d'incidence $MIK$. Ainsi l'impulsion est proportionnelle au quarré de la vîtesse $IM$ multiplié par le quarré du sinus de l'angle $MIK$ ; mais la proportion que nous fournit le triangle $KIM$ entre $IM$ & $KM$, & les sinus des angles $K$ & $I$, nous apprend que le produit de $MK$ par le sinus de l'angle $K$ est égal au produit de $IM$ par le sinus de l'angle $MIK$ ; & élevant au quarré les deux

Ddd

Figure 106.
produits, nous aurons ($fin.\ VKI$)$^2 \times KM^2 = (fin.\ KIM^2$) $\times IM^2$. Or il suit de-là, qu'au lieu d'exprimer l'impulsion actuelle du vent sur la voile par le quarré de $IM$ multiplié par le quarré du sinus de l'angle $KIM$, nous pouvons l'exprimer par le quarré de $KM$ multiplié par le quarré du sinus de l'angle $VKI$, ou de son égal l'angle $VCE$ que fait la direction absolue du vent avec la voile.

Nous devons faire attention de plus que l'impulsion du vent est en équilibre avec l'impulsion de l'eau sur la proue, ou qu'elles sont exactement égales & contraires, puisque nous considérons toujours ici le Navire lorsqu'il est déja parvenu à l'uniformité de vîtesse. Outre cela l'impulsion de l'eau sur la proue est égale ou proportionnelle au quarré de la vîtesse $CI$ du sillage. Car dans les différentes routes $CI$, $Ci$ la dérive est toujours la même, puisque la voile fait toujours le même angle avec la quille ; & il suit de-là que l'eau frappe toujours sur les mêmes parties de la carene, & qu'elle les frappe avec la même obliquité.

Ainsi le quarré de la vîtesse $CI$ du sillage est égal au quarré de $KM$ multiplié par le quarré du sinus de l'angle $VCE$. Nommant $s$ le sinus de l'angle $CKI$ ou $VCE$, nous aurons continuellement $CI^2 = s^2 \times KM^2$. Le premier terme représente l'impulsion de l'eau, & le second exprime l'impulsion du vent ; & si nous prenons les racines quarrées de part & d'autre, il nous viendra $CI = s \times KM$ : c'est-à-dire, que la vîtesse même du sillage $CI$ sera continuellement égale ou proportionnelle au produit de $KM$ par le sinus $s$ de l'angle $VCE$ ou $CKI$. Le rapport entre ces quantités dépendra de la densité des deux fluides & de la grandeur des surfaces frappées ; mais il sera le même pour toutes les différentes routes.

Les vîtesses $CI$ du sillage ont de même un rapport donné & constant avec les produits $s \times CK$, car ces produits sont égaux à celui de $CI$ par le sinus de l'angle $CIK$ à cause du triangle $CIK$, & tous les angles $CIK$ sont ici constants, puisqu'ils sont égaux à celui que la voile fait

avec la route. Mais de ce que la vîtesse $CI$ a continuel- Figure 106.
lement un rapport constant avec le produit $s \times KM$, &
de ce qu'elle a aussi un rapport constant avec $s \times CK$, il
s'enfuit qu'il y a un rapport constant de $KM$ à $CK$, &
qu'ainsi le point $K$ partage toujours $CM$ dans le même
rapport. Le point $K$ est donc invariable, aussi-tôt que
la voilure est la même; & nous devons en conclure que
tous les points $I, i$ &c. sont situés sur la circonférence
d'un cercle. Car sans cela les angles $CIK$ ou $CiK$ qui
sont formés par la route & par la voile, & qui sont ap-
puyés sur la même corde $CK$ ne seroient pas de la même
grandeur.

*Que lorsque la Voile reste toujours orientée
de la même maniere par rapport au Navire, les vîtesses du sillage dans les différentes routes, sont comme les sinus de
l'angle que fait la direction absolue du
Vent avec la Voile.*

Nous inférons du Théorême précédent une loi ou
regle dont la connoissance nous a déja été très-utile. Les
vîtesses sont continuellement proportionnelles aux sinus
des angles $VCE$ ou $VCe$ que fait la direction absolue
du vent avec la voile, pourvû que cette voile soit toujours
orientée de la même maniere par rapport à la quille. En
effet, dans le triangle $CKI$ dont le côté $CK$ & l'angle $I$
sont constants, les vîtesses $CI$ du sillage sont proportionnelles au sinus de l'angle $K$ qui est égal à l'angle $VCE$.
Toutes les autres conditions étant les mêmes, plus on
augmente le sinus de l'angle $VCE$, plus on fait donc
augmenter la vîtesse du sillage; & pour porter par conséquent cette vîtesse au *maximum*, il n'y a qu'à rendre
droit l'angle $VCE$ que forme la direction absolue ou
réelle du vent avec la voile: la vîtesse $CI$ ne sera plus
ensuite une simple corde dans le cercle $CKI$, mais un

diametre. Cela eſt vrai pour tous les Navires qui n'ont qu'une voile, & c'eſt celle de nos regles que nous avons nommée la troiſieme.

*Que pour s'éloigner, le plus qu'il eſt poſſible, d'une ligne donnée de poſition, il faut dans tous les Navires, que la route faſſe avec cette ligne un angle égal à celui que forme la direction abſolue du vent avec la voile.*

Figure 107.

Il eſt auſſi très-facile de démontrer maintenant l'exactitude de la ſeconde regle dont nous avons preſcrit l'obſervation dans les cas où l'on veut s'éloigner le plus promptement qu'il eſt poſſible d'une côte ou d'une ligne droite donnée de poſition. $CM$ dans la figure 107 eſt la direction abſolue du vent. Le cercle $CKLI$ eſt le lieu de tous les points auquel parvient le Navire avec la même voilure; & $CL$ eſt la ligne droite dont il s'agit de s'éloigner. Il eſt évident que le point $I$ où doit ſe terminer la route eſt au milieu de l'arc $CIL$ dont $CL$ eſt la corde. La circonférence du cercle eſt en effet parallele en $I$ à la corde $CL$ & tous les points de part & d'autre de $I$ où le Navire peut ſe rendre dans le même temps ſont moins éloignés de $CL$. Mais on ne peut choiſir le point $I$ qu'en rendant l'angle $LCI$ égal à l'angle $CKI$ qui eſt égal à l'angle $VCE$.

## Du changement de la vîteſſe du ſillage par l'augmentation ou la diminution de l'étendue des voiles.

Nous avons ſuppoſé juſques à préſent que la voile conſervoit toujours ſa même étendue : mais ſi on l'augmentoit ou ſi on la diminuoit, la vîteſſe du ſillage changeroit ſelon un rapport aſſez compliqué. En général, pour

avoir la grandeur de l'impulsion du vent, il faut multiplier (*fig.* 106 & 107) l'étendue de la voile par le quarré
de *I M* vitesse apparente du vent, & par le quarré du
finus de l'angle *K I M* ou de l'angle *u C E*, ou bien il faut
multiplier l'étendue de la voile par le quarré de *K M* &
par le quarré du finus de l'angle *V C E* ou de l'angle *C K I*.
Mais lorsqu'on augmente ou qu'on diminue l'étendue de
la voile, la vîtesse du fillage souffre du changement; le
cercle *C K I*, dont les cordes *C I* marquent les vîtesses
du Navire, devient plus grand ou plus petit; & *K M*, dont
il faut multiplier le quarré par l'étendue de la voile, reçoit
un changement tout contraire.

Figures 106 & 107.

   Nous voulons, par exemple, que le Navire, au lieu
de ne prendre dans la route directe que le quart de la
vîtesse abfolue du vent, en prenne le tiers; c'est-à-dire,
que fi la vîtesse abfolue du vent est divifée en 12 parties
& que le Navire prenne 3 de ces parties dans fon fillage,
nous voulons qu'il en prenne 4. Cette plus grande rapidité de la marche fera augmenter la réfistance de l'eau
contre la proue felon les quarrés des vîtesses ou dans le
rapport de 9 à 16. Ainfi il faudra, pour cette feule raifon,
augmenter l'étendue de la voile felon ce rapport. Mais
il est évident qu'on ne doit pas fe borner à cette feule
augmentation, puifque le vent n'a plus la même vîtesse
par rapport au Navire, & qu'il frappe les voiles avec
moins de force.

   La vîtesse refpective du vent étoit de 9 parties dans le
premier cas, au lieu qu'elle n'est plus que de 8 dans le
fecond, puifqu'il y a 4 parties à rabattre pour le fillage,
des 12 parties qui expriment la vîtesse abfolue du vent. Il
fuit de-là que l'impulfion du vent doit être moindre dans
le rapport de 81 à 64; & pour réparer cette diminution
il faut encore augmenter l'étendue de la voile felon ce
dernier rapport, c'est-à-dire, comme 64 à 81, après avoir
déja augmenté cette étendue dans le rapport de 9 à 16.
Tout compté, il faut donc l'augmenter dans le rapport
de 4 à 9; & cela pour produire dans le fillage une

augmentation feulement d'un degré fur trois, lorfque le vent fe meut avec 12 degrés. Ainfi on voit qu'il faut augmenter très-confidérablement la furface des voiles, pour produire fur la marche du Navire des effets affez peu confidérables.

# CHAPITRE VIII.

## Solutions directes des Problêmes de Manœuvre pour les Navires qui font exempts de dérive.

LES recherches précédentes nous fourniffent les moyens de réfoudre d'une maniere directe les Problêmes que nous nous fommes contentés de réfoudre d'une maniere moins géométrique. Les folutions directes ne peuvent pas manquer d'ajouter quelque nouveau degré de perfection à l'art Nautique ; elles nous ouvriront au moins de nouvelles voies pour parvenir à la conftruction ou à la vérification des Tables dont nous fouhaiterions que les Marins fe ferviffent , & elles nous donneront occafion en même temps de nous occuper de plufieurs queftions utiles & curieufes.

### PRÉPARATIONS.

NOUS nommerons $a$ la vîteffe réelle ou abfolue du vent $CM$ (*fig.* 108) ; $u$ fera la vîteffe $CI$ du fillage qu'il s'agit dans quelques-unes des recherches fuivantes de rendre la plus rapide qu'il eft poffible ; $k$ indiquera combien de fois la vîteffe abfolue du vent eft plus grande que celle du Navire dans la route directe. Pour nous expliquer autrement , le Navire dont il s'agit marche avec la vîteffe $\frac{1}{k}a$ , ou il reçoit la partie $k^{me}$ de la vîteffe réelle du vent , lorfqu'il a le vent exactement en poupe. Nous prendrons $n$ pour le finus total , nous indiquerons par $q$ le

Figure 108.

finus de l'angle inconnu $ACE$ que la voile fait avec la Figure 108.
quille, & $p$ fera le finus de l'angle $VCE$ de la direction
abfolue du vent avec la voile, ou le finus de l'angle $CKI$,
parce que $IK$ eft parallele à la voile.

La vîteffe apparente du vent eft repréfentée par $IM$,
& l'impulfion que reçoit la voile eft proportionnelle au
quarré de cette ligne multipliée par le quarré du finus d'incidence apparent $uCE$ ou $MIK$. Mais, comme nous
l'avons vu, au lieu de prendre le produit du quarré de $MI$
par le quarré du finus de $MIK$, nous pouvons prendre le
quarré de $MK$ multiplié par le finus $p$ de l'angle $CKI$
ou $VCE$. Je trouve dans le triangle $CKI$, le côté $CK$
par cette analogie; $p$ finus de l'angle $K$ eft à $CI = u$,
comme $q$ finus de l'angle $CIK$ égal à l'angle $ACE$ eft à
$CK = \frac{qu}{p}$, & ôtant $CK$ de $CM = a$, il nous vient $KM$
$= a - \frac{qu}{p}$ que nous n'avons donc qu'à élever au quarré,
pour le multiplier par le finus $p$ de l'angle $K$; & nous
aurons $(a - \frac{qu}{p})^2 \times p^2$ pour l'impulfion abfolue du vent
fur la voile.

Cette impulfion s'exerce fur la perpendiculaire $CP$ à la
voile, & il n'y en a qu'une partie qui nous eft utile, celle
qui pouffe le Navire dans le fens de la route ou de la quille.
Dans le triangle rectangle $CPQ$, l'angle $P$ eft égal à l'angle $ACE$ & $q$ eft fon finus. Ainfi, pour avoir l'impulfion
relative du vent qui fert au fillage, nous n'avons qu'à faire
cette analogie: le finus total $n$ eft à l'impulfion abfolue
$\overline{a - \frac{qu}{p}}^2 \times p^2$ qui s'exerce felon $CP$, comme le finus $q$
de l'angle $P$ eft à $\overline{a - \frac{qu}{p}}^2 \times \frac{p q}{n}$ pour l'impulfion relative
du vent felon la longueur du Navire.

D'une autre part l'impulfion de l'eau fur la proue eft proportionnelle au quarré de la vîteffe $u$ du fillage; & fi nous
prenons $i$ pour défigner ce que la denfité de l'eau & la
figure de la proue apportent de changement à cette impulfion, nous l'exprimerons par $iu^2$; & lorfque le mouve-

Figure 108. ment est uniforme & qu'il y a équilibre entre l'impulsion du vent & la résistance de l'eau, nous aurons l'équation

$$a - \overline{\frac{q u}{p}}^2 \times \frac{p^2 q}{n} = i u^2.$$ Nous prenons la racine quarrée de chaque membre ; ce qui nous donne $\overline{a - \frac{q u}{p}} \times p \, V \frac{q}{n}$

$= u \, V \, i$ ; & nous en déduisons $u = \dfrac{a \, p \, V \, q}{V \, \overline{n \, i} + q^{\frac{3}{2}}}$ .

Cette expression de la vîtesse $u$ convient aux routes de toutes les obliquités ; mais si nous y introduisons le sinus total $n$ à la place des sinus $q$ & $p$, il nous viendra $\dfrac{a \, n}{V \, \overline{i + n}}$ pour la vîtesse particuliere qu'a le Navire dans la route directe ; & comme nous savons que cette vîtesse est égale à $\frac{1}{k} a$, nous aurons $\frac{1}{k} a = \dfrac{a \, n}{V \, \overline{i + n}}$ dont nous déduirons $V \, i = \overline{k - 1} \times n$. Nous pourrons après cela introduire dans notre expression générale de $u$ cette valeur de $V \, i$ ; & nous aurons $u = \dfrac{a \, p \, V \, q}{\overline{k - 1} \times n^{\frac{3}{2}} + q^{\frac{3}{2}}}$, *formule* qui nous exprime toujours de la maniere la plus générale les vîtesses du Navire pour tous les divers angles que la voile peut faire avec la quille & avec la direction réelle du vent.

## *Choisir la route oblique qu'il faut suivre pour marcher avec la plus grande des vîtesses possibles.*

N O U S avons déja insinué que ce n'étoit pas toujours dans la route directe que le Navire marchoit le plus vîte. Nous allons actuellement déterminer l'obliquité qu'il faut prendre pour que la vîtesse devienne la plus grande de toutes, ou qu'elle parvienne au *maximum maximorum*. Le problême est très-facile. Il faut, comme nous l'avons démontré dans l'autre Chapitre, que nous commencions à mettre le sinus total $n$ à la place du sinus $p$ de l'angle $VCE$. Car nous avons reconnu qu'on remplit une

des

Figure 108.

des conditions du *maximum* en faifant en forte que la direction réelle $VC$ du vent foit perpendiculaire à la voile. Il nous viendra $u = \dfrac{a\,n\,\sqrt{q}}{k-1 \times n^{\frac{1}{2}} + q^{\frac{3}{2}}}$, qu'il ne nous refte donc plus qu'à faire croître, autant qu'il eft poffible, par la variation de $q$. La différentielle de cette quantité eft

$$\frac{\overline{k-1} \times \frac{1}{2} a n^{\frac{5}{2}} - a n q^{\frac{3}{2}}}{\sqrt{q} \times \overline{k-1} \times n^{\frac{1}{2}} + q^{\frac{3}{2}} \big|^{\frac{3}{2}}} \times d\,q\,;$$

& en l'égalant à zéro on en déduit $q = \dfrac{\overline{k-1}^{\frac{2}{3}}}{2^{\frac{2}{3}}} \times n.$

Ainfi nous aurons la valeur de $q$ qui rend $u$ un *maximum maximorum*, & cette plus grande vîteffe fera $u = \frac{1}{3} a \times \dfrac{2}{k-1} \Big|^{\frac{2}{3}}$ ; ce que nous trouvons en introduifant la valeur de $q$ dans notre expreffion générale de la vîteffe $u$.

Le problême eft de cette forte entiérement réfolu. Car la petite formule qui nous indique la valeur la plus avantageufe $\dfrac{k-1}{2}\Big|^{\frac{2}{3}} \times n$ du finus $q$ de l'angle $ACE$ de la voile & de la quille, nous donne en même temps le cofinus de l'obliquité de la route ou de l'angle $MCI$ que la route doit faire avec la direction réelle du vent. Ces deux angles font complément l'un de l'autre, puifque la voile doit faire un angle droit avec la direction réelle du vent comme dans la figure 109.

On reconnoît auffi, en comparant les deux petites équations $q = \left(\dfrac{k-1}{2}\right)^{\frac{2}{3}} \times n$, & $u = \frac{1}{3} a \times \left(\dfrac{2}{k-1}\right)^{\frac{2}{3}}$ que plus le finus $q$ de l'angle $ACE$ eft petit par rapport au finus total $n$, plus la vîteffe $CI$, lorfqu'elle eft parvenue au *maximum maximorum* eft grande par rapport au tiers $\frac{1}{3} a$ de la vîteffe du vent. On voit effectivement que le finus $q$ de l'angle $ACE$ eft égal au finus total $n$ divifé par la quantité $\left(\dfrac{2}{k-1}\right)^{\frac{1}{3}}$ ; en même temps que la plus grande vîteffe $CI$ n'eft autre chofe que le tiers $\frac{1}{3} a$ de la vîteffe abfolue du vent multipliée par la même quantité $\left(\dfrac{2}{k-1}\right)^{\frac{1}{3}}.$

Figure 109. Si le Navire prenoit la moitié de la vîteffe réelle du vent dans la route directe, $k$ exprimeroit le nombre 2 & nous aurions alors $q = (\frac{1}{2})^{\frac{2}{3}} \times n = \frac{1}{4^{\frac{1}{3}}} \times n$. Nous n'aurions donc qu'à retrancher du logarithme du finus total le tiers du logarithme de 4, & il nous viendroit le logarithme finus de l'angle $ACE$ qui procure la plus grande de toutes les vîteffes. On le trouveroit d'environ $39^d \, 3^m$; & après avoir rempli cette condition, il faudroit rendre l'obliquité de la route de $50^d \, 57^m$, afin que la voile fût fituée perpendiculairement à la direction réelle du vent. Alors la vîteffe du Navire feroit à peu-près $\frac{63}{100} a$, au lieu qu'elle étoit $\frac{50}{100} a$ dans la route directe. Il y auroit donc beaucoup à gagner fur la rapidité du fillage en prenant la route oblique prefcrite par notre folution. La vîteffe feroit plus grande que dans la route directe à peu-près dans le rapport de 63 à 50.

On peut faire à cette occafion une remarque qui tient encore beaucoup plus du paradoxe. La vîteffe $u = \frac{1}{3}a \times (\frac{2}{k-1})^{\frac{2}{3}}$ du Navire peut fe trouver plus grande que la vîteffe abfolue $a$ du vent; il fuffit pour cela que $\frac{1}{3} \times (\frac{2}{k-1})^{\frac{2}{3}} > 1$; & c'eft ce qui arrivera fi $\frac{1}{\sqrt{27}} \times \frac{2}{k-1} > 1$ ou fi $k < \frac{2}{\sqrt{27}} + 1$ ou (en réduifant la racine de 27 en parties décimales) fi $k$ eft moindre que $1.385$. Nous voulons dire qu'il y aura une certaine route oblique dans laquelle le Navire prendra plus de vîteffe que n'en a le vent même, pourvu que le Navire prenne dans la route directe une vîteffe affez grande, & qui furpaffe 1000, fi celle du vent eft exprimée par 1385.

Suppofons donc, pour éclaircir ceci par un exemple, $k = 1. \frac{250}{1000}$ ou $= 1\frac{1}{4}$; & prenons 400 pour la vîteffe abfolue du vent, comme nous l'avons déja fait ci-devant: la vîteffe du Navire dans la route directe fera exprimée par 320, ce qui ne renferme aucune impoffibilité, puifque le vent agira encore contre la voile avec une vîteffe refpective qui sera 80. Mais si nous introduisons $1\frac{1}{4}$ à la Figure 109

place de $k$ dans nos deux petites formules $q = (\frac{k-1}{2})^{\frac{2}{3}} \times n$

& $u = (\frac{2}{k-1})^{\frac{2}{3}} \times a$ qui appartiennent à la route oblique
$CI$ de la plus grande vîtesse, nous apprendrons que $q = \frac{1}{4}n$;
ce qui nous donnera $14^d 29^m$ pour l'angle de la voile
avec la quille & $75^d 31^m$ pour l'angle $MCI$. Nous verrons en même temps que la vîtesse $CI$ sera $\frac{5}{3}a$; c'est-à-
dire, que la vîtesse absolue du vent étant exprimée par
400, celle du Navire qui étoit 320 dans la route directe,
sera $533\frac{1}{3}$ dans la route oblique $CI$, de sorte qu'elle sera
beaucoup plus grande que la vîtesse absolue du vent.

Si le Navire n'a pas une voilure si avantageuse, & qu'il
fasse moins de chemin dans la route directe; si $k$ qui exprime toujours combien de fois la vîtesse absolue du vent
contient la vîtesse du Navire pour la route directe, surpasse
$1.385$, la propriété extraordinaire, dont nous parlons,
n'aura plus lieu. Le Navire cessera de prendre dans la
route dont nous venons de déterminer l'obliquité, plus
de vîtesse que n'en a le vent. Il ne prendra pas même
autant de vîtesse que dans la route directe, supposé que
$k$ soit plus grand que 3 ou que la vîtesse absolue du vent
contienne plus de 3 fois la vîtesse du sillage dans la route
directe. Le nombre $k$ étant plus grand que 3, on trouvera

pour le sinus $q$ une valeur imaginaire $(\frac{k-1}{2})^{\frac{2}{3}} \times n$ puisqu'elle sera alors plus grande que le sinus total; ce qui
montre qu'il n'y a point de route oblique qui porte alors
au *maximum* la vîtesse du sillage. Tout dépend donc de
donner beaucoup de vîtesse au Navire dans la route directe. Le Navire prend-il une partie de la vîtesse du vent
plus grande que la $1.385^{me}$, le Navire singlera plus vîte
que le vent dans certaines routes obliques. La vîtesse
du Navire dans la route directe est-elle au contraire moindre, mais plus grande que le tiers de la vîtesse du vent,
le Navire ne singlera plus si vîte dans la route oblique
qui lui procure la plus grande vîtesse; mais il marchera

Figure 109. néanmoins plus vîte que dans la route directe. Enfin le Navire marche-t-il encore plus lentement, & ne fait-il pas même le tiers de l'efpace que parcourt le vent, alors il n'y aura point de route oblique qui rende fa vîteffe un *maximum.*

Mais il fe préfente ici une nouvelle queftion très-curieufe au fujet de ces Navires qui iroient plus vîte que le vent, ou de ceux mêmes qui acquierrent réellement une plus grande vîteffe dans une certaine route oblique que dans la directe. Lorfque l'occafion fe préfente de faire cette derniere route, doit-on l'abandonner pour en faire deux obliques confécutives l'une vers la droite & l'autre vers la gauche? Ces deux routes obliques à la fuite l'une de l'autre feront équivalentes à la directe quant au rumb de vent; mais ne fait-on pas alors réellement plus de chemin en ligne droite, lorfque la vîteffe dans les deux routes obliques fe trouve beaucoup plus grande que Figure 110. dans la directe? La fig. 110 nous repréfente les deux routes également obliques $CI$ & $IN$ à la fuite l'une de l'autre. On retombe en $N$ à la fin de la feconde, précifément fur la même ligne du vent $VCH$; mais il s'agit de favoir fi ces deux routes obliques nous ont portés plus ou moins loin en $N$ que fi nous avions fuivi la route directe $CH$.

## Qu'il n'eft jamais avantageux de fubftituer deux routes obliques confécutives à la place de la route directe dans les Navires qui n'ont qu'une voile.

NOUS pouvons réduire la queftion à des termes qui la rendront très-facile à décider. Nous confidérerons Figure 109. une feule route $CI$ (*fig.* 109) & après avoir élevé du point $H$, où fe termine la route directe $CH$, une perpendiculaire $HL$ à la direction réelle du vent, nous examinons fi la route oblique $CI$ qui rend la vîteffe du fil-

Figure 109.

lage la plus grande qu'il eft poſſible, porte le Navire au-
delà de $HL$ ou le laiſſe en deçà. Si le Navire parvenoit
par ſa route oblique juſqu'à $HL$ il ſeroit alors indifférent de prendre la route directe ou d'embraſſer ſucceſſivement deux routes obliques ; mais ce ne ſeroit pas la
même choſe & on gagneroit, ſi le point $I$, où ſe termine
la route oblique, ſe trouvoit au-delà de $HL$ ; car l'autre
route oblique produiſant un égal effet, les deux routes
jointes enſemble feroient faire plus de chemin ſelon la
direction réelle du vent, que ſi on avoit ſuivi cette derniere ligne. Enfin, ſi le point $I$ eſt toujours en-deçà de
$HL$, les deux routes obliques ne ſeront jamais équivalentes à la route directe ; & il faudra ſe contenter d'avoir
recours à la ſolution que nous venons de donner, dans
les ſeules rencontres extraordinaires où il s'agira de s'é-
loigner du point $C$ le plus promptement qu'il ſera poſſible, ſans qu'il importe du choix de la direction.

Pour donner l'excluſion à ceux d'entre ces trois cas
qui ne ſont pas poſſibles, nous n'avons qu'à chercher le
progrès relatif $CK$ du Navire ſelon la direction réelle du
vent lorſqu'on fait la route $CI$. La voile étant perpendiculaire à la direction réelle du vent, eſt parallele à $KI$
& l'angle $CIK$ aura $q = (\frac{k-1}{2})^{\frac{2}{3}} \times n$ pour ſinus. Nous
trouverons donc $CK$ par cette analogie, le ſinus total $n$
eſt à $CI = \frac{1}{3} a \times (\frac{2}{k-1})^{\frac{2}{3}}$ comme le ſinus $q = (\frac{k-1}{2})^{\frac{2}{3}} \times n$
eſt à $CK = \frac{1}{3} a$ ; ce qui nous apprend que le progrès relatif
$CK$ ſelon la direction réelle du vent eſt toujours égal au
tiers de la vîteſſe réelle $CM$ du vent, lorſque le Navire
ſuit la route oblique $CI$ qui lui procure la plus grande des
vîteſſes ; propriété qui eſt très-digne d'attention.

Mais nous avons reconnu que $CI$ ne devient un *maximum maximorum* que lorſque $k < 3$ ou que la vîteſſe $CH$
reçue par le Navire dans la route directe, eſt plus grande
que le tiers de la vîteſſe $CM$ du vent. Il ſuit de là que
dans le cas ſingulier dont il s'agit, la plus grande vîteſſe

Figure 109. *CI* porte bien le Navire en dehors du cercle *H O Q* dont *C H* eſt le rayon, mais qu'elle ne le porte jamais au-delà de *H L* qui en eſt la tangente. Le Navire reſte toujours en deçà de cette ligne, puiſqu'il ne parvient jamais qu'à quelque point de la perpendiculaire *K I* qui part du tiers de *C M.*

Les remarques précédentes nous montrent qu'on ne doit point préférer les routes obliques de la plus grande vîteſſe à la route directe, lorſque cette derniere route nous conduit au lieu auquel nous voulons nous rendre. Nous prouverions aiſément la même choſe à l'égard de toutes les autres routes obliques. Mais nous répandrons plus de lumiere ſur ce ſujet en indiquant ici la raiſon phyſique dont dépendent les eſpeces de paradoxes que le calcul nous a fait découvrir.

L'impulſion du vent ſur la voile, lorſque le Navire ſuit la route directe *CH*, ne ſe fait qu'avec la vîteſſe reſpective *H M* : toute la vîteſſe *CH* du Navire eſt à retrancher de celle du vent. Mais lorſque le Navire ſuit la route oblique *CI*, la vîteſſe de ſon ſillage, quoique plus grande, ne cauſe pas une ſi grande diminution à la vîteſſe du vent. L'impulſion ſe fait avec la vîteſſe *I M* & avec l'angle d'incidence *u C E*, ou bien avec la vîteſſe *K M* & l'angle droit *V C E* pris pour angle d'incidence. Ainſi l'impulſion du vent eſt plus forte pendant que le Navire paſſe de *C* en *I*, que lorſqu'il paſſe de *C* en *H* dans la route directe, & il n'eſt pas étonnant après cela que le ſillage ſoit auſſi plus rapide. Cependant la plus grande vîteſſe *C I* ne doit jamais porter le Navire au-delà de *H L* ; car le ſillage feroit enſuite perdre au vent une partie beaucoup plus grande de ſa vîteſſe, & l'impulſion du vent qui en feroit diminuée ne ſe trouveroit plus capable d'entretenir la vîteſſe *C I* du ſillage, ni même une vîteſſe égale à *C H.*

# CHAPITRE IX.

*Suite du Chapitre précédent : Trouver d'une maniere directe la difpofition la plus avantageufe du Navire & de la voile pour s'éloigner d'une ligne droite donnée de pofition.*

Nous allons effayer de donner une folution directe de cet autre Problême dont nous nous fommes déja occupés dans le Chapitre IV. La direction réelle du vent eft repréfentée par $VCM$ dans la figure 108, & $CL$ eft la ligne droite dont on veut s'éloigner le plus promptement qu'il eft poffible. Si nous continuons à nommer $n$ le finus total, $q$ le finus de l'angle $ACE$, $p$ le finus de l'angle $VCE$, $a$ la vîteffe abfolue $CM$ du vent, & $k$ le nombre de fois dont la vîteffe du Navire eft plus petite que celle du vent dans la route directe, nous aurons comme ci-devant pour $CI$, $u = \dfrac{ap\sqrt{q}}{\overline{k-1}\times n^{\frac{1}{2}}+q^{\frac{1}{2}}}$; & fi nous nous reffouvenons que la route doit faire avec la ligne $CL$ dont on veut s'éloigner un angle égal à l'angle $VCE$ dont $p$ eft le finus, nous pourrons par une fimple proportion trouver la quantité $LI$ dont on s'éloigne de la ligne propofée; le finus total $n$ eft à $CI = \dfrac{ap\sqrt{q}}{\overline{k-1}\times n^{\frac{1}{2}}+q^{\frac{1}{2}}}$ comme le finus $p$ de l'angle $ICL$ eft à $LI = \dfrac{ap^{2}\sqrt{q}}{\overline{k-1}\times n^{\frac{1}{2}}+nq^{\frac{1}{2}}}$. En rendant ainfi l'angle $ICL$ égal à l'angle $VCE$, nous rempliffons une des conditions du *maximum maximorum*; & pour fatisfaire aux autres ou pour déterminer les angles $ACE$ & $VCE$, nous prenons la différentielle de la quantité $LI$, & il nous vient

Figure 108.

Figure 108.

$$\frac{\overline{2k-2} \times an^{\frac{5}{2}} p\, dp \sqrt{q} + 2anq^{\frac{3}{2}} p\, dp + \overline{\frac{1}{2}k - \frac{1}{2}} \times \dfrac{an^{\frac{5}{2}} p^2\, dq}{\sqrt{q}} - anp^2 q\, dq}{(\overline{k-1} \times n^{\frac{5}{2}} + nq^{\frac{3}{2}})^2}$$

qui étant égalée à zéro, nous donne $\overline{2k - 2} \times n^{\frac{3}{2}} q\, dp$ $+ 2q^{\frac{3}{2}} dp + \overline{\frac{1}{2}k - \frac{1}{2}} \times n^{\frac{3}{2}} p\, dq - pq^{\frac{3}{2}} dq = 0$.

Nous n'avons plus après cela, comme on le voit, qu'à chercher la relation qu'il y a entre les différentielles $dp$ & $dq$, afin de les réduire à une feule, & de pouvoir la faire difparoître. Le changement $dp$ du finus $p$ répond au petit arc $\dfrac{n\, dp}{\sqrt{n^2 - p^2}}$ qui mefure le changement de l'angle; & fi nous le doublons, nous aurons le changement infiniment petit que reçoivent conjointement les deux angles $VCE$ & $ACL$ qui font égaux. Mais ce changement $\dfrac{2n\, dp}{\sqrt{n^2 - p^2}}$ doit être égal à la diminution ou l'augmentation $\dfrac{n\, dq}{\sqrt{n^2 - q^2}}$ que doit fouffrir en même temps l'angle $ACE$, puifque les trois angles forment enfemble l'angle $VCL$ qui eft donné, c'eft-à-dire que nous aurons $+ \dfrac{2n\, dp}{\sqrt{n^2 - p^2}}$ $= - \dfrac{n\, dq}{\sqrt{n^2 - q^2}}$ & $dq = - \dfrac{2dp\sqrt{n^2 - q^2}}{\sqrt{n^2 - p^2}}$. Nous introduifons donc cette valeur de $dq$ dans l'équation que nous a donné la différentielle de $LI$ égalée à zéro, & il nous viendra après quelques légeres réductions $\overline{2k - 2} \times \dfrac{n^{\frac{3}{2}} q}{\sqrt{n^2 - q^2}}$ $+ \dfrac{2q^{\frac{3}{2}}}{\sqrt{n^2 - q^2}} - \overline{k + 1} \times \dfrac{n^{\frac{3}{2}} p}{\sqrt{n^2 - p^2}} + \dfrac{2pq^{\frac{3}{2}}}{\sqrt{n^2 - p^2}} = 0$ qui eft délivrée de différentielles & qui nous marque la relation qu'il y a entre les finus $p$ & $q$ des trois angles dans lefquels il faut partager l'angle total $VCL$.

La difficulté eft maintenant réduite à un Problême de pure Géométrie; il s'agit de divifer un angle donné en trois angles partiaux dont les finus aient la relation que marque notre équation. Il eft vrai qu'il n'y a pas beaucoup d'apparence qu'on puiffe parvenir à une folution commode

Figure 108.

mode pour la pratique. Si nous formons un feul angle des deux $VCE$ & $ACL$ dont $p$ eft le finus, nous aurons $\frac{2p\sqrt{n^2-p^2}}{n}$ pour le finus de leur fomme, & $\frac{n^2-2p^2}{n}$ pour le co-finus. Retranchant enfuite cette fomme de l'angle total $VCL$ dont nous marquerons le finus par la lettre $b$, nous aurons, en nous conformant toujours aux regles connues de la Trigonométrie, $\frac{n^2 b - 2 b p^2 - 2 p \sqrt{n^2-p^2}\sqrt{n^2-b^2}}{n^2}$ pour le finus $q$ de l'angle $ACE$. Il n'y auroit donc qu'à intro-duire cette expreffion dans notre équation générale trou-vée ci-deffus $\overline{2k-2} \times \frac{n^{\frac{3}{2}}q}{\sqrt{n^2-q^2}} + \frac{2q^{\frac{5}{2}}}{\sqrt{n^2-q^2}} - \overline{k+1} \times$ $\frac{n^{\frac{3}{2}}p}{\sqrt{n^2-p^2}} + \frac{2pq^{\frac{3}{2}}}{\sqrt{n^2-p^2}} = 0$, & on la changeroit en une au-tre qui ne contiendroit plus que la feule inconnue $p$.

## Déterminer la fituation la plus avantageufe du Navire & de fa voile pour gagner au vent le plus qu'il eft poffible.

MAIS fi le calcul paroît trop long lorfqu'on traite le Problême dans toute fa généralité, ou en attribuant à l'angle donné $VCL$ toutes les diverfes grandeurs qu'il peut avoir, la difficulté s'évanouira prefque entiérement fi on fe borne à chercher la difpofition la plus avantageufe pour gagner au vent. Alors l'angle $VCL$ fera droit, on aura $b = n$, & dans ce cas particulier l'expreffion $\frac{n^2 b - 2 b p^2 - 2 p \sqrt{n^2-p^2}\sqrt{n^2-q^2}}{n^2}$ de $q$, fe réduira à $\frac{n^2-2p^2}{n}$; introduifant enfuite cette expreffion dans notre équation générale, & fubftituant en même temps $\frac{2p\sqrt{n^2-p^2}}{n}$ à la place de $\sqrt{n^2-q^2}$, on aura $\frac{\overline{k-1}\times n^{\frac{3}{2}}\times\overline{n^2-2p^2}}{p\sqrt{n^2-p^2}} + \frac{\overline{n^2-2p^2}^{\frac{5}{2}}}{n^{\frac{3}{2}}p\sqrt{n^2-p^2}}$ $\frac{-\overline{k+1}\times n^{\frac{3}{2}}p}{\sqrt{n^2-p^2}} + \frac{2p\times\overline{n^2-2p^2}^{\frac{3}{2}}}{n^{\frac{3}{2}}\sqrt{n^2-p^2}} = 0$ qui fe réduit à $\overline{k-1}\times$

Figure 108.

$n^3 \times \overline{n^2 - 2p^2} + n^2 \times \overline{n^2 - 2p^2}^{\frac{3}{2}} - \overline{k+1} \times n^3 p^2 = 0$, & à

$\overline{k-1} \times n^3 - \overline{3k+3} \times np^2 + \overline{n^2 - 2p^2}^{\frac{3}{2}} = 0$, qui eft d'une affez grande fimplicité.

Enfin fi on chaffe le figne radical, il nous viendra l'équation $8p^6 + \overline{9k^2 - 18k - 3} \times n^2 p^4 + \overline{12k - 6k^2} \times n^4 p^2 + \overline{k^2 - 2k} \times n^6 = 0$, qui n'eft réellement que du troifieme degré & qui réfoud le Problême. Lorfqu'on aura trouvé $p^2$ dans cette équation, on faura l'angle que la voile doit faire avec la direction réelle du vent; on aura auffi l'autre angle $ICL$; & le complément de leur fomme donnera l'angle $ACE$ que la voile doit former avec la quille.

Nous fuppofons pour exemple que le Navire prend dans la route directe le tiers de la vîteffe abfolue du vent: $k$ défigne alors 3; & notre équation générale deviendra $8p^6 + 24n^2 p^4 - 18n^4 p^2 + 3n^6 = 0$. Nous contentant d'une premiere approximation en cherchant $p^2$, nous le trouverons égal aux fept dix-huitiemes du quarré $n^2$ du finus total; ce qui nous donne environ $38^d 35^m$ pour les angles $VCE$ & $LCI$; & il s'enfuivroit de-là que l'angle $ACE$ de la voile & de la quille devroit être de $12^d 50^m$. En général plus le Navire fingle vîte, plus ce dernier angle doit être petit. S'il étoit poffible que le fillage devînt égal à la vîteffe même du vent dans la route directe, $k$ feroit alors égal à l'unité, & notre équation générale fe changeroit en $8p^6 - 12n^2 p^4 + 6n^4 p^2 - n^6 = 0$, dans laquelle on trouve $p^2 = \frac{1}{2}n^2$. Ainfi il faudroit rendre les angles $VCE$ & $LCI$ chacun de 45 degrés, & l'angle de la voile & de la quille fe réduiroit à rien.

Un autre cas moins métaphyfique, c'eft lorfque le Navire eft d'un fillage fi tardif qu'il ne prend qu'une partie infenfible de la vîteffe abfolue du vent dans la route directe. Alors $k$ devient comme infinie, & notre équation générale $8p^6 + \overline{9k^2 - 18k - 3} \times n^2 p^4 + \overline{12k - 6k^2} \times n^4 p^2 + \overline{k^2 - 2k} \times n^6 = 0$ fe change en $9n^2 p^4 - 6n^4 p^2$

$\dotplus n^6 = 0$ de laquelle on tire $p^2 = \frac{1}{3} n^2$. On trouve Figure 108.
après cela par le secours des Tables trigonométriques que
la direction réelle du vent doit faire avec la voile un angle
de 35ᵈ 16ᵐ, ce qui est aussi la grandeur de l'angle *LCI*,
& alors l'angle de la voile & de la quille doit être de 19ᵈ
28ᵐ. Cette détermination s'accorde parfaitement avec la
solution que plusieurs Géometres nous ont donnée de ce
cas unique & particulier. C'est-là l'angle le plus grand
dans la spéculation que la voile doive former avec la quille
pour gagner au vent : nous, ajoutons dans la spéculation ; car nous avons fait remarquer qu'on étoit obligé
dans la pratique, de rendre presque toujours cet angle
sensiblement plus grand.

# SECONDE SECTION.

De la difpofition la plus avantageufe de la Voile dans les Navires, dont on ne peut pas négliger la dérive.

## CHAPITRE PREMIER.

### De la maniere d'obferver fur un Vaiffeau la quantité de la dérive.

Nous avons déja eu occafion d'expliquer dans le Livre précédent comment la dérive étoit produite par la fituation oblique des voiles. L'impulfion qu'elles reçoivent de la part du vent ne fe faifant pas exactement dans le fens de la quille ; le Navire eft pouffé de côté, & malgré la grande facilité qu'il trouve à fe mouvoir dans l'eau felon la direction de fa longueur, il marche d'une maniere oblique en fuivant une ligne qui fait un angle de plufieurs degrés avec fon axe ou le prolongement de fa quille. On peut négliger cet angle à caufe de fa petiteffe, lorfque les voiles font fituées prefque perpendiculairement à la longueur du Navire. Mais cet angle augmente très-confidérablement lorfqu'on fingle au plus près, & il faut alors y faire une expreffe attention, pour ne fe tromper ni dans les regles de la Manœuvre, ni dans celles du Pilotage. Cet angle de dérive n'eft jamais nul à moins que les voiles ne foient tout-à-fait perpendiculaires à la quille : il augmente à mefure qu'on place les voiles plus obliquement, & il devient à la fin fi fenfible qu'il n'eft pas poffible aux Marins de ne pas l'appercevoir.

Le Navire, en frappant l'eau par fa proue avec force,

lui imprime une agitation particuliere qu'elle conserve Figure 111. long-temps ; il la pousse vers les côtés , elle vient avec précipitation remplir l'espece de vuide que le Navire laisse derriere lui ; & en tourbillonnant elle forme derriere la poupe dans tous les endroits où le Vaisseau a passé , une trace qui indique la direction du sillage ou du chemin qu'on a déja fait. Cette trace ne s'efface que lorsque l'eau a perdu son mouvement particulier , & il faut pour cela un temps assez considérable ; on la voit jusqu'à une très-grande distance , & quelquefois on l'apperçoit jusqu'à perte de vue.

Cette trace qu'on nomme ordinairement la *houache* est représentée par *CH* dans la fig. 111. Le Navire suit la direction *CI* qui fait avec la quille l'angle de la dérive *ACI*. La ligne *CI* n'est pas visible sur la surface de la mer ; cette trace marquée dans notre figure n'existe pas encore ; mais la *houache CH* dont elle est le prolongement est marquée d'une maniere très sensible. Ainsi il n'y a qu'à mesurer avec une boussole ou quelqu'autre instrument l'angle *BCH*, & on aura la dérive qui appartient à la disposition de la voile *DE*.

Supposé qu'on augmente l'obliquité de la voile ou qu'on diminue l'angle *ECA* de la voile & de la quille , le Navire sera encore plus poussé de côté & l'angle de la dérive augmentera. Cette augmentation sera indiquée aussi par la *houache* qui changera de situation & qui fera un plus grand angle *BCH* avec la quille ou son prolongement. Il est impossible de mesurer cet angle pendant la nuit & peut-être encore dans d'autres circonstances ; mais nous croyons qu'il suffit toujours d'observer ces dérives dans chaque Navire pour quelques dispositions différentes de voile. C'en sera assez pour pouvoir reconnoître la loi qu'elles suivent, & choisir entre les diverses tables qu'on trouvera à la fin de ce traité , celles qui conviennent le mieux au Navire dans lequel on navige.

La plupart des Auteurs qui ont écrit sur ce sujet , nous ont proposé un autre moyen. Ils ont supposé qu'on étoit

Figure III. à la vue d'une terre vers laquelle on marchoit, & ils ont recommandé d'examiner, entre tous les objets qu'on avoit devant foi , ceux qui paroiſſoient toujours reſter au même rumb ou air de vent. Il eſt évident que lorſqu'on fuit la ligne *CI*, les objets qu'on voit au loin ſur la côte, & qui ſont exaſtement ſur cette ligne ne changent pas de rumb de vent , ou qu'ils paroiſſent reſter toujours dans la même direſtion. Tous les autres objets au contraire paroiſſent ſe mouvoir ; ils répondent continuellement à des rumbs de vent différents. Ainſi ces divers objets fourniſſent le moyen de reconnoître la vraie route que ſuit le Navire , & il ſuffira de la comparer avec la direſtion de ſa quille pour avoir la grandeur de la dérive.

On peut ſans doute ſe ſervir de ce moyen dans pluſieurs rencontres ; mais comme on ne peut l'employer que proche de terre, il eſt à craindre que la mer n'ait elle-même quelque mouvement. Proche des côtes elle eſt preſque toujours ſujette à ſe mouvoir ſelon une direſtion parallele à la terre. Le vent en excitant les ondes pouſſe les eaux ſelon ſa propre direſtion ; mais tous les mouvements communiqués ſe décompoſent , & il en naît un mouvement parallele à la terre, après que toute la partie du mouvement qui agit dans le ſens perpendiculaire s'eſt anéantie. C'eſt pour cette raiſon que les courants ſont ſi ordinaires proche des terres, & que les eaux de la mer avancent preſque toujours dans un ſens ou dans l'oppoſé, mais toujours parallelement à la côte. Joignez encore à ce mouvement ceux du flux & reflux, & on conviendra que lorſqu'on obſerve l'angle de la dérive , ou qu'on travaille à le meſurer, il faut pouſſer l'attention extrêmement loin pour ne pas confondre avec l'obliquité de la route cauſée par la ſituation particuliere des voiles, l'obliquité que peut produire le mouvement même de la mer.

Il nous paroît plus ſimple & plus ſûr d'obſerver en pleine mer , comme nous l'avons propoſé d'abord, la direſtion de la houache ou de cette trace que le Navire laiſſe derriere lui. Si le Navire eſt expoſé à l'action d'un courant dont le mouvement fe communique aux eaux de la !mer, jufqu'à une affez grande profondeur, la trace dont nous parlons fera tranfportée par le courant de même que le Vaiffeau. Mais fa direction fera toujours la même ; l'angle formé par le prolongement de la quille & par la houache n'étant altéré en rien, indiquera toujours la quantité de la dérive proprement dite.

# CHAPITRE II.

## De la diftinction de la dérive proprement dite, & de l'obliquité caufée à la route par le mouvement de la Mer.

Figure 112.

SUPPOSONS pour plus d'éclairciffement, que pendant que le Navire de la figure 112 parcourt par l'action du vent fur la voile $ED$, la route $CI$, le courant le tranfporte de côté de la quantité $CN$, & le faffe parvenir en $M$ lorfqu'on fe croyoit arrivé en $I$. Au milieu de cette route le Navire aura parcouru par rapport à la furface de la mer, l'efpace $CP$ qui eft la moitié de $CI$, & le courant ne l'aura auffi tranfporté de côté, que de la quantité $PR$, moitié de $CN$ ou de $IM$. Ainfi pendant qu'on croira fuivre la direction $CI$ qui eft le prolongement de la houache ou de la trace $CH$ que le Navire laiffe derriere lui, on fuivra réellement $CM$ qui eft la diagonale du parallélogramme $CNMI$.

Mais les particules d'eau dont on étoit environné en $C$ parviendront en $Q$ lorfque le Navire parviendra en $R$, & elles parviendront en $N$ lorfque le Navire fe trouvera en $M$. Il fuit de-là que $NM$ parallele & égale à $CI$ fera le mouvement du Navire par rapport à la mer, & il n'eft pas moins évident que la direction de ce mouvement fera toujours indiquée par la houache ou par l'efpece de fillon que le Navire laiffe derriere lui. Ce fillon étoit en $CH$

Figure 112. lorfque le Navire étoit en *C*; mais lorfque le Navire parviendra en *R*, la houache qui n'a pas moins été tranfportée de côté, fe trouvera fur *R Q*, & lorfque le Navire parviendra en *M* la houache fe trouvera fur *M N*. Ainfi la dérive proprement dite ou l'angle *A C I* qui répond à la fituation oblique de la voile, fera précifément la même que fi la mer n'avoit aucun mouvement de tranfport.

Nous avons foin de fpécifier la dérive proprement dite. Car on regarde fouvent l'angle *A C M* comme un angle de dérive, quoique ce dernier dépende quelquefois beaucoup plus de la force du courant, que de la fituation oblique de la voile. Si le courant s'anéantit totalement, l'angle *A C M* fe réduit à l'angle de dérive proprement dit *A C I*. On voit avec la même évidence que fi le courant a plus ou moins de force, ou que s'il change de direction, l'angle *A C M* deviendra plus grand ou plus petit, quoique la voile faffe toujours le même angle *E C A* avec la quille. Les Pilotes ont un très-grand intérêt de connoître l'angle *A C M*, puifqu'ils font obligés de favoir quelle eft la route qu'ils fuivent réellement ou abfolument. Mais ici où il s'agit de manœuvre, nous ne reconnoiffons pour angle de dérive que l'angle *A C I*; & pour le déterminer nous n'avons, comme il eft évident, qu'à mefurer l'angle que forme le prolongement de la quille avec l'efpece de fillon que le Navire trace dans la mer.

## Que le mouvement de la Mer fe communique plus ou moins aux Navires de différentes grandeurs.

CETTE regle fouffre néanmoins plufieurs exceptions; & il eft abfolument néceffaire que les Marins foient en état de diftinguer les cas dans lefquels on ne peut pas s'en fervir avec fûreté.

Il y a, felon toutes les apparences, beaucoup de courants qui ne font que fuperficiels, & qui ne s'étendent qu'à quelques pieds de profondeur. Le vent pour peu qu'il foit

soit

foit fort, excite des vagues qui avancent toutes dans le même fens, & ces vagues doivent imprimer du mouvement à tout le refte de la furface. Si le même vent regne fort long-temps, le mouvement de l'eau pourra fe communiquer de proche en proche en-deffous; mais fi le vent regne feulement quelques jours, le mouvement n'aura pas le temps de fe communiquer en bas, & il fe terminera peu au-deffous de la furface. Les Marins difent alors qu'il y *a de la mer;* & cette *mer* n'eft guere autre chofe qu'un vrai courant dont la profondeur n'eft pas confidérable.

Mais fi deux Navires de grandeurs très inégales naviguent de compagnie, lorfque le mouvement de la mer ne s'étend qu'à très-peu de profondeur, il eft certain qu'ils pourront être fujets à des effets très-différents. Nous les fuppofons de figures femblables, & nous fuppofons auffi que leurs voiles font orientées exactement de la même maniere. Ainfi, les deux Navires doivent dériver de la même quantité; mais le petit qui n'enfonce que peu dans l'eau fera expofé à toute l'action de la mer ou du courant, il fera frappé par les vagues avec force; & s'il n'en prend pas tout le mouvement, il prendra au moins celui de l'eau qui eft immédiatement audeffous de ces vagues, comme dans la figure 112.

Le Navire de la figure 113 qui eft beaucoup plus grand, & qui ayant beaucoup plus de profondeur, plonge dans l'eau tranquille par la partie inférieure de fa carene, ne prendra au contraire qu'une partie $Cn$ ou $Im$ du mouvement $CN$, & il paroîtra donc dériver moins que l'autre Navire, ou aller moins de côté en fuivant réellement la route $Cm$ par l'action combinée du vent & du courant fuperficiel $CN$. On voit affez que ce fecond Navire ne doit pas prendre toute la vîteffe du courant; car l'eau tranquille d'en bas, dans laquelle s'introduit la partie inférieure de fa carene, s'oppofe au mouvement de tranfport felon $CN$.

La houache ou le fillon $CH$ que ce plus grand Navire trace dans la mer doit prendre auffi une autre direction,

& ce fillon peut induire en erreur ; car il n'indique alors ni la dérive proprement dite, ni la route réelle ou abfolue *C m* que fuit le Vaiffeau. Le mouvement *I M*, ou *C n* que le Navire reçoit du courant, étant beaucoup plus petit que *C N*, la ligne *N m* n'eft point parallele à *C I*. Cependant *N m* marque le mouvement du Navire par rapport à la furface de la mer. Le Navire paffe de *C* en *m* pendant que les parties de l'eau qui l'environnoient en *C* paffent en *N*. Ainfi ils s'éloignent réciproquement de la quantité *N m* & felon la direction *N m*, & la houache doit être parallele à cette ligne ; de forte qu'elle a, par rapport à la quille, une fituation toute contraire à la fituation qu'elle a dans la figure 112.

Dans cette autre figure la houache *C H* eft du côté droit de la poupe, & fi on la prolonge par la penfée, elle apprendra au Navigateur, que fon Navire dérive du côté gauche ou de bas-bord. Dans la figure 113, au contraire, la houache *C H* fe jette du côté gauche de la poupe, & cela n'empêche pas que le Navire, en fuivant la route *C I* ou *C m*, fi on a égard à tout, ne dérive auffi du côté gauche ou du côté de bas-bord. On fe tromperoit donc extrêmement fi on fuppofoit toujours, fans autre examen, que la houache indique la dérive. Elle l'indique dans la figure 112, mais non pas dans la figure 113. Nous croyons pourtant que le cas repréfenté par cette derniere figure arrive très-fréquemment. Les vagues & toute la furface de la mer prennent un mouvement *C N* qui fe fait prefque toujours felon la direction même du vent ; mais comme ce mouvement ne s'étend fouvent qu'à quelques pieds de profondeur, il ne doit produire que peu d'effet fur un grand Vaiffeau, dont toute la partie inférieure plonge dans l'eau tranquille, au lieu que le petit Navire eft expofé à toute l'action des vagues & de la furface de l'eau qui eft en mouvement. Il en prend toute la vîteffe comme dans la figure 112 ; ce qui fait que fa houache *C H* qui eft parallele à *N M* eft directement oppofée à *C I*.

Cette différence doit fe manifefter principalement lorfque deux Navires, l'un grand & l'autre petit , marchent
à côté l'un de l'autre ; & c'eft ce qui eft juftifié par l'expérience. Le petit Navire embraffe fouvent une route
plus oblique par rapport à fa quille, quoique les voiles
étant orientées de la même maniere, les deux Navires
duffent dériver de la même quantité. L'inégalité n'a pas
cependant toujours lieu, & la dérive redevient quelquefois abfolument la même. Les deux Navires dérivent de
la même quantité lorfque le mouvement de la mer fe
communique jufqu'à une affez grande profondeur, pour
envelopper la carene du grand comme celle du petit. Les
deux fe trouvent alors dans le cas repréfenté par la figure
112, & la houache *C H* indique pour l'un & pour l'autre
par fon obliquité à l'égard de la quille, la dérive proprement dite.

## Reconnoître fi la dérive proprement dite eft exaîtement indiquée par la houache.

MAIS comment diftinguer en mer ces différents cas ?
On n'y réuffira apparemment qu'en découvrant par le
moyen de quelqu'inftrument, fi le mouvement de l'eau
eft exactement le même en bas à une certaine profondeur, qu'à la furface. J'ai propofé de faire au loch ou à
l'inftrument dont les Pilotes fe fervent pour mefurer leur
fillage, quelques changements qui pourroient avoir leur
utilité dans cette rencontre. Mais il fuffira peut-être de
faire defcendre fimplement dans l'eau quelque poids attaché à une corde , comme nous allons l'expliquer.

On fe placera vers la poupe pour faire cette expérience.
On ne fera d'abord plonger que très-peu dans l'eau le poids
ou plomb qui fera fphérique, ou qui aura quelqu'autre
figure réguliere, & qui fera retenu par une corde ou *ligne*
ordinaire. Ce poids fera pouffé avec d'autant plus de force,
que le Navire finglera plus vîte ; & la corde, en s'inclinant,
indiquera précifément la même direction que la houache ;

puifque le poids qu'elle foutiendra, fera frappé felon des directions paralleles aux lignes $MN$ ou $mN$ felon lefquelles le Navire s'éloigne des parties de l'eau qui l'environnoient lorfqu'il étoit en $C$. En lâchant après cela un peu la corde, on permettra au plomb de defcendre plus bas, & on verra fi la corde indique toujours la même direction, ou fi elle refte toujours parallele à la houache. Suppofé qu'en faifant defcendre affez le plomb, pour qu'il fe trouve un peu plus bas que la quille, le même parallélifme fubfifte toujours, ce fera une marque que l'eau eft en repos comme dans la figure 111, ou que toute celle qui environne le Vaiffeau a exactement le même mouvement comme dans la figure 112. Ainfi la houache indiquera alors la vraie dérive pour la difpofition actuelle des voiles, & on aura l'angle $ACI$ pour celui de la dérive, comme fi la mer étoit parfaitement tranquille.

Nous nous imaginons que l'expérience réuffira plus rarement pour les grands Vaiffeaux que pour les petits, parce qu'il leur eft plus ordinaire, lorfque la mer a quelque mouvement, de n'en prendre qu'une partie. Les vagues excitées par la mer les frappent prefque fans ceffe par en haut, & fi elles leur donnent une partie $Cn$ de leur vîteffe $CN$, elles ne la leur donnent pas toute. Mais il fuffira de profiter des occafions favorables; & pourvu qu'on réuffiffe à obferver la dérive proprement dite pour une ou deux routes ou pour une ou deux difpofitions différentes de voiles, on en conclura affez aifément la dérive pour toutes les autres difpofitions.

On apprend, par exemple, que lorfque la voile fait un angle de $25\frac{1}{2}$ degrés avec la quille, la dérive eft de 10 degrés, & le Navire dans lequel on eft, differe fenfiblement des Flutes Hollandoifes. On cherchera ces deux angles dans la cinquieme Table, qui eft à la fin de ce Livre, & on reconnoîtra que la premiere & la $4^{me}$ colonne conviennent au Navire dans lequel on navigue. S'il s'agit enfuite d'une autre difpofition, fi la voile fait avec la quille un angle de $34\frac{1}{2}$ degrés, on verra dans les mêmes colonnes que la dérive eft de $6\frac{1}{2}$ degrés.

# CHAPITRE III.

*De la relation qu'il y a entre l'angle de la dérive & l'impulsion de l'eau , & avec l'angle formé par la voile & par la quille.*

QUOIQUE les Navires aient un très-grand nombre de différentes figures , & qu'on faffe entrer dans leur conftruction une infinité de diverfes lignes courbes tant géométriques que méchaniques , nous fommes perfuadés qu'il n'eft pas néceffaire de pouffer l'examen de ces figures extrêmement loin , pour connoître d'une maniere fuffifante leur propriété par rapport à la dérive. Il eft vrai que cette déviation de la route à l'égard de la quille , dépend de la figure de la carene ; mais elle en dépend affez peu, puifqu'une infinité de formes différentes font fujettes exactement à la même dérive , & qu'au lieu de confidérer chaque figure en particulier, on peut en fubftituer d'autres à la place ; fuppofer, par exemple , que la proue eft angulaire & terminée par deux lignes droites ou par deux plans inclinés. Cette comparaifon fera parfaitement exacte, fi on a bien choifi la figure angulaire , & que le fluide ne frappe toujours que les mêmes parties de la proue dans les routes obliques. C'eft ce qui fuit des recherches que j'ai publiées fur ce fujet en divers endroits , comme dans les Mémoires de l'Académie Royale des Sciences , dans le Traité du Navire , & dans le Traité de la Mâture des Vaiffeaux donné en 1727.

Nos Navires n'ont pas la forme de parallélipipede rectangle ; leur proue fe termine toujours en pointe , & elle a une faillie confidérable ; mais rien n'empêche de comparer la carene de plufieurs Navires à un parallélipipede rectangle , pourvu qu'on diminue d'autant plus la largeur de ce folide , que la proue du Navire fouffre moins de

réſiſtance de la part de l'eau. Il ne faut pas former les dimenſions du parallélipipede rectangle ſur celles de la carene, mais on le rendra quatre à cinq fois plus étroit,
& davantage, s'il eſt néceſſaire, pour lui donner une forme ſenſiblement équivalente à celle du Navire quant aux
dérives. Nous ajouterons à la fin des Chapitres VIII. &
IX. quelques remarques qui aideront à rendre cette comparaiſon plus parfaite, & qui feront connoître en même
temps les cas dans leſquels il ſera néceſſaire d'avoir recours
à quelqu'autre figure.

## De la dérive des Navires qu'on peut rappor- ter aux parallélipipedes rectangles.

IL eſt très-facile de trouver la relation qu'ont les dérives avec la diſpoſition de la voile dans les Navires qui ſont
comparables à des parallélipipedes rectangles. Si le Navire
rectangulaire $GDEF$ de la figure 114 ſuit la route $CI$,
les deux ſurfaces $GD$ & $DE$ ſeront frappées par l'eau
avec différentes obliquités ; l'angle d'incidence de l'eau ſur
le flanc $GD$ ſera égal à l'angle $ACI$, & la ſurface $DE$
qui tient lieu de proue ſera frappée avec une incidence
égale à l'angle $AIC$. Ainſi, ſi nous prenons $CI$ pour ſinus
total, nous aurons $AI$ pour le ſinus d'incidence ſur le
flanc de la carene, & $AC$ ſera le ſinus d'incidence ſur
la partie antérieure $DE$. Que nous prenions toute autre
ligne que $CI$ pour ſinus total, les deux lignes $AC$ &
$AI$ nous marqueront toujours le rapport qu'ont entr'eux
les deux ſinus d'incidence de l'eau ſur les deux parties de
la carene expoſées au choc. Nous n'avons donc qu'à multiplier leur quarré $AI^2$ & $AC^2$ par l'étendue des ſurfaces
frappées, ſavoir par $DE$ qui eſt double de $AD$ & par
$DG$ qui eſt double de $AC$, & nous aurons les deux impulſions, $2AD \times AC^2$ & $2AC \times AI^2$, l'une ſur $DE$
qui s'exerce dans le ſens direct de la quille, & l'autre ſur
$GD$ qui s'exerce dans le ſens latéral perpendiculaire.

Connoiſſant le rapport entre çes deux impulſions, nous

Figure 114.

n'avons qu'à les repréfenter par les lignes $CH$ & $CK$, & Figure 114.
la diagonale $CL$ du rectangle $HCKL$ nous donnera
l'impulfion abfolue, ou nous marquera l'effort commun qui
réfulte de l'action de l'eau fur la carene entiere, fur la
proue & fur le flanc. L'eau pouffant le Navire felon $CL$,
il faut que la voile $NM$ foit pofée perpendiculairement
à cette direction, afin que les impulfions du vent & de
l'eau puiffent fe trouver continuellement en équilibre &
fe détruire par leur oppofition exacte, pendant que le
Navire fe meut d'un mouvement uniforme. Ainfi le triangle
rectangle $CAP$ dont l'hypothénufe $CP$ eft perpendiculaire à la voile, doit être femblable au triangle $CHL$;
ou ce qui revient au même, $CP$ eft le prolongement de
$LC$, & il doit y avoir même rapport de $AC$ à $AP$,
que de l'impulfion directe $2AD \times AC^2$ à l'impulfion latérale $2AC \times AI^2$.

Mais pour que cette proportion $AP : AC :: 2AC \times$
$AI^2 : 2AD \times AC^2$ fubfifte, il faut que le produit $AP$
$\times 2AD \times AC^2$ foit égal au produit $2AC^2 \times AI^2$; &
pour que ces deux produits foient égaux, il faut, fi on
les divife l'un & l'autre par $2AC^2$, que $AP \times AD = AI^2$.
& que $AP = \frac{AI^2}{AD}$. On voit donc que $AP$ doit être
une troifieme proportionnelle à $AD$ & à $AI$; ce qui
nous met également en état de trouver la fituation de la
voile, lorfque l'angle $ACI$ de la dérive eft donné, ou
de trouver l'angle $ACI$ de la dérive pour chaque fituation de la voile $MN$.

Les lignes $AD$, $AI$ & $AP$ qui doivent être en proportion continue, font en même raifon que les tangentes des angles $ACD$, $ACI$, & $ACP$. Quant à l'angle
$ACD$, il eft conftant, c'eft celui que fait la diagonale
$FD$ du rectangle avec fon axe $AB$ qui fert de quille.
Cet angle eft d'environ $3^d 35^m$ lorfque le Navire eft équivalent en fait de dérive à un rectangle 16 fois plus long
que large. Il n'y aura donc, pour trouver dans ce Navire
la dérive qui répond à une difpofition de voile propofée,
qu'à chercher toujours une moyenne proportionnelle

Figure 114. géométrique, entre la tangente de $3^d$ $35^m$, & la tangente du complément $ACP$ de l'angle que fait la voile avec la quille ; & on aura la tangente de la dérive correspondante $ACI$.

Si la voile fait, par exemple, avec la quille un angle $ACN$ de $30^d$, l'angle $ACP$ sera de $60^d$; & si on ajoute le logarithme tangente de ce dernier angle avec le logarithme tangente de $3^d$ $35^m$, & qu'on prenne la moitié de la somme pour tenir lieu d'extraction de racine quarrée, il viendra le logarithme tangente d'environ $18^d$ $14^m$ pour l'angle de la dérive $ACI$. Je ne me suis pas contenté de faire plusieurs calculs semblables pour le même parallélipede ou pour le même rectangle. Dans l'intention de rendre plus étendu l'usage des Tables qu'on trouvera à la fin de cet ouvrage, j'ai appliqué la même méthode à un rectangle huit fois plus long que large.

Lorsque la voile est perpendiculaire à $CA$, le Navire n'a point de dérive, il avance selon la direction perpendiculaire à la voile ; mais en considérant la dérive dans ce dernier sens, le Navire n'en aura pas non plus, si sa voile est située perpendiculairement à la diagonale $FD$ : car le sillage se fera encore alors selon la perpendiculaire à la voile ; le Navire avancera exactement selon sa diagonale même $CD$, puisqu'alors les trois points $D$, $I$ & $P$ se confondront & tomberont en $D$. Ainsi le Navire rectangulaire a, pour ainsi dire, trois quilles différentes, la vraie $BA$ & les deux diagonales du rectangle. Nous allons maintenant évaluer l'impulsion que la carene reçoit de la part de l'eau dans chaque route ; & nous supposerons d'abord que le Navire marche selon la direction d'une de ses diagonales.

## De l'impulsion de l'eau sur la carene des Navires, qu'on peut rapporter aux parallélipipedes rectangles.

LORSQUE le mouvement se fait exactement selon la diagonale

Figure 114.

diagonale $FD$ la face $DE$ est frappée avec une incidence égale à l'angle $CDE$. Ainsi on peut exprimer l'impulsion sur $DE$ par le produit de $DE$, multipliée par le quarré du sinus de l'angle $CDE$. Cette impulsion est l'absolue ou la totale sur $DE$, qui s'exerce selon $AC$; mais il faut la décomposer ou la diminuer dans le même rapport que $RE$ est plus petite que $DE$, pour avoir l'impulsion qui s'exerce selon la diagonale $DC$. Nous n'avons donc qu'à multiplier le quarré du sinus de l'angle $CDE$, non pas par $DE$, mais par $ER$.

Outre cela, lorsque le sillage se fait suivant la diagonale $CD$, le flanc $DG$ est frappé avec l'incidence $CDG$, ce qui nous donne pour l'impulsion absolue sur $DG$, le produit de $GD$ par le quarré du sinus de l'angle $CDG$; mais comme nous voulons moins obtenir cette impulsion absolue, que la partie qui s'exerce sur la diagonale $DC$, & que cette partie est plus petite que l'impulsion absolue dans le même rapport que $GS$ est moindre que $DG$, il faut multiplier le quarré du sinus de l'angle $CDG$ par $GS$ & non pas par $GD$.

Ainsi des deux impulsions relatives qui forment l'effort selon la diagonale $DC$, l'une est égale au produit de $RE$ par le quarré du sinus de l'angle $CDE$, & l'autre est égale au produit de $GS$ ou de $RE$ par le quarré du sinus de l'angle $CDG$. Par conséquent toute l'impulsion est égale au produit de $RE$ ou de $GS$ par la somme des quarrés des sinus des angles $CDE$ & $CDG$; & comme ces deux angles sont complément l'un de l'autre, & que la somme des quarrés de leur sinus est égale au quarré du sinus total, il s'ensuit que l'impulsion que souffre la carene à cause de son mouvement selon $CD$, est égale au produit de $RE$ par le quarré du sinus total.

Nous ne cherchons pas dans ce cas l'impulsion latérale perpendiculaire à $CD$; elle doit être nulle, puisque la direction $PC$ de l'impulsion totale tombe alors exactement sur $DC$. Il nous seroit très facile de prouver qu'en général cette force latérale perpendiculaire à la diagonale

Hhh

Figure 114. est égale à $DF$ multipliée par l'excès du quarré du sinus de l'angle $ACI$ de la dérive sur le quarré du sinus de l'angle constant $ACD$. D'où il suit que lorsque les angles $ACI$ & $ACD$ sont égaux, l'impulsion latérale perpendiculaire à la diagonale est nulle.

Cherchons actuellement la force avec laquelle le Navire est poussé selon sa diagonale lorsqu'il suit une direction quelconque $CI$ différente de $CD$. Alors $DE$ sera frappée avec une incidence $AIC$, & l'impulsion que recevra ce côté, sera égale au quarré du sinus de l'angle $AIC$ multiplié par $DE$ ou plutôt multiplié par $RE$, puisque nous voulons toujours avoir la partie de l'impulsion qui s'exerce selon la diagonale $DC$. De même le flanc $GD$ sera frappé avec l'angle d'incidence $ACI$; & pour avoir la partie de l'impulsion qui s'exercera selon la diagonale, il faut multiplier le quarré du sinus de l'angle $ACI$ par $GS$ ou par son égale $RE$. Mais comme les angles $AIC$ & $ACI$ sont également complément l'un de l'autre, que lorsque le Navire marchoit sur le prolongement de $CD$, il s'ensuit que l'impulsion que souffre selon la diagonale le Navire rectangulaire, lorsqu'il marche selon la direction $CI$, est encore le produit du quarré du sinus total par $RE$.

Ainsi, quelque route que suive ce Navire, pourvu qu'il marche avec la même vîtesse, il est toujours poussé par le choc de l'eau exactement avec la même force selon sa diagonale. Qu'il marche selon $CD$, selon $CA$ ou selon $CI$, la resistance de l'eau dans le sens de $DC$ sera toujours exactement égale au produit que nous venons de marquer. Mais cette force selon $DC$ étant constante, nous pouvons la représenter par cette ligne même; & puisque nous avons prouvé plus haut que la direction de l'impulsion absolue est $PC$, il faut nécessairement, si on éleve au point $D$ une perpendiculaire $DX$ à la diagonale $DC$, que la partie interceptée $DZ$ exprime la force qui agit perpendiculairement à la diagonale, & qu'en même temps $CZ$ exprime la grandeur de l'impulsion totale ou composée.

Nous croyons devoir résumer en peu de mots les

Figure 114.

Vérités importantes que nous venons d'établir dans ce Chapitre. La fituation de la voile *MN* étant donnée, nous lui élevons une perpendiculaire *CP* pour avoir la direction felon laquelle s'exerce l'impulfion du vent. Il faut que l'impulfion de l'eau fur la proue tombe fur une direction abfolument contraire *PC*; & pour avoir la route *CI* que fuit alors le Navire, nous n'aurons fur le prolongement de *ED* qu'à faire *AI*, moyenne proportionnelle géométrique entre *AD* & *AP*. De plus, nous venons de voir que fi on éleve au point *D* une perpendiculaire *TX* à la diagonale *FD*, les lignes *CP* qui marquent les directions de l'impulfion totale de l'eau, exprimeront auffi par leurs parties interceptées *CZ* la grandeur de ces impulfions, pourvu qu'on fuppofe que la vîteffe du fillage eft toujours la même. On peut tirer une autre ligne *TY* perpendiculaire à l'autre diagonale *EG*, & elle aura la même propriété pour les dérives qui fe feront vers la droite.

Il réfulte de tout ce que nous venons de dire, que le Navire rectangulaire n'éprouve jamais moins de réfiftance de la part de l'eau, que lorfqu'il marche felon l'une ou l'autre de fes diagonales. L'impulfion de l'eau eft alors exprimée par *CD* ou *CE*, au lieu qu'elle l'eft par *CZ* lorfque le Navire fuit la route *CI*, & elle eft repréfentée par *CT* lorfque le fillage fe fait exactement felon la direction de la quille *BA*.

# CHAPITRE IV.

*Trouver dans les Navires qu'on peut comparer à des parallélipipedes rectangles, la difpofition la plus avantageufe de la voile pour faire une route donnée.*

QUOIQU'IL nous foit très-facile de réfoudre ce problême généralement, nous en entreprendrons ici la

Hhh ij

Figure 114. folution d'une maniere particuliere, & pour ainfi dire, groffiere, en faveur de quelques Lecteurs. Cependant la méthode que nous fuivrons fera générale ; on verra dans la fuite qu'on peut l'employer avec le même fuccès, lorf-qu'on veut parvenir à une détermination abfolument exacte.

Nous confidérerons un Navire qui fe rapporte à un parallélipipede rectangle feize fois plus long que large, & nous fuppoferons pour exemple, que la voile faffe avec la quille un angle $NCA$ de 40 degrés. Nous allons chercher dans cette fuppofition quelle fituation la voile doit avoir par rapport au vent. C'eft, à proprement parler, réfoudre le problême inverfe de celui que nous propo-fions. Au lieu de partir de la connoiffance de la route que nous devions regarder comme donnée, par rapport au vent, pour découvrir enfuite la difpofition de la voile, nous fuppofons, au contraire, une certaine fituation de voile par rapport au Navire, & nous cherchons pour quel vent cette difpofition a le plus d'avantage. Mais l'utilité de cette recherche eft la même dans la pratique ; on ap-prend également par fon moyen la relation qu'on doit mettre entre les angles d'incidence, & ceux de la voile avec la quille. D'ailleurs, il faut abfolument renfermer ces relations dans des tables pour la commodité des Ma-rins ; & il n'importe dans quel ordre on calcule les dif-férentes colonnes d'une table.

Figure 115. La voile $MN$ (*fig.* 115.) faifant un angle de 40 degrés avec la quille, l'angle $ACP$ que fait la perpendiculaire à la voile avec la quille fera de 50 ; & fi nous cherchons une moyenne proportionnelle géométrique entre la tan-gente de ce dernier angle, & celle de l'angle $ACD$ qui eft de $3^d 35^m$, nous trouverons celle de l'angle $ACI$ de la dérive, qui eft de $15^d 17^m$. Si après cela nous prenons $CD$ pour l'impulfion que recevroit la carene de la part de l'eau en fe mouvant felon la diagonale $CD$, & que nous attribuions à cette demi-diagonale 100000 parties, nous n'ayons, conformément à ce que nous avons établi

Figure 115.

dans la derniere partie du Chapitre précédent, qu'à chercher dans les Tables trigonométriques la fécante de l'angle $DCZ$ qui eft de $46^d 25^m$, & nous aurons $145052$
pour $CZ$ ou pour l'impulfion abfolue de l'eau lorfque le
Navire fuit la route $CI$.

Nous changeons après cela la voile de fituation ; nous
lui faifons faire un angle $ACn$ un peu plus petit ou plus
grand avec la quille, & nous travaillerons à rendre ces
deux difpofitions abfolument équivalentes. Il eft évident
qu'elles nous indiqueront alors un *maximum* ; car auffi-tôt
que l'avantage eft le même, quoiqu'on prenne deux difpofitions différentes, c'eft une marque qu'elles font de
part & d'autre du point le plus avantageux ; & fi elles
font très-voifines l'une de l'autre, on ne pourra pas fe
tromper en choififfant le *maximum*. Cependant, lorfqu'on
change la voile de fituation, le Navire dérive plus ou
moins, & la carene reçoit une impulfion abfolue plus ou
moins grande. Ainfi la vîteffe du fillage changeroit, & les
deux difpofitions de la voile cefferoient d'être équivalentes fi on n'oppofoit à l'effort abfolu de l'eau qui fe trouve
plus grand ou plus petit, une impulfion différente de
la part du vent. Mais c'eft précifément ce qui nous fournira le moyen de régler l'angle d'incidence $VCN$ du
vent qui convient à chaque difpofition de voile.

Ayant à changer l'angle $ACN$ qui eft de $40$ degrés,
nous le diminuerons de $10^m$. L'angle $ACp$ formé par la
perpendiculaire $Cp$ à la voile & par la quille fera enfuite
de $50^d 10^m$, l'angle de la dérive $ACi$ ne fera pas non
plus le même qu'auparavant ; on le trouvera, en cherchant
comme à l'ordinaire, une moyenne proportionnelle géométrique entre $AD$ & $Ap$ ou entre les tangentes de $3^d$
$35^m$ & de $50^d 10^m$, & on apprendra que la dérive eft
de $15^d 19^m$. Ainfi elle fe trouve augmentée du petit angle $ICi$ qui eft de $2$ minutes, ou plutôt de $2\frac{1}{2}$ minutes,
comme on l'apprend en faifant le calcul avec un peu plus
de foin.

D'un autre côté l'angle $DCz$ eft actuellement de $46^d$

Figure 115. 35$^m$, au lieu qu'il étoit dans l'autre fuppofition de 46$^d$ 25$^m$. La fécante $CZ$ qui exprime la grandeur de l'impulfion, fera donc de 145497 ; de forte qu'elle fera plus grande que dans le premier cas, de la petite quantité $Oz = 445$. Si la vîteffe du Navire étoit plus ou moins grande, cette différence en introduiroit une nouvelle dans l'impulfion ; mais nous avons vu dans le Chapitre III de la Section précédente, que nous devons non-feulement regarder ici la vîteffe du Navire comme conftante, mais auffi la vîteffe apparente du vent, de même que fa direction. Ainfi la feconde difpofition de la voile, en faifant dériver davantage le Navire, fera réellement augmenter l'impulfion de l'eau de 445 parties fur 145052 ; & fi nous voulons donc que ces deux différentes difpofitions foient équivalentes, il faut que cette différence d'impulfion foit réparée par la diverfe incidence feule $VCN$ du vent fur la voile.

Si on ne réuffiffoit pas à rendre les deux difpofitions parfaitement équivalentes, il faudroit néceffairement en préférer une, & on feroit peut-être obligé de changer encore la fituation de la voile dans le même fens, & d'aller chercher de plus loin en plus loin la difpofition la plus parfaite. Mais fi les deux difpofitions produifent le même effet, quant à la marche du Navire, c'eft une marque, nous le répétons, qu'elles font voifines de la difpofition la plus parfaite. La feconde fait augmenter la dérive de $2\frac{1}{2}$ minutes ; & puifque très-proche du cas qui donne le *maximum*, la direction apparente du vent fait toujours le même angle avec la route, comme nous l'avons montré dans le Chapitre cité plus haut, nous devons fuppofer que le vent, au lieu d'avoir pour direction apparente la ligne $VC$, fe meut fur $uC$ qui differe de l'autre ligne de $2\frac{1}{2}$ minutes.

Dans la réalité ce n'eft pas la direction apparente du vent qui change de place : nous donnerions à notre Navire une autre fituation, afin que la route $Ci$ fît toujours avec le vent le même angle. Mais comme nous craignons

de rendre notre figure trop confuſe , nous avons attribué Figure 115.
au vent par la penſée un changement , qui n'appartenoit
qu'au Navire. En un mot l'angle $VCu$ eſt de $2\frac{1}{2}$ minutes ,
de même que l'angle $ICi$ , afin que l'angle $uCi$ ou $VCI$
ſoit toujours le même ; & comme l'angle $NCn$ eſt de
10 minutes , il s'enſuit que l'angle d'incidence apparent
du vent que nous ne connoiſſons pas encore , eſt plus
grand de $7\frac{1}{2}$ minutes dans la ſeconde diſpoſition que dans
la premiere. Ainſi c'eſt dans cette augmentation de $7\frac{1}{2}$
minutes qu'il faut chercher de la part du vent une augmentation d'impulſion qui contrebalance l'excès $Oz =$
445 ſur 145052 dont le choc de l'eau eſt plus fort dans
le ſecond cas que dans le premier , quoique le Navire
ſingle avec la même vîteſſe.

L'impulſion du vent augmente ici ſimplement comme
le quarré du ſinus d'incidence , puiſque la vîteſſe apparente du vent eſt comme conſtante ; on ſait d'ailleurs que les
quarrés augmentent deux fois plus à proportion que leurs
racines. Il ne faut donc pas qu'un de nos ſinus d'incidence
ſoit plus grand que l'autre de 445 parties par rapport à
145052 , mais ſeulement de $222\frac{1}{2}$ parties. Les quarrés des
ſinus d'incidence ſeront enſuite proportionnels aux deux
impulſions $CZ$ & $Cz$ : il y aura équilibre entre les efforts
du vent & de l'eau , ce qui rendra les deux diſpoſitions
$MN$ & $mn$ de la voile abſolument équivalentes. Cela ſuppoſé , la queſtion ſe réduit à trouver ſimplement deux
angles $uCn$ , $VCN$ dont l'un ſurpaſſe l'autre de $7\frac{1}{2}$ min.
& dont la différence des deux ſinus ſoit au plus petit de
ces ſinus comme $222\frac{1}{2}$ eſt à 145052. Or ce problême
peut ſe réſoudre avec la plus grande facilité.

Nous voulons que deux angles different l'un de l'autre
de $7\frac{1}{2}$ minutes , & que la différence entre leur ſinus ſoit au
plus petit de ces ſinus comme $222\frac{1}{2}$ eſt à 145052. Nous
n'avons qu'à former un angle $VCu$ (fig. 116.) qui ſoit Figure 116.
de $7\frac{1}{2}$ minutes , nous ferons ſes deux côtés dans le rapport
de 145052 à $145052 + 222\frac{1}{2}$. Réſolvant enſuite le triangle $CVu$ , nous chercherons les deux angles $V$ & $u$ , &

nous aurons les angles requis. L'angle $V$ marquera la grandeur qu'on doit donner à l'angle d'incidence apparent du vent.

Figure 117. Nous pouvons encore ( *fig.* 117. ) tracer un arc de cercle $uVN$ d'une grandeur indéterminée ; faire le petit arc $uV$ des 7 ½ minutes, dont un des angles inconnus $uCN$ doit surpasser l'autre $VCN$, & au lieu de mettre le rapport de 222 ½ à 145052 entre la différence $Hu$ des deux sinus $VK$ & $uk$, & le plus petit de ces sinus, nous le mettons entre le petit arc $uV$ considéré comme ligne droite & la tangente $VL$. Ainsi pour avoir l'angle $VCN$ qui indique l'incidence apparente du vent sur la voile, nous n'aurons qu'à faire cette seule analogie ; 222 ½ est à 145052 comme $uV$ ou comme la tangente de 7 ½ minutes est à $VL$, tangente de l'angle d'incidence qu'on vouloit découvrir. On trouvera cet angle de $54^d 43^m$, ce qui ne diffère presque pas du résultat que fournit le calcul rigoureux que nous expliquerons dans la suite.

Si on compare la troisieme Table que nous a fourni ce dernier calcul, avec la premiere Table qui est destinée aux Navires exempts de dérive, on verra qu'il y a peu de différences entre les dispositions les plus avantageuses pour ces Vaisseaux, toutes les fois que la voile fait un fort grand angle avec la quille. Lorsque cet angle est au-dessous de 45 degrés, ce n'est plus la même chose ; la différence devient sensible, & elle se trouve très-grande lorsqu'on single *au plus près*, & que la voile ne fait, par exemple, qu'un angle de 25 degrés avec la longueur du Navire. J'ai ajouté dans la quatrieme Table les vîtesses du sillage avec les différences des deux directions du vent, la réelle & l'apparente pour le parallélipipede rectangle seize fois plus long que large ; mais j'ai cru, à l'égard des autres figures, pouvoir me borner au calcul des dérives & des deux angles que forment la voile avec la quille & avec la direction apparente du vent, parce que ces trois angles sont les seuls dont on a ordinairement besoin dans la pratique, & que d'ailleurs ils ne sont sujets à aucun changement, quoi-

qu'on

qu'on étende les voiles & qu'on en diminue l'étendue, Figure 112.
pourvu qu'elles restent dans la même situation.

Enfin, lorsqu'on voudra suivre une direction donnée, & c'est le problême dont l'application est presque continuelle dans la Navigation, il n'y aura qu'à voir si l'angle de la voile avec la quille & celui de la voile avec la direction apparente du vent sont tels que nos Tables les indiquent. Nous pouvons dire précisément la même chose de la cinquieme Table qui est calculée pour les Navires dont la carene se rapporte à des solides terminés par des surfaces courbes.

# CHAPITRE V.

*Que les pratiques expliquées dans le Chapitre précédent sont également bonnes lorsque le Navire est emporté par un courant dont la profondeur est considérable.*

LES regles précédentes sont exactes lorsqu'on navigue dans une mer qui jouit d'un parfait repos, & elles le sont encore lorsque la mer en mouvement forme un courant profond qui communique toute sa vitesse au Navire. Pour s'en convaincre, on n'a qu'à faire attention, qu'à l'égard du Vaisseau, la direction & la vitesse absolues du vent sont altérées par le mouvement du courant, mais que c'est précisément la même chose que si la mer n'avoit aucun mouvement, & que le vent eût une autre direction réelle & une autre vitesse réelle.

Le Navire de la figure 112 passe de $C$ en $M$ dans le même temps que les molécules d'eau dont il est environné passent de $C$ en $N$. Ainsi il ne se meut, par rapport à l'eau, que de la quantité $NM$ égale à $CI$ qui est précisément la même que s'il n'y avoit pas de courant, &

Figure 112. que le vent n'eût que $NZ$ pour vîteſſe réelle. Au lieu
de conſidérer la vîteſſe abſolue $CZ$ du vent, & de faire
attention au courant; nous n'avons donc qu'à ſuppoſer
que la mer eſt parfaitement en repos, que le vent ſe meut
ſelon $NZ$, & que le Navire en partant du point $N$ parcourt $NM$; ce qui donnera au vent la direction apparente
$MZ$. Enfin, ſi on rend $CI$ ou $NM$ un *maximum*, $CM$
en deviendra auſſi un, puiſque la vîteſſe $CN$ ou $IM$ du
courant eſt donnée.

Il ſuit de-là que nous devons toujours opérer, en fait
de manœuvre, comme s'il n'y avoit point de courant. La
plupart de nos regles dépendent de la ſeule inſpection
de la direction $MZ$ du vent apparent, & ce vent apparent eſt toujours pour nous le vent actuel, ſans qu'il
nous importe de ſavoir par quels changements il a paſſé.
Nous avons quelquefois beſoin de connoître la direction
réelle du vent; mais il eſt facile de s'aſſurer que nous
devons alors nous arrêter à $NZ$, & que nous ſommes
diſpenſés d'examiner ſi cette direction eſt elle-même le
réſultat d'une autre direction abſolue $CZ$ & du mouvement de la mer, ou ſi elle eſt la premiere direction. Ce
ſera auſſi $NZ$ que nous trouverons, en nous ſervant ſur
mer des moyens expliqués dans le ſecond Chapitre de
la Section précédente.

Il eſt fâcheux que nous ne puiſſions pas dire la même
choſe des cas intermédiaires, c'eſt-à-dire, de ceux dans
leſquels le courant eſt preſque ſuperficiel ou n'a pas aſſez
de profondeur pour envelopper toute la carene du Vaiſſeau.
Nos regles ſont bonnes dans les deux cas extrêmes,
ſavoir lorſque la mer eſt abſolument en repos, & en ſecond lieu lorſque le mouvement de la mer eſt parfaitement le même en bas qu'en haut. C'eſt beaucoup que nos
regles de manœuvre ſoient également applicables dans
ces deux cas, & on peut en conclure avec beaucoup de
vraiſemblance que les mêmes regles doivent ſervir encore dans les cas moyens, ou lorſque le courant agit ſur
le haut de la carene, & qu'il n'agit pas ſur le bas. Cette

affertion n'eſt pas néanmoins abſolument certaine, & nous
ne pouvons marquer juſqu'à quel point elle l'eſt, qu'en
nous livrant à de nouvelles recherches, que nous allons
entreprendre, en nous propoſant le problême ſuivant.

# CHAPITRE VI.

*La direction & la vîteſſe qu'a la mer très-
proche de ſa ſurface étant données pendant
que l'eau inférieure dans laquelle plonge
le bas de la carene eſt tranquille, reconnoître ſi on a réuſſi à orienter la voile de
la maniere la plus avantageuſe pour la
route qu'on ſuit.*

Nous conſidérons de rechef le Navire qui ſe rapporte à un parallélipipede rectangle; mais il ſuffiroit de ſuppoſer, à l'égard des autres figures, des recherches préliminaires ſemblables à celles que contient le troiſieme
Chapitre, pour que la méthode que nous expliquerons ſe
trouvât générale. Soit donc un Navire rectangulaire $GE$
(*fig.* 118); nous le ferons ſeize fois plus long que large; Figure 118.
nous ſuppoſerons de plus que ce Navire ſe meuve ſelon
la direction $Cm$ avec l'obliquité $ACi$, par rapport à l'eau
tranquille dans laquelle pénetre le bas de ſa carene.

Ce n'eſt que la partie inférieure de la mer que nous
ſuppoſons en repos, & ce ne ſont auſſi que les eaux
d'en bas, que le Navire va frapper ſelon $Cm$. La mer
vers la ſurface eſt en mouvement, elle a $Cn$ pour direction, & ce mouvement, nous ſuppoſons qu'il eſt le même
juſqu'à la moitié de la profondeur du Navire.

Il n'eſt pas naturel que l'eau en mouvement & celle
qui eſt en repos ſoient ſeparées par un plan mathématique.

Figure 118. Le courant a vraisemblablement sa plus grande vîtesse tout-à-fait en haut , & à mesure qu'on considere des points plus bas , sa vîtesse va en diminuant jusqu'à ce qu'elle se réduise à rien. Mais la supposition que nous faisons ici est également propre à nous instruire sur l'effet du courant. Le Navire, en parcourant $Cm$ pendant que les eaux de la surface se meuvent selon $Cn$, se meut par rapport aux eaux de la surface selon $nm$. Notre Navire est donc comme sujet à l'action de trois fluides : le vent frappe sa voile $rs$ ; les eaux d'en bas qui sont en repos frappent sa carene selon des paralleles à $mC$, & les eaux d'en haut qui sont en mouvement frappent la moitié supérieure de sa carene, selon des paralleles à $qC$ ou $mn$.

## Trouver la situation de la Voile pour une dérive & une route données.

COMME le Navire est déja censé en mouvement, que sa voile est déja orientée, & que nous voulons simplement savoir si les dispositions qu'on a déja faites sont les plus avantageuses qu'il est possible ; nous connoissons $Cm$ de même que le rapport de cette ligne à $Cn$ qui est la vîtesse du courant superficiel. Supposons que $Cm$ soit huit fois plus grande que $Cn$, que l'angle de dérive $ACi$ est de $15^d\,17^m$, & que l'angle $mCn$ que fait la route avec la direction du courant, est de $58^d\,50^m$ ; la résolution du triangle $Cnm$ nous apprendra que l'angle $nmC$ est de $6^d\,32^m$, & que le côté $nm$ est de $753$, si on en attribue $800$ à $Cm$. Ainsi nous connoissons les deux différentes vîtesses avec lesquelles le haut & le bas de la carene sont frappés , & nous savons aussi les directions selon lesquelles se fait le choc. Toute la moitié inférieure de la carene est frappée avec la vîtesse $Cm = 800$ selon des directions paralleles à $mC$ qui font un angle de $15^d\,17^m$ avec la quille $BA$. Et dans le même temps la moitié supérieure de la carene est frappée avec la vîtesse

$nm = 753$ felon des directions parallèles à $mn$, & à $qC$, Figure 118.
qui font des angles de $6^d 32^m$ avec les autres directions,
& des angles par conséquent de $8^d 45^m$. avec la quille.

L'eau inférieure, en rencontrant la carene felon la direction $mC$, la pouffe felon $pC$ qui fait avec la quille $AB$
un angle de $50^d$. C'eft ce qu'on trouve en cherchant une
troifieme proportionnelle géométrique à la tangente de
l'angle $ACD$ & à celle de l'angle $ACi$; il vient la tangente de l'angle $ACp$. On trouve de la même maniere
felon quelle direction la moitié fupérieure de la carene
eft pouffée. Cette moitié eft frappée felon $qC$ ou $i2C$ qui
fait avec la quille un angle de $8^d 45^m$, & de ce choc il
réfulte une impulfion dont la direction $p2C$ fait avec la
quille un angle $ACp2$ de $20^d 43^m$.

Quant à la grandeur de chaque impulfion nous avons
vu que la partie qui s'exerce felon la diagonale $DF$ n'eft
point fujette à changer par l'obliquité du choc. Ainfi le
haut & le bas de la carene feroient pouffés exactement
avec la même force relative felon $DF$, fi le choc fé
faifoit avec les mêmes vîteffes. Mais le bas eft frappé avec
la vîteffe $mC = 800$ & le haut avec la vîteffe $qC = 753$.
Les impulfions felon la diagonale font donc différentes;
elles font comme les quarrés de ces vîteffes, & on peut
les exprimer par 640 & 567, qui ne font autre chofe
que ces quarrés qu'on a également divifés par 1000.
Nous aurons donc 1207 pour la fomme de ces forces relatives. Nous introduirions d'autres différences entre ces
deux impulfions relatives, fi l'eau tranquille ne fubmergeoit
pas exactement toute la moitié inférieure de la carene.
Mais les deux parties de carene que nous avons à confidérer étant égales, les deux impulfions relatives de l'eau
felon la diagonale, ne font différentes qu'à caufe de la
différence des vîteffes.

Les impulfions relatives latérales perpendiculaires à la
diagonale font repréfentées par $Dz$ & par $Dz2$ qui
font les tangentes des angles $DCz$ & $DCz2$ lorfqu'on
prend $CD$ ou chaque impulfion directe pour finus total.

Figure 118. Ces angles font de 46<sup>d</sup> 25<sup>m</sup> & de 17<sup>d</sup> 8<sup>m</sup>, puifqu'ils font les angles $ACz$ & $ACz2$ après qu'on en a retranché l'angle $ACD$ qui eft de 3<sup>d</sup> 35<sup>m</sup>. Pour trouver la premiere impulfion latérale, celle que fouffre la moitié inférieure de la carene, je fais cette analogie; le finus total $CD$ eft à 640 impulfion relative directe felon la diagonale comme $Dz$ tangente de 46<sup>d</sup> 25<sup>m</sup> eft à 672. Nous aurons de même l'autre impulfion latérale, celle que fouffre la moitié fupérieure de la carene en faifant cette autre proportion : le finus total eft à l'impulfion directe 567 felon la diagonale, comme $Dz2$ tangente de 17<sup>d</sup> 8<sup>m</sup> eft à 175; & fi on l'ajoute avec l'autre 672, on aura 847 pour l'impulfion latérale perpendiculaire à la diagonale, que fouffre la carene entiere, pendant qu'elle eft pouffée felon la diagonale même avec la force 1207.

Il faut maintenant que nous compofions ces deux impulfions relatives pour avoir l'impulfion abfolue que reçoit la carene dans fes deux moitiés, l'inférieure & la fupérieure. Je porte fur la diagonale prolongée l'impulfion directe 1207, repréfentée par $CH$, & faifant la perpendiculaire $Ck$ égale à l'impulfion relative latérale 847, j'acheve le rectangle $HCkl$, & fa diagonale $Cl$ me donne l'impulfion abfolue. La réfolution du triangle rectangle $CHl$ m'apprend enfuite que cette impulfion eft de 1475, ou plus exactement de $1474\frac{77}{100}$, & que l'angle $lCH$ eft de 35<sup>d</sup> 4<sup>m</sup>. Ainfi l'angle $lCB$ eft de 38<sup>d</sup> 39<sup>m</sup>; & puifque la voile doit être perpendiculaire à la direction abfolue du choc de l'eau, il faut qu'elle faffe avec la quille un angle $sCA$ de 51<sup>d</sup> 21<sup>m</sup>.

## Trouver la grandeur que doit avoir l'angle d'incidence apparent du vent.

Sachant que la voile doit faire avec la quille un angle de 51<sup>d</sup> 21<sup>m</sup>, nous paffons à la recherche de l'angle d'incidence du vent le plus avantageux; & pour le découvrir nous nous fervirons de la méthode dont nous avons

Figure 118.

déja fait usage dans le Chapitre IV. Nous ferons subir par la pensée quelque petit changement à toutes les dispositions précédentes, & sur le changement que souffrira l'impulsion totale $CI$ de l'eau, nous réglerons la grandeur de l'angle d'incidence $VCS$ du vent sur la voile.

Nous augmenterons donc les angles de dérive, par exemple, de 5 minutes : au lieu que le premier $ACi$ étoit de $15^d 17'$, nous le ferons de $15^d 22^m$, & le second $ACi 2$; au lieu qu'il étoit de $8^d 45^m$, nous le ferons de $8^d 50^m$. Il faut se ressouvenir ici de la remarque déja faite ci-devant, que nous ne faisons changer de place les directions $mC$ & $qC$, que pour nous épargner l'embarras de changer dans nos figures la situation du Navire ; mais notre fiction ne nous fait tomber en aucune erreur, parce que nous avons l'attention de changer aussi de la même quantité la direction $Cn$ du courant & la direction apparente $uC$ du vent. Nous attribuons à toutes ces lignes un égal changement afin qu'elles soient exactement dans le même cas que si elles n'avoient pas souffert d'altération, & qu'elles fissent toujours constamment entr'elles les mêmes angles, comme cela doit arriver lorsqu'on est infiniment près de la disposition la plus parfaite de la voile & du Navire.

De ce que l'eau ne frappe plus les deux moitiés de la carene avec la même obliquité, les directions $pC$ & $p2C$ des impulsions absolues doivent changer. En rendant $AP$ troisieme proportionnelle à $AD$ & à $AI$, on trouvera que l'angle $ACZ$ est de $50^d 20' \frac{2}{10}$, qui n'étoit auparavant que de $50^d$. On aura de la même maniere $21^d 5\frac{3}{10}^m$ pour l'angle $ACZ 2$ qui étoit auparavant de $20^d 43^m$. Nous retrancherons de ces angles $ACZ$ & $ACZ 2$, l'angle $ACD$ qui est de $3^d 35^m$, & il nous restera $46^d 45\frac{1}{10}^m$ pour l'angle $DCZ$, & $17^d 30\frac{3}{10}^m$ pour l'angle $DCZ 2$.

Les impulsions relatives directes selon la diagonale $DC$ ne souffrent aucune altération malgré ces changements ; mais chaque impulsion latérale perpendiculaire à cette diagonale se trouve augmentée dans le même rapport que les tangentes $DZ$ & $DZ_2$ font plus grandes que les tangentes $Dz$ & $Dz_2$. La premiere impulfion latérale 672 fe trouve de cette forte plus grande de $\frac{799}{100}$; & la feconde 175 fe trouve augmentée de $\frac{398}{100}$. Joignant ces deux augmentations, il nous vient $\frac{1197}{100}$ pour la valeur de $kK$ ou de $lL$; & réfolvant le triangle $HCL$, on trouve que l'angle $HCL$ eft d'environ $35^d 26\frac{6}{10}^m$, & que $CL$ eft de $1481\frac{70}{100}$ parties. De forte que l'angle $HCL$ eft plus grand d'environ $22\frac{7}{10}$ minutes, qu'il n'étoit auparavant, & l'impulfion abfolue $CL$ fe trouve augmentée d'environ $6\frac{928}{1000}$ fur $1474\frac{77}{100}$ parties.

La nouvelle fituation que prend la direction abfolue $CL$ oblige de diminuer de $22\frac{7}{10}$ minutes l'angle que la voile fait avec la quille, puifque la voile $RS$ doit être perpendiculaire à la direction $CL$ de l'impulfion de l'eau. D'un autre côté le changement de $5^m$ que nous avons fait aux routes $Ci$ & $Ci_2$ en entraîne un égal dans la direction apparente du vent, puifque l'angle de la route & de la direction apparente du vent doit refter le même, malgré les changements que nous avons faits. Il fuit de là que l'angle d'incidence apparent $VCS$ qui appartient à la feconde difpofition de la voile eft plus grand de $17\frac{7}{10}$ min. que l'angle d'incidence apparent $uCs$ qui répond à la premiere difpofition. Ainfi la queftion fe réduit pour nous à trouver deux angles qui different l'un de l'autre de $17\frac{7}{10}^m$ & dont les quarrés des finus foient proportionnels aux deux impulfions abfolues $1474\frac{77}{100}$ & $1481\frac{70}{100}$ de l'eau. Si nous réuffiffons à établir cette proportion, les deux difpofitions feront abfolument équivalentes, & nous ferons fûrs d'avoir trouvé le point du *maximum* que nous avions pour objet. Mais au lieu d'introduire entre les quarrés des deux finus le rapport de $1474\frac{77}{100}$ à $1481\frac{70}{100}$, nous n'avons qu'à mettre celui de $1474\frac{77}{100}$ à $6\frac{928}{1000}$, ou du premier quarré à la quantité dont le fecond eft plus grand. Nous pouvons encore, au lieu des quarrés, employer les finus mêmes, pourvu que nous mettions entre le premier finus & fon défaut au fecond, le rapport qu'il y a de 1475, non

pas

pas à $6.\frac{918}{1000}$, mais à fa moitié $3\frac{464}{1000}$. En un mot fi Figure 117.
nous regardons dans la figure 117 les deux lignes $VK$ &
$uk$ comme deux finus qui appartiennent à deux arcs qui
different de $17\frac{7}{10}^m$, il faut qu'il y ait de $uH$ à $VK$ le
rapport de $3.464$ à $1474.77$; mais nous n'avons pour
cela qu'à introduire le même rapport entre $uV$ & $VL$;
& comme $uV$ eft fi petit, qu'on peut le confidérer comme une ligne droite, nous aurons cette proportion;
$3.464$ eft à $1474.77$ comme la tangente de $uV$, c'eft-
à-dire de $17\frac{7}{10}^m$, eft à la tangente $VL$ de l'angle d'incidence apparent du vent fur la voile pour la difpofition la
plus avantageufe. On trouve cet angle de $65^d 28^m$ par
cette proportion.

## Que les regles de Manœuvre expliquées dans les Chapitres précédents font fenfiblement bonnes, quoiqu'on navigue dans un courant fuperficiel.

RIEN n'empêcheroit d'appliquer la même méthode à
un affez grand nombre de différents cas, & de recueillir
les réfultats pour en former des Tables. Le calcul feroit
d'autant plus long qu'il faudroit non-feulement le faire
pour différentes obliquités de routes, mais auffi pour différentes hypothefes de courants. Le mouvement de la
mer peut être plus ou-moins rapide, & il peut s'étendre
à des profondeurs plus ou moins grandes. Ajoutez à cela
que fa direction peut varier à l'infini, quoiqu'elle foit fouvent conforme à celle du vent. On feroit encore expofé
à une autre difficulté; car comment feroit-on en mer pour
découvrir toutes ces particularités qui ferviroient de données lorfqu'on voudroit avoir recours aux Tables? Mais
heureufement nous fommes difpenfés d'entreprendre ce
travail pénible; nous le conjecturions à la fin du Chapitre
précédent, en nous fondant fur des raifons très-vraifem-
blables, & cette conjecture fe trouve juftifiée par le calcul

Figure 118. que nous venons de faire. Nous avons fuppofé un courant très-fort, & néanmoins nous trouvons que la relation entre les angles que fait la voile avec la quille & avec la direction apparente du vent, eft fenfiblement la même que s'il n'y avoit point de courant.

Nous avons vu que l'angle formé par la voile & par la quille devoit être de $51^d 21'$, & l'angle d'incidence apparent du vent de $65^d 28'$. Mais ce dernier angle differe fi peu de ce qu'on trouve en confidérant la mer dans un parfait repos, qu'on peut négliger la différence ; il faudroit tout au plus rendre l'angle d'incidence apparent du vent plus grand de quelques minutes.

Au refte il n'eft pas difficile d'appercevoir la raifon de cette conformité fenfible. Lorfqu'un Vaiffeau navigue dans un courant qui ne parvient que jufqu'à une partie de la profondeur de la carene, il eft frappé par l'eau felon deux différentes directions $QC$ & $MC$, & l'effort de l'eau s'exerce auffi felon deux différentes lignes $PC$ & $P2C$. S'il n'y avoit qu'une feule impulfion, il faudroit néceffairement lui oppofer l'effort du vent fur la voile, & placer la voile perpendiculairement à fa direction ; mais comme il y a deux impulfions, & que nous ne voulons pas y oppofer deux différentes voiles, nous avons cherché la direction compofée $CL$, qui eft moyenne entre les deux autres, ou les prolongements de $PC$ & de $P2C$; & nous avons par conféquent donné une fituation moyenne à notre voile $RS$. Mais nous avons pris de même une efpece de milieu entre les deux impulfions $ZC$ & $Z2C$, en cherchant la loi que fuit dans fon changement l'impulfion compofée ou totale. Notre calcul a donc dû nous donner auffi un angle d'incidence du vent à peu-près moyen entre les deux différents angles d'incidence qui conviendroient aux fituations des deux voiles, fi on en employoit deux. Voilà pourquoi l'angle d'incidence apparent du vent continue à fe rapporter à l'angle que fait la voile avec la quille conformément à nos Tables. Ainfi, fans avoir égard à la complication de mouvements ou de forces que nous

venons de confidérer, il fuffira toujours dans la pratique
de mefurer l'angle de la voile avec la quille, & de voir
enfuite fi l'angle d'incidence du vent apparent eft tel que
l'indiquent nos regles.

# CHAPITRE VII.

*Solutions exactes & générales des problêmes*
*qu'on vient de réfoudre par approximation.*

L es Lecteurs qui font un peu verfés dans la Géométrie, voient bien que nous rendrons rigoureufes les folutions que nous venons de donner; fi, au lieu de faire
changer de quantités fenfibles les difpofitions entre lefquelles il s'agit de choifir, nous n'y introduifons que ces
différences qu'on nomme infiniment petites. Après avoir
fuppofé dans la figure 115, que la voile faifoit fucceffi-  Figure 115.
vement. avec la quille deux angles différents de 10 minutes, nous avons cherché combien l'angle de la dérive *A C I*
changeoit, & quelle augmentation ou diminution recevoit en même temps l'impulfion *C Z* : il nous fuffit maintenant de faire précifément les mêmes calculs pour des
changements infiniment petits.

L'angle de la dérive *A C I* étant comme donné, nous
pouvons diftinguer les parties de la carene qui font frappées, & nous favons avec quelle inclinaifon fe fait le
choc. Nous compofons enfemble toutes ces impulfions
afin d'avoir leur effort total ou commun; & pour les compofer plus aifément, nous commençons par les décompofer felon deux diverfes déterminations perpendiculaires
l'une à l'autre. Nous les décompofons, par exemple, felon la quille & felon le fens latéral perpendiculaire à la
longueur du Navire, & nous ajoutons enfemble toutes les
forces qui agiffent dans le même fens, celles qui s'exercent dans le fens de la quille, & celles qui s'exercent

Figure 115. dans le sens horifontal perpendiculaire : formant enfuite un rectangle, fa diagonale nous marquera l'effort compofé & fa direction.

Nous pouvons renvoyer fur cela à ce que nous en avons dit dans le Traité de la Mâture, ou dans celui du Navire. Les quantités dont nous venons de parler, étant calculées, nous les faifons varier, & nous cherchons leur différentielle. Nommant $i$ l'impulfion abfolue de l'eau, nous aurons fa variation $d\,i$ qui répond au changement infiniment petit que nous faifons fubir à l'angle de la dérive & à l'angle que la voile fait avec la quille. Nous voyons auffi combien l'angle $P\,Cp$, ou l'angle $N\,Cn$ qui eft le changement de fituation de la voile, eft plus grand que le petit changement $I\,Ci$ que fouffre la dérive. Nous marquons par $k$ ce rapport. C'eft-à-dire, que l'angle $N\,Cn$ ou l'angle $P\,Cp$ eft égal au petit angle $I\,Ci$ multiplié par le nombre $k$.

Cela fuppofé, nous connoiffons la variation que doit fouffrir l'angle d'incidence apparent du vent fur la voile, quoique nous ignorions la grandeur de cet angle. Nous le faifons augmenter par un côté, en mettant la voile $MN$ dans la fituation $mn$. L'angle d'incidence fe trouve plus grand du petit angle $NCn$, qui eft égal à $PCp$. Mais d'un autre côté, cet angle eft diminué de l'angle $VCu$ qui eft égal à $ICi$; puifque la direction du vent apparent doit toujours faire le même angle avec la route $CI$ ou $Ci$. Ainfi l'augmentation infiniment petite de l'angle d'incidence eft égale à $PCp - ICi = PCp - \frac{PCp}{k} = \frac{k-1}{k} \times PCp$; ou fi nous rapportons cette petite augmentation à l'angle $ICi$, elle eft égale à $PCp - ICi = k \times ICi - ICi = \overline{k-1} \times ICi$.

Ces deux expreffions $\frac{k-1}{k} \times PCp$ ou $\overline{k-1} \times ICi$ du changement infiniment petit de l'angle d'incidence apparent nous marquent également la grandeur du petit angle $VCu$ dans la figure 117, pendant que $VCN$ eft l'angle d'incidence même dont nous ignorons la grandeur.

Les angles $VCN$ & $uCN$ répondent aux deux différentes difpofitions de la voile que nous voulons rendre
parfaitement équivalentes, & il faut pour cela que les
quarrés des finus d'incidence $VK$ & $uk$ foient proportionnels aux deux différentes impulfions de l'eau, ou qu'il
y ait même rapport de chacune de ces quantités à fa différentielle. C'eft-à-dire, qu'il faut que $i$ foit à $di$ comme
le quarré de $VK$ eft à la différentielle de ce quarré, ou
comme le finus $VK$ eft au double de $Hu$, ou comme
$VL$ eft au double de $Vu$.

L'angle $VCu$ mefuré par $Vu$ étant égal à $\frac{k-1}{k} \times PCp$
ou à $\overline{k-1} \times ICi$ pris dans l'autre figure, ou égal à $PCp$
$- ICi$; fi nous nommons $t$ la tangente $VL$ de l'incidence apparente du vent fur la voile, nous aurons cette
analogie : $di$ eft à $i$ comme $\frac{2k-2}{k} \times PCp$ ou $\overline{2k-2}$
$\times ICi$ ou $2PCp - 2ICi$ eft à $VL = t$. Cette pro-
portion nous fournit pour la tangente de l'angle d'incidence apparent du vent le plus avantageux dans une route
donnée, $t = \frac{2k-2}{k} \times \frac{i}{di} \times PCp$ ou $t = \overline{2k-2} \times \frac{i}{di}$
$\times ICi$ ou $t = \frac{2i}{di} \times \overline{PCp - ICi}$.

Ces trois expreffions nous apprennent en valeurs abfolument connues, la tangente de l'incidence apparente
du vent fur la voile ; & il eft évident qu'elles fe réduiront toujours affez aifément à des termes finis, puifque
le changement infiniment petit $di$ que fouffre l'impulfion
$i$ dépend du changement que fouffre la dérive ou que
fouffre l'angle $PCp$. On aura donc la relation de l'un à
l'autre, & ils fe feront difparoître réciproquement dans
la valeur de $t$.

## Application de la méthode précédente aux Navires dont la carene peut ſe rapporter à des parallélipipedes reſtangles.

Figure 115.

NOMMANT $a$ la demi-longueur du Navire reſtan-gulaire $GDEF$ (*fig.* 115) & $b$ ſa demi-largeur $AD$, nous déſignerons par $x$ la ligne $AP$ qui eſt cotangente de l'angle que la voile fait avec la quille, lorſqu'on prend $AC$ pour ſinus total; nous aurons $\sqrt{bx}$ pour la tangente $AI$ de l'angle de la dérive; & ſi par le moyen des tangentes $AP$ & $AI$ & de leurs différentielles $dx$ & $\frac{1}{2} dx \sqrt{\frac{b}{x}}$, nous cherchons les valeurs des angles $PCp$ & $ICi$ ou les petits arcs de cercle qui les meſurent, nous aurons $\frac{a^2 dx}{a^2 + x^2}$ pour l'angle $PCp$ & $\frac{\frac{1}{2} a^2 dx \sqrt{\frac{b}{x}}}{a^2 + bx}$ pour l'angle $ICi$; ce qui nous mettroit en état de trouver la valeur du nombre $k$ ſi nous en avions abſolument beſoin.

Quant à l'impulſion abſolue $i$ de l'eau ſur toute la ca-rene, nous avons vu qu'elle eſt proportionnelle à $CZ$ lorſque la vîteſſe du ſillage eſt conſtante. Cette ligne $CZ$ eſt la ſecante de l'angle $DCZ$ lorſqu'on prend $CD$ pour ſinus total, & elle ſera donc toujours au moins propor-tionnelle à la ſecante de cet angle, lorſqu'on prendra toute autre grandeur pour ſinus total. La tangente de l'an-gle $ACD$ eſt $b$, & celle de l'angle variable $ACP$ eſt $x$; je cherche par les regles de la Trigonométrie la tangente de l'angle $PCD$, différence des deux précédents, j'ai $\frac{a^2 \times \overline{x-b}}{a^2 + bx}$ : car il eſt démontré que la tangente de la diffé-rence de deux arcs eſt égale au produit du quarré du ſinus total multiplié par la différence des tangentes des deux arcs & diviſé par la ſomme du quarré du ſinus total & du pro-duit des deux tangentes données. Mais $\frac{a^2 \times \overline{x-b}}{a^2 + bx}$ étant la tangente de l'angle $DCP$, nous aurons

$$\frac{a^6 + 2a^4 bx + a^2 b^2 x^2 + a^4 x - 2a^4 bx + a^4 b^2}{a^4 + 2a^2 bx + b^2 x^2}$$ pour le quarré Figure 115.

de la fecante qui fe réduifant à $\frac{a^2 \times \overline{a^2 + b^2} \times \overline{a^2 + x^2}}{a^4 + 2a^2 bx + b^2 x^2}$ donne

pour la fecante même, $\frac{a\sqrt{a^2 + b^2}\sqrt{a^2 + x^2}}{a^2 + bx}$ ; & puifque l'impulfion abfolue de l'eau lui eft proportionnelle, nous pouvons fupprimer les facteurs conftants, & nous avons

donc d'une égalité de rapport, $i = \frac{\sqrt{a^2 + x^2}}{a^2 + bx}$ dont nous

tirerons $di = \frac{a^2 dx \times \overline{x - b}}{\sqrt{a^2 + x^2} \times \overline{a^2 + bx}^2}$ .

Ainfi nous avons maintenant en une feule variable toutes les quantités qui entrent dans notre formule générale $t = \frac{2i}{di} \times \overline{PCp} - ICi$. Si nous les y introduifons effective-

ment, nous trouverons $t = \frac{\sqrt{a^2 + x^2}}{a^2 + bx} \times \frac{\sqrt{a^2 + x^2} \times \overline{a^2 + bx}}{a^2 dx \times \overline{x - b}}$

$\times \frac{2a^2 dx}{a^2 + x^2} - \frac{a^2 dx \sqrt{\frac{b}{x}}}{a^2 + bx}$ qui fe réduit à $t = \frac{\overline{a^2 + x^2} \times \overline{b^2 + bx}}{a^2 \times \overline{x - b}} \times$

$\frac{2a^2 \times \overline{a^2 + bx} - a^2 \sqrt{\frac{b}{x}} \times \overline{a^2 + x^2}}{a^2 + x^2 \times \overline{a^2 + bx}}$ & à $t = \frac{2a^2 + 2bx - a^2 \sqrt{\frac{b}{x}} - x^2 \sqrt{\frac{b}{x}}}{x - b}$,

*formule* qui n'exige qu'un calcul très-fimple pour déter-miner tous les divers angles d'incidence apparents $VCN$ qui répondent à toutes les fituations $ACN$ de la voile par rapport à la quille.

Mais quelques remarques qui fe préfentent affez natu-rellement nous mettent en état d'abréger encore le calcul précédent. Si dans la figure 119 nous ajoutons à l'angle $ACN$ que fait la voile avec la quille, l'angle $NCh$ égal à l'angle conftant $ACD$ formé par la diagonale $FD$ & la quille $BA$, la ligne totale $Ph$ fera la valeur de $\frac{a^2 + x^2}{x - b}$ ; car les triangles $DPC$ & $CPh$ feront femblables ; & on aura la proportion continue :: $PD = x - b : PC =$ $\sqrt{a^2 + x^2} : Ph = \frac{a^2 + x^2}{x - b}$ .

D'une autre part, fi de $Ph$, on retranche $AP = x$,

Figure 119. il reftera $Ah = \dfrac{a^2 + x^2}{x - b} - x = \dfrac{a^2 + bx}{x - b}$. Or il fuit de là

que la tangente $t = \dfrac{2a^2 + 2bx - a^2 \sqrt{\frac{b}{x}} - x^2 \sqrt{\frac{b}{x}}}{x - b} = \dfrac{2a^2 + 2bx}{x - b}$

$- \sqrt{\dfrac{b}{x}} \times \dfrac{a^2 + x^2}{x - b} = 2Ah - Ph\sqrt{\dfrac{AD}{AP}}$ ; ce qui nous
donne une maniere très-fimple de fupputer les tangentes $t$
des angles d'incidence apparents pour chaque fituation de
voile.

Ayant ajouté à l'angle que la voile fait avec la quille ;
l'angle conftant $ACD$, on en prendra la tangente pour
avoir $Ah$ ; on ajoutera cette tangente $Ah$ avec celle $AP$
du complément de l'angle que la voile fait avec la quille ;
on multipliera la fomme par $\sqrt{\dfrac{AD}{AP}}$ ; & retranchant ce
produit du double de $Ah$, on aura la tangente $t$ qu'on
vouloit découvrir. Si le Navire eft infiniment étroit, $AD$
deviendra nulle, de même que l'angle $ACD$, & la formule $t = 2Ah - Ph\sqrt{\dfrac{AD}{AP}}$ fe réduira à $t = 2AH$ ; ce
qui s'accorde avec ce que nous favions déja, que lorfque
le Navire eft infiniment étroit ou qu'il eft exempt de dérive, la tangente de l'angle d'incidence apparent du vent
doit être double de la tangente de l'angle formé par la voile
& par la quille.

# CHAPITRE VIII.

### De la relation qu'il y a entre la fituation de la voile & la dérive dans les figures de carenes plus compofées.

AFIN de moins groffir cet Ouvrage, nous prendrons
pour Lemmes, & nous regarderons comme démontrés
quelques Théorêmes que nous avons établis ailleurs. Si
la proue du Navire de la figure 114, au lieu d'être terminée

minée par une furface plane $DE$, eft terminée par une Figure 114.
furface courbe quelconque, & que prenant $a$ pour le finus
total, nous nommions $m$ la tangente de l'angle $ACI$ de
la dérive ou de l'obliquité avec laquelle cette proue va
rencontrer l'eau, l'impulfion de l'eau dans le fens direct
parallele à la quille ou à l'axe de la proue, aura toujours
cette forme $\frac{a^2 A + B m^2}{a^2 + m^2}$, & l'impulfion latérale perpendiculaire à la quille prendra cette autre $\frac{2 a B m}{a^2 + m^2}$ ; pourvu
que l'eau frappe continuellement fur toutes les parties de
la furface de la proue, & que les deux moitiés de la furface
foient égales de part & d'autre de la quille qui fert d'axe.

Il n'importe que la furface frappée foit géométrique ou
méchanique ; elle peut même être fort irréguliere : les
lettres $A$ & $B$ défigneront des intégrales qui dépendent de
la nature de la furface & qui ne changeront point par l'o-
bliquité de la route. Mais il ne fuffit pas à l'égard de l'impulfion latérale perpendiculaire à la quille, de confidérer
la proue feule. Tout le flanc du Navire qui n'ajoute rien
à l'impulfion directe eft pouffé de côté ; & comme il faut
joindre cette partie de l'impulfion à l'autre, nous devons
prendre $\frac{2 a B m + C m^2}{a^2 + m^2}$ pour exprimer l'impulfion latérale
entiere, pendant que $\frac{a^2 A + B m^2}{a^2 + m^2}$ repréfentera toujours
l'impulfion directe.

Cela fuppofé, nous n'avons qu'à trouver la force totale
qui réfulte de ces deux impulfions relatives, & les compofer par le moyen du rectangle $HCKL$, dont la diagonale $CL$ marquera l'impulfion totale, pendant que les
deux côtés du rectangle repréfenteront les deux impulfions
relatives. Cette diagonale $CL$, comme nous l'avons vu,
doit tomber fur le prolongement de la perpendiculaire
$CP$ à la voile, puifque les impulfions du vent & de l'eau
doivent être toujours exactement contraires. Ainfi prenant
$n$ pour la tangente de l'angle $PCA$, nous aurons cette
proportion ; l'impulfion directe de l'eau, $CH =$
$\frac{a^2 A + B m^2}{a^2 + m^2}$ eft au finus total $a$ comme l'impulfion latérale

Lll

Figure 114. $HL$ ou $CK = \frac{2\,a\,B m + C m^2}{a^2 + m^2}$ eſt à la tangente $n$ de l'angle $PCA$. Nous aurons donc l'équation $n = \frac{2\,a^2\,B m + a\,C m^2}{a^2\,A + B m^2}$ qui nous marque de la maniere la plus générale qu'il eſt poſſible, la relation qu'il y a entre la tangente $m$ de l'angle $ACI$ de la dérive & la co-tangente $n$ de l'angle $NCA$ formé par la voile & par la quille.

Cette équation $n = \frac{2\,a^2\,B m + a\,C m^2}{a^2\,A + B m^2}$ ſe réduit à $n = \dfrac{2\,a^2\,m + \frac{a\,C m^2}{B}}{\frac{a^2\,A}{B} + m^2}$ ; & ſi on met à la place des rapports $\frac{C}{B}$ & $\frac{A}{B}$ les conſtantes $E$ & $F$, elle ſe changera en $n = \frac{2\,a^2\,m + a\,E m^2}{a^2\,F + m^2}$ & en $n = \frac{2\,a^2 + a\,E m}{\frac{a^2\,F}{m} + m}$ qu'on trouvera peut-être plus commode pour le calcul. Nous en déduiſons outre cela cette formule $m = \frac{-a^2 + a\sqrt{a^2 + a\,E F n - n^2\,F}}{a\,E - n}$ qui ſervira à trouver l'angle de la dérive, lorſqu'on connoîtra la co-tangente $n$ de l'angle de la voile avec la quille. Cette derniere formule doit être plus d'uſage en mer que l'autre, puiſque l'angle que fait la voile avec la quille eſt plus ſouvent donné, que ne l'eſt l'angle de la dérive.

Mais, pour pouvoir employer ces formules, il faudroit avoir déja déterminé les conſtantes $E$ & $F$ qui ſont différentes pour chaque Navire. Si on étoit obligé d'examiner en détail la figure de la carene pour en conclure ces grandeurs, l'opération ſeroit toujours très-longue; & le plus ſouvent les circonſtances dans leſquelles on ſe trouveroit la rendroient abſolument impoſſible. Je crois qu'il n'y a qu'une façon commode de lever ces difficultés, c'eſt d'obſerver, lorſqu'on eſt en mer, la dérive pour deux différentes diſpoſitions de voile; & ſi on introduit ſucceſſivement dans la formule $n = \frac{2\,a^2 + a\,E m}{\frac{a^2\,F}{m} + m}$ les valeurs correſpondan-

Figure 114.

tes de $n$ & de $m$, on fera en état de déterminer les grandeurs $E$ & $F$, & on aura enfuite tout ce qu'il faudra pour
découvrir par le calcul les dérives qui appartiennent à
toutes les fituations de voile, ou de trouver les fituations
de voile dont dépendent toutes les dérives.

Suppofons que la voile faifant avec la quille un angle
dont $n$ foit la co-tangente, on ait obfervé exactement la
dérive, & que $m$ en foit la tangente; nous fuppofons de
plus, qu'ayant donné une autre difpofition à la voile,
& $v$ marquant la co-tangente de l'angle qu'elle faifoit avec
la quille, $\mu$ ait été la tangente de la dérive obfervée dans
ce fecond cas, la première expérience nous donnera
l'équation $n = \dfrac{2a^2 + aEm}{\frac{a^2F}{m} + m}$, & la feconde l'équation $v =$

$\dfrac{2a^2 + aE\mu}{\frac{a^2F}{\mu} + \mu}$; mais il n'en faut pas davantage pour pouvoir déterminer les conftantes $E$ & $F$. Nous trouverons

en les dégageant, $E = \dfrac{\frac{2\mu}{v} - \frac{\mu^2}{a^2} - \frac{2m}{n} + \frac{m^2}{a^2}}{\frac{m^2}{an} - \frac{\mu^2}{av}}$ & $F$

$= \dfrac{2\mu m^2 - 2m\mu^2}{m^2 v - \mu^2 n}$. Ainfi on connoîtra par le moyen des
deux expériences prefcrites les valeurs de $E$ & de $F$, &
on ceffera d'être arrêté dans l'ufage de nos formules géné-
rales, $n = \dfrac{2a^2 + aEm}{\frac{a^2F}{m} + m}$ & $m = \dfrac{-a^2 + a\sqrt{a^2 + aEFn - Fn^2}}{aE - n}$.

On pourroit encore fuivre un autre chemin pour ac-
commoder ces recherches aux befoins de la pratique, &
nous l'euffions fuivi, fi les autres moyens qui fe font
préfentés à nous, ne nous euffent paru auffi bons. Nous
euffions, dans la figure 114, fubftitué, à la place de la proue
plane $DE$, une proue angulaire formée d'un angle droit,
par exemple. Cette figure de carene eût été extrêmement facile à traiter: la proue angulaire rectiligne eût
feule été expofée à l'impulfion relative directe dans le

Figure 114. fens de la quille ; mais il eût fallu joindre à l'impulfion
relative latérale, l'impulfion que reçoit le côté *G D* dans
les routes obliques ; nous euffions enfuite attribué fucceffivement diverfes grandeurs à l'angle de dérive *A C I*, &
nous euffions cherché la direction compofée *P C* de l'impulfion de l'eau pour en conclure la fituation de la voile.

Ainfi, nous euffions eu une fuite d'angles correfpondants de dérive & de fituations particulieres de voiles.
Nous euffions après cela fait la même chofe pour une
proue formée par un angle aigu rectiligne de 70 degrés,
de 50, de 40 &c. & recueillant tous ces réfultats dans
une table formée de plufieurs colonnes, nous n'euffions
plus eu en mer, qu'à voir laquelle des colonnes convenoit à chaque Navire. La Table n'eût été conftruite
que fur des figures rectilignes ; mais j'ai démontré ailleurs
que fon ufage fe fût étendu à toutes les figures imaginables, pourvu que l'eau n'en frappât toujours que les mêmes
parties, malgré l'obliquité des routes.

## Remarques fur l'ufage trop limité des figures précédentes, pour repréfenter la carene des Vaiffeaux.

Nous revenons aux formules précédentes ; elles nous
donneroient toutes les quantités qu'il faudroit introduire
dans l'équation générale $t = \frac{2i}{di} \times \overline{P\,C\,p - I\,C\,i}$ de l'autre Chapitre, pour avoir la tangente *t* de l'angle d'inci-
dence apparent du vent qui convient à chaque difpofition
de voile. Mais nous avouons ingénuement que ce calcul
qui n'a d'autre difficulté que fa longueur, nous a effrayés.
Nous avons remarqué d'ailleurs, que fi la forme quadrangulaire eft un peu moins propre que ces autres figures à
repréfenter les carenes de plufieurs Vaiffeaux, on peut
cependant s'y borner très-fouvent dans la pratique. La
forme quadrangulaire peut s'attribuer généralement à tous
les Bâtiments qui approchent beaucoup de la conftruction

des Flûtes Hollandoifes. Il eſt vrai qu'elle ne repréſente pas également bien la carene des autres Navires, de ceux qui font très-fins par deſſous, quoiqu'on foit attentif à diminuer la largeur du parallélipipede rectangle fictice, pour tenir lieu de la proue plus tranchante de ces Navires. Mais les autres figures que nous venons de ſpécifier ſe trouveroient également en défaut. Elles donneroient toujours des dérives trop grandes lorſque la voile fait un angle conſidérablement aigu avec la quille.

L'avantage qu'ont les Navires qui diffèrent beaucoup de la forme des Flûtes Hollandoifes, de n'être ſujets qu'à peu de dérive dans les routes obliques, vient de ce qu'en dérivant vers un certain côté, l'eau frappe une nouvelle partie de leur carene vers la poupe, & ceſſe de frapper au contraire une grande partie de leur proue vers le côté oppoſé. Ces changements ſont cauſe que l'impulſion relative latérale devient beaucoup plus forte, & que le Navire eſt foutenu davantage contre la dérive.

On le reconnoîtra aiſément en jettant les yeux ſur les Navires des figures 120 & 121. La route étant $CI$, l'eau frappe la carene ſelon une infinité de paralleles à $IC$; mais une grande partie de la proue du côté oppoſé à la dérive, eſt exempte d'impulſion, & au contraire, l'eau frappe tout le côté $AQ$ ou $AO$, juſqu'à un point $Q$ (*fig.* 120) ou $O$ (*fig.* 121) très-voiſin de l'extrêmité de la poupe. Plus l'arc $AG$ ſe trouve petit, plus l'impulſion directe $CR$ de l'eau dans le ſens de la route eſt diminuée, en même temps que l'impulſion latérale $CS$ eſt augmentée, & elle l'eſt encore par la grandeur de $MQ$ ou de $MO$. La direction $CL$ de l'impulſion totale ou abſolue, doit donc faire un plus grand angle avec la longueur du Navire; & puiſque la voile doit être perpendiculaire à cette direction, elle fera un plus petit angle avec la quille. Ainſi la même dérive doit répondre à une ſituation plus oblique de la voile; ou ce qui revient au même, la dérive doit être plus petite pour la même diſpoſition de voile.

Figures 120 & 121.

# CHAPITRE IX.

*De la relation qu'il y a entre la situation de la voile & l'angle de la dérive dans les Navires, dont on peut comparer la carene à une figure mixtiligne formée d'arcs de cercles & de lignes droites.*

IL faut conclure des remarques précédentes, que pour représenter plus exactement la plupart des Navires, on doit se servir de courbes qui ne forment aucune arrête ou aucun angle sensible dans ces endroits où la proue & la poupe se confondent avec le reste de la carene. Cette condition est nécessaire, afin que les directions du fluide étant tangentes à la naissance de la courbure dans la route directe même, les changements dont nous venons de parler, touchant les parties frappées de la surface, commencent à avoir lieu dans les routes même le moins obliques. Nous nous servirons toujours au reste de l'expédient que nous avons déja employé : nous ne formerons pas sur les dimensions mêmes du Navire, la figure que nous lui substituerons ; mais nous rétrécirons cette figure fictice, nous l'allongerons, ou nous changerons quelqu'une de ses parties, jusqu'à ce qu'elle soit sensiblement équivalente à la carene en fait de dérives.

Figure 120.    Nous considérons d'abord la figure 120, qui est formée d'un rectangle *K M F N* aux deux extrêmités duquel il y a deux parties ajoutées *M A F* & *K B N*, pour servir de proue & de poupe, lesquelles sont chacune terminée par deux arcs de cercle. Le centre de l'arc *M A* est en *E*, & le centre de l'arc *F A* est en *D*. La partie *M A F* est la proue, & nous avons supposé que la poupe *K B N* lui étoit parfaitement égale. Tout étant indéterminé dans

cette figure, on pourroit néanmoins, pour la rendre équivalente aux Vaisseaux de constructions plus différentes,
donner aux arcs circulaires, qui forment la proue & la
poupe, des rayons plus ou moins grands & inégaux
entr'eux pour la poupe & pour la proue : on pourroit
aussi allonger ou raccourcir le rectangle intermédiaire
*N M*, l'élargir ou le rétrécir. Après que tout sera réglé,
il ne sera pas difficile lorsque la route *C I* sera donnée,
ou l'angle de la dérive *A C I*, qu'elle fait avec la quille,
de trouver la direction *C L* de l'impulsion totale de l'eau,
& par conséquent la situation de la voile.

Il est naturel de prendre les rayons des arcs de cercle
de la proue & de la poupe pour sinus total, lorsqu'ils
sont égaux comme nous le supposerons désormais. Si du
centre *D* on abaisse la perpendiculaire *D G* sur la route,
cette perpendiculaire viendra marquer le point *G* où se
termine l'arc *A G* frappé par le fluide, & on aura l'arc
*F G* pour la mesure de l'angle *A C I* de la dérive. Tout
le flanc *M K* est frappé avec une incidence égale à cet
angle. Ainsi il n'y a qu'à prendre le sinus de l'arc *F G*,
& multiplier son quarré par la longueur du flanc *K M*,
pour avoir la force avec laquelle il est poussé selon la perpendiculaire *T C*. Je représente cette force par *C V*, &
ensuite je la décompose par le moyen du rectangle
*V Y C X*, en *C Y* & en *C X*, pour avoir la force relative
qui s'exerce dans le sens de la route & dans le sens latéral perpendiculaire à la route.

Si nous nommons *a* le sinus total ou les rayons égaux
*D F*, *E M*, &c. & que nous désignions par *r* le sinus de
l'angle de la dérive qui est égal à l'angle *G D F*, nous
aurons $K M \times r^2$ pour l'impulsion absolue *C V* sur le flanc
*K M*; & si nous remarquons que l'angle *V C X* est aussi
égal à l'angle de la dérive *A C I*, nous aurons $K M \times \dfrac{r^3}{a}$

pour la force relative directe *C Y* & $K M \times \dfrac{r^2 \sqrt{a^2 - r^2}}{a}$

pour la force relative latérale *C X* perpendiculaire à la
route *C I*.

Figure 120.

L'impulsion de l'eau sur $KM$ étant déterminée, il nous faut examiner celles que souffrent les arcs $AG$ & $AM$ de la proue, & de plus l'arc $KQ$ de la poupe. Je prolonge par la pensée l'arc $AM$ jusqu'en $O$, en faisant l'arc $MO$ égal à $KQ$; & nous n'aurons plus ensuite à considérer l'impulsion que sur les deux arcs de cercle $GA$ & $AO$. Nous abaisserons du point $A$ la ligne $AH$ perpendiculaire sur le rayon $EO$. Nous aurons $AP$ & $AH$ pour les sinus des arcs $AG$ & $AO$, pendant que $GP$ & $OH$ en seront les sinus verses. Ces lignes nous serviront à trouver les impulsions sur les arcs $AO$ & $AG$; & nous les décomposerons selon le sens direct & le sens latéral, de même que nous avons décomposé l'impulsion sur le flanc $KM$.

Il est facile de démontrer que l'impulsion relative sur un arc de cercle $AO$ dans le sens direct parallele au cours du fluide, est égale à $OH^2 \times OE - \frac{1}{3} \times OH^3$, & que l'impulsion latérale perpendiculaire à la direction du fluide est égale à $\frac{1}{3} \times AH^3$. Par la même raison l'impulsion directe parallele à la route sur l'arc $AG$ est $GP^2 \times GD - \frac{1}{3} \times GP^3$, & l'impulsion latérale perpendiculaire à la direction du fluide est $\frac{1}{3} \times AP^3$.

Cela supposé, il est évident qu'il faut ajouter les deux impulsions relatives directes avec $CY = KM \times \frac{r^3}{a}$ fournie par le choc de l'eau sur le flanc de la carene pour avoir l'impulsion relative directe totale $CR$ selon la direction du fluide. Mais à l'égard de l'impulsion latérale, celle que reçoit l'arc $AG$, est contraire à celle que souffre l'autre côté de la carene; ainsi après avoir fait une somme de

$$CX = KM \times \frac{r^2 \sqrt{a^2 - r^2}}{a},$$

impulsion latérale que fournit le flanc $KM$, & de $\frac{1}{3} \times AH^3$ qui est l'impulsion relative latérale sur tout l'arc $OA$ ou sur les deux arcs $QK$ & $MA$, il faut retrancher l'impulsion latérale $\frac{1}{3} \times AP^3$ que fournit l'arc $AG$. On aura par cette opération l'impulsion latérale totale $CS$, & il ne restera plus qu'à achever

le

le rectangle $RCSL$ pour avoir dans fa diagonale $CL$ la
direction & l'effort abfolu de l'eau fur la carene.

Lorfque le Navire ne fera formé que de deux fegments de cercle joints par leur corde commune $AB$ comme dans la figure 121, le calcul fera un peu plus court. Ajoutant la dérive à l'arc $AM$ qui eft la moitié de l'arc $BMA$, & ôtant la dérive de ce même arc, on aura les arcs $AO$ & $GA$, dont il n'y aura qu'à prendre les finus droits & les finus verfes dans les Tables trigonométriques, en fuppofant que le finus total $a$ de ces Tables repréfente les rayons $ME$ & $FD$. On aura enfuite $OH^2 \times a - \frac{1}{3} \times OH^3 + GP^2 \times a - \frac{1}{3} \times PG^3$ pour l'impulfion directe $CR$, & $\frac{1}{3} \times AH^3 - \frac{1}{3} \times AP^3$ pour l'impulfion latérale $CS$ ou $RL$. Ainfi il n'y aura plus qu'à réfoudre le triangle rectangle $CRL$ dont on connoîtra les deux côtés $CR$ & $RL$, pour avoir l'angle $RSL$ que fait avec la route la direction abfolue $CL$ du choc de l'eau.

## Calcul analytique de l'impulfion du fluide fur les furfaces qui font courbes felon un arc de cercle.

Il eft peut-être bon de juftifier l'expreffion que nous affignons à chaque impulfion fur les arcs de cercle. Soit $AO$ (*fig.* 122.) un de ces arcs dont $C$ eft le centre, & Figure 122. fuppofons qu'il foit frappé par un fluide felon une infinité de directions parallèles à $AH$ ou perpendiculaires au rayon $CO$. Si nous nommons toujours $a$ ce rayon, & que nous défignions le finus verfe variable $OL$ par $x$, nous aurons $2ax - x^2$ pour le quarré de $LK$ qui eft le finus de l'incidence avec laquelle le petit arc $Kk$ eft frappé. En effet le finus $KL$ eft le prolongement de la direction du fluide, & l'angle que fait $KL$ avec la petite partie frappée $Kk$ ou avec la tangente au point $K$, eft mefuré par l'arc $OK$ dont $LK$ eft le finus. Ainfi il faudroit multiplier $2ax - x^2 = LK^2$ par la petite partie $Kk$ pour avoir l'impulfion abfolue qui s'exerce felon la perpendiculaire $KC$ : mais

M m m

Figure 122. puifque nous voulons avoir l'impulfion relative directe parallele au cours du fluide, il faut que nous diminuions
l'impulfion abfolue dans le même rapport que $KL$ eft plus
petit que $KC$ ou dans le même rapport que $KZ$ eft moindre que $Kk$, & il fuit de là qu'il faut multiplier $2\,a\,x -$
$x^2$ par $KZ = Ll = d\,x$. Nous aurons donc $2\,a\,x\,d\,x -$
$x^2\,d\,x$ pour l'impulfion directe fur la petite partie élémentaire $Kk$; & pour avoir l'impulfion fur l'arc entier $OK$
ou fur l'arc $OA$, nous n'avons qu'à intégrer, puifque
l'impulfion relative directe fur l'arc entier $OA$ eft formée
de toutes les petites impulfions relatives directes. Nous
aurons donc $a\,x^2 - \frac{1}{3}\,x^3$ pour l'impulfion directe fur l'arc
entier. C'eft-à-dire, qu'après avoir multiplié le rayon $OC$
par le quarré du finus verfe $OH$ de l'arc, il faut ôter de
ce produit le tiers du cube du même finus.

L'impulfion latérale fe trouve encore plus aifément.
Nommant $y$ le finus d'incidence $KL$ fur la petite partie
$Kk$, il faudroit multiplier $y^2$ par $Kk$ pour avoir l'impulfion abfolue; mais l'impulfion relative latérale perpendiculaire à la direction du fluide, eft plus petite que l'abfolue
dans le même rapport que $LC$ eft moindre que $KC$, ou
que $Zk$ eft plus petite que $Kk$. Nous aurons donc $y^2\,dy$
pour l'impulfion latérale élémentaire, & $\frac{1}{3}\,y^3$ pour l'impulfion latérale fur tout l'arc, c'eft-à-dire qu'elle fera
$\frac{1}{3} \times AH^3$ fur tout l'arc $OA$.

Les arcs frappés dans la figure 120 changent précifément de longueur, comme dans la figure 121, par l'augmentation ou la diminution de l'angle de la dérive. L'arc
$OA$ eft la fomme de $AM$ & de la dérive, au lieu que
$AG$ eft l'excès du même arc $AM$ fur la dérive. Il n'y a
donc qu'à faire augmenter ce dernier angle, ou la dérive
de degré en degré ou de demi degré en demi degré, &
faire pour un affez grand nombre de différentes routes, les
calculs que nous venons d'indiquer. On en formera des
tables, & on fera la même chofe pour différentes figures
fictices $BQMAF$ en faifant varier leur longueur & leur
largeur. Ce calcul demande quelque travail; mais il ne

renfermera aucune difficulté. Nous le suppofons déja fait ; Figures 120 & 121.
r étant le finus de l'angle de la dérive, nous avons trouvé
l'angle $RCL$ dont nous nommerons $s$ le finus. La voile
eft perpendiculaire à $CL$. Ainfi $\sqrt{a^2 - s^2}$ fera le finus
de l'angle de la voile, non pas avec la quille, mais avec
la route, & nous connoîtrons deformais cet angle.

## Sur le choix qu'on doit faire entre les diverfes figures fictices pour repréfenter la carene des Vaiffeaux.

LES Tables qui marquent la relation entre la fituation
de la voile & la dérive étant conftruites, on faura en mer
celle à laquelle on doit s'arrêter, en obfervant la dérive
dans une route très-oblique. Il faudroit en rigueur fe fonder ici fur deux différentes obfervations, pour s'affurer de
la progreffion que fuit la dérive dans fes augmentations.
Il fuffit de l'avoir déterminée une feule fois, lorfque le
Navire peut fe rapporter à un rectangle ; mais on a befoin
de deux expériences pour toutes les figures dont il s'agit
dans le Chapitre précédent, parce que leur indétermi-
nation eft plus grande. Outre que leur proue peut fe
trouver différente, leur flanc peut encore être plus ou
moins long. Lorfqu'il s'agit des Navires qu'on peut rapporter à la figure 120, la forme de leur carene eft également indéterminée, & il faut obferver la dérive dans deux
diverfes routes. Il faudroit même l'obferver dans trois
routes fi la proue & la poupe étoient formées par des arcs
de différens rayons. Mais fi on réduit à rien les flancs
$KM$ & $NF$, & que la carene foit terminée par deux
arcs de cercle égaux, comme dans la figure 121, une
feule experience fera fuffifante même en rigueur.

Quoi qu'il en foit, nous croyons qu'on pourra toujours
fe contenter d'obferver la dérive dans une route très-
oblique, pourvu qu'on rapporte le Navire à une figure
fictice, qui ne s'en éloigne pas trop par le trait horifontal qui l'environne.

Mmm ij

Si un Bâtiment conſtruit à peu-près comme les Flûtes Hollandoiſes, avoit ſa proue formée par une ſurface inclinée & ſeulement courbe de haut en bas, & que cette figure de proue diminuât trois ou quatre fois ou même beaucoup davantage l'impulſion de l'eau dans le ſens direct de la quille, il faudroit toujours rapporter ce Bâtiment à un rectangle, & il n'y auroit qu'à le rendre trois ou quatre fois plus étroit que le Navire. Cette comparaiſon ſeroit alors exacte mathématiquement parlant, quoique le rectangle eût une forme fort différente de celle du Navire. Ainſi c'eſt ici comme une exception à la regle que nous venons de donner. Mais ce ne ſera pas la même choſe, ſi la proue eſt non-ſeulement taillée par-deſſous, ſi elle l'eſt auſſi par les côtés, & qu'elle ſoit terminée par des ſurfaces courbes. La comparaiſon avec le rectangle ou avec toute autre figure rectiligne, ceſſeroit alors d'être ſuffiſamment exacte; & il faudroit dans ce cas comparer le Navire à une figure formée de deux ſegments de cercle joints par leur corde commune. Il ne ſeroit plus néceſſaire, après cela, d'attribuer à la carene fictice une longueur ſi exceſſivement grande par rapport à ſa largeur. Il ſuffiroit auſſi toujours dans la pratique, pour bien choiſir entre les différentes figures, de voir celle qui donne pour une route d'une certaine obliquité, la dérive qu'on a effectivement trouvée par l'obſervation.

Nous devons néanmoins ajouter, qu'on ſera quelquefois obligé par une autre raiſon de comparer le Navire à deux diverſes figures, ou de conſulter deux différentes tables, lorſque le vent ſera plus ou moins fort, & qu'il fera plonger dans la mer diverſes parties de la carene, en produiſant une inclinaiſon plus ou moins grande. En effet, le Navire qui s'incline plus ou moins peut devenir comme un Navire tout différent, par rapport à la marche & à la dérive, à cauſe du changement que reçoit ſa partie ſubmergée, quoique ſes voiles ſoient toujours orientées de la même maniere. Il ſeroit donc très-poſſible que le vent étant foible, & ne faiſant incliner le Navire que de 4 ou 5 degrés, on dût employer, par exemple, les colonnes premiere & deuxieme de la cinquieme Table; & que le vent ayant beaucoup plus de force, & produifant une inclinaifon de 12 ou 13 degrés, on fût obligé de fe fervir de la quatrieme colonne, au lieu de la feconde. Le Navigateur attentif doit remarquer ces différences; & dans les cas intermédiaires, il prendroit des parties proportionnelles.

# CHAPITRE X.

*Suite du Chapitre précédent. Trouver pour les Navires dont on vient d'indiquer la forme, la difpofition la plus parfaite de la Voile, par rapport à la Quille, pour faire une route donnée.*

IL s'agit maintenant, le choix de la carene fictice étant fait, de déterminer l'angle d'incidence du vent, qui eft le plus avantageux pour chaque difpofition de voile. Nos lecteurs fe fouviennent qu'il faut, pour réfoudre ce problême, donner par la penfée deux fituations infiniment voifines l'une de l'autre à la voile, & faire enforte qu'elles foient abfolument équivalentes, quant à la vîteffe du Navire. Nommant $t$, la tangente de l'angle d'incidence apparente du vent, & $i$ l'impulfion abfolue de l'eau fur la carene, nous fommes parvenus dans la premiere partie du Chapitre VII. à la formule $t = \frac{2i}{di} \times \overline{PCp - ICi}$, qui convient par fa généralité à toutes les figures de Navire; quoique nous ayons alors fixé plus particuliérement notre attention fur la figure 115. L'impulfion $i$ eft repréfentée dans la figure 120 par $CL$. Il faut que nous la divifions Figure 120. par le petit changement $di$ que fouffre $CL$, lorfqu'on change la difpofition de la voile; nous aurons $\frac{i}{di}$ ou $\frac{CL}{dCL}$;

Figure 120. & il faut enfuite que nous multipliïons le double de cette quantité par la différentielle de l'angle $RCL$. Nous devons la multiplier felon la formule par l'excès $PCp$ — $ICi$ de l'angle $PCp$ de la figure 115 fur l'angle $ICi$; mais cet excès n'eft autre chofe que la variation de l'angle $PCI$, lequel eft repréfenté par $RCL$ dans la figure 120.

Nous fuppofons donc que l'angle de la dérive dont $r$ eft le finus, augmente d'une quantité infiniment petite, & nous différentions d'abord les deux impulfions relatives

$$CY = KM \times \frac{r^3}{a} \ \& \ CX = KM \times \frac{r^2 \sqrt{a^2 - r^2}}{a}$$ que le

flanc $KM$ fouffre felon la direction de la route & felon le fens latéral. Ces deux impulfions augmentent de $3KM \times \frac{r^2\,dr}{a}$ & de $\frac{2KM \times a^2 r\,dr - 3KM \times r^3\,dr}{a\sqrt{a^2-r^2}}$. La pre-miere de ces petites augmentations fe fait felon $CR$ & la feconde felon $CX$.

Les impulfions fur la proue & fur la poupe changent auffi par l'augmentation de l'angle de la dérive. L'eau frappe un plus grand arc vers l'arriere; elle frappe fur $Kq$; & fi nous tranfportons par la penfée comme ci-devant cet arc en $MO$, nous aurons $Ao$ pour la fomme des deux arcs frappés du côté que le Navire dérive. Le contraire arrivera à l'arc $AG$ frappé de l'autre côté; il fe réduira à $Ag$. Ainfi la direction $IC$ du fluide faifant avec la quille un angle plus grand d'une quantité infiniment petite, les arcs frappés feront $Ao$ & $Ag$.

Mais fi en changeant la longueur de ces arcs par l'ex-trêmité $A$, fi en retranchant le petit arc $Aa$ de l'arc $Ao$, & en ajoutant le petit arc $A\alpha$ à l'arc $gA$, on fai-foit enforte que les arcs $Oa$ & $g\alpha$ euffent exactement la même longueur que dans la premiere difpofition, il eft évident que la direction de l'impulfion totale qu'ils rece-vroient, auroit enfuite la même fituation par rapport à la direction du fluide. L'angle $ACI$ feroit plus grand, & la direction du fluide feroit parallele aux tangentes aux points $o$ & $g$; mais l'impulfion fe faifant fur les arcs

Figure 120.

$o\,a$ & $g\,\alpha$ qui font précifément de la même longueur que
les arcs $O\,A$ & $G\,A$, & placés toujours de la même maniere par rapport à la direction du fluide, la direction de
l'impulfion abfolue changeroit précifément de la même
quantité que la direction $C\,I$, & l'angle formé par ces deux
directions feroit toujours le même. Or il fuit de-là
que fi cet angle n'eft pas le même, après le changement
de route, c'eft fimplement parce que l'arc $A\,O$ eft trop
grand du petit arc $A\,a$, & qu'au contraire l'arc $g\,A$ eft
trop petit de l'arc $A\,\alpha$. Pour déterminer donc la quantité
de changement, nous n'avons qu'à examiner l'effet dont
font capables ces deux petits arcs différentiels qui font
égaux entr'eux de même qu'ils le font aux petits arcs
$G\,g$, $Q\,q$, $O\,o$.

Le finus d'incidence du fluide fur $A\,a$ eft $A\,H$. Je
nomme $P$ ce finus & $Q$ fon finus de complement $H\,E$.
Je nomme en même temps $p$, le finus $A.P$, & $q$ fon co-
finus $D\,P$. Quant au petit arc $A\,a$, il eft égal à la variation
$\frac{a\,dr}{\sqrt{a^2-r^2}}$, à laquelle nous rendons la dérive fujette.
Ainfi nous avons $\frac{a\,P^2\,dr}{\sqrt{a^2-r^2}}$ pour l'impulfion abfolue fur
ce petit arc; impulfion qui s'exerce felon la perpendi-
culaire ou felon le rayon $A\,E$; mais qu'il faut que nous
diminuions dans le même rapport que le finus $A\,H=P$
eft plus petit que le finus total, fi nous voulons obtenir
l'impulfion relative que fouffre la petite partie $A\,a$ dans
le fens direct de la route. Il nous vient $\frac{P^3\,dr}{\sqrt{a^2-r^2}}$ ; & c'eft
donc là la petite quantité dont l'impulfion directe fe
trouve plus grande fur les deux arcs $Q\,K$ & $M\,A$ depuis
que nous avons fait augmenter l'angle de la dérive.

Nous ajoutons cette petite augmentation $P^3 \times \dfrac{dr}{\sqrt{a^2-r^2}}$
avec celle $_3\,K\,M \times \dfrac{r^2\,dr}{a}$ que nous a donné le flanc $K\,M$
felon la même direction de la route ; il nous vient
$_3\,K\,M \times \dfrac{r^2\,dr}{a} + P^3 \times \dfrac{dr}{\sqrt{a^2-r}}$. Mais il nous faut retran-

Figure 120. cher de cette quantité l'impulſion relative directe ſur $A\alpha$ qui nous marque combien l'autre côté de la proue ſouffre moins d'impulſion qu'il en recevoit auparavant. L'inçidence avec laquelle ce petit arc ſeroit frappé a $AP = p$ pour ſinus. Ainſi l'impulſion abſolue ſur ce petit arc ſeroit $p^2 \times \dfrac{a\,dr}{\sqrt{a^2 - r^2}}$ ; & ſi nous en déduiſons l'impulſion relative directe, nous aurons $p^3 \times \dfrac{dr}{\sqrt{a^2 - r^2}}$ qu'il faut donc retrancher de $3\,KM \times \dfrac{r^2\,dr}{a} + P^3 \times \dfrac{dr}{\sqrt{a^2 - r^2}}$, & nous aurons

$$3\,KM \times \frac{r^2\,dr}{a} + P^3 \times \frac{dr}{\sqrt{a^2 - r^2}} - p^3 \times \frac{dr}{\sqrt{a^2 - r^2}}$$ pour la petite augmentation $Rr$ que reçoit l'impulſion directe ſelon la route, lorſqu'on fait augmenter infiniment peu l'angle de la dérive.

Il ne ſera pas plus difficile de trouver la petite augmentation $Ss$ que reçoit en même temps l'impulſion relative latérale perpendiculaire à la route. Nous avons $\dfrac{2\,KM \times a^2 r\,dr - 3\,KM \times r^3\,dr}{a\sqrt{a^2 - r^2}}$ pour la petite augmentation de $CX$ que fournit le flanc $KM$; nous aurons $\dfrac{P^2 Q\,dr}{\sqrt{a^2 - r^2}}$ pour l'impulſion latérale du petit arc $Aa$. C'eſt ce que nous trouvons en diminuant la petite impulſion abſolue $\dfrac{a P^2\,dr}{\sqrt{a^2 - r^2}}$, dans le même rapport que $HE = Q$ eſt moindre que le ſinus total. Nous aurons de même $\dfrac{p^2 q\,dr}{\sqrt{a^2 - r^2}}$ pour l'impulſion latérale que reconnoît le petit arc $A\alpha$; & il faut ajouter cette derniere à la ſomme des deux autres; car l'impulſion latérale ſur l'arc $AG$, étant à retrancher dans l'impulſion latérale totale, plus l'arc $AG$ devient petit, plus l'impulſion latérale réſultante du tout eſt grande. Ainſi l'impulſion latérale totale augmentera de $Ss = \dfrac{2\,KM \times a^2 r\,dr - 3\,KM \times r^3\,dr}{a\sqrt{a^2 - r^2}} + P^2 \times Q \times \dfrac{dr}{\sqrt{a^2 - r^2}}$

$+ p^2 q \times \dfrac{dr}{\sqrt{a^2 - r^2}}$.

II

Figure 120.

Il nous reste encore à voir combien ces petites augmentations $Rr$ & $Ss$ produisent de changement dans
l'impulsion absolue $CL$ & dans l'angle $RCL$ dont nous
avons nommé $s$ le sinus. Si la petite augmentation $Rr$
étoit unique elle procureroit à $CL$ la petite augmentation
$Zl$, qu'on trouve par cette analogie fondée sur la ressemblance du grand triangle rectangle $CRL$ & du petit
$lZL$; le sinus total $a$ est à $Ll = Rr = 3KM \times \frac{r^2 dr}{a} +$

$\frac{P^3 dr - p^3 dr}{\sqrt{a^2 - r^2}}$, comme le sinus $\sqrt{a^2 - s^2}$ de l'angle $CLR$

est à $Zl = \frac{3KM \times r^2 dr \sqrt{a^2 - s^2}}{a^2} + \frac{P^3 - p^3}{\sqrt{a^2 - r^2}} \times \frac{dr \sqrt{a^2 - s^2}}{a}$.

Une autre proportion que nous fournira également la
ressemblance des mêmes triangles, nous donnera $LZ =$
$\frac{3KM \times sr^2 dr}{a^2} + \frac{P^3 - p^3}{a} \times \frac{s dr}{\sqrt{a^2 - r^2}}$, & nous trouverons le

petit angle $LCl$ ou sa mesure à proportion du rayon $a$,
en faisant cette autre analogie $CL = i$ est à $LZ$, comme
le sinus total $a$ est à $\frac{3KM \times sr^2 dr}{ai} + \frac{P^3 - p^3}{i} \times \frac{s dr}{\sqrt{a^2 - r^2}}$,

pour la valeur du petit angle $LCl$, qui est la diminution
que reçoit l'angle $RCL$ par l'augmentation de $CR$.

Quant à l'augmentation $Ss$ de l'impulsion latérale $CS$,
elle fait non-seulement augmenter l'impulsion absolue
$CL = i$; elle fait aussi augmenter l'angle $RCL$. Nous
trouvons pour l'augmentation de $CL$ la petite quantité
$\frac{1}{2}\lambda = \frac{2KM \times a^2 r - 3KM \times r^3}{a^2} + \frac{P \times Q + P^2 q}{a} \times \frac{s dr}{\sqrt{a^2 - r^2}}$, &

si nous l'ajoutons avec $Zl = \frac{3KM \times r^2 dr \sqrt{a^2 - s^2}}{a^2} +$

$\frac{P^3 - p^3}{a\sqrt{a^2 - r^2}} \times dr \sqrt{a^2 - s^2}$, nous aurons l'augmentation

entière de $CL$, $d(CL)$ ou $di = \frac{3KM \times r^2 dr \sqrt{a^2 - s^2}}{a^2}$

$+ \frac{2KM \times a^2 r - 3KM \times r^3}{a^2} \times \frac{s dr}{\sqrt{a^2 - r^2}} + \frac{P^2 \times Q + p^2 q}{a} \times$

$\frac{s dr}{\sqrt{a^2 - r^2}} + \frac{P^3 - p^3}{a} \times \frac{dr \sqrt{a^2 - s^2}}{\sqrt{a^2 - r^2}}$.

Nnn

Figure 110.

466   DE LA MANOEUVRE DES VAISSEAUX.

Nous aurons outre cela $L\xi = \dfrac{2KM \times ar - \dfrac{3KM \times r^3}{a} + P^2 \times Q + p^2 q}{a}$

$\times \dfrac{dr\sqrt{a^2 - s^2}}{\sqrt{a^2 - r^2}}$ ; & $\dfrac{2KM \times ar - \dfrac{3KM \times r^3}{a} + P^2 \times Q + p^2 q}{i} \times$

$\dfrac{dr\sqrt{a^2 - s^2}}{\sqrt{a^2 - r^2}}$ pour le petit angle $LC\lambda$ dont $Ss$ fait croître l'angle $RCL$; & comme nous avons trouvé précédemment l'angle $LCl = \dfrac{3KM \times r^2 s dr}{ai} + \dfrac{P^3 - p^3}{i\sqrt{a^2 - r^2}} \times s dr$ qui est en diminution sur l'angle $RCL$, nous aurons, eu égard à tout, $\dfrac{2KM \times ar - \dfrac{3KM \times r^3}{a} + P^2 Q + p^2 q}{i} \times$

$\dfrac{dr\sqrt{a^2 - s^2}}{\sqrt{a^2 - r^2}} - \dfrac{3KM \times r^2 s dr}{ai} - \dfrac{P^3 + p^3}{i\sqrt{a^2 - r^2}} \times s dr$ pour la différentielle complète de l'angle $RCL$, ou pour la valeur de $PCp - ICi$, dans la figure 115 ou dans la formule générale $t = \dfrac{2i}{di} \times \overline{PCp - ICi}$.

Ainsi il ne nous manque plus rien de ce qui doit entrer dans la formule générale de la tangente $t$ de l'incidence la plus avantageuse du vent. Nous venons de trouver la différentielle de l'angle $RCL$, & nous avions déja trouvé celle de $CL$ ou de l'impulsion absolue $i$. Nous trouvons en les employant $t =$

$$\cfrac{\left\{\begin{array}{l} 4KM \times ar - \dfrac{6KM \times r^3}{a} + 2P^2 \times Q + 2p^2 q \times \dfrac{\sqrt{a^2 - s^2}}{\sqrt{a^2 - r^2}} \\[2mm] - \dfrac{6KM \times r^2 s}{a} - \dfrac{2P^3 + 2p^3}{\sqrt{a^2 - r^2}} \times s \end{array}\right.}{\left\{\begin{array}{l} \dfrac{3KM \times r^2 \sqrt{a^2 - s^2}}{a^2} + \dfrac{P^3 - p^3}{a} \times \dfrac{\sqrt{a^2 - s^2}}{\sqrt{a^2 - r^2}} + \dfrac{2KM \times a^2 r - 3KM \times r^3}{a^2} \\[2mm] \times \dfrac{s}{\sqrt{a^2 - r^2}} + \dfrac{P^2 \times Q + p^2 q}{a} \times \dfrac{s}{\sqrt{a^2 - r^2}} \end{array}\right.}$$

$$= \cfrac{\left\{\begin{array}{l} 4KM \times a^3 r - 6KM \times ar^3 + 2a^2 P^2 \times Q + 2a^2 p^2 q \times \sqrt{a^2 - s^2} \\ - 6KM \times ar^2 s \sqrt{a^2 - r^2} - 2P^3 s + 2p^3 s \end{array}\right.}{\left\{\begin{array}{l} 3KM \times r^2 \sqrt{a^2 - r^2} \sqrt{a^2 - s^2} + \overline{aP^3 - a^3} \sqrt{a^2 - s^2} + 2KM \times \\ \overline{a^2 rs - r^3 s} + aP^2 \times Qs + ap^2 qs \end{array}\right.},$$

qui nous donne la tangente $t$ de l'angle d'incidence appa- Figure 121.
rent du vent en grandeurs parfaitement connues.

On se souvient que $a$ est le sinus total, & le rayon des
arcs $AM$, $AF$ &c. Le sinus variable de la dérive est
désigné par $r$; c'est le sinus de l'arc $FG$; l'arc restant
$AG$ a $p$ & $q$ pour sinus & pour co-sinus, pendant que
$P$ & $Q$ sont les sinus & co-sinus de l'arc $OA = AM$
$+ QK = AM + FG$; enfin $s$ est le sinus de l'angle
$RCL$, complément de l'angle que fait la voile avec la
route.

Cette expression de $t$ peut s'abréger un peu en prenant
les sinus de la somme ou de la différence de quelques-uns
des angles : nous laissons cet examen à la recherche des
lecteurs. Mais si on fait disparoître les flancs rectilignes $MK$
& $NF$ de la carene, en représentant, comme dans la
figure 121, la carene entiere par deux segments de cercle
séparés par leur corde commune $AB$ qui servira de quille,

$$t = \frac{2 P^2 \times Q + 2 p^2 q \times a \sqrt{a^2 - s^2} - 2 a P^2 \times s + 2 a p^2 s}{P^3 - p^3 \times \sqrt{a^2 - s^2} + P^2 \times Q \times s + p^2 q s},$$

dont nous croyons qu'on peut faire un grand usage dans
la pratique. Lorsqu'on donne une longueur finie aux flancs
rectilignes de la carene fictice, on fait diminuer sensiblement la dérive. Mais l'assemblage de deux segments
de cercle nous a paru suffisant pour cet effet. C'est ce
qui nous a déterminé à construire la Table cinquieme, dans
laquelle on trouvera les angles d'incidence les plus avantageux du vent pour trois différents segments de cercle.
Nous avons supposé que les deux arcs formoient à la
proue & à la poupe des angles curvilignes, de $55^d$ ou de
$60^d$ ou de $65$ degrés.

On parviendra à une expression plus simple pour les
routes les plus voisines de la directe, si on fait attention
que l'arc $AO$ dont les sinus & co-sinus sont $P$ & $Q$, &
l'arc $AG$ dont les sinus & co-sinus sont $p$ & $q$, different
l'un de l'autre du double de l'arc $FG$ dont le sinus $r$ est
alors très-petit. Cette remarque nous met en état de voir

Figure 121. qu'on peut introduire $P - \frac{2Qr}{a}$ à la place de $p$, & $Q +$ $\frac{2Pr}{a}$ à la place de $q$; ce qui nous donne $t =$

$$\frac{2a \times P \times Q - 4Q^2 \times r + 2P^2 \times r \times a\sqrt{a^2 - s^2} - 6P \times Q \times ars}{3P \times Q \times r\sqrt{a^2 - s^2} + a \times P \times Q \times s - 2Q^2 \times rs + P^2 \times rs}$$, lorf-

qu'on néglige les termes multipliés par les puiſſances de $r$; & ſuppoſé que la dérive ſoit aſſez petite pour qu'on puiſſe même regarder $r$ comme nulle par rapport aux autres ſinus qui entrent dans la formule, on aura $t = \frac{2a\sqrt{a^2 - s^2}}{s}$. Ainſi dans les routes peu différentes de la directe, la tangente de l'angle d'incidence apparent du vent eſt double de la tangente de l'angle $LCS$ qui eſt égal à celui que fait la voile, non pas avec la quille, mais avec la route.

Nous pouvons par les mêmes ſubſtitutions ſimplifier le rapport entre les impulſions relatives, directe & latérale $CR$ & $CS$; & nous trouverons $\frac{\frac{1}{2}a^3 - a^2Q + \frac{1}{2}Q^3}{P^2 \times Q} \times \frac{a^2}{r}$ pour la tangente de l'angle $LCS$. Il n'y a dans cette expreſ-ſion algébrique que $r$ de variable; & il ſuit de là que lorſqu'on a le vent preſque en poupe, les tangentes des angles formés par la voile & par les différentes routes ſont ſenſiblement en raiſon inverſe des ſinus $r$ de la dérive.

On trouvera ces quantités toutes calculées dans notre cinquieme Table; & il n'y aura qu'à s'y conformer ſi on ſuit une route donnée; comme cela arrive preſque conti-nuellement dans le cours de la Navigation. Mais il ne faudra pas ſe contenter de ſuivre cette ſeule regle, ſi on veut ſingler avec la plus grande de toutes les vîteſſes que peuvent fournir les diverſes routes, ou ſi on veut s'éloi-gner d'une ligne droite donnée de poſition : on ſera obligé, comme nous l'avons vu, de ſe conformer encore à une autre regle de plus dans chacun de ces deux autres cas.

# TROISIEME SECTION.

De la difpofition la plus avantageufe des Voiles
dans les Navires qui en ont plufieurs,
& qui font fujets à la dérive.

## CHAPITRE PREMIER.

### *Remarques fur l'effet des Voiles lorfqu'on en employe plufieurs.*

Nous avons encore befoin de nouvelles regles auffi-
tôt que le Navire a plufieurs mâts & plufieurs voiles qui
fe couvrent en partie les unes les autres. Nous ne regardons pas comme plufieurs voiles, celles qui font fur le
même mât, les unes placées plus bas & les autres plus
haut : on peut les confidérer comme une feule furface.
Mais le Navire a prefque toujours plufieurs mâts arborés
en divers endroits de fa longueur ou au-deffus de différents points de fa quille. Ce font les voiles foutenues
par ces différents mâts, qu'il faut abfolument regarder
comme différentes, parce qu'elles forment comme différents plans, & que celles de l'arriere dans une infinité de
cas rendent en partie celles de l'avant inutiles. Lorfque
les voiles forment comme un même plan, l'impulfion
qu'elles reçoivent de la part du vent, eft fujette à changer,
parce que le quarré du finus d'incidence fe trouve plus
petit ou plus grand, & que la vîteffe apparente du vent
fouffre auffi quelque variation ; mais lorfqu'il y a plufieurs
voiles les unes au devant des autres, l'impulfion eft fujette
dans l'obliquité de routes à un autre changement, puifque le vent frappe fur une plus grande ou fur une moin-

dre partie des voiles de l'avant. Le quarré du finus d'incidence augmente ou diminue, & la furface frappée change auffi ; ce qui nous oblige de faire entrer une nouvelle
confidération dans nos recherches.

Figure 123. La figure 123 nous repréfente un Navire qui a trois
voiles les unes au devant des autres & paralleles entr'elles.
La furface $EF$ repréfentera fi on veut les voiles du mât
d'artimon, la furface $GH$ les voiles du grand mât, &
$LM$ celle du mât de mifaine. Il eft évident que fi le vent
apparent a pour direction des lignes paralleles à $VO$ & à
$V_2Q$, toute la voile $EF$ fera expofée au vent, de même
que la partie $OH$ de la voile du milieu, & la partie $QM$
de la voile de l'avant. Mais il n'eft pas moins clair que
ces parties font variables par la différente obliquité de la
route, & qu'on n'eft donc pas toujours en droit de regarder la furface des voiles comme conftante. On le peut
dans les routes très-obliques, ou lorfqu'on va au *plus près*,
parce que les voiles de l'arriere n'empêchent pas alors les
voiles de l'avant d'être frappées par le vent dans toute
l'étendue de leur furface. Ainfi les routes très-obliques
fe rapportent au cas que nous avons déja examiné : on
peut alors en confidérant le Navire comme s'il n'avoit
qu'une feule voile, fe fervir des regles que nous avons
déja données. Mais ce n'eft pas la même chofe dans la
difpofition repréfentée par la figure que nous avons actuellement fous les yeux.

Heureufement nous pouvons fuppofer pour fimplifier le
nouvel examen qu'il nous faut entreprendre, que le Navire
n'a jamais que deux voiles;& il eft facile de s'affurer que cette
fuppofition eft prefque toujours permife. Si dans la figure
123 on fupprimoit la voile du milieu, l'impulfion, quant
à fa force, feroit toujours la même ; car la partie $QP$ de
la voile de l'avant fuppléeroit parfaitement à la partie $HO$
de la voile du milieu. Il eft vrai que ces deux difpofitions
ne feroient pas abfolument équivalentes ; la direction de
l'impulfion du vent ne feroit pas la même, & elle cefferoit peut-être de fe trouver directement oppofée à l'impul-

Figure 123.

sion de l'eau sur la proue; mais la suppression que nous faisons de la voile du milieu n'est que mentale, & il nous est permis de la faire, puisqu'il ne s'agit ici que de la grandeur de l'impulsion.

Nous pouvons faire plusieurs autres changements aux voiles par la pensée, lesquels, sans changer réellement l'état de la question, contribueront à nous en rendre la solution plus facile. Nous pouvons, par exemple, retrancher par la pensée de la largeur de la voile $LM$ vers $M$ une certaine partie, & l'ajouter à la voile $EF$ vers $E$; la grandeur de l'impulsion sera toujours la même, pourvu qu'on prenne certaines précautions que la figure fait assez sentir. Il ne faut pas en effet que la partie retranchée de $LM$ soit plus grande que $QM$; car la compensation seroit trop forte lorsqu'on ajouteroit cette partie à la voile $EF$ vers $E$. Il est encore plus évident qu'on peut élargir plus ou moins par la pensée les voiles $GH$ & $LM$ vers $G$ & $L$ sans que cela tire à conséquence; mais il faut toujours se ressouvenir que ces changements ont des limites. Si on attribuoit une trop grande largeur à $GH$ vers $G$, la partie ajoutée ne seroit pas entièrement cachée par la voile de la poupe, & la grandeur de l'impulsion ne seroit plus la même.

Les voiles du grand mât sont plus hautes que celles du mât de misaine; la différence est souvent d'une dixieme partie. Cet excès des voiles du grand mât est toujours sujet à l'impulsion: rien ne peut le couvrir. Mais nous pouvons feindre que cet excès a été retranché, & qu'une surface exactement égale a été ajoutée à la largeur de la voile $LM$ vers $M$, ou à la voile $EF$ vers $E$, ou à la grande voile même $GH$ vers $G$, lorsque l'artimon est serré, comme nous le supposerons désormais toujours. Nous diminuerons par la pensée la hauteur de la grande voile, mais nous élargirons cette voile dans le même rapport.

On voit qu'il est toujours facile de réduire de cette sorte toutes les voiles à deux, & de les rapporter à la même hauteur. Ces voiles sont en trapèzes; mais nous pouvons en former des rectangles en nous arrêtant à leur largeur

Figure 123, moyenne. Cette réduction est encore permife, parce que les côtés des trapèzes ont fenfiblement la même inclinaifon dans les voiles des deux mâts ; ils font à très-peu près paralleles ; ce qui eft caufe que lorfqu'on prend le vent plus obliquemen, tla partie des voiles de l'avant qui fe découvre, a la même largeur partout, par en haut & par en bas.

## Qu'il feroit très-avantageux de pouvoir élargir ou rétrecir les voiles du grand mât dans les routes obliques.

Tous les changements dont nous venons de parler, ne font que fictices ; mais, puifque l'occafion s'en préfente, nous ne ferons pas difficulté de dire qu'il feroit quelquefois très-à-propos, dans la pratique de la navigation, de pouvoir élargir ou rétrecir réellement les voiles. Si dans la figure 123 on fupprime en tout ou en partie la portion $OH$ de la grande voile, l'impulfion fera toujours précifément la même, quant à fa force ; mais ce changement pourroit être avantageux en donnant une autre place à la direction de l'impulfion totale, ce qui corrigeroit le défaut de plufieurs Navires qui ne gouvernent pas bien.

En fupprimant la partie $OH$, le vent frapperoit fur $PQ$ ; mais la direction de l'impulfion fur $OH$ eft $NR$, au lieu que la direction de l'effort fur $PQ$ eft moins en dehors ou paffe à moins de diftance du centre de gravité commun du Navire, & eft par conféquent moins propre à le faire tourner vers la gauche ou vers bas-bord. Suppofé donc qu'il fût néceffaire de faire un ufage trop fréquent du gouvernail pour empêcher le Navire d'*arriver* ou d'éloigner fa proue du vent, il y auroit un avantage réel à fupprimer la partie $OH$ de la grand-voile ; l'impulfion du vent, qui feroit toujours également forte, s'exerceroit enfuite dans une direction plus exactement oppofée à la direction du choc de l'eau, & l'équilibre entre ces deux forces feroit plus parfait. On feroit tout le contraire fi le Navire, au lieu d'*arriver*, avoit trop de difpofition Figure 123. à venir au vent, on élargiroit la grand-voile vers *H*; & quoique la grandeur de l'impulfion reftât la même, elle contrebalanceroit mieux l'impulfion de l'eau.

On eft déja en poffeffion dans la Marine d'élargir quelquefois les voiles; mais on ne le fait que lorfqu'on veut augmenter la furface frappée, au lieu que nous fouhaiterions qu'on fe propofât un fecond objet qui n'eft pas moins important que le premier, celui de changer la diftribution de l'impulfion du vent, ou de faire enforte que fa direction coupât la quille dans des points plus ou moins avancés vers la proue. Les grand-voiles coupées par le milieu que propofoit M. de Radouay, avoient cet avantage. Il vouloit qu'on divisât la grand-voile en deux moitiés dont on pût fe fervir féparément felon l'occafion. Il fe préfenteroit peut-être encore quelques autres difpofitions qui feroient fenfiblement équivalentes; mais c'eft aux Manœuvriers de profeffion à faire des effais fur ce fujet.

# CHAPITRE II.

## *De la difpofition la plus avantageufe pour fuivre une route donnée lorfque le Navire a plufieurs voiles.*

NOUS fuppoferons d'abord qu'on peut négliger la dérive du Navire dans lequel on navigue. Cette fuppofition eft prefque toujours permife lorfqu'il s'agit de routes obliques très-peu différentes de la directe. Les deux voiles font marquées par les deux paralleles *GH* & *LM* dans la figure 124, & *AB* eft le Navire dont *A* eft la Figure 124. proue. Nous ne nous propofons pas de chercher immédiatement la difpofition qu'il faut donner aux voiles, nous confidérons toujours le problême fous un autre afpect;

Figure 124. nous fuppofons qu'on fuit la route $CI$, pendant que les voiles font, avec la quille, l'angle exprimé dans notre figure, & nous cherchons l'angle d'incidence convenable $VQM$ que la direction apparente du vent doit faire avec les voiles; ce qui nous mettra en état de reconnoître en mer, lorfque nous ferons une route, fi nous aurons réuffi à placer réellement le Vaiffeau & les voiles dans la difpofition la plus avantageufe par rapport au vent.

La voile $GH$ ayant plus de hauteur que la voile $LM$, je commence à diminuer de fa hauteur par la penfée, & je l'élargis dans le même rapport, pour gagner fur une dimenfion ce que je perds fur l'autre. Il faudroit élargir la voile $GH$ par le côté $G$; mais, au lieu de faire ce changement à la voile $GH$, j'en fais un équivalent par la penfée à la voile $LM$, en imaginant qu'elle s'étend jufqu'en $R$. Je joins par la droite $HR$ les deux extrêmités $H$ & $R$, & tirant $CZ$ parallélement à $HR$, j'ai le point $Z$ pour le milieu de la mifaine fictice que je puis prolonger fans conféquence vers $L$, autant qu'il eft néceffaire pour que le point $Z$ foit le milieu de cette voile. Je conduis après cela deux perpendiculaires aux voiles, l'une $HE$ qui parte de l'extrêmité $H$ de la grand-voile, & l'autre $FK$ qui paffe par le milieu de cette même grand-voile. On prendra enfuite fa largeur $GH$, qu'on portera depuis $E$ jufqu'en $K$; & ayant déterminé le point $K$, on titera $KR$ jufqu'à l'extrêmité $R$ de la mifaine fictice, & on décrira du même point $K$ pris pour centre, l'arc $ES$. En tranfportant enfin $SR$ en $EQ$, on aura le point $Q$ où la direction apparente du vent $VQ$, qui paffe par le côté $H$ de la grand-voile, doit venir frapper la mifaine $LM$.

Cette conftruction peut s'exécuter très-aifément par le moyen d'une figure, & on peut la réduire au calcul avec la même facilité. $CT$ eft la diftance d'un mât à l'autre, & on peut trouver $CF$ & $FT$ en réfolvant le triangle $CFT$ rectangle en $F$, dont on connoît l'hypothénufe $CT$ & l'angle $CTL$, que font les voiles avec la quille. Au lieu de réfoudre ce triangle $CFT$, on pourroit prendre

Figure 114.

la mesure de ses côtés par une opération actuelle. On ajoutera ensuite $MR$ & $TF$ à la demi-largeur $TM$ de la misaine réelle; on aura en tout $FR$. On n'aura plus après cela qu'à chercher l'hypothénuse du triangle rectangle $KFR$, dont nous venons de trouver le côté $FR$ & dont l'autre côté $FK$ a pour quarré les trois quarts du quarré de la largeur de la grand-voile. Ayant $KR$, on en retranchera la largeur de la grand-voile, & il nous restera $SR$ pour la quantité $EQ$, dont le vent doit frapper la misaine en dedans du point $E$ où tombe la perpendiculaire $HE$.

Si au lieu d'employer le calcul précédent, on vouloit construire le problême par une opération faite en grand sur le Vaisseau même, la chose seroit souvent très-possible. Le triangle $KFE$ étant rectangle en $F$, & les angles en $K$ & en $E$ étant de 30$^d$ & de 60, puisque $KE$ est double de $FE$, il n'y auroit qu'une analogie à faire pour déterminer $KF$; le sinus total est à la largeur $KE$ de la grand-voile, comme le sinus de 60$^d$ est à $KF$. Ayant trouvé $KF$, la longueur de cette ligne serviroit dans tous les cas; ce seroit un nombre constant de pieds, dont il faudroit se souvenir tant qu'on navigueroit dans le même Vaisseau. On ôteroit de ce nombre la distance perpendiculaire d'une voile à l'autre dans chaque route particuliere, & on auroit la quantité $KC$, dont le point $K$ est éloigné du milieu $C$ de la grand-voile. Il ne resteroit plus après cela qu'à mesurer avec un fil la ligne $KR$ dont on ôteroit la largeur de la grand-voile, & on auroit $SR$ qui donneroit la grandeur de $EQ$.

Supposé qu'on trouvât trop de difficulté à mesurer $KR$; on n'auroit quelquefois qu'à transporter le point $K$ en $k$ en le faisant répondre perpendiculairement à l'extrêmité $G$ de la grand-voile, & mesurant la distance de ce point $k$ au centre $Z$ de la misaine fictice, ce seroit précisément la même chose que si on mesuroit $KR$. Le point $Z$ est toujours également éloigné du mât de misaine dans le même Vaisseau. Car $TZ$ est l'excès de la demi-largeur de la grand-voile sur $TR$ qui est constante.

Figure 114.  Nous ne devons pas manquer d'avertir qu'il pourra quelquefois arriver dans les routes très-peu obliques que le point $Q$ tombe en dehors du point $M$. Alors il feroit inutile & même défavantageux de donner aux voiles & au Navire par rapport au vent, la difpofition indiquée par notre construction. Nous nous propofons, dans cette Section, de tirer le plus grand avantage poffible de la mifaine, pendant que nous faifons la route propofée $CI$. Mais fi, malgré l'obliquité avec laquelle nous prenons le vent de côté, la mifaine n'eft pas frappée, & qu'elle foit totalement couverte par la voile $GH$, c'eft une marque qu'on ne doit fe fervir que de cette derniere voile. Ainfi, notre Navire étant fuppofé exempt de dérive, il faudroit que la tangente de l'angle d'incidence apparent du vent fût double de la tangente de l'angle que fait la voile avec la quille, comme nous l'avons démontré dans la premiere Section de ce troifieme Livre.

# CHAPITRE III.

*Ufages de la fixieme & feptieme Tables de la fin de ce Traité, qui indiquent conformément à la conftruction qu'on vient d'expliquer, les difpofitions les plus avantageufes des Voiles, par rapport au Navire & par rapport au vent.*

QUOIQUE les opérations que nous venons d'indiquer ne foient pas difficiles, nous avons voulu néanmoins en épargner le travail aux Navigateurs. Nous avons mis entre les largeurs des voiles & la diftance d'un mât à l'autre, le rapport qu'on y met le plus ordinairement dans la Marine; nous avons fait les réductions indiquées ci-devant, & cherché, par le calcul trigonométrique, l'angle d'incidence apparent du vent, qui convient pour chaque angle que les voiles peuvent faire avec la quille. Ce calcul a été répété pour tous les angles des voiles & de la quille, qui different les uns des autres de $2\frac{1}{2}$ degrés, & nous avons de cette forte conftruit une table qu'on verra à la fin de ce Livre, & qui eft la fixieme. Que le Navire foit bon ou mauvais voilier, qu'il prenne une grande ou une petite partie de la vîteffe du vent, la Table marquera toujours également la relation qu'il faut mettre entre la fituation des voiles & l'angle d'incidence apparent du vent, pourvu que le Navire ne foit fujet à aucune dérive. Mais nous avons fuppofé enfuite que le Navire prenoit le quart de la vîteffe du vent dans la route directe; nous avons calculé en conféquence les vîteffes du Navire, celles du vent apparent, & l'angle que font entr'elles les deux directions du vent, la réelle & l'apparente. Nous avons employé à peu-près pour cela les mêmes procédés que dans le Chapitre III de la premiere Section. Il eft évident que ces autres parties de notre Table n'auront pas une application auffi générale que la premiere, ou que les deux premieres colonnes. Les angles, par exemple, entre les deux directions du vent, ne font tels qu'à caufe de la fuppofition que nous avons faite touchant la vîteffe du fillage; au lieu que fi cette vîteffe étoit fi petite qu'on pût négliger la différence qu'elle apporte à l'action du vent, l'angle entre les deux directions difparoîtroit.

En comparant cette nouvelle Table avec celle que nous avons déja donnée pour les Navires qui n'ont qu'une voile, on verra qu'elles ne different que très-peu l'une de l'autre fur l'incidence du vent dans les routes qui approchent beaucoup de la directe. Si les voiles font, par exemple, un angle de $80^d$ avec la quille, l'angle d'incidence apparent du vent doit être de $84^d\ 58^m$, lorfque le Navire n'a qu'une voile; au lieu que s'il en a deux, l'angle d'incidence doit être de $84^d\ 29^m$. La raifon de cette efpece de conformité s'apperçoit aifément, en jettant les yeux fur la figure 124. Lorfque les routes font très-peu

Figure 124.

Figure 124. obliques, *E R* eſt très-petite & *S R* en eſt ſenſiblement la moitié, parce que l'arc de cercle *E S* eſt preſque une ligne droite, & que le triangle mixtiligne *E S R* devient ſenſiblement un triangle rectiligne rectangle en *S*, dont l'angle *S E R* eſt de 30 $^d$. Ainſi *E R* eſt alors à peu-près double de *E Q*. Les angles *R H E* & *Q H E* ont ſenſiblement leur tangente dans le rapport de 2 à 1, & leurs tangentes de complément ſont auſſi dans le même rapport, mais inverſement. C'eſt-à-dire, que la tangente de l'angle d'incidence *H Q R* eſt preſque double de la tangente de l'angle *H R E* qui eſt à très-peu près égal à celui que les voiles font avec la quille, parce que *H R* & *C T* ſont ſenſiblement paralleles.

Mais auſſi-tôt que les routes ſont conſidérablement obliques, les deux Tables ne s'accordent plus, & l'angle d'incidence apparent du vent le plus avantageux, devient ſenſiblement plus petit lorſqu'il y a deux voiles. Si elles font, par exemple, un angle de 40 $^d$ avec la quille, l'angle d'incidence doit être de 51 $^d$ 45 $^m$ pour deux voiles; au lieu que s'il n'y en avoit qu'une, il faudroit que l'angle d'incidence fût de 59 $^d$ 13 $^m$. En général, il faut prendre le vent plus obliquement lorſqu'on a deux voiles, que lorſqu'on n'en a qu'une; parce que ſi on perd de l'impulſion par la diminution de l'angle d'incidence, on gagne davantage juſqu'à un certain point par l'augmentation de la ſurface frappée.

Cependant les deux tables redeviennent conformes quant à l'angle d'incidence du vent, lorſqu'on paſſe à des routes encore plus obliques. Alors les voiles de l'arriere ceſſent de couvrir celles de l'avant, & la pluralité des voiles n'empêche pas qu'on ne puiſſe les conſidérer toutes comme une ſeule voile. Ainſi la tangente de l'incidence apparente doit être alors double de celle de l'angle formé par les voiles & par la quille, comme le ſavent tous nos lecteurs.

J'ai marqué ces différences dans la ſeptieme Table. On y voit, que lorſqu'il y a deux voiles, & qu'elles ſont preſque perpendiculaires à la quille, il ne faut prendre le vent guere plus obliquement que lorſqu'on n'a qu'une voile. Plus enſuite on rend aigu l'angle des voiles & de la quille, plus il faut prendre le vent obliquement ſi on a deux voiles. Mais la différence ceſſe tout-à-coup, auſſitôt que les voiles ne font plus avec la quille qu'un angle d'environ 37½ degrés, nous en avons donné la raiſon : les voiles de l'arriere n'empêchent plus l'effet de celles de l'avant.

## De la maniere d'appliquer à tous les Navires les recherches précédentes.

On s'expoſeroit à ſe tromper extrêmement, ſi on vouloit appliquer ſans diſtinction à tous les Vaiſſeaux les Tables calculées pour les Navires dont on peut négliger la dérive. La figure particuliere de la carene change la loi que ſuivent les impulſions de l'eau qui tombent ſur des directions différentes, & l'angle d'incidence apparent du vent le plus convenable, n'eſt pas le même pour un Navire que pour un autre : cet angle doit avoir une certaine grandeur pour chaque figure de la carene. La Table qui marque la diſpoſition de la voile pour le Navire ſans dérive, lorſqu'il n'a qu'une voile, ne convient donc point aux Navires actuels qui ont preſque toujours quelque dérive. Mais on peut ſoupçonner que la figure de la carene n'influe pas également ſur la diminution particuliere qu'il faut faire ſubir à l'angle d'incidence du vent, lorſqu'on donne deux voiles au Navire, qui n'en avoit d'abord qu'une. La figure de la carene a déja rendu différente l'incidence du vent pour la voile unique. Ainſi, lorſqu'il s'agit après cela de la quantité dont il faut diminuer l'angle d'incidence à cauſe des deux voiles, la figure de la carene doit influer beaucoup moins.

Si cette conjecture eſt bien fondée, nous pouvons nous ſervir pour tous les Vaiſſeaux, de notre ſeptieme Table qui marque les différences des angles d'incidence. S'il s'agit d'un Bâtiment qu'on puiſſe rapporter à un parallélipipede rectangle, 16 fois plus long que large ; que ce Bâtiment n'ait qu'une voile, & qu'elle faſſe, avec la quille, un angle de 45 $^d$, la direction apparente du vent doit faire avec la voile un angle de 60 $^d$ 1 $^m$, comme on le voit dans les Tables 3 & 4, & comme on le trouve par les regles que nous avons établies. La détermination de cet angle dépend entiérement de la figure de la carene & lui eſt propre ; elle en eſt affectée autant qu'il eſt poſſible. Mais ſi on donne deux voiles au même Navire, en les réglant ſur les proportions qui ſont en uſage, la figure du Navire ne doit pas altérer également la petite quantité dont il faudra diminuer l'angle d'incidence apparent du vent. Nous pourrons donc employer la diminution que nous avons trouvée pour le Navire qui n'éprouve point de dérive. Cette diminution, ſelon la ſeptieme Table eſt de 6 $^d$ 33 $^m$, qui étant ôtée de 60 $^d$ 1 $^m$ nous donne 53 $^d$ 28 $^m$ pour l'angle d'incidence apparent du vent, lorſqu'il y a deux voiles & qu'elles font un angle de 45 $^d$ avec la quille.

Nous ne propoſons cette méthode que comme une approximation dont on pourra ſe contenter dans la pratique ; mais nous ſommes perſuadés qu'elle ne jettera jamais dans aucune erreur ſenſible. Les lecteurs qui nous ſuivront pourront s'en aſſurer par eux-mêmes ; car nous donnerons dans le Chapitre VII. la méthode générale de réſoudre le problême qui vient de nous occuper.

CHAPITRE

# CHAPITRE IV.

*Suite des deux Chapitres précédents. Remarques sur les vîtesses du Navire qui est poussé par plusieurs voiles : usage des Tables qui sont à la fin de ce Livre.*

## I.

L'USAGE que nous donnons aux Tables construites pour le Navire qui est exempt de dérive, mais qui est poussé par plusieurs voiles, nous invite à considérer un peu plus attentivement les vîtesses qu'il prend dans ses différentes routes. *VCA* dans la figure 125 est la direction absolue *Figure 125.* du vent ; le Navire part du point *C*, & lorsqu'il cingle exactement vent en poupe il parvient en *A*, en parcourant un espace *CA* que nous avons rendu le quart de la vîtesse absolue du vent. Si au lieu de le faire suivre cette route, on le fait marcher sur toute autre direction, en faisant en sorte que ses voiles soient disposées de la manière la plus avantageuse ou conforme à la sixieme Table, le Navire parviendra au point *D*, ou *E*, ou *F*, &c. & tous ces points formeront la courbe *ADHC*. Si l'on court de l'autre côté ou sur l'autre bord ; si on présente au vent le flanc gauche du Navire ou de bas-bord, au lieu de lui présenter le flanc de stribord, on aura l'autre moitié de courbe *AE2G2C* parfaitement égale à la premiere.

Les deux moitiés de cette courbe qui peut recevoir le nom de déterminatrice des vîtesses du Navire, forment un angle en *A* ou une espece de point de rebroussement : chaque partie de la courbe fait en *A* avec l'axe *CA* ou la direction réelle du vent, un angle dont la tangente est égale au double de la largeur de la grand-voile réduite,

Figure 125. pendant que la diſtance d'un mât à l'autre eſt priſe pour ſinus total. Cet angle eſt ici d'environ 69$^d$ 27$^m$, de ſorte que l'angle total que font les deux parties de la courbe dans l'ombilic $A$ eſt d'environ 138$^d$ 54$^m$. En $C$ il y a un vrai point de rebrouſſement, les deux moitiés de la courbe viennent s'y rencontrer en s'y touchant.

La perpendiculaire $G$ 2 $CG$ à la direction réelle du vent ſépare les routes qui font gagner au vent, de celles qui portent ſous le vent. Ces dernieres, comme on le fait, & comme on le voit, font en plus grand nombre que les autres. Les deux routes $CE$ & $CE$ 2 portent également ſous le vent que la directe $CA$ ; elles font un angle d'environ 29$^d$ 11$^m$ avec $CA$ : mais ce qui eſt très-remarquable, on peut ſuivre deux autres routes $CD$ ou $CD$ 2 également éloignées de $CA$, leſquelles portent beaucoup plus ſous le vent que la route directe. Ces deux routes $CD$ & $CD$ 2 font avec la direction réelle du vent un angle d'environ 14$^d$ 20$^m$, & il ſuit de là que la pluralité des voiles donne aux Navires une propriété dont ils ne jouiſſent pas lorſqu'ils n'ont qu'une voile. On perd toujours dans ces derniers lorſqu'on ſubſtitue à la route directe deux routes un peu obliques conſécutives, comme nous l'avons fait voir ſur les figures 109 & 110 : au lieu que ce n'eſt pas la même choſe dans le Navire pouſſé par pluſieurs voiles. Suppoſé que la route qu'on ſe propoſe de faire tombe exactement ſur la direction réelle du vent, il eſt moins avantageux de la ſuivre, que d'embraſſer ſucceſſivement deux routes dont l'obliquité ſoit de 14$^d$ 20′, mais de différents côtés de la direction abſolue du vent.

Nous avions remarqué dans la premiere Section, que les Navires qui n'ont qu'une voile peuvent cingler mieux dans une route d'une certaine obliquité, que dans la route directe. En cinglant obliquement, ils rendent inutile par leur fuite une moindre partie de la vîteſſe du vent. Cette propriété doit être encore plus marquée dans le Navire qui porte deux voiles, parce que l'obliquité de la route, fait que la miſaine prend plus de part à l'impulfion. Auffi notre fixieme Table nous apprend-elle, que Figure 125. le Navire qui ne prend que 100 degrés de vîteffe dans la route directe, en a prefque 118 dans les routes *CF* & *CF* 2 , qui font avec *CA* un angle d'environ 47 d 8 m. Ces vîteffes font des *maximum maximorum*, qu'on obtient en obfervant la regle ou conftruction expliquée dans le Chapitre précédent, & en fe conformant outre cela à une autre regle que nous indiquerons dans un inftant, & que nous démontrerons dans la fuite.

## I I.

Quant à la route *CH* ou *CH* 2 qui conduit vers le vent le plus qu'il eft poffible, elle feroit un angle *ACH* de 126 d 40 m avec *CA* ou de 53 d 20 m avec *CV*, s'il étoit poffible de donner aux voiles une fituation affez oblique par rapport à la quille, pour que l'angle fût réellement de 16 d 40 m. On eft gêné lorfqu'on oriente les voiles très-obliquement, comme nous l'avons déja fait remarquer ; & fi on ne leur donne qu'une obliquité de 25 d , l'angle *ACH* ne fera que de 122 d 30′ ou l'angle *HCV* de 57 d 30 m, & on gagnera environ une 16 me partie moins au vent que dans la difpofition parfaite. Au furplus nous n'avons rien à ajouter à ce que nous avons déja dit fur ce fujet ; car dans ces routes dont l'obliquité eft fi grande, le Navire doit être confidéré comme s'il n'avoit qu'une feule voile.

Mais la pluralité des mâts nous fournit une fingularité très-remarquable, lorfqu'il s'agit de s'éloigner d'une côte ou de toute ligne droite donnée de pofition comme *CL*, & que cette côte fait, avec la direction abfolue *CA* du vent, un angle *ACL* qui n'eft pas au deffous de 69 d 27 m. Alors il y a un plus grand nombre de points dans la courbe *CB A B* 2 dont les diftances à la ligne *LC* font des *maximum*. On voit ceci très-clairement fur la figure. La déterminatrice *CB A B* 2 des vîteffes du fillage eft parallele en deux endroits & même en quatre à la droite *CL*. On s'éloignera de cette droite le plus

Figure 125. qu'il fera poſſible en ſe rendant en *M* ou en *M* 2, où bien, ſi en cinglant au plus près, on ſe rend en *m* ou en *m* 2. Au lieu de quatre *maximum* il n'y en aura plus que trois, ſi l'angle *ACL* eſt de moins de 69ᵈ 27ᵐ, parce qu'il n'y aura plus alors vers 2 *M* de partie de la courbe qui ſoit parallele à la droite *CL*.

I I I.

Nous avons ajouté à nos autres Tables la huitieme qui marque les diſpoſitions les plus avantageuſes pour s'éloigner d'une ligne donnée de poſition. Il eſt facile de juger, que lorſque le Navire a pluſieurs voiles, & qu'elles ſe couvrent en partie, l'angle que fait la route avec la droite dont on veut s'éloigner, ne doit plus être égal à l'angle formé par la direction abſolue du vent & par la voile, comme lorſqu'il n'y avoit qu'une voile ; on ne peut même trouver la grandeur que doit avoir cet angle que par une opération aſſez longue. Mais la méthode que nous employerons ſera applicable à tous les Vaiſſeaux ; outre cela nous croyons que notre huitieme Table ſera d'un uſage abſolument général, pourvu qu'on ait égard à quelques corrections qui ſe préſentent aſſez naturellement.

Un exemple éclaircira aiſément ce que nous voulons dire. Nous ſommes en mer, nous travaillons à nous éloigner d'une ligne droite donnée de poſition; nous voulons nous écarter d'une côte, ou bien nous voulons couper le chemin à un autre Navire ; il faut pour cela nous éloigner, le plus qu'il eſt poſſible, de la ligne droite tirée d'un Navire à l'autre dans leur premiere poſition, & il s'agit pour nous de ſavoir ſi nous avons tout bien diſpoſé pour cet effet. Nous meſurons d'abord l'angle que font les voiles avec la quille ; nous le trouvons par exemple de 60ᵈ, il faudroit que l'angle d'incidence apparent du vent fût, ſelon la 8ᵐᵉ Table, de 70ᵈ 25ᵐ, ſi nous étions dans un Navire exempt de dérive ; mais nous ne pouvons pas nous ſervir de cet angle ſans y faire quelque correction.

Suppofé que le Navire, dans lequel nous nous trouvons, puiffe fe rapporter à un parallélipipede rectangle feize fois plus long que large, l'angle d'incidence apparent du vent feroit de 72$^d$ 30$^m$ felon la troifieme ou quatrieme Table, s'il n'y avoit qu'une feule voile ; j'en retranche 3$^d$ 29$^m$, parce que notre Navire a deux voiles, ce qui me donne 69$^d$ 1$^m$ pour l'angle d'incidence apparent. Cet angle eft moindre de 1$^d$ 24$^m$ que celui qui eft marqué dans notre derniere Table, laquelle convient au Navire exempt de dérive. Je retranche donc cette même quantité 1$^d$ 24$^m$ de 84$^d$ 29$^m$, indiqués dans la même Table pour l'angle que doit faire la route avec la ligne droite dont on veut s'éloigner : il vient 83$^d$ 5$^m$, & c'eft l'angle qu'il faut que faffe, non pas la quille, mais la route avec la ligne droite, ou la côte dont on fe propofe de s'écarter le plus qu'il eft poffible.

# CHAPITRE V.

*Reconnoître par une conftruction géométrique fi les Voiles font bien orientées & le Navire bien difpofé : 1°. lorfqu'on veut s'éloigner d'une ligne droite donnée de pofition ; 2°. lorfqu'on veut courir avec la plus grande de toutes les vîteffes.*

Nous ne recommandons aux lecteurs l'ufage de la huitieme Table, que pour leur épargner la peine d'employer l'opération que nous allons indiquer, qui eft applicable à tous les Vaiffeaux. Les voiles font orientées, par rapport au Navire, de la maniere repréfentée dans la figure 126 ; la ligne $VG$ eft parallele à la direction abfolue du vent, la direction apparente eft $uG$, & nous voulons trouver quel giffement il faut qu'ait une ligne

Figure 126.

Figure 126. droite ou une côte, pour que la quantité, dont on s'en éloigne, soit un *maximum*. Je prolonge la voile *ML* jufqu'à la rencontre *D* de la direction apparente *uG* du vent. Du point *D* j'éleve une perpendiculaire *DK* aux voiles jufqu'à la rencontre *K* de la direction abfolue *VG* du vent. Je prends le milieu *N* de *DK*, & je tire du point *N* une parallele *Nm* aux voiles. J'éleve au point *G* une perpendiculaire *GQ* à la direction réelle du vent ; & ayant divifé *DQ* par la moitié en *O*, j'éleve la petite perpendiculaire *OP* aux voiles jufqu'à la ligne *Nm*.

Enfin j'éleve à l'extrêmité *M* de la voile *LM* une perpendiculaire *MV* ; du point *V* je conduis une ligne droite jufqu'au point *P*, & j'ai l'angle *VPm* pour l'angle requis, c'eft-à-dire que toutes les difpofitions repréfentées dans la fig. 126 font les plus avantageufes pour s'éloigner d'une ligne droite qui fait, avec la route *CI*, un angle égal à l'angle *VPm*.

Cette conftruction étant générale doit comprendre le cas dans lequel le Navire n'a qu'une voile. Si nous rapprochons affez les deux voiles *GH* & *LM* l'une de l'autre pour qu'elles fe confondent, ce fera la même chofe que fi le Navire n'en avoit qu'une. Alors les points *D*, *K* & *Q* fe confondront avec le point *G*, de même que les points *O* & *P* ; & l'angle *VPm* fe changera dans l'angle *VGH* formé par la direction abfolue du vent & de la voile. Ainfi notre conftruction s'accorde parfaitement avec la regle que nous avons déja donnée pour les Navires qui n'ont qu'une voile.

## *Diftinguer celle de toutes les routes qui rend le fillage le plus rapide, dans un Navire qui a plufieurs Voiles.*

Nous avons fait voir dans les Chapitres VII & VIII de la premiere Section, qu'il falloit remplir deux différentes conditions ou obferver deux différentes regles, lorfqu'avec une feule voile, on vouloit choifir la route

fur laquelle on cingle avec la plus grande de toutes les
vîteſſes. C'eſt encore la même choſe lorſque le Navire a
pluſieurs mâts. La conſtruction de la fig. 124 nous donne,
pour le Navire exempt de dérive, l'angle d'incidence apparent du vent qui convient à la diſpoſition actuelle des
voiles ; mais rien ne nous aſſure que les voiles ne puiſſent
être mieux diſpoſées. Il nous faut, pour le reconnoître, avoir recours à un autre examen ; il faut voir, ſi
en laiſſant les voiles dans la même diſpoſition, l'impulſion qu'elles reçoivent, qui eſt un plus grand relativement
à la route, eſt en même temps un *maximum* abſolu.

Voici donc à quoi ſe réduit le problême dont nous
allons donner la conſtruction, & dont nous ferons ſuivre
la démonſtration. Lorſque les voiles ſont diſpoſées par
rapport à la quille, & qu'on a pris le vent avec l'obliquité convenable, conformément à la méthode indiquée
dans le Chapitre II, il s'agit de reconnoître ſi la ſituation qu'on a donnée au Navire, rend l'impulſion du vent
la plus grande qu'il eſt poſſible. S'il n'y avoit qu'une voile,
il faudroit qu'elle ſe trouvât ſituée perpendiculairement à
la direction abſolue du vent, comme on l'a vu dans le
Chapitre VII de la première Section de ce troiſieme
Livre ; mais ce n'eſt pas ici la même choſe, parce qu'en
recevant le vent un peu obliquement, on rend utile une
plus grande partie de la voile de la proue, ce qui fait
augmenter l'impulſion.

Je réduis les deux voiles $GH$ & $LM$ (*fig.* 127.) à des Figure 127.
rectangles de même hauteur, en ajoutant à la voile $LM$
la partie $MR$ pour tenir lieu de l'excès d'étendue qu'a
la voile $GH$ en hauteur. Du point $G$ je tire une diagonale $GR$ juſqu'au point $R$. J'éleve en ce point $R$ une
perpendiculaire $RN$ à cette diagonale. Je trouve la longueur qu'il faut donner à cette perpendiculaire en abaiſſant du point $H$ la perpendiculaire $HE$ ſur la voile $LM$ ;
& en faiſant l'angle $KHE$ égal à celui que forment entre
elles les deux directions du vent, la réelle & l'apparente.
J'ai $KE$ pour la longueur de la perpendiculaire $RN$. Du

Figure 127. point *N*, comme centre, je décris l'arc de cercle *RO*; & enfin tirant par les points *G* & *N* la ligne *GO*, elle me marque la largeur des voiles que le vent apparent doit frapper. Ainfi, fuppofé qu'on retranche fur *GO* la partie *GP* égale à *GH*, il reftera *PO* pour la partie *RQ* de la voile réduite *LR* qui doit être découverte par le vent, pour que l'impulfion totale fur les deux voiles foit un *maximum* abfolu. Cette conftruction s'applique à tous les Navires. Mais fi elle s'accorde avec l'opération de la figure 124 à donner la même largeur *RQ* à la partie de la voile de la proue frappée par le vent, le navire doit cingler avec la plus grande de toutes les vîteffes.

# CHAPITRE VI.

*Démonftration de la derniere Pratique expliquée dans le Chapitre précédent, pour rendre l'impulfion du vent fur les Voiles la plus grande qu'il eft poffible, ou Calcul analytique dont cette Pratique eft tirée.*

NOUS ne pouvons pas nous difpenfer de donner la démonftration des conftructions que nous venons d'expliquer. Nous commencerons par la derniere; mais au lieu de la démontrer fynthétiquement, nous expliquerons la route que nous avons fuivie pour la découvrir. La fituation des voiles, par rapport au Navire, étant donnée, il s'agit de déterminer l'obliquité avec laquelle il faut recevoir le vent, pour que l'impulfion foit la plus grande qu'il eft poffible.

## I.

Nous fuppoferons d'abord que la vîteffe du vent eft comme infinie, lorfqu'on la compare à celle du Navire.

Les

Les voiles *GH* & *LR* (*fig.* 128 ) font un angle donné
avec la quille, & nous voulons découvrir la fituation que
nous devons donner au Navire par rapport au vent dont
*VQ* eſt la direction, pour que l'impulſion que reçoivent
les voiles ſoit la plus grande qu'il eſt poſſible.

Après avoir abaiſſé la perpendiculaire *HE* de l'extrêmité *H* de la grand-voile ſur la miſaine *LR*, nous décrivons ſur cette perpendiculaire, comme diametre, un
demi-cercle *HSE* qui nous fournira la meſure des angles
d'incidence. Ces angles, lorſqu'on prend la perpendiculaire *HE* pour ſinus total, ont les cordes comme *HS*
pour ſinus droits, car les angles d'incidence *HQE* ſont
égaux aux angles *HES*. Nous avons beſoin après cela des
quarrés des lignes *HS*, puiſque les impulſions des fluides
ſont proportionnelles aux quarrés des ſinus d'incidence.
Mais *HE* eſt à *HS* comme *HS* eſt à *HT*; ainſi les quarrés des *HS* ſont égaux à *HE* multiplié par *HT*, & ils
ſont donc proportionnels à *HT*.

Cela ſuppoſé, je tranſporte la largeur *GH* de la grand-
voile en *RF*; & j'ai *FQ* pour toute l'étendue de la ſurface qui eſt frappée par le vent lorſque *VQ* eſt ſa direction. Il nous faut après cela multiplier l'étendue *FQ* de
la ſurface par *HT*, & c'eſt ce que nous exécuterons très-
aiſément en tirant *HF* & en conſidérant que *HE* : *FQ* ::
*HT* : *NS*; car *NS* ſera égale au produit de *FQ* par *HT*
diviſé par *HE* ; & comme la perpendiculaire *HE* eſt
conſtante, il s'enſuit que *NS* eſt proportionnelle au produit de *FQ* par *HT* qui tient lieu de quarré du ſinus
d'incidence. Ainſi *NS* repréſente la grandeur de l'impulſion lorſque *VQ* eſt la direction du vent. Si cette direction étoit *uq* & coupoit le demi-cercle *HSE* en quelqu'autre point *s*, il n'y auroit de même qu'à tirer une
parallele *sn* aux voiles juſqu'à la rencontre de *HF*; &
cette parallele exprimeroit également la grandeur de l'impulſion pour cette direction *uq* du vent.

Nous n'avons donc, pour choiſir la direction du vent
qui rend l'impulſion la plus grande, qu'à prendre le point

Figure 128. $S$ où la circonférence du demi-cercle est exactement parallele à $HF$. Lorsque le vent frappe les deux voiles perpendiculairement, & que $HE$ est sa direction, l'impulsion est représentée par $FE$. Cette impulsion devient plus grande lorsqu'on reçoit le vent un peu plus obliquement ; $NS$ est plus grande que $FE$ ; mais si on reçoit le vent encore plus obliquement, l'impulsion diminue ; elle devient $ns$, & à la fin elle se réduiroit à rien. Le *maximum* en un mot est indiqué par le point $S$ où le demi-cercle est parallele à $HF$, de même qu'à la diagonale $GR$ tirée de l'extrêmité la plus éloignée $G$ de la grand-voile à l'extrêmité $R$ de la misaine qui est vers le vent. Mais il suit de là que le rayon $DS$ est perpendiculaire à $HF$ & à la diagonale $GR$, de même que $DE$ est perpendiculaire à $GH$ & $ES$ à $HQ$.

Les trois côtés du triangle $HGP$ sont donc perpendiculaires aux trois côtés du triangle $EDS$. Ces deux triangles sont semblables & isofcelles, le côté $GP$ est égal à $GH$ ; & comme le triangle $PRQ$ est auffi isofcelle, à cause du parallélisme des deux voiles, il s'enfuit que la somme des largeurs frappées des deux voiles, favoir $GH + RQ$ est exactement égale à la diagonale $GR$.

Ainfi nous avons un moyen tout-à-fait fimple pour déterminer l'incidence du vent la plus avantageufe, lorfque la fituation des voiles est donnée par rapport au Navire, & qu'on peut regarder la vîteffe du vent comme infinie, nous n'avons qu'à tranfporter la largeur $GH$ de la grand-voile en $GP$ fur la diagonale $GR$, & le refte $PR$ nous marquera la largeur de la partie $QR$ de la voile de devant que le vent doit frapper.

## I I.

Le problême est beaucoup plus difficile lorfqu'on a égard à la diftinction qu'il faut mettre prefque toujours entre les deux différentes directions du vent, la réelle & Figure 127. l'apparente. Nous repaffons à la figure 127, dans laquelle

Figure 127.

nous nommons $a$ la largeur totale des voiles frappées par un vent perpendiculaire, c'est-à-dire, que $a = GH + ER$ : nous désignons en même temps par $e$ la distance perpendiculaire $HE$ d'une voile à l'autre ; le Navire parcourt la ligne $CI$ en même temps que le vent parcourt $CD$. La vîtesse relative ou apparente du vent sera donc $ID$ que nous nommerons $v$. Enfin ayant conduit $HQ$ parallele à la direction apparente ou relative $ID$, nous nommerons $z$ la partie $EQ$ de la voile de la proue que le vent frappe en conséquence de son obliquité ; prenant de plus $HE = e$ pour finus total, nous désignerons par $\theta$ la tangente de l'angle $CDI$ que font entr'elles les deux directions du vent, la réelle & l'apparente.

L'étendue entiere de la furface frappée fera exprimée par $a + z$, & nous trouverons le finus de l'angle d'incidence $HQM$ par cette analogie ; $HQ = \sqrt{HE^2 + EQ^2} = \sqrt{e^2 + z^2}$ est au finus total $e$ comme $HE = e$ est au finus $\dfrac{e^2}{\sqrt{e^2 + z^2}}$ de l'angle $HQE$ ; & fi nous multiplions fon quarré par le quarré $v^2$ de la vîtesse apparente du vent & par l'étendue $a + z$ de la furface frappée, il nous viendra $\dfrac{a e^4 v^2 + e^4 v^2 z}{e^2 + z^2}$ pour l'impulfion abfolue du vent qu'il s'agit de rendre la plus grande qu'il est poffible. Nous avons multiplié la furface des voiles par le quarré du finus d'incidence apparente & par le quarré de la vîtesse apparente ; parce que c'est effectivement avec cette incidence & avec cette vîtesse que le vent frappe les voiles.

La différentielle de cette impulfion est

$$\frac{\begin{array}{l} 2 a e^2 v \, dv \begin{array}{l} + 2 a z^2 v \, dv \\ + 2 e^2 z v \, dv \end{array} + 2 z^3 v \, dv + e^2 v^2 \, dz - 2 a v^2 z \, dz - v^2 z^2 \, dz \end{array}}{e^2 + z^2}$$

qu'il s'agit de rendre égale à zéro ; mais pour y réuffir d'une maniere utile, il faut que nous cherchions la relation qu'il y a entre les différentielles particulieres $dz$ & $dv$, afin de pouvoir les faire difparoître.

La variation de $EQ = z$ fait naître le petit angle

Figure 127. $QHq$ qui eſt égal à $\frac{e^2\,dz}{e^2+z^2}$ ou qui a pour meſure le petit
arc de cercle $\frac{e^2\,dz}{e^2+z^2}$, dont $HE=e$ eſt le rayon. Ce petit
angle eſt auſſi égal à l'angle $DId$, puiſque $Hq$ doit
être parallele à $Id$ comme $HQ$ l'étoit à $ID$. Ce petit
changement répond au changement $Dcd$ de la direction
abſolue du vent; car nous continuons, pour notre commodité ou pour la netteté de notre figure, à attribuer à
la direction abſolue du vent, les petits changemens qui
ne viennent réellement que de la différente ſituation que
nous donnons au Navire. Malgré cela la vîteſſe abſolue $CD$ ou $Cd$ du vent doit toujours être la même,
puiſque nous devons ſuppoſer que le vent ſouffle toujours
réellement avec la même force.

Nous devons regarder auſſi la vîteſſe $CI$ du Navire
comme conſtante, lorſque nous faiſons un *maximum*
de l'impulſion du vent ſur les voiles. La route $CI$ fait
toujours le même angle avec la quille, puiſque la ſituation des voiles par rapport au Navire eſt donnée; ainſi
l'eau frappe toujours les mêmes parties de la carene, &
puiſque nous rendons égale à zéro la différentielle de
l'impulſion du vent, ce doit être auſſi la même choſe de
la différentielle de $CI$.

Mais les directions apparentes $ID$ & $Id$ du vent faiſant entr'elles le petit angle $DId = QHq = \frac{e^2\,dz}{e^2+z^2}$,
nous trouvons $FD$ par cette analogie; $HE=e$ eſt à
$\frac{e^2\,dz}{e^2+z^2}$ comme $ID=v$ eſt à $FD=\frac{e\,v\,dz}{e^2+z^2}$. Si nous
conſidérons enſuite que le petit triangle $DFd$ eſt rec-
tangle en $F$ & que l'angle $FDd$ eſt égal à celui dont
$\theta$ eſt la tangente que font entr'elles les deux directions
du vent, la réelle & l'apparente, nous trouverons $Fd$
qui eſt la différentielle de $v$ par cette analogie; le ſinus
total $e$ eſt à $FD=\frac{e\,v\,dz}{e^2+z^2}$ comme la tangente $\theta$ de l'angle
$FDd$ eſt à $Fd=dv=\frac{\theta\,v\,dz}{e^2+z^2}$. Nous n'avons plus qu'à

Figure 127.

fubftituer cette valeur dans la différentielle de l'impulfion ;
& l'égalant à zéro, nous la réduirons à $\dfrac{2ae^2\theta + 2a\theta z^2 + 2e^2\theta z + 2\theta z^3}{e^2 + z^2}$
$-2az + e^2 - z^2 = 0$ & à $2a\theta + 2\theta z - 2az + e^2 - z^2 = 0$
qui étant ordonnée par rapport à $z$, devient $z^2 - 2\theta z$
$+ 2az = 2a\theta + e^2$, qu'on peut conftruire avec la plus
grande facilité.

Cette équation étant réfolue donne $z + a = \theta +$
$\sqrt{a^2 + e^2 + \theta^2}$, qui répond à l'opération que nous avons
expliquée dans le Chapitre précédent. En effet, fi on
fait l'angle $EHK$ égal à l'angle que forment entr'elles
les deux directions du vent la réelle & l'apparente, nous
aurons $EK$ pour la valeur $\theta$ de la tangente de cet angle,
puifque nous avons pris $HE$ pour finus total. D'un autre
côté, la diagonale $GR$ eft égale à $\sqrt{GX^2 + XR^2} =$
$\sqrt{a^2 + e^2}$; & fi nous élevons $RN$ perpendiculairement
à cette diagonale, & que nous la faffions égale à $EK = \theta$,
nous aurons $GN$ pour la valeur de $\sqrt{a^2 + e^2 + \theta^2}$; & y
ajoutant $NO = \theta$, il nous viendra toute la ligne $GO$
pour la largeur $GH + RQ$, des voiles que le vent doit
frapper.

# CHAPITRE VII.

*Détermination analytique de l'angle d'inci-*
*dence du vent, pour une route donnée,*
*lorfque le Navire a plufieurs voiles, &*
*qu'il eft fujet à la dérive. Démonftra-*
*tion de la regle indiquée dans le Chap. II.*

IL faudra avoir recours à une autre conftruction, lorfqu'il
s'agira de fuivre une route donnée. Nous fuppoferons dans
la figure 129, qu'on donne aux voiles $GH$ & $LR$ deux Figure 129.
difpofitions différentes infiniment voifines l'une de l'autre.

Figure 129. Le Navire suivra différentes routes $CI$ & $Ci$; mais au lieu de lui donner une autre situation, afin que l'angle de la route & de la direction absolue du vent soit toujours le même, nous feindrons que $VC$ & $uC$ sont les directions réelles du vent, & nous ferons l'angle infiniment petit $VCu$, exactement égal à l'angle $ICi$. La vîtesse du Navire étant un *maximum*, $CI$ & $Ci$ seront égales de même que $CD$ & $Cd$ qui représentent la vîtesse réelle du vent, & il est évident que la vîtesse apparente ou relative $ID$ ou $id$ sera aussi la même.

Je nomme $b$ la largeur $GH$ de la grand-voile, & je prends cette largeur pour sinus total; je nomme en même temps $c$, la ligne $HR$ qui est égale & parallele à la distance d'un mât à l'autre, parce que nous supposons que les deux voiles sont égales. Nous désignerons par $q$ le sinus de l'angle $ACS$, que fait la quille avec la perpendiculaire $CS$ à la voile. $t$ sera la tangente de l'angle apparent $HQR$ d'incidence du vent, la ligne $HQ$ étant parallele à $ID$. Ainsi $\sqrt{b^2+t^2}$ sera la sécante du même angle, & $\dfrac{bt}{\sqrt{b^2+t^2}}$ en sera le sinus. Nous prendrons outre cela $i$ pour marquer l'impulsion de l'eau sur la proue, en tant qu'elle dépend de la figure de la carene; il y a une relation connue, comme nous l'avons montré ci-devant entre cette impulsion & la situation de la voile, ou entre cette impulsion & les angles $ACH$ & $ACS$. C'est ce qui nous autorise à supposer $\dfrac{di}{i} = \dfrac{hdq}{q}$.

La grandeur $h$ se trouvera très-aisément pour toutes les différentes figures que nous avons déja examinées. Enfin, nous prendrons $k$ pour exprimer combien le petit angle $SCs$ contient de fois l'angle $ICi$.

Nous trouverons $HE$ & $ER$, en résolvant le triangle rectangle $HER$, dont l'hypothénuse $HR$, est égale à $c$ & dont l'angle $RHE$ a $q$ pour sinus, pendant que $b$ est le sinus total; il nous viendra $ER = \dfrac{cq}{b}$ & $HE = \dfrac{c\sqrt{b^2-q^2}}{b}$, & nous aurons $QE$ dans le triangle rectangle

Figure 129.

$HEQ$, en nous reſſouvenant que $t$ eſt la tangente de l'angle $HQE$. Il nous viendra $QE = \frac{c\sqrt{b^2-q^2}}{t}$; & ſi nous ajoutons enſemble $GH = b$, $ER = \frac{cq}{b}$ & $QE = \frac{c\sqrt{b^2-q^2}}{t}$, il nous viendra $b + \frac{cq}{b} + \frac{c\sqrt{b^2-q^2}}{t}$ pour la ſurface frappée par le vent. Nous multiplions cette ſurface par le quarré $\frac{b^2t^2}{b^2+t^2}$ du ſinus d'incidence, & il nous vient $\frac{b^3t^2 + bcqt^2 + b^2ct\sqrt{b^2-q^2}}{b^2+t^2}$ pour l'impulſion du vent.

Nous pouvons nous diſpenſer de faire entrer dans ce produit le quarré de la vîteſſe apparente $ID$, puiſqu'elle eſt comme conſtante. Par la même raiſon, nous exprimerons l'impulſion de l'eau ſimplement par $i$ ſans la multiplier par le quarré de la vîteſſe du ſillage; mais il faudra ſe reſſouvenir que l'égalité $\frac{b^3t^2 + bcqt^2 + b^2ct\sqrt{b^2-q^2}}{b^2+t^2}$ $= i$, que nous mettons entre les deux impulſions, n'eſt, à proprement parler, qu'une égalité de rapport.

Pour que cette égalité ſubſiſte malgré les petits changements que nous allons faire à la ſituation de la voile & à l'incidence du vent, il faut que le premier & le ſecond membres reçoivent des changements exactement proportionels. Le ſecond membre augmentera de la petite quantité $di$ lorſque le Navire embraſſe la route $Ci$. Il faudra donc que la différentielle du premier membre diviſée par ce même membre ſoit égale à $\frac{di}{i}$. Alors la vîteſſe du ſillage ſera exactement la même ou la différentielle ſera égale à zéro; puiſque la réſiſtance de l'eau augmentée de $di$ à cauſe de la maniere dont la carene eſt frappée, aura contr'elle une impulſion du vent augmentée préciſément dans le même rapport. En un mot, nous différentions logarithmétiquement notre équation; mais ce ſera encore la même choſe de ne faire cette opération qu'après en avoir multiplié les deux membres par $b^2+t^2$, ou d'ajouter la différentielle logarithmétique de $b^2+t^2$ au

Figure 129.

second membre, parce que la multiplication fait difparoître le dénominateur du premier. Il nous vient l'équation

différentielle $\dfrac{2b^3\,t\,dt+2bcqt\,dt+bct^2dq+b^2cdt\sqrt{b^2-q^2}-\dfrac{b^2ctqdq}{\sqrt{b^2-q^2}}}{b^3t^2+bcqt^2+b^2ct\sqrt{b^2-q^2}}$

$=\dfrac{b^2\,di+t^2\,di+2it\,dt}{b^2i+it^2}=\dfrac{di}{i}+\dfrac{2t\,dt}{b^2+t^2}$ , qui détermine

donc la vîteffe du fillage à être un *maximum*.

Il ne s'agit maintenant dans cette équation, que de
réduire toutes les différentielles particulieres à la même ;
& nous le pouvons fans peine, puifque nous connoiffons
la relation qu'il y a entr'elles. Nous mettrons $\dfrac{h\,dq}{q}$ à la

place de $\dfrac{di}{i}$, c'eft-à-dire, que nous ferons $h=\dfrac{q\,di}{i\,dq}$.
D'un autre côté, le petit angle $SCs$ a pour fa mefure

le petit arc $\dfrac{b\,dq}{\sqrt{b^2-q^2}}$, qui répond à la variation $dq$ du

finus de l'angle $ACS$. Nous aurons donc $\dfrac{b\,dq}{k\sqrt{b^2-q^2}}$ pour

le petit angle $ICi$, qui eft plus petit que l'autre, le
nombre de fois $k$. Le petit angle $ICi$ eft égal au petit
changement $VCu$, que nous attribuons à la direction
abfolue du vent, parce que nous voulons que l'angle de
la route & de la direction abfolue du vent ne change
pas. Il eft auffi égal au changement de fituation de la
direction apparente $ID$ ou $HQ$, & on doit remarquer que
c'eft une petite diminution à faire fur l'angle d'incidence
apparent $HQR$, pendant que cet angle augmente par
le changement de fituation des voiles. L'angle $RTr$ eft

égal à l'angle $SCs$, il a donc $\dfrac{b\,dq}{\sqrt{a^2-q^2}}$ pour fa mefure ;

& ayant égard à tout, nous aurons $\dfrac{b\,dq}{\sqrt{b^2-q^2}}-\dfrac{b\,dq}{k\sqrt{b^2-q^2}}$

ou $\dfrac{k-1}{k}\times\dfrac{b\,dq}{\sqrt{b^2-q^2}}$, pour la petite augmentation de l'angle

d'incidence apparente dont $t$ eft la tangente. Cette pe-
tite augmentation eft auffi exprimée par $\dfrac{b^2\,dt}{b^2+t^2}$, petit arc

qui répond à la variation $dt$ de la tangente. Nous aurons
par

Figure 125.

par conféquent $\frac{k-1}{k} \times \frac{b\,dq}{\sqrt{b^2-q^2}} = \frac{b^2\,dt}{b^2+t^2}$, & rien ne nous empêche maintenant de tout réduire à une unique différentielle dans notre grande équation. Nous en diviferons enfuite tous les termes par cette différentielle, & nous donnerons à l'équation une forme finie.

Il nous viendra

$$\frac{2b^3 t + 2bcqt + \frac{k}{k-1} \times \frac{b^2 c t^2 \sqrt{b^2-q^2}}{b^2+t^2} + b^2 c \sqrt{b^2-q^2} - \frac{k}{k-1} \times \frac{b^3 cqt}{b^2+t^2}}{b^3 t^2 + bcqt^2 + b^2 ct \sqrt{b^2-q^2}}$$

$= \frac{hk}{k-1} \times \frac{b\sqrt{b^2-q^2}}{q \times b^2+t^2} + \frac{2t}{b^2+t^2}$, qui étant multipliée par $b^2+t^2$, & par $b^3 t^2 + bcqt^2 + b^2 ct \sqrt{b^2-q^2}$ fe change

en $2b^3 t + 2bcqt + \frac{k}{k-1} \times ct^2 \sqrt{b^2-q^2} + b^2 c \sqrt{b^2-q^2}$.

$-\frac{k}{k-1} \times bcqt = \frac{hk}{k-1} \times \frac{b^2 t^2 \sqrt{b^2-q^2}}{q} + \frac{hk}{k-1} \times ct^2 \sqrt{b^2-q^2}$.

$+ \frac{hk}{k-1} \times \frac{b^3 ct}{q} - \frac{hk}{k-1} \times bcqt + ct^2 \sqrt{b^2-q^2}$, & en

$2b^3 t + b^2 c \sqrt{b^2-q^2} = \frac{hk}{k-1} \times \frac{b^2 t^2 \sqrt{b^2-q^2}}{q} + \frac{hk-1}{k-1}$

$\times ct^2 \sqrt{b^2-q^2} + \frac{hk}{k-1} \times \frac{b^3 ct}{q} + \frac{2-k-hk}{k-1} \times bcqt$;

& fi on l'arrange par rapport à $t$, en faifant encore quelques légeres réductions, on aura la *formule*,

$$\left. \begin{array}{l} + hkbc\sqrt{b^2-q^2} \\ t^2 + \overline{2-k} \times \dfrac{bcq^2}{\sqrt{b^2-q^2}} \\ + \overline{2-2k} \times \dfrac{b^3 q}{\sqrt{b^2-q^2}} \end{array} \right\} t = \dfrac{\overline{k-1} \times b^2 cq}{\overline{hk-1} \times cq + hkb^2},$$

$$\overline{hk-1} \times cq + hkb^2.$$

qui nous apprend qu'il n'y a toujours qu'une équation du fecond degré à réfoudre pour trouver l'angle d'incidence apparent du vent qui convient à chaque difpofition des voiles dans les Vaiffaux de toutes les formes imaginables.

La maniere dont les voiles font orientées eft déterminée par $q$, qui eft le cofinus de l'angle qu'elles font

Figure 129. avec la quille. Ce finus étant donné, on a les valeurs de $k$ & de $h$, que l'on déduit de la figure de la carene. Tout eſt enfuite connu dans notre formule, ſi on excepte la tangente $t$ de l'angle d'incidence apparent du vent qu'on découvrira en cherchant les racines de l'équation.

Cette folution, la plus générale vraifemblablement qu'on puiſſe donner, doit renfermer le cas dans lequel le Navire n'a qu'une voile. Nous n'avons, pour le voir, qu'à fuppofer nulle la diſtance $c$ d'un mât ou d'une voile à l'autre : il faudra donc effacer tous les termes qui contiennent la lettre $c$, & il nous viendra $t = \frac{2k-1}{hk} \times \frac{bq}{\sqrt{b^2-q^2}}$,

*formule* qu'on peut appliquer encore à tous les Navires, mais qui ne donne la tangente de l'angle d'incidence apparent du vent que lorfque le Navire n'a qu'une voile.

## Application de la Formule générale aux Navires dont on peut comparer la carene à des parallélipipedes rectangles.

Nous avons examiné beaucoup ci-devant les carenes formées en parallélipipede rectangle, & nous avons fait Figure 114. voir fur la figure 114, que les tangentes des angles de dérive $ACI$ font moyennes proportionnelles géométriques entre la tangente de l'angle conftant $ACD$ & celle de l'angle variable $ACP$ que fait, avec la quille, la perpendiculaire à la voile. Si nous nommons $x$ la tangente de ce dernier angle & $f$ celle de l'angle conftant $ACD$, nous aurons $\sqrt{fx}$ pour la tangente de l'angle de la dérive $ACI$; & ſi faifant varier $x$, nous cherchons la variation que reçoivent en même temps les angles mêmes, nous n'aurons qu'à voir combien l'un contient l'autre, pour avoir la valeur de $k = \frac{2b^2 + 2fx}{b^2 + x^2} \sqrt{\frac{fx}{f}}$.

Nous ne répétons point ici ce que nous avons dit fur ce fujet dans le Chapitre VII de la Section précédente. La tangente de l'angle $ACP$ étant $x$, le ſinus de cet

angle est $\frac{bx}{\sqrt{b^2+x^2}}$, & c'est la valeur de $q$. Les lecteurs Figure 114.
se souviennent aussi que l'impulsion $i$ est proportionnelle
à la sécante de l'angle $DCZ$ (toujours dans la fig. 114)
& cette impulsion est $\frac{\sqrt{b^2+x^2}}{b^2+fx}$. Il n'est donc question
que de différentier logarithmiquement $\frac{bx}{\sqrt{b^2+x^2}}$ valeur
de $q$, & $\frac{\sqrt{b^2+x^2}}{b^2+fx}$ valeur de $i$, & de diviser une différentielle par l'autre, pour avoir $h = \frac{q\,di}{i\,dq}$ : on trouve $\frac{x^2-fx}{b^2+fx}$.
Ainsi, pour appliquer notre formule générale à tous les
Navires qu'on peut rapporter à des parallélipipedes rectangles, nous n'avons qu'à introduire $\frac{x^2-fx}{b^2+fx}$ à la place de
$h$; $\frac{2b^2+2fx}{b^2+x^2} \sqrt{\frac{x}{f}}$ à la place de $k$; $\frac{bx}{\sqrt{b^2+x^2}}$ à la place
de $q$, & mettre en même temps la largeur de la grand-
voile à la place de $b$, la distance d'un mât à l'autre à la
place de $c$, & la tangente de l'angle $ACD$ à la place
de $f$, en prenant $b$ pour sinus total.

Supposé que le rectangle, auquel on peut comparer
la carene du Vaisseau, soit 16 fois plus long que large, la
tangente $f$ sera en parties décimales 0. 0 6 2 5, le sinus
total étant l'unité. Nous supposerons de plus que la largeur de la voile étant aussi exprimée par l'unité, la
distance $c$ d'un mât à l'autre soit 0. 7 5 0, & que les
voiles fassent avec la quille un angle de 45$^d$, ce qui rendra $x = 1$. Nous trouverons $k = \frac{17}{4} = 4. 2500$ &
$h = \frac{15}{17} = 0. 8823$. Le sinus $q$ sera 0. 7071; & si
nous introduisons toutes ces quantités dans notre formule
générale, elle deviendra $t^2 - \frac{91.2722}{83.3343} t = \frac{27.5769}{83.3343}$, qui
étant résolue, nous donne $t = 1. 3298$, & nous ap-
prend que la direction apparente du vent doit faire, avec
les voiles, un angle d'incidence de 53$^d$ 3$^m$.

L'opération sera la même pour toutes les autres situations de voiles; & il sera facile, si on n'est pas content des
moyens d'approximation que nous avons proposés ci-

devant *, de conſtruire une Table qui ſera parfaitement exacte. Le calcul ſera incomparablement plus ſimple ſi on peut négliger la largeur du Navire, ce qui rendra la dérive nulle. Alors on aura $f = 0$ : ce changement rendra infinie. $k = \frac{2b^2 + 2bf}{b^2 + x^2} \sqrt{\frac{x}{f}}$, & $h = \frac{x^2 - fx}{b^2 + fx}$ ſe réduira à $\frac{x^2}{b^2}$. La grandeur infinie de $k$ changera notre formule générale en

$$\left.\begin{array}{c} + hcq \\ + hb^2 \end{array}\right\} t^2 - \begin{array}{c} + hbc\sqrt{b^2 - q^2} \\ \frac{bcq^2}{\sqrt{b^2 - q^2}} \\ - \frac{2b^3 q}{\sqrt{b^2 - q^2}} \end{array} \right\} t = b^2 cq, \text{ dont on}$$

tire $t^2 - \dfrac{\begin{array}{c} + hbc\sqrt{b^2 - q^2} \\ - \dfrac{bcq^2}{\sqrt{b^2 - q^2}} \\ - \dfrac{2b^3 q}{\sqrt{b^2 - q^2}} \end{array}}{hcq + hb^x} \Bigg\} t = \dfrac{b^2 cq}{hcq + hb^2}$ ; & ſi on fait

enſuite les autres ſubſtitutions, on aura $t^2 - \dfrac{2b^3 \sqrt{b^2 + x^2}}{cx^2 + bx\sqrt{b^2 + x^2}}$

$\times t = \dfrac{b^4 c}{cx^2 + bx\sqrt{b^2 + x^2}}$ ; qui en nous fourniſſant $t = $

$\dfrac{b^3\sqrt{b^2 + x^2} + b^2\sqrt{c^2 x^2 + bcx\sqrt{b^2 + x^2}}}{cx^2 + bx\sqrt{b^2 + x^2}}$, nous marque d'u-

ne maniere aſſez ſimple pour les Navires dont on peut négliger la dérive, mais qui ont pluſieurs voiles, la relation qu'on dòit mettre entre la tangente $t$ de l'angle d'incidence apparent du vent & la co-tangente $x$ de l'angle que les voiles font avec la quille.

Figure 129.
Mais nous pouvons exprimer cette relation d'une maniere beaucoup plus élégante. Si dans la figure 129 nous nommons $e$ la perpendiculaire $HE$, ſi nous déſignons par $x$ la partie $ER$ de la voile de la proue, qui ſe trouve en dehors de cette perpendiculaire, & que nous nommions $z$ la partie $EQ$ que l'obliquité du vent lui fait frapper de plus, nous aurons $\frac{bx}{e}$ pour la tangente de l'angle

Figure 129.

$EHR$, & comme cet angle est égal à l'angle $ACS$ dont nous continuons à désigner la tangente par $x$, nous aurons $x = \frac{b x}{e}$. L'autre triangle rectangle $QEH$ nous donnera $\frac{be}{z}$ pour la tangente de l'angle d'incidence $HQE$, que nous avons déja nommée $t$, & introduisant ces valeurs de $x$ & de $t$ dans notre derniere équation $t^2 - \frac{2 b^3 \sqrt{b^2 + x^2}}{c x^2 + b x \sqrt{b^2 + x^2}}$ $\times t = \frac{b^4 c}{c x^2 + b x \sqrt{b^2 + x^2}}$, nous la changerons en $z^2 +$ $\frac{2 b \sqrt{e^2 + x^2}}{c} \times z = z^2 + \frac{b x \sqrt{e^2 + x^2}}{c}$.

Celle-ci est la même que $z^2 + 2 b z = x^2 + b x$ ; puisque $c$ ou $HR$ est égale à $\sqrt{HE^2 + ER^2} = \sqrt{e^2 + x^2}$. On en déduit $z = -b + \sqrt{b^2 + b x + x^2}$, ou $z = -b + \sqrt{\frac{1}{4} b^2 + (\frac{1}{2} b + x)^2}$, dont on tire la construction expliquée dans le Chapitre II sur la figure 124. La largeur $FR$ est exprimée par $\frac{1}{2} b + x$, & le quarré de $KF$ est égal à $\frac{1}{4} b^2$. Ainsi on a $KR = \sqrt{\frac{1}{4} b^2 + (\frac{1}{2} b + x)^2}$, & lorsqu'on en retranche $KS = KE = b$, il reste $SR$ pour la largeur $EQ$ ($= z$) que le vent frappe à cause de son obliquité, lorsque tout est disposé de la maniere la plus avantageuse pour faire la route $CI$.

Lorsqu'on se conformera à ces solutions on sera sûr que les voiles seront bien disposées par rapport au Navire & par rapport au vent pour chaque route. Mais si on combinoit le *maximum* que nous avons actuellement pour objet, avec le *maximum* que nous avons examiné dans le Chapitre précédent, ou si on rendoit l'impulsion absolue du vent sur les voiles la plus grande qu'il est possible, on obtiendroit un *maximum maximorum*, & on marcheroit sur la route qui donne la plus grande de toutes les vîtesses.

Trois différents *maximum*, comme on l'a vu dans tout le cours de ce troisieme Livre, & comme nous l'avons dit expressément un très-grand nombre de fois, demandent à être considérés dans la partie de la Manœuvre qui

Figure 129. nous occupe. Le *maximum* dont nous venons de marquer les conditions, eſt d'un uſage preſque continuel en mer, parce qu'il s'agit preſque toujours de cingler ſur une route preſcrite. Mais on doit le combiner avec le premier ou le ſecond des deux autres ſelon qu'on ſe propoſe de marcher avec la plus grande de toutes les vîteſſes quand la route n'eſt pas donnée, ou qu'on veut s'éloigner le plus promptement qu'il eſt poſſible d'une ligne droite donnée de poſition. Il nous reſte à traiter de ce dernier *maximum* en donnant la plus grande généralité à nos recherches.

# CHAPITRE VIII.

*Démonſtration analytique de la conſtruction générale, expliquée dans le Chapitre V. pour s'éloigner, le plus vîte qu'il eſt poſſible, d'une ligne droite dont la poſition eſt donnée.*

### I.

N OUS traiterons ce problême à peu-près de la même maniere que la plupart des autres que nous avons déja réſolus, quoique celui-ci demande des attentions particulieres, & qu'il ſoit plus difficile de le réduire à une forme ſimple. Nous conſidérerons les voiles $GH$ & $LM$ Figure 130. (*fig.* 130) comme déja orientées par rapport au Navire & par rapport au vent, & nous chercherons quel eſt le giſſement de la ligne droite $CZ$, dont le Navire s'éloigne d'une plus *grande quantité* $IP$. Nous nous ſommes déja conformés à une autre regle, en choiſiſſant la diſpoſition la plus parfaite pour faire la route $CI$. La vîteſſe du Navire eſt un *maximum*, tant que l'angle $VCI$ de la route & de la direction du vent reſte le même. Nous avons pour diſpoſer nos voiles, conſulté nos Tables, ou bien

Figure 130.

nous avons réfolu l'équation du fecond degré dont dépend leur conftruction. Actuellement nous voulons que
la quantité $IP$ dont nous nous éloignons de la ligne
droite $CZ$ foit auffi un *maximum*, & nous devons chercher la direction qu'il faut pour cela qu'ait cette ligne.

Nous nommons $a$ toute la largeur $GH + EM$ des
voiles qui feroit frappée par un vent perpendiculaire.
Nous indiquons en même temps par $e$ la diftance perpendiculaire $HE$ d'une voile à l'autre. La vîteffe abfolue
$CD$ du vent fera défignée par $c$, & nous prendrons
cette même quantité pour finus total. La vîteffe $CI$ du
Navire fera nommée $u$, celle $ID$ du vent apparent
fera $v$; le finus de l'angle d'incidence apparent $HFM$
fera $p$, le finus de l'angle $CID$ que fait la route avec
la direction apparente du vent fera $s$, & le finus de
l'angle $CDI$, que font entr'elles les deux directions
du vent, la réelle & l'apparente fera $\sigma$. Enfin $t$ fera la
tangente de l'angle $ICZ$ que nous voulons découvrir.

Le triangle $HEF$ rectangle en $E$, nous donne $\dfrac{e\sqrt{c^2-p^2}}{p}$

pour $FE$, qui étant ajoutée à $a$, nous fournit $a + \dfrac{e\sqrt{c^2-p^2}}{p}$

pour la largeur $GH + FM$, frappée actuellement par le
vent oblique. Nous multiplions cette largeur ou étendue
par le quarré $p^2$ du finus d'incidence du vent, & par
le quarré $v^2$ de fa vîteffe apparente ou relative; & il nous
vient $a p^2 v^2 + e v^2 p \sqrt{c^2 - p^2}$ pour l'impulfion abfolue
du vent, laquelle doit être égale à l'impulfion de l'eau.
Quant à cette derniere, nous pouvons l'exprimer par
le quarré $u^2$ de la vîteffe du Navire; d'où il fuit que
nous avons l'équation $u^2 = a p^2 v^2 + e v^2 p \sqrt{c^2 - p^2}$.

## I I.

Il faudroit, pour rendre l'équation abfolument parfaite,
que nous multipliaffions le quarré $u^2$ de la vîteffe du
Navire, par la denfité de l'eau & par l'étendue du plan

Figure 130. auquel la furface de la carene eft équivalente. Mais la route $CI$, faifant, avec la quille, un angle conftant pendant tout le temps que nous travaillerons à ce problême, la furface frappée eft toujours la même, & elle eft auffi frappée avec la même obliquité. Ainfi l'équation $u^2 = a p^2 v^2 + e v^2 p \sqrt{c^2 - p^2}$ eft une égalité de rapport, & il nous fuffit pour en avoir exactement la dif-férentielle, de la différentier à la maniere des quantités logarithmiques ; puifque les quantités conftantes qui multiplient tout un membre ne changent rien dans fa différentielle logarithmique. Il nous viendra $\dfrac{2\,u\,du}{u} =$

$$\frac{2 a v^2 p\, dp - 2 a p^2 v\, dv + e v^2 dp \sqrt{c^2 - p^2} - 2 e p v dv \sqrt{c^2 - p^2} - \dfrac{e v^2 p^2\, dp}{\sqrt{c^2 - p^2}}}{a^2 p^2 v^2 + e v^2 p \sqrt{c^2 - p^2}} \text{ ou}$$

$$\frac{du}{u} = \frac{2 a v p\, dp - 2 a p^2 dv + e v dp \sqrt{c^2 - p^2} - 2 e p dv \sqrt{c^2 - p^2} - \dfrac{e v p^2 dp}{\sqrt{c^2 - p^2}}}{2 a p^2 v + 2 e v p \sqrt{c^2 - p^2}}.$$

Il eft évident que la différentielle de $CI$ eft du premier degré. Car $CI$ étant un plus grand, fa différentielle feroit nulle, fi en changeant la difpofition de la voile nous prenions auffi d'une maniere convenable le vent plus ou moins obliquement afin que l'angle $VCI$, formé par le vent & par la route, fût toujours le même: mais nous laiffons les voiles dans la même fituation par rapport au Navire, & nous prenons fimplement le vent un peu moins obliquement ; ce qui doit produire néceffairement un petit changement fur la vîteffe $CI$, puifque cette vîteffe étoit un *maximum*. Dans la feconde difpofition, la direction abfolue du vent eft $Cd$, & la direction relative ou apparente eft $id$. Des points $I$ & $d$ je tire les petites perpendiculaires $IQ$ & $Rd$ à $Id$; & je prolonge $Rd$ jufqu'en $S$, en faifant $Sd$ égale à $QI$, afin que $IS$ foit parallele à $id$. L'angle $FHf$, dont nous faifons changer l'angle d'incidence apparent, a pour mefure le petit arc $\dfrac{c\,dp}{\sqrt{c^2 - p^2}}$, & c'eft auffi la mefure du petit angle

$RIS$;

$RIS$; puifque $Hf$ eft parallele à $id$ ou à $IS$, comme   Figure 130.
$HF$ l'étoit à $IR$.

Il fuit de-là que nous trouverons $RS$ par cette pro-
portion, le finus total $c$ eft à $\dfrac{c\,dp}{\sqrt{c^2-p^2}}$, comme $IR = v$

eft à $RS = \dfrac{v\,dp}{\sqrt{c^2-p^2}}$. De ce petit arc ou de cette petite
ligne droite, je retranche $Sd = IQ$ que me fournit
le petit triangle rectangle $IQi$. Dans ce triangle l'hypothénufe eft $Ii = du$, & $s$ eft le finus de l'angle $i$.
Ainfi on a $QI = \dfrac{s\,du}{c}$; nous aurons donc $Rd = RS$

$-\,Sd = \dfrac{v\,dp}{\sqrt{c^2-p^2}} - \dfrac{s\,du}{c}$; & fi nous confidérons que dans

le petit triangle rectangle $DRd$, l'angle $D$ eft égal au
complément de l'angle $CDI$, que font entr'elles les
deux directions du vent la réelle & l'apparente, & que
$\sigma$ eft le finus de ce dernier angle, nous aurons $Dd =$

$$\frac{c\,v\,dp}{\sqrt{c^2-\sigma^2}\,\sqrt{c^2-p^2}} - \frac{s\,du}{\sqrt{c^2-\sigma^2}}.$$

Ce même petit triangle $DRd$, nous donne cette
analogie $\sqrt{c^2-\sigma^2} : Rd = \dfrac{v\,dp}{\sqrt{c^2-p^2}} - \dfrac{s\,du}{c} :: \sigma : DR$

$$= \frac{\sigma\,v\,dp}{\sqrt{c^2-p^2}\,\sqrt{c^2-\sigma^2}} - \frac{\sigma\,s\,du}{c\,\sqrt{c^2-\sigma^2}}, \text{ \& l'autre petit triangle}$$

$IQi$ nous fournira $\dfrac{du\sqrt{c^2-s^2}}{c}$ pour la valeur de $Qi$.
Mais la vîteffe apparente $ID$ du vent croît de cette petite quantité par l'extrêmité $I$, pendant qu'elle diminue
de $DR$ par l'autre extrêmité. Ainfi nous aurons pour la
valeur de $dv$, l'excès de $DR$ fur $iQ$; c'eft-à-dire,
$$dv = \frac{\sigma\,v\,dp}{\sqrt{c^2-p^2}\,\sqrt{c^2-\sigma^2}} - \frac{\sigma\,s\,du}{c\,\sqrt{c^2-\sigma^2}} - \frac{du\sqrt{c^2-s^2}}{c}.$$

Nous introduifons cette expreffion dans notre équation
différentielle $\dfrac{du}{u} =$

$$\frac{2\,a\,v\,p\,dp - 2\,a\,p^2\,dv + e\,v\,dp\sqrt{c^2-p^2} - 2\,e\,p\,dv\sqrt{c^2-p^2} - \dfrac{e\,v\,p^2\,dp}{\sqrt{c^2-p^2}}}{2\,a\,p^2\,v + 2\,e\,v\,p\sqrt{c^2-p^2}};$$

Figure 130. & nous changerons cette équation en $\frac{du}{u} =$

$$\frac{\left\{2a\upsilon p\,dp - \dfrac{2ab\upsilon p^2\,dp}{\sqrt{c^2-p^2}\,\sqrt{c^2-\sigma^2}} + \dfrac{2ap^2\sigma\,sdu}{c\sqrt{c^2-\sigma^2}} + \dfrac{2ap^2du\sqrt{c^2-s^2}}{c} + e\upsilon dp\sqrt{c^2-p^2}\right.}{\left.- \dfrac{2e\sigma\upsilon p\,dp}{\sqrt{c^2-\sigma^2}} + \dfrac{2ep\sigma\,sdu\sqrt{c^2-p^2}}{c\sqrt{c^2-\sigma^2}} + \dfrac{2ep\,du\sqrt{c^2-p^2}\sqrt{c^2-s^2}}{c} - \dfrac{e\upsilon p^2\,dp}{\sqrt{c^2-p^2}}\right.}}{2ap^2\upsilon + 2ep\upsilon\sqrt{c^2-p^2}}.$$

Dégageant ensuite $du$, il nous viendra $du =$

$$\frac{2a\upsilon p\,dp - \dfrac{2a\sigma\upsilon p^2\,dp}{\sqrt{c^2-p^2}\,\sqrt{c^2-\sigma^2}} + e\upsilon dp\sqrt{c^2-p^2} - \dfrac{e\sigma\upsilon p\,dp}{\sqrt{c^2-\sigma^2}} - \dfrac{e\upsilon p^2\,dp}{\sqrt{c^2-p^2}}}{\left\{\dfrac{2ap^2\upsilon}{u} + \dfrac{2e\upsilon p\sqrt{c^2-p^2}}{u} + \dfrac{2ap^2\sigma s}{c\sqrt{c^2-\sigma^2}} + \dfrac{2ap^2\sqrt{c^2-s^2}}{c} + \dfrac{2ep\sigma s\sqrt{c^2-p^2}}{c\sqrt{c^2-\sigma^2}}\right.} ,$$
$$+ \dfrac{2ep\sqrt{c^2-p^2}\sqrt{c^2-s^2}}{c}$$

qu'il faut substituer dans l'expression de $Dd =$
$\dfrac{e\upsilon dp}{\sqrt{c^2-\sigma^2}\sqrt{c^2-p^2}} - \dfrac{s\,du}{\sqrt{c^2-\sigma^2}}$ pour avoir $Dd =$

$$\frac{\left\{\dfrac{2a\upsilon sp\,dp}{\sqrt{c^2-\sigma^2}} + \dfrac{e\upsilon sdp\sqrt{c^2-p^2}}{\sqrt{c^2-\sigma^2}} - \dfrac{e\upsilon sp^2\,dp}{\sqrt{c^2-p^2}\sqrt{c^2-\sigma^2}} + \dfrac{2ac\upsilon^2 p^2\,dp}{u\sqrt{c^2-p^2}\sqrt{c^2-\sigma^2}}\right.}{\left.+ \dfrac{2ce\upsilon^2 p\,dp}{u\sqrt{c^2-\sigma^2}} + \dfrac{2a\upsilon p^2\,dp\sqrt{c^2-s^2}}{\sqrt{c^2-p^2}\sqrt{c^2-\sigma^2}} + \dfrac{2e\upsilon p\,dp\sqrt{c^2-s^2}}{\sqrt{c^2-\sigma^2}}\right.}}{\left\{\dfrac{2ap^2\upsilon}{u} + \dfrac{2e\upsilon p\sqrt{c^2-p^2}}{u} + \dfrac{2a\sigma sp^2}{c\sqrt{c^2-\sigma^2}} + \dfrac{2ap^2\sqrt{c^2-s^2}}{c} + \dfrac{2ep\sigma s\sqrt{c^2-p^2}}{c\sqrt{c^2-\sigma^2}}\right.}} .$$
$$+ \dfrac{2ep\sqrt{c^2-p^2}\sqrt{c^2-s^2}}{c}$$

## I I I.

Nous n'avons plus qu'une remarque à faire pour parvenir à la solution de notre problême. Nous avons rapporté toutes nos différentielles à la différentielle particuliere $dp$. Notre route fait, dans la premiere situation du Navire, l'angle $ICP$ avec la droite dont nous voulons nous éloigner ; & elle fait dans la seconde situation l'angle $ICp$. Il faut donc que le petit angle $ZCz$ soit parfaitement égal à l'angle $DCd$, puisque la ligne dont nous voulons nous éloigner fait un angle donné avec la direction réelle du vent. Il est outre cela évident qu'il faut que les sinus des angles $ICZ$, & $iCz$ foient en raifon inverfe des Figure 130. vîteffes $CI$ & $Ci$ du Navire, pour que les quantités $PI$ & $pi$ foient égales entr'elles ou pour qu'elles forment un *maximum.*

Dans la première difpofition du Vaiffeau, l'angle $ACZ$ eft plus petit; le Navire préfente moins la poupe à la côte ou à la ligne droite dont on veut s'écarter; mais en récompenfe la vîteffe $CI$ du fillage eft plus grande. Ainfi dans les termes où nous avons porté la queftion, elle fe réduit à trouver deux angles $ICP$, $ICp$ infini- ment peu différens l'un de l'autre, dont la différence $ZCz$ eft donnée; elle eft égale à l'angle $DCd$ qui eft mefuré par l'arc $Dd$, puifque $CD$ nous fert de finus total; & il faut que les finus de ces deux angles foient dans le même rapport que $CI$ & $Ci$, ou que la diffé- rentielle de leur finus ait le même rapport à leur égard que $Ii$ à l'égard de $CI$.

Mais conformément à un lemme dont nous avons déja fait ufage plufieurs fois, & en dernier lieu dans le Chap. VI de la Section précédente fur la fig. 117, au lieu de mettre le rapport prefcrit entre la différentielle de ces finus & les finus mêmes, nous n'avons qu'à l'intro- duire entre le petit arc qui mefure la différence des deux angles, & la tangente de ces angles; c'eft-à-dire, que nous n'avons qu'à faire cette analogie, $Ii = du$ eft à $CI = u$, comme le petit arc $Dd$ qui mefure l'angle $DCd$ ou le petit angle $ZCz$ eft à la tangente $t$ de l'angle que la route $CI$ doit faire avec la ligne droite dont il s'agit de s'éloigner. Nous trouvons $t =$

$$\frac{\dfrac{2avspu}{\sqrt{c^2-\sigma^2}}+\dfrac{evus\sqrt{c^2-p^2}}{\sqrt{c^2-\sigma^2}}-\dfrac{evsp^2u}{\sqrt{c^2-p^2}\sqrt{c^2-\sigma^2}}+\dfrac{2acv^2p}{\sqrt{c^2-p^2}\sqrt{c^2-\sigma^2}}+\dfrac{2cev^2p}{\sqrt{c^2-\sigma^2}}+\dfrac{2auvp^2\sqrt{c^2-s^2}}{\sqrt{c^2-p^2}\sqrt{c^2-\sigma^2}}+\dfrac{2euvp\sqrt{c^2-s^2}}{\sqrt{c^2-\sigma^2}}}{2avp-\dfrac{2acvp^2}{\sqrt{c^2-p^2}\sqrt{c^2-\sigma^2}}+ev\sqrt{c^2-p^2}-\dfrac{2e\sigma vp}{\sqrt{c^2-\sigma^2}}-\dfrac{evp^2}{\sqrt{c^2-p^2}}}\,;$$

*équation* qui eft délivrée de différentielle, & qui nous

Figure 130. fournit la valeur de la tangente $t$, en grandeurs que nous fommes cenfés connoître.

## I V.

Il eft vrai que la forme fous laquelle elle nous préfente la valeur de $t$ n'eft pas commode pour la pratique, & qu'on pourroit perdre beaucoup de temps à la réduire fi l'on ne s'y prenoit pas bien. Il étoit naturel de penfer qu'on gagneroit à diminuer le nombre des grandeurs connues, par la relation qu'on fait qu'il y a entr'elles. Le grand triangle $CDI$ nous donne $\frac{c\,\sigma}{s}$ pour l'expreffion de $CI = u$; & fi nous l'introduifons dans notre formule, elle fe changera en $t =$

$$\left\{ \frac{2acp\sigma}{\sqrt{c^2-\sigma^2}} + \frac{ce\sigma\sqrt{c^2-p^2}}{\sqrt{c^2-\sigma^2}} - \frac{ce\sigma p^2}{\sqrt{c^2-p^2}\sqrt{c^2-\sigma^2}} + \frac{2acvp^2}{\sqrt{c^2-p^2}\sqrt{c^2-\sigma^2}} \right.$$
$$\left. + \frac{2cevp}{\sqrt{c^2-\sigma^2}} + \frac{2acop^2\sqrt{c^2-s^2}}{s\sqrt{c^2-p^2}\sqrt{c^2-\sigma^2}} + \frac{2ce\sigma p\sqrt{c^2-s^2}}{s\sqrt{c^2-\sigma^2}} \right.$$

$$\overline{2ap - \frac{2a\sigma p^2}{\sqrt{c^2-p^2}\sqrt{c^2-\sigma^2}} + e\sqrt{c^2-p^2} - \frac{2c\sigma p}{\sqrt{c^2-\sigma^2}} - \frac{ep^2}{\sqrt{c^2-p^2}}}$$

qui n'eft pas fenfiblement plus fimple.

Nous pouvons auffi chaffer $v$. Nous n'avons pour cela, en employant le finus $s$ de l'angle $I$ & le finus $\sigma$ de l'angle $CDI$, qu'à chercher le finus de l'angle $DCI$ que la direction réelle du vent fait avec la route. La Trigonométrie donne $\dfrac{s\sqrt{c^2-\sigma^2} - \sigma\sqrt{c^2-s^2}}{c}$ pour ce finus, & on aura en confequence; $s: CD = C::$ $\dfrac{s\sqrt{c^2-\sigma^2} - \sigma\sqrt{c^2-s^2}}{c}: ID = v = \sqrt{c^2-\sigma^2} - \dfrac{\sigma\sqrt{c^2-s^2}}{s}$.

Faifant enfuite entrer cette valeur dans notre formule, il viendra $t =$

$$\frac{2acp\sigma\sqrt{c^2-p^2} + c^2e\sigma - 2ce\sigma p^2 + 2acp^2\sqrt{c^2-\sigma^2} + 2cep\sqrt{c^2-p^2}\sqrt{c^2-\sigma^2}}{2ap\sqrt{c^2-p^2}\sqrt{c^2-\sigma^2} - 2a\sigma p^2 + c^2e\sqrt{c^2-\sigma^2} - 2ep^2\sqrt{c^2-\sigma^2} - 2c\sigma p\sqrt{c^2-p^2}},$$

qui nous donne effectivement la tangente $t$ d'une maniere moins embaraffée.

Mais nous éprouvons ici qu'il eft prefque toujours

Figure 130.

avantageux d'avoir tenté la folution de quelques cas particuliers d'un problême avant que de travailler à la réfoudre d'une manière plus étendue. On retire ordinairement
de ces examens, qu'on peut regarder comme préliminaires, des vues qui font très-utiles dans les recherches
qu'on rend enfuite plus générales.

Nous nous fommes affurés que, lorfque les Navires
n'ont qu'une voile, l'angle que nous cherchons dépend
uniquement de la fituation de la direction réelle du vent
par rapport à la voile. Nous nommons donc $\pi$ le finus de
l'angle $VCH$, que fait la direction abfolue du vent avec
les voiles; ce qui nous mettra en état de chaffer de notre
formule quelqu'autre quantité. Nous continuerons à nommer $p$, le finus de l'angle $HFE$ d'incidence apparent du
vent; la différence de cet angle & de l'angle $VCH$ fera
égale à l'angle $CDI$ que font les deux directions, la
réelle & l'apparente, dont $\sigma$ eft le finus : nous aurons donc

$$\frac{\pi \sqrt{c^2-p^2} - p\sqrt{c^2-\pi^2}}{c}, \text{ pour fa valeur, } \& \frac{\sqrt{c^2-p^2}\sqrt{c^2-\pi^2}+p\pi}{c}$$

pour celle du finus de complément $\sqrt{c^2-\sigma^2}$.

Introduifant enfin ces expreffions dans notre formule, nous la

convertirons en $t = \dfrac{ac+\dfrac{ce\sqrt{c^2-\pi^2}}{2\pi}+\dfrac{ce\sqrt{c^2-p^2}}{2p}}{\dfrac{a\sqrt{c^2-\pi^2}}{\pi}+\dfrac{c^2e\sqrt{c^2-\pi^2}}{2p\pi\sqrt{c^2-p^2}}-\dfrac{ep\sqrt{c^2-\pi^2}}{2\pi\sqrt{c^2-p^2}}-\frac{1}{2}e}$,

qui ne différe pas de $t = \dfrac{\dfrac{ac\pi}{\sqrt{c^2-\pi^2}}+\frac{1}{2}ce+\dfrac{ce\pi\sqrt{c^2-p^2}}{2p\sqrt{c^2-\pi^2}}}{a+\dfrac{c^2e}{2p\sqrt{c^2-p^2}}-\dfrac{ep}{2\sqrt{c^2-p^2}}-\dfrac{e\pi}{2\sqrt{c^2-\pi^2}}}$,

$= \dfrac{\dfrac{ac\pi}{\sqrt{c^2-\pi^2}}+\frac{1}{2}ce+\dfrac{ce\pi\sqrt{c^2-p^2}}{2p\sqrt{c^2-\pi^2}}}{a+\dfrac{c^2e-ep^2}{2p\sqrt{c^2-p^2}}-\dfrac{e\pi}{2\sqrt{c^2-\pi^2}}}$, qui fe réduit à $t =$

$= \dfrac{\dfrac{ac\pi}{\sqrt{c^2-\pi^2}}+\frac{1}{2}ce+\dfrac{ce\pi\sqrt{c^2-p^2}}{2p\sqrt{c^2-\pi^2}}}{a+\dfrac{e\sqrt{c^2-p^2}}{2p}-\dfrac{e\pi}{2\sqrt{c^2-\pi^2}}}$; & il n'eft pas poffible apparemment de réduire déſormais cette formule à une expreſſion plus ſimple.

## V.

Figure 126. C'eſt cette derniere équation qui nous a fourni la conſtruction que nous avons expliquée ſur la figure 126, dans le premier Article du Chap. V. Les lignes $VGK$ & $uGD$ y marquent la direction abſolue du vent & la direction apparente. $GF$ ou $HE$ eſt déſignée par $e$ ; on a $\dfrac{e\sqrt{c^2-p^2}}{p}$ pour $FD$ ; & $FQ$ terminée par la perpendiculaire $GQ$ à la direction réelle du vent eſt exprimée par $\dfrac{e\pi}{\sqrt{c^2-\pi^2}}$. Ainſi $DO$ moitié de $DQ$ eſt

$$\frac{e\sqrt{c^2-p^2}}{2p}+\frac{e\pi}{2\sqrt{c^2-\pi^2}}\,;$$

& ſi on ôte cette ligne de $DM=FM+DF=a+\dfrac{e\sqrt{c^2-p^2}}{p}$, on aura $a+\dfrac{e\sqrt{c^2-p^2}}{2p}-\dfrac{e\pi}{2\sqrt{c^2-\pi^2}}$ pour $OM$ ou pour $Pm$, qui repréſente le dénominateur de la fraction qui conſtitue notre formule.

On a d'une autre part $\dfrac{e\sqrt{c^2-p^2}}{p}$ pour $GR$, & dans le triangle $GRK$, on trouvera $RK=\dfrac{e\pi\sqrt{c^2-p^2}}{p\sqrt{c^2-\pi^2}}$. Ainſi $Sm$ ou $RN=\frac{1}{2}RD+\frac{1}{2}RK$ ſera égale à $\frac{1}{2}e+\dfrac{e\pi\sqrt{c^2-p^2}}{2p\sqrt{c^2-\pi^2}}$ ; & ſi on y ajoute $SV$ qui eſt égale à $\dfrac{a\pi}{\sqrt{c^2-\pi^2}}$, on aura toute la ligne $Vm$ pour la valeur de $\dfrac{a\pi}{\sqrt{c^2-\pi^2}}+\frac{1}{2}e+\dfrac{e\pi\sqrt{c^2-\pi^2}}{2p\sqrt{c^2-\pi^2}}$. Or il y a même rapport de cette derniere quantité à la tangente de l'angle $VPm$ que de $Pm$ au ſinus total $C$, c'eſt-à-dire, que la quantité

$$\frac{\dfrac{ac\pi}{\sqrt{c^2-\pi^2}}+\frac{1}{2}ce+\dfrac{ce\pi\sqrt{c^2-p^2}}{2p\sqrt{c^2-\pi^2}}}{a+\dfrac{e\sqrt{c^2-p^2}}{2p}-\dfrac{e\pi}{2\sqrt{c^2-\pi^2}}}$$

exprime la tangente

de l'angle $VPm$; mais puifqu'elle exprime auffi la tan-  Figure 116.
gente $t$ de l'angle que la route doit faire avec la ligne
droite dont on veut s'éloigner, il eft démontré que ce
dernier angle doit être égal à l'angle $VPm$.

Il eft facile de remarquer que lorfque le vent frappe
les voiles en faifant un fort grand angle, le point $Q$ qui
eft déterminé par la perpendiculaire $GQ$ à la direction
abfolue du vent, peut fe trouver très-avancé vers $M$
& même fe trouver plus en dehors. Les points $O$ & $P$,
changent alors de place en avançant vers le même côté,
& s'ils fe trouvoient en dehors de la droite $MV$, l'angle
$VPm$ fe trouveroit fitué dans un fens contraire, &
feroit négatif par rapport à la fituation qu'il a ordinairement. La fituation extraordinaire eft repréfentée dans
la figure 130; au lieu que l'autre eft marquée dans les
figures 102, 107 & 108, par la ligne $CL$. Ces deux
cas font féparés dans les Navires qui ont plufieurs voiles
par la route qui donne au fillage la plus grande de toutes
les vîteffes.

*FIN du Troifieme & dernier Livre.*

*Dispositions les plus avantageuses lorsque la route est donnée, que le Navire dans lequel on navigue n'a qu'une voile, & qu'on peut négliger sa dérive.*

| | | | Lorsque le Navire prend la huitieme partie de la vitesse réelle du vent dans la route directe. | | | | Lorsque le Navire prend le quart de la vitesse réelle du vent dans la route directe. | | | |
|---|---|---|---|---|---|---|---|---|---|---|
| Angles de la voile avec la quille. | Angles d'incidence apparens du vent. | Angles de la direction appar. du vent & de la route. | Angles des deux direct. la réelle & l'apparente. | Angles de la direction réelle du vent & de la route. | Vitesses apparentes du vent. | Vitesses du Navire. | Angles des deux direct. du vent. | Direct. réelle du vent avec la route. | Vitesses apparentes du vent. | Vitesses du Navire. |
| D. M. | D. M. | D. M. | D. M. | D. M. | | | D. M. | D. M. | | |
| 90 0 | 90 0 | 180 0 | 0 0 | 180 0 | 350 | 50 | 0 0 | 180 0 | 300 | 100 |
| 87 30 | 88 45 | 176 15 | 0 28 | 176 43 | 350 | 50 | 0 56 | 177 11 | 300 | 100 |
| 86 25 | 88 12 | 174 37 | 0 40 | 175 17 | 350 | 50 | 1 20 | 175 57 | 300 | 100 |
| 85 0 | 87 30 | 172 30 | 0 56 | 173 26 | 351 | 50 | 1 52 | 174 22 | 301 | 100 |
| 82 30 | 86 14 | 168 44 | 1 24 | 170 8 | 351 | 50 | 2 48 | 171 32 | 301 | 100 |
| 80 0 | 84 58 | 164 58 | 1 51 | 166 49 | 352 | 50 | 3 44 | 168 42 | 302 | 100 |
| 77 30 | 83 40 | 161 10 | 2 18 | 163 28 | 353 | 49½ | 4 37 | 165 47 | 304 | 100 |
| 75 0 | 82 22 | 157 22 | 2 43 | 160 5 | 354 | 49 | 5 29 | 162 52 | 307 | 99 |
| 72 30 | 81 3 | 153 33 | 3 7 | 156 40 | 355 | 49 | 6 20 | 159 53 | 309 | 99 |
| 70 0 | 79 41 | 149 41 | 3 31 | 153 12 | 357 | 49 | 7 10 | 156 41 | 311 | 99 |
| 67 30 | 78 18 | 145 48 | 3 54 | 149 42 | 359 | 48 | 7 58 | 153 47 | 314 | 99 |
| 65 0 | 76 53 | 141 53 | 4 14 | 146 7 | 361 | 48 | 8 44 | 150 36 | 318 | 98 |
| 62 30 | 75 25 | 137 55 | 4 33 | 142 28 | 364 | 47 | 9 24 | 147 19 | 322 | 98 |
| 60 0 | 73 54 | 133 54 | 4 50 | 138 44 | 366 | 47 | 10 3 | 143 59 | 327 | 97 |
| 57 30 | 72 20 | 129 50 | 5 5 | 134 55 | 369 | 46 | 10 41 | 140 31 | 331 | 96 |
| 55 0 | 70 20 | 125 42 | 5 17 | 130 59 | 372 | 45 | 11 13 | 136 55 | 336 | 96 |
| 52 30 | 69 1 | 121 31 | 5 27 | 126 58 | 375 | 45 | 11 40 | 133 11 | 342 | 95 |
| 50 0 | 67 14 | 117 14 | 5 34 | 122 48 | 378 | 44 | 12 1 | 129 15 | 348 | 94 |
| 47 30 | 65 23 | 112 53 | 5 38 | 118 31 | 382 | 43 | 12 17 | 125 12 | 355 | 92 |
| 45 0 | 63 26 | 108 26 | 5 38 | 114 4 | 385 | 41 | 12 26 | 120 52 | 362 | 91 |
| 42 30 | 61 23 | 103 53 | 5 35 | 109 28 | 388 | 40 | 12 27 | 116 18 | 369 | 89 |
| 40 0 | 59 13 | 99 13 | 5 28 | 104 41 | 392 | 39 | 12 20 | 111 33 | 377 | 86 |
| 37 30 | 56 55 | 94 25 | 5 17 | 99 42 | 395 | 37 | 11 59 | 106 24 | 385 | 84 |
| 35 0 | 54 28 | 89 28 | 5 2 | 94 30 | 399 | 35 | 11 38 | 101 6 | 393 | 81 |
| 32 30 | 51 53 | 84 23 | 4 43 | 89 6 | 402 | 33 | 10 59 | 95 22 | 400 | 77 |
| 30 0 | 49 6 | 79 6 | 4 21 | 83 27 | 405 | 31 | 10 18 | 89 23 | 407 | 73 |
| 27 30 | 46 9 | 73 39 | 3 55 | 77 34 | 407 | 28 | 9 19 | 82 58 | 414 | 67 |
| 25 0 | 43 0 | 68 0 | 3 27 | 71 27 | 409 | 26 | 8 15 | 76 15 | 419 | 62 |
| 22 30 | 39 38 | 62 8 | 2 56 | 65 4 | 410 | 23 | 7 3 | 69 11 | 423 | 56 |
| 20 0 | 36 2 | 56 2 | 2 24 | 58 26 | 411 | 20 | 5 48 | 61 50 | 425 | 48 |
| 17 30 | 32 15 | 49 45 | 1 53 | 51 38 | 411 | 17 | 4 32 | 54 17 | 425 | 41 |
| 15 0 | 28 11 | 43 11 | 1 23 | 44 34 | 410 | 14 | 3 19 | 46 30 | 424 | 34 |

La vitesse réelle ou absolue du vent est exprimée par 400.

SECONDE

# SECONDE TABLE.

*Dispositions les plus avantageuses pour s'éloigner d'une côte ou d'une ligne droite dont le gissement est donné, lorsqu'on navigue dans un Navire dont on peut négliger la dérive, & qui n'a qu'une voile.*

| | Direc. réelle du vent avec le gissement de la côte. | Lorsque le Navire prend la huitieme partie de la vîtesse du vent. | | | | | | | | | Lorsque le Navire prend le quart de la vîtesse réelle du vent. | | | | | | | | |
|---|---|---|---|---|---|---|---|---|---|---|---|---|---|---|---|---|---|---|---|
| | | La voile avec la quille. | | Incidence apparente du vent. | | Incidence réelle du vent. | | La route avec la direct. réelle du vent. | | Quantité dont on s'éloigne de la côte. | La voile avec la quille. | | Incidence apparente du vent. | | Incidence réelle du vent. | | La route avec la direct. réelle du vent. | | Quantité dont on s'éloigne de la côte. |
| | D. | D. | M. | D. | M. | D. | M. | D. | M. | Parti. | D. | M. | D. | M. | D. | M. | D. | M. | Part. |
| Le vent vient de la mer. | 80 | 16 | 15 | 30 | 13 | 31 | 51 | 48 | 6 | 8 | 15 | 23 | 28 | 48 | 32 | 19 | 47 | 42 | 19 |
| | 90 | 18 | 27 | 33 | 41 | 35 | 46 | 54 | 2 | 12 | 17 | 18 | 31 | 55 | 36 | 21 | 53 | 39 | 24 |
| | 100 | 20 | 57 | 37 | 24 | 40 | 0 | 60 | 0 | 14 | 19 | 17 | 34 | 57 | 40 | 23 | 59 | 40 | 30 |
| | 110 | 23 | 5 | 40 | 24 | 43 | 27 | 66 | 32 | 16 | 21 | 18 | 37 | 54 | 44 | 21 | 65 | 39 | 36 |
| | 120 | 25 | 32 | 43 | 41 | 47 | 14 | 72 | 46 | 19 | 23 | 23 | 40 | 49 | 48 | 17 | 71 | 43 | 43 |
| | 130 | 28 | 9 | 46 | 55 | 50 | 55 | 79 | 4 | 22 | 25 | 35 | 43 | 44 | 52 | 14 | 77 | 49 | 50 |
| | 140 | 30 | 48 | 50 | 5 | 54 | 33 | 85 | 27 | 26 | 27 | 52 | 46 | 36 | 56 | 4 | 83 | 56 | 56 |
| | 150 | 33 | 48 | 53 | 13 | 58 | 6 | 91 | 54 | 29 | 30 | 19 | 49 | 28 | 59 | 51 | 90 | 10 | 63 |
| | 160 | 36 | 53 | 56 | 19 | 61 | 33 | 98 | 33 | 32 | 33 | 0 | 52 | 24 | 63 | 31 | 96 | 31 | 69 |
| | 170 | 39 | 53 | 59 | 7 | 65 | 34 | 104 | 27 | 35 | 35 | 53 | 55 | 19 | 67 | 4 | 102 | 57 | 75 |
| | 180 | 43 | 50 | 62 | 28 | 68 | 5 | 111 | 55 | 38 | 39 | 1 | 58 | 17 | 70 | 29 | 109 | 30 | 89 |
| Le vent vient de terre. | 180 | 43 | 50 | 62 | 28 | 68 | 5 | 111 | 55 | 38 | 39 | 1 | 58 | 17 | 70 | 29 | 109 | 30 | 80 |
| | 170 | 47 | 42 | 65 | 32 | 71 | 10 | 118 | 52 | 40 | 42 | 27 | 61 | 20 | 73 | 47 | 116 | 16 | 85 |
| | 160 | 51 | 55 | 68 | 33 | 74 | 1 | 125 | 56 | 43 | 46 | 20 | 64 | 29 | 76 | 49 | 123 | 9 | 89 |
| | 150 | 56 | 25 | 71 | 37 | 76 | 47 | 133 | 12 | 44 | 50 | 38 | 67 | 42 | 79 | 40 | 132 | 18 | 92 |
| | 140 | 61 | 16 | 74 | 40 | 79 | 22 | 140 | 38 | 46 | 55 | 38 | 71 | 6 | 82 | 11 | 137 | 49 | 95 |
| | 130 | 66 | 28 | 77 | 43 | 81 | 45 | 148 | 13 | 48 | 61 | 15 | 74 | 39 | 84 | 23 | 145 | 38 | 97 |
| | 120 | 72 | 0 | 80 | 48 | 84 | 0 | 156 | 0 | 49 | 67 | 29 | 78 | 17 | 86 | 16 | 153 | 46 | 98 |
| | 110 | 77 | 50 | 83 | 51 | 86 | 5 | 163 | 55 | 50 | 74 | 14 | 82 | 12 | 87 | 40 | 162 | 24 | 99 |
| | 100 | 83 | 55 | 86 | 54 | 88 | 2 | 171 | 57 | 50 | 82 | 3 | 86 | 0 | 88 | 58 | 171 | 1 | 100 |
| | 90 | 90 | 0 | 90 | 0 | 90 | 0 | 180 | 0 | 50 | 90 | 0 | 90 | 0 | 90 | 0 | 180 | 0 | 100 |

La vîtesse absolue du vent est de 400 parties.

# TROISIEME TABLE.

*Difpofitions les plus avantageufes lorfque la route eft donnée , & qu'on navigue dans un Navire qu'on peut rapporter à un parallélipipede rectangle , & qui n'a qu'une voile.*

| La voile avec la quille. | | Pour le parallélipipede feize fois plus long que large. | | | | Pour le parallélipipede huit fois plus long que large. | | | |
|---|---|---|---|---|---|---|---|---|---|
| | | Dérives. | | Incidence apparente du vent. | | Dérives. | | Incidence apparente du vent. | |
| D. | M. | D. | M. | D. | M. | D. | M. | D. | M. |
| 90 | 0 | 0 | 0 | 90 | 0 | 0 | 0 | 90 | 0 |
| 87 | 30 | 3 | 0 | 90 | 20 | 4 | 14 | 105 | 0 |
| 86 | 25 | 3 | 35 | 90 | 0 | 5 | 5 | 96 | 7 |
| 85 | 0 | 4 | 14 | 88 | 46 | 5 | 58 | 92 | 50 |
| 82 | 30 | 5 | 13 | 87 | 0 | 7 | 19 | 89 | 38 |
| 80 | 0 | 6 | 0 | 85 | 23 | 8 | 21 | 87 | 20 |
| 77 | 30 | 6 | 43 | 83 | 50 | 9 | 27 | 85 | 39 |
| 75 | 0 | 7 | 23 | 82 | 17 | 10 | 22 | 83 | 53 |
| 72 | 30 | 8 | 0 | 80 | 37 | 11 | 14 | 82 | 11 |
| 70 | 0 | 8 | 35 | 79 | 10 | 12 | 2 | 80 | 30 |
| 67 | 30 | 9 | 9 | 77 | 35 | 12 | 49 | 78 | 47 |
| 65 | 0 | 9 | 42 | 75 | 57 | 13 | 34 | 77 | 4 |
| 62 | 30 | 10 | 14 | 74 | 14 | 14 | 19 | 75 | 18 |
| 60 | 0 | 10 | 46 | 72 | 30 | 15 | 2 | 73 | 28 |
| 57 | 30 | 11 | 18 | 70 | 43 | 15 | 46 | 71 | 34 |
| 55 | 0 | 11 | 50 | 68 | 47 | 16 | 29 | 69 | 35 |
| 52 | 30 | 12 | 22 | 66 | 47 | 17 | 24 | 67 | 30 |
| 50 | 0 | 12 | 55 | 64 | 39 | 17 | 57 | 65 | 18 |
| 47 | 30 | 13 | 58 | 62 | 25 | 18 | 41 | 62 | 57 |
| 45 | 0 | 14 | 3 | 60 | 1 | 19 | 28 | 60 | 27 |
| 42 | 30 | 14 | 39 | 57 | 27 | 20 | 16 | 57 | 45 |
| 40 | 0 | 15 | 7 | 54 | 42 | 21 | 6 | 54 | 50 |
| 37 | 30 | 15 | 57 | 51 | 43 | 21 | 59 | 51 | 40 |
| 35 | 0 | 16 | 39 | 48 | 29 | 22 | 54 | 48 | 12 |
| 32 | 30 | 17 | 24 | 44 | 57 | 23 | 53 | 44 | 24 |
| 30 | 0 | 18 | 14 | 41 | 6 | 24 | 57 | 40 | 12 |
| 27 | 30 | 19 | 8 | 36 | 53 | 26 | 6 | 35 | 33 |
| 25 | 0 | 20 | 8 | 32 | 13 | 27 | 22 | 30 | 24 |
| 22 | 30 | 21 | 15 | 27 | 5 | 28 | 47 | 24 | 38 |
| 20 | 0 | 22 | 32 | 21 | 26 | 30 | 22 | 18 | 13 |
| 17 | 30 | 24 | 1 | 15 | 10 | 32 | 12 | 11 | 5 |
| 15 | 0 | 25 | 48 | 8 | 17 | 34 | 20 | 3 | 11 |

# QUATRIEME TABLE.

*Les dispositions les plus avantageuses avec les vîtesses que prend le Navire qu'on peut rapporter à un parallélipipede rectangle seize fois plus long que large , lorsque ce Navire n'a qu'une voile & que la route est donnée.*

| La voile avec la quille. | | Dérives. | | Incidence apparente. | | Angles que font entre elles les deux direct. du vent. | | La route & la direction réelle du vent. | | Vîtesses apparentes du vent. | Vîtesses du Navire. |
|---|---|---|---|---|---|---|---|---|---|---|---|
| D. | M. | D. | M. | D. | M. | D. | M. | D. | M. | Parties. | Parties. |
| 90 | 0 | 0 | 0 | 90 | 0 | 0 | 0 | 180 | 0 | 300 | 100 |
| 87 | 30 | 3 | 0 | 90 | 20 | 0 | 12 | 180 | 38 | 300 | 100 |
| 86 | 25 | 3 | 35 | 90 | 0 | 0 | 0 | 180 | 0 | 300 | 100 $\frac{1}{10}$ |
| 85 | 0 | 4 | 14 | 88 | 46 | 0 | 30 | 178 | 30 | 300 | 100 |
| 82 | 30 | 5 | 13 | 87 | 0 | 1 | 19 | 176 | 2 | 300 | 100 |
| 80 | 0 | 6 | 0 | 85 | 23 | 2 | 8 | 173 | 31 | 301 | 100 |
| 77 | 30 | 6 | 43 | 83 | 50 | 2 | 57 | 171 | 0 | 302 | 100 |
| 75 | 0 | 7 | 23 | 82 | 17 | 3 | 46 | 168 | 26 | 303 | 99 |
| 72 | 30 | 8 | 0 | 80 | 37 | 4 | 36 | 165 | 43 | 305 | 99 |
| 70 | 0 | 8 | 35 | 79 | 10 | 5 | 21 | 163 | 6 | 307 | 98 |
| 67 | 30 | 9 | 9 | 77 | 35 | 6 | 7 | 160 | 21 | 309 | 98 |
| 65 | 0 | 9 | 42 | 75 | 57 | 6 | 51 | 157 | 30 | 312 | 97 |
| 62 | 30 | 10 | 14 | 74 | 14 | 7 | 34 | 154 | 33 | 315 | 97 |
| 60 | 0 | 10 | 46 | 72 | 30 | 8 | 15 | 151 | 31 | 319 | 96 |
| 57 | 30 | 11 | 18 | 70 | 41 | 8 | 53 | 148 | 22 | 323 | 95 |
| 55 | 0 | 11 | 50 | 68 | 47 | 9 | 28 | 145 | 5 | 327 | 94 |
| 52 | 30 | 12 | 22 | 66 | 47 | 9 | 59 | 141 | 38 | 332 | 93 |
| 50 | 0 | 12 | 55 | 64 | 39 | 10 | 26 | 138 | 0 | 338 | 91 |
| 47 | 30 | 13 | 58 | 62 | 25 | 10 | 47 | 134 | 10 | 343 | 90 |
| 45 | 0 | 14 | 3 | 60 | 1 | 11 | 2 | 130 | 6 | 350 | 88 |
| 42 | 30 | 14 | 39 | 57 | 27 | 11 | 10 | 125 | 46 | 357 | 85 |
| 40 | 0 | 15 | 7 | 54 | 42 | 11 | 11 | 121 | 0 | 364 | 82 |
| 37 | 30 | 15 | 57 | 51 | 43 | 10 | 59 | 116 | 9 | 372 | 79 |
| 35 | 0 | 16 | 39 | 48 | 29 | 10 | 38 | 110 | 46 | 380 | 73 |
| 32 | 30 | 17 | 24 | 44 | 57 | 10 | 4 | 104 | 55 | 388 | 70 |
| 30 | 0 | 18 | 14 | 41 | 6 | 9 | 17 | 98 | 37 | 395 | 64 |
| 27 | 30 | 19 | 8 | 36 | 53 | 8 | 16 | 91 | 47 | 402 | 58 |
| 25 | 0 | 20 | 8 | 32 | 13 | 7 | 2 | 84 | 23 | 408 | 50 |
| 22 | 30 | 21 | 15 | 27 | 5 | 5 | 37 | 76 | 27 | 412 | 41 |
| 20 | 0 | 22 | 32 | 21 | 26 | 4 | 6 | 68 | 4 | 413 | 33 |
| 17 | 30 | 24 | 1 | 15 | 10 | 2 | 35 | 59 | 16 | 411 | 22 |
| 15 | 0 | 25 | 48 | 8 | 17 | 1 | 12 | 50 | 17 | 407 | 11 |

La vitesse absolue du vent est de 400 parties , & le Navire en prend le quart dans la route directe.

# CINQUIEME TABLE.

*Difpofitions lorfque la route eft donnée , qu'on eft dans un Navire qui n'a qu'une voile , & qu'on peut rapporter à une figure formée de deux arcs de cercle.*

| Dérives. | | Lorfque l'angle curviligne de la proue eft de 55 degrés. | | | | Lorfque l'angle curviligne de la proue eft de 60 degrés. | | | | Lorfque l'angle curviligne de la proue eft de 65 degrés. | | | |
|---|---|---|---|---|---|---|---|---|---|---|---|---|---|
| | | La voile avec la quille. | | Incidence apparente du vent. | | La voile avec la quille. | | Incidence apparente du vent. | | La voile avec la quille. | | Incidence apparente du vent. | |
| D. | M. | D. | M. | D. | M. | D. | M. | D. | M. | D. | M. | D. | M. |
| 0 | 0 | 90 | 0 | 90 | 0 | 90 | 0 | 90 | 0 | 90 | 0 | 90 | 0 |
| 0 | 30 | 81 | 52 | 85 | 26 | 83 | 15 | 86 | 7 | 84 | 16 | 86 | 39 |
| 1 | 0 | 74 | 5 | 81 | 7 | 76 | 38 | 82 | 8 | 78 | 43 | 83 | 18 |
| 1 | 30 | 66 | 52 | 76 | 15 | 70 | 26 | 78 | 17 | 73 | 19 | 79 | 52 |
| 2 | 0 | 60 | 24 | 71 | 39 | 64 | 40 | 74 | 21 | 68 | 15 | 76 | 22 |
| 2 | 30 | 54 | 43 | 67 | 2 | 59 | 31 | 70 | 23 | 63 | 36 | 73 | 5 |
| 3 | 0 | 49 | 51 | 62 | 34 | 54 | 38 | 66 | 21 | 61 | 3 | 69 | 37 |
| 3 | 30 | 45 | 37 | 58 | 1 | 50 | 47 | 61 | 33 | 55 | 34 | 66 | 16 |
| 4 | 0 | 41 | 59 | 53 | 37 | 47 | 7 | 58 | 33 | 51 | 51 | 62 | 41 |
| 4 | 30 | 38 | 51 | 49 | 9 | 44 | 4 | 54 | 46 | 48 | 42 | 59 | 8 |
| 5 | 0 | 36 | 11 | 44 | 56 | 41 | 7 | 50 | 39 | 45 | 50 | 55 | 35 |
| 5 | 30 | 33 | 35 | 40 | 26 | 38 | 38 | 46 | 50 | 43 | 18 | 52 | 2 |
| 6 | 0 | 31 | 54 | 36 | 42 | 36 | 39 | 43 | 16 | 41 | 0 | 48 | 31 |
| 6 | 30 | 30 | 5 | 32 | 44 | 34 | 31 | 39 | 14 | 38 | 47 | 44 | 44 |
| 7 | 0 | 28 | 31 | 28 | 57 | 32 | 48 | 35 | 31 | 37 | 36 | 41 | 22 |
| 7 | 30 | 27 | 10 | 25 | 22 | 31 | 16 | 31 | 52 | 35 | 26 | 37 | 59 |
| 8 | 0 | 25 | 56 | 21 | 49 | 29 | 56 | 28 | 24 | 33 | 55 | 34 | 27 |
| 8 | 30 | 25 | 3 | 18 | 48 | 28 | 41 | 24 | 55 | 32 | 35 | 31 | 2 |
| 9 | 0 | 23 | 58 | 15 | 30 | 27 | 28 | 21 | 22 | 31 | 21 | 27 | 49 |
| 9 | 30 | 23 | 6 | 12 | 25 | 26 | 35 | 18 | 21 | 30 | 14 | 24 | 31 |
| 10 | 0 | 22 | 20 | 9 | 38 | 25 | 42 | 15 | 32 | 29 | 15 | 21 | 31 |
| 11 | 0 | 21 | 0 | 4 | 27 | 24 | 9 | 9 | 43 | 27 | 25 | 15 | 26 |
| 12 | 0 | 19 | 55 | 0 | 13 | 22 | 51 | 4 | 40 | 25 | 55 | 10 | 2 |
| 13 | 0 | 19 | 0 | | | 21 | 45 | 0 | 18 | 24 | 39 | 4 | 55 |
| 14 | 0 | 18 | 15 | | | 20 | 46 | | | 23 | 34 | 0 | 54 |
| 15 | 0 | 17 | 37 | | | 20 | 2 | | | 22 | 37 | | |
| 16 | 0 | 17 | 0 | | | 19 | 20 | | | 21 | 49 | | |
| 17 | 0 | 16 | 30 | | | 18 | 47 | | | 21 | 4 | | |
| 18 | 0 | 16 | 14 | | | 18 | 11 | | | 20 | 31 | | |
| 19 | 0 | 15 | 38 | | | 17 | 42 | | | 19 | 52 | | |
| 20 | 0 | 15 | 16 | | | 17 | 15 | | | 19 | 19 | | |

# SIXIEME TABLE.

*Dispositions les plus avantageuses lorsque la route est donnée, & qu'on est dans un Navire dont on peut négliger la dérive, mais qui a deux voiles.*

| La voile avec la quille. | | Incidences apparentes du vent. | | Angles que font entr'elles les deux directions du vent. | | La route avec la directe, réélle du vent. | | Vitesses apparentes du vent. | Vitesses du Navire |
|---|---|---|---|---|---|---|---|---|---|
| D. | M. | D. | M. | D. | M. | D. | M. | Parties | Parties |
| 90 | 0 | 90 | 0 | 0 | 0 | 180 | 0 | 300 | 100 |
| 88 | 45 | 89 | 21 | 0 | 29 | 178 | 35 | 299 | 101 |
| 87 | 30 | 88 | 42 | 0 | 58 | 177 | 10 | 298 | 102 |
| 86 | 15 | 88 | 3 | 1 | 28 | 175 | 46 | 298 | 103 |
| 85 | 0 | 87 | 23 | 1 | 58 | 174 | 21 | 297 | 104 |
| 83 | 45 | 86 | 41 | 2 | 29 | 172 | 55 | 297 | 104 |
| 82 | 30 | 85 | 58 | 3 | 1 | 171 | 29 | 296 | 105 |
| 80 | 0 | 84 | 29 | 4 | 6 | 168 | 35 | 296 | 107 |
| 77 | 30 | 82 | 58 | 5 | 12 | 165 | 40 | 296 | 108 |
| 75 | 0 | 81 | 23 | 6 | 19 | 162 | 42 | 297 | 110 |
| 72 | 30 | 79 | 43 | 7 | 22 | 159 | 40 | 298 | 111 |
| 70 | 0 | 77 | 59 | 8 | 34 | 156 | 34 | 300 | 112 |
| 67 | 30 | 76 | 12 | 9 | 41 | 153 | 23 | 303 | 114 |
| 65 | 0 | 74 | 21 | 10 | 46 | 150 | 8 | 306 | 115 |
| 62 | 30 | 72 | 24 | 11 | 49 | 146 | 43 | 310 | 116 |
| 60 | 0 | 70 | 25 | 12 | 48 | 143 | 14 | 314 | 116 |
| 57 | 30 | 68 | 21 | 13 | 43 | 139 | 35 | 320 | 117 |
| 55 | 0 | 66 | 13 | 14 | 33 | 135 | 47 | 326 | 118 |
| 53 | 12 | 64 | 37 | 15 | 3 | 132 | 52 | 331 | 118 |
| 52 | 30 | 64 | 0 | 15 | 15 | 131 | 45 | 333 | 118 |
| 50 | 0 | 61 | 43 | 15 | 49 | 127 | 33 | 341 | 117 |
| 47 | 30 | 59 | 20 | 16 | 14 | 113 | 4 | 350 | 117 |
| 45 | 0 | 56 | 53 | 16 | 27 | 119 | 21 | 360 | 116 |
| 42 | 30 | 54 | 22 | 16 | 26 | 113 | 18 | 370 | 114 |
| 40 | 0 | 51 | 45 | 16 | 12 | 107 | 58 | 381 | 112 |
| 37 | 30 | 56 | 55 | 16 | 5 | 110 | 31 | 376 | 111 |
| 35 | 0 | 54 | 28 | 15 | 37 | 105 | 5 | 386 | 108 |
| 32 | 30 | 51 | 53 | 14 | 55 | 99 | 19 | 397 | 103 |
| 30 | 0 | 49 | 6 | 13 | 58 | 93 | 4 | 407 | 98 |
| 27 | 30 | 46 | 9 | 12 | 47 | 86 | 27 | 416 | 92 |
| 25 | 0 | 43 | 0 | 11 | 22 | 79 | 22 | 424 | 85 |
| 22 | 30 | 39 | 38 | 9 | 46 | 71 | 54 | 430 | 77 |
| 20 | 0 | 36 | 3 | 8 | 3 | 64 | 7 | 434 | 68 |
| 17 | 30 | 32 | 14 | 6 | 18 | 56 | 2 | 435 | 58 |
| 16 | 40 | 30 | 55 | 5 | 44 | 53 | 19 | 434 | 54 |
| 15 | 0 | 28 | 11 | 4 | 37 | 47 | 49 | 433 | 47 |

La vitesse absolue du vent est de 400 parties, & le Navire en prend le quart dans la route directe.

# VII<sup>e</sup>. TABLE.

*Quantités dont les angles d'incidence apparents du vent doivent être plus petits lorsque le Navire a deux voiles que lorsqu'il n'en a qu'une seule.*

| Angles des voiles avec la quille. | | Diminution de l'angle d'incidence apparent du vent. | |
|---|---|---|---|
| D. | M. | D. | M. |
| 90 | 0 | 0 | 0 |
| 87 | 30 | 0 | 3 |
| 85 | 0 | 0 | 7 |
| 82 | 30 | 0 | 16 |
| 80 | 0 | 0 | 29 |
| 77 | 0 | 0 | 42 |
| 75 | 0 | 0 | 45 |
| 72 | 30 | 1 | 20 |
| 70 | 0 | 1 | 42 |
| 67 | 30 | 2 | 6 |
| 65 | 0 | 2 | 32 |
| 62 | 30 | 3 | 1 |
| 60 | 0 | 3 | 29 |
| 57 | 30 | 3 | 59 |
| 55 | 0 | 4 | 29 |
| 52 | 30 | 5 | 1 |
| 50 | 0 | 5 | 31 |
| 47 | 30 | 6 | 3 |
| 45 | 0 | 6 | 33 |
| 42 | 30 | 7 | 1 |
| 40 | 0 | 7 | 28 |
| 37 | 30 | 0 | 0 |
| 35 | 0 | 0 | 0 |
| 32 | 30 | 0 | 0 |
| 30 | 0 | 0 | 0 |

# HUITIEME TABLE.

*Dispositions pour s'éloigner d'une côte ou d'une ligne donnée de position lorsqu'on est dans un Navire dont on peut négliger la dérive, mais qui a deux voiles.*

| La voile avec la quille. | | Incidences apparentes du vent. | | La route avec la direction réelle du vent. | | La route avec la ligne dont on veut s'éloigner. | | La direction réelle du vent avec la ligne dont on veut s'éloigner. | |
|---|---|---|---|---|---|---|---|---|---|
| D. | M. | D. | M. | D. | M. | D. | M. | D. | M. |
| 90 | 0 | 90 | 0 | 180 | 0 | 69 | 27 | 110 | 33 |
| 88 | 45 | 89 | 21 | 178 | 35 | 70 | 0 | 108 | 35 |
| 87 | 30 | 88 | 42 | 177 | 10 | 70 | 32 | 106 | 38 |
| 85 | 0 | 87 | 23 | 174 | 25 | 71 | 36 | 102 | 45 |
| 82 | 30 | 85 | 58 | 171 | 29 | 72 | 43 | 98 | 46 |
| 80 | 0 | 84 | 29 | 168 | 35 | 73 | 51 | 94 | 44 |
| 77 | 30 | 82 | 58 | 165 | 40 | 75 | 40 | 90 | 0 |
| 75 | 0 | 81 | 23 | 162 | 23 | 76 | 7 | 86 | 16 |
| 72 | 30 | 79 | 43 | 159 | 40 | 77 | 20 | 82 | 20 |
| 70 | 0 | 77 | 59 | 156 | 33 | 78 | 38 | 77 | 55 |
| 67 | 30 | 76 | 12 | 153 | 23 | 79 | 56 | 73 | 27 |
| 65 | 0 | 74 | 21 | 150 | 11 | 81 | 17 | 68 | 54 |
| 62 | 30 | 72 | 24 | 146 | 43 | 82 | 54 | 63 | 49 |
| 60 | 0 | 70 | 25 | 143 | 13 | 84 | 29 | 58 | 44 |
| 57 | 30 | 68 | 21 | 139 | 34 | 86 | 15 | 53 | 19 |
| 55 | 0 | 66 | 13 | 135 | 46 | 88 | 8 | 47 | 36 |
| 53 | 12 | 64 | 37 | 132 | 52 | 90 | 0 | 42 | 52 |
| 50 | 0 | 61 | 43 | 127 | 32 | 87 | 29 | 35 | 1 |
| 47 | 30 | 59 | 20 | 123 | 4 | 84 | 58 | 28 | 2 |
| 45 | 0 | 56 | 33 | 118 | 20 | 81 | 19 | 19 | 39 |
| 42 | 30 | 54 | 22 | 113 | 18 | 79 | 7 | 12 | 25 |
| 40 | 0 | 51 | 45 | 107 | 57 | 75 | 44 | 3 | 41 |
| 37 | 30 | 56 | 55 | 110 | 30 | 73 | 0 | 3 | 30 |

Le Navire est supposé prendre le quart de la vîtesse du vent dans la route directe.

FIN DES TABLES.

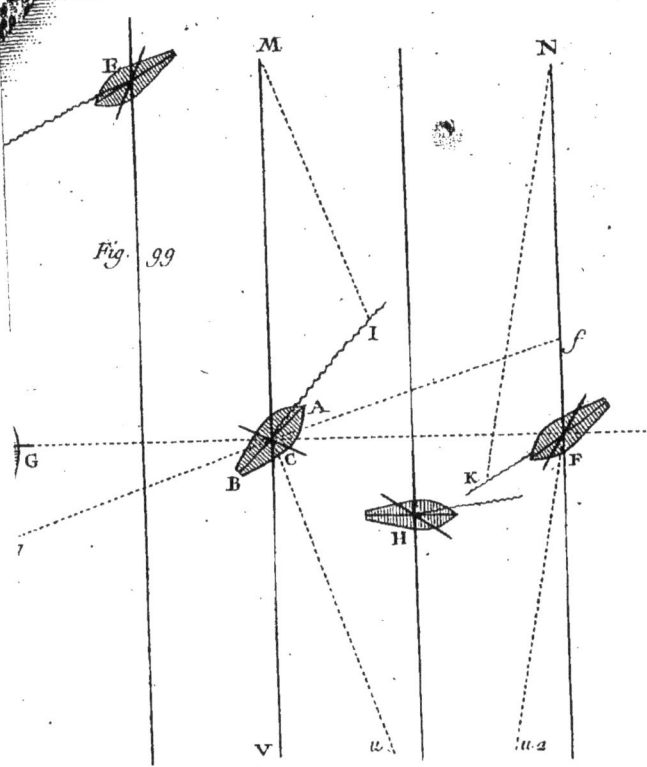

*Fig. 99.*

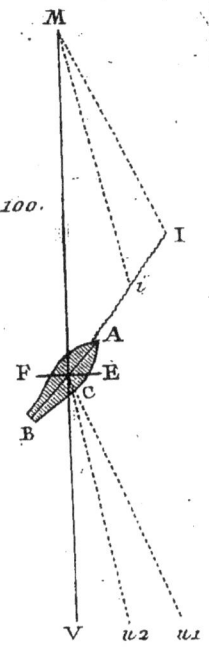

*Fig. 100.*

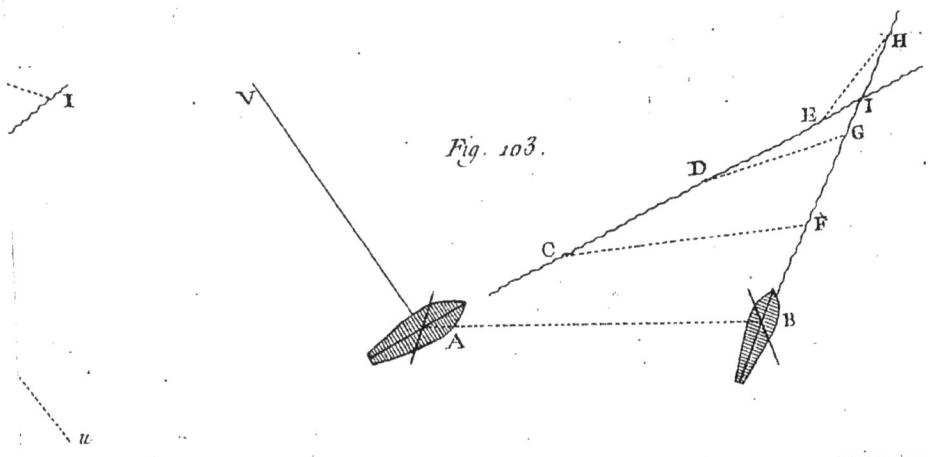

*Fig. 103.*

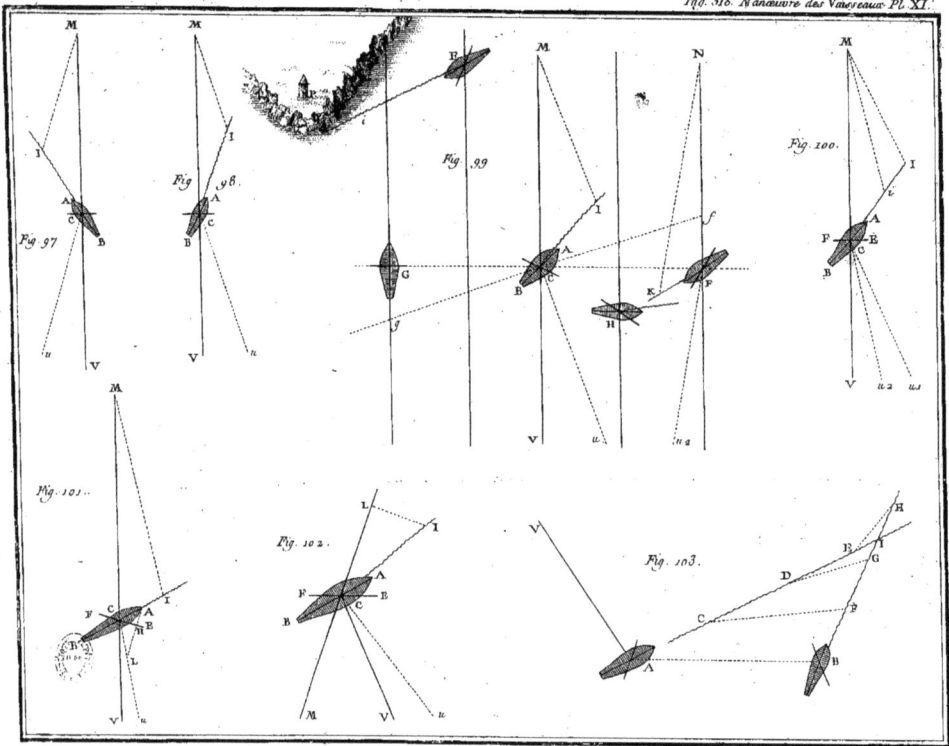

Fig. 97.

Fig. 98.

Fig. 99.

Fig. 100.

Fig. 101.

Fig. 102.

Fig. 103.

Fig. 104.

Fig. 105.

Fig. 106.

Fig. 107.

Fig. 108.

Fig. 109.

Fig. 110.

Fig. 111.

Fig. 112.

Fig. 113.

Fig. 114.

Fig. 115.

Fig. 116.

Fig. 117.

Fig. 118.

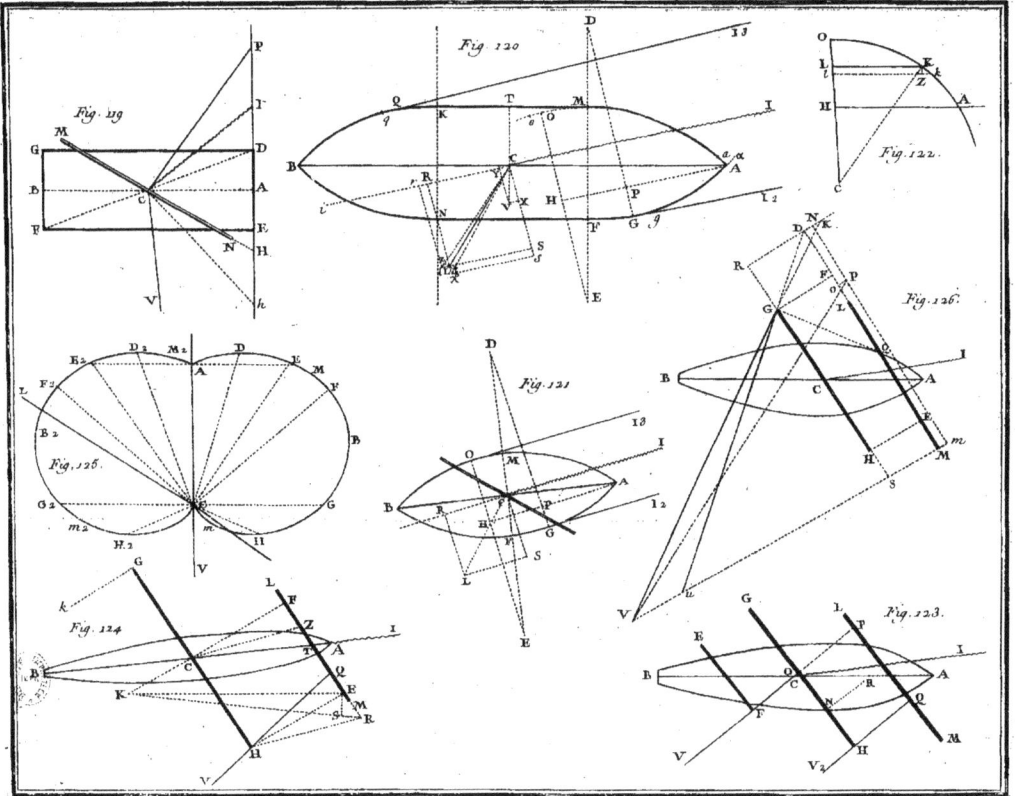

Fig. 119

Fig. 120

Fig. 122

Fig. 121

Fig. 126

Fig. 125

Fig. 124

Fig. 123

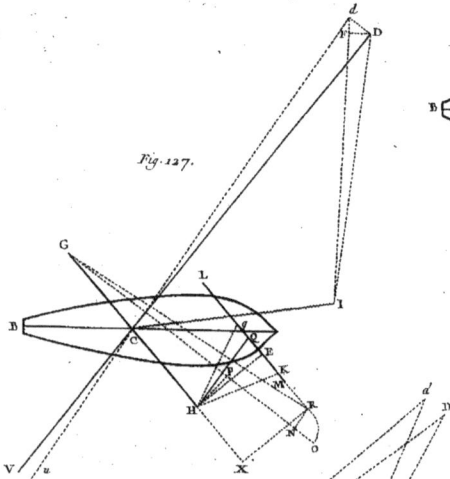

*Fig. 127.*

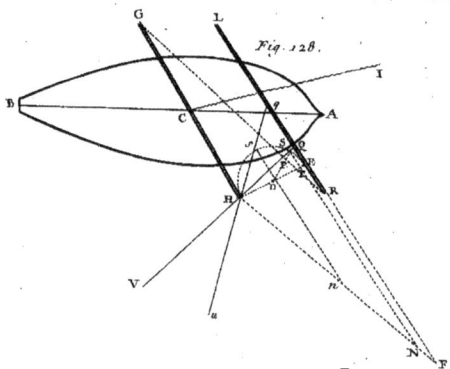

*Fig. 128.*

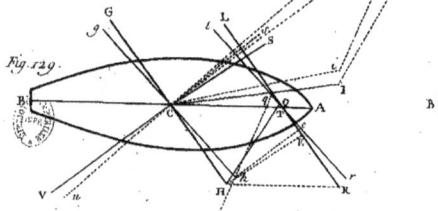

*Fig. 129.*

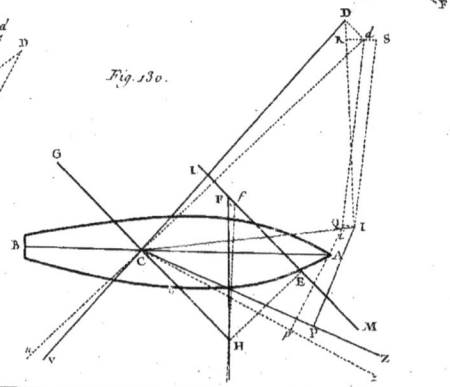

*Fig. 130.*

*Extrait des Regiſtres de l'Académie Royale des Sciences.*

Du 4. Septembre 1756.

MESSIEURS CLAIRAUT & DE MONTIGNY, qui avoient été nommés pour examiner un Ouvrage de M. BOUGUER, intitulé : *De la Manœuvre des Vaiſſeaux, ou Traité de Méchanique & de Dynamique, dans lequel on réduit à des ſolutions très-ſimples les Problêmes de Marine les plus difficiles, qui ont pour objet le mouvement du Navire,* en ayant fait leur rapport, l'Académie a jugé cet Ouvrage digne de l'Impreſſion : en foi de quoi j'ai ſigné le préſent Certificat. A Paris le 4. Septembre 1756.

*Signé*, GRANDJEAN DE FOUCHY, Sécretaire perpétuel de l'Académie Royale des Sciences.

*Extrait des Regiſtres de l'Académie de Marine.*

Du 22. Juillet 1756.

MESSIEURS DUHAMEL DU MONCEAU & CAMUS, qui avoient été nommés par l'Académie de Marine pour examiner un Ouvrage de M. BOUGUER, qui a pour titre : *De la Manœuvre des Vaiſſeaux, ou Traité de Méchanique & de Dynamique, dans lequel on réduit à des ſolutions très-ſimples les Problêmes de Marine les plus difficiles, qui ont pour objet le mouvement du Navire,* en ayant fait leur rapport, l'Académie a jugé que cet Ouvrage eſt d'autant plus digne de l'Impreſſion qu'il étend davantage la connoiſſance des différentes cauſes des mouvements du Navire. En foi de quoi j'ai ſigné le préſent Certificat.

*Signé*, BIGOT DE MOROGUES, Sécretaire de l'Académie de Marine.

### PRIVILEGE DU ROI.

LOUIS par la grace de Dieu, Roi de France & de Navarre : A nos amés & féaux Conſeillers, les Gens tenans nos Cours de Parlement, Maîtres des Requê-tes ordinaires de notre Hôtel, Grand Conſeil, Prevôt de Paris, Baillifs, Sénéchaux, leurs Lieutenans Civils, & autres nos Juſticiers qu'il appartiendra, SALUT. Nos bien-amés LES MEMBRES DE L'ACADEMIE ROYALE DES SCIENCES de notre bonne Ville de Paris, Nous ont fait expoſer qu'ils auroient beſoin de nos Lettres de Pri-vilege pour l'impreſſion de leurs Ouvrages : A CES CAUSES, voulant favorablement traiter les Expofans, nous leur avons permis & permettons par ces Préfentes de faire imprimer, par tel Imprimeur qu'ils voudront choifir, toutes les Recherches ou Obfervations journalieres, ou Relations annuelles de tout ce qui aura été fait dans les Affemblées de ladite Académie Royale des Sciences, les Ouvrages, Mémoires ou Traités de chacun des Particuliers qui la compofent, & généralement tout ce que ladite Académie voudra faire paroître, après avoir fait examiner lefdits Ouvrages, & qu'ils font jugés dignes de l'impreffion, en tels volumes, forme, marge, caractères, conjointement ou féparément, & autant de fois que bon leur femblera, & de les faire vendre & débiter par tout notre Royaume, pendant le tems de vingt années confécutives, à compter du jour de la date des Préfentes ; fans toutefois qu'à l'occafion des Ouvrages ci-deffus fpécifiés, il puiffe en être imprimé d'autres qui ne foient pas de ladite Académie : faifons défenfes à toutes fortes de perfonnes, de quelque qualité & condition qu'elles foient, d'en introduire d'impreffion étrangere dans aucun lieu de notre obéiffance ; comme auffi à tous Libraires & Imprimeurs d'imprimer ou faire imprimer, vendre, faire vendre & débiter lefdits Ouvrages, en tout ou en partie, & d'en faire aucunes traductions ou extraits, fous quelque prétexte que ce puiffe être, fans la permiffion expreffe & par écrit defdits Expofans, ou de ceux qui auront droit d'eux, à peine de confifcation des Exemplaires contrefaits, & trois mille livres d'amende contre chacun des contrevenans; dont un tiers à Nous, un tiers à l'Hôtel-Dieu de Paris, & l'autre tiers aufdits Expofans, ou à celui qui aura droit d'eux, & de tous dépens, dommages & intérêts ; à la charge que ces Préfentes feront enregiftrées tout au long fur le Regiftre de la Communauté des Libraires & Imprimeurs de Paris, dans trois mois de la date d'icelles ; que l'impreffion defdits Ouvrages fera faite dans notre Royaume, & non ailleurs, en bon papier & beaux caractères, conformément aux Réglemens de la Librairie; qu'avant de les expofer en vente, les Manufcrits ou Imprimés qui auront fervi de copie à l'impreffion defdits Ouvrages, feront remis ès mains de notre très-cher & féal Chevalier le Sieur DAGUESSEAU, Chancelier de France, ordonnons qu'il en fera enfuite remis deux Exemplaires dans notre Bibliothèque publique, un en celle de notre Château du Louvre, & un en celle de notredit très-cher & féal Chevalier le Sieur DAGUESSEAU, Chancelier de France, le tout à peine de nullité defdites Préfentes : du contenu defquelles vous mandons & enjoignons de faire jouir lefdits Expofans & leurs ayans caufe, pleinement & paifiblement, fans fouffrir qu'il leur foit fait aucun trouble ou empêchement. Voulons que la copie des Préfentes qui fera imprimée tout au long, au commencement ou à la fin defdits Ouvrages, foit tenue pour düement fignifiée ; & qu'aux copies collationnées par l'un de nos amez féaux Confeillers & Sécrétaires, foi foit ajoutée comme à l'original. Commandons au premier notre Huiffier ou Sergent fur ce requis, de faire, pour l'exécution d'icelles, tous actes requis & néceffaires, fans demander autre permiffion, & nonobftant Clameur de Haro, Charte Normande & Lettres à ce contraires ; CAR tel eft notre plaifir. DONNE' à Paris le dix-neuviéme jour du mois de Mars, l'an de grace mil fept cens cinquante, & de notre Regne le trente-cinquiéme. Par le Roi en fon Confeil. MOL.

*Regiftré fur le Regiftre XII. de la Chambre Royale & Syndicale des Libraires & Imprimeurs de Paris, N°.430. fol. 309. conformément au Reglement de 1723, qui fait défenfes, article 4. à toutes perfonnes, de quelque qualité qu'elles foient, autres que les Libraires & Imprimeurs, de vendre, débiter & faire afficher aucuns Livres pour les vendre, foit qu'ils s'en difent les Auteurs ou autrement ; à la charge de fournir à la fufdite Chambre huit Exemplaires de chacun, prefcrits par l'art. 108. du même Réglement. A Paris le 5. Juin 1750. Signé, LE GRAS, Syndic.*

www.ingramcontent.com/pod-product-compliance
Lightning Source LLC
Chambersburg PA
CBHW031727210326
41599CB00018B/2537